电子电气基础课程系列教材

计算机电路基础

（第2版）

张　虹　等编著

電子工業出版社
Publishing House of Electronics Industry
北京・BEIJING

内 容 简 介

本书内容分为三篇，分别是电路分析、模拟电子技术和数字电子技术。数字电子技术篇是重点，占的比重也更大。

全书分为 11 章：电路基本概念及分析方法，正弦稳态电路的相量分析法，常用半导体器件，放大电路基础，集成运算放大电路及其应用，逻辑代数基础，逻辑门电路，组合逻辑电路，触发器和时序逻辑电路，存储器和可编程逻辑器件，数模和模数转换电路。

本书适合作为应用型本科院校及高职院校计算机、电子、通信、机电、控制等专业的教材，也可作为自学考试和从事电子技术工程人员的自学用书。本教材推荐课时为 88 课时（不含实验）。高职院校使用本教材时可以根据实际情况筛选其中的内容。

图书在版编目（CIP）数据

计算机电路基础/张虹等编著. —2 版. —北京：电子工业出版社，2018.1

ISBN 978-7-121-33031-5

Ⅰ. ①计… Ⅱ. ①张… Ⅲ. ①电子计算机－电子电路－高等学校－教材 Ⅳ. ①TP331

中国版本图书馆 CIP 数据核字（2017）第 279791 号

策划编辑：冉　哲
责任编辑：冉　哲　　文字编辑：孟　宇
印　　刷：天津嘉恒印务有限公司
装　　订：天津嘉恒印务有限公司
出版发行：电子工业出版社
　　　　　北京市海淀区万寿路 173 信箱　　邮编 100036
开　　本：787×1 092　1/16　印张：20.5　字数：551 千字
版　　次：2018 年 1 月第 1 版
印　　次：2021 年 6 月第 6 次印刷
定　　价：59.00 元

凡所购买电子工业出版社图书有缺损问题，请向购买书店调换。若书店售缺，请与本社发行部联系，联系及邮购电话：（010）88254888，88258888。

质量投诉请发邮件至 zlts@phei.com.cn，盗版侵权举报请发邮件至 dbqq@phei.com.cn。

本书咨询联系方式：ran@phei.com.cn。

第 2 版前言

《计算机电路基础》第 1 版被许多应用型本科院校及部分高职院校选为教材，得到了广大读者的支持和肯定。随着课程改革的不断深入以及教学方法的不断探究，作者在教学实践过程中也积累了更多的教学经验，使得教学思想和教学理念逐步科学和完善。为了更好地适应电路理论、电子技术及计算机硬件技术的应用与发展，不断满足高等学校对应用型人才培养的需要，同时也为了更好地服务于读者，有必要对本书进行全面的修订。

本次修订，既保持第 1 版教材的诸多特点及完整体系，又要面向新世纪的发展；既要符合本门课程的基本要求，又要适当引进电子技术中的新器件、新技术、新方法；既要使学生掌握基础知识，又要培养他们的定性分析能力、综合应用能力和创新能力；既要有利于教师对教材的灵活取舍，又要有利于学生对教材内容的自主学习和思考。为此，提出了如下总体思路：精选内容，推陈出新；讲清基本概念、基本电路的工作原理和基本分析方法；内容由浅入深，通俗易懂，便于自学，力争做到“讲、学、做”统一协调，重点与难点采取阐述与比喻相结合、例题与习题相结合、实例与实验相结合的方法讲解。

本次修订在如下方面做了进一步改进。

（1）在体系结构上，将第 4 篇“实验实训”的内容分散到前面相应的章节中，这样使得理论与实际应用的结合更加紧密，更加具有针对性，效果也更为突出。

（2）每章前面增加了内容提要，使学生在学习新的内容前做到心中有数，有的放矢。

（3）扩大了习题的种类与题量。计算机电路概念多，内容琐碎，理论分析抽象难懂，必须加强训练才能更好地掌握基础知识。

（4）增加了习题参考答案，便于学生更好地掌握所学内容。

（5）在每一章中有效地增加了相关内容。与第 1 版相比，使内容更加细腻，问题探讨更加深入，逻辑关联性更强，理论与实际结合更加紧密，知识体系更加完整。

（6）将第 1 版第 1 篇的 4 章内容缩减为两章，使电路理论更加精简，同时内容以够用为尺度，这样可以加大第 3 篇“数字电子技术”在全书中的比重。

（7）删掉第 1 版第 3 章“非正弦周期电流电路”。这部分内容在计算机电路的内容体系中不太重要，只需在相关章节中提及一下即可。

（8）删掉了第 1 版第 14 章“EDA 技术与 VHDL”。考虑到当前电子电路的计算机辅助分析软件的不断更新，而教材更新相对滞后的实际情况，鼓励学生在教师的引导下，充分利用网络资源，自行学习相关软件。利用这种方式，要比单独使用有限一章的篇幅介绍如何使用某一种软件的效果要好。当然，对于如何才能让学生更好地掌握一种电子电路计算机辅助分析和设计软件，有待于在今后的教学实践中继续探索。

由于本书是电路分析、模拟电子技术、数字电子技术三门课程的整合，因此内容多，知识覆盖面广。为了让学生更好地掌握每一部分内容，需要合理分配有限的课时。在此，提供本书的课时分配表，以供参考。本书较为适宜的理论教学课时为 88 课时（1 课时按 50 分钟算），各章的参考课时如下。

《计算机电路基础（第 2 版）》各章理论教学参考课时一览表

章　　名	参考课时	章　　名	参考课时
第 1 章　电路基本概念及分析方法	10	第 7 章　逻辑门电路	6
第 2 章　正弦稳态电路的相量分析法	6	第 8 章　组合逻辑电路	10
第 3 章　常用半导体器件	6	第 9 章　触发器和时序逻辑电路	16
第 4 章　放大电路基础	8	第 10 章　存储器和可编程逻辑器件	4
第 5 章　集成运算放大电路及其应用	10	第 11 章　数模和模数转换电路	4
第 6 章　逻辑代数基础	8		

本次教材修订工作由张虹教授组织完成，参加本书编写的还有：高寒、杜德、于钦庆、王立梅、李厚荣、张建华、刘磊、周金玲、齐丽丽、郑建军、周建梁、张星慧、陈光军、李耀明、刘晓亮等。

修订后的第 2 版一定还会有许多不尽如人意之处，诚望广大读者给予指正。

作　者

目　录

第1篇　电路分析

第 2 篇 模拟电子技术

第 3 篇 数字电子技术

第1篇 电路分析

第1章 电路基本概念及分析方法

内容提要

- 电路理论基础
- 电流的参考方向和电压的参考极性
- 电阻、电容、电感元件的特性
- 独立源与受控源
- 基尔霍夫定律及支路电流分析法
- 等效变换及其在电路分析中的应用
- 节点电压分析法
- 网络定理及其在电路分析中的应用
- 一阶动态电路分析

1.1 电路理论基础

1.1.1 电路理论及其发展

电路理论与应用技术的发展，为人类驾驭物质世界奠定了重要的理论基础。电路理论是关于电器件的模型建立、电路分析、电路综合及设计等方面的理论。电路理论是物理学、数学和工程技术等多方面成果的融合。物理学，尤其是其中的电磁学，为研制各种电路器件提供了原理依据，同时对各种电路现象做出了理论上的阐述；数学中的许多理论在电路理论中得到了广泛的应用，成为分析、设计电路的重要方法；工程技术的进展不断向电路理论提出新的课题，推动了电路理论的发展。电路理论作为首门电技术基础课，为学习电类专业基础课打下了基础，同时也是电气电子工程师必备的知识。学习本课程还有助于培养读者严谨的科学作风、抽象的思维能力、实验研究能力和总结归纳能力等。

电、磁互生现象早已为现代人所熟知，它是人们经过长期不断观察才发现的。早在我国古代就发现了电磁现象，在4000多年以前，黄帝利用电磁现象制成了罗盘针。据史料记载，公元前9世纪，我国航海家已经使用指南针导航了。被世人称为电学之父的英国物理学家吉尔伯特，于1600年在他的书中第一次讨论了电与磁。与电、磁理论发展有关的世界著名科学家还有安培、欧姆、伏特、基尔霍夫、戴维南、法拉第、亨利、拉普拉斯、傅里叶、麦克斯韦和赫兹等。关于电的理论和电子技术的发展，就经典阶段和现代阶段而言，前后大体经历了200年。经典电路理论形成于20世纪初至60年代，经典的时域分析于20世纪30年代初初步建立，并随着电力、通信、控制三大系统的要求，发展到频域分析与电路综合。20世纪六七十年代至今，发展了现代电路理论，它随着电子革命和计算机革命而飞速发展，其特点是：频域与时域相结合，并产生了拓扑、状态、逻辑、开关电容、数字滤波器、有源网络综合和故障诊断等新的领域。

1.1.2 电路和电路模型

1．电路

电路在日常生活、生产和科学研究工作中得到了广泛应用。小到手电筒，大到计算机、通信系统和电力网络，都可以看到各种各样的电路。可以说，只要用电的物体，其内部都含有电路，尽管这些电路的结构各异，特性和功能也不相同，但都建立在一个共同的电路理论基础上。

电路通常按如下三个方面进行分类。①集总参数电路和分布参数电路。将实际电路的几何尺寸 d 与其中的工作信号波长 λ 比较，满足 $d \ll \lambda$ 的电路称为集总参数电路，不满足 $d \ll \lambda$ 的电路称为分布参数电路，常见的低频放大器属于集总参数电路，微波（$\lambda < 1\text{m}$）电路（如电视天线、雷达天线和通信卫星天线等）属于分布参数电路。本书中将以集总参数电路为研究对象进行讨论。②线性电路和非线性电路。若描述电路特征的所有方程都是线性代数方程或线性微积分方程，则称为线性电路，否则就是非线性电路。非线性电路在工程中应用更为普遍，线性电路仅是非线性电路的近似模型，但线性电路理论却是最重要的基础。③时不变电路和时变电路。时不变电路中元件参数不随时间变化，描述其电路的方程是常系数的代数方程或常系数的微积分方程，而时变电路是由变系数的代数方程或微积分方程描述的电路。在实际电路中，时变电路比较普遍，但时不变电路是最基本的电路模型，也是研究时变电路的基础。

电路的一种功能是实现电能的传输和转换，例如，电力网络将电能从发电厂输送到各个工厂、广大农村和千家万户，供各种电气设备使用；电路的另一种功能是实现电信号的传输、处理和存储，例如，电视接收天线将接收到的含有声音和图像信息的高频电视信号，通过高频传输线送到电视机中，这些信号经过选择、变频、放大和检波等处理，恢复出原来的声音和图像信号，在扬声器发出声音并在显像管屏幕上呈现图像。

那么，什么是电路呢？所有的**实际电路**都是由电气设备和元器件按照一定的方式连接起来的，为电流的流通提供路径的总体，也称网络。在实际电路中，电能或电信号的发生器称为电源，用电设备称为负载。电压和电流是在电源的作用下产生的，因此，电源又称为激励源，简称激励。由激励而在电路中产生的电压和电流称为响应。有时，根据激励和响应之间的因果关系，把激励称为输入，响应称为输出。

2．电路模型

为了便于对实际电路进行分析，通常是将实际电路器件理想化（或称模型化），即在一定条件下，突出其主要的电磁性质，忽略其次要因素，将其近似地看作理想电路元件，并用规定的图形符号表示。例如，用电阻元件来表征具有消耗电能特征的各种实际元件，同样，在一定条件下，电感线圈忽略其电阻，就可以用电感元件来近似地表示；电容器忽略其漏电，就可以用电容元件近似地表示。此外还有电压源、电流源两种理想电源元件。以上这些理想元件分别可以简称为：电阻、电感、电容和电源，它们都具有两个端钮，称为二端元件，其中，电阻、电感、电容又称**无源元件**①。

由理想元件组成的电路，就称为实际电路的**电路模型**。图 1-1（b）即为图 1-1（a）的电路模型。今后如未加特殊说明，所说的电路均指电路模型。

以上用理想电路元件或它们的组合模拟实际器件的过程称为**建模**。建模时必须考虑工作条件，并按不同精确度的要求把给定工作情况下的主要物理现象及功能反映出来。需要注意的是：

---

① 电路中有两类元件，有源元件和无源元件。有源元件能产生或者能控制能量而无源元件不能，电阻、电容、电感等均为无源元件。发电机、电池、运算放大器、三极管、场效应管等为有源元件。

在不同的条件下，同一实际器件可能采用不同模型。模型取得恰当，对电路的分析和计算结果就与实际情况接近；模型取得不恰当，则会造成很大误差，有时甚至导致自相矛盾的结果。所以建模问题需要专门研究，绝不能草率定论。例如，如图 1-2（a）所示的线圈，在低频交流工作条件下，用一个电阻和电感的串联结构进行模拟，如图 1-2（b）所示；在高频交流工作条件下，则要再并联一个电容来模拟，如图 1-2（c）所示。

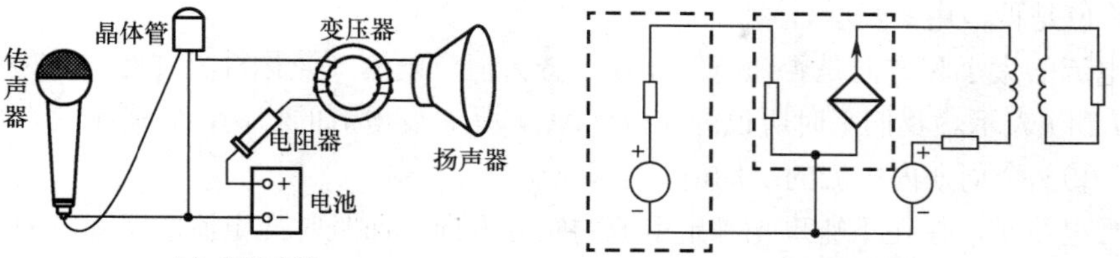

图 1-1　晶体管放大电路

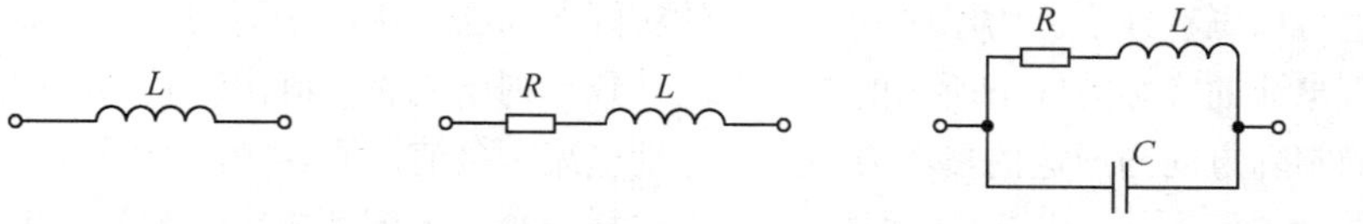

图 1-2　线圈的几种电路模型

1.1.3　计算机辅助电路分析

电路的分析和设计都要完成一定的数学运算工作。人们曾经使用计算尺和计算器来完成一定的计算工作，随着计算机和大规模集成电路的发展，现在已经广泛使用计算机来辅助电路的分析和设计，计算机辅助分析技术在工程技术领域的应用越来越广泛，为传统的电路系统分析与设计提供了新的方法。由于生产实际的发展和教学改革的需要，因此促使原有的教学体系在内容和分析手段上必须进行相应的调整。在教育教学方面，几乎所有理工类的高校都开设了计算机辅助分析（Computer Aided Analysis，CAA）方面的课程。目前最具有通用性的电子电气工程类的计算机辅助分析软件主要是 PSpice、MATLAB 等软件。MATLAB 具有数据分析，数值和符号计算，工程与科学绘图，控制系统设计，数字图像信号处理，财务工程，建模、仿真、原型开发，应用开发，图形用户界面设计等功能。PSpice 软件收敛性好，适合用于进行系统和电路级仿真，具有快速、准确的仿真能力。在科研开发部门，PSpice 是产品从设计、试验到定型过程中不可缺少的工具。1988 年 PSpice 已被定为美国国家工业标准。

1.2　电路基本物理量

在电路分析与设计中，为了定量描述电路的状态或电路元件的特征，普遍用两类物理量，即，基本物理量和复合物理量。描述电路的基本物理量有电流、电压、电荷和磁通。电路分析的基本任务是计算电路中的电流和电压。以此为基础，又经常用功率和能量来反映电路中的能量传递情况，功率和能量是两个复合物理量。

1.2.1　电流

电荷的定向运动形成电流。电流的实际方向习惯上指正电荷运动的方向。电流的大小用电流强度来衡量，电流强度简称电流，其数学表达式为

$$i = \frac{\mathrm{d}q}{\mathrm{d}t} \tag{1-1}$$

式（1-1）的物理意义是单位时间内通过导体横截面的电荷量。式中，i 表示电流强度，单位是安[培]，用 A 表示，在计量微小电流时，通常用毫安（mA）或微安（μA）作为单位；dq 为微小电荷量，单位是库[仑]，用 C 表示，且 1 库仑为 6.24×10^{18} 个电子所带的电量；dt 为微小的时间间隔，单位是秒，用 s 表示。

按照电流的大小和方向是否随时间变化，分为恒定电流（简称直流 DC）和时变电流，分别用符号 I 和 i 表示。我们平时所说的交流（AC）是时变电流的特例，它满足两个特点：①周期性变化；②一个周期内电流的平均值等于零。

在分析电路时，往往不能事先确定电流的实际方向，而且时变电流的实际方向又随时间不断变化。因此在电路中很难标明电流的实际方向。为此，引入了电流**参考方向**这一概念。

参考方向的选择具有任意性。在电路中，通常用实线箭头或双字母下标表示，实线箭头可以画在线外，也可以画在线上。为了区别，电流的实际方向通常用虚线箭头表示，如图 1-3 所示。而且规定：若电流的实际方向与所选的参考方向一致，则电流为正值，即 $i>0$，如图 1-3（a）所示；若电流的实际方向与所选的参考方向相反，则电流为负值，即 $i<0$，如图 1-3（b）所示。这样一来，电流就成为一个具有正负的代数量。

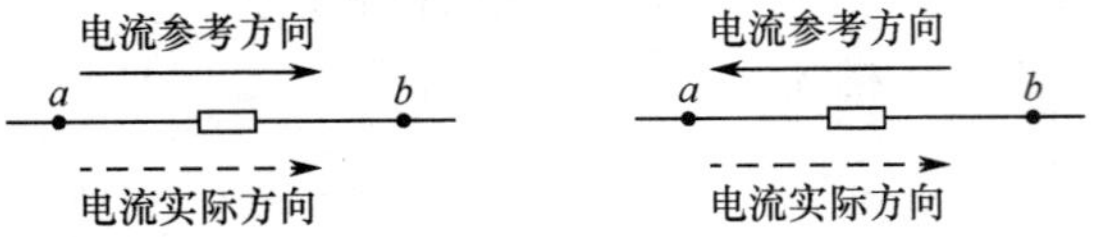

(a) $i>0$　　(b) $i<0$

图 1-3　电流的参考方向与实际方向

图 1-3（a）中电流参考方向为从 a 到 b，用双下标法表示为 i_{ab}；图 1-3（b）中电流参考方向为从 b 到 a，表示为 i_{ba}。对于同一电流，参考方向选择不同，其数值互为相反数，即 $i_{ab} = -i_{ba}$。

1.2.2　电压

电路分析中另一个基本物理量是电压。直流电压用大写字母 U 表示，交流电压用小写字母 u 表示，单位为伏[特]，用 V 表示。为了便于计量，还可以用毫伏（mV）、微伏（μV）和千伏（kV）等作为单位。在数值上，电路中任意 a、b 两点之间的电压等于电场力由 a 点移动单位正电荷到 b 点所做的功，即

$$U_{ab} = \frac{\mathrm{d}W}{\mathrm{d}q} \tag{1-2}$$

式中，dW 是电场力所做的功，单位是焦耳（J）。

在电路中任选一点作为参考点，则其他各点到参考点的电压称为该点的**电位**，用符号 V 表示。例如，电路中 a、b 两点的电位分别表示为 V_a 和 V_b，并且 a、b 两点间的电压与该两点电位有以下关系

$$U_{ab}=V_a - V_b \tag{1-3}$$

电位与电压既有联系又有区别。其主要区别在于：电路中任意两点间的电压，其数值是绝对的；而电路中某一点的电位是相对的，其值取决于参考点的选择。在电子技术中，通常用求解电位的方法判断半导体器件（如二极管、三极管）的工作状态。

今后如未说明，通常选接地点作为参考点，并且参考点的电位为零。引入电位概念后，两点间电压的实际极性即由高电位点指向低电位点。所以电压就是指电压降。

电路中电位相同的点称为等电位点。等电位点的特点是：两个等电位点之间的电压等于零。用导线或电阻将等电位点连接起来，导线和电阻元件中没有电流通过，不会影响电路的工作

状态。

与电流参考方向同理，在电压的极性上引入参考极性（也可称为参考方向），参考极性的选择同样具有任意性，在电路中可以用“+”、“−”号表示，也可用双字母下标或实线箭头表示，如图 1-4 所示。电压正负值的规定与电流一样，此处不再赘述。

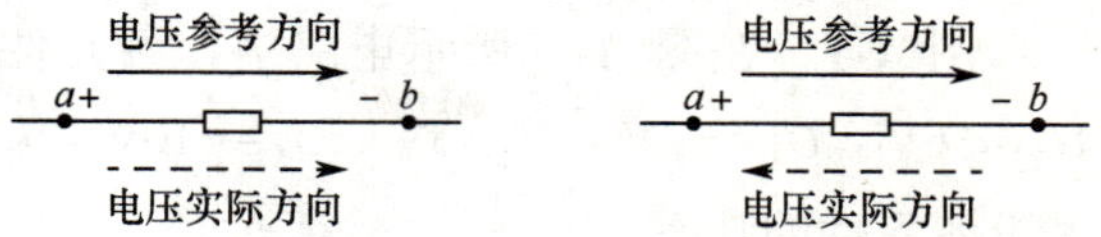

(a) $u>0$　(b) $u<0$

图 1-4　电压的参考方向与实际方向

在画电子电路图时，有一种简化的习惯画法。因为在电子电路中，一般会把电源、输入和输出信号的公共端接在一起作为参考点，所以在简化画法中，不用再画出电源的图形符号，而改为只标出除参考点之外另外一个电极的电位数值和极性就可以了，如图 1-5 所示。

反之，根据电路的简化画法也能还原出原电路的完整画法。

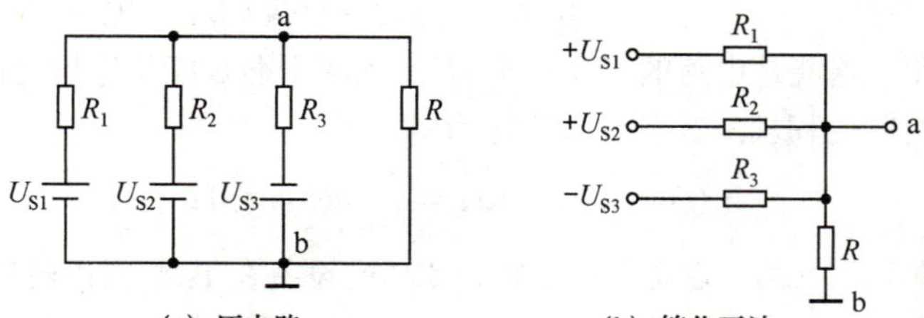

(a) 原电路　(b) 简化画法

图 1-5　电子电路的简化画法

值得注意，今后在求电压、电流时，必须事先规定电压的参考极性和电流的参考方向，否则求出的值无意义。

通常，对于电路中的某个元件或某段电路，其上电流参考方向和电压参考极性都是可以任意选定的，彼此独立无关。但为了分析方便，通常将其电压的参考极性和电流的参考方向选为一致，即电流的参考方向由电压的“+”指向“−”，这样选定的参考方向称为电压与电流的**关联参考方向**，简称关联方向，如图 1-6（a）和（b）所示。否则，称为非关联方向，如图 1-6（c）和（d）所示。

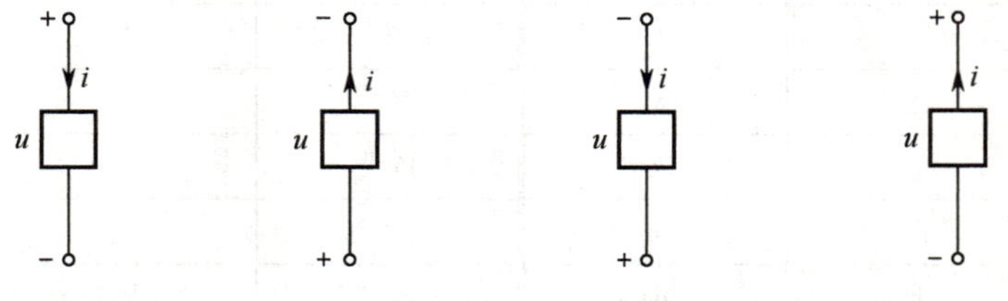

(a) 关联参考方向　(b) 关联参考方向　(c) 非关联参考方向　(d) 非关联参考方向

图 1-6　二端元件电压、电流的参考方向

1.2.3　功率与能量

电能对时间的变化率即为**电功率**，简称功率。用 p 或 P 表示，单位是瓦（W）。功率的表达式为

$$p=\frac{\mathrm{d}W}{\mathrm{d}t}=\frac{\mathrm{d}W}{\mathrm{d}q}\frac{\mathrm{d}q}{\mathrm{d}t}=ui \tag{1-4}$$

应用式（1-4）计算元件功率时，首先需要判断 u、i 的参考方向是否为关联方向，若关

联，则 $p=ui$；否则 $p=-ui$ 。根据计算结果，若 $p>0$，则表明元件实际消耗功率；若 $p<0$，则表明元件实际发出功率。

例 1-1 在图 1-7 所示电路中，各元件电压、电流参考方向已选定，已知 U_1=1V，U_2=-6V，U_3=-4V，U_4=5V，U_5=-10V，I_1=1A，I_2=-3A，I_3=4A，I_4=-1A，I_5=-3A。试求各元件的功率。

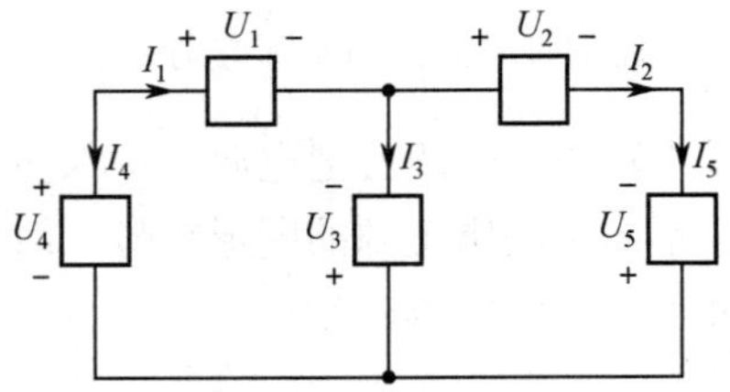

图 1-7 例 1-1 图

解 根据题目所给已知条件可得

$P_1=U_1I_1=1\times1=1\text{W}$ （消耗功率1W）

$P_2=U_2I_2=(-6)\times(-3)=18\text{W}$ （消耗功率18W）

$P_3=U_3I_3=-(-4)\times4=16\text{W}$ （消耗功率16W）

$P_4=U_4I_4=5\times(-1)=-5\text{W}$ （发出功率5W）

$P_5=U_5I_5=-(-10)\times(-3)=-30\text{W}$ （发出功率30W）

由以上计算结果可以看出，电路中各元件发出的功率总和等于消耗功率总和，这就是电路的“功率平衡”。功率平衡是能量守恒定律在电路中的体现。

能量是功率对时间的积累，其表达式可写为

$$W(t)=\int_{-\infty}^{t}p(\tau)\,\mathrm{d}\tau=\int_{-\infty}^{t}u(\tau)i(\tau)\,\mathrm{d}\tau \tag{1-5}$$

能量的单位是焦[耳]（J），定义为：功率为 1W 的设备在 1s 时间内转换的电能。工程上常采用千瓦小时（kW·h）作为电能的单位，俗称 1 度电，定义为：功率为 1kW 的设备在 1h 内所转换的电能。

在实际应用中，有时国际单位制（SI 单位）用起来太大或太小，一般可加上如表 1-1 所示的国际单位制的词头，构成 SI 的十进倍数或分数单位。

表 1-1 国际单位制前缀

所乘的 10 次幂	前 缀	符 号	所乘的 10 次幂	前 缀	符 号
10^{18}	艾	E	10^{-1}	分	d
10^{15}	拍	P	10^{-2}	厘	c
10^{12}	太	T	10^{-3}	毫	m
10^{9}	吉	G	10^{-6}	微	μ
10^{6}	兆	M	10^{-9}	纳	n
10^{3}	千	k	10^{-12}	皮	p
10^{2}	百	h	10^{-15}	飞	f
10^{1}	十	da	10^{-18}	阿	a

1.3 电路基本元件

前已述及，在电路理论中，将实际的元器件进行抽象从而得到 4 类理想元件（即元件模型），它们是电阻元件、电容元件、电感元件、理想电源。本节将分别介绍这 4 类理想元件的参数、电压电流关系、功率及使用等。

1.3.1 电阻元件

1．电阻元件的电压、电流关系及功率

导体对电子运动呈现的阻力称为电阻。对电流呈现阻力的元件称为电阻器，电阻器的电路模型是电阻元件，简称电阻，字母符号为 R，电路符号如图 1-8（a）所示。电阻上的电压和电流有确定的对应关系，可以用 u–i 平面上的一条关系曲线，即伏安曲线或数学方程式来表示。

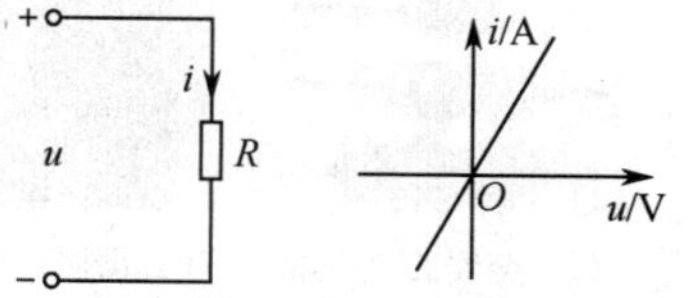

(a) 电路符号　　(b) 伏安特性

图 1-8　线性电阻的电路符号和伏安特性

如果电阻的伏安关系是一条通过原点的直线，如图 1-8（b）所示，则称为线性时不变电阻，在图 1-8（a）所示的关联方向下，其电压电流关系可用下式表示

$$u=Ri \quad 或 \quad i=Gu \tag{1-6}$$

式（1-6）是欧姆定律的表达式，也就是说，欧姆定律揭示了线性电阻电压与电流的约束关系。式中 R 和 G 是电阻的两个重要参数，分别叫**电阻**和**电导**，单位分别是欧[姆]（Ω）和西[门子]（S）。R 和 G 两个参数在数值上互为倒数关系。

如果电阻的伏安关系不是一条直线，则称该电阻为非线性电阻，半导体二极管就是一个非线性电阻器件。今后如未特别说明，所讨论的电阻元件均指线性电阻（简称电阻）。

在任意时刻，电阻上消耗的功率为

$$p=\pm ui=i^2R=\frac{u^2}{R}=Gu^2 \tag{1-7}$$

式中的"+"、"−"号与电压及电流的参考方向有关。式（1-7）表明，对于线性正电阻（$R>0$）来说，瞬时功率恒为非负值，所以它在任一时刻都是消耗能量的。

2．开路和短路

有两种情况值得注意：开路和短路。当一个二端元件（或电路）的端电压不论为何值时，流过它的电流值恒为零，此时该元件可看成一个 $R=\infty$的电阻，或者说相当于一个断开的开关，故把它称为开路；当流过一个二端元件（或电路）的电流不论为何值时，它的端电压值恒为零，此时该元件可看成一个 $R=0\Omega$ 的电阻，或者说一个闭合的开关，故把它称为短路。

3．电阻器与额定值

电阻元件是由实际电阻器抽象出来的理想化模型，常用来模拟各种电阻器和其他电阻性器件。实际的电阻器必须在一定电压、电流和功率范围内才能正常工作。电子设备中常用的碳膜电阻器、金属电阻器和线绕电阻器在生产制造时，除注明标称电阻值（如 100Ω、1kΩ、10kΩ 等）外，还要规定额定功率值（如 1/8W、1/4W、1/2W、1W、2W、5W 等），以便用户参考。图 1-9 所示为几种实际电阻器的外观图。

同样，电气设备也有额定值的问题。电气设备的额定值是由制造厂家给用户提供的，它是设备安全运行的限额值，又是设备经济运行的使用值。通常，制造厂在一定条件下规定了电气设备的额定电压、额定电流和额定功率等，电气设备只有在额定值情况下才能正常运行，才能保证它的寿命。外加电压大大高于额定电压，电气设备的绝缘材料将被击穿，造成短路或设备被烧毁。如果通过电气设备的电流超过额定值，设备温度过高，不仅影响寿命，而且绝缘材料会因过热出现炭化，破坏其绝缘性能，也能造成设备和人身事故。如果工作电压或工作电流比额定值小得多，电气设备将处于不良工作状态，甚至不能工作。例如：220V、100W 的灯泡，接到 110V 的电压上，灯光昏暗。电视机、洗衣机、电冰箱等如果电源电压过低，就不能正常工作。

(a) 金属膜电阻器 (b) 碳膜电阻器 (c) 线绕电阻器 (d) 光敏电阻器 (e) 消谐类电阻器

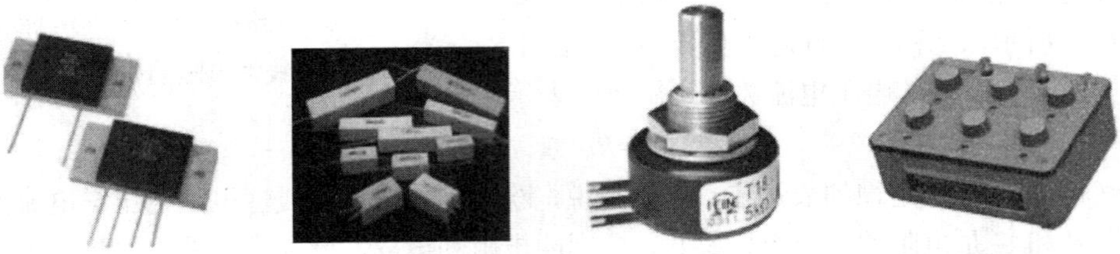

(f) 合金箔电阻器 (g) 水泥电阻器 (h) 电位器 (i) 直流电阻箱

图 1-9 实际电阻器的外观图

在电子设备中使用的碳膜电位器、实心电位器和线绕电位器是一种三端电阻器件，它有一个滑动接触端和两个固定端。在直流和低频工作时，电位器可用两个可变电阻串联来模拟。

1.3.2 电容元件

电容元件是电路中最常见的基本元件之一。两块金属板之间用介质隔开就构成了实际的电容器。电容器在工程上应用非常广泛，种类规格也很多，常用的有空气电容器、陶瓷电容器、纸电容器、云母电容器、电解电容器和贴片电容器等，图 1-10 所示为实际电容器的外观图。电容元件是各种实际电容器的电路模型，它是一种理想元件，简称电容，用 C 表示。其电路符号如图 1-11（a）所示。

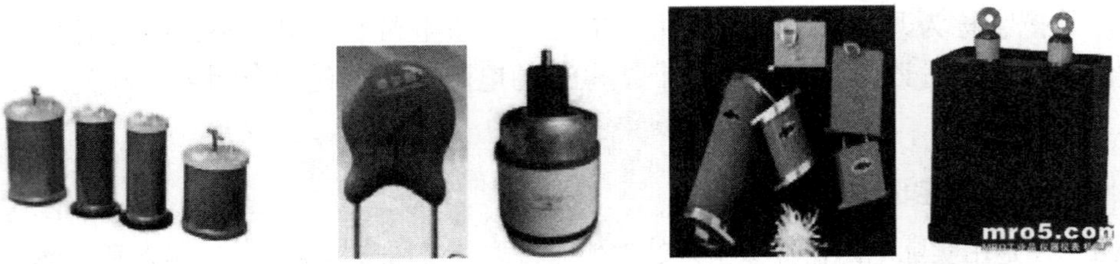

(a) 空气电容器 (b) 陶瓷电容器 (c) 纸电容器

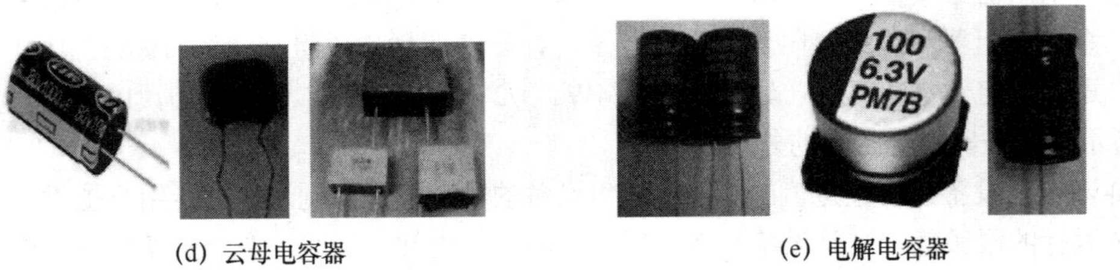

(d) 云母电容器 (e) 电解电容器

图 1-10 实际电容器的外观图

电容具有充、放电的特性，当在其两端加上电压时，两个极板间就会建立电场，储存电场能量，这是充电过程；反之，若给储存有电能的电容提供放电回路，它就会释放其中的能量，这是电容的放电过程。电容放电时，相当一个电压源。

电容是一种能够储存电场能量的元件，储存能量的多少通常用电容量（简称电容）这个参数来表征，该参数也用 C 表示。在国际单位制中，电容的单位为法[拉]，用 F 表示。此外还有微法（μF）、纳法（nF）和皮法（pF），它们与 F 的关系是

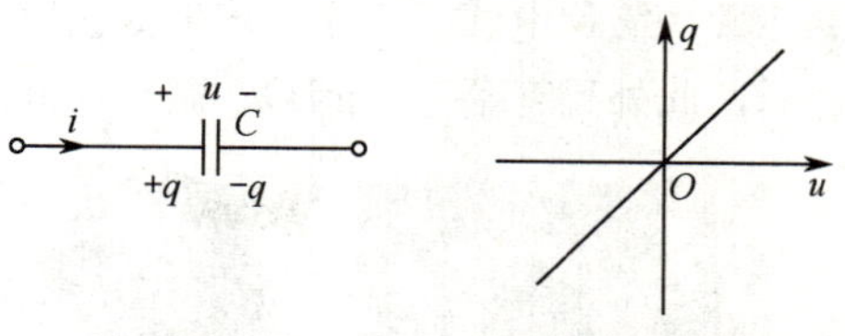

(a) 电路符号　　(b) 库-伏特性

图 1-11　电容元件

$$1\text{F}=10^6\mu\text{F}=10^9\text{nF}=10^{12}\text{pF}$$

对于线性电容而言，其极板上储存的电荷量 q 与两极板间建立起的电压 u 成正比例关系，写成表达式为

$$q = Cu \tag{1-8}$$

与式（1-8）对应的库-伏特性如图 1-11（b）所示。

如图 1-11（a）所示，当电压、电流选为关联方向时，其伏安关系为

$$i=\frac{\mathrm{d}q}{\mathrm{d}t}=C\frac{\mathrm{d}u}{\mathrm{d}t} \tag{1-9}$$

上式说明，电容元件其电压与电流是一种微分关系，即电流与该时刻电压的变化率成正比。显然，电压变化越快，即变化频率越大，电流就越大；如果电压不变化，即加上直流电压，则 $i=0$，此时电容相当于开路。这正是电容的一个明显特征：通高频，阻低频；通交流，隔直流。利用该特性，可用电容制成滤波器。

由式（1-9）还可以看出，在电容电流为有限值的前提下，电容电压不能跃变，即电容电压变化需要时间。电容电压不能跃变的特性，将作为 1.9 节中分析动态电路的一个重要依据。

电容的储能公式

$$W_\text{C}=\frac{1}{2}Cu^2(t) \tag{1-10}$$

式（1-10）表明：任意时刻电容的储能总是大于或等于零，由此可知，电容属于无源元件。

在实际中，考虑到电容器的容量及耐压，常常要将电容器串联或并联起来使用。

电容并联时，其等效电容等于各并联电容之和。电容的并联相当于极板面积的增大，所以增大了电容量。当电容器的耐压符合要求而容量不足时，可将多个电容并联起来使用。

电容串联时，其等效电容的倒数等于各串联电容倒数之和。电容串联时，其等效电容比串联时的任意一个电容都小。这是因为电容串联相当于加大了极板间的距离，从而减小了电容。若电容的耐压值小于外加电压，则可将几个电容串联使用。

电容串联时，各个电容上的电压与其电容的大小成反比。电容小的所承受的电压高，电容大的所承受的电压反而低。这一点在使用时要注意。

电容可采用既有并联又有串联的接法，以获得所需要的电容量和耐压。

1.3.3 电感元件

实际的电感器（也叫线圈）是用导线缠绕而成的。根据用途的不同，电感器也有很多的种类（图 1-12 所示为实际电感器的样品图），但它们可用电感元件这个理想化模型来代替，电感元件简称电感，用 L 表示。其电路符号如图 1-13（a）所示。

电感同样具有储存和释放能量的特点。当在电感中通入交流电流 i 时，电感周围就会产生磁场，即储存了磁场能量，同时在电感两端会出现感应电压 u。电感储存能量的多少通常用电

感系数（简称电感）表征，该参数也用 L 表示。在国际单位制中，电感的单位为亨[利]，用 H 表示，此外还有毫亨（mH）、微亨（μH），它们与 H 的关系是，$1\text{H}=10^3\text{mH}=10^6\mu\text{H}$。

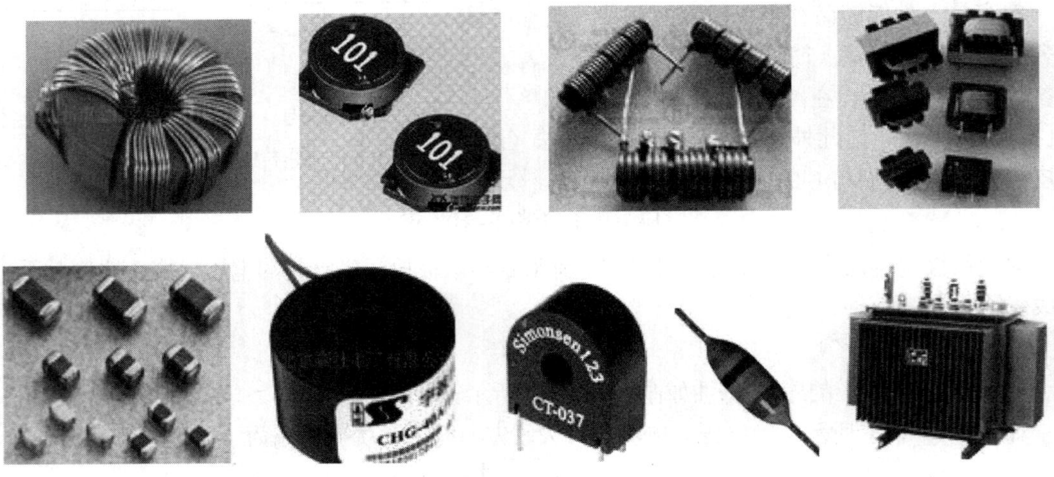

图 1-12　实际电感器

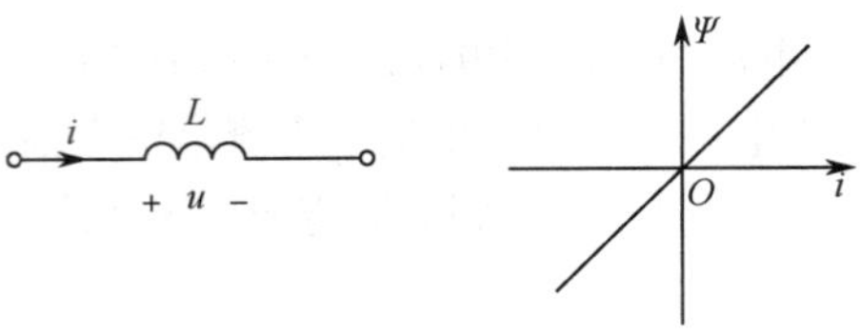

(a) 电路符号　　(b) 韦-安特性

图 1-13　电感元件

对于线性电感而言，电感的磁链与电流成正比关系，即

$$\psi(t) = Li(t) \tag{1-11}$$

与式（1-11）对应的韦-安特性如图 1-13（b）所示。

如图 1-13（a）所示，当电压、电流选为关联方向时，电感元件的伏安关系为

$$u = L\frac{\mathrm{d}i}{\mathrm{d}t} \tag{1-12}$$

上式表明，电感元件的伏安关系为微分关系，即感应电压与该时刻电流的变化率成正比。电流的变化率越大，则 u 越大。如果电流不变化，即在直流电路中，则电压 $u=0$，这时电感相当于短路。因此，电感具有通低频、阻高频的作用，也可用来制成滤波器。

电感的储能公式为

$$W_{\mathrm{L}} = \frac{1}{2}Li^2(t) \tag{1-13}$$

式（1-13）表明：任意时刻电感的储能总是大于或等于零，由此可知，电感也属于无源元件。

对于无互感的电感来说，当其串并联时，其等效电感的求解方法与电容的串并联刚好相反。

1.4　独立电源和受控电源

1.4.1　独立电源

将其他形式的能量转换成电能的设备称为电源。如果电源的参数都由电源本身的因素决定，而不因电路的其他因素而改变，则称为**独立电源**，今后简称电源。

电源是电路的输入，它在电路中起激励作用，根据电源提供电量的不同，可分为电压源和电流源两类。实际电源有电池、发电机、信号源等。电压源和电流源是从实际电源抽象得到的电路模型，它们是二端有源元件。

1．电压源

（1）理想电压源

电路理论中常将实际电压源的内阻忽略，得到理想电压源。理想电压源满足两个特点：一是端电压为恒定值（直流电压源）或固定的时间函数（交流电压源），与所接外电路无关；二是通过电压源的电流随外电路的不同而变化。其电路符号如图 1-14 所示，图 1-14（a）为直流电压源的一般符号，“+”、“−”号表示电压源电压的参考极性；图 1-14（b）是电池的电路符号，其参考方向为由正极（长线段）指向负极（短线段）；图 1-14（c）是交流电压源的电路符号。

根据理想电压源的端电压与外接电路无关的特点，在理想电压源开路和接通外电路时，其端电压即输出电压是相同的。但将端电压不为零的电压源短路是不允许的，这会导致很大的短路电流通过电压源而使其烧毁。

（2）实际电压源

理想电压源实际是不存在的。实际电压源，如干电池、蓄电池，接通负载后，其端电压会随其端电流的变化而变化，这是因为实际电压源有内阻。因此对于一个实际的直流电压源，可以用一个理想电压源 U_S 和内阻 R_S 相串联的模型来表示，如图 1-15 所示，这就是实际电压源的电路模型。

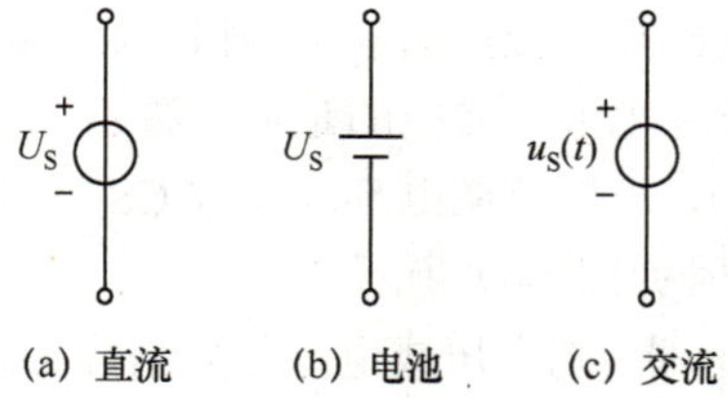

图 1-14　理想电压源的电路符号

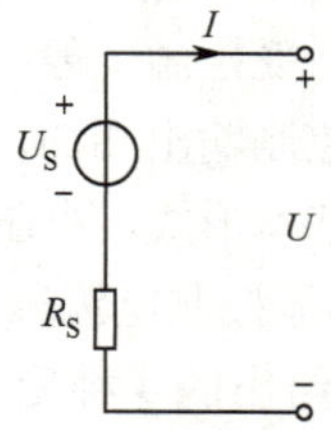

图 1-15　实际电压源的电路模型

在电路中，电压源可起到电源作用，也可以成为负载。如果电压源电流的实际方向由电压源的低电位端经内部流向高电位端，这时电压源内部外力克服电场力移动正电荷而做功，电压源起电源作用，输出功率；反之电流实际方向由电压源的高电位端经内部流向低电位端，电压源消耗功率，成为负载。

2．电流源

（1）理想电流源

与电压源不同，理想电流源（简称电流源）的端电流不变，而端电压要随负载的不同而变化。电路符号如图 1-16 所示，图中箭头所指方向为电流源电流的参考方向。电流源的例子也比较多，例如，光电池在一定照度的光线照射下，被激发产生一定大小的电流，该电流与照度成正比。在电子线路中，三极管在一定条件下，将产生一定值的集电极电流，此集电极电流与基极电流成正比。有些电子设备在一定范围内能产生恒定电流，这些器件或设备工作时的特性比较接近电流源。

（2）实际电流源

实际的电流源，输出电流则要随端电压的变化而变化，这是因为实际电流源存在内阻。例如光电池，受光照激发的电流，并不能全部外流，其中一部分将在光电池内部流动。这种实际电流源可以用一个理想电流源 I_S 和电导 G_S 相并联的模型来表示，如图 1-17 所示。

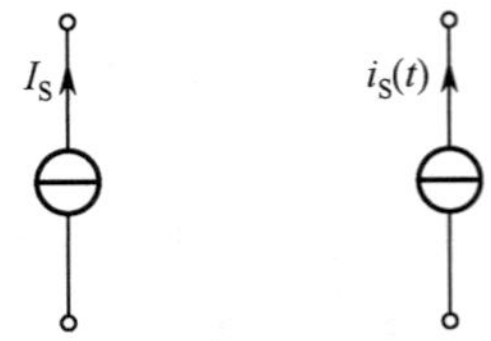

(a) 直流电流源　(b) 交流电流源

图 1-16　理想电流源电路符号

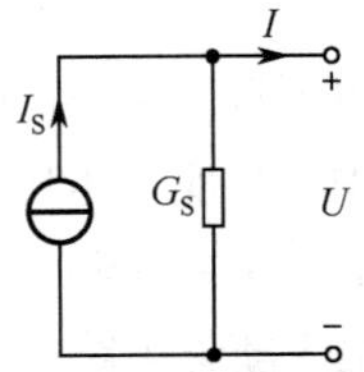

图 1-17　实际电流源的电路模型

1.4.2　受控电源

前面介绍的电压源和电流源都是独立电源，其输出电压和输出电流都由电源本身的因素决定，而不因电路的其他因素而改变。此外，在电路分析中，还会遇到另一类电源，它们的电压或电流受电路其他部分电压或电流的控制，因此称为**受控电源**，简称受控源。受控源又称为非独立源，是有源器件。

例如，在电子电路中，晶体三极管的集电极电流受基极电流的控制，场效应管的漏极电流受栅极电压的控制；运算放大器的输出电压受输入电压的控制；发电机的输出电压受其励磁线圈的电流的控制等。这类电路器件的工作性能可用受控源元件来描述。

受控源与电压源、电流源（统称独立源）在电路中的作用不同。为了区别，受控源采用菱形符号表示。受控源一般有两对端钮，一对是输出端（受控端），一对是输入端（控制端），输入端是用来控制输出端的。根据控制量是电压还是电流，受控的是电压源还是电流源，理想受控源有 4 种基本形式：电压控制电压源（VCVS），电压控制电流源（VCCS），电流控制电压源（CCVS），电流控制电流源（CCCS）。其电路符号如图 1-18 所示。

图 1-18 给出的 4 种受控源，其受控端（输出端）的电压或电流与控制端（输入端）的电压或电流的比值称转移函数（或称控制系数），分别用 μ、g、γ 、β 表示。其中，$\mu=U_2/U_1$，称为转移电压比；$g=I_2/U_1$，称为转移电导；$\gamma=U_2/I_1$，称为转移电阻；$\beta=I_2/I_1$，称为转移电流比。μ、g、γ、β 为常数时，被控制量与控制量成正比，这种受控源称为线性受控源。

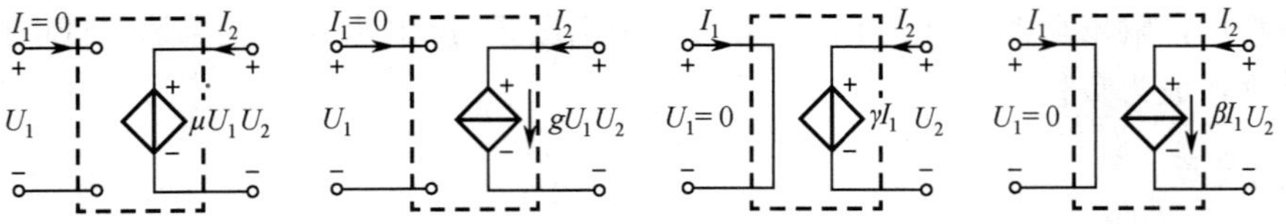

图 1-18　受控源 4 种基本形式

图 1-18 所示受控源的电路符号较为抽象。为了更好地理解受控源的特性，图 1-19 列举了三个含有受控源的电路。不难看出，图 1-18（a）中受控源为电流控制电压源，其输出电压值为 $2I$, I 为本电路中 12V 电压源所在支路电流，也就是说，其输出电压值要受到电流 I 的控制；图 1-18（b）中受控源为电压控制电流源；图 1-18（c）所示为三极管的微变等效电路，此时三极管的集电极输出电流 $\dot{I}_c$ 的大小受基极输入电流 $\dot{I}_b$ 的控制，因此三极管 c-b 之间可以等效成一个电流控制电流源。

需要指出的是：在同一线性电路中可以同时含有独立电源和受控源。但由于受控源与独立电源的特性完全不同，因此它们在电路中所起的作用也完全不同。独立电源是电路的输入或激励，它为电路提供按给定时间函数变化的电压和电流，从而在电路中产生电压和电流。受控源则描述电路中两条支路电压和电流间的一种约束关系，它的存在可以改变电路中的电压和电流，使电路特性发生变化。假如电路中不含独立电源，不能为控制支路提供电压或电流，则受控源及整个电路的电压和电流将全部为零。

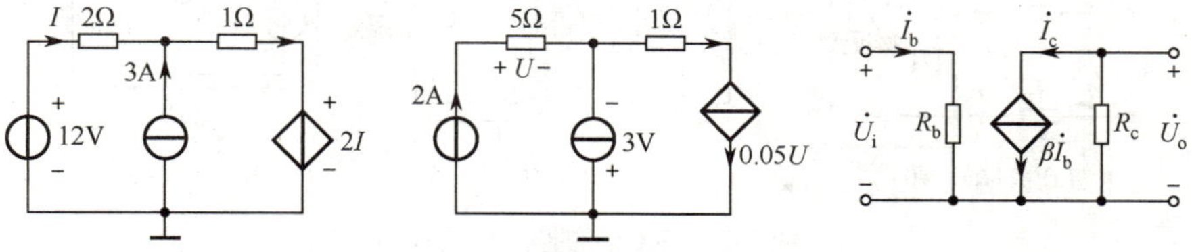

图 1-19　含受控源电路

1.5　基尔霍夫定律及支路电流分析法

1.5.1　基尔霍夫定律

电路是由多个元件互联而成的整体，在这个整体当中，元件除了要遵循自身的电压电流关系（Voltage Current Relation，VCR）外，同时还必须服从电路整体上的电压电流关系，即电路的互联规律。**基尔霍夫定律**就是研究这一规律的。该定律包括电流定律和电压定律。

为了便于学习基尔霍夫定律，首先以图 1-20 为例介绍电路结构中的几个名词和术语。

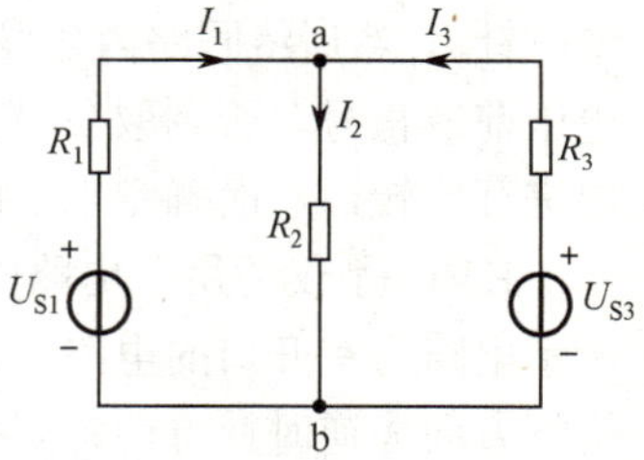

图 1-20　电路名词用图

（1）支路：电路中具有两个端子且通过同一电流的每一个分支（至少包含一个元件）称为一条支路。

（2）节点：三条或三条以上支路的连接点称为节点。

（3）回路：电路中任一条闭合路径称为回路。

（4）网孔：内部不含支路的回路称为网孔。

（5）网络：把包含元件数较多的电路称为网络。实际上电路和网络两个名词可以通用。

图 1-20 电路中共有三条支路，两个节点，三个回路，两个网孔。

1．基尔霍夫电流定律

基尔霍夫电流定律（Kirchhoff's Current Law，KCL），它陈述为：对于集总参数电路中的任一节点，在任一时刻，所有连接于该节点的支路电流的代数和恒等于零。其一般表达式为

$$\sum i = 0 \tag{1-14}$$

KCL 实质上是电荷守恒原理的体现。也就是说，到达任一节点的电荷不可能增加，也不可能减少，且电流必须连续流动。应用式（1-14）可以对电路中任意一个节点列写它的支路电流方程（或称 KCL 方程）。列写时，可规定流入节点的支路电流前取正号，则流出该节点的支路电流前自然取负号（也可做相反规定）。这里所说的“流入”、“流出”均可按电流的参考方向，这与实际并不冲突，因为我们知道，电流参考方向选择不同，其本身的正负值也就不同。

KCL 不仅适用于节点，也可推广应用于包括数个节点的假想的封闭面（可称为广义节点），即通过任一封闭面的所有支路电流的代数和恒等于零。图 1-21（a）、（b）、（c）所示都是 KCL 的推广应用，图中虚线框可看成一个封闭面，根据 KCL，会有图中所标结论。

KCL 是对汇集于一个节点的各支路电流的一种约束。

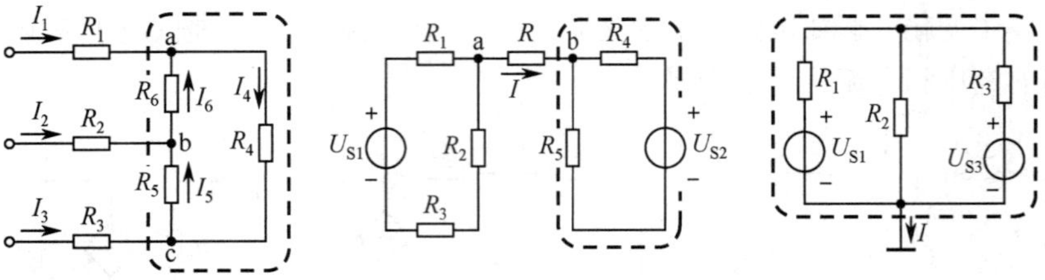

(a) $I_1+I_2+I_3=0$　　(b) $I=0$　　(c) $I=0$

图 1-21　KCL 的推广应用举例

2．基尔霍夫电压定律

基尔霍夫电压定律（Kirhoff's Voltage Law，KVL），它陈述为：对于任何集总参数电路中的任一闭合回路，在任一时刻，沿该回路内各段电压的代数和恒等于零。其一般表达式为

$$\sum u = 0 \tag{1-15}$$

KVL 实质上是能量守恒原理的体现。在任意回路中，电压的代数和为零，实际上，是指从某一点出发又回到该点时，电位的升高等于电位的降低。应用式（1-15）可对电路中任一回路列写回路的电压方程（或称 KVL 方程）。列写时，首先在回路内选定一个绕行方向（顺时针或逆时针），然后将回路内各段电压的参考方向与回路绕行方向进行比较，若两个方向一致，则该电压前取正号，否则取负号。对于电阻元件，可以直接将电阻上电流的参考方向与回路绕行方向进行比较，从而确定电阻两端电压的正负，正负的判断与前面所述方法相同。

KVL 不仅适用于电路中任一闭合回路，还可推广应用于任一不闭合回路。例如，图 1-22 所示电路为有开口的电路，若选路径 abda，构成一个假想回路，设回路绕行方向为逆时针方向，则列写 KVL 方程为

$$U_{ab}+U_3-U_2-U_1=0$$

若选路径 abcda，则构成另一个假想回路，设回路绕行方向为逆时针方向，则列写的 KVL 方程为

$$U_{ab}+U_4-U_5-U_2-U_1=0$$

由以上两式又可分别写出 a、b 两点间电压 U_{ab} 的表达式为

$$U_{ab}=+U_1+U_2-U_3$$

$$U_{ab}=U_1+U_2+U_5-U_4$$

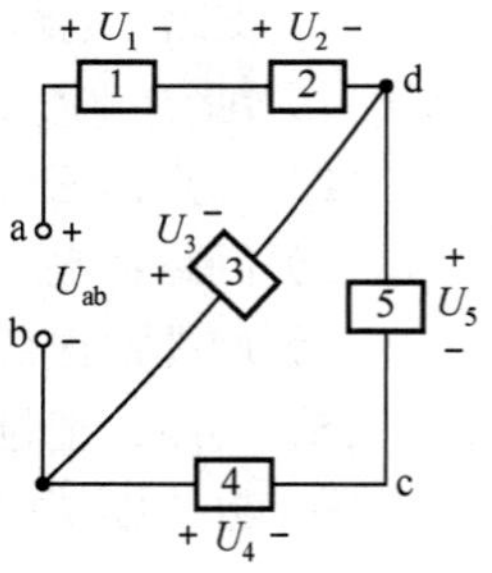

图 1-22　KVL 的推广

这表明：电路中任意两点间的电压 U_{ab} 等于从 a 点到 b 点的任一路径上各段电压的代数和。此即为求解电路中任意两点间电压的方法，需要熟记。

基尔霍夫定律是分析电路的重要依据，该定律适用于任何集总参数电路，与电路中元件的性质无关。利用基尔霍夫定律，以各支路电流为未知量，分别应用 KCL、KVL 列方程，解方程便可求出各支路电流，继而求出电路中其他物理量，这种分析电路的方法称为**支路电流法**。应用支路电流法时应注意：对于具有 b 条支路、n 个节点的电路，只能列出（$n-1$）个独立的 KCL 方程和 $b-(n-1)$ 个独立的 KVL 方程。其中 $b-(n-1)$ 实际上就是电路的网孔数。

1.5.2　定律应用——支路电流分析法

下面举例说明基尔霍夫定律在电路分析中的应用。

例 1-2　电路如图 1-23 所示，已知 $U_{s1}=15\text{V}$，$U_{s2}=5\text{V}$，$R_1=1\Omega$，$R_2=3\Omega$，$R_3=4\Omega$，$R_4=2\Omega$。（1）以 c 点为参考点，求电压 U_{ab} 和 a 点的点电位 V_a；（2）以 d 点为参考点，求电压 U_{ab} 和 a 点

的点电位 V_a。

解 （1）选定回路电流 I 的参考方向及绕行方向如图 1-23 所示。根据 KVL 可写出

$$R_1 I+R_3 I-U_{S2}+R_4 I+R_2 I-U_{s1}=0$$

即

$$I(R_1+R_2+R_3+R_4)=U_{S1}+U_{S2}$$

可得

$$I=\frac{U_{S1}+U_{S2}}{R_1+R_2+R_3+R_4}=\frac{15+5}{1+3+4+2}=2\,\text{A}$$

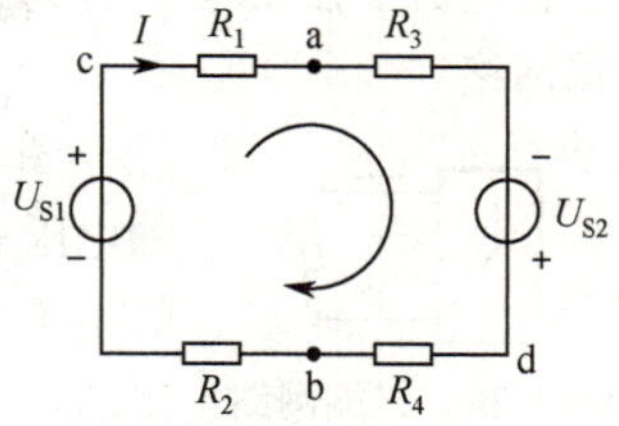

图 1-23 例 1-2 图

以 c 点为参考点，求 U_{ab}，用 a 到 b 点左边路径求解可得

$$U_{ab}=-R_1 I+U_{S1}-R_2 I=-1\times2+15-3\times2=7\text{V}$$

$$V_a=U_{ac}=-R_1 I=-1\times2=-2\text{V}$$

（2）以 d 点为参考点，由于电路中电流不变，故电位

$$V_a=U_{ad}=R_3 I-U_{S2}=4\times2-5=3\text{V}$$

电压 U_{ab} 可以用 a 到 b 右边路径求解得

$$U_{ab}=R_3 I-U_{S2}+R_4 I=4\times2-5+2\times2=7\text{V}$$

由例 1-2 可知，电路中两点间的电压是定值，与参考点的选择及路径均无关；而电路中某一点的电位是相对的，其值随参考点的不同而不同，但参考点一经选定，某点电位也就唯一确定了。

例 1-3 电路如图 1-24 所示，已知电阻 R_1=3Ω，R_2=2Ω，R_3= 6Ω，电压源 Us_1=15V，Us_2=3V，Us_3= 6V，求各支路电流及各元件上的功率。

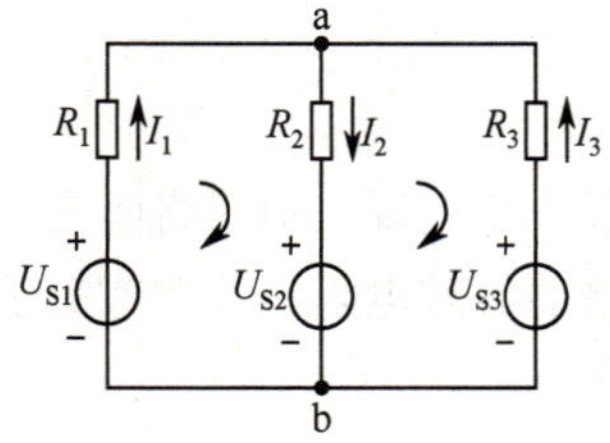

图 1-24 例 1-3 图

解 选定各支路电流 I_1、I_2、I_3 的参考方向及回路绕行方向如图 1-24 所示。根据 KCL、KCL 可得

$$\begin{cases}I_1-I_2+I_3=0\\ R_1\,I_1+R_2\,I_2+U_{S2}-U_{S1}=0\\ -R_3\,I_3+U_{S3}-U_{S2}-R_2\,I_2=0\end{cases}$$

解以上方程组得

$$I_1=2.5\text{A}，\quad I_2=2.25\text{A}，\quad I_3=-0.25\text{A}$$

则各元件功率为

$$P_{U_{S1}}=-U_{S1}I_1=-15\times2.5=-37.5\text{W}（发出功率37.5W）$$

$$P_{U_{S2}}=U_{S2}I_2=3\times2.25=6.75\text{W}（消耗功率6.75W）$$

$$P_{U_{S3}}=-U_{S3}I_3=-6\times(-0.25)=1.5\text{W}（消耗功率1.5W）$$

$$P_{R1}=I_1^2\,R_1=2.5^2\times3=18.75\text{W}（消耗功率18.75W）$$

$$P_{R2}=I_2^2\,R_2=2.25^2\times2=10.125\text{W}（消耗功率10.125W）$$

$$P_{R3}=I_3^2\,R_3=(-0.25)^2\times6=0.375\text{W}（消耗功率0.375W）$$

由计算结果可以看出，电路中各元件发出的总功率与消耗的总功率相等，即满足功率平衡。

1.6 等效变换分析法

1.6.1 等效变换

学习等效变换分析法，首先要掌握两个基本概念。

1．二端网络

具有两个端子与外部相连的电路称为**二端网络**，也称单口网络。二端网络根据其内部是否包含电源（独立源），分为**无源二端网络**和**有源二端网络**。每一个二端元件就是一个最简单的二端网络。

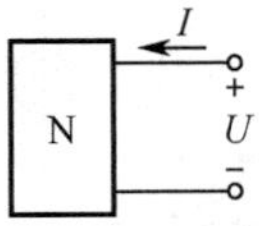

图 1-25　二端网络

图 1-25 所示为二端网络的一般符号。二端网络端口上的电流 I、端口间的电压 U 分别称为端口电流和端口电压。图 1-25 中端口电压 U 和端口电流 I 的参考方向对二端网络来说是关联一致的，UI 应看成该网络消耗的功率。端口的电压、电流关系又称为二端网络的外特性。

2．等效变换

当一个二端网络与另一个二端网络的端口电压、电流关系完全相同时，这两个二端网络对外部来说称为等效网络。等效网络互换后，虽然其内部结构发生了变化，但它们的外特性没有改变，因此对外电路的影响也就不会改变。因此我们所说的“等效”是对网络以外的电路而言，是对外部等效。

求一个二端网络等效网络的过程称为等效变换。等效变换是电路理论中一个非常重要的概念，它是简化电路的一个常用方法。因此，在实际应用中，通常将电路中的某些二端网络用其等效电路代替，这样不会影响电路其余部分的支路电压和电流，但由于电路规模的减小，则可简化电路的分析和计算。

此外，还有三端网络、四端网络……N 端网络。两个 N 端网络，如果对应各端口间电压、电流关系相同，就是等效网络。

1.6.2　无源二端网络的等效变换

一个内部不含电源的电阻性二端网络即为无源二端网络。对于任一个无源二端网络而言，其内部的电阻结构总可以等效成一个电阻，这个电阻称为该无源网络的等效电阻。其数值等于该网络在关联参考方向下端口电压与端口电流的比值，用 R_{eq} 表示。

1．电阻的串联与分压

几个电阻首尾依次相连，中间没有分支，电路中通过同一电流，这种连接方式称为电阻的串联。如图 1-26（a）所示为 n 个电阻串联的无源二端网络。图 1-26（b）所示为只有一个电阻 R_{eq} 的无源二端网络，如果图 1-26（b）中端口电压、端口电流与图 1-26（a）中完全相同，则这两个二端网络就是等效的，R_{eq} 就是图 1-26（a）中 n 个串联电阻的等效电阻。由 KVL 可以推出，串联电阻的等效电阻等于各个串联电阻的代数和。

电阻串联具有分压特点，各电阻上的电压关系为

$$U_1 : U_2 : \cdots : U_n = R_1 : R_2 : \cdots : R_n \tag{1-16}$$

这说明，电阻串联时，各电阻上的电压大小与其电阻值成正比。

同样，电阻串联时，各电阻上的功率大小与其电阻值成正比，电阻大的功率大。串联电阻的总功率等于各个电阻功率的和。

2．电阻的并联与分流

几个电阻的一端连在一起，另一端也连在一起，在电源作用下，各电阻两端具有同一电压，这种连接方式称为电阻的并联。如图 1-27（a）所示为 n 个电阻并联的无源二端网络，其等效电

路如图 1-27（b）所示。由 KCL 可以推出，电阻并联时，其等效电阻的倒数等于各并联电阻的倒数之和，或者说，总电导等于各并联电导之和。

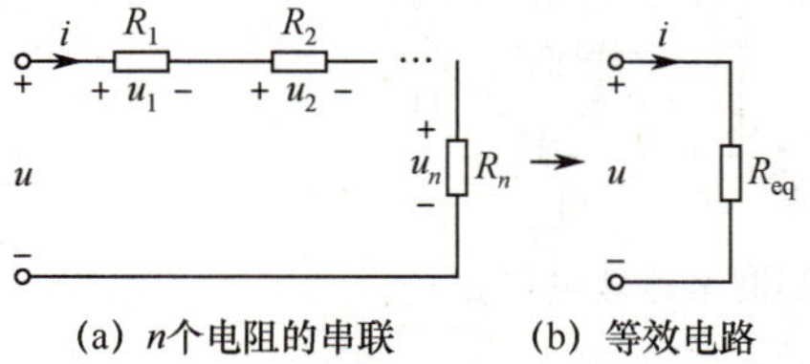

(a) n个电阻的串联　(b) 等效电路

图 1-26　电阻的串联

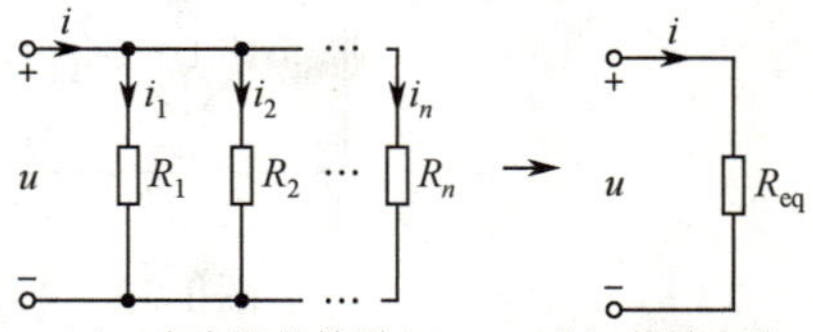

(a) n个电阻的并联　(b) 等效电路

图 1-27　电阻的并联

电阻并联具有分流的特点，各电阻上的电流关系为

$$I_1 : I_2 : \cdots : I_n = G_1 : G_2 : \cdots : G_n \tag{1-17}$$

这说明，电阻并联时，各个电阻上的支路电流与电阻成反比或与电导成正比，电阻小（电导大）的支路，支路电流大。

同样，电阻并联时，各电阻上的功率大小与电阻值成反比，电阻大的功率小。并联电阻的总功率等于各电阻功率的总和。

两个电阻并联时，其等效电阻为 $R = \dfrac{R_1R_2}{R_1 + R_2}$；其电流分配关系为 $I_1 = \dfrac{R_2}{R_1 + R_2}I$，$I_2 = \dfrac{R_1}{R_1 + R_2}I$。

3. 电阻的混联

电阻混联是由若干电阻的串联和并联所形成的二端网络，同样可以等效为一个电阻。分析混联电阻网络的等效电阻，必须正确识别电阻的串、并联关系。为了便于分析，可将电路内所有节点标上字母，且缩短无电阻支路（即短路线），在不改变电路连接关系的前提下，可在引出端口 a、b 之间，逐一分析节点之间的电阻，适当改画电路图，以便识别电阻串并联关系。

例 1-4　计算图 1-28（a）所示无源二端网络的等效电阻 R_{eq}。

解　在图 1-28（a）中，首先标出除两个端子 a、b 之外的其余各节点，注意同一条导线上所有的点都是同一个节点，故图 1-28（a）中除两个端子 a、b 外还可标出 c、d 两个节点。然后，从起点 a 开始顺势“走到”终点 b，途中每经过一个节点时，便分析在该节点处共分出几条电阻支路，直至分析到终点 b 为止。这样在不改变电路连接关系情况下，原电路图可画成图 1-28（b）的形式，这样电阻间串、并联关系就比较清楚了。因此等效电阻为

$$R_{eq} = 12 + \{(6 // 6) // [(12 // 12 // 12) + (4 // 4)]\} = 14\Omega$$

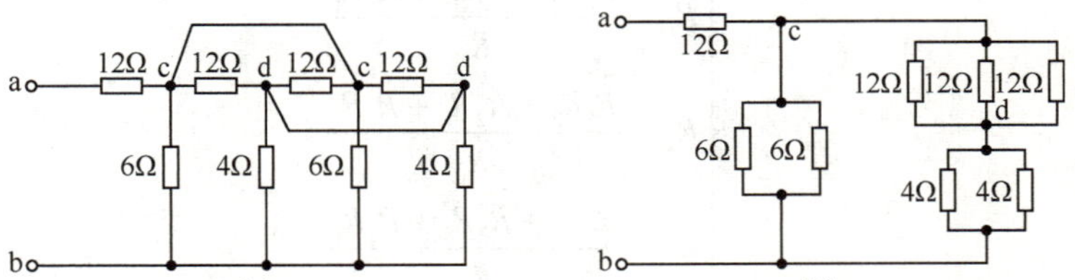

(a)　(b)

图 1-28　例 1-4 图

需要注意的是，在电路改画过程中，必须从起点 a 顺势画到终点 b，而不能中途改变方向。

根据例 1-4 所介绍的方法，请读者自行计算如图 1-29（a）、（b）所示二端网络的等效电阻（答案：R_{eq} 分别为 5Ω 和 1.6Ω）。

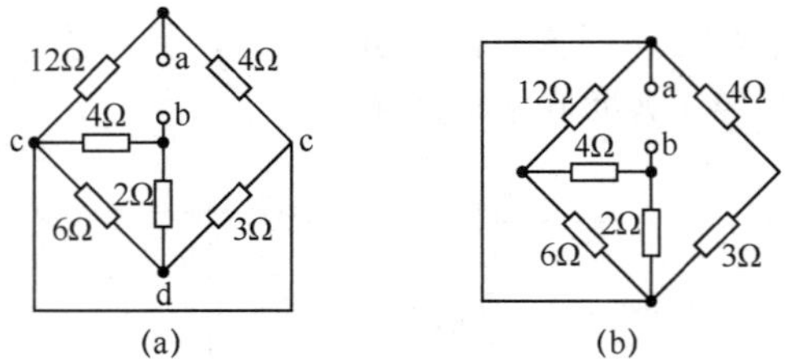

图 1-29　求无源二端网络等效电阻

4．电阻的星形连接、三角形连接及其等效变换

电阻的连接方式，除了串联和并联外，还有更复杂的连接，本节介绍的星形连接和三角形连接就是电阻复杂连接中的常见情形。在电子、电力电子、传输电网等电路中，这两种特殊的电阻结构经常会遇到，因此，掌握两者的等效变换非常重要。

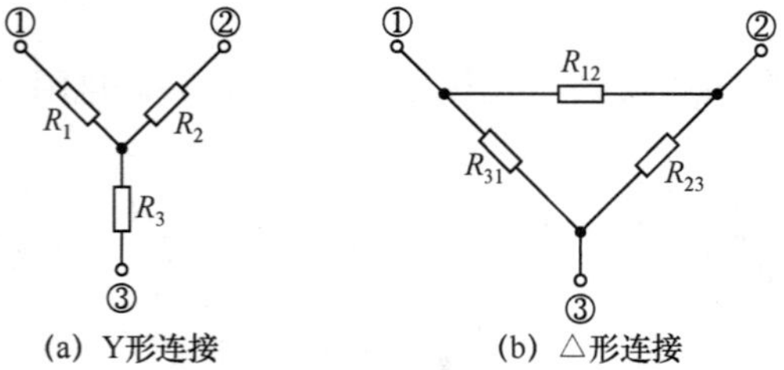

图 1-30　电阻的 Y 形连接和△形连接

将三个电阻的一端连在一起，另一端分别接到三个不同的端子上，就构成了电阻的星形连接，又称 Y 形连接，如图 1-30（a）所示。将三个电阻分别接到三个端子的每两个之间，这样就构成了电阻的三角形连接，又称为△形连接，如图 1-30（b）所示。

电阻的 Y 形连接和△形连接是无源电阻性三端网络，根据多端网络等效变换的条件，让其对应端口的电压、电流分别相等，利用 KCL、KVL 就可推导出两个网络之间等效变换的参数条件如下。

（1）将△形连接等效为 Y 形连接

$$\begin{cases} R_1=\dfrac{R_{31}R_{12}}{R_{12}+R_{23}+R_{31}} \\ R_2=\dfrac{R_{23}R_{12}}{R_{12}+R_{23}+R_{31}} \\ R_3=\dfrac{R_{31}R_{23}}{R_{12}+R_{23}+R_{31}} \end{cases} \tag{1-18}$$

当 $R_{12}=R_{23}=R_{31}=R_\Delta$ 时，有 $R_1=R_2=R_3=R_Y=\dfrac{1}{3}R_\Delta$。

（2）将 Y 形连接等效为△形连接

$$\begin{cases} R_{12}=\dfrac{R_1R_2+R_2R_3+R_3R_1}{R_3} \\ R_{23}=\dfrac{R_1R_2+R_2R_3+R_3R_1}{R_1} \\ R_{31}=\dfrac{R_1R_2+R_2R_3+R_3R_1}{R_2} \end{cases} \tag{1-19}$$

当 $R_1=R_2=R_3=R_Y$ 时，有 $R_{12}=R_{23}=R_{31}=R_\Delta=3R_Y$。

在电路分析中，有时将△形与 Y 形电阻网络进行等效变换，就可以把复杂的电路变换为简单电路，使分析计算大为简化。所谓简单电路是指利用电阻的串、并联逐步化简，最后化为一个等效电阻的电路。

例 1-5　求图 1-31（a）所示电路中电流 I。

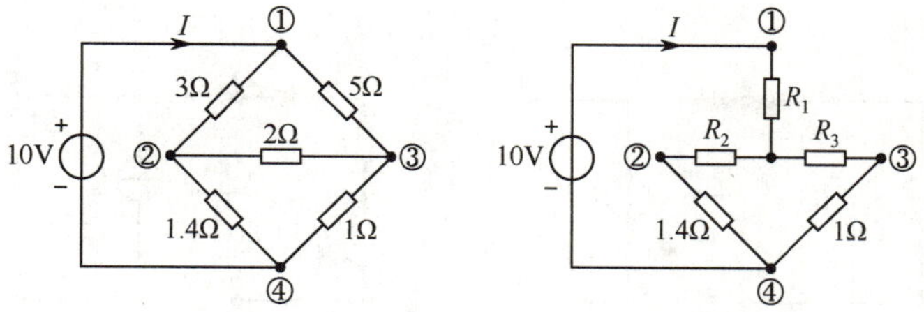

(a) 电路图　　(b) 等效电路

图 1-31　例 1-5 图

解　将 3Ω、5Ω 和 2Ω 三个电阻构成的三角形网络等效变换为星形电阻网络，如图 1-31（b）所示，根据式（1-18）求得

$$R_1=\frac{3\times5}{3+2+5}=1.5\Omega\,,\qquad R_2=\frac{3\times2}{3+2+5}=0.6\Omega\,,\qquad R_3=\frac{2\times5}{3+2+5}=1\Omega$$

再用电阻串联和并联公式，求出连接到电压源两端的等效电阻为

$$R_{eq}=1.5+\frac{(0.6+1.4)\times(1+1)}{0.6+1.4+1+1}=2.5\Omega$$

最后求得

$$I=\frac{10}{R_{eq}}=\frac{10}{2.5}=4\,\text{A}$$

此题也可以利用 Y 形电阻网络等效变换为△形电阻网络的方法进行求解，请读者自行分析。

1.6.3　有源二端网络的等效变换

1．独立电源的串联与并联

n 个理想电压源串联，可以等效成一个电压源。例如，图 1-32（a）所示为两个电压源 U_{S1} 和 U_{S2} 串联，可以用一个等效的电压源 U_S 代替。

n 个理想电流源并联，可以等效成一个电流源。图 1-32（b）所示为两个电流源等效的例子。

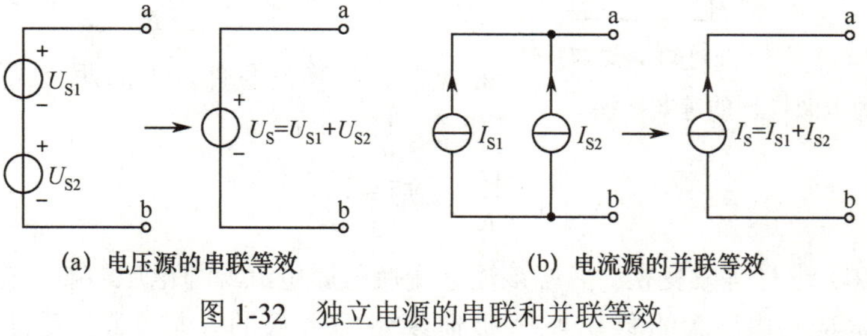

(a) 电压源的串联等效　　(b) 电流源的并联等效

图 1-32　独立电源的串联和并联等效

如图 1-33（a）、（b）、（c）、（d）所示均为含有独立源二端网络等效变换的例子。这些等效变换的结果简化了部分电路但不影响其外电路的工作状态。

从以上例子可以看出，一个电压源并联若干元件（如电阻、电流源），对外等效仍为该电压源，如图 1-33 中的（a）和（c）所示；一个电流源串联若干元件（如电阻、电压源），对外等效仍为该电流源，如图 1-33 中的（b）和（d）所示。这是电压源和电流源的特点所决定的。但将电压不相等的电压源并联或电流不相等的电流源串联是不允许的，这将违背 KVL 和 KCL。但是，应注意图 1-33 的（a）和（c）中，等效后的电压源与等效前的电压源的电流和功率是不相等的；同样，图 1-33 的（b）和（d）中，等效后的电流源与等效前的电流源的电压和功率也是不相等的。

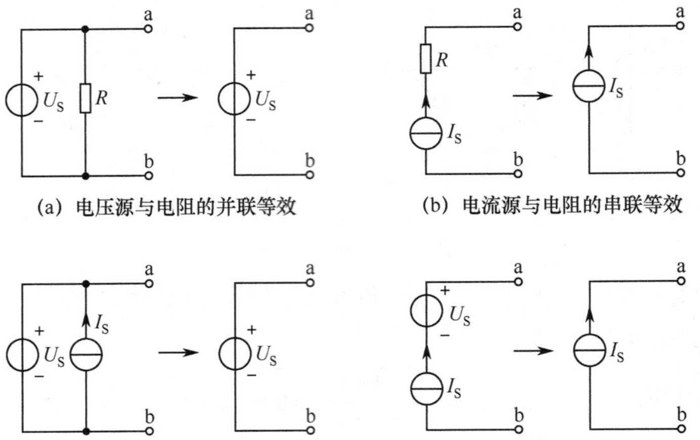

(a) 电压源与电阻的并联等效　(b) 电流源与电阻的串联等效

(c) 电压源与电流源的并联等效　(d) 电压源与电流源的串联等效

图 1-33　电源的等效变换

2．两种实际电源模型的等效变换

在 1.4 节中介绍过实际电源的两种电路模型，即电压源与电阻的串联组合和电流源与电阻的并联组合。在电路分析中常常要求两种电源模型之间进行等效变换，以简化电路，从而便于分析和计算。

图 1-34 给出了实际电源的两种模型。所谓等效仍然是指外部等效。要求等效变换前后，两种模型的外部特性即端口处电压电流关系不变。也就是与相同外电路连接的端口 a、b 之间电压相同时，两模型端口上的电流也必须相同（大小相等，参考方向相同）。

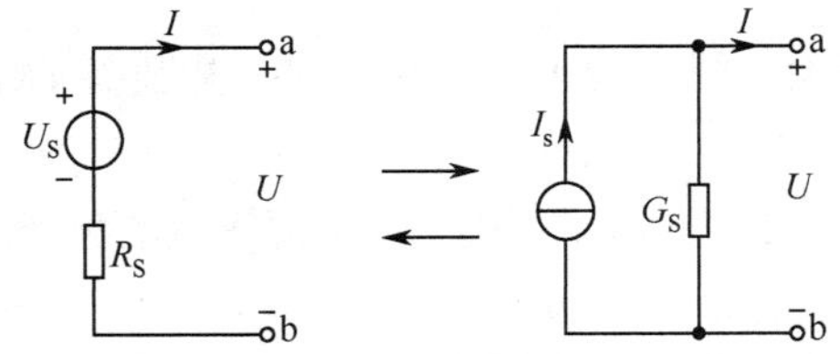

(a) 实际电压源模型　(b) 实际电流源模型

图 1-34　两种电源模型的等效变换

由图 1-34（a）和（b）分别写出端口电流的表达式为

$$I=\frac{U_S-U}{R_S}=\frac{U_S}{R_i}-\frac{U}{R_S} \text{ 和 } I=I_S-UG_S$$

根据等效变换的条件，上面两个式子中对应项应该相等，即

$$I_S=\frac{U_S}{R_S},\quad R_S=\frac{1}{G_S} \tag{1-20}$$

应用式（1-20）进行等效变换时，应该注意变换前后电流源与电压源参考方向的对应关系：电流源的参考方向应与电压源的参考“−”极到参考“+”极的方向一致，反过来也是一样，如图 1-34 所示。

具有串联电阻的电压源常称为有伴电压源，具有并联电阻的电流源常称为有伴电流源。有伴电压源只能和有伴电流源进行等效变换。以上实际电源两种电路模型的等效变换，可以简称为有伴电源的等效变换。利用这种等效变换，可以化简结构复杂的有源二端网络，请看下面例题。

例 1-6　化简如图 1-35（a）所示有源二端网络。

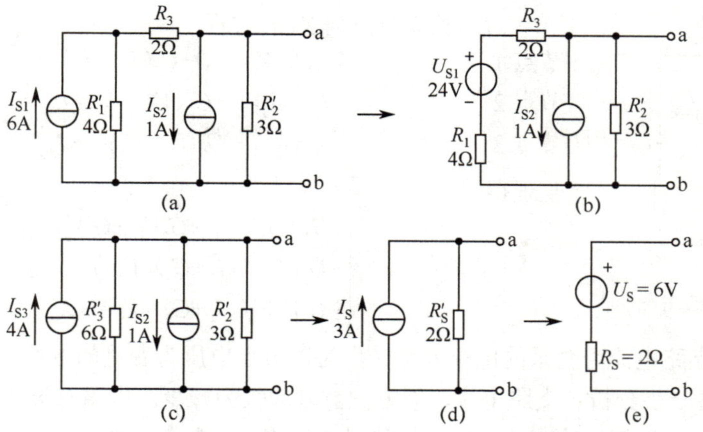

图 1-35　例 1-6 图

解　首先将 I_{S1} 与 R_1' 的电流源模型等效为 U_{S1} 与 R_1 串联的电压源模型，如图 1-35（b）所示。

$$U_{s1}=R_1' I_{s1}=4\times6=24\text{V}\ ,\ \ R_1=R_1'=4\Omega$$

再将 U_{S1}、R_1、R_3 的串联支路等效为电流源 I_{S3} 与电阻 R_3' 的并联，如图 1-35（c）所示。

$$I_{S3}=\frac{U_{S1}}{R_1+R_3}=\frac{24}{4+2}=4\text{A}\ ,\ \ R_3'=R_1+R_3=4+2=6\Omega$$

图 1-35（c）中两个电流源模型并联，可用一个电流源模型等效代替，如图 1-35（d）所示。

$$I_S=I_{S3}-I_{S2}=4-1=3\text{A}\ ,\ \ R_S'=\frac{R_3'R_2'}{R_3'+R_2'}=\frac{6\times3}{6+3}=2\Omega$$

最后可得等效的电压源模型如图 1-35（e）所示，电压源电压参考极性上正下负。

$$U_S=R_S' I_S=2\times3=6\text{V}\ ,\ \ R_S=R_S'=2\Omega$$

1.7　节点电压分析法

1.7.1　节点电压及节点电压方程

1.5 节介绍的支路电流分析法实际上是应用基尔霍夫定律，以各支路电流为未知量列方程从而求解各支路电流的方法。显然，这种分析方法只适于求解支路数比较少的电路，当电路中支路数较多时，再以各支路电流为未知量列方程就非常麻烦。为此，本节介绍一种新的分析方法，称为**节点电压分析法**，简称节点法。

节点法是这样的：首先选电路中某一节点作为参考节点（其电位为零），则其他节点称为**独立节点**。各独立节点到参考节点之间的电压称为**节点电压**（实际上就是独立节点的电位），一般用 V 表示。然后，以节点电压为未知量，应用 KCL 列出各节点的 KCL 方程，解方程得到节点电压，继而以节点电压为依据，求出各支路电流。显然，节点法的理论根据是基尔霍夫电流定律。

如图 1-36 所示电路共有 4 个节点，选节点 4 为参考节点，则 $V_4=0$；节点 1、2、3 即为电路的 3 个独立节点，各独立节点到参考节点之间的电压分别是 V_1、V_2、V_3。则各支路电流可用节点电压表示为

$$I_2=G_2(V_1-V_2)\ ,\ \ I_3=G_3V_2$$
$$I_4=G_4V_3,\ \ I_5=G_5(V_1-V_3)$$

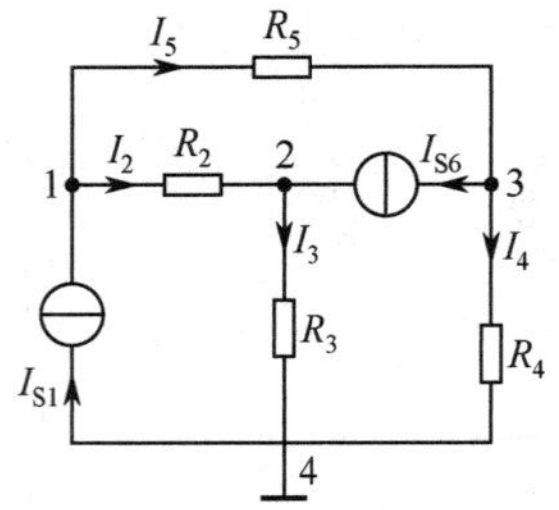

图 1-36　节点分析法用图

对各独立节点列 KCL 方程

节点 1　　$G_2(V_1-V_2)+G_5(V_1-V_3)=I_{s1}$

节点 2　　$G_3V_2-G_2(V_1-V_2)=I_{S6}$

节点 3　　$G_4V_3-G_5(V_1-V_3)=-I_{S6}$

整理得

$$\begin{cases}(G_2+G_5)V_1-G_2V_2-G_5V_3=I_{S1}\\-G_3V_1+(G_2+G_3)V_2=I_{S6}\\-G_5V_1+(G_4+G_5)V_3=-I_{S6}\end{cases}$$

这样就把以支路电流为变量的电流方程转变为以节点电压为变量的方程，解方程求得 V_1、V_2、V_3，就可以进一步分析各支路电流，而方程数目却大为减少。电路有 n 个节点，必须要列（n-1）个以节点电压为变量的节点方程。显然对多支路、少节点的电路来说，这种方法是比较适宜的。

上式中，令 $G_{11}=G_2+G_5$，$G_{22}=G_2+G_3$，$G_{33}=G_4+G_5$，G_{11}、G_{22}、G_{33} 分别为节点 1、节点 2、节点 3 的**自导**，是分别连接到节点 1、2、3 的所有支路电导之和。用 G_{12} 和 G_{21}、G_{13} 和 G_{31}、G_{23} 和 G_{32} 分别表示节点 1 和 2、节点 1 和 3、节点 2 和 3 之间的**互导**，分别等于相应两个独立节点间公共电导并取负值。本例中，$G_{12}=G_{21}=-G_2$，$G_{13}=G_{31}=-G_5$，$G_{23}=G_{32}=0$。由于规定各节点电压的参考方向都是由非参考节点指向参考节点，所以各节点电压在自导中所引起的电流总是流出该节点的，在该节点的电流方程中，这些电流前为“+”号，因而自导总是正的。节点 1、2 或 3 中任一节点电压在其公共电导中所引起的电流将流入另一个节点，所以在另一个节点的电流方程中，这些电流前为“−”号。为使节点电压方程的形式整齐而有规律，我们把这类电流前的负号包含在和它们有关的互导中，因而互导总是负的。此外，用 I_{S11}、I_{S22}、I_{S33} 分别表示电流源或电压源流入节点 1、2、3 的电流。本例中，$I_{S11}=I_{S1}$，$I_{S22}=I_{S6}$，$I_{S33}=-I_{S6}$。其中，电流源电流参考方向指向节点时，该电流前为正号，反之为负号；电压源与电阻串联的支路，电压源的参考“+”极指向节点时，等效电流源前为正号，反之为负号。这样，将以上三个 KCL 方程写成一般形式为

$$\begin{cases}G_{11}V_1+G_{12}V_2+G_{13}V_3=I_{S11}\\G_{21}V_1+G_{22}V_2+G_{23}V_3=I_{S22}\\G_{31}V_1+G_{32}V_2+G_{33}V_3=I_{S33}\end{cases}\tag{1-21}$$

式（1-21）为有三个独立节点的节点电压方程的一般形式。由此不难推出具有（n−1）个独立节点电路节点电压方程的一般形式为

$$\begin{cases}G_{11}v_1+G_{12}v_2+\cdots+G_{1(n-1)}v_{n-1}=i_{S11}\\G_{21}v_1+G_{22}v_2+\cdots+G_{2(n-1)}v_{n-1}=i_{S22}\\\cdots\\G_{(n-1)1}v_1+G_{(n-1)2}v_2+\cdots+G_{(n-1)(n-1)}v_{n-1}=i_{S(n-1)(n-1)}\end{cases}\tag{1-22}$$

1.7.2　节点法应用举例

节点电压分析法为我们分析计算电路又提供了一个有利的工具，用此方法亦可以求解各支路电流。

例 1-7　用节点电压法求如图 1-37 所示电路中各支路电流。

解　选取各支路电流参考方向如图所示。图 1-37 中 6V 电压源为无伴电压源，设通过它的

电流为 I，参考方向如图 1-37 所示。选接地点作为参考节点，则节点 1、2 为独立节点，其节点电压分别为 V_1 和 V_2。计入电流变量 I 列出两个节点电压方程为

$$\begin{cases} V_1=5-I \\ 0.5V_2=-2+I \end{cases}$$

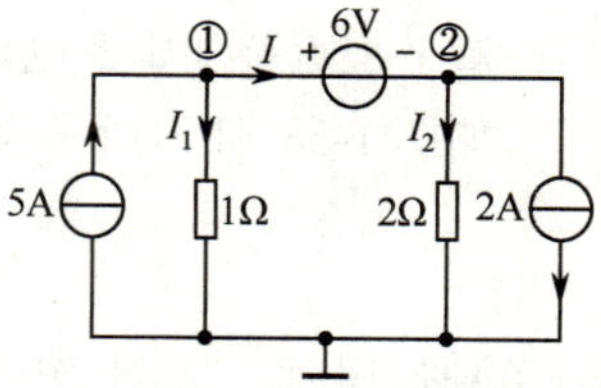

图 1-37　例 1-7 图

补充方程为

$$V_1-V_2=6$$

解得

$$V_1=4V,\ V_2=-2\text{V}$$

根据节点电压可求出各支路电流为

$$I_1=\frac{V_1}{1}=4\text{A},\ I_2=\frac{V_2}{2}=\frac{-2}{2}=-1\text{A},\ I=5-I_1=1\text{A}$$

1.8　网络定理分析法

1.8.1　叠加定理

叠加定理是分析线性电路的重要定理。所谓线性电路，是指由独立电源和线性元件组成的电路。凡是线性电路一定同时满足**可加性**和**齐次性**。可加性是指：如果电源 $f_1(t)$引起的响应为 $y_1(t)$，电源 $f_2(t)$引起的响应为 $y_2(t)$，则电源为 $f_1(t)+f_2(t)$时引起的响应为 $y_1(t)+y_2(t)$。齐次性是指：若电路对电源 $f(t)$的响应为 $y(t)$，当电源扩大 α 倍变为 $\alpha f(t)$时（α 为任意常数），其响应也扩大 α 倍变为 $\alpha y(t)$。将以上两性质结合起来可表示为

$$a_1f_1(t)+a_2f_2(t)\rightarrow a_1y_1(t)+a_2y_2(t) \tag{1-23}$$

叠加定理可表述为：在线性电路中有两个或两个以上独立电源共同作用时，任意支路的电流或任意两点间的电压，都可以认为是电路中各个独立电源单独作用时，在该支路中产生的各电流或在该两点间产生的各电压的代数和（叠加）。

使用叠加定理时，应注意以下 4 点。

（1）叠加定理只适用于线性电路的分析，对非线性电路不适用。

（2）在计算某一个独立电源单独作用所产生的电流或电压时，应将电路中其他独立电源均置零。其中，电压源置零用“**短路**”代替，这样才能保证其输出电压为零；电流源置零用“**开路**”代替，这样才能保证其输出电流为零。

（3）叠加时要注意各独立源单独作用时所产生的电流（或电压）分量，以及与所有独立源共同作用时所产生的总量之间参考方向的关系，若参考方向一致，则叠加时各分量前面为“+”号，反之为“−”号。

（4）功率不是电压或电流的一次函数，故不能用叠加定理来计算功率。

例 1-8　在如图 1-38（a）所示电路中，用叠加定理求支路电流 I_1 和 I_2。

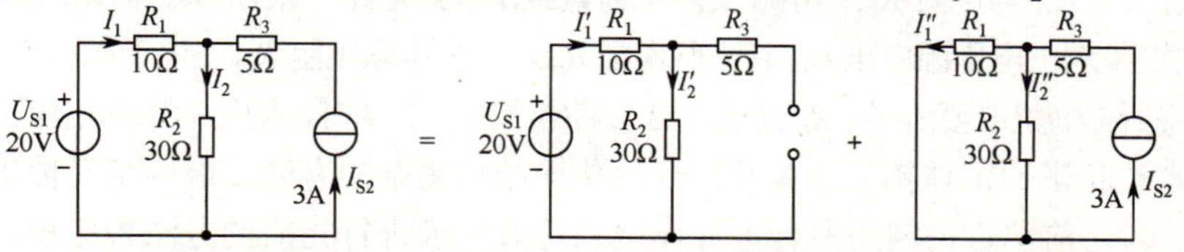

(a) 电压源与电流源共同作用　(b) 电压源单独作用　(c) 电流源单独作用

图 1-38　例 1-8 图

解 根据叠加定理画出叠加电路图如图 1-38（b）、（c）所示。

如图 1-38（b）所示为电压源 U_{S1} 单独作用而电流源 I_{S2} 不作用，此时 I_{S2} 以开路代替，则

$$I_1' = I_2' = \frac{U_{S1}}{R_1 + R_2} = \frac{20}{10+30} = 0.5\,\text{A}$$

I_{S2} 单独作用时，U_{S1} 不作用，以短路线代替，如图 1-38（c）所示，则

$$I_1'' = I_{S2} \times \frac{R_2}{R_1 + R_2} = 3 \times \frac{30}{10+30} = 2.25\,\text{A}$$

$$I_2'' = I_{S2} \times \frac{R_1}{R_1 + R_2} = 3 \times \frac{10}{10+30} = 0.75\,\text{A}$$

根据各支路电流总量参考方向与分量参考方向之间的关系，可求得支路电流

$$I_1 = I_1' - I_1'' = 0.5 - 2.25 = -1.75\text{A}$$

$$I_2 = I_2' + I_2'' = 0.5 + 0.75 = 1.25\text{A}$$

根据叠加定理可以推导出另一个重要定理——**齐性定理**，它表述为：在线性电路中，当所有独立源都增大 k 倍或缩小为 $1/k$（k 为实常数）时，支路电流或电压也将同样增大 k 倍或缩小为 $1/k$。例如，将例 1-8 中各电源的参数做以下调整：U_{S1}= 40V，I_{S2}= 6A，再求支路电流 I_1 和 I_2。很明显，与原电路相比，电源都增大了 1 倍，因此根据齐性定理，各支路电流也同样增大 1 倍，于是得到 $I_1 = -3.5\text{A}$，$I_2 = 2.5\text{A}$。掌握齐性定理有时可使电路的分析快速、简便。

通过以上分析可以看出，叠加定理实际上将多电源作用的电路转化成单电源作用的电路，利用单电源作用的电路进行计算显然非常简单。因此，叠加定理是分析线性电路经常采用的一种方法，希望熟练掌握。

1.8.2 戴维南定理和诺顿定理

在电路中，有时只需分析某一支路的电流或电压，而不需要求出电路其余部分的电流或电压。在这种情况下，这个待分析支路以外的部分就可以看作是一个有源二端网络。如果能用一个更简单的电路结构去等效替代这个二端网络，就会使待求支路的分析大为简化。那么，如何求出有源二端网络的简化等效电路呢？前面 1.6 节曾讨论过用两种电源模型的等效变换化简电路的问题，然而对一般电路而言，往往要经过多次电源变换才能得到最简化的等效电路。并且这种方法是通过有伴电源的等效变换实现最终简化电路的（见例 1-6），如果电路中存在无伴电源，该方法将不再适用。

本节讨论的**戴维南定理**和**诺顿定理**，将提供一种适合求解任何线性有源二端网络最简等效电路的方法。

1．戴维南定理

定理内容：任何一个线性有源二端网络，就端口特性而言，可以等效为一个电压源和一个电阻相串联的结构。其中，电压源的电压等于有源二端网络端口处的开路电压 U_{oc}；串联电阻等于有源二端网络中所有独立电源置零后所得无源二端网络的等效电阻 R_{eq}。

将上述电压源 U_{oc} 与电阻 R_{eq} 的串联支路称为**戴维南等效电路**，或称为戴维南电源。求戴维南等效电路时，关键是求出电压源电压 U_{oc} 和串联电阻 R_{eq}。其中串联电阻 R_{eq} 在电子电路中，当二端网络视为电源时，常称为输出电阻，用 R_o 表示；当二端网络视为负载时，则称为输入电阻，用 R_i 表示。

戴维南定理和诺顿定理实际上为我们今后化简结构复杂的有源二端网络又提供了一种新方法。这种方法与之前学习的利用两种电源模型的等效变换进行化简的方法相比较，更加具有普遍性，适用范围更广。

例 1-9 求如图 1-39（a）所示有源二端网络的戴维南等效电路。

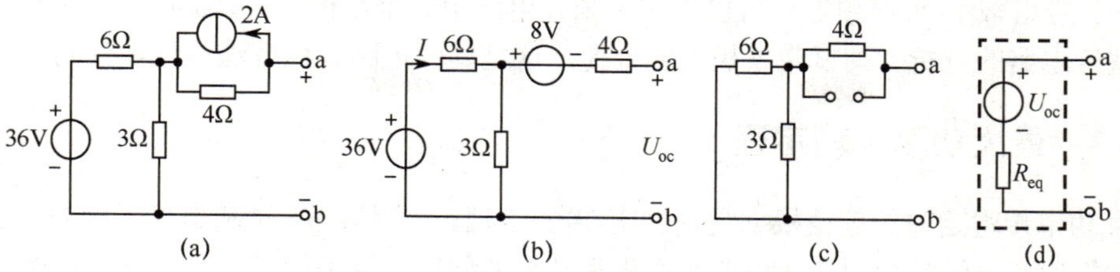

图 1-39 例 1-9 图

解 首先求有源二端网络的开路电压 U_{oc}。

将 2A 电流源和 4Ω 电阻的并联等效变换为 8V 电压源和 4Ω 电阻的串联，如图 1-39（b）所示。由于 a、b 两点间开路，所以左边回路是一个单回路（串联回路），可求得回路电流为

$$I=\frac{36}{6+3}=4\,\text{A}$$

所以

$$U_{oc}=U_{ab}=-8+3I=-8+3\times 4=4\text{V}$$

再求等效电阻 R_{eq}。将如图 1-39（a）所示有源二端网络中的所有电源置零，即电压源短路，电流源开路，得无源二端网络如图 1-39（c）所示，则

$$R_{eq}=R_{ab}=4+\frac{3\times 6}{3+6}=6\Omega$$

所求戴维南等效电路如图 1-39（d）所示。

2．诺顿定理

诺顿定理研究的对象也是线性有源二端网络。其内容表述为：任何一个线性有源二端网络，就端口特性而言，可以等效为一个电流源和一个电阻相并联的形式。其中，电流源的电流等于有源二端网络端口处的短路电流 I_{sc}；并联电阻等于有源二端网络中所有独立电源置零后所得无源二端网络的等效电阻 R_{eq}。

将上述电流源 I_{sc} 与电阻 R_{eq} 的并联模型称为诺顿等效电路。显然，诺顿等效电路可以利用戴维南等效电路的等效变换得到。在一般情况下，这两个等效电路可以等效互换。

戴维南-诺顿定理是电路中非常重要的定理，其等效电路中的三个参数 U_{oc}、I_{sc} 和 R_{eq} 不仅可以通过计算得到，还可以很方便地通过测量得到。当有源二端网络的等效电阻 R_{eq} 不是很大时，开路电压 U_{oc} 可以用电压表直接测得，如图 1-40（a）所示；短路电流 I_{sc} 可以用电流表直接测得，如图 1-40（b）所示。最后，利用公式 $R_{eq}=\dfrac{U_{oc}}{I_{sc}}$，即可求出等效电阻 R_{eq}。

需要指出的是，如果有源二端网络的等效电阻 R_{eq} 很小，用电流表直接测量时，I_{sc} 过大，这样易损坏仪表和设备。这时可以外接一个阻值已知的保护电阻 R，再用电流表测得电流 I'_{sc}，如图 1-40（c）所示，最后再通过简单计算得到等效电阻 R_{eq}。

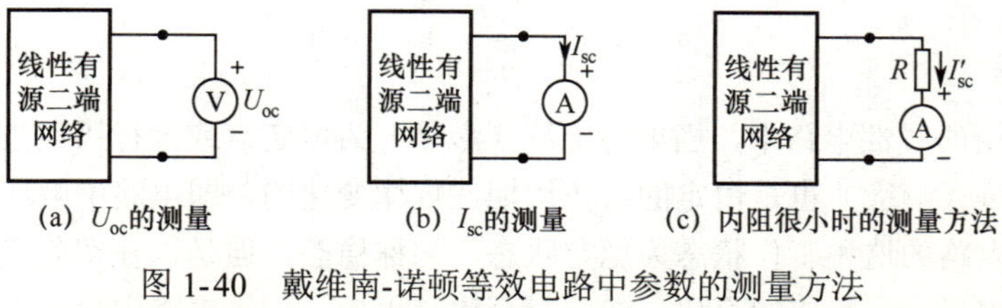

(a) U_{oc}的测量　(b) I_{sc}的测量　(c) 内阻很小时的测量方法

图 1-40 戴维南-诺顿等效电路中参数的测量方法

戴维南-诺顿定理在实际电路中有着非常重要的应用。在实际电路中，其结构和参数往往都是未知的，应用戴维南-诺顿定理可以将这个未知电路用一个结构、参数都可知的具体电路去替代，这就给电路的分析、调试带来极大的方便，这是其他电路分析方法难以做到的。

1.8.3 最大功率传输定理

最大功率传输定理的理论根据是戴维南-诺顿定理。在测量、电子和信息工程的电子设备设计中，常常遇到电阻负载如何从电路获得最大功率的问题。这类问题可以抽象为如图 1-41（a）所示的电路模型来分析。

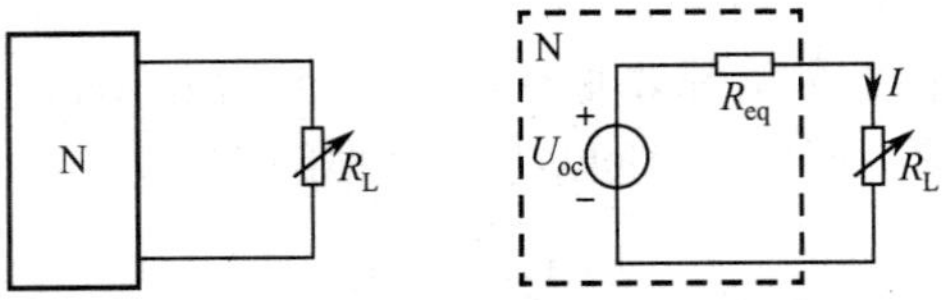

(a) 电路模型　　(b) 戴维南等效电路

图 1-41　最大功率传输定理

网络 N 表示供给负载能量的有源线性二端网络，它可用戴维南等效电路来代替，如图 1-41（b）所示。R_L 表示获得能量的负载。这里我们要讨论的问题是负载电阻 R_L 为何值时，可以从二端网络获得最大功率。

对于这个问题，可以利用高等数学中用导数求极值的方法进行分析，最终得到如下结论：当负载电阻 R_L 与有源二端网络的等效电阻 R_{eq} 相等时，R_L 能获得最大功率。满足 $R_L = R_{eq}$ 条件时，称为最大功率匹配，此时负载电阻 R_L 获得的最大功率为

$$P_{max} = \frac{U_{oc}^2}{4R_{eq}} \tag{1-24}$$

若用诺顿等效电路，则最大功率表示为

$$P_{max} = \frac{I_{sc}^2}{4R_{eq}} \tag{1-25}$$

需要说明的是，当满足最大功率匹配条件时，R_{eq} 吸收功率与 R_L 吸收功率相等，对电压源 U_{oc} 而言，功率传输效率 $\eta = 50\%$。对二端网络 N 中的独立源而言，效率可能更低。因此，只有在小功率的电子电路中，由于常常要着眼于从微弱信号中获得最大功率，而不看重效率的高低，这时实现最大传输功率才有现实意义。而在大功率的电力系统中，为了实现最大功率传输，以便更充分地利用能源，如此低的传输效率是不允许的，因此不能采用功率匹配条件。

1.9 一阶动态电路的分析

1.9.1 过渡过程与换路定律

1．过渡过程

前面各章讨论的线性电路中，当电源电压（激励）为恒定值或进行周期性变化时，电路中各部分电压或电流（响应）也是恒定的或按周期性规律变化的，即电路中响应与激励的变化规律完全相同，称电路的这种工作状态为稳定状态，简称**稳态**。但是，在实际电路中，经常遇到电路由一个稳态向另一个稳态的变化，在这个变化过程中，如果电路中含有电感、电容等储能

元件，则这种状态的变化要经历一个时间过程，这个时间过程称为**过渡过程**，从工程角度讲这个过程是短暂的，故又称为**暂态过程**。如图 1-42 所示电路中，开关 S 是单刀双掷开关，当开关 S 合向 2 时，电容电压 $u_C = 0$，这是一种稳态。当开关 S 由 2 合向 1 时，电容要被充电，经过一段时间后，电容电压 $u_C = U_S$，电路进入一个新的稳态。电容电压从 $u_C = 0$ 变化到 $u_C = U_S$ 需要一个过程，这个过程就是暂态过程。

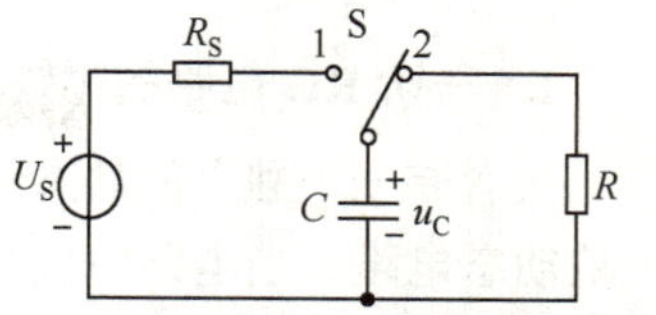

图 1-42　电路暂态与稳态的示例图

含有储能元件（也叫动态元件）L 或 C 的电路称为动态电路。

电路产生过渡过程的原因无外乎有外因和内因，电路的接通或断开，电路参数或电源的变化，电路的改接等都是外因。这些能引起电路过渡过程的所有外因统称为**换路**。除了外因之外，电路中含有储能元件电感或电容，这是产生过渡过程的内因。动态电路的过渡过程，实质是储能元件的充、放电过程。

电路的过渡过程一般比较短暂，但它的作用和影响十分重要。有的电路专门利用其过渡特性实现延时、波形产生等功能；而在电力系统中，过渡过程的出现可能产生比稳定状态大得多的过电压或过电流，若不采取一定的保护措施，就会损坏电气设备，引起不良后果。因此研究电路的过渡过程，掌握有关规律，是非常重要的。

2．换路定律

为便于分析，通常认为换路是在瞬间完成，记为 $t = 0$ 时刻，并且用 $t = 0_-$ 表示换路前的终了时刻，用 $t=0_+$ 表示换路后的初始时刻，换路经历的时间为 0_- 到 0_+。需要注意的是，$t = 0_-$ 时刻电路尚处于稳态，对于直流电源激励下的电路，此时电容相当于开路，电感相当于短路；而 $t = 0_+$ 时刻电路已经进入过渡过程，且是过渡过程的开始时刻。

在 1.3 节曾经指出，在电容电流为有限值的条件下，电容电压 u_C 不能跃变；在电感电压为有限值的条件下，电感电流 i_L 不能跃变，即在换路瞬间，u_C 和 i_L 保持不变，用数学式表述为

$$\begin{cases} u_C(0_+) = u_C(0_-) \\ i_L(0_+) = i_L(0_-) \end{cases}$$

式（1-26）称为**换路定律**。

换路定律说明，在换路前后，电容电压 u_C 和电感电流 i_L 不能发生跃变，即满足 $t = 0_+$ 时刻值等于 $t = 0_-$ 时刻值，其值具有连续性。需要注意的是，换路定律只揭示了换路前、后电容电压 u_C 和电感电流 i_L 不能发生突变的规律，而电路中其他的电压、电流，包括电容电流 i_C 和电感电压 u_L，在换路瞬间都是可以突变的。

3．过渡过程初始值的计算

通常，将 $t = 0_+$ 时刻电压、电流的值称为动态电路的初始值，用 $f(0_+)$ 表示。初始值可按以下步骤确定。

（1）先求 $t = 0_-$ 时刻的 $u_C(0_-)$ 或 $i_L(0_-)$（这一步要用 $t = 0_-$ 时刻的等效电路进行求解，此时电路尚处于稳态，若电路为直流电源激励，则电容开路，电感短路）。

（2）根据换路定律确定 $u_C(0_+)$ 或 $i_L(0_+)$。

（3）以 $u_C(0_+)$ 或 $i_L(0_+)$ 为依据，应用欧姆定律、基尔霍夫定律和直流电路的分析方法，确定电路中其他电压、电流的初始值（这一步要用 $t = 0_+$ 时刻的等效电路进行求解，此时，电容等效成电压值为 $u_C(0_+)$ 的电压源，电感等效成电流值为 $i_L(0_+)$ 的电流源）。

1.9.2 一阶 RC 电路过渡过程分析

1. 一阶 RC 电路的零输入响应

仅含有一个独立的动态元件的电路，描述其电压、电流的方程是一阶微分方程，故称其为**一阶动态电路**。当电路中仅含有一个电容和一个电阻或一个电感和一个电阻时，称为最简 RC 电路或 RL 电路。如果不是最简，则可以把该动态元件以外的电阻电路用戴维南定理或诺顿定理进行等效，从而变换为最简 RC 电路或 RL 电路。

本节首先分析一阶 RC 动态电路的零输入响应。所谓**零输入响应**，是指换路后电路没有外加激励，仅由储能元件的初始储能引起的响应。

如图 1-43 所示电路中，最初开关 S 合向 1，直流电源 U_S 给电容充电，充电完毕，电路达到稳态时，电容相当于开路。t=0 时，S 由 1 合向 2 进行换路，此时电容通过电阻放电，放电完毕，电路进入新的稳态。显然，换路后发生的是一阶 RC 电路的零输入响应。

（1）电压、电流的变化规律。由图 1-43 电路，不难推出换路后（即 $t \geqslant 0$ 时）电容电压 u_C 的微分方程为

$$RC\frac{\mathrm{d}u_C}{\mathrm{d}t}+u_C=0 \qquad (t\geqslant 0) \tag{1-26}$$

解微分方程，得

$$u_C(t)=\mathrm{e}^{-\frac{1}{RC}t}\cdot \mathrm{e}^{C}=A\mathrm{e}^{-\frac{1}{RC}t}$$

其中 A 为待定的积分常数，可根据初始条件 $u_C(0_+)$的值确定。在换路瞬间，由于 $u_C(0_+)=u_C(0_-)=U_S$，故有 $A=U_S$。所以，微分方程的解为

$$u_C(t)=U_S\,\mathrm{e}^{-\frac{1}{RC}t} \qquad (t\geqslant 0) \tag{1-27}$$

从式（1-27）可以看出，换路后，电容电压 u_C 从初始值 U_S 开始，按照指数规律递减，直到最终 $u_C\to 0$，电路达到新的稳态。

以 u_C 为依据，可求出换路后电路中其他电压、电流，如 u_R、i_C（i_R）的变化规律，它们都是按照相同的指数规律进行变化的。如图 1-44 所示为 u_C 的变化曲线。

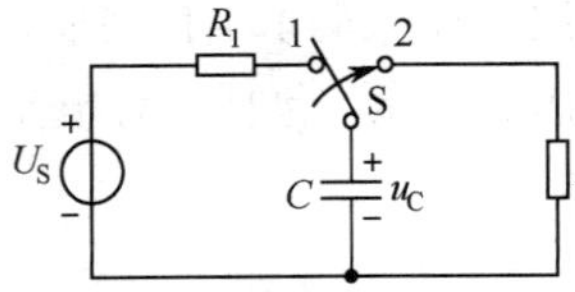

图 1-43 一阶 RC 电路的零输入响应

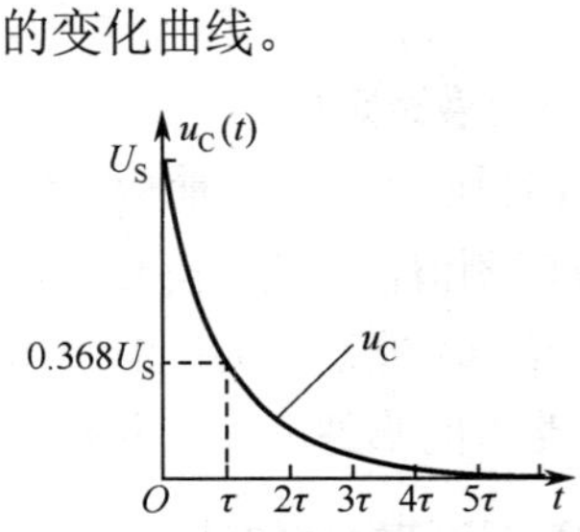

图 1-44 一阶 RC 电路零输入响应的变化曲线

（2）时间常数。式（1-27）中，令 $\tau = RC$，τ 称为 RC 电路的**时间常数**。当 R 的单位为欧[姆]（Ω），C 的单位为法[拉]（F）时，τ 的单位为秒（s）。

于是，式（1-27）可以写为

$$u_C(t)=u_C(0_+)\mathrm{e}^{-\frac{t}{\tau}} \qquad (t\geqslant 0) \tag{1-28}$$

式（1-28）即为一阶 RC 动态电路零输入响应状态下电容电压 u_C 变化规律的通式。

时间常数 τ 是表征动态电路过渡过程进行快慢的物理量。τ 越大，过渡过程进行得越慢；反

之，τ 越小，过渡过程进行得越快。由表达式 $\tau=RC$ 可以看出，RC 电路的时间常数 τ，仅由电路的参数 R 和 C 决定，R 是指换路后电容两端的等效电阻。当 R 越大时，电路中放电电流越小，放电时间越长，过渡过程进行得就越慢；当 C 越大时，电容储存的电场能量越多，放电时间也就越长。现以电容电压 u_C 为例说明时间常数 τ 的物理意义。

在式（1-28）中，分别取 $t=\tau$、2τ、3τ…不同的时间，求出对应的 u_C 值见表 1-2。

表 1-2　不同时刻对应的 u_C 值

t	0	τ	2τ	3τ	4τ	5τ	∞
$u_C(t)$	U_S	$0.368U_S$	$0.135U_S$	$0.050U_S$	$0.018U_S$	$0.007U_S$	0

从表 1-2 可以看出：

① 当 $t=\tau$ 时，$u_C=0.368U_S$，这表明时间常数 τ 是电容电压 u_C 从换路瞬间开始衰减到初始值的 36.8%时所需要的时间，参见图 1-44 所示的 u_C 的变化曲线。

② 从理论上讲，当 $t=\infty$ 时，u_C 才衰减到 0，过渡过程才结束，但是，当 $t=(3\sim5)\tau$ 时，u_C 已衰减到初始值的 5%以下，因此实际工程当中一般认为，从换路开始经过 $3\tau\sim5\tau$ 的时间后，过渡过程就基本结束了。

需要指出的是，在电子设备中，RC 电路的时间常数 τ 很小，放电过程只有几十毫秒甚至几个微秒。但在电力系统中，高压电力电容器放电时间比较长，可达几十分钟，因此检修具有大电容的高压设备时，一定要让电容充分放电以保证安全。

2．一阶 RC 电路的零状态响应

零状态响应是指电路在零初始状态下（动态元件的初始储能为零）仅由外部施加激励所产生的响应。

如图 1-45 所示电路中，电容原来未充电，$u_C(0_-)=0$，即电容为零初始状态。$t=0$ 时开关闭合，RC 串联电路与电源连接，电源通过电阻对电容充电，直到最终充电完毕，电路达到新的稳态。这便是一阶 RC 电路的零状态响应。零状态响应的实质是储能元件的充电过程。

以电容电压为变量，可以列出换路后电路的微分方程为

$$RC\frac{\mathrm{d}u_C}{\mathrm{d}t}+u_C=U_S \qquad (t\geqslant 0) \tag{1-29}$$

解方程得

$$u_C(t)=A\mathrm{e}^{-\frac{1}{RC}t}+U_S$$

式中的常数 A 由初始条件确定。在换路瞬间，由于 $u_C(0_+)=u_C(0_-)=0$，故有 $A=-U_S$。因此，式（1-29）的解为

$$u_C(t)=U_S(1-\mathrm{e}^{-\frac{t}{RC}}) \qquad (t\geqslant 0) \tag{1-30}$$

式（1-30）中的 U_S 是换路后电路达到新稳态时 u_C 的值，即 $u_C(\infty)=U_S$，于是式（1-30）可写为

$$u_C(t)=u_C(\infty)(1-\mathrm{e}^{-\frac{t}{\tau}}) \qquad (t\geqslant 0) \tag{1-31}$$

式（1-31）即为一阶 RC 动态电路零状态响应下，电容电压 u_C 变化规律的通式。u_C 的变化曲线如图 1-46 所示。从曲线可以看出，换路后电容电压从初始值 0 开始，按照指数规律递增到新的稳态值 U_S。与 RC 电路的零输入响应不同，在零状态响应中，τ 是电容电压 u_C 从换路瞬间开始，递增到新稳态值的 63.2%所需要的时间。

以 u_C 为依据，同样可求出电路中其他电压电流的变化规律。

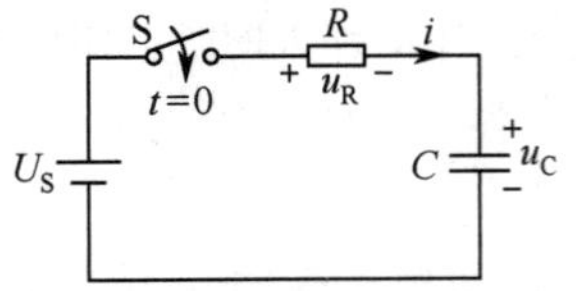

图 1-45　一阶 RC 电路的零状态响应

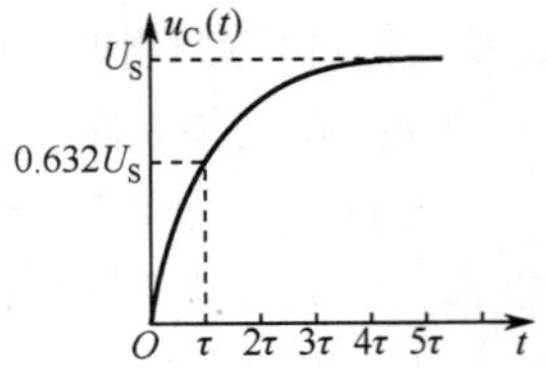

图 1-46　一阶 RC 零状态响应的变化曲线

1.9.3　一阶 RL 电路过渡过程分析

1. 一阶 RL 电路的零输入响应

如图 1-47 所示电路中，开关 S 合向 1 时，电路已达到稳态，电感中电流等于电流源电流 I_S，电感中储存能量 $W_L = \dfrac{1}{2}LI_S^2$。$t=0$ 时开关由 1 合向 2 进行换路，电流源被短路，电感与电阻 R 构成串联回路，电感通过电阻 R 释放其中的磁场能量，直到全部释放完毕，电路达到新的稳态。显然，换路后电路发生的过渡过程属于 RL 电路的零输入响应。

以电感电流 i_L 为变量，列出换路后电路的微分方程

$$\frac{L}{R}\cdot\frac{\mathrm{d}i_L}{\mathrm{d}t}+i_L=0 \qquad (t\geqslant 0)$$

解方程得到

$$i_L(t)=I_S\,\mathrm{e}^{-\frac{R}{L}t}=i_L(0_+)\mathrm{e}^{-\frac{t}{\tau}} \qquad (t\geqslant 0) \tag{1-32}$$

上式即为一阶 RL 电路零输入响应状态下电感电流 i_L 的变化通式。其中 $\tau = L/R$，称为 RL 电路的时间常数，单位是秒（s）。i_L 的变化曲线如图 1-48 所示。

根据电感电流 $i_L(t)$的解析式，可以进一步求出电路中其他电压、电流的变化规律。

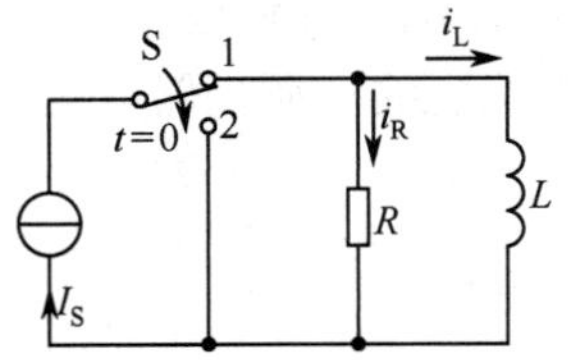

图 1-47　一阶 RL 电路的零输入响应

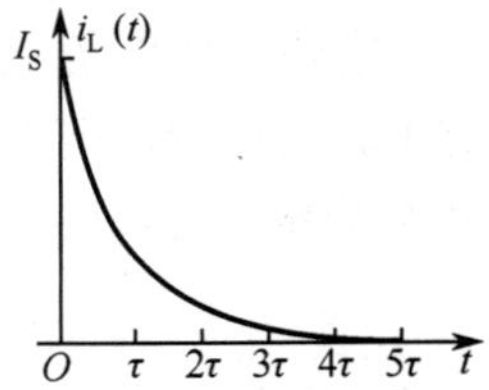

图 1-48　一阶 RL 零输入响应的变化曲线

例 1-10　如图 1-49 所示为实际的电感线圈和电阻 R_1 串联后与直流电源接通的电路。已知电感线圈的电阻 $R=2\Omega$，$L=1\text{H}$，$R_1=6\Omega$，电源电压 $U_S=24\text{V}$。线圈两端接一内阻 $R_V=5\text{k}\Omega$、量程为 50V 的直流电压表，开关 S 闭合时，电路处于稳态。$t=0$ 时 S 打开，求：（1）S 打开后电感电流 i_L 的初始值和电路的时间常数；（2）i_L 和 u_V 的解析式（即变化规律）；（3）开关打开瞬间电压表两端电压。

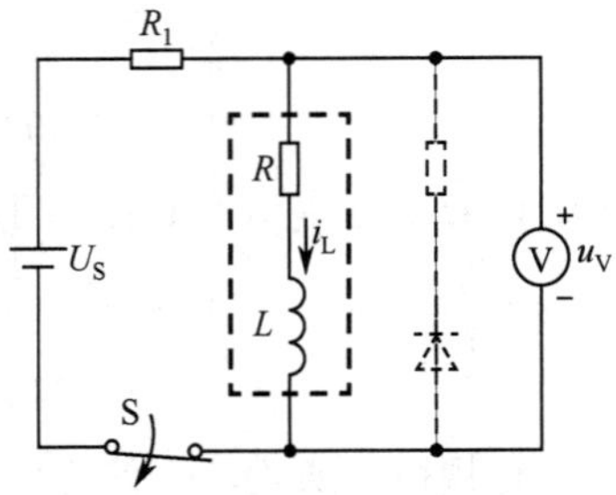

图 1-49　例 1-10 图

解　选取电压、电流参考方向如图 1-49 所示。

（1）开关 S 闭合时，电路处于稳态，电感相当于短路，由于 $R \ll R_V$，所以

$$i_L(0_+)=i_L(0_-)\approx\frac{U_S}{R_1+R}=\frac{24}{2+6}=3\,\text{A}$$

电路的时间常数

$$\tau=\frac{L}{R+R_V}\approx\frac{L}{R_V}=\frac{1}{5000}=2\times10^{-4}\text{s}=0.2\text{ms}$$

（2）S 打开后，输入为零，电感电流 i_L、电压表端电压 u_V 为

$$i_L(t)=i_L(0_+)\mathrm{e}^{-\frac{t}{\tau}}=3\mathrm{e}^{-\frac{t}{0.2\times10^{-3}}}=3\mathrm{e}^{-5000t}\text{A}$$

$$u_V(t)=-R_Vi_L(t)=-5\times10^3\times3\mathrm{e}^{-5000t}=-15\times10^3\mathrm{e}^{-5000t}\text{V}=-15\mathrm{e}^{-5000t}\text{kV}$$

（3）S 刚打开（即 $t=0_+$）时，电压表两端电压为

$$|u_V(0_+)|=15\text{kV}$$

开关 S 打开瞬间，电感线圈两端即电压表两端出现了 15kV 的高电压，这就是我们通常所说的过电压。电压表内阻越大，电压表两端电压越大。此时，若不采取保护措施，电压表将立即损坏。通常可采取以下几种保护措施：（1）在开关打开之前，先将电压表拆除；（2）如图 1-49 所示在电压表两端并联一只二极管，利用二极管的单向导电性进行保护；（3）工厂车间使用大电感的场合，由于开关打开瞬间，电感要释放大量的能量，因此常常出现电弧，这时要采用专门的灭弧罩进行灭弧。

2．一阶 RL 电路的零状态响应

如图 1-50 所示电路中，开关转换前，电感电流为零，即 $i_L(0_-)=0$，电感为零初始状态。开关由 a 合向 b 后，电流源与电感接通，这时电感内部开始储能，直至储能完毕，电路进入新的稳态，这时电感相当于短路。显然，换路后电路发生的过渡过程是 RL 电路的零状态响应。

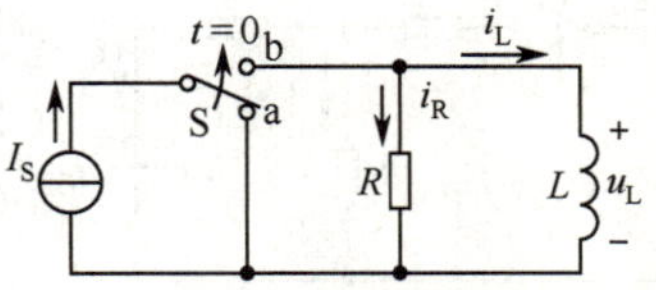

图 1-50　一阶 RL 电路的零状态响应

以电感电流 i_L 为变量，列出换路后电路的微分方程为

$$\frac{L}{R}\frac{\mathrm{d}i_L}{\mathrm{d}t}+i_L=I_S\qquad(t\geqslant0)$$

解方程得到

$$i_L(t)=I_S(1-\mathrm{e}^{-\frac{R}{L}t})=i_L(\infty)(1-\mathrm{e}^{-\frac{t}{\tau}})\qquad(t\geqslant0)\tag{1-33}$$

式（1-33）便是一阶 RL 动态电路零状态响应下电感电流 i_L 的变化通式。以此为依据，可进一步求出电路中其他电压、电流的变化规律（即解析式）。

1.9.4　一阶电路的全响应

1．一阶电路的全响应

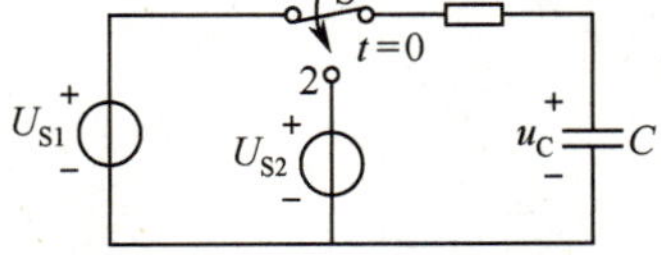

图 1-51　一阶 RC 电路的全响应

换路后由储能元件和独立电源共同引起的响应，称为**全响应**。以图 1-51 为例，开关合向 1 时，$u_C(0_-)=U_{S1}$，电容为非零初始状态。$t=0$ 时开关合向 2 位进行换路，换路后继续有电源 U_{S2} 作为 RC 串联回路的激励，因此 $t\geqslant0$ 时电路发生的过渡过程是全响应。同样利用求解微分方程的方法，可以求得电容电压 u_C 全响应的变化通式为

$$u_C(t)=u_C(0_+)\mathrm{e}^{-\frac{t}{\tau}}+u_C(\infty)(1-\mathrm{e}^{-\frac{t}{\tau}})\qquad(t\geqslant0)\tag{1-34}$$

上式还可写为

$$u_C(t)=u_C(\infty)+[u_C(0_+)-u_C(\infty)]e^{-\frac{t}{\tau}} \quad (t\geqslant 0) \tag{1-35}$$

可见，全响应是零输入响应与零状态响应的叠加，或稳态响应与暂态响应的叠加。

2．一阶电路的三要素法

通过前面对一阶动态电路过渡过程的分析可以看出，换路后，电路中的电压、电流都是从一个初始值$f(0_+)$开始，按照指数规律变化到新的稳态值$f(\infty)$，变化的快慢取决于电路的时间常数 τ。$f(0_+)$、$f(\infty)$和 τ 称为一阶电路的**三要素**。有了三要素，利用式（1-36）即可求出换路后电路中任一电压、电流的解析式$f(t)$。$f(t)$的一般表达式为

$$f(t)=f(\infty)+[f(0_+)-f(\infty)]e^{-\frac{t}{\tau}} \quad (t\geqslant 0) \tag{1-36}$$

这种利用式（1-36）求解一阶动态电路过渡期间电压、电流解析式的方法称为一阶电路的**三要素法**。

由式（1-36）可以确定电路中电压或电流从换路后的初始值变化到某一个数值所需要的时间为

$$t=\tau\ln\frac{f(0_+)-f(\infty)}{f(t)-f(\infty)} \tag{1-37}$$

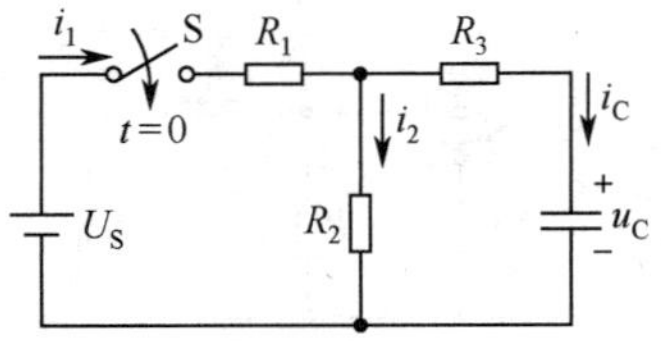

图 1-52　例 1-11 图

例 1-11　如图 1-52 所示电路中，已知U_S=12V，R_1=3kΩ，R_2= 6kΩ，R_3= 2kΩ，C=5μF，开关 S 打开已久，t=0 时，S 闭合。试用三要素法求开关闭合后 u_C、i_C、i_1 和 i_2 的变化规律（即解析式）。

解　先求电压、电流的三要素。

（1）求初始值

$$u_C(0_+)=u_C(0_-)=0$$

$$i_1(0_+)=\frac{U_S}{R_1+\dfrac{R_2R_3}{R_2+R_3}}=\frac{12}{3+\dfrac{2\times6}{2+6}}=\frac{8}{3}\text{mA}$$

$$i_2(0_+)=i_1(0_+)\times\frac{R_3}{R_2+R_3}=\frac{8}{3}\times\frac{2}{2+6}=\frac{2}{3}\text{mA}$$

$$i_C(0_+)=i_1(0_+)-i_2(0_+)=\frac{8}{3}-\frac{2}{3}=2\,\text{mA}$$

（2）求稳态值

$$u_C(\infty)=U_S\times\frac{R_2}{R_1+R_2}=12\times\frac{6}{3+6}=8\,\text{V}$$

$$i_1(\infty)=i_2(\infty)=\frac{U_S}{R_1+R_2}=\frac{12}{3+6}=\frac{4}{3}\text{mA}$$

$$i_C(\infty)=0$$

（3）求时间常数 τ

$$R=R_3+\frac{R_1R_2}{R_1+R_2}=2+\frac{3\times6}{3+6}=4\,\text{k}\Omega$$

所以

$$\tau=RC=4\times10^3\times5\times10^{-6}=2\times10^{-2}\,\text{s}$$

（4）根据三要素法通式写出解析式

$$u_C(t)=8(1-e^{-50t})\,V$$

$$i_C(t)=2e^{-50t}\,mA$$

$$i_1(t)=\frac{4}{3}+\left(\frac{8}{3}-\frac{4}{3}\right)e^{-50t}=\frac{4}{3}+\frac{4}{3}e^{-50t}\,mA$$

$$i_2(t)=\frac{4}{3}+\left(\frac{2}{3}-\frac{4}{3}\right)e^{-50t}=\frac{4}{3}-\frac{2}{3}e^{-50t}\,mA$$

上题也可以只求出电容电压 u_C 的三要素，然后利用三要素法写出 u_C 的解析式，再以 u_C 的解析式为依据，求出其他电压、电流的解析式。

以上是对一阶动态电路的分析与讨论。分析过程主要通过求解一阶微分方程，从而求得过渡期间电压、电流的变化规律。三要素法是分析一阶动态电路的主要方法。如果电路中含有电容和电感两种储能元件，那么描述其电压、电流的方程将会是二阶微分方程，故称其为二阶动态电路。分析二阶动态电路的过渡过程是通过列写并求解二阶微分方程进行的。关于二阶动态电路的分析，此处不再赘述。

本章小结

1. 由理想元件组成的电路称为实际电路的电路模型。

2. 电路的基本物理量有电流、电压和功率。它们都是具有正负的代数量，电流、电压的正、负表明实际方向与参考方向的关系；功率的正、负表明元件吸收功率和发出功率。

3. 组成电路的常用元件有电阻、电容和电感。电阻是一种耗能元件，其功率始终为正值。电容、电感是储能元件，可以充电，也可以放电。

4. 电源分独立源和受控源。独立源又分为电压源和电流源，它们是忽略了实际电源的内阻而抽象出来的理想化模型。受控源的输出量具有受控性，它有电压控制电压源、电压控制电流源、电流控制电压源、电流控制电流源 4 种类型。

5. 基尔霍夫定律是任何集总参数电路都适用的基本定律。它揭示了元件的互联规律。该定律分为 KCL 和 KVL 两方面，分别揭示了互联电路中电流、电压满足的规律。应用基尔霍夫定律分析电路的方法称作支路电路法。

6. 等效变换是电路中非常重要的概念，是化简电路常用的方法。利用两种电源模型的等效变换，可以化简电路，使计算简便。

7. 以独立节点的电压作为变量根据 KCL 列写节点电压方程，解方程求出节点电压，进而求出各支路电流及其他物理量，这种方法称为节点电压分析法。

8. 叠加定理适用于有唯一解的任何线性电阻电路。它允许分别计算每个独立源产生的电压或电流，然后相加，求得含多个独立电源的线性电阻电路的电压或电流。

9. 戴维南定理和诺顿定理研究的是线性含源单口网络，它们分别指出了线性含源单口网络的等效电路模型。应用这两个定理可以简化复杂的含源电路，从而使电路分析变得简便。最大功率传输定理便是戴维南-诺顿定理的具体应用。

10. 含有储能元件的电路称为动态电路。动态电路从一个稳态变化到另一个稳态时，中间必然经过一个过渡过程。利用解微分方程的方法，可以求出过渡期间电压、电流的变化规律。时间常数是反映过渡过程进行快慢的重要参数。

习题 1

1-1 填空题

（1）导线中的 a、b 两点，已知在 1s 内从 b 到 a 通过导线横截面的为 2C（库仑）正电荷，则电流 I_{ab}= ________A，I_{ba}= ________A；如果在 1s 内从 b 到 a 通过导线横截面的为 2C 负电荷，则 I_{ab}= ________A，I_{ba}= ________A。

（2）根据题图 1-1-（2）中给定的参考方向，求 I 或 U。

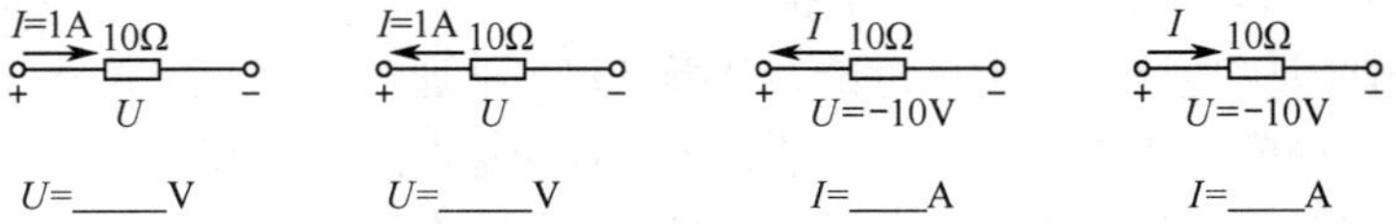

题图 1-1-（2）

（3）已知题图 1-1-（3）中各元件发出功率 12W，图中各元件的电流或电压分别为：

图（a）中 I= ________A；图（b）中 I= ________A；

图（c）中 U= ________V；图（d）中 U= ________V。

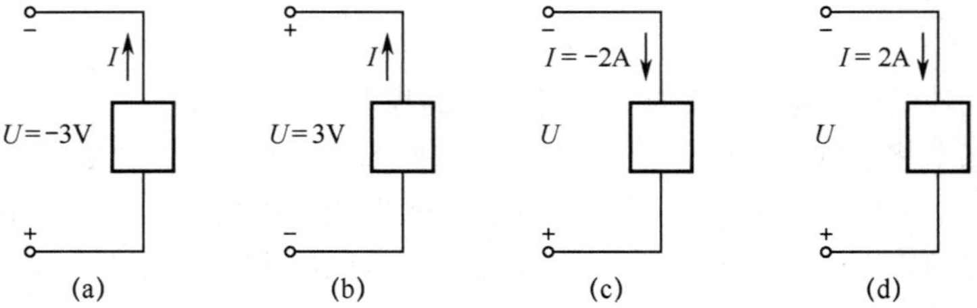

题图 1-1-（3）

（4）如题图 1-1-（4）所示电路中，元件 1 发出功率 50W，元件 3、4 分别消耗功率 40W 和 15W，回路电流 I=2A，各元件电压的参考极性和回路电流参考方向如图所示。元件 2________（填消耗或发出）功率为________W，各元件电压 U_1= ________V，U_2= ________V，U_3= ________V，U_4= ________V。

（5）一段含源电路 ab 如题图 1-1-（5）所示，其电流 I 的表达式为 ________________。

（6）电路如题图 1-1-（6）所示，电流源的端电压 U= ________V。

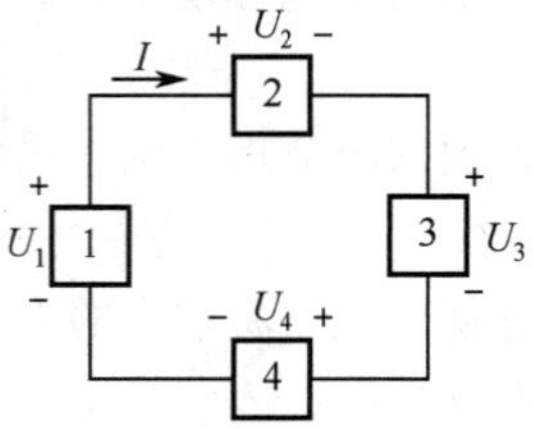

题图 1-1-（4）

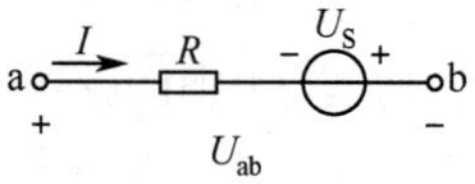

题图 1-1-（5）

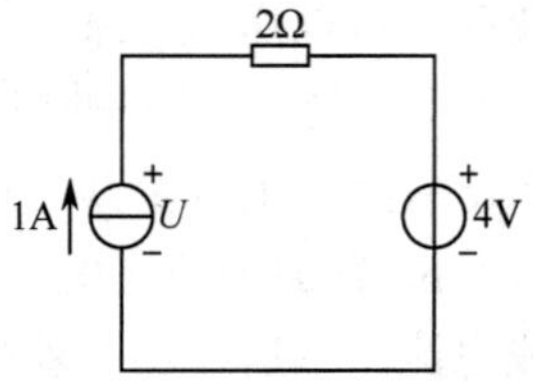

题图 1-1-（6）

（7）写出题图 1-1-（7）中各电路的 U_{ab}。

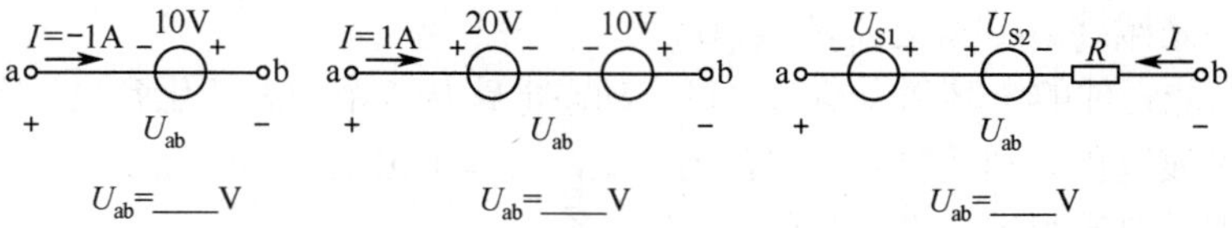

题图 1-1-（7）

（8）题图 1-1-（8）电路中，ab 两端的等效电容 C_{ab} = ________μF。

（9）电容连接如题图 1-1-（9）所示，已知 $C_1 = 3\mu F$，$C_2 = 6\mu F$，$C_3 = 12\mu F$，$C_4 = 6\mu F$，开关 S 打开时，ab 两端等效电容 C_{ab}= ________μF，开关 S 闭合时，C_{ab} = ________μF。

（10）题图 1-1-（10）电路中，已知 $U_2 = 6V$，则 U_1 = ________V，端电压 U = ________V。

（11）已知电感 L=100mH，通过的正弦电流解析式为 $i(t)=10\sqrt{2}\sin 314t$ A，则电感元件中磁场能量的最大值 W_{Lm} = __________J。

1-2 一个标称值为“510kΩ，0.5W”的电阻，在正常使用时最多能允许多大的电流通过？能允许加的最大电压又是多少？

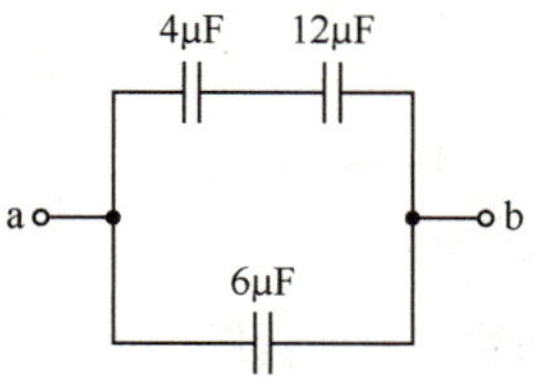

题图 1-1-（8）

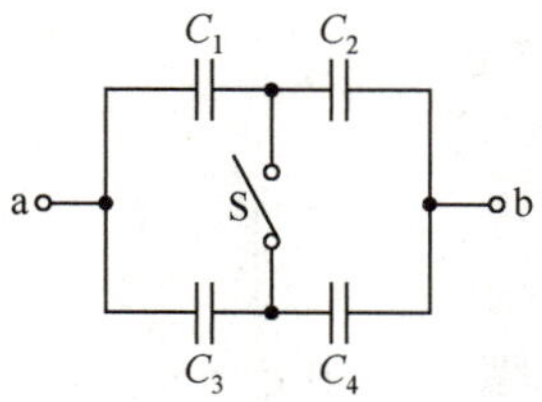

题图 1-1-（9）

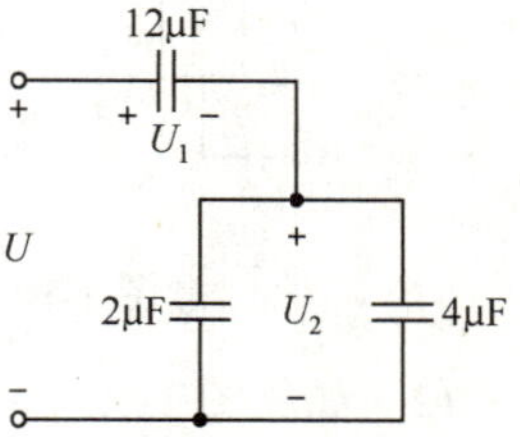

题图 1-1-（10）

1-3 有一个阻值为 20Ω 的电炉，接在 220V 的电源上，连续使用 6 小时后，它消耗了多少度电？

1-4 （1）将 C_1=40μF，耐压 100V，C_2=60μF，耐压 200V 的两个电容串联后接于 U=250V 的直流电压上使用是否安全？

（2）耐压为 250V 的电容接于电压 220V 的正弦电源上，能正常使用吗？

1-5 有的线绕电阻元件，为了使它只有电阻而没有电感，常采用双线并绕法，试说明其理由。

1-6 题图 1-6 中，在已选定的电压参考极性下，已知 $U_1 = 3V$，$U_2 = -2V$，试写出题图 1-6（a）中 U_{ab} 和 U_{ba} 各为多少伏？题图 1-6（b）中的 U_{cd} 和 U_{dc} 各为多少伏？

1-7 题图 1-7 所示电路中，选 C 点为参考点，各点电位为 V_A=8V，V_B=5V，$V_D = -2V$，试求 U_{AB}、U_{BC}、U_{BD} 和 U_{AD} 各为多少伏？

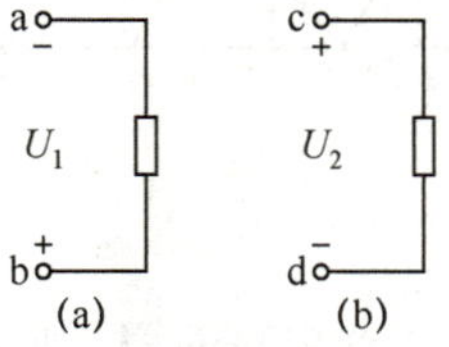

题图 1-6

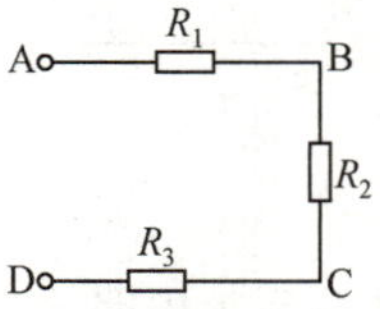

题图 1-7

1-8 按题图 1-8 中给定的电压、电流的参考方向，求各元件上的电压 U 或电流 I 的值。

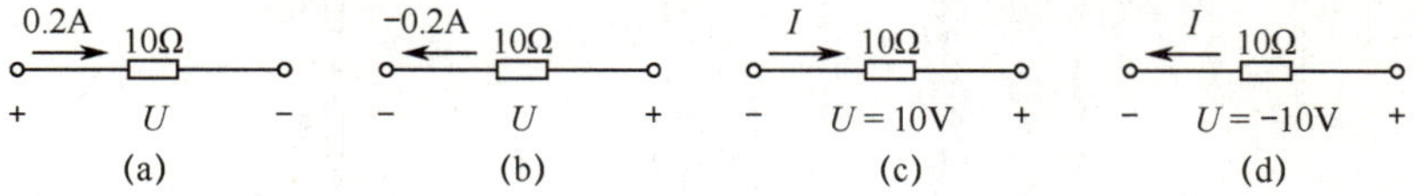

题图 1-8

1-9 按题图 1-9 中给出的电压和电流的参考方向及数值，计算元件的功率，并说明是消耗功率还是发出功率。

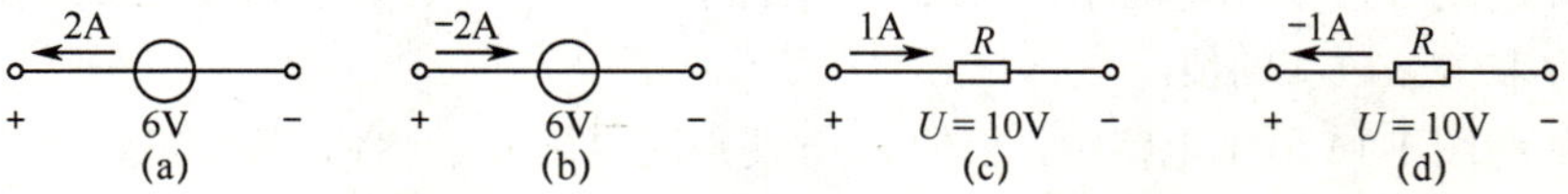

题图 1-9

1-10 题图 1-10 中，已知元件均发出功率，则在题图 1-10（a）中，当 $I=-2\text{A}$ 时，分析 AB 端电压的实际极性，哪端为正，哪端为负？在题图 1-10（b）中，当 $U_{AB}=10\text{V}$ 时，电流的实际方向怎样？

1-11 电路及参数如题图 1-11 所示，求支路电流 I_1 和 I_2，并分析计算电路中各元件的功率，说明是发出还是吸收功率，校核电路的功率是否平衡。如果图中电流源的电流为 $I_S=2\text{A}$ 和 $I_S=3\text{A}$，其余参数不变，则 I_1、I_2 如何？各元件的功率情况又将如何呢？

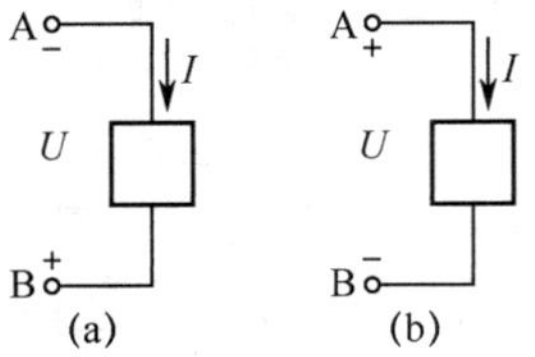

题图 1-10

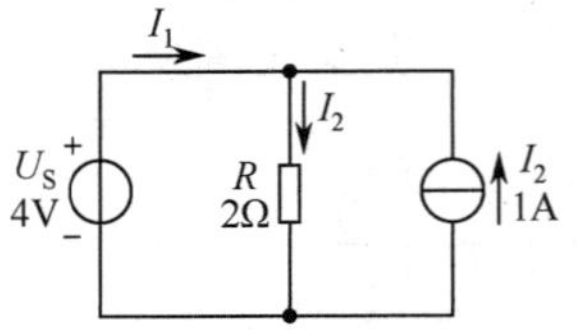

题图 1-11

1-12 如题图 1-12（a）所示电路，其中 $C=50\mu\text{F}$，电压源 $u_S(t)$ 的波形如题图 1-12（b）所示。试求电容上电流 $i(t)$、功率 $p(t)$ 以及储能 $W_C(t)$，并画出其波形。

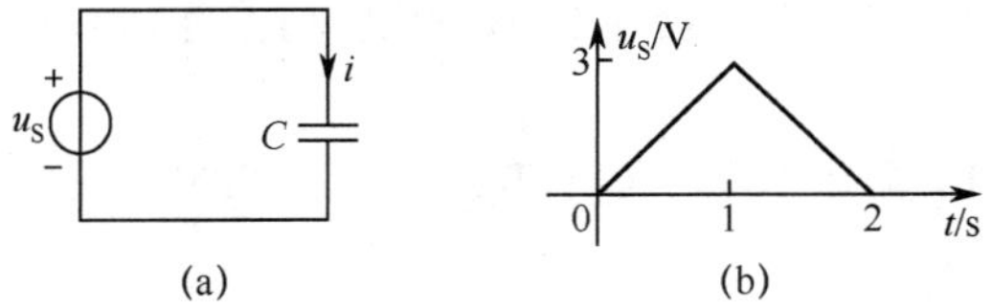

题图 1-12

1-13 如题图 1-13（a）所示电路，其中 $L=0.1\text{H}$，电感电流 $i(t)$ 的波形如题图 1-13（b）所示。试求电感两端电压上 $u_L(t)$、功率 $p(t)$ 以及储能 $W_L(t)$，并画出其波形。

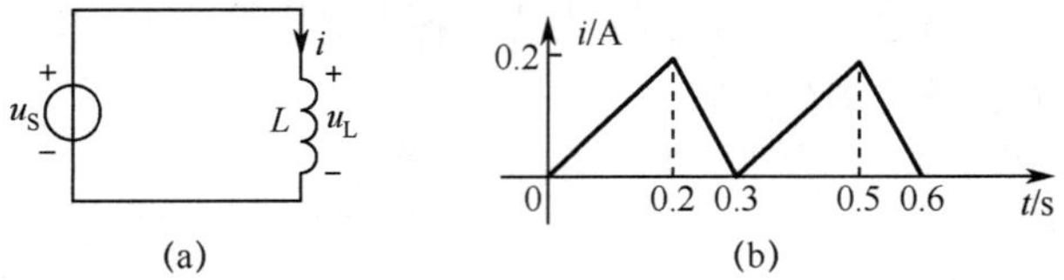

题图 1-13

1-14 如题图 1-14 所示为电路的简化画法，试还原成电路的完整画法。

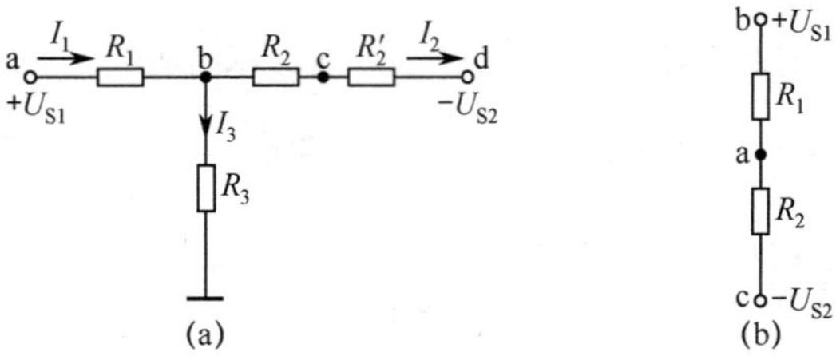

题图 1-14

1-15 如题图 1-15 所示电路中，已知 $U_{S1}=15\text{V}$，$U_{S2}=4\text{V}$，$U_{S3}=3\text{V}$，$R_1=1\Omega$，$R_2=4\Omega$，$R_3=5\Omega$，求回路 I 和 U_{ab}、U_{cb} 的值。

1-16 如题图 1-16 所示电路中，已知 a、b 两点间电压 $U_{ab}=8\text{V}$，其余参数如图所示。求支路电流 I_1、I_2 和 I_3，电流源电流 I_S 及其端电压 U。

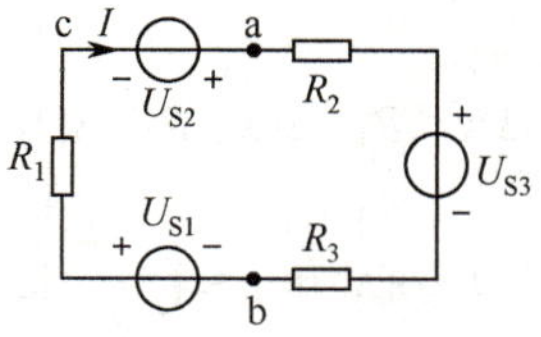

题图 1-15

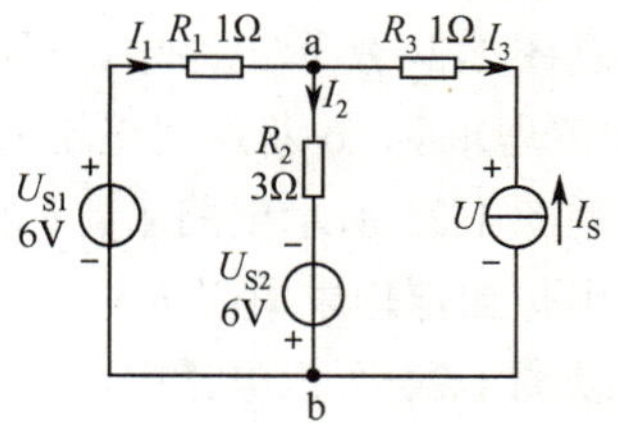

题图 1-16

1-17 电路及参数如题图 1-17 所示，a、b 两点间开路，试求 U_{ab}。

1-18 如题图 1-18 所示电路中，已知 $U_{S1}=6V$，$U_{S2}=4V$，$R_1=R_2=1\Omega$，$R_3=4\Omega$，$R_4=R_5=3\Omega$，$R_6=5\Omega$，选 o 点为参考点。求 a、b、c、d 各点电位。

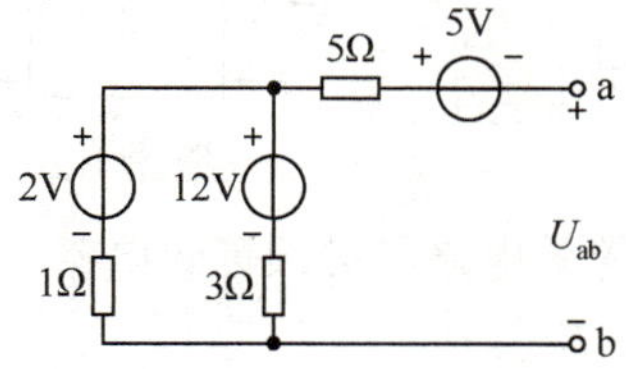

题图 1-17

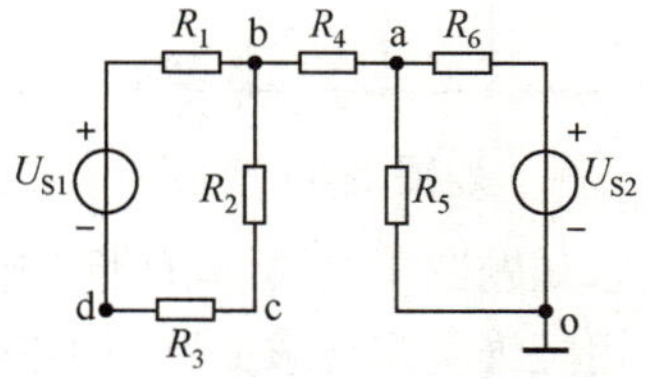

题图 1-18

1-19 用等效变换的方法将如题图 1-19 所示有源二端网络化简成最简形式。

1-20 利用电源模型的等效变换，求如题图 1-20 所示电路中流过 2Ω 电阻的电流 I。

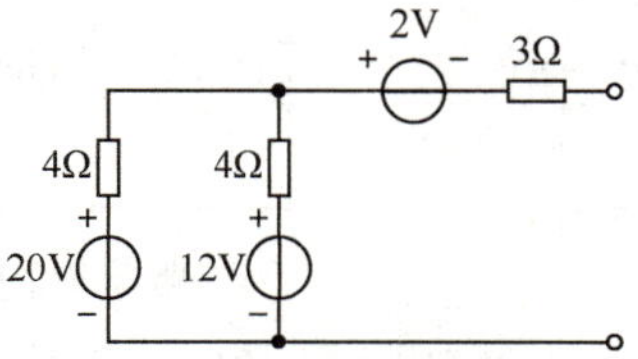

题图 1-19

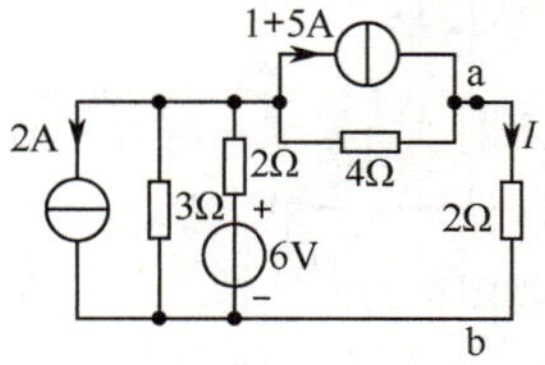

题图 1-20

1-21 求如题图 1-21 所示无源二端网络的等效电阻 R_{eq}。

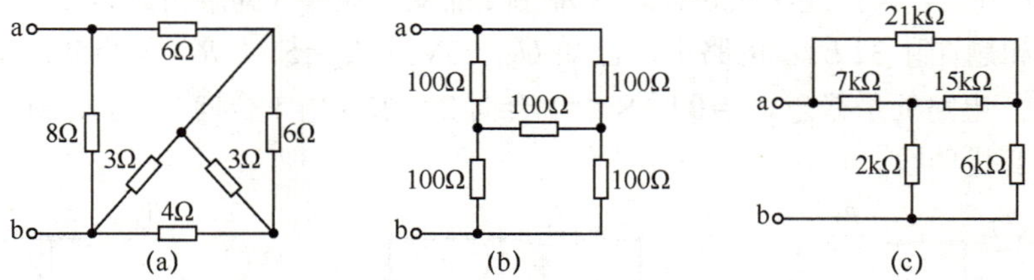

题图 1-21

1-22 如题图 1-22 所示电路中，已知 $R_1=3\Omega$，$R_2=6\Omega$，$R_3=6\Omega$，$R_4=2\Omega$，$I_{S1}=3A$，$U_{S2}=12V$，$U_{S4}=10V$，各支路电流参考方向如图所示，利用节点电压法求各支路电流。

1-23 如题图 1-23 所示电路中，已知 $U_{S1}=100V$，$U_{S3}=25V$，$I_s=2A$，$R_1=R_2=50\Omega$，$R_3=25\Omega$，求节点电压 V_1 和各支路电流 I_1、I_2 和 I_3。

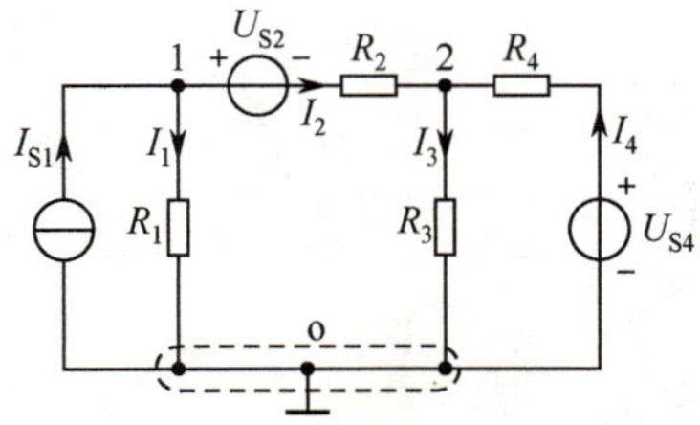

题图 1-22

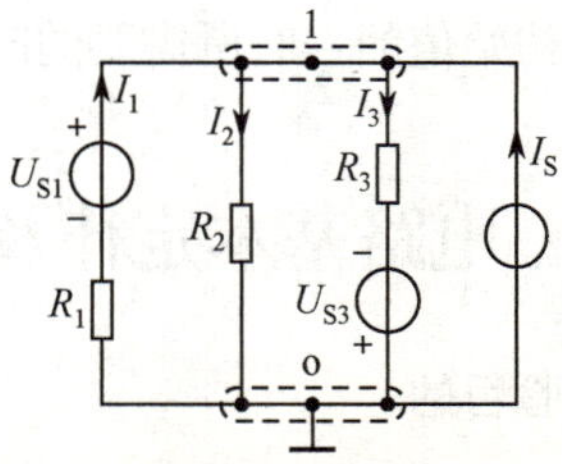

题图 1-23

1-24 如题图 1-24 所示电路中，已知 $U_{S1}=15V$，$I_{S2}=3A$，$R_1=1\Omega$，$R_2=3\Omega$，$R_3=2\Omega$，$R_4=1\Omega$，利用叠加定理求 a、b 两点间电压 U_{ab}。

1-25 如题图 1-25 所示电路中，已知 $U_{S1}=12V$，$I_{S2}=3A$，$R_1=2\Omega$，$R_2=8\Omega$，$R_3=3\Omega$，$R_4=6\Omega$，$R=4\Omega$，用叠加定理求电阻 R 中的电流 I。

1-26 如题图 1-26 所示电话中，网络 N 中只含电阻。当 $i_1=8A$ 和 $i_2=12A$ 时，测得 $u_X=80V$；当 $i_1=-8A$ 和 $i_2=4A$ 时，测得 $u_X=0$。试问：当 $i_1=i_2=20A$ 时，$u_X=?$

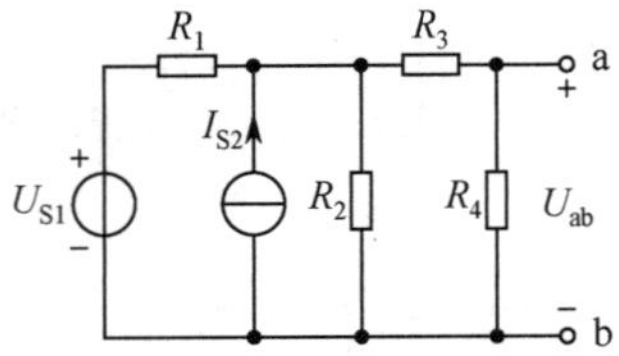

题图 1-24

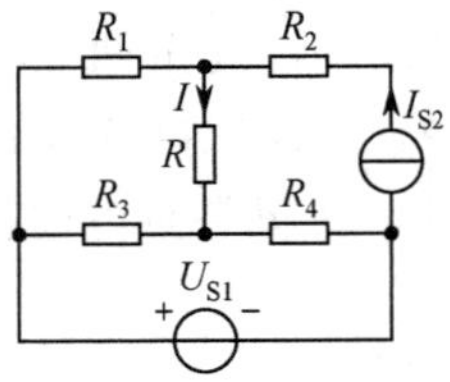

题图 1-25

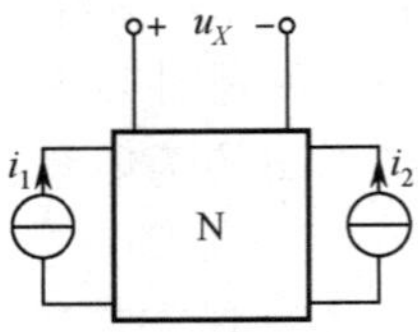

题图 1-26

1-27 求如题图 1-27 所示有源二端网络 ab 的戴维南等效电路和诺顿等效电路。

1-28 用戴维南定理求如题图 1-28 所示电路中的电流 I。

1-29 求如题图 1-29 所示电路中，负载电阻 $R_L=80\Omega$，160Ω，240Ω 时所吸收的功率。

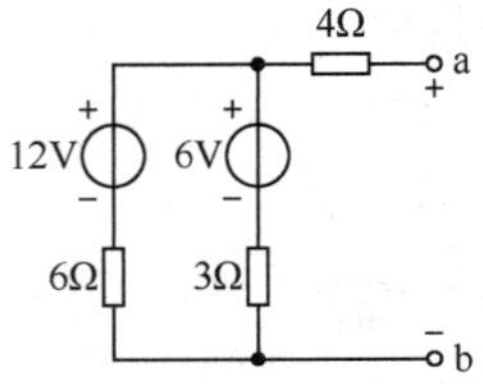

题图 1-27

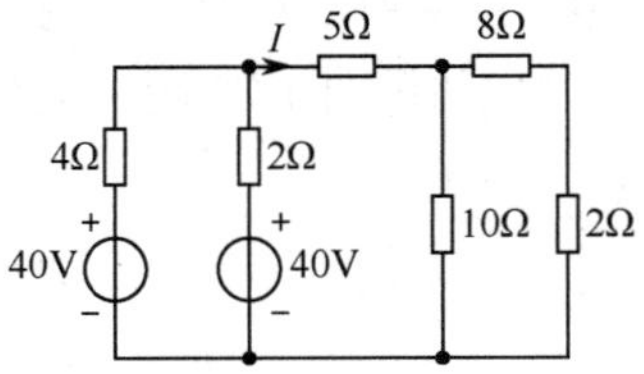

题图 1-28

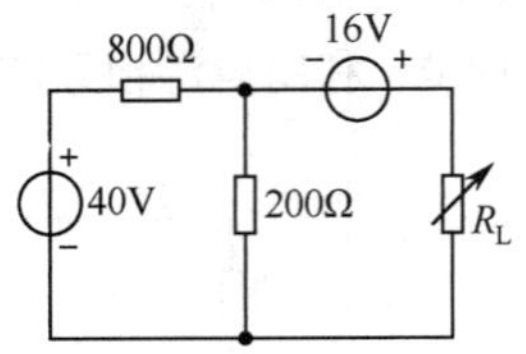

题图 1-29

1-30 如题图 1-30 所示电路中，$t=0$ 时开关 S 闭合，试写出电路的时间常数 τ 的表达式。

1-31 如题图 1-31 所示电路中，已知 $U_S=20V$，$R_1=R_2=1k\Omega$，$C=0.5\mu F$，开关 S 闭合时电路处于稳态。$t=0$ 时，S 打开，求 S 打开后 u_C 和 i 的变化规律（即解析式）。

1-32 在如题图 1-32 所示电路中，已知 $U_{S1}=3V$，$U_{S2}=5V$，$R_1=R_2=5\Omega$，$L=0.05H$，开关 S 合向 1 时，电路处于稳态。$t=0$ 时 S 由 1 合向 2，求 S 由 1 合向 2 后，$i_L(t)$、$i_1(t)$和 $u_L(t)$，并画出它们的变化曲线。

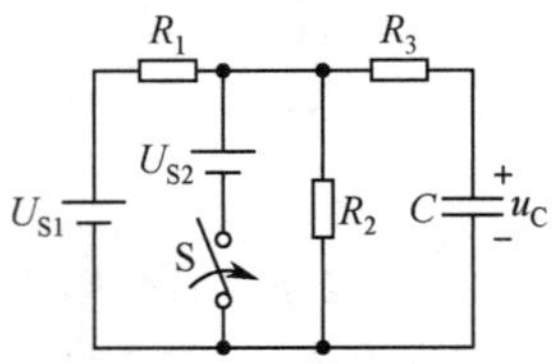

题图 1-30

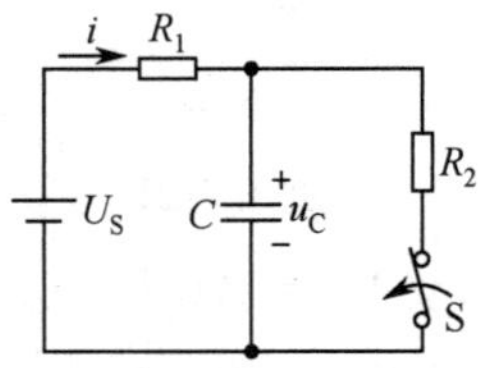

题图 1-31

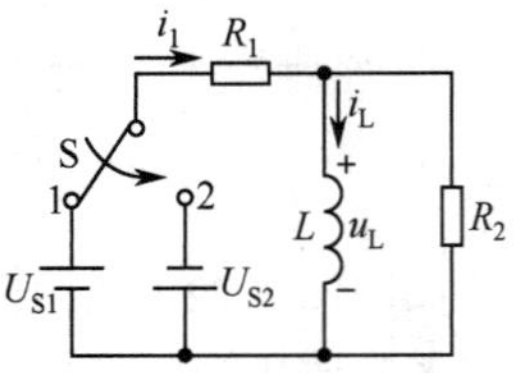

题图 1-32

1-33 一个 RL 串联电路，已知 $L=0.5H$，$R=10\Omega$，通过的稳定电流为 2A。当 RL 短接后，求 i_L 减小到初始值的 $\frac{1}{2}$ 时所需要的时间。

实验 1.1　电路基本定律及定理的验证

一、实验目的

1. 通过对 KCL、KVL 的验证，加深对定律的理解。

2. 通过对戴维南定理、叠加定理的验证，加深对定理的理解和灵活应用。

3. 明确实际测量中存在的误差，学会分析误差。

二、实验器材

万用表、直流电源、双向开关、电阻、导线。

三、实验原理

1. 基尔霍夫定律（KCL、KVL）：电路中的基本定律，适用于集总参数电路。

KCL：任一时刻，任一节点，所有流出该节点的电流代数和恒为零，即$\sum i=0$。

KVL：任一时刻，任一回路，沿某绕行方向所有元件或支路电压的代数和恒为零，即$\sum u=0$。

2. 叠加定理：适用于线性电路中的电流、电压。

线性电路中含多个独立源时，任一支路的电流或电压是每个独立源单独作用时在该支路产生的电流或电压的代数和。电源单独作用是指：除该电源外，其他独立源取零，即电压源短路，电流源开路，受控源不变。

3. 戴维南定理：适用于线性含源二端网络。

任一线性含源二端网络，对外电路而言，均可用一个电压源和一个电阻串联的组合来等效——戴维南等效电路。电压源的电压为含源二端网络的开路电压 U_{oc}，等效电阻为对应无源二端网络的等效电阻 R_{eq}。

4. 误差分析

（1）测量值与真实值间的差异称误差。

（2）误差有两类：绝对误差 =｜测量值-真实值｜

相对误差 =（绝对误差/真实值）×100%

（3）实际测量中，应利用合理测试手段使误差最小。

四、实验内容及步骤

实验电路图如实验图 1-1 所示。

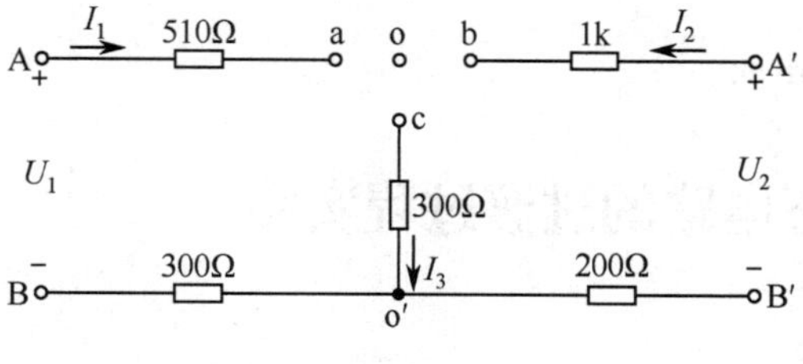

实验图 1-1

1. 验证 KCL、KVL

（1）调节两个直流电源，使一个为 8V 作为 U_1 接入 AB 端，另一个为 4V 作为 U_2 接入 A′B′ 两端；

（2）节点 O 处接通，测量 I_1、I_2、I_3 并填入实验表 1-1 中；

（3）用 AOO′B 回路，分别测量电压 U_{AO}、$U_{OO'}$、$U_{O'B}$、U_{BA}，并填入实验表 1-1 中；

（4）验证 $\sum U=U_{AO}+U_{OO'}+U_{O'B}+U_{BA}=0,\sum I=I_1+I_2-I_3=0$ 。

实验表 1-1

	I_1/A	I_2/A	I_3/A	U_{AO}/V	$U_{OO'}$/V	$U_{O'B}$/V	U_{BA}/V	$\sum I$/A	$\sum U$/V
测量值									
计算值									
相对误差									

2. 验证叠加定理

（1）令 $U_1=8V$，$U_2=4V$ 共同作用，测量 I_1、I_2、I_3，填入实验表 1-2 中；

（2）令 $U_1=8V$ 单独作用，A′B′ 处短路，用导线连接（断开电源），测量相应的电流，填入实验表 1-2 中；

（3）令 $U_2=4V$ 单独作用，AB 处用导线连接，再测电流 I_1、I_2、I_3，填入实验表 1-2 中；

（4）验证叠加定理。

实验表 1-2

	I_1/mA	I_2/mA	I_3/mA
$U_1=8V$，$U_2=4V$			
$U_1=8V$，$U_2=0V$			
$U_1=0V$，$U_2=4V$			
验证叠加定理			

3. 戴维南定理

（1）将端口 A′B′ 开路，其余为含源二端网络；

（2）用万用表测量 A′B′ 端开路电压 $U_{A'B'}$，即戴维南等效电路的电源电压 U_{OC}；

（3）测戴维南等效电阻 R_{eq} 有三种方法：

① 将 $U_1=8V$ 去掉，AB 短路，用万用表测出 A′B′ 两点间电阻即 R_{eq}；

② 不去掉 $U_1=8V$，令 A′B′ 短路，测短路电流 I_{SC}，$R_{eq}=U_{OC}/I_{SC}$；

③ 不去掉 $U_1=8V$，端口 A′B′ 接一个 500Ω 电阻 R'，测其两端电压 U'，则 $R_{eq}=\left(\frac{U_{OC}}{U'}-1\right)R'$。

（4）画出戴维南等效电路。

实验 1.2　一阶动态电路的过渡过程实验

一、实验目的

1. 加深对一阶动态电路过渡过程的规律、波形特点的认识。
2. 理解电路参数的改变对过渡过程的影响。

二、实验器材

函数发生器、双踪示波器、电阻、电感、电容、开关。

三、实验原理

一阶 RC、RL 电路中，接通和断开电源时，储能元件的储能发生变化，电路从一种状态到另一种状态，这一过程称为过渡过程。

电路如实验图 1-2 所示，开关 S 由 2→1，电容充电，电路发生零状态响应，满足 $u_C(t)=u_C(\infty)(1-e^{-\frac{t}{\tau}})$；开关由 1→2，电容放电，电路发生零输入响应，满足 $u_C(t)=u_C(0_+)e^{-\frac{t}{\tau}}$。

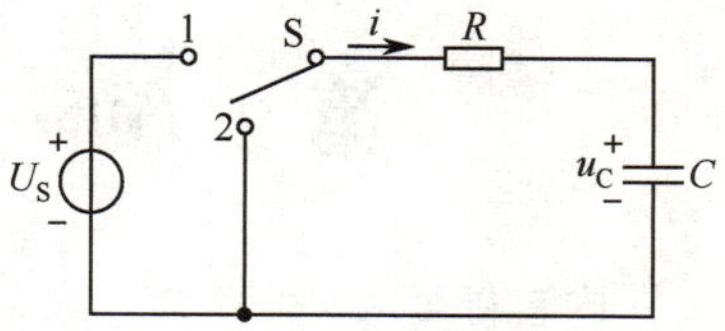

实验图 1-2

可见，无论电容充电或者放电，u_C 均按照指数规律变化，变化快慢与 τ 有关，$\tau=RC$ 为电路的时间常数，反映过渡过程进行得快慢。

四、实验内容及步骤

观察一阶电路的响应波形。

（1）按实验图 1-3 接好电路，电源为方波，频率 f=2kHz，幅度 U_S=5V，电容 C= 0.001μF，R= 10kΩ;

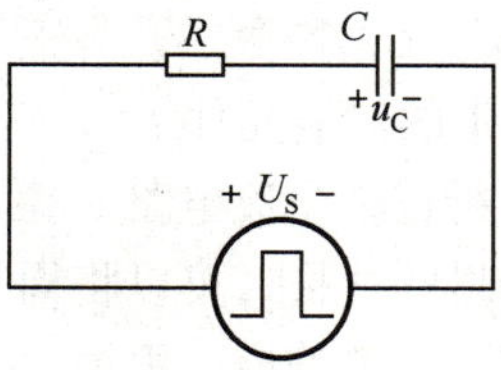

实验图 1-3

（2）将方波信号接入电路，用示波器 Y_1 通道观察方波，使屏幕上显示一稳定波形；

（3）将示波器 Y_2 通道接电容 C 两端，观察响应 u_C 波形并记录；

（4）改变 R 或 C 的值，即改变时间常数 τ，重新观察并记录 u_C 波形；

（5）画出一阶电路零输入响应、零状态响应、全响应曲线。

第 2 章　正弦稳态电路的相量分析法

内容提要

- 正弦电路的基本概念
- 正弦量的相量表示及正弦电路的相量分析法
- 正弦电路的功率及功率因数
- 串联谐振电路
- 三相电路
- 互感电路与变压器

本章开始研究在含有电阻 R、电感 L、电容 C 等元件的电路中，当输入（也称激励）为正弦交流电压或电流，且电路达到稳态时的分析方法。所谓稳态，是指电路中的储能元件 L 或 C 均处于非充放电状态，此时电路中的响应与激励的变化规律完全相同。分析正弦交流电路的稳态十分重要，其原因在于：①很多实际电路都工作于正弦稳态；②利用傅里叶变换，可以将周期性非正弦信号分解为无穷多个不同频率正弦量之和，因此已知电路的正弦稳态响应，根据线性电路的叠加性质，可以得到任意非正弦周期性波形信号激励下的响应。

2.1　正弦交流电路的基本概念

正弦信号是最基本的周期信号，它是任何其他周期信号或非周期信号的基本元素。为了便于对电路做正弦稳态分析，这里首先了解正弦信号的基本概念。

2.1.1　正弦量的三要素

正弦电压、电流和电动势统称**正弦量**。与直流电不同，正弦交流电的大小、方向随时间不断变化，即一个周期内，正弦量在不同瞬间具有不同的值，将此称为正弦量的**瞬时值**，一般用小写字母如 $i(t_k)$、$u(t_k)$或 i、u 来表示 t_k 时刻正弦电流、电压的瞬时值。表示正弦量的瞬时值随时间变化规律的数学式称为正弦量的**瞬时值表达式**，也叫**解析式**，用 $i(t)$，$u(t)$或 i、u 表示。表示正弦量的瞬时值随时间变化规律的图像称为正弦量的波形。正弦电压 $u(t)$、正弦电流 $i(t)$的解析式可写为

$$\begin{cases} u(t)=U_{\mathrm{m}}\sin\left(\omega t+\theta_u\right) \\ i(t)=I_{\mathrm{m}}\sin\left(\omega t+\theta_i\right) \end{cases} \tag{2-1}$$

由式（2-1）不难看出，一个正弦量是由振幅、角频率和初相来确定的，称为**正弦量的三要素**。它们分别反映了正弦量的大小、变化的快慢及初始值三方面的特征。

1．振幅

正弦量瞬时值中的最大值叫**振幅**，也叫峰值，振幅用来反映正弦量的幅度大小。有时提及的峰-峰值是指电压正负变化的最大范围，即等于 $2U_{\mathrm{m}}$。必须注意，振幅总是取绝对值，即正值。在分析正弦电路时，有时也常用有效值来反映正弦量的幅度大小，正弦电压、电流的有效值与

其振幅之间的系数为$\sqrt{2}$，即$U=\frac{U_m}{\sqrt{2}}=0.707U_m$，$I=\frac{I_m}{\sqrt{2}}=0.707I_m$。常用的交流仪表所指示的数字均为有效值。交流电机和交流电器铭牌上标的电压或电流也都是有效值。市电的有效值是220V，其振幅为311V。

2．角频率

角频率 ω 是正弦量在每秒钟内变化的电角度，单位是弧度/秒（rad/s）。正弦量每变化一个周期 T 的电角度相当于 2π 电弧度，因此角频率 ω 与周期 T 及频率 f 的关系如下

$$\omega=\frac{2\pi}{T}=2\pi f \tag{2-2}$$

这里提到正弦量的周期和频率。所谓**周期**，就是交流电完成一个循环所需要的时间，用字母 T 表示，单位为秒（s）。单位时间内交流电循环的次数称为**频率**，用 f 表示，据此定义可知，频率与周期互为倒数关系。频率的单位为 1/秒，又称赫兹（Hz），工程实际中常用的单位还有kHz、MHz、GHz、THz 等，相邻两个单位之间是 10^3 进制。在实际工程中，往往也以频率区分电路，例如：高频电路、低频电路。

我国和世界上大多数国家，电力工业的标准频率即所谓的“工频”是 $f=50$Hz，其周期为0.02s，少数国家（如美国、日本）的工频为 60Hz。在其他技术领域中也用到各种不同的频率，如声音信号的频率为 20～20 000Hz，广播中频段载波频率为 535～1605Hz，电视用的频率以MHz 计，高频炉的频率为 200～300kHz，目前无线电波中频率最高的是激光，其频率可达 10^6MHz（即 1GHz）以上。

角频率 ω、周期 T、频率 f 都可用来反映正弦量随时间变化得快慢。

3．初相

在正弦量的解析式（2-1）中，($\omega t+\theta$) 是随时间变化的电角度，它决定了正弦量每一瞬间的状态，称为正弦量的相位角或**相位**，单位是弧度（rad）或度（°）。

初相是正弦量在 $t=0$ 时刻的相位，用 θ 表示，规定$|\theta|\leqslant\pi$。初相反映了正弦量在 $t=0$ 时的状态。需要注意的是，初相的大小和正负与计时起点（即 $t=0$ 时刻）的选择有关，选择不同，初相则不同，正弦量的初始值也随之不同。现规定：靠近计时起点最近的，并且由负值向正值变化所经过的那个零值称为正弦量的零值，简称**正弦零值**。正弦量初相的绝对值就是正弦零值到计时起点（坐标原点）之间的电角度。初相的正负这样判断：看正弦零值与计时起点的位置，若正弦零值在计时起点之左，则初相为正；若在右边，则为负值；若正弦零值与计时起点重合，则初相为零。

2.1.2 相位差

两个同频率正弦量的相位之差，称为**相位差**，用 φ 表示。同样规定$|\varphi|\leqslant\pi$。现有两个同频率的正弦电流 $i_1(t)$ 和 $i_2(t)$，其解析式为

$$i_1(t)=I_{1m}\sin(\omega t+\theta_1) \qquad i_2(t)=I_{2m}\sin(\omega t+\theta_2)$$

则它们的相位差为

$$\varphi=(\omega t+\theta_1)-(\omega t+\theta_2)=\theta_1-\theta_2 \tag{2-3}$$

式（2-3）表明两个同频率正弦量的相位之差等于它们的初相之差。相位差不随时间变化，与计时起点也没有关系。通常用相位差 φ 的量值来反映两同频率正弦量在时间上的“超前”和“滞后”关系。所谓超前，是指一个正弦量比另一个正弦量早到达振幅（或零值）。以式（2-3）

为例，若$\varphi=\theta_1-\theta_2>0$，则表明$i_1(t)$超前$i_2(t)$，超前的角度为$\varphi$；若$\varphi=\theta_1-\theta_2<0$，则表明$i_1(t)$滞后$i_2(t)$，滞后的角度为$|\varphi|$。图2-1（a）、（b）分别表示电流$i_1(t)$超前$i_2(t)$和$i_1(t)$滞后$i_2(t)$的情况。

同频率正弦量的相位差有三种特殊的情况：①$\varphi=\theta_1-\theta_2=0$，称电流$i_1(t)$与$i_2(t)$**同相**；②$\varphi=\theta_1-\theta_2=\pm\pi/2$，称电流$i_1(t)$与$i_2(t)$**正交**；③$\varphi=\theta_1-\theta_2=\pm\pi$，称电流$i_1(t)$与$i_2(t)$**反相**。

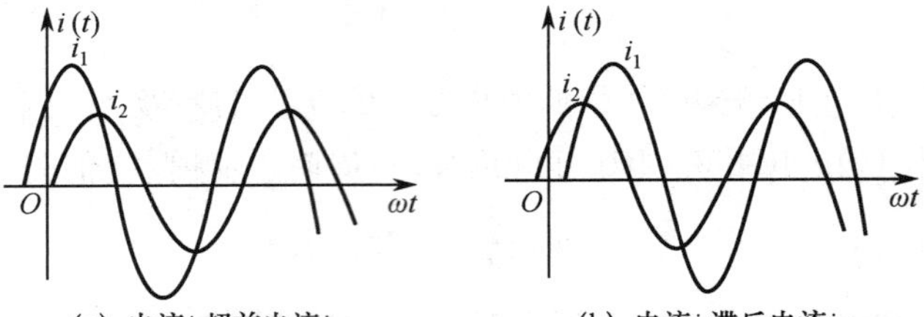

(a) 电流i_1超前电流i_2　　(b) 电流i_1滞后电流i_2

图2-1　同频率正弦电流的相位差

同频率正弦量的相位差不随时间变化，即与计时起点的选择无关。在同一电路中有多个同频率正弦量时，彼此间有一定的相位差。为了分析方便起见，通常将计时起点选得使其中一个正弦量的初相为零，这个被选初相为零的正弦量称为**参考正弦量**。其他正弦量的初相就等于它们与参考正弦量的相位差。同一电路中的正弦量必须以同一瞬间为计时起点才能比较相位差，因此一个电路中只能选一个正弦量为参考正弦量。这与在电路中只能选一点为电位参考点是同一道理。

2.2　正弦量的相量表示

前面已经学习了正弦量的两种表示方法，解析式表示法和波形图表示法。这两种表示方法都能直观地反映出正弦量的三要素，表示出正弦量的瞬时值随时间变化的关系，但是用这两种方法分析和计算正弦电路就比较烦琐。为了解决这个问题，引入了正弦量的第三种表示方法——**相量表示法**。相量表示法，实际上采用的是复数的表示形式，因此，为了更好地掌握相量表示法，首先复习复数的有关知识。

2.2.1　复数的表示形式及运算规则

复数与复平面上的点一一对应，此时复数可用点的横、纵坐标，即复数的实部、虚部来描述；复数与复平面上带方向的线段（复矢量）也具有一一对应关系，此时复数可用该线段的长度和方向角，即复数的模和辐角来描述。如图2-2所示直角坐标系中，实轴（+1）和虚轴（+j）组成一个复平面，该复平面内，点A的坐标为（a，b），复矢量$\overline{OA}$的长度、方向角分别为r、θ，则它们之间的关系为

$$r=\sqrt{a^2+b^2},\qquad \theta=\arctan\frac{b}{a} \tag{2-4}$$

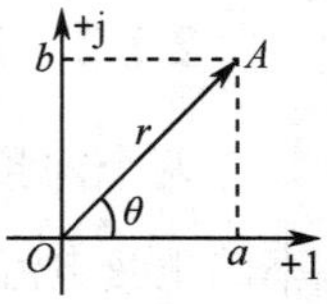

图2-2　复平面

或

$$a=r\cos\theta,\qquad b=r\sin\theta \tag{2-5}$$

其中a、b称为复数的实部、虚部；r、θ称为复数的模、辐角，规定辐角$|\theta|\leqslant\pi$。

1．复数的表示形式

（1）代数形式　　$A=a+\mathrm{j}b$　　(2-6)

其中 j 称为虚数单位，且 $j^2=-1,\ \frac{1}{j}=-j$。

（2）三角函数形式 $A=r\cos\theta+jr\sin\theta$ （2-7）

（3）指数形式 $A=r\,e^{j\theta}$ （2-8）

指数形式是根据欧拉公式 $e^{j\theta}=\cos\theta+j\sin\theta$ 得到的。

（4）极坐标形式 $A=r\angle\theta$ （2-9）

2．复数的运算规则

复数相加或相减时，一般采用代数形式，实部、虚部分别相加减。复数相加或相减后，与复数相对应的矢量也相加或相减。在复平面上进行加减时，其矢量满足“平行四边形”或“三角形”法则。

复数相乘或相除时，以指数形式和极坐标形式进行较为方便。两复数相乘时，模相乘，辐角相加；复数相除时，模相除，辐角相减。

2.2.2　正弦量的相量表示及相量图

由前面介绍可知，一个复数可用极坐标形式表示为 $A=r\angle\theta$。假设其中 $r=\sqrt{2}U$，$\theta=\omega t+\theta_u$，则可写出复数 $A=\sqrt{2}U\angle\omega t+\theta_u$ 的三角函数形式为

$$A=\sqrt{2}U\angle\omega t+\theta_u=\sqrt{2}U\cos\left(\omega t+\theta_u\right)+j\sqrt{2}U\sin\left(\omega t+\theta_u\right)$$

不难看出，复数 A 的虚部就是一个正弦电压的解析式，而且包含了正弦电压的三要素。因此，将复数 $A=\sqrt{2}U\angle\omega t+\theta_u$ 称为对应于正弦电压 $u(t)=\sqrt{2}U\sin(\omega t+\varphi_u)$ 的相量，表示为 $\dot{U}=U\angle\theta_u$。

可见，相量用大写字母上面加一点表示，电压相量用 $\dot{U}$ 表示，电流相量用 $\dot{I}$ 表示，对应的模用有效值 U 和 I 而一般不用振幅表示。所以，一个正弦电压 $u(t)$，电流 $i(t)$的解析式与其对应的相量形式有以下关系

$$u(t)=\sqrt{2}U\sin\left(\omega t+\theta_u\right)\Leftrightarrow\dot{U}=U\angle\theta_u \tag{2-10}$$

$$i(t)=\sqrt{2}I\sin\left(\omega t+\theta_i\right)\Leftrightarrow\dot{I}=I\angle\theta_i \tag{2-11}$$

关于正弦量的相量表示，需注意以下三点。

（1）正弦量的相量形式一般采用复数的极坐标表示，正弦量与其相量形式是“相互对应”关系（即符号“$\Leftrightarrow$”的含义），不是相等关系。

（2）若已知一个正弦量的解析式，可以由有效值及初相角两个要素写出其相量形式，这时角频率 ω是一个已知的要素，但ω不直接出现在相量表达式中。

（3）后面关于正弦电路的分析均采用相量分析法。所谓**相量分析法**，就是把正弦电路中的电压、电流先表示成相量形式，然后用相量形式进行运算的方法。由前面分析可知，相量分析法实际上利用了复数的四则运算。

和复数一样，正弦量的相量也可以用复平面上一条带方向的线段（复矢量）来表示。把画在同一复平面上表示正弦量相量的图称为**相量图**。只有同频率的正弦量，其相量图才能画在同一复平面上。

在相量图上，能够非常直观地表示出各相量对应的正弦量的大小及相互之间的相位关系。为使图面清晰，有时画相量图时，可以不画出复平面的坐标轴，但相位的辐角应以逆时针方向的角度为正，顺时针方向的角度为负。

例 2-1 写出下列各正弦量的相量形式，并画出相量图。

$$u_1(t)=10\sin(100\pi t+60^\circ)\,\text{V}$$

$$u_2(t)=-6\sin(100\pi t+135^\circ)\,\text{V}$$

$$u_3(t)=5\cos(100\pi t+60^\circ)\,\text{V}$$

解

$$\dot{U}_1=\frac{10}{\sqrt{2}}\angle 60^\circ=7.07\angle 60^\circ\,\text{V}$$

因为

$$u_2(t)=-6\sin(100\pi t+135^\circ)$$

$$=6\sin(100\pi t+135^\circ-180^\circ)=6\sin(100\pi t-450^\circ)\,\text{V}$$

$$u_3(t)=5\cos(100\pi t+60^\circ)$$

$$=5\sin(100\pi t+60^\circ+90^\circ)=5\sin(100\pi t+150^\circ)\,\text{V}$$

所以

$$\dot{U}_2=\frac{6}{\sqrt{2}}\angle -45^\circ=4.24\angle -45^\circ\,\text{V}$$

$$\dot{U}_3=\frac{5}{\sqrt{2}}\angle 150^\circ=3.53\angle 150^\circ\,\text{V}$$

其相量图如图 2-3 所示。

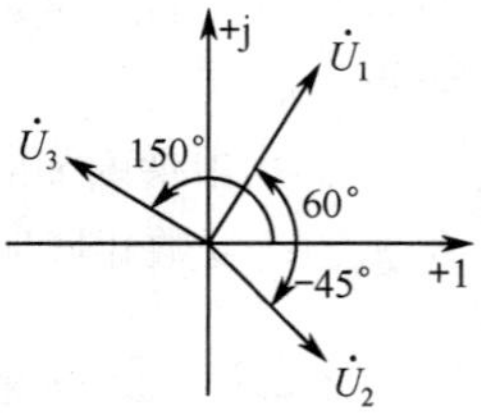

图 2-3 例 2-1 图

2.3 *R*、*L*、*C* 各元件伏安关系的相量形式

电阻、电感和电容是构成正弦交流电路的基本元件。从本节开始将着重讨论这三个元件在正弦电路中电压与电流的相量关系，并给出各元件的相量模型。讨论中首先需要注意的是，在正弦电路中，为了完整描述电压与电流的关系，必须从频率关系，大小关系（通常指有效值关系）和相位关系三个方面进行。

2.3.1 电阻元件

如图 2-4（a）所示为一纯电阻电路，选取电阻元件的电压、电流为关联方向，根据欧姆定律不难推出电阻元件电压 u 与电流 i 的关系如下。

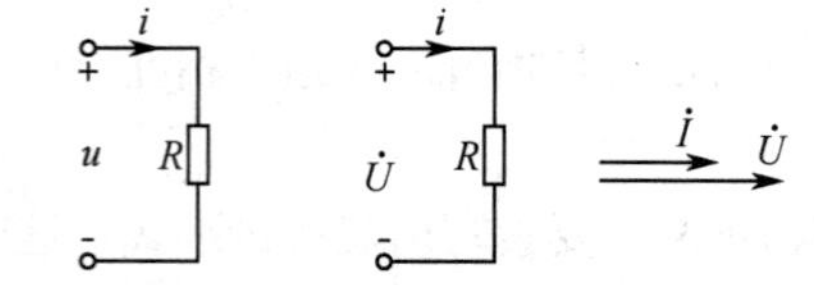

（a）时域模型 （b）相量模型 （c）相量图

图 2-4 纯电阻正弦电路分析

（1）电压与电流的频率关系：同频率。

（2）电压与电流的大小关系：$U=RI$。

（3）电压与电流的相位关系：$\theta_u=\theta_i$（电压与电流同相）。

由以上结论可以推出电阻元件电压与电流的相量关系式为

$$\dot{U}=U\angle\theta_u=RI\angle\theta_i=R\dot{I} \tag{2-12}$$

式（2-12）又叫相量形式的欧姆定律。图 2-4（b）、（c）分别为电阻元件的相量模型与相量图。

2.3.2 电感元件

1．电压、电流关系

如图 2-5（a）所示为一纯电感电路，选取电感元件的电压、电流为关联方向，根据电感元件电压、电流的瞬时值关系式 $u = L\dfrac{\mathrm{d}i}{\mathrm{d}t}$，不难推出电感元件电压 u 与电流 i 的关系如下。

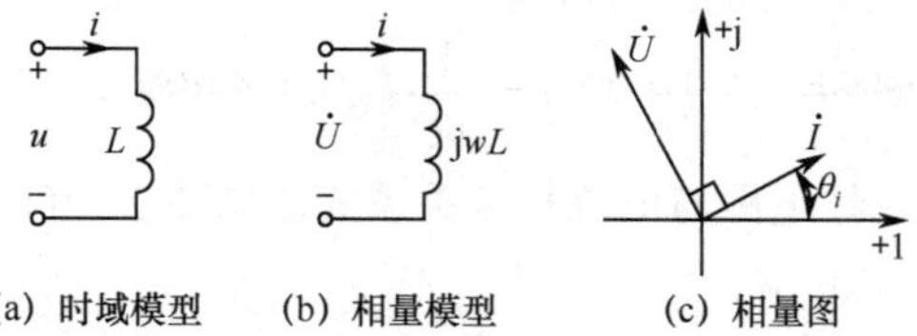

图 2-5　电感元件的相量模型及相量图

（1）电压与电流的频率关系：同频率。

（2）电压与电流的大小关系：$U = \omega LI$。

（3）电压与电流的相位关系：$\theta_u = \theta_i + 90°$（电压超前电流 90° 或电流滞后电压 90°）。

2．感抗

电感元件上电压与电流的有效值之比为 ωL，ωL 称为电感元件的**感抗**，用 X_L 表示。感抗的表达式为

$$X_L = \omega L = 2\pi fL \tag{2-13}$$

感抗的单位是欧姆（Ω），用来表征电感元件对正弦电流阻碍作用的大小。在 L 确定的条件下，X_L 与 ω 成正比，由此可知，电感具有“通低频、阻高频”的特点。

3．电压、电流的相量关系式

根据正弦电路中电感元件电压与电流的关系（大小和相位关系）可以推出

$$\dot{U} = U\angle\theta u = \omega LI\angle(\theta_i + 90°) = \omega LI\angle\theta_i\angle 90° = \mathrm{j}\omega LI = \mathrm{j}X_L\dot{I} \tag{2-14}$$

式（2-14）就是电感元件电压与电流的相量关系式。如图 2-5（b）、（c）所示分别为电感元件的相量模型和相量图。

2.3.3　电容元件

1．电压、电流关系

如图 2-6（a）所示为一纯电容电路，选取电容元件的电压、电流为关联方向，根据电容元件电压、电流的瞬时值关系式 $i = C\dfrac{\mathrm{d}u}{\mathrm{d}t}$，不难推出电容元件电压 u 与电流 i 之间存在如下关系。

（1）电压与电流的频率关系：同频率。

（2）电压与电流的大小关系：$U = \dfrac{1}{\omega C}I$。

（3）电压与电流的相位关系：$\theta_u = \theta_i - 90°$（电压滞后电流 90° 或电流超前电压 90°）。

2．容抗

电容元件上电压与电流的有效值之比为 $\dfrac{1}{\omega C}$，$\dfrac{1}{\omega C}$ 称为电容元件的**容抗**，用 X_C 表示。容抗的表达式为

$$X_C = \frac{1}{\omega C} = \frac{1}{2\pi fC} \tag{2-15}$$

容抗的单位是欧姆（Ω），用来表征电容元件对正弦电流阻碍作用的大小。在电容 C 确定的条件下，X_C 与 ω 成反比，据此可知电容具有“通高频、阻低频”以及“通交隔直”的特点。

3．电压、电流的相量关系式

根据正弦电路中电容元件上电压与电流的关系（大小和相位关系）可以推出

$$\dot{U}=U\angle\theta_u=\frac{1}{\omega C}I\angle(\theta_i+90°)=\frac{1}{\omega C}I\angle\theta_i\cdot\angle-90°=-\mathrm{j}\frac{1}{\omega C}\dot{I}=-\mathrm{j}X_{\mathrm{C}}\dot{I} \tag{2-16}$$

式（2-16）即是电容元件电压与电流相量关系式。如图 2-6（b）、（c）所示分别为电容元件的相量模型和相量图。

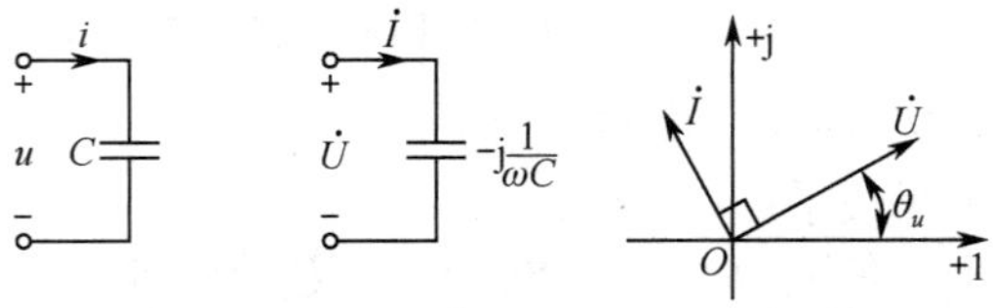

(a) 时域模型　　(b) 相量模型　　(c) 相量图

图 2-6　电容元件的相量模型及相量图

2.4　复阻抗与复导纳及正弦电路的相量分析法

2.4.1　复阻抗

相量分析法的引入使得正弦交流电路的分析和计算变得相当简便。以如图 2-7 所示 R、L、C 串联电路为例，选取各电压、电流的参考方向如图所示。因为是串联电路，所以通过各元件的电流均为端电流 i。设 i 的解析式为 $i(t)=\sqrt{2}I\sin\omega t$，其对应的相量为 $\dot{I}=I\angle0°$，则各元件上的电压相量分别为

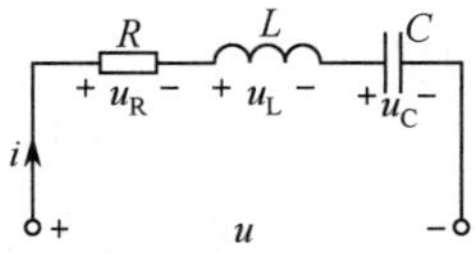

图 2-7　RLC 串联电路

$$\dot{U}_{\mathrm{R}}=R\dot{I}\,,\qquad \dot{U}_{\mathrm{L}}=\mathrm{j}X_{\mathrm{L}}\dot{I}\,,\qquad \dot{U}_{\mathrm{C}}=-\mathrm{j}X_{\mathrm{C}}\dot{I}$$

根据相量形式的 KVL[①]得

$$\dot{U}=\dot{U}_{\mathrm{R}}+\dot{U}_{\mathrm{L}}+\dot{U}_{\mathrm{C}}=R\dot{I}+\mathrm{j}X_{\mathrm{L}}\dot{I}-\mathrm{j}X_{\mathrm{C}}\dot{I}=\left[R+\mathrm{j}\left(X_{\mathrm{L}}-X_{\mathrm{C}}\right)\right]\dot{I}=Z\dot{I} \tag{2-17}$$

式（2-17）$\dot{U}=Z\dot{I}$ 是在关联参考方向下，RLC 串联电路端电压与电流的相量关系式，如果端电压与电流参考方向相反，则 $\dot{U}=-Z\dot{I}$。其中 Z 是 RLC 串联电路的复数阻抗，简称**复阻抗**。其表达式为

$$Z=\frac{\dot{U}}{\dot{I}}=R+\mathrm{j}\left(X_{\mathrm{L}}-X_{\mathrm{C}}\right)=R+\mathrm{j}X \tag{2-18}$$

复阻抗的单位是欧姆（Ω），它是一个复数，其实部为串联电路的电阻 R，虚部为串联电路的电抗 X，$X=X_{\mathrm{L}}-X_{\mathrm{C}}$，即电抗等于感抗与容抗之差，单位是欧姆（Ω）。$X$ 可正、可负、也可为零，X 的正负体现了电路中电感和电容所起作用的大小，关系到电路的不同性质。

复阻抗的极坐标形式为

$$Z=|Z|\angle\varphi \tag{2-19}$$

其中

$$|Z|=\sqrt{R^2+X^2}=\sqrt{R^2+\left(X_{\mathrm{L}}-X_{\mathrm{C}}\right)^2} \tag{2-20}$$

$$\varphi=\mathrm{arctg}\frac{X}{R}=\mathrm{arctg}\frac{X_{\mathrm{L}}-X_{\mathrm{C}}}{R} \tag{2-21}$$

---

① 在正弦交流电路中，电压、电流的相量形式仍满足 KVL 和 KCL，分别表示为 $\sum\dot{U}=0$ 和 $\sum\dot{I}=0$，称为相量形式的 KVL 和相量形式的 KCL。它是相量法分析正弦电路的理论依据。

$|Z|$为复阻抗Z的模，也称电路的**阻抗**。它反映了RLC串联电路各元件对正弦电流的阻碍作用大小。$|Z|$越大，对正弦电流的阻碍作用越大。$|Z|$只与元件的参数及频率有关，与电压、电流无关。

φ为复阻抗的辐角，又称电路的**阻抗角**。它是在关联参考方向下，端电压u与端电流i的相位差，即$\varphi=\theta_u-\theta_i$。当$X_L>X_C$即$X>0$时，$\varphi>0$，端电压超前端电流$\varphi$电角度，此时电路呈**感性**；当$X_L<X_C$即$X<0$时，$\varphi<0$，端电压滞后端电流$|\varphi|$电角度，此时电路呈**容性**；当$X_L=X_C$即$X=0$时，$\varphi=0$，端电压与端电流同相，此时电路呈**阻性**。

RLC串联电路推广到一般的情况，就是多个复阻抗的串联。根据相量形式的KVL可以推得，当多个复阻抗串联时，等效复阻抗等于各个复阻抗之和。例如，R、L、C串联组成的电路，其等效复阻抗为

$$Z=Z_R+Z_L+Z_C=R+j\omega L-j\frac{1}{\omega C}=R+j\left(X_L-X_C\right)=R+jX \tag{2-22}$$

复阻抗串联，分压公式仍然成立，以两个复阻抗串联为例，分压公式为

$$\dot{U}_1=\frac{Z_1}{Z_1+Z_2}\dot{U}\qquad \dot{U}_2=\frac{Z_2}{Z_1+Z_2}\dot{U} \tag{2-23}$$

2.4.2　复导纳

复阻抗Z的倒数称为**复导纳**，用字母Y表示，单位是西门子（S）。有以下关系式

$$Y=\frac{\dot{I}}{\dot{U}}=\frac{1}{Z} \tag{2-24}$$

对于有多个（两个以上）复阻抗并联的电路，用复导纳分析较为方便。多个复阻抗并联，其等效复导纳等于各并联复导纳之和。

2.4.3　正弦电路的相量分析法

以上介绍的复阻抗与复导纳这两个正弦电路的重要参数，实际上与直流电阻电路中的电阻和电导是对应的，电阻的串联分压与并流分流公式对于复阻抗的串并联仍然适用。不仅如此，前面介绍的公式$\dot{U}=Z\dot{I}$和$\dot{I}=Y\dot{U}$，与直流电阻电路中电阻元件的VAR形式上也是相同的，故也常将这两个式子称为欧姆定律的相量形式。总之，直流电阻电路的分析方法同样适用于正弦稳态电路，其公式在形式上是相同的。不同之处在于，直流电阻电路的分析是纯实数的运算，相对比较简单；而正弦电路的分析采用的是相量分析法，是相量的运算，要用到复数的运算规则，相对比较烦琐。相量法分析正弦电路的具体步骤如下。

（1）画出与电路的时域模型相对应的相量模型。

在电路的时域模型中，电路元件一般用R、L、C等参数来表征，u、i是正弦时间函数。而相量模型中，各元件要用其复阻抗（或复导纳）表示；电路中u、i用相量表示，参考方向不变；电路的拓扑结构不变。

（2）写出已知正弦电压、电流对应的相量关系。

（3）根据画出的相量模型，利用第1章和第2章中分析直流电阻电路方法，列出电路复数代数方程进行求解。最后，根据题目的需要，将求出的电压、电流相量转换成对应随时间变化的解析式。

下面通过几道例题，熟悉相量分析法的具体应用。

例2-2　图2-8（a）RLC串联电路中，已知电源电压$u_S(t)=10\sqrt{2}\sin(2t)$V，$R=2\Omega$，$L=2$H，

$C=0.25\text{F}$。试用相量法计算电路的等效复阻抗 Z、电流 $i(t)$和电压 $u_R(t)$、$u_L(t)$、$u_C(t)$，作出相量图，并讨论该电路的性质。

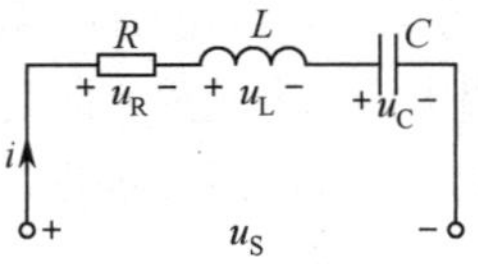
(a) 时域模型

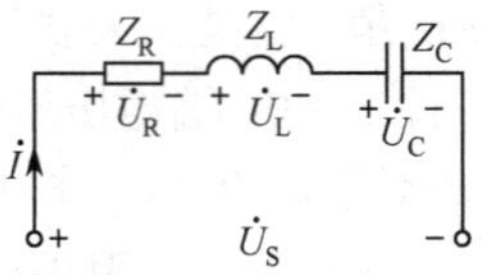
(b) 相量模型

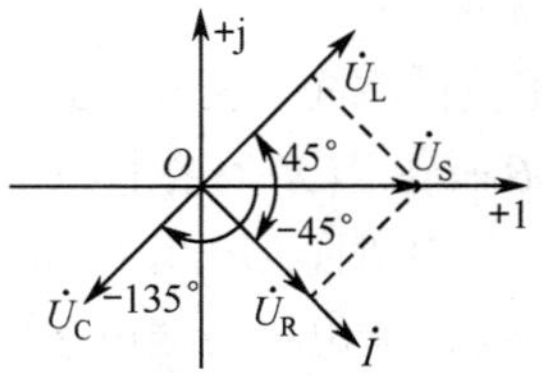
(c) 相量图

图 2-8　例 2-2 图

解　作出与如图 2-8（a）所示时域模型相对应的相量模型，如图 2-8（b）所示。

写出已知正弦电压源 u_S 的相量为

$$\dot{U}_S=10\angle 0^\circ \text{V}$$

计算电路的等效复阻抗，由式（2-22）得到

$$Z=Z_R+Z_L+Z_C=R+\text{j}\omega L-\text{j}\frac{1}{\omega C}=2+\text{j}(2\times 2)-\text{j}\frac{1}{2\times 0.25}$$
$$=2+\text{j}4-\text{j}2=2+\text{j}2=2\sqrt{2}\angle 45^\circ\Omega$$

根据式（2-18），求得端电流

$$\dot{I}=\frac{\dot{U}_S}{Z}=\frac{10\angle 0^\circ}{2\sqrt{2}\angle 45^\circ}=2.5\sqrt{2}\angle -45^\circ \text{A}$$

由 R、L、C 各元件电压、电流的相量关系式得

$$\dot{U}_R=R\dot{I}=2\times 2.5\sqrt{2}\angle -45^\circ=7.07\angle -45^\circ \text{V}$$
$$\dot{U}_L=\text{j}\omega L\dot{I}=14.14\angle 45^\circ \text{V}$$
$$\dot{U}_C=-\text{j}\frac{1}{\omega C}\dot{I}=7.07\angle -135^\circ \text{V}$$

根据以上电压、电流的相量得到相应的解析式

$$i(t)=2.5\sqrt{2}\times\sqrt{2}\sin(2t-45^\circ)=5\sin(2t-45^\circ)\text{A}$$
$$u_R(t)=7.07\sqrt{2}\sin(2t-45^\circ)=10\sin(2t-45^\circ)\text{V}$$
$$u_L(t)=14.14\sqrt{2}\sin(2t+45^\circ)=20\sin(2t+45^\circ)\text{V}$$
$$u_C(t)=7.07\sqrt{2}\sin(2t-135^\circ)=10\sin(2t-135^\circ)\text{V}$$

作出相量图如图 2-8（c）所示。

由于本例题中复阻抗的阻抗角 $\varphi=45^\circ>0$，故电路的性质为感性。

2.5　正弦交流电路的功率

2.5.1　瞬时功率和平均功率

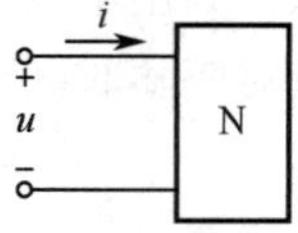
图 2-9　正弦二端网络

如图 2-9 所示二端网络的端电压、端电流为同频率正弦量，其解析式为

$$u(t)=U_m\sin(\omega t+\theta_u)=\sqrt{2}U\sin(\omega t+\theta_u)$$
$$i(t)=I_m\sin(\omega t+\theta_i)=\sqrt{2}I\sin(\omega t+\theta_i)$$

当 u、i 为关联方向时，可推出该二端网络的**瞬时功率**为

$$p(t)=u(t)i(t)=UI\cos\varphi-UI\cos(2\omega t+2\theta_u-\varphi) \tag{2-25}$$

其中 $\varphi=\theta_u-\theta_i$ 是二端网络端电压与端电流的相位差，即电路的阻抗角。

由式（2-25）可知，瞬时功率 $p(t)$周期性变化，且有正有负，表明二端网络既消耗功率，也能发出功率。通常用**平均功率**来表征二端网络的能量消耗情况。平均功率是指周期性变化的瞬时功率在一个周期内的平均值，用 P 表示，单位瓦特（W），其表达式为

$$P=\frac{1}{T}\int_0^T p(t)\mathrm{d}t=\frac{1}{T}\int_0^T\left[UI\cos\varphi-UI\cos(2\omega t+\theta_u+\theta_i)\right]\mathrm{d}t=UI\cos\varphi \tag{2-26}$$

平均功率（又称**有功功率**）是一个重要的概念，实际中得到广泛使用。通常所说某个家用电器消耗多少瓦的功率，就是指它的平均功率，简称功率。根据式（2-25），可求得电阻、电感、电容元件的平均功率分别为

$$P_{\mathrm{R}}=UI=I^2R=\frac{U^2}{R} \tag{2-27}$$

$$P_{L,\mathrm{C}}=UI\cos(\pm 90^\circ)=0 \tag{2-28}$$

式（2-28）表明，在正弦稳态中，储能元件电感或电容的平均功率等于零，不消耗能量，与电源之间只是存在能量的交换作用，即在前半个周期吸收电源的功率并储存起来，后半个周期又将其全部释放，这种能量交换的速率用另外一种功率——**无功功率**来描述（见 2.5.2 节）。

2.5.2 复功率、视在功率和无功功率

图 2-9 所示二端网络工作于正弦稳态，其电压、电流采用关联的参考方向，假设电压、电流的相量表达式分别为 $\dot{U}=U\angle\theta_u$，$\dot{I}=I\angle\theta_i$。则二端网络吸收的**复功率**为电压相量与电流相量共轭复数的乘积，即

$$\tilde{S}=\dot{U}\dot{I}^*=UI\angle(\theta_u-\theta_i)=UI\angle\varphi=UI\cos\varphi+\mathrm{j}UI\sin\varphi=P+\mathrm{j}Q \tag{2-29}$$

复功率 $\tilde{S}$ 的实部 $P=UI\cos\varphi$ 称为有功功率，它是二端网络吸收的平均功率，单位为瓦（W）。复功率的虚部 $Q=UI\sin\varphi$ 称为无功功率，它反映了电源与单口网络内储能元件之间能量交换的速率，为与平均功率相区别，单位为乏（Var）。复功率 $\tilde{S}$ 的模$|\tilde{S}|=UI$ 称为**视在功率**，用 S 表示，即它表征一个电气设备的功率容量，为与其他功率相区别，用伏安（V·A）作为单位。例如，我们说某个发电机的容量为 100kV·A，而不说其容量为 100kW。显然，视在功率是二端网络所吸收平均功率的最大值。

2.5.3 功率因数的提高

在交流电路中，负载多为感性负载，如常用的感应电动机、日光灯等。感性负载在工作时，接上电源后，要建立磁场，所以除了需要从电源取得有功功率外，还要从电源取得建立磁场的能量，并与电源做周期性的能量交换，这从前面的理论分析中可以得知。

由式（2-26）可知，在二端网络电压、电流有效值乘积 UI 一定的情况下，二端网络吸收的平均功率 P 与 $\cos\varphi$ 的大小密切相关，$\cos\varphi$ 表示功率的利用程度，称为**功率因数**，记为λ，其表达式为

$$\lambda=\cos\varphi=\frac{P}{UI} \tag{2-30}$$

功率因数介于 0 和 1 之间，当功率因数不等于 1 时，电路中发生能量交换，出现无功功率，φ角越大，功率因数越低，发电机发出的有功功率就越小，而无功功率就越大。无功功率

越大，即电路中能量交换的规模越大，发电机发出的能量就不能充分为负载所吸收，其中一部分，在发电机与负载之间进行交换，这样，发电设备的容量就不能充分利用。例如，一台容量为 100kVA 的变压器，若负载的功率因数λ=0.9，变压器能输出 90kW 的有功功率（即平均功率）；若功率因数λ=0.6，变压器就只能输出 60kW 的有功功率。可见负载的功率因数低，电源设备的容量就不能得到充分利用。因此提高功率因数有很大的经济意义。

常用的交流感应电动机在额定负载时，功率因数约在 0.8～0.85，轻载时只有 0.4～0.5，而在空载时仅为 0.2～0.3，因此选择与机械配套的电机容量时，不宜选得过大，并且应在额定情况下工作，避免或尽量减少电机的轻载或空载。不装电容器的日光灯，功率因数约为 0.45～0.6。

那么怎样提高电路的功率因数呢？常用的方法是用电容器与感性负载并联，这样可使电感的磁场能量与电容的电场能量进行部分交换，从而减少了电源与负载间能量的交换，即减少了电源提供给负载的无功功率，进而提高功率因数。但是用电容来提高功率因数时，一般补偿到λ=0.9 左右，而不能补偿到更高，因为补偿到功率因数接近 1 时，所需的电容量大，反而不经济了。

2.6 RLC 串联谐振电路

谐振是正弦交流电路中一种物理现象。谐振在电工和电子技术中得到广泛应用，但它也可能给电路系统造成危害。因此，研究电路的谐振现象，有着重要的实际意义。

2.6.1 谐振的概念及谐振条件

图 2-10 所示为 R、L、C 组成的串联谐振电路，电路的等效阻抗为

$$Z = Z_{\mathrm{R}} + Z_{\mathrm{L}} + Z_{\mathrm{C}} = R + \mathrm{j}\left(\omega L - \frac{1}{\omega C}\right)$$

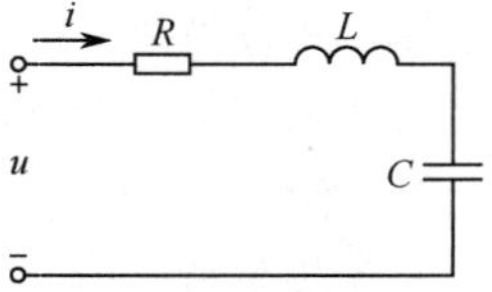

图 2-10 RLC 串联谐振电路

由上式可知，当正弦电压的频率 ω 变化时，电路的等效复阻抗 Z 随之变化。当 $\omega L = \dfrac{1}{\omega C}$ 时，复阻抗 Z=R，串联电路的等效复阻抗变成了纯电阻，端电压与端电流同相，这时就称电路发生了串联谐振。可见，串联电路的**谐振条件**是

$$X_{\mathrm{L}} = X_{\mathrm{C}} \qquad \text{或} \qquad \omega L = \frac{1}{\omega C} \tag{2-31}$$

根据谐振条件，可得

$$\omega_0 = \frac{1}{\sqrt{LC}} \qquad \text{或} \qquad f_0 = \frac{1}{2\pi\sqrt{LC}} \tag{2-32}$$

ω_0 和 f_0 称为电路的**谐振角频率**和**谐振频率**，它们由元件参数 L 和 C 确定。

2.6.2 串联谐振的特点

（1）谐振时，复阻抗 $Z = R$，呈现纯电阻，阻抗 $|Z|$ 达到最小值。

（2）谐振时，电路中电流最大，且与电压源电压同相。谐振时的电流为

$$\dot{I} = \frac{\dot{U}_{\mathrm{S}}}{Z} = \frac{\dot{U}_{\mathrm{S}}}{R} \quad \left(\text{有效值 } I_0 = \frac{U_{\mathrm{S}}}{|Z|}\right) \tag{2-33}$$

（3）谐振时，电感和电容上的电压大小相等，相位相反，其大小都等于电源电压的 Q 倍，

即$U_{L0}=U_{C0}=QU_S$。其中

$$Q=\frac{\omega_0 L}{R}=\left(\frac{1}{\omega_0 RC}=\frac{\rho}{R}\right) \tag{2-34}$$

Q称为串联谐振电路的**品质因数**，它是衡量电路特性的一个重要物理量，它取决于电路的参数。谐振电路的Q值一般在50～200之间，因此外加电源电压即使不很高，谐振时电感和电容上的电压仍可能很大。在无线电技术方面，正是利用串联谐振的这一特点，将微弱的信号电压输入到串联谐振回路后，在电感或电容两端可以得到一个比输入信号电压大许多倍的电压，这是十分有利的。但在电力系统中，因为电源电压比较高，如果电路在接近串联谐振的情况下工作，在电感或电容两端将出现过电压，会引起电气设备的损坏，所以在电力系统中必须适当选择电路参数L和C，以避免发生谐振现象。

串联谐振电路的**通频带**Δf与品质因数Q满足式$Q=\frac{f_0}{\Delta f}$，即Δf与Q成反比，Q越高通频带越窄，选择性越好。所以说，品质因数Q是衡量谐振回路频率选择性的参数。

在串联谐振电路中，信号源内阻是与电路相串联的，所以当信号内阻较大时，会使串联谐振电路的品质因数大大降低，从而影响谐振电路的选择性。相比而言，并联谐振电路更加适用于高内阻信号源的情况。关于并联谐振电路，此处不再介绍，读者可查阅相关书籍。

2.7 三相电路

本章前面研究的正弦交流电路，每个电源都只有两个输出端钮，输出一个电流或电压，习惯上称这种电路为单相交流电路。但在工农业生产中常会遇到“多相制”的交流电路，多相制电路是由多相电源供电的电路。多相电路以相的数目来分，可分为两相、三相、六相等。在多相制中，三相制有很多优点，所以它的应用最为广泛。目前世界上工农业和民用电力系统的电能几乎都是由三相电源提供的，日常生活中所用的单相交流电，也是取自三相交流电的一相。

2.7.1 三相电源

三相电路是指由三相电源供电的电路。那么什么是三相交流电源呢？概括地说，三相交流电源是三个单相交流电源按一定方式进行的组合。三相供电系统的三相电源是三相发电机。如图2-11所示是三相发电机的结构示意图，它有定子和转子两大部分。定子铁心的内圆周的槽中对称地安放着三个绕组（线圈）AX、BY和CZ。A、B、C为始端；X、Y、Z为末端。三绕组在空间上彼此间隔120°。转子是旋转的电磁铁。当转子恒速旋转时，AX、BY、CZ三绕组的两端将分别感应出振幅相等、频率相同的三个正弦电压$u_A(t)$、$u_B(t)$、$u_C(t)$。如果指定它们的参考方向都由首端指向末端，则它们的初相彼此相差120°。若以$\dot{U}_A$作为参考相量，则这三个电压相量分别为$\dot{U}_A=U\angle 0°$，$\dot{U}_B=U\angle -120°$，$\dot{U}_C=U\angle 120°$。它们的相量图和波形图分别如图2-12（a）、（b）所示。

像这样由三个振幅相等、频率相同、相位彼此相差120°的三个单相正弦电源组合而成的电源称为**对称三相正弦电源**。其中的每个单相正弦电源分别称为A相、B相和C相电源。实际过程中，常用不同颜色区别这三相电源，如黄色代表A相，绿色代表B相，红色代表C相。

按照各相电压经过正峰值的先后次序来说，若它们的顺序是A−B−C−A时，称为**正序**，若为A−C−B−A时，称为**逆序**。工程上通用的相序是正序，如果不加说明，都是指的这种相序。用户可以改变三相电源与三相电动机的连接方式来改变相序，从而改变三相电动机的旋转方向。

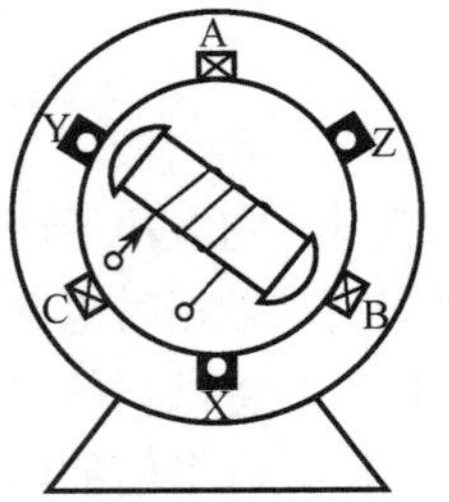

图 2-11　三相发电机

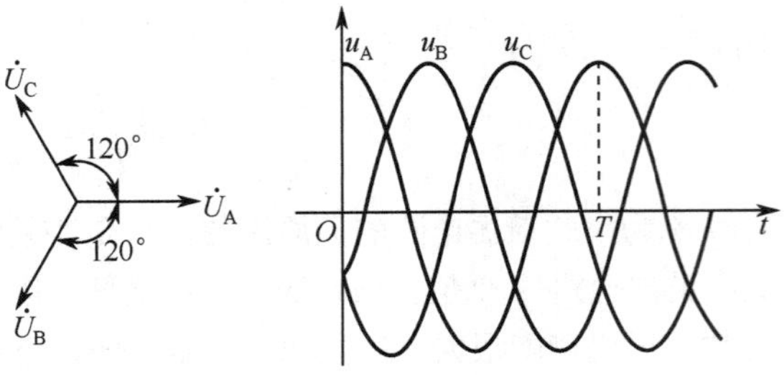

(a) 相量图　　(b) 波形图

图 2-12　对称三相电源的相量图和波形图

2.7.2　三相电源的连接

三相发电机的绕组共有 6 个端子，在实际应用中并不是分别引出和负载相连接的，而是连接成两种最基本的形式，即**星形连接**和**三角形连接**，从而以较少的出线为负载供电。

1. 星形连接

将三相电源中每一个绕组的末端 X、Y、Z 连在一起，组成一个公共点 N，对外形成 A、B、C、N 四个端子，这种连接形式称为三相电源的星形连接（也叫 Y 形连接），如图 2-13（a）所示。

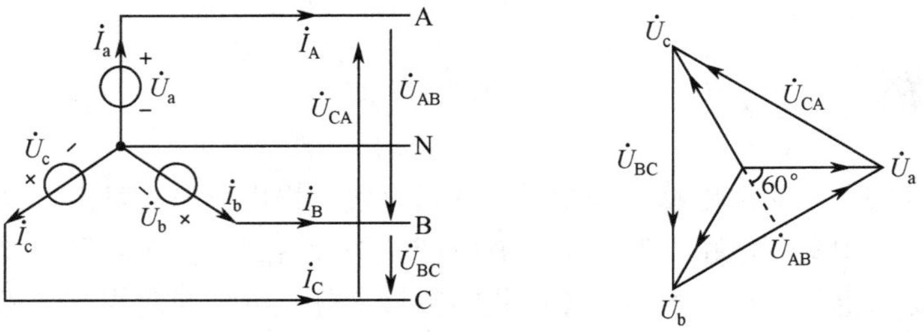

(a) 电路图　　(b) 相量图

图 2-13　三相电源的星形连接

从三相电源的始端 A、B、C 引出的导线称为**端线**或**火线**；从中点 N 引出的导线称为**中线**或**零线**。流出端线的电流称为**线电流**，而每一相绕组中的电流称为**相电流**。显然，图 2-13（a）中 $\dot{I}_A$、$\dot{I}_B$、$\dot{I}_C$ 为线电流，而 $\dot{I}_a$、$\dot{I}_b$、$\dot{I}_c$ 为相电流。端线与端线间的电压称为**线电压**，依相序分别为 $\dot{U}_{AB}$、$\dot{U}_{BC}$、$\dot{U}_{CA}$；每相绕组两端的电压称为**相电压**，分别记为 $\dot{U}_a$、$\dot{U}_b$、$\dot{U}_c$。从图 2-13（a）可知，星形连接时，线电流与相电流相等。

若选相电压 $\dot{U}_a$ 为参考相量，则可作出对称三相电源线电压和相电压的相量图，如图 2-13（b）所示。从图 2-13（b）中可以看出，三相电源做星形连接时，线电压是相电压的 $\sqrt{3}$ 倍，相位超前对应的相电压为 30°。

因为三相电源的相电压对称，所以在三相四线制的低压配电系统中，可以得到两种不同数值的电压，即相电压 220V 与线电压 380V。一般家用电器及电子仪器用 220V，动力及三相负载用 380V。

2. 三角形连接

对称三相电源可以采用三角形连接（又称 △连接），它是将三相电源各相的始端和末端依次相连，再由 A、B、C 引出三根端线与负载相连，如图 2-14 所示。

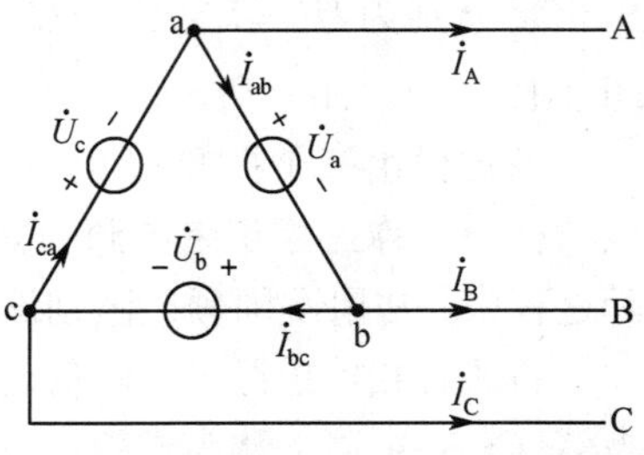

图 2-14　三相电源的三角形连接

三相电源做三角形连接时，其线电压和相电压相等，线电流等于相电流的$\sqrt{3}$倍，相位滞后对应的相电流为 30°。这些结论请读者参考星形连接自行证明。

2.7.3 三相电源和负载的连接

目前，我国电力系统的供电方式均采用三相三线制或三相四线制。用户用电实行统一的技术规定：额定功率为 50Hz，额定线电压为 380V、相电压为 220V。电力负载可分为**单相负载**和**三相负载**，三相负载又有星形连接和三角形连接。结合电源系统，三相电路的连接主要有以下几种方式。

1．单相负载

单相负载主要包括照明负载、生活用电负载及一些单相设备。单相负载常采用三相中引出一相的供电方式。为保证各个单相负载电压稳定，各单相负载均以并联形式接入电路。在单相负荷较大时，如大型居民楼供电，可将所有单相负载平分为三组，分别接入 A、B、C 三相电路，如图 2-15 所示，以保证三相负载尽可能平衡，提高安全供电质量及供电效率。

2．三相负载

三相负载主要是一些电力负载及工业负载。三相负载的连接方式有 Y 形连接和△形连接。当三相负载中各相负载都相同，即 $Z_A=Z_B=Z_C=Z=|Z|\angle\varphi$ 时，称为三相对称负载，否则，即为不对称负载。因为三相电源也有两种连接方式，所以它们可以组成以下 5 种三相电路：三相四线制的 Y-Y 连接，三相三线制的 Y-Y 连接、Y-△连接、△-Y 连接和△-△连接等。

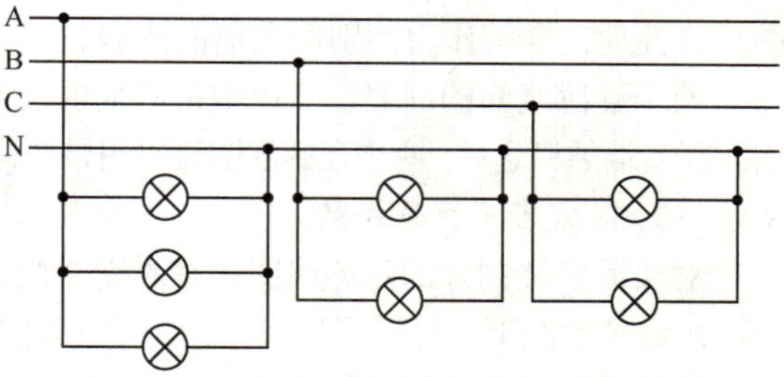

图 2-15　单相负载的连接

2.8 互感耦合电路

2.8.1 互感现象及同名端

1．互感现象

由电磁理论可知，当线圈中通有变化的电流时，就会在线圈内建立起变化的磁场，产生变化的磁通，变化的磁通与线圈各匝交链而使线圈自身具有磁链，磁链的变化会在线圈两端产生感应电压，这种由于线圈自身磁链的变化而在其自身两端产生感应电压的现象称为**自感现象**。此外，对于含有多个线圈的电路来说，还存在着互感现象，所谓**互感现象**，是指载流线圈之间通过彼此的磁场相互联系的物理现象，也叫磁耦合。如图 2-16（a）所示为两个有互感的载流线圈，载流线圈中的电流 i_1 和 i_2 称为施感电流，线圈的匝数分别为 N_1 和 N_2。根据两个线圈的绕向、施感电流的参考方向和两线圈的相对位置，按右手螺旋定则可以确定施感电流产生的磁通方向和彼此交链的情况。线圈 1 中的电流 i_1 产生的磁通设为 Φ_{11}，参考方向如图所示，在穿越自身的线圈时，所产生的磁通链（简称磁链）设为 Ψ_{11}，称为自感磁链；Ψ_{11} 中的一部分或全部交链线圈 2 时产生的磁链设为 Ψ_{21}，称为互感磁链。同样，线圈 2 中的电流 i_2 也产生自感磁链 Ψ_{22} 和互感磁链 Ψ_{12}（图中未画出），这就是两线圈彼此耦合的情况。把这两个靠近的载流线圈称为耦合线圈。

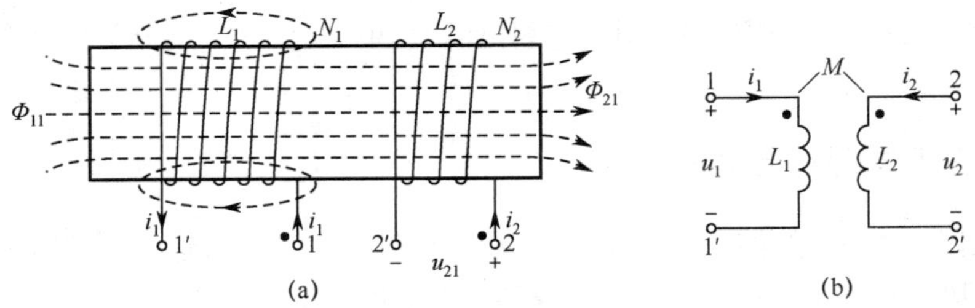

图 2-16　两个线圈的互感

2．互感线圈的同名端

互感线圈的**同名端**是这样规定的：当电流从两线圈各自的某端子同时流入（或流出）时，若两线圈产生的磁通方向相同而“相助”，则这两个端子称为互感线圈的同名端，并记为“•”或“*”。例如，图 2-16（a）中端子 1 和端子 2 为一对同名端（同样端子1′和端子 2′为另一对同名端）；反之，当电流从两线圈各自的某端子同时流入（或流出）时，若两线圈产生的磁通方向相反而“相消”，则这两个端子称为互感线圈的异名端。

根据以上对同名端的定义可以推知，无论电流从哪一个线圈的哪一个端子流入或流出，也无论电流是增大还是减小，互感线圈的同名端，其感应电压的实际极性始终一致。这是同名端的重要性质，常常作为判别同名端的依据。

两个互感线圈的同名端可以根据它们的绕向和相对位置判别，也可以通过实验方法确定。引入同名端的概念后，两个互感线圈可以用带有同名端标记的电感元件 L_1 和 L_2 表示，如图 2-16（b）所示，其中 M 表示**互感系数**。

对实际已绕制好的互感线圈，有时无法判别它们的实际绕向，例如，线圈被封装在外壳里面。在这种情况下，可以采用实验的方法来测定两线圈的同名端。在图 2-17 电路中，直流电压源正负极通过开关 S 与线圈Ⅰ的 1、2 端连接，直流电压表（或电流表）接到线圈Ⅱ的 3、4 端。在开关 S 闭合瞬间，电流由电源正极流入线圈Ⅰ的 1 端且正在增大，即电流的变化率 $\frac{\mathrm{d}i}{\mathrm{d}t}>0$，则与电源正极相连的 1 端为高电位端，2 端为低电位端。此时若电压表指针正向偏转，则与电压表正接线端相连的线圈Ⅱ的 3 端为高电位端，4 端为低电位端，根据同名端的感应电压的实际极性始终一致，由此可判断出，端钮 1、3 是同名端。如果电压表指针反偏，端钮 1、4 是同名端。

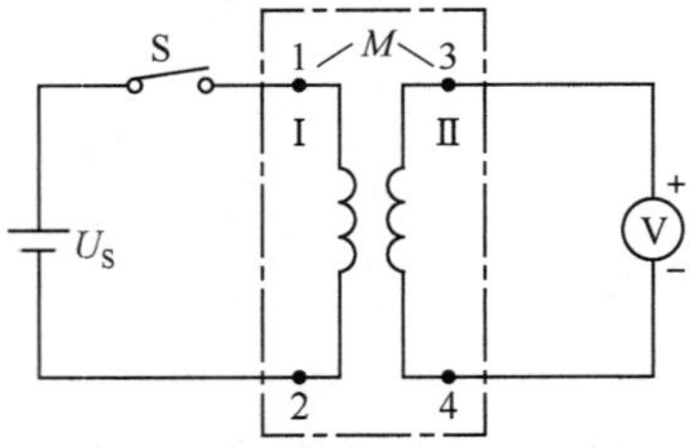

图 2-17　实验方法测定同名端

互感线圈的同名端在理论分析时非常重要，在实际问题中对电气设备有磁耦合的线圈，同名端的正确判别是非常必要的。例如，电力变压器在并联运行时，必须根据其同名端按规定的接线组别正确连接，否则将不能正常工作甚至出重大事故。变压器反馈的振荡器，振荡线圈也必须按同名端正确连接，否则将不能起振。

3．耦合系数

两个耦合线圈的电流所产生的磁通，一般情况下，只有部分磁通相互交链，彼此不交链的那部分磁通称为漏磁通。两耦合线圈相互交链的磁通越大，说明两个线圈耦合的越紧密。为了表示两个线圈耦合的紧密程度，通常用**耦合系数** k 来表示。

耦合系数 k 表达式为

$$k = \frac{M}{\sqrt{L_1 L_2}} \tag{2-35}$$

其中 M 为两耦合线圈的互感系数，简称互感，单位为亨利（H）。

由于漏磁通，耦合系数 k 总是小于 1。k 值大小取决于两个线圈的相对位置及磁介质的性质。k 值越大，表明漏磁通越小，两线圈之间的耦合越紧密。k =1 时，称为全耦合。

在电力变压器中，为了有效地传输功率，采用紧密耦合，k 值接近于 1。而在无线电和通信方面，要求适当的、较松的耦合时，就需要调节两个线圈的相互位置。有的时候为了避免耦合作用，应合理布置线圈的位置，使两个线圈远离，或使两个线圈的轴线相互垂直，或采用磁屏蔽方法等。

2.8.2 互感电压

由互感原理可知，对于发生互感的线圈，每个线圈中的电流除了在其自身两端产生自感电压外，同时还在与其发生互感的线圈中产生**互感电压**。以图 2-16（b）为例，线圈 L_1 中电流 i_1 产生的自感电压为 u_{L1}，产生的互感电压为 u_{21}；线圈 L_2 中电流 i_2 产生的自感电压为 u_{L2}，产生的互感电压为 u_{12}。因此，电感 L_1 和 L_2 的端电压 u_1 和 u_2 是自感电压与互感电压叠加的结果。自感电压前的“+”、“−”号可直接根据自感电压与产生它的电流是否为关联方向确定，关联时取“+”号，非关联时取“−”号。互感电压前的“+”、“−”号的正确选取是写出耦合电感端电压的关键，选取原则可简明地表述如下：如果互感电压的“+”极端子与产生它的电流流进的端子为一对同名端，则互感电压前取“+”号，反之取“−”号。对于如图 2-18 所示两个互感线圈，各电流、电压及同名端已标出，互感电压 u_{12} 的“+”极性在 L_1 的 1 端，产生 u_{12} 的电流 i_2 从 2 端流进 L_2，而 1 和 2 这两个端子是一对同名端，故有 $u_{12} = M\frac{\mathrm{d}i_2}{\mathrm{d}t}$，同理，$u_{21} = M\frac{\mathrm{d}i_1}{\mathrm{d}t}$。

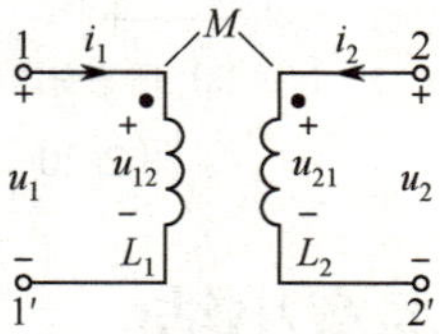

图 2-18 互感线圈

2.8.3 理想变压器

理想变压器是从实际的变压器抽象出来的理想化模型，它是一种全耦合变压器，认为其耦合系数 k 等于 1。如图 2-19 所示为理想变压器的电路模型。

理想变压器的电压、电流方程是一个仅与变比 n 有关的代数方程，即

$$\begin{cases} \dfrac{u_1}{u_2} = \dfrac{N_1}{N_2} = n \quad 或 \quad u_1 = nu_2 \\ \dfrac{i_1}{i_2} = \dfrac{N_2}{N_1} = \dfrac{1}{n} \quad 或 \quad i_1 = \dfrac{1}{n} i_2 \end{cases} \tag{2-36}$$

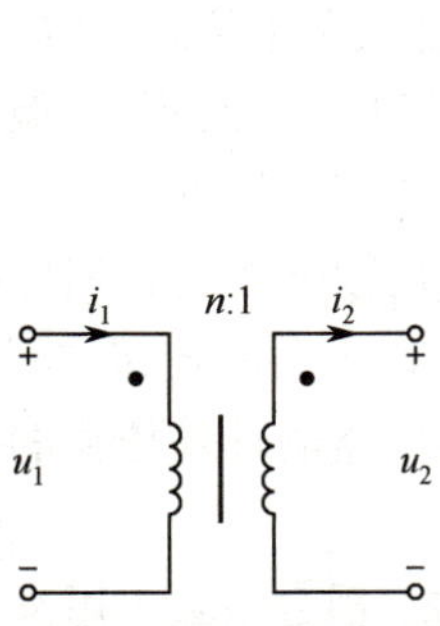

图 2-19 理想变压器的电路模型

其中，$n=N_1/N_2$ 为一个正实数，称为理想变压器的**变比**，N_1 和 N_2 分别为原边和副边的匝数。式（2-36）是根据图 2-19 中所示参考方向和同名端列出的。

此外，理想变压器还有**阻抗变换**的作用。如图 2-20（a）所示，在正弦稳态情况下，若在理想变压器的副边接有一阻抗 Z_L，则从原边 a、b 端看进去的输入阻抗为

$$Z_{ab} = \frac{\dot{U}_1}{\dot{I}_1} = \frac{n\dot{U}_2}{\frac{1}{n}\dot{I}_2} = n^2\left(\frac{\dot{U}_2}{\dot{I}_2}\right) = n^2 Z_L \tag{2-37}$$

也就是说，理想变压器原绕组端输入阻抗等于负载阻抗乘以 n^2 倍，或者说负载阻抗折合到原绕组端应乘以 n^2 倍，这就起到了阻抗变换的作用。

因为 n 是正实数，所以输入阻抗 Z_{ab} 与负载阻抗 Z_L 之间，模不同，阻抗角相同。因此理想变压器变换阻抗时，只改变复数阻抗的模，而不改变阻抗角。根据式（2-37），从理想变压器原绕组两端看进去，可得理想变压器初级的等效电路，如图 2-20（b）所示。

变压器的阻抗变换特性是很有用的。在晶体管收音机中把输出变压器介入扬声器和功率放大器之间，利用输出变压器变换阻抗，达到阻抗匹配的目的，从而使负载获得最大功率。

如图 2-21 所示是晶体管收音机功率放大电路的等效二端网络，作为负载的扬声器电阻 R_L，一般不等于这个二端网络的等效内阻 R_{eq}，为了使扬声器获得最大功率，可以利用输出变压器进行阻抗变换，当 $R_{eq}=R_{ab}=n^2R_L$ 时，达到阻抗匹配，扬声器获得最大功率。此时变压器的变比为

$$n=\sqrt{\frac{R_{ab}}{R_L}}=\sqrt{\frac{R_{eq}}{R_L}} \tag{3-38}$$

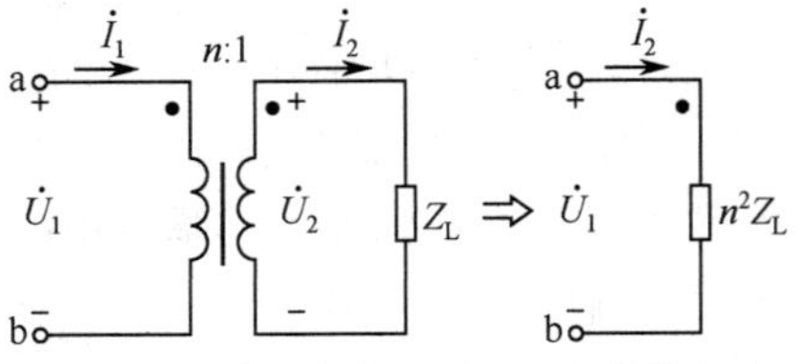

(a) 理想变压器电路　(b) 等效电路

图 2-20　理想变压器的等效电路

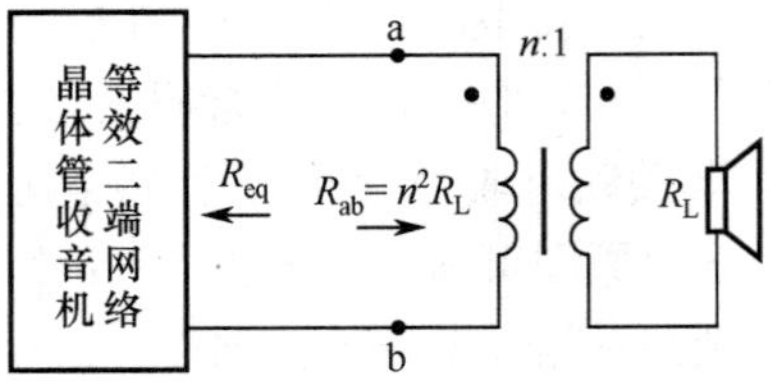

图 2-21　阻抗变换的应用

本章小结

1. 正弦量有三个要素，即振幅、角频率和初相。两个同频率正弦量的相位之差称相位差，通常用相位差来描述两同频率正弦量的位置关系。

2. 为便于正弦电路的计算，引入正弦量的相量表示法。相量表示法实际上是用一个复数表示该正弦量，但复数本身并不等于正弦量。相量图是将同频率正弦量画在同一复平面内的图形。

3. 正弦交流电路的计算采用相量分析法。所谓相量分析法，就是把电路中的电压、电流先表示成相量形式，然后用相量形式进行运算的方法。

4. 正弦交流电路中不同功率有不同含义，要搞清不同功率的物理意义及单位。

5. 谐振是正弦交流电路中一种物理现象，它在电工和电子技术中得到了广泛应用，但它也可能给电路系统造成危害。谐振电路的谐振条件及谐振时电路的特征是本部分的重点。

6. 由三相电源供电的电路，称为三相电路。对称三相电源的电压是频率相同、相位相差 120° 的正弦电压。三相电源有 Y 形和△形两种连接方式，三相负载也有以上两种连接方式。由对称三相电源和对称三相负载组成的电路称为对称三相电路。对称三相电路的计算依据的是单相正弦电路的相量分析法以及三相电路的对称性。

7. 线圈间电流变化在各自线圈中产生感应电压的现象称为互感现象。耦合系数 k 用来表征互感线圈耦合得紧密程度。同名端是在互感线圈中做出的一种标记，用来判断互感电压表达式前的“+”、“−”。如果互感电压的“+”极端子与产生它的电流流进的端子为一对同名端，则互感电压前取“+”号，反之取“−”号。

8．理想变压器是从实际的变压器抽象出来的理想化模型，它是一种全耦合变压器。理想变压器的变比 n 是非常重要的参数，其电压-电流方程仅与该参数有关。变压器的阻抗变换作用在电子线路中应用广泛。

习题 2

2-1 已知正弦电压和电流为 $u(t)=311\sin\left(314t-\frac{\pi}{6}\right)$V，$i(t)=-10\sqrt{2}\sin\left(50\pi t-\frac{3\pi}{4}\right)$A。（1）求正弦电压和电流的振幅、有效值、角频率、频率和初相；（2）画出正弦电压和电流的波形。

2-2 已知正弦电压的振幅为 100V，$t=0$ 时的瞬时值为 10V，周期为 1ms。试写出该电压的解析式。

2-3 频率为 50Hz 的正弦电压的最大值为 14.14V，初始值为−10V，试写出其解析式。

2-4 根据如题图 2-4 所示正弦电压的波形，确定三要素并写出该电压的解析式。

2-5 题图 2-5 为同频率正弦电流 i 和正弦电压 u 的波形，问 i 和 u 的初相各为多少？两者的相位差为多少？i 和 u 哪个超前？超前多少？若将纵坐标（即计时起点）向右或向左移动 $\frac{\pi}{3}$，i 和 u 的初相将如何变化？相位差改变吗？

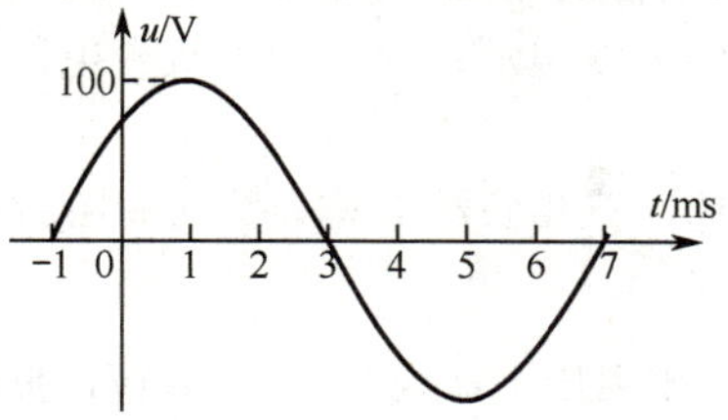

题图 2-4

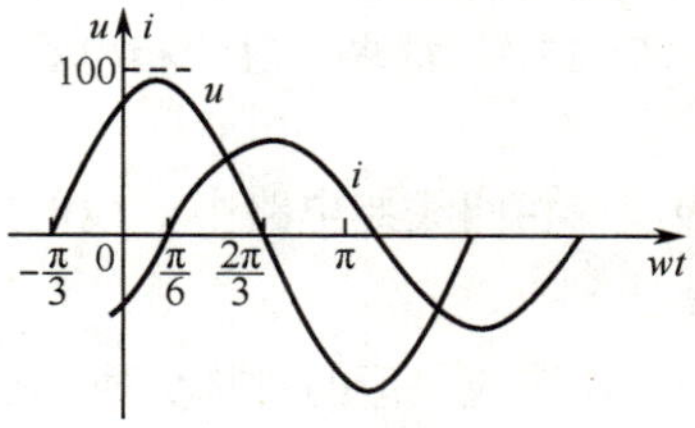

题图 2-5

2-6 将 5 只反向击穿电压为 50V 的整流二极管串联接到 220V 的市电上，可以经常使用吗？为什么？若不能，那么至少需要几只二极管串联才行？

2-7 写出下列各正弦量所对应的相量，并画出相量图。

（1）$u(t)=220\sqrt{2}\sin(\omega t)$V；（2）$i(t)=10\sin(\omega t+300^\circ)$A。

2-8 写出下列各正弦量相量所对应的解析式（$f=100$Hz）。

（1）$\dot{I}_1=-\text{j}1$A；（2）$\dot{I}_2=2-\text{j}1$A；（3）$\dot{U}_1=220\angle 120^\circ$V；（4）$\dot{U}_2=-5+\text{j}5$V。

2-9 已知某二端元件的电压电流采用关联参考方向，若其瞬时值表达式为：

（1）$u(t)=15\cos(400t+30^\circ)$V，　$i(t)=3\sin(400t+30^\circ)$A；

（2）$u(t)=8\sin(500t+50^\circ)$V，　$i(t)=2\sin(500t+140^\circ)$A；

（3）$u(t)=8\cos(250t+60^\circ)$V，　$i(t)=5\sin(250t+150^\circ)$A。

试确定该元件是电阻、电感、电容中的哪一种，并确定其元件参数。

2-10 如题图 2-10 所示电路中，已知 $i(t)=5\sqrt{2}\sin(100t+20^\circ)$A。求电压 $u_R(t)$，$u_L(t)$ 和 $u_S(t)$ 的相量。

2-11 如题图 2-11 所示电路中，已知 $u(t)=5\sqrt{2}\sin(100\pi t+20^\circ)$V。求电流 $i_R(t)$，$i_C(t)$ 和 $i_S(t)$ 的相量。

2-12 如题图 2-12 所示电路中，已知电流 $i(t)=1\sin(10^7t+90^\circ)$A，$R=100\Omega$、$L=1$mH、$C=10$pF

求：（1）电路的复阻抗 Z；（2）电压 $u_{R}(t)$，$u_{L}(t)$，$u_{C}(t)$ 和 $u_{S}(t)$ 的解析式及相量式，并画相量图；（3）电路功率 P、Q、S。

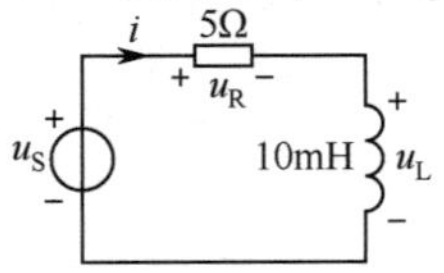

题图 2-10

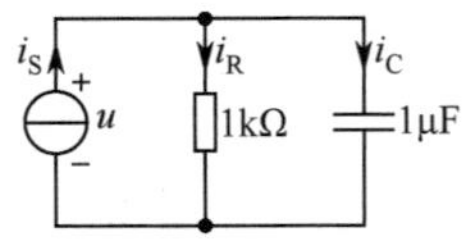

题图 2-11

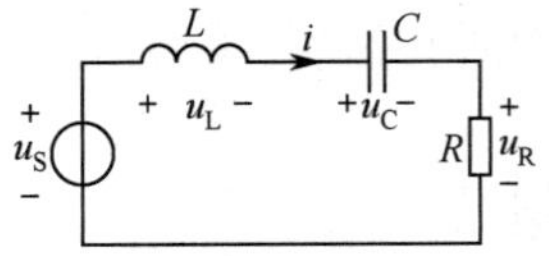

题图 2-12

2-13 在 RLC 串联的正弦电路中，已知 R =1kΩ，L=10mH，C = 0.02μF，电容两端电压，$u_{C}(t)=20\sin(10^{5}t-40°)\text{V}$，如题图 2-12 所示，求电流 $\dot{I}$ 和电源电压 $\dot{U}_{S}$。

2-14 RLC 串联电路中，已知 R = 20Ω，L= 0.1mH，C =100pF，试求谐振频率 ω_{o}、品质因数 Q。

2-15 RLC 串联电路中，已知信号源电压 $u_{S}(t)=\sqrt{2}\sin\left(10^{6}t+40°\right)\text{V}$，电路谐振时电流 I = 0.1A，电容两端电压 U_{C} = 100V。试求 R、L、C、Q。

2-16 一个对称三相电源，已知相电压 $\dot{U}_{a}=100\angle-150°\,\text{V}$，求相电压 $\dot{U}_{b}$、$\dot{U}_{c}$，并画相量图。

2-17 星形连接的发电机的线电压为 6300V，试求每相电压；当发电机的绕组连接成三角形时，问发电机的线电压是多少？

2-18 发电机是星形接法，负载也是星形接法，发电机的相电压 U_{P}=1000V，负载每相均为 R=50Ω，X_{L}=25Ω。试求：（1）相电流；（2）线电压；（3）线电流；（4）画出负载电压、电流相量图。

2-19 三相四线制电路中，线电压 $\dot{U}_{AB}=380\angle0°\text{V}$，三相负载对称，为 $Z=10\angle60°\Omega$，求各相电流。

2-20 连接成星形的对称负载，接在一个对称的三相电压上，线电压为 380V，负载每相阻抗 Z=8+j6Ω，求每相负载两端电压和其电流、功率。

2-21 某建筑物有三层楼，每层的照明由三相电源中的一相供电。电源电压为 380/220V，每层楼装有 220V、100W 白炽灯 15 只。（1）画出电灯接入电源的线路图；（2）当三个楼层的电灯全部亮时，求线电流和中线电流；（3）如一层楼电灯全部亮，二层楼只有 5 只灯亮，三层楼灯全灭，而电源中线又断开，这时一、二层楼电灯两端的电压为多少？

2-22 试确定题如图 2-22 所示耦合线圈的同名端。

2-23 如题图 2-23 所示电路为测定耦合电感同名端的一种实验电路。在开关 S 闭合瞬间，伏特表指针正向偏转，试确定两线圈的同名端。若电压表的指针反向呢？

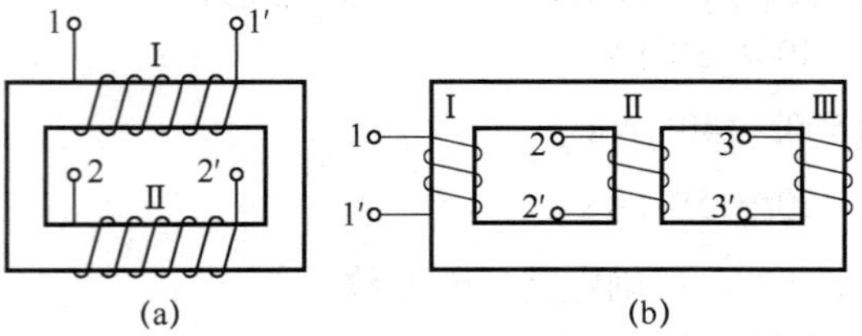

题图 2-22

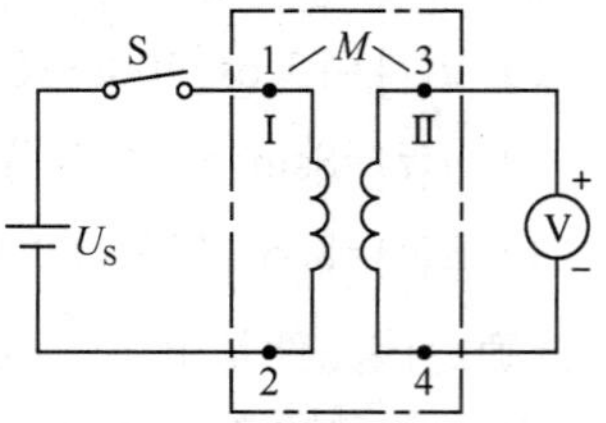

题图 2-23

2-24 求如题图 2-24 所示二端网络的等效电阻 R_{eq}。

2-25 电路如题图 2-25 所示。欲使负载电阻 R_{L}=8Ω 获得最大功率，求理想变压器的变比 n 和负载电阻获得的最大功率。

2-26 某晶体管收音机的输出变压器的原绕组匝数 N_{1}=240 匝，副绕组匝数 N_{2} = 80 匝，原接有电阻为 8Ω 的扬声器，阻抗是匹配的。现在要改接 4Ω 的扬声器，若输出变压器原绕组匝数不变，问副边绕组的匝数应如何变动？

2-27 理想变压器电路如题图 2-27 所示。已知 U_S=30V，R_S=200Ω，变压器的变比 $n=5$，负载电阻 R_L= 4Ω。求：（1）原、副边绕组的电压 U_1、U_2 及电流 I_1、I_2，负载的功率 P_L；（2）要使负载获得最大功率，此变压器的变比应为多少？此时负载的功率等于多少？

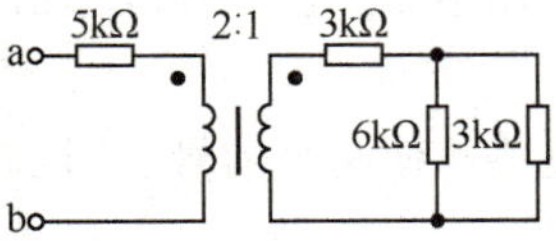

题图 2-24

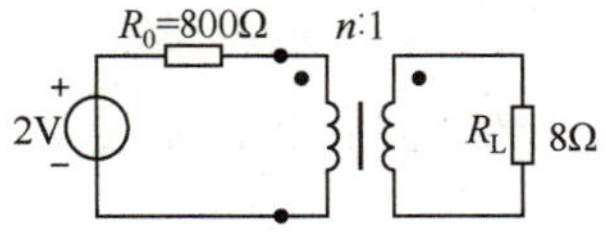

题图 2-25

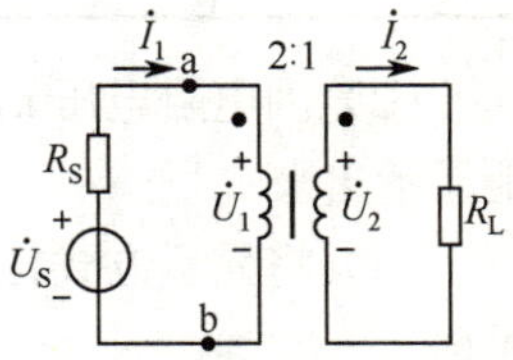

题图 2-27

实验 2.1 单相正弦交流电路实验

一、实验目的

1．加深 *R*、*L*、*C* 元件在正弦交流电路中基本特征的认识。

2．验证相量形式的 KCL、KVL 成立。

3．验证有效值形式的 KVL、KCL 不成立。

4．测量电容电压和电流的相位关系。

二、实验器材

函数发生器、万用表、交流电压表、交流电流表、电阻、电容、电感。

三、实验原理

正弦稳态电路中用相量法分析，常用定理的相量形式都成立，即

相量形式的 KCL：$\sum \dot{I}=0$；相量形式的 KVL：$\sum \dot{U}=0$。

R、*L*、*C* 元件电压电流的相量关系式为：

$$\dot{U}_R = R\dot{I}_R\text{，}\quad \dot{U}_L = j\omega L\dot{I}_L\text{，}\quad \dot{U}_C = -j\frac{1}{\omega C}\dot{I}_C$$

四、实验内容及步骤

1．按实验图 2-1 接好电路，元件参考值：$U_S=4$V，f=1kHz 或 3kHz，R=200Ω，R_1=1kΩ，R_2=2kΩ，C=1μF，L=180mH。

2．f=1kHz，使电源输出电压为 $U_S=4$V，测量各电压、电流的有效值，或求电流的有效值 I，将数据填入实验表 2-1 中。

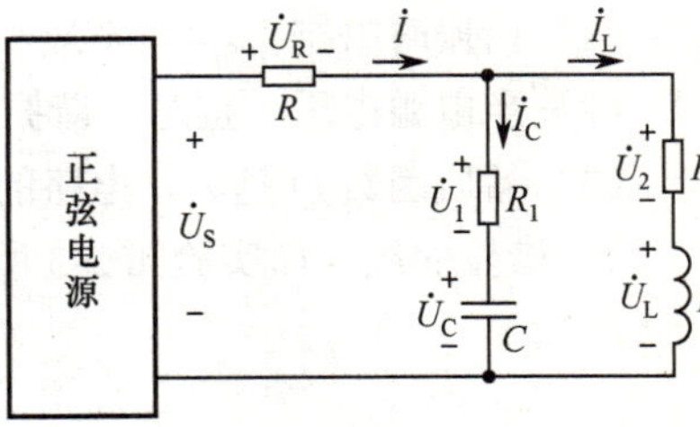

实验图 2-1

3．f=3kHz，调节电源使输出电压为 4V，重复步骤 2。

4．验证有效值形式的 KVL，KCL 不成立，即：$I \neq I_C+I_L$；$U_S \neq U_R+U_C+U_1$；$U_C+U_1 \neq U_L+U_2$。

5．用双踪示波器测相位差：理论上电容电压 u_C 滞后电流 i_C。

测量方法如下。

（1）将电容电压 u_C 输入到示波器的 Y_1 通道中，调整 Y_1 通道的挡值，使波形能清晰地显示出来。

实验表 2-1

被测量 频率	U_R/V	U_1/V	U_2/V	U_L/V	U_C/V	I/mA	I_L/mA	I_C/mA
f= 1kHz								
f= 3kHz								

（2）因电阻电压 u_1 与 i_C 同相，将 u_1 输入到示波器的 Y_2 通道中，调整其挡值，使波形恰当地显示出来。

（3）将显示方式打在“断续”挡，调节水平 X 与垂直 Y_1、Y_2 位移，使两个信号图形水平对称。

（4）计算一个周期波形在荧光屏上所占格数 X，算出每格代表角度。

（5）测量两个波形之间相应两个点间的格数 x，则相位差 $\beta = (360° /X)x$。

实验 2.2　串联谐振电路实验

一、实验目的

1．进一步了解 RLC 串联电路的频率响应。

2．加深理解 RLC 串联电路的谐振特点。

3．学会谐振频率及品质因数的测量方法。

4．学会频率特性曲线的绘制。

二、实验器材

函数发生器、万用表、电流表、电阻、电容、电感。

三、实验原理

谐振电路有其利弊，所以要研究谐振的特性，做到利用它的优点，避免其不利。

1．谐振条件：RCL 串联电路如实验图 2-2 所示。

2．谐振角频率及谐振频率：$\omega_0 = \sqrt{\dfrac{1}{LC}}$；$f_0 = \dfrac{1}{2\pi\sqrt{LC}}$。

3．串联谐振电路的特点：

（1）谐振时阻抗 $|Z| = R$ 最小；

（2）当电源电压一定时，谐振时电路电流最大；

（3）品质因数 Q 越大，电路的频率选择性越好，谐振曲线越尖锐。

4．谐振曲线，如实验图 2-3 所示。

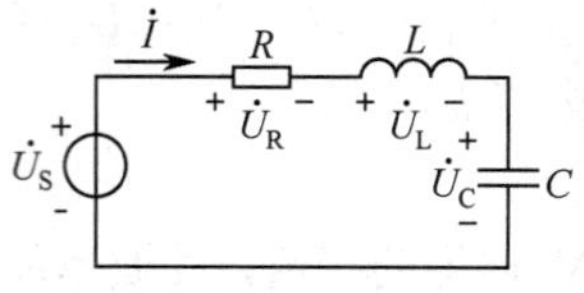

实验图 2-2

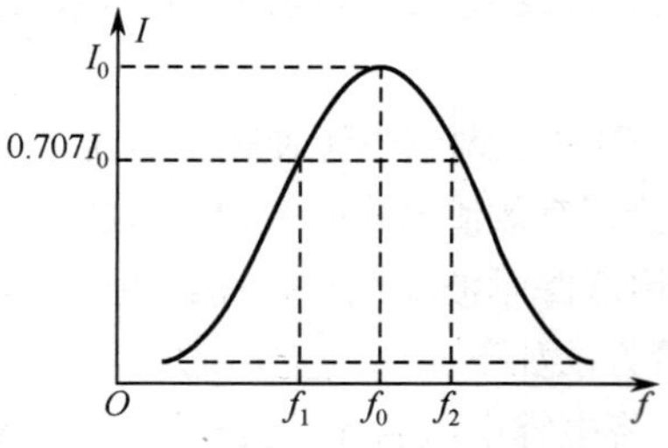

实验图 2-3

四、实验内容及步骤

1．用变频方法实现谐振。

（1）按实验图 2-2 接好电路，固定参数 U=3V，R=100Ω，L=180mH。

（2）改变电源频率，测电阻电压 U_R，电流 I，当 U_R、I 最大时对应的频率即为谐振频率 f_0。注意谐振点附近取点要密，测量结果填入实验表 2-2 中。

实验表 2-2

f/kHz	1.5	1.6	1.7	1.8	1.9	2.0	2.1	2.2	2.3
U_R/V									
I/mA									

（3）改变电源频率，测量电容电压 U_C 和电感电压 U_L，U_L=U_C 时对应的频率即为谐振频率 f_0。

2．保持参数 U、L、C 一定，改变电源频率，分别测 $R = 100\Omega$ 和 $R = 1\ 000\Omega$ 时的谐振特性曲线（I-f 曲线）。

3．用示波器观察 f 分别为(1/2) f_0、f_0，(3/2) f_0 时端口电压 U、电流 I 的波形，说明 U，I 的相位关系及电路性质。

4．测量品质因数：测 $f = f_0$ 时的 U_{L0} 和 U_{C0}，求 $Q = U_{L0}/U$ 或 $Q = U_{C0}/U$。

5．作 I-f 曲线。

五、注意事项

1．改变电源频率时应保持输出 U_S 一定，即每改变一次频率，测一次 U_S。

2．为了准确作出谐振曲线，谐振点附近测量点要密。

3．保证谐振电流低于各元件额定电流。

第2篇　模拟电子技术

第3章　常用半导体器件

内容提要

- 半导体的特性及载流子的运动
- PN结的单向导电性
- 半导体二极管的结构、工作原理、特性曲线、参数及应用
- 晶体三极管的结构、工作原理、特性曲线及主要参数
- 场效应管的结构、工作原理、特性曲线及主要参数

3.1　半导体基础知识

半导体器件是构成各种电子电路（包括模拟电路、数字电路、集成电路及分立元件电路）的基本元件，因此半导体器件又常被称为**电子元器件**。本章主要学习半导体二极管、三极管及场效应管，介绍它们的结构、工作原理、特性曲线和主要参数。

3.1.1　本征半导体

导电能力介于导体和绝缘体之间的物质称为半导体，半导体是构成电子元器件的重要材料。纯净的、不含杂质的半导体称为本征半导体，硅（Si）和锗（Ge）是两种最常用的**本征半导体**材料。

本征半导体是通过一定的工艺过程形成的单晶体，其中每个硅或锗原子最外层的4个价电子，均与它们相邻的4个原子的价电子共用，从而形成**共价键**。本征半导体中原子间的共价键具有较强的束缚力，每个原子都趋于稳定。它们能否有足够的能量挣脱共价键的束缚与热运动，即温度紧密相关。在热力学温度零度（约−273℃）时，价电子基本不能移动，因而在外电场作用下半导体中电流为零，此时它相当于绝缘体。但在常温下，由于热运动价电子被激活，有些获得足够能量的价电子会挣脱共价键成为**自由电子**，与此同时共价键中就留下一个空位，称为**空穴**。这种现象称为**本征激发**。由于电子带负电荷，所以空穴表示缺少一个负电荷，即空穴具有正电荷粒子的特性。

在电子、空穴对产生的同时，运动中的自由电子也有可能去填补空穴，使电子和空穴成对消失，这种现象称为**复合**。在外电场作用下，一方面带负电荷的自由电子做定向移动，形成电子电流；另一方面价电子会按电场方向依次填补空穴，产生空穴的定向移动，形成空穴电流。我们把能够运动的、可以参与导电的带电粒子称为**载流子**，因而自由电子和空穴是半导体中的两种载流子。由于它们所带电荷极性相反，所以电子电流和空穴电流的方向相反。

在一定温度下，电子、空穴对的产生和复合都在不停地进行，最终处于一种动态平衡状态，使半导体中载流子的浓度一定。当温度升高时，本征半导体中载流子浓度将增大。由于导电能

力决定于载流子数目，因此半导体的导电能力将随温度升高而增强。温度是影响半导体器件性能的一个重要的外部因素，半导体材料的这种特性称为热敏性。此外，还有光敏性、压敏性、磁敏性和掺杂性。

3.1.2 杂质半导体

在常温下，本征半导体中载流子浓度很低，因而导电能力很弱。为了改善导电性能并使其具有可控性，需在本征半导体中掺入微量的其他元素（称为杂质）。这种掺入杂质的半导体称为**杂质半导体**。因掺入杂质的性质不同，可分为 **N 型半导体**和 **P 型半导体**。

1．N 型半导体

在本征半导体硅 Si（或锗 Ge，此处以硅为例）中掺入微量的 5 价元素磷（P），由于磷原子最外层的 5 个价电子中有 4 个与相邻硅原子组成共价键，多余一个价电子受磷原子核的束缚力很小，很容易成为自由电子，而磷原子本身因失去电子成为不能移动的杂质正离子。当然，在杂质半导体中，同本征半导体一样，由于热运动产生自由**电子-空穴对**，但这种热运动产生的载流子浓度远小于掺杂而产生的自由电子数，所以在这种半导体中，自由电子数远超过空穴数，它是以电子导电为主的杂质型半导体，因为电子带负电（Negative Electricity），所以称为 N 型半导体。N 型半导体中，自由电子是多数载流子（简称**多子**），空穴是少数载流子（简称**少子**）。杂质离子带正电。

2．P 型半导体

在本征硅中掺入 3 价元素硼（B），由于硼有 3 个价电子，每个硼原子与相邻的 4 个硅原子组成共价键时，因缺少一个电子而产生一个空位。在室温或其他能量激发下，与硼原子相邻的硅原子共价键上的电子就可能填补这些空位，从而在电子原来所处的位置上形成带正电荷的空穴，硼原子本身则因获得电子而成为不能移动的杂质负离子。每个硼原子都能产生一个空穴，这种半导体的空穴数远大于自由电子数，它是以空穴导电为主的杂质型半导体，因为空穴带正电（Positive Electricity），所以称为 P 型半导体。P 型半导体中，空穴是多数载流子（多子），自由电子是少数载流子（少子）。杂质离子带负电。

以后，为简单起见，通常只画出正离子和等量的自由电子来表示 N 型半导体；同样，只画出负离子和等量的空穴来表示 P 型半导体，分别如图 3-1（a）和（b）所示。

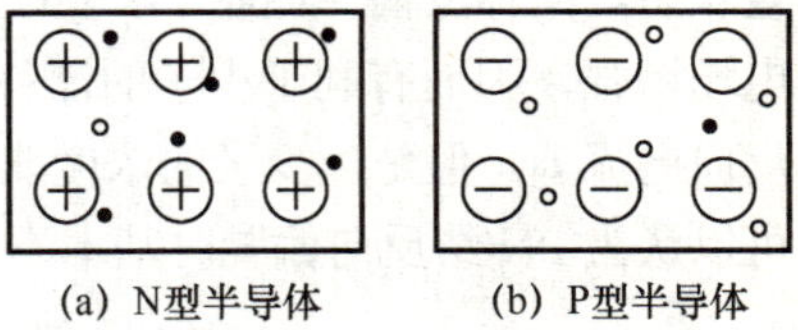

图 3-1 杂质半导体的简化画法

综上所述，掺入杂质后，由于载流子的浓度提高，因而杂质半导体的导电性能将增强，而且掺入的杂质越多，多子浓度越高，导电性能也就越强，实现了导电性能的可控性。当然，仅仅提高导电能力不是最终目的，因为导体的导电能力更强。杂质半导体的奇妙之处在于，只要掺入不同性质、不同浓度的杂质，并使 P 型半导体和 N 型半导体采用不同的方式组合，就可以制造出形形色色、品种繁多、用途各异的半导体器件。

3.1.3 PN 结

如果将一块半导体的一侧掺杂成为 P 型半导体，而另一侧掺杂成为 N 型半导体，则在二者的交界处将形成一个 **PN 结**。

1．PN 结的形成

将 P 型半导体和 N 型半导体制作在一起，在两种半导体的交界面就出现了电子和空穴的浓度差。P 区中的多子（即空穴）将向 N 区扩散，而 N 区中的多子（即自由电子）将向 P 区扩散，如图 3-2（a）所示。扩散运动的结果就使两种半导体交界面附近出现了不能移动的带电离子区，P 区出现负离子区，N 区出现正离子区，如图 3-2（b）所示。这些带电离子形成了一个很薄的空间电荷区，产生了**内电场**。

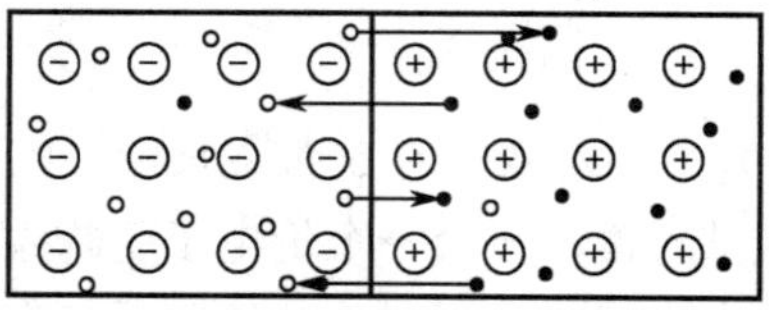

(a) 多子的扩散运动

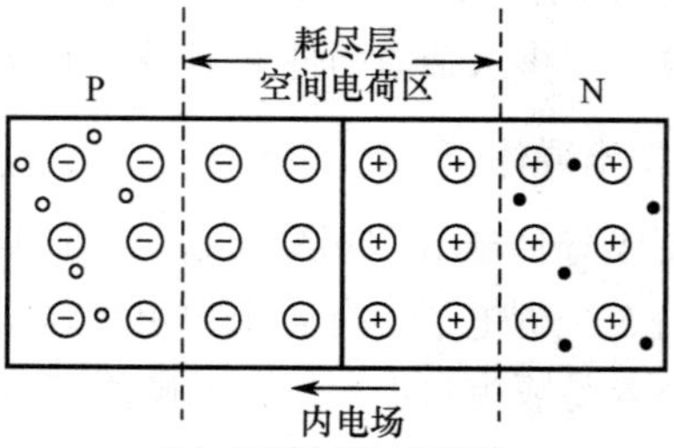

(b) 空间电荷区的形成

图 3-2　PN 结的形成

一方面，随着扩散运动的进行，空间电荷区加宽使内电场增强；另一方面，内电场又将阻止多子的扩散运动，促进少子的漂移运动，而少子的漂移运动方向正好与多子扩散运动的方向相反。电场力越大，漂移运动越强。最后，漂移运动与扩散运动达到动态平衡，使空间电荷区的载流子耗尽，成为耗尽层，这个耗尽层（空间电荷区）就是 PN 结。

2．PN 结的单向导电性

PN 结具有**单向导电性**，这种导电特性只有在外加电压时才能显示出来。

若在 PN 结上加以正向电压，即 P 区接电源正极，N 区接电源负极，称 PN 结处于**正向偏置状态**，简称**正偏**，如图 3-3（a）所示。这时外电场与内电场方向相反，削弱了内电场，空间电荷区变窄，正向电流 I 较大，PN 结在正向偏置时呈现较小电阻，PN 结变为导通状态。为了防止大的正向电流把 PN 结烧毁，实际电路都要串接限流电阻 R。

若在 PN 结上加以反向电压，即 P 区接电源负极，N 区接电源正极，称 PN 结处于**反向偏置状态**，简称**反偏**，如图 3-3（b）所示。这时外电场与内电场方向相同，空间电荷区变宽，内电场增强，因而有利于少子的漂移而不利于多子的扩散。由于电源的作用，少子的漂移形成了反向电流 I_S。但是，少子的浓度非常低，使得反向电流很小，一般为微安（μA）数量级。所以可以认为 PN 结反向偏置时基本不导电。

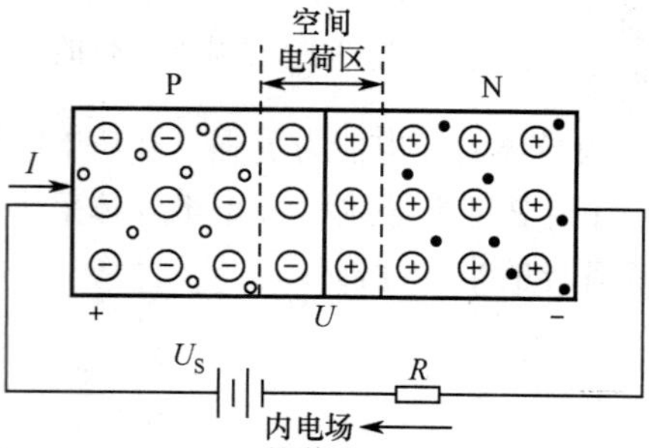

(a) 正向偏置

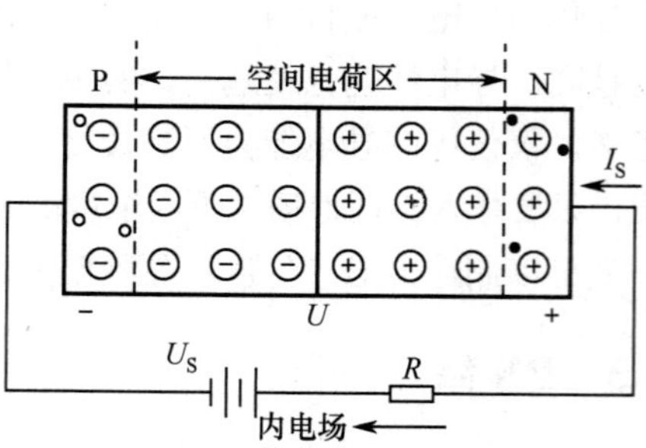

(b) 反向偏置

图 3-3　PN 的单向导电性

综上所述，PN 结正偏时导通，表现出的正向电阻很小，正向电流 I 较大；反偏时截止，表现出的反向电阻很大，正向电流几乎为零，只有很小的**反向饱和电流** I_S。这就是 PN 结最重要的特性——单向导电性。二极管、三极管及其他各种半导体器件的工作特性，都是以 PN 结的单向导电性为基础的。

此外，PN 结在一定条件下还具有电容效应，根据产生原因不同分为势垒电容和扩散电容（统称为**结电容**）。当 PN 结外加电压变化时，空间电荷区的宽度将随之变化，即耗尽层的电荷量随外加电压而增大或减小，这种现象与电容器的充放电过程相同，耗尽层宽窄变化所等效的电容称为势垒电容 C_b。PN 结的扩散区内，电荷的积累和释放过程与电容器充放电过程相同，这种电容效应称为扩散电容 C_d。

3.2 半导体二极管

3.2.1 二极管的结构及外形

二极管的内部就是一个 PN 结，所以二极管的主要特性也是单向导电性。在 PN 结的两端引出两个电极并将其封装在金属或塑料管壳内，就构成**二极管**（Diode）。二极管通常由管芯、管壳和电极三部分组成，管壳起保护管芯的作用，如图 3-4（a）所示。从 P 区引出的电极称为正极或阳极，从 N 区引出的电极称为负极或阴极。如图 3-4（b）所示为二极管的电路符号。二极管一般用字母 VD 表示。

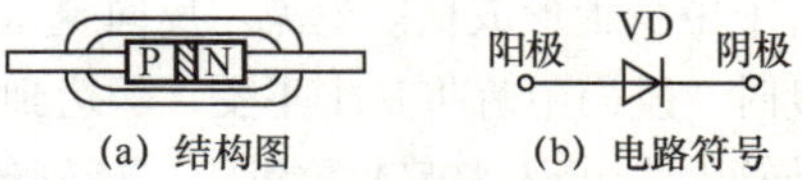

（a）结构图　（b）电路符号

图 3-4　二极管的结构示意图和电路符号

二极管的种类很多，分类方法也不同。按制造所用材料分类，主要有硅二极管和锗二极管；按用途分类，主要有普通二极管、整流二极管、开关二极管和稳压二极管；按其结构分类，有点接触型和面接触型二极管。如图 3-5 所示为几种常见二极管的实物外形图。

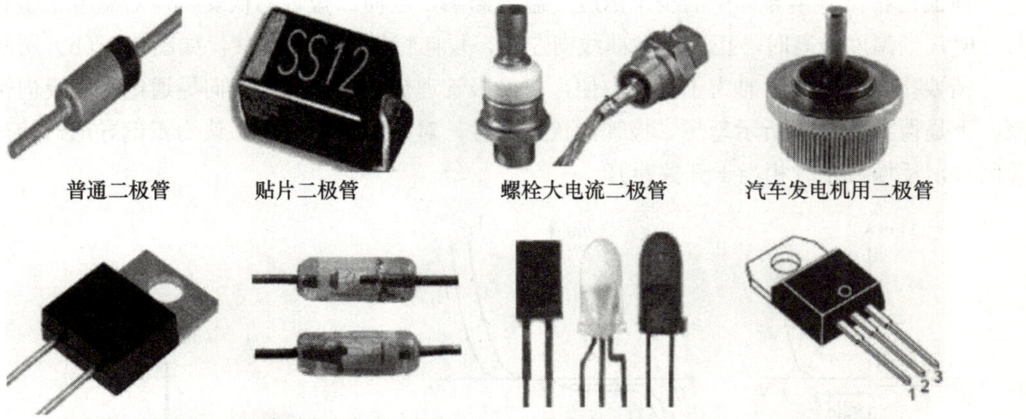

图 3-5　实际二极管外形图

3.2.2 二极管的伏安特性

二极管的伏安特性是指二极管两端外加电压 u 和流过二极管的电流 i 之间的关系。以硅管为例，其伏安特性如图 3-6（a）所示。理论分析指出，在理想情况下，二极管电流 i 与其外加电压 u 之间的关系为

$$i = I_S(e^{\frac{u}{U_T}} - 1) \tag{3-1}$$

式（3-1）称为二极管的电流方程。式中 I_S 为反向饱和电流；U_T 为温度电压当量，常温下，$U_T \approx 26\text{mV}$。

1．正向特性

二极管两端不加电压时，其电流为零，故特性曲线从坐标原点开始，如图 3-6（a）所示。当外加正向电压时，二极管内有正向电流通过。正向电压较小，且小于 U_{on} 时，外电场不足以克服内电场，故多数载流子的扩散运动仍受较大阻碍，二极管的正向电流很小，此时二极管工作于**死区**，称 U_{on} 为死区的**开启电压**。硅管的 U_{on} 约为 0.5V，锗管约为 0.2V。当正向电压超过 U_{on} 后，内电场被大大削弱，电流将随正向电压的增大按指数规律增大，二极管呈现出很小的电阻。硅管的正向导通电压 U_D 为 0.6V～0.8V（常取 0.7V），锗管为 0.1V～0.3V。正向导通电压通常也称为二极管的正向钳位电压。

2．反向特性

当外加反向电压时，外电场和内电场方向相同，阻碍扩散运动进行，有利于漂移运动。二极管中由少子形成反向电流。反向电压增大时，反向电流随着稍有增加，当反向电压增大到一定程度时，反向电流将基本不变，即达到饱和，因而称该反向电流为**反向饱和电流**，用 I_S 表示。通常硅管的 I_S 可达 10^{-9}A 数量级，锗管的 I_S 为 10^{-6}A 数量级。反向饱和电流越小，管子的单向导电性越好。

当反向电压增大到图 3-6（a）中的 U_{BR} 时，在外部强电场作用下，少子的数目会急剧增加，因而使得反向电流急剧增大，这种现象称为**反向击穿**，电压 U_{BR} 称为**反向击穿电压**。各类二极管的反向击穿电压大小不同，通常为几十到几百伏，最高可达 300 伏以上。PN 结被击穿后，常因功耗过大而造成永久性的损坏。

前面已指出，半导体中的少子浓度受温度影响，因而二极管的伏安特性对温度很敏感。实验证明，当温度升高时，正向特性曲线向左移，反向特性曲线向下移，如图 3-6（b）所示。

需要指出的是，有时为了分析方便，将二极管理想化，忽略其正向导通电压和反向饱和电流，于是得到图 3-7 所示理想二极管的伏安特性。对于理想二极管，认为正偏导通时相当于开关闭合，反偏截止时相当于开关断开。

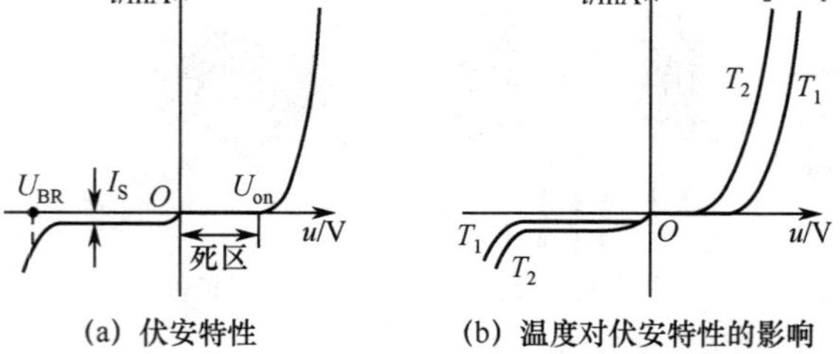

图 3-6　二极管的伏安特性

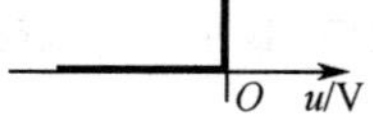

图 3-7　理想二极管的伏安特性

3.2.3　二极管的主要参数

每种半导体器件都有一系列表示其性能特点的参数，并汇集成器件手册，供使用者查找选择。半导体二极管的主要参数有以下 4 个。

（1）最大整流电流 I_F

I_F 是指二极管长期运行时，允许通过管子的最大正向平均电流。使用时，管子的平均电流不得超过此值，否则可能使二极管过热而损坏。

（2）最高反向工作电压 U_R

工作时加在二极管两端的反向电压不得超过此值，否则二极管可能被击穿。为了留有余地，通常将击穿电压 U_{BR} 的一半定为 U_R。

（3）反向电流 I_R

I_R 是指在室温条件下，在二极管两端加上规定的反向电压时，流过管子的反向电流。通常希望 I_R 值越小越好。反向电流越小，说明二极管的单向导电性越好。此时，由于反向电流是由少数载流子形成的，所以 I_R 受温度的影响很大。

（4）最高工作频率 f_M

当二极管在高频条件下工作时，将受到极间电容的影响。f_M 主要决定于极间电容的大小。极间电容越大，则二极管允许的最高工作频率越低。当工作频率超过 f_M 时，二极管将失去单向导电性。

3.2.4 其他类型二极管

1．稳压二极管

由二极管的特性曲线可知，如果二极管工作在反向击穿区，则当反向电流的变化量 ΔI 较大时，管子两端相应的电压变化量 ΔU 却很小，说明其具有“稳压”特性。利用这种特性可以做成稳压二极管，简称**稳压管**。所以，稳压管实质上就是一个二极管，但它通常工作在反向击穿区。只要击穿后的反向电流不超过允许范围，稳压管就不会发生热击穿损坏。所以，必须在电路中串接一个限流电阻。

反向击穿后，当流过稳压管的电流在很大范围内变化时，管子两端的电压几乎不变，从而可以获得一个稳定的电压。稳压管的伏安特性、电路符号分别如图 3-8（a）和（b）所示。

稳压二极管的主要参数如下。

（1）稳定电压 U_Z

当稳压管反向击穿，且使流过的电流为规定的测试电流时，稳压管两端的电压值即为稳定电压 U_Z。对于同一种型号的稳压管，U_Z 有一定的分散性，因此一般都给出其范围。例如，型号为 2CW14 的稳压管的 U_Z 为 6V～7.5V，但对于某一只稳压管，U_Z 为一个确定值。

（2）稳定电流 I_Z

稳定电流 I_Z 是保证稳压管正常稳压的最小工作电流，故也常表示为 I_{Zmin}，电流低于此值时稳压效果不好。I_Z 一般为毫安数量级，如 5mA 或 10mA。

（3）最大耗散功率 P_{ZM} 和最大稳定电流 I_{ZM}

当稳压管工作在稳压状态时，管子消耗的功率等于稳定电压 U_Z 与流过稳压管电流的乘积，该功率将转化为 PN 结的温升。最大耗散功率 P_{ZM} 是在结温升允许的情况下的最大功率，一般为几十毫瓦至几百毫瓦。因为 $P_{ZM} = U_Z I_{ZM}$，由此即可确定最大稳定电流 I_{ZM}。

此外，还有动态电阻 r_Z 和稳定电压的温度系数 a 等参数。

在使用稳压管组成稳压电路时，需要注意三个问题：①稳压二极管正常工作是在反向击穿状态，即外加电源正极接二极管的阴极，负极接阳极；②稳压管应与负载并联，由于稳压管两端电压变化量很小，因此使得输出电压比较稳定；③必须给稳压管加一个限流电阻，限制流过稳压管的电流，保证流过稳压管的电流在 I_{Zmin} 和 I_{ZM} 之间，以确保稳压管有良好的稳压特性。

如图 3-9 所示为稳压管构成的稳压电路结构图。

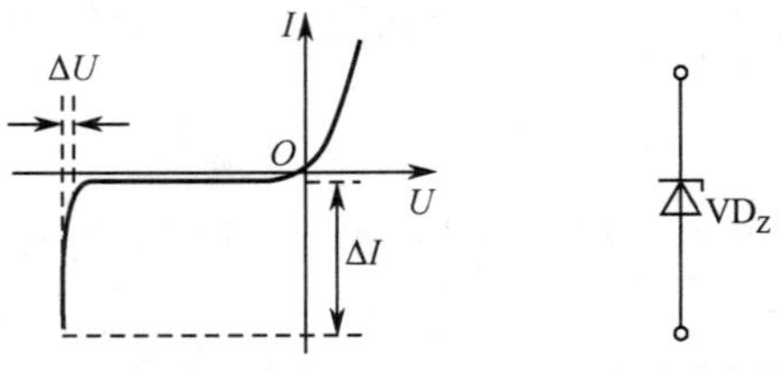

(a) 伏安特性 (b) 电路符号

图 3-8 稳压二极管

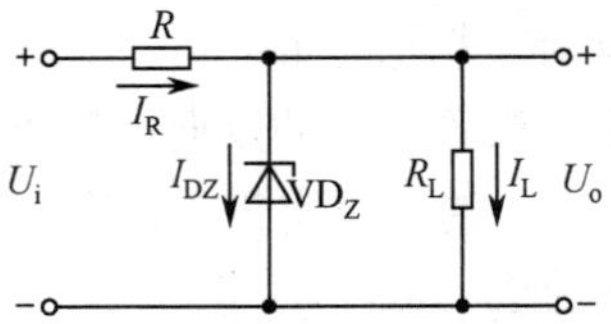

图 3-9 稳压管构成的稳压电路结构图

2．发光二极管

发光二极管（Light Emitting Diode，LED）是一种将电能转换成光能的半导体器件。其基本结构是一个 PN 结，采用砷化镓、磷化镓等半导体材料制造而成。它的伏安特性与普通二极管类似，但由于材料特殊，其正向导通电压较大，约为 1V～2V。当管子正向导通时将会发光。

发光二极管具有工作电压低、工作电流小（10mA～30mA）、发光均匀稳定、响应速度快等优点，常用作显示器件，如指示灯、七段显示器、矩阵显示器等。常见的 LED 发光颜色有红、黄、绿等，还有发出不可见光的红外发光二极管。如图 3-10（a）所示为发光二极管的电路符号。

3．光电二极管

光电二极管又叫光敏二极管，它是一种能将光信号转换为电信号的器件。光电二极管的基本结构也是一个 PN 结，但管壳上有一个窗口，使光线可以照射到 PN 结上。光电二极管工作在反偏状态下，当无光照时，与普通二极管一样，反向电流很小，称为暗电流；当有光照时，其反向电流随光照强度的增加而增加，称为光电流。光电二极管与发光二极管可用于构成红外线遥控电路。如图 3-10（b）所示为光电二极管的电路符号。

4．变容二极管

利用 PN 结的势垒电容随外加反向电压变化的特性可制成变容二极管。变容二极管工作在反偏状态下，此时，PN 结电容的数值随外加电压的大小而变化。因此，变容二极管可作为可变电容使用。如图 3-10（c）所示为变容二极管的电路符号。

变容二极管在高频电路中得到了广泛应用，可用于自动调谐、调频、调相等。

(a) 发光二极管 (b) 光电二极管 (c) 变容二极管

图 3-10 各类二极管的电路符号

3.2.5 二极管应用电路举例

在二极管的应用电路中，主要是利用二极管的单向导电性。在分析应用电路时，应当掌握一条基本原则，即判断二极管是处于正偏导通状态还是反偏截止状态，二极管导通时，一般用电压源 U_D=0.7V（硅管，若是锗管则用 0.3V）代替，或近似用短路线代替（理想二极管）；二极管截止时，一般将二极管断开，即认为二极管反向电阻无穷大。

1．二极管整流电路

所谓**整流**，就是利用二极管的单向导电性，将交流电压变成单方向的脉动直流电压。整流电路是直流稳压电源的重要组成部分。我们知道，任何电子设备都需要用直流电源供电，获得直流电源的方法较多，如干电池、蓄电池、直流发电机等。但比较经济实用的办法是将交流电网提供的 50Hz、220V 的正弦交流电经整流、滤波和稳压后变换成直流电。

小功率整流电路形式有单相半波整流电路和单相全波整流电路。

（1）单相半波整流电路

如图 3-11（a）所示为单相半波整流电路图，它是最简单的整流电路，由变压器、二极管和负载电阻组成。u_1 是变压器初级线圈的输入电压，即市电电压，u_2 是变压器次级的输出电压（也称副边电压）。

设二极管为理想二极管，在电压 u_2 的正半周，二极管 VD 正偏导通，电流 i_D 经二极管流向负载 R_L，在 R_L 上就得到一个上正下负的电压；在 u_2 的负半周，二极管 VD 反偏截止，流过负载的电流为 0，因而 R_L 上电压为 0。这样一来，在 u_2 信号的一个周期内，R_L 上只有半个周期有电流通过，结果在 R_L 两端得到的输出电压 u_o 就是单方向的，且近似为半个周期的正弦波，所以叫**半波整流电路**。半波整流电路中各段电压、电流的波形如图 3-11（b）所示。

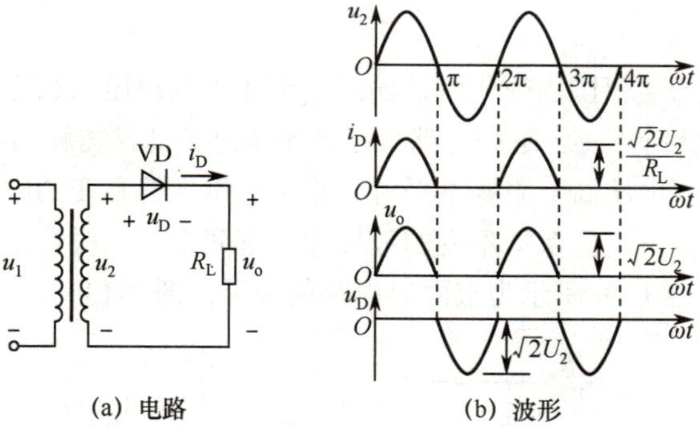

图 3-11　单相半波整流电路

（2）单相全波整流电路

半波整流电路虽然简单，但它只利用了电源的半个周期，整流输出电压低，脉动幅度较大且变压器利用率低。为了克服这些缺点，可以采用全波整流电路，如图 3-12（a）所示。电路中采用了 VD_1～VD_4 四只二极管，并且接成电桥形式，因此命名为单相**桥式全波整流电路**。

当 u_2 为正半周时，VD_1、VD_2 导通，VD_3、VD_4 截止；当 u_2 为负半周时，VD_3、VD_4 导通，VD_1、VD_2 截止，即在 u_2 的一个周期内，负载 R_L 上均能得到直流脉动电压 u_o，故称为全波整流电路。所有波形如图 3-12（d）所示。桥式整流电路还可以有其他画法，如图 3-12（b）、（c）所示。

显然，全波整流因为在整个周期里均有电流流过负载，所以它的输出电压要大于半波整流，并且脉动程度也小于半波整流，整流二极管承受的反向电压也不高。但是电路中需用 4 只二极管。

反映整流电路性能的参数主要有输出电压平均值 $U_{o(AV)}$、脉动系数 S、二极管正向平均电流 $I_{D(AV)}$，以及二极管最大反向峰值电压 U_{RM}。其中，全波整流的脉动系数是半波整流的一半，约为 0.67。

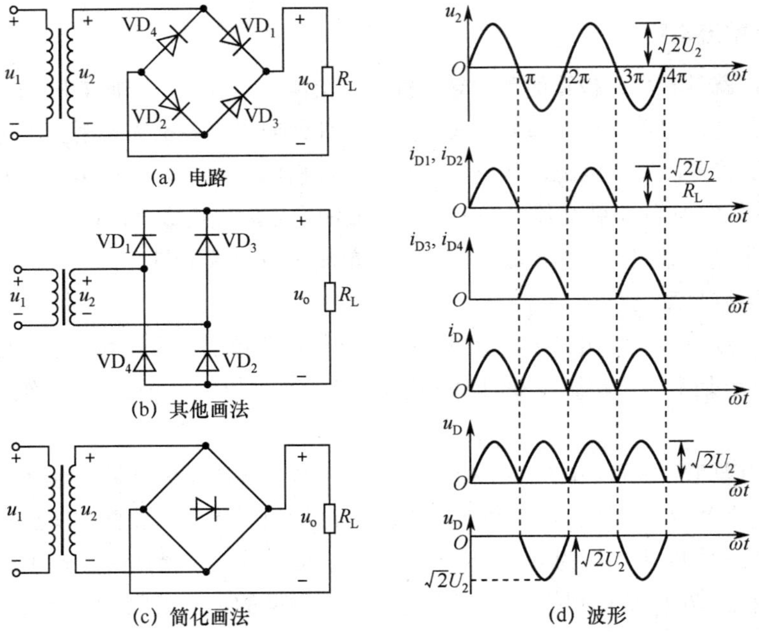

图 3-12　单相桥式全波整流电路

2．限幅电路

当输入信号电压在一定范围内变化时，输出电压随输入电压做相应变化；而当输入电压超出该范围时，输出电压保持不变，这种电路就是**限幅电路**。通常将输出电压 u_o 保持不变的电压值称为限幅电平，当输入电压高于限幅电平时，输出电压保持不变的限幅称为上限幅；当输入电压低于限幅电平时，输出电压保持不变的限幅称为下限幅。二极管限幅电路有串联、并联、双向限幅电路，如图 3-13（a）所示为双限幅电路的例子，图 3-13（b）是 u_o 与 u_i 的关系曲线。

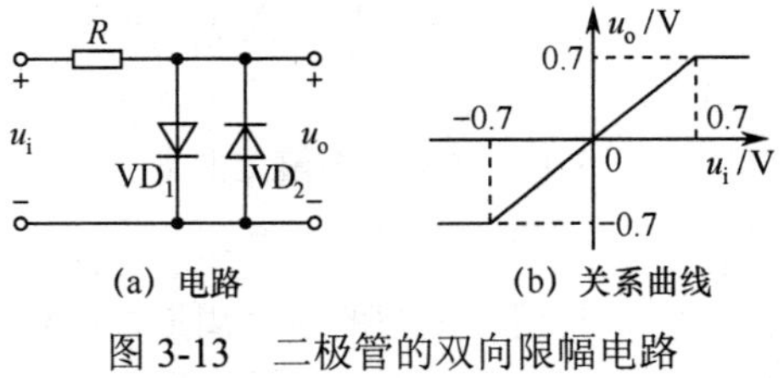

图 3-13　二极管的双向限幅电路

3．检波电路

无线电技术中经常要进行信号的远距离输送，这就需要把低频信号（如声频信号）装载到高频振荡信号上并由天线发射出去。电路分析中，将低频信号称为调制信号，高频振荡信号称为载波，受低频信号控制的高频振荡称为已调波，控制的过程称为调制。在接收地点，接收机天线接收到的已调波信号，经放大后再设法还原成原来的低频信号，这一过程称为解调或检波。如图 3-14（a）所示为一个已调波，图 3-14（b）为由二极管组成的检波器，其中 VD 用于检波，称为检波二极管，一般为点接触型二极管；C 为检波器负载电容，用来滤除检波后的高频成分；R_L 为检波器负载，用来获取检波后所需的低频信号。

由于二极管的单向导电作用，已调波经二极管检波后，负半波被截去，如图 3-14（c）所示，检波器负载电容将高频成分旁路，在 R_L 两端得到的输出电压就是原来的低频信号，如图 3-14（d）所示。

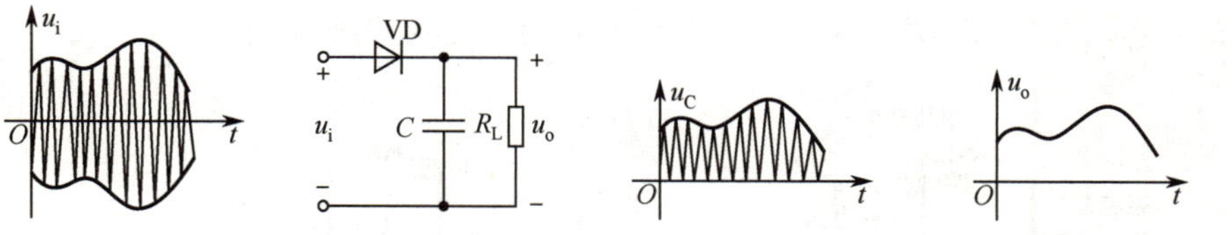

(a) 已调波　(b) 检波电路　(c) 二极管检波后波形　(d) 还原后的低频信号

图 3-14　二极管检波电路

4. 二极管“续流”保护电路

二极管也可用作保护器件，如图 3-15 所示。当开关 S 闭合时，直流电压源 U_S 接通大电感 L，二极管 VD 因反偏而截止，全部电流流过电感线圈。当开关 S 断开时，电感线圈中的电流将迅速降到零，大电感两端会产生很大的负瞬时电压。如果没有提供另外的电流通路，该暂态电压将在开关两端产生电弧，损坏开关。若在电路中接有如图中所示的二极管时，二极管为电感线圈的放电提供了通路，使 u_L 的负峰值限制在二极管的正向压降范围内，开关 S 两端的电弧被消除，同时电感线圈中的电流将平稳地减少。

5. 逻辑运算（开关）电路

在开关电路中，一般把二极管看成理想模型，即二极管导通时两端电压为零，截止时两端电阻为无穷大。在图 3-16（a）的电路中只要有一路输入信号为低电平，输出即为低电平，仅当全部输入为高电平时，输出才为高电平，这在逻辑运算中称为“与”逻辑运算。图 3-16（b）电路中，当只要有一路输入信号为高电平，输出即为高电平，仅当全部输入为低电平时，输出才为低电平，这种运算称为“或”逻辑运算。

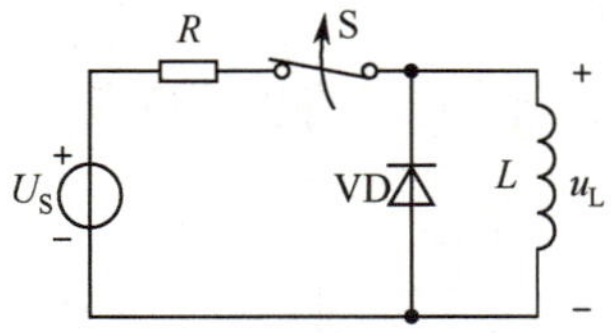

图 3-15　二极管续流电路

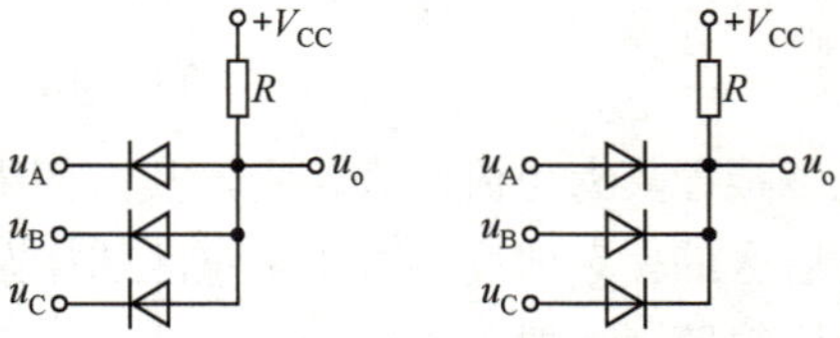

(a) 与逻辑　(b) 或逻辑

图 3-16　逻辑电路

3.3　半导体三极管

半导体三极管又称为晶体三极管、双极型晶体管（Bipolar Junction Transistor，BJT)，简称三极管或晶体管。它具有电流放大作用，是构成各种电子电路的基本元件。

3.3.1　三极管的基本结构及外形

在一块极薄的硅基片或锗基片上制作两个 PN 结，并从 P 区和 N 区引出接线，再封装在管壳里，就构成了三极管（Transistor)，常用字母 VT 表示。三极管有三个区、三个电极和两个 PN 结：中间层称为基区，外面两层分别称为发射区和集电区；从三个区各引一个电极出来，分别称为**基极 b**（Base)、**发射极 e**（Emitter）和**集电极 c**（Collector)；基区与集电区之间的 PN 结称为**集电结**，基区与发射区之间的 PN 结称为**发射结**。

三极管有两种类型：NPN 型和 PNP 型。在电路中分别用两种不同的符号表示，如图 3-17（a）和（b）所示。两种符号的区别在于发射极箭头的方向不同，它们表示发射结加上正向电压时，发射极电流的实际方向。如图 3-18 所示为几种常见三极管的实物外形图。

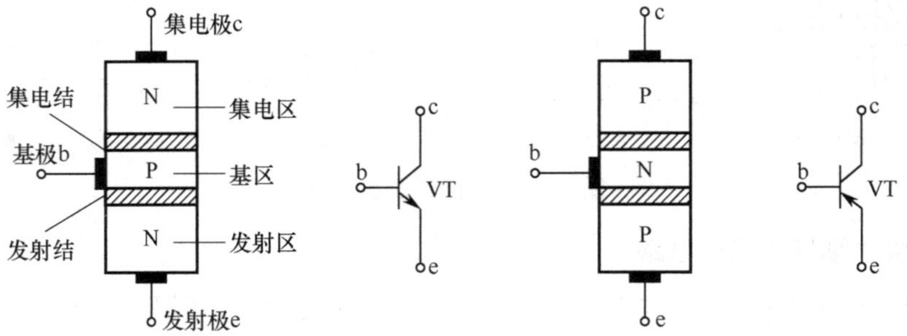

(a) NPN型　　(b) PNP型

图 3-17　三极管的结构示意图及电路符号

图 3-18　实际三极管外形图

为保证三极管具有电流放大作用，其内部结构在制造工艺上应具有以下特点。

（1）发射区的掺杂浓度远大于集电区的掺杂浓度。

（2）基区很薄，一般为 1μm 至几 μm。

（3）集电结面积大于发射结面积。

三极管按材料不同分为硅管和锗管。目前我国制造的硅管多为 NPN 型，锗管多为 PNP 型。不论是硅管还是锗管，NPN 管还是 PNP 管，它们的基本工作原理是相同的。本节主要讨论 NPN 管。

3.3.2　三极管的电流放大原理

通过改变加在三极管三个电极上的电压可以改变其两个 PN 结的偏置情况，从而使三极管有三种工作状态。当发射结和集电结均反偏时，处于**截止状态**；当发射结正偏、集电结反偏时，处于**放大状态**；当发射结和集电结均正偏时，处于**饱和状态**。模拟电路中，三极管主要工作在放大状态，是构成放大电路的核心元件；数字电路中，三极管则工作在截止和饱和状态，充当电子开关使用。

当三极管处于放大状态时，能将输入的小电流放大为输出端的大电流。下面以 NPN 型三极管为例来分析其电流放大原理。

1．三极管内部载流子的运动

如图 3-19 所示电路中，当电源电压 $V_{CC}>V_{BB}$ 且各电阻取值合适时，能保证发射结正偏、集电结反偏，即保证三极管工作于放大状态。三极管的放大作用是通过载流子的运动体现出来的，其内部载流子的运动分为三个过程。

（1）发射区向基区注入电子

由于发射结正向偏置，因而外加电场有利于多子（自由电子）的扩散运动。又因为发射区的掺杂浓度很高，于是发射区发射出大量的电子。这些电子越过发射结到达基区，形成电子电流。与此同时，基区的多子（空穴）也通过发射结扩散到发射区，如图 3-19 所示。这两种多子的扩散运动形成的扩散电流即为发射极电流 I_E。由于发射区的掺杂浓度远大于基区，因而 I_E 主要以电子电流为主，空穴电流可以忽略不计。

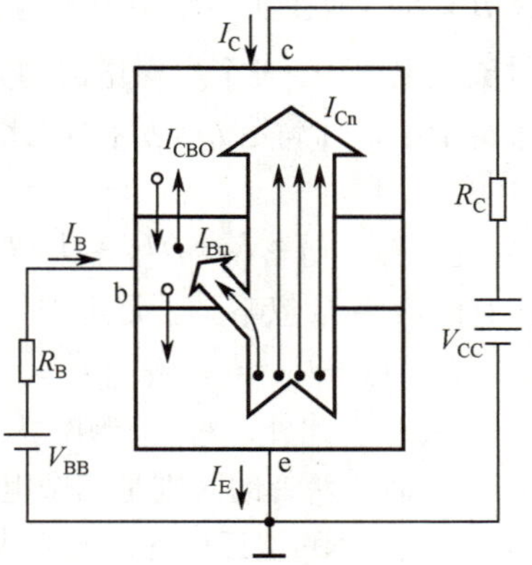

图 3-19　三极管内部载流子的运动

（2）电子在基区的扩散和复合

电子到达基区后，因为基区是 P 型，其中的多子是空穴，所以发射区扩散来的电子和空穴复合形成基极电流 I_{Bn}，基区被复合掉的空穴由外电源 V_{BB} 不断进行补充。又由于基区很薄、杂质浓度低，电子在扩散过程中只有很少一部分与基区的空穴复合掉，因而基极电流 I_{Bn} 比发射极电流 I_E 小得多。大多数电子在基区中继续扩散，到达靠近集电结的一侧。

（3）集电区收集电子

由于集电结反向偏置，有利于将基区扩散过来的电子收集到集电极从而形成集电极电流 I_{Cn}。

此外，由于集电结反向偏置，基区本身的少子（电子）与集电区的少子（空穴）将在结电场的作用下形成漂移电流，即反向饱和电流，称为 I_{CBO}。I_{CBO} 数值很小，可以忽略不计，但由于它受温度影响大，将影响管子的性能。

2．三极管各电极电流之间的关系

由以上分析可知，三极管内部有两种载流子参与导电，故称为**双极型晶体管**。三极管三个电极电流 I_B、I_C、I_E 分别为

$$I_B = I_{Bn} - I_{CBO} \tag{3-2}$$

$$I_C = I_{Cn} + I_{CBO} \tag{3-3}$$

$$I_E = I_{Cn} + I_{Bn} = (I_{Cn} + I_{CBO}) + (I_{Bn} - I_{CBO}) = I_C + I_B \tag{3-4}$$

在图 3-19 所示电路中，I_B 所在回路称为**输入回路**，I_C 所在回路称为**输出回路**，而发射极为两个回路的公共端，因此，该电路称为**共射放大电路**。该电路中电流 I_E 主要是由发射区扩散到基区的电子而产生的；I_B 主要是由发射区扩散过来的电子在基区与空穴复合而产生的；I_C 主要是由发射区注入基区的电子漂移到集电区而形成的。当管子制成以后，复合和漂移所占的比例

就确定了，也就是说 I_C 与 I_B 的比值也接确定了，这个比值就称为共发射极**直流电流放大系数** $\overline{\beta}$，即 $\overline{\beta}=\dfrac{I_C}{I_B}$。由于 I_B 远小于 I_C，因此 $\overline{\beta}\gg 1$，一般 NPN 型三极管的 $\overline{\beta}$ 为几十倍至 100 倍以上。

实际电路中，三极管主要用于放大动态信号。当输入回路加上动态信号后，将引起发射结电压的变化，从而使发射极电流、基极电流变化，集电极电流也将随之变化。集电极电流的变化量与基极电流变化量的比值称为共发射极**交流电流放大系数** β，即 $\beta=\dfrac{\Delta i_C}{\Delta i_B}$。此式也可写为 $\Delta i_C=\beta\Delta i_B$，这表明三极管具有将基极电流变化量放大 β 倍的能力，这就是三极管的**电流放大作用**。

因为在近似分析中可以认为 $\beta\approx\overline{\beta}$，故在实际应用中不再加以区分。

综上可得，图 3-19 所示共射放大电路中，三个电极电流的大小关系为：集电极电流 I_E 最大，其次是集电极电流 I_C，基极电流 I_B 最小，且满足 $I_C\approx\beta I_B$。因此，三极管共射放大电路中的三个电极电流关系可完整表示为

$$I_E=I_B+I_C\approx I_B+\beta I_B=(1+\beta)I_B \tag{3-5}$$

在放大电路的近似估算中，有时常将 I_B 忽略。于是可得

$$I_E=I_B+I_C\approx I_C\approx\beta I_B \tag{3-6}$$

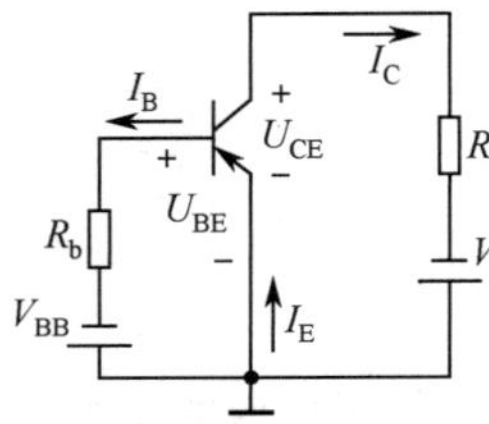

图 3-20　PNP 型三极管构成的放大电路

此外，对于 PNP 型三极管，其工作原理与 NPN 型近似，两者的区别是三个电极电流的实际方向正好相反：对于 PNP 型三极管，电流从发射极流入，从基极和集电极流出。外加电源的极性和 NPN 电路也相反，如图 3-20 所示。在 PNP 型三极管构成的放大电路中，发射极电位 V_E 最高，基极电位 V_B 次之，集电极电位 V_C 最低。其他分析和 NPN 型三极管构成的放大电路相仿。

3.3.3　三极管的伏安特性

三极管的伏安特性是指三极管各电极间的外加电压和流过每个电极的电流之间的关系。由于三极管是三端元件，因此其伏安特性较二端元件更为复杂。本节以 NPN 管构成的共射电路为例，根据三极管的工作原理，可将其分为输入特性和输出特性两个方面进行讨论，并且借助特性曲线，以使结果更为直观。

1．输入特性曲线

输入特性是指当 U_{CE} 一定时，I_B 与 U_{BE} 之间的关系曲线，即 $I_B=f(U_{BE})|_{U_{BE}=常数}$，如图 3-21 所示。当 $U_{CE}=0$ 时，相当于两个 PN 结（发射结和集电结）并联，此时输入特性与二极管伏安特性相似。当 U_{CE} 增大时，输入特性曲线右移，但当 $U_{CE}\geqslant 2V$ 后曲线重合。这是因为，当 $U_{CE}>0$ 时，随着 U_{CE} 的增大，集电结电场对发射区注入基区的电子的吸引力增强，因而使基区内与空穴复合的电子数减少，表现为在相同 U_{BE} 下对应的 I_B 减小，故与 $U_{CE}=0$ 时的曲线相比，输入曲线右移。但当 U_{CE} 大于某一数值以后，特性曲线右移很少。这是因为在一定的 U_{BE} 之下，集电结的反向偏置电压已足以将注入基区的电子基本上都收集到集电极，即使 U_{CE} 再增大，I_B 也不会减小很多。所以，常用 $U_{CE}>1V$ 的一条曲线（例如 $U_{CE}=2V$）来代表 U_{CE} 更高的情况。

2．输出特性曲线

输出特性是指当 I_B 一定时，I_C 与 U_{CE} 之间的关系曲线，即 $I_C=f(U_{CE})|_{I_B=常数}$。由于三极管

的基极输入电流 I_B 对输出电流 I_C 的控制作用，因此不同的 I_B，将有不同的 I_C–U_{CE} 关系，由此可得如图 3-22 所示的一簇曲线，这就是三极管的输出特性曲线。

从输出特性曲线可以看出，三极管有三个不同的工作区域，即截止区、放大区和饱和区，它们分别表示三极管的三种工作状态，即截止、放大和饱和状态。三极管工作在不同状态，特点也各不相同。

（1）截止区

截止区指曲线上 $I_B \leqslant 0$ 的区域，此时，集电结和发射结均反偏，三极管为截止状态，I_C 很小，集电极与发射极之间相当于断开的开关。

（2）放大区

放大区指曲线上 $I_B > 0$ 和 $U_{CE} > 1V$ 之间的部分，此时三极管的发射结正偏、集电结反偏，三极管处于放大状态。此时，对于 NPN 型三极管来说，满足 $U_{BE} > 0$，$U_{BC} < 0$，即各电极电位满足 $V_C > V_B > V_E$；对于 PNP 型三极管来说，满足 $U_{BE} < 0$，$U_{BC} > 0$，各电极电位满足 $V_C < V_B < V_E$。在放大区时，可以看出 I_B 不变时 I_C 也基本不变，即具有恒流特性；而当 I_B 变化时，I_C 也随之变化，且满足 $\Delta I_C = \beta \Delta I_B$，这就是三极管的电流放大作用。

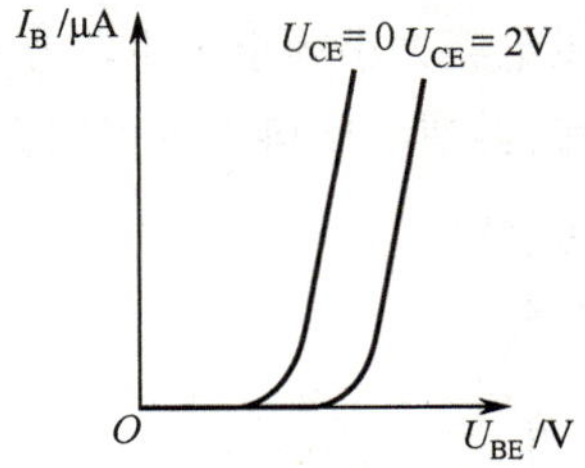

图 3-21　三极管的输入特性曲线

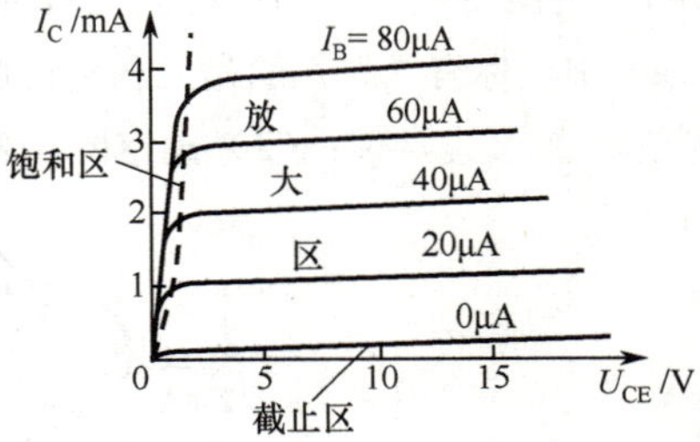

图 3-22　三极管的输出特性曲线

（3）饱和区

饱和区指曲线上 $U_{CE} \leqslant U_{BE}$ 的区域，此时 I_C 不仅与 I_B 有关，而且明显随 U_{CE} 增大而增大，且 $\Delta I_C < \beta \Delta I_B$。集电结和发射结均正偏，三极管处于饱和状态。一般称 $U_{CE} = U_{BE}$ 时三极管的工作状态为临界状态，即临界饱和或临界放大状态。饱和时的 U_{CE} 称为临界饱和电压，记作 U_{CES}，一般小功率硅三极管的 $U_{CES} < 0.4V$，此时 c-e 间近似临界状态认为短路，相当于闭合的开关。

3.3.4　三极管的主要参数

（1）电流放大系数

三极管的电流放大系数是表征管子放大作用大小的参数。综合前面的讨论，有以下两个参数：共射交流电流放大系数 β 和共射直流电流放大系数 $\overline{\beta}$。

（2）极间反向饱和电流

① 集电极-基极反向饱和电流 I_{CBO}：I_{CBO} 是指发射极 e 开路时，集电极 c 和基极 b 之间的反向电流。一般小功率锗管的 I_{CBO} 为几微安至几十微安；硅三极管的 I_{CBO} 要小得多，有的可以达到纳安数量级。

② 集电极-发射极间的穿透电流 I_{CEO}：I_{CEO} 是指基极 b 开路时，集电极 c 和发射 e 间加上一定电压时所产生的集电极电流。$I_{CEO} = (1+\overline{\beta})I_{CBO}$。

因为 I_{CBO} 和 I_{CEO} 都是少数载流子运动形成的，所以对温度非常敏感。I_{CBO} 和 I_{CEO} 越小，表明三极管的质量越高。

（3）极限参数

三极管的极限参数是指使用时不得超过的限度，主要有以下三项。

① 集电极最大允许电流 I_{CM}

当集电极电流过大，超过一定值时，三极管的 β 值就要减小，且三极管有损坏的危险，该电流值即为 I_{CM}。

② 集电极最大允许功耗 P_{CM}

三极管的功率损耗大部分消耗在反向偏置的集电结上，并表现为结温升高，P_{CM} 是在管子温升允许的条件下集电极所消耗的最大功率。超过此值，管子将被烧毁。

③ 反向击穿电压

三极管的两个结上所加反向电压超过一定值时都将被击穿，因此，必须了解三极管的反向击穿电压。极间反向击穿电压主要有以下两项。

$U_{(BR)CEO}$：基极开路时，集电极和发射极之间的反向击穿电压。

$U_{(BR)CBO}$：发射极开路时，集电极和基极之间的反向击穿电压。

例 3-1 现测得放大电路中两只三极管的各电极电流及直流电位如图 3-23 所示。（1）判断图 3-23（a）中，标有"？"的是三极管的哪个电极，该电极电流大小等于多少，方向如何，是何种类型管，并求其 β 值；（2）确定图 3-23（b）中三极管的类型、材料、各个电极。

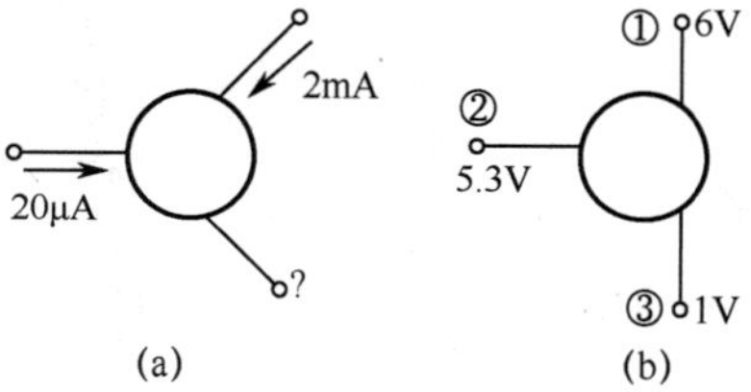

图 3-23 例 3-1 图

解 （1）图 3-23（a）中已知的两个电极电流数值相差较大，依此可判断它们是基极 b 和发射极 e 或者是基极 b 和集电极 c；又因其方向均为流入三极管，故可断定这两个电极是基极 b 和集电极 c，所以标有"？"的是三极管的发射极 e，故可求得 $I_E = I_B + I_C = 2.02\text{mA}$，方向为流出三极管。根据电流方向可知，该管为 NPN 型三极管，其电流放大系数 $\beta \approx I_C / I_B = 2000\mu\text{A}/20\mu\text{A}=100$。

（2）已知三极管工作在放大状态，所以其发射结（即 b-e 之间的 PN 结）正偏导通，导通电压 $|U_{BE}|$ 等于 0.6V 左右（硅管）或 0.3V 左右（锗管）。很明显，图 3-23（b）中①、②两电极的直流电位之差为 0.7V，于是可判断③是集电极 c，又因集电极电位 V_C 最低，所以该管为 PNP 型三极管，继而可断定电位最高的①为发射极 e，②为基极 b，且发射结两端电压 $U_{BE} = V_B - V_E = 5.3\text{V} - 6\text{V} = -0.7\text{V}$，所以该管为硅管。

例 3-2 已知由三极管构成的基本放大电路中，电源电压 $V_{CC} = 15\text{V}$。今有三只管子，其参数列于表 3-1 中，请从中选用一只管子，并简述理由。

表 3-1 例 3-2 中各三极管的参数列表

三极管参数	VT_1	VT_2	VT_3
β	100	20	100
$I_{CBO}/\mu A$	0.1	0.01	0.02
$U_{(BR)CEO}/V$	30	30	10

解 VT_2管I_{CBO}很小，表明其温度稳定性好，但其β值太小，放大能力差，故不宜选用。VT_3管虽然I_{CBO}较小且β值较大，但其$U_{(BR)CEO}$只有10V，小于电源电压15V，工作中有被击穿的危险，所以也不能选用。VT_1管的I_{CBO}也不大，且β值较大，$U_{(BR)CEO}$等于30V，大于电源电压，所以选用VT_1管最合适。

3.4 场效应管

场效应管是另一种类型的半导体器件，它的内部只有一种载流子（多子）参与导电，故称其为**单极型晶体管**。又因为这种管子是利用电场效应来控制电流的，所以也称为**场效应管**，可缩写为**FET**（Field Effect Transistor）。场效应管分为两大类：一类是**结型场效应管 JFET**（Junction FET），另一类是**绝缘栅场效应管 IGFET**（Insulated Gate FET）。每一类中又有N沟道和P沟道之分。

3.4.1 结型场效应管

1．结构

在N型半导体两边用扩散法或其他工艺形成两个高浓度的P型区（用P^+）表示，并将它们连接在一起，所引出的电极称为**栅极 G**；在N型半导体的两端各引出一个电极，分别称为源极S和漏极D，如图3-24（a）所示，这样就制成了N沟道JFET。两个P^+区与N型半导体之间形成了两个PN结，PN结中间的N型区域称为导电沟道。用同样方法可制成P沟道的JFET。

N沟道JFET的电路符号如图3-24（b）所示。其中箭头表示栅结（PN结）的方向，从P指向N，P沟道JFET的栅结方向与N沟道的相反。因而可根据箭头方向识别管子属于N沟道管还是P沟道管。

2．工作原理

改变JFET栅极和源极之间的电压u_{GS}，即可改变导电沟道的宽度，从而改变通过漏极和源极的电流i_D的大小。JFET工作时常接成如图3-25所示的共源接法，以源极为公共端。

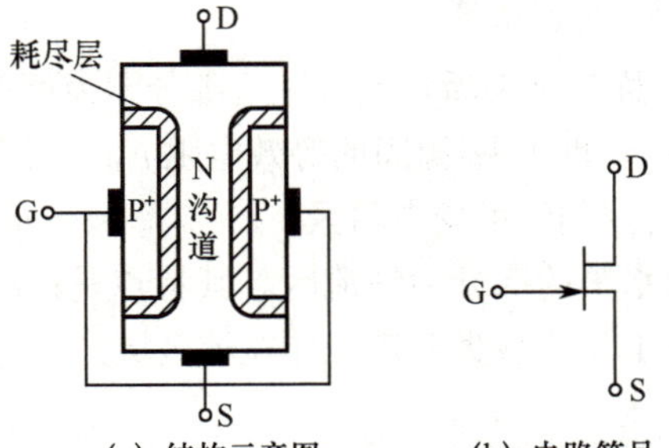

(a) 结构示意图　　(b) 电路符号

图3-24　N沟道结型场效应管

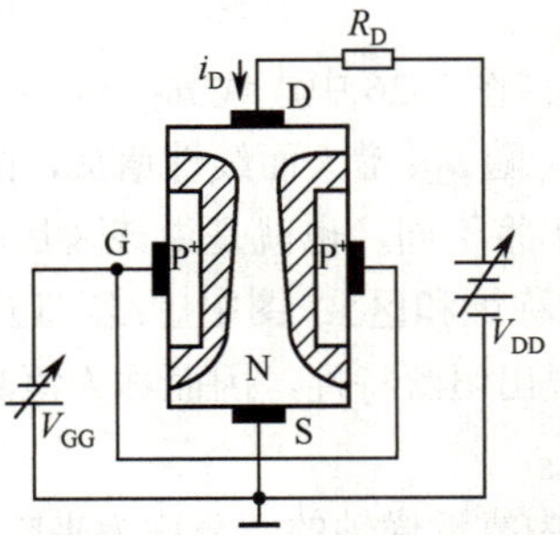

图3-25　N沟道结型场效应管的工作原理图

图中V_{DD}为正电源，保证D、S间电压足够大，而V_{GG}应为负电源。当$V_{GG}=0$时，$u_{GS}=0$，漏极与源极之间存在导电沟道，因而存在漏极电流i_D。当V_{GG}逐渐增大时，u_{GS}逐渐变负，由于两个PN结均反向偏置，耗尽层均变宽而向导电沟道内扩展，使导电沟道变窄，沟道电阻增大，因而电流i_D减小；当V_{GG}的数值继续增大到某一个值时，两个PN结的耗尽层将彼此相遇，使导电沟道被夹断，$i_D=0$，此时的栅-源电压称为**夹断电压 $U_{GS(off)}$**。可见，输出端漏极电流i_D是受输入电压U_{GS}的控制，因此，场效应管是一种电压控制型元件。由于栅极为两个反向偏置的PN结，栅极几乎没有电流，因此 JFET 的输入电阻很高，可达 $10^6\Omega \sim 10^9\Omega$。图 3-25 中由于电源 V_{DD} 与 V_{GG} 串联，因而在漏极附近的 PN 结上反向电压比源极附近要高，所以在漏极附近的耗尽层最宽，导电沟道自上而下逐渐变宽。在使用中结型管的漏极 D 和源极 S 可以互换。

3．特性曲线

场效应管的伏安特性曲线也有两种，一种是与三极管的输入特性曲线相对应的，叫**转移特性曲线**；另一种是与三极管的输出特性曲线相对应的叫**漏极特性曲线**，有时也称输出特性曲线。

（1）转移特性

转移特性是指当 u_{DS} 一定时，i_D 与 u_{GS} 之间的关系曲线。它反映栅-源电压 u_{GS} 对漏极电流 i_D 的控制作用，表示了 JFET 是一种电压控制电流的器件。

在如图 3-26（a）所示的 N 沟道 JFET 的转移特性中，$u_{GS} \leqslant 0$，表明正常工作时栅-源电压不能为正；当 $U_{GS(off)} < u_{GS} < 0$ 时，电流随$|u_{GS}|$减小而增大，当$|u_{GS}| = 0$ 时的 i_D 称为**饱和漏极电流**，记作 I_{DSS}，而电压 $U_{GS(off)}$ 称为**夹断电压**。近似计算时，可用式（3-7）表示 i_D 与 u_{GS} 之间的关系

$$i_D = I_{DSS}\left(1 - \frac{u_{GS}}{U_{GS(off)}}\right)^2 \quad (U_{GS(off)} \leqslant u_{GS} \leqslant 0) \tag{3-7}$$

（2）漏极特性

漏极特性是指当 u_{GS} 一定时，i_D 与 u_{DS} 之间的关系曲线。如图 3-26（b）所示为 N 沟道 JFET 的漏极特性曲线，与三极管的输出特性类似，也可分为三个工作区。

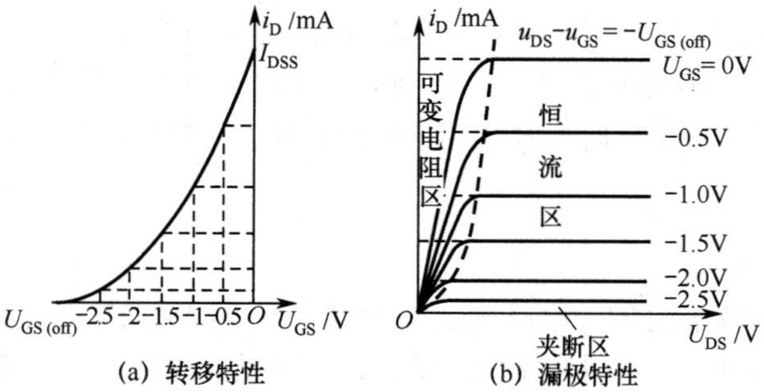

图 3-26　N 沟道结型场效应管的特性曲线

可变电阻区：图 3-26 中虚线 $u_{DS}-u_{GS}= -U_{GS(off)}$（称为预夹断轨迹）左边部分即为可变电阻区。其特点是：i_D 随 u_{DS} 增大而线性增加，曲线的斜率表现为漏-源间的等效电阻 r_{DS}。对应不同的 u_{GS}，曲线斜率将不同，也就是说该区是一个由 u_{GS} 控制的可变电阻区。

恒流区（也称饱和区）：图中虚线右边曲线近似水平的部分为恒流区。其特点是：i_D 不随 u_{DS} 而改变，表现出恒流特性，因而称为恒流区。JFET 用于放大时应工作在该区域，此时 i_D 几乎仅仅决定于 u_{GS}。

夹断区：图中靠近横轴的部分称为夹断区，此时 $u_{GS} < U_{GS(off)}$，导电沟道被夹断，$i_D = 0$ mA，此时 JFET 的三个电极均相当于开路。

3.4.2　绝缘栅场效应管

绝缘栅型场效应管（IGFET）比结型场效应管的输入电阻更大，可达 $10^{12}\Omega$ 或更高。目前 IGFET 用得最多的是 MOSFET（Metal-Oxide-Semiconductor FET），简称为 MOS 管。与 JFET 不同，MOS 管除分为 P 沟道和 N 沟道两类外，每类又可分为**增强型**和**耗尽型**两种。

1. N 沟道增强型 MOS 管

（1）结构

如图 3-27（a）所示为 N 沟道增强型 MOS 管的结构图。它是用一块掺杂浓度较低的 P 型硅片作为衬底，在其上扩散出两个高掺杂的 N 型区（称为 N^+区），然后在半导体表面覆盖一层很薄的二氧化硅绝缘层。从两个 N^+区表面及它们之间的二氧化硅表面分别引出三个铝电极：源极 S、漏极 D 和栅极 G。因为栅极是和衬底完全绝缘的，所以称作绝缘栅型场效应管。衬底 B 也有引极，通常在管子内部和源极相连。图 3-27（b）为 N 沟道增强型 MOS 管的电路符号。

（2）工作原理

MOS 管工作时常接成如图 3-28 所示的共源接法。与 JFET 工作原理有所不同，JFET 是利用 u_{GS}来控制 PN 结耗尽层的宽窄，从而改变导电沟道的宽度，以控制漏极电流 i_D。而 MOS 管则是利用 u_{GS}来控制“感应电荷”的多少，以改变由这些“感应电荷”形成的导电沟道的状况，然后达到控制漏极电流 i_D的目的。若 $u_{GS}=0$ 时漏源之间已存在导电沟道，称为**耗尽型 MOS 管**；若 $u_{GS}=0$ 时漏源之间不存在导电沟道，称为**增强型 MOS 管**。N 沟道增强型 MOS 管的转移特性如图 3-29（a）所示，从曲线可以看出，当 $u_{GS}>U_{GS(th)}$时，在 D、S 间加正向电压，沟道的变化情况与 JFET 相似，$U_{GS(th)}$为使管子刚刚导通的栅-源电压，称为**开启电压**。图 3-29（b）为 N 沟道增强型 MOS 管的漏极特性，其三个工作区也与 JFET 相似。同样也可用方程（3-8）来近似分析 i_D与 u_{GS}的关系。

$$i_D = I_{D0}\left(\frac{u_{GS}}{U_{GS(th)}}-1\right)^2 \qquad (u_{GS}>U_{GS(th)}) \tag{3-8}$$

其中 I_{D0}为 $u_{GS}=2U_{GS(th)}$时的 i_D。

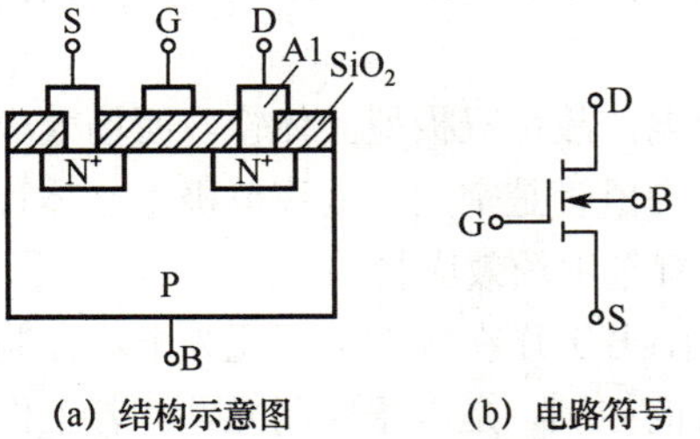

（a）结构示意图　（b）电路符号

图 3-27　N 沟道增强型 MOS 管

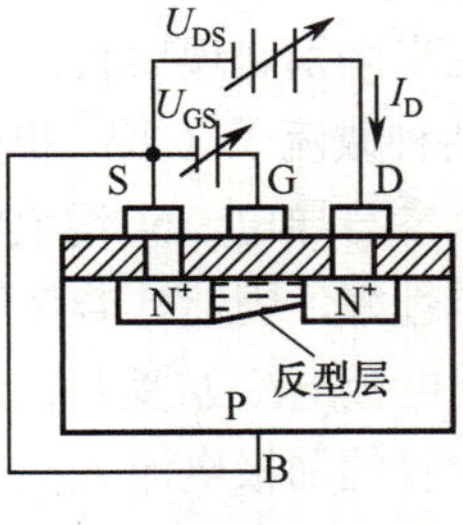

图 3-28　N 沟道增强型 MOS 管的工作原理图

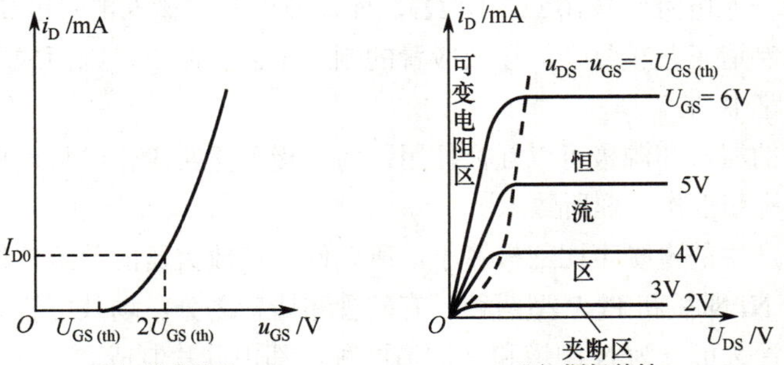

（a）转移特性　（b）漏极特性

图 3-29　N 沟道增强型 MOS 管特性曲线

衡量栅-源电压 U_{GS}对漏极电流 I_D的控制作用的参数称为低频跨导，用 g_m表示。定义为：当 U_{DS}一定时，I_D与 U_{GS}的变化量之比，即

$$g_m = \left.\frac{\Delta I_D}{\Delta U_{GS}}\right|_{U_{DS}=常数} \tag{3-9}$$

若 I_D 的单位为毫安（mA），U_{GS} 的单位为伏（V），则 g_m 的单位为毫西门子（mS）。

2．N 沟道耗尽型 MOS 管

耗尽型 MOS 管和增强型 MOS 管的区别是：前者具有原始的导电沟道，而后者没有原始的导电沟道。如果在 MOS 的制作过程中，在二氧化硅里掺入大量的正离子，那么即使栅-源电压 $U_{GS}=0$，在这些正离子的作用下，也能在 P 型衬底中感生出原始的导电沟道，将两个高浓度的 N^+ 区相连。这就是 N 沟道耗尽型 MOS 管。N 沟道耗尽型 MOS 管在使用中，栅-源电压 U_{GS} 可正可负。$U_{GS}>0$ 时，工作过程与增强型 MOS 管相仿，U_{GS} 增大，导电沟道变宽，使 I_D 增大；$U_{GS}<0$ 时，其产生的电场将削弱正离子的作用，使导电沟道变窄，从而使 I_D 减小。当负的 U_{GS} 大到一定程度时，将使导电沟道消失，$I_D=0$，此时的 U_{GS} 就是夹断电压 U_P。

各种 MOS 管的电路符号如图 3-30 所示。

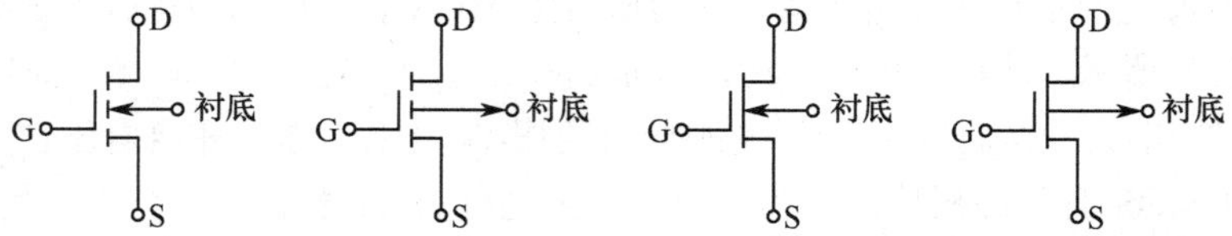

(a) N沟道增强型　(b) P沟道增强型　(c) N沟道耗尽型　(d) P沟道耗尽型

图 3-30　各种 MOS 管的电路符号

3.4.3　场效应管和三极管比较

场效应管的栅极 G、源极 S、漏极 D 分别对应于三极管的基极 b、发射极 e、集电极 c，它们的作用类似，但也有区别。现比较如下。

（1）三极管是两种载流子（多子和少子）参与导电，故称双极型晶体管。而场效应管是由一种载流子（多子）参与导电，N 沟道管是电子，P 沟道管是空穴，故称单极型晶体管。所以场效应管的温度稳定性好，因此，若使用条件恶劣，宜选用场效应管。

（2）三极管的集电极电流 I_C 受基极电流 I_B 的控制，若工作在放大区可视为电流控制的电流源（CCCS）。场效应管的漏极电流 I_D 受栅源电压 U_{GS} 的控制，是电压控制元件。若工作在放大区可视为电压控制的电流源（VCCS）。

（3）三极管的输入电阻低（$10^2\Omega \sim 10^4\Omega$），而场效应管的输入电阻可高达 $10^6\Omega \sim 10^{15}\Omega$。

（4）三极管的制造工艺较复杂，场效应管的制造工艺较简单，因而成本低，适用于大规模和超大规模集成电路中。

有些场效应管的漏极和源极可以互换使用，而三极管正常工作时集电极和发射极不能互换使用，这是基于结构和工作原理所致。

因为场效应管产生的电噪声比三极管小，所以低噪声放大器的前级常选用场效应管。

（5）三极管分 NPN 型和 PNP 型两种，有硅管和锗管之分。场效应管分结型和绝缘栅型两大类，每类场效应管又可分为 N 沟道和 P 沟道两种，都由硅片制成。

本章小结

1．半导体材料是制造半导体器件的物理基础，利用半导体的掺杂性，控制其导电能力，从而把无用的本征半导体变成有用的 P 型和 N 型两种杂质半导体。

2．PN 结是制造半导体器件的基础。它最主要的特性是单向导电性。因此，正确地理解它的特性对于了解和使用各种半导体器件有着十分重要的意义。

3．半导体二极管由一个 PN 结构成。它的伏安特性形象地反映了二极管的单向导电性和反向击穿特性。普通二极管工作在正向导通区，而稳压管工作在反向击穿区。

4．三极管由两个 PN 结构成，当发射结正偏、集电结反偏时，三极管的基极电流对集电极电流具有控制作用，即电流放大作用。三个电极电流具有以下关系：$I_C \approx \beta I_B$，$I_E = I_B + I_C \approx (1+\beta)I_B$。

三极管有截止、放大、饱和三种工作状态。注意其不同的外部偏置条件。

5．场效应管是一种新型晶体管，它的工作原理与三极管不同，具有很高的输入电阻和较低的噪声系数，适合做放大器的前置级。

习题 3

3-1 题图 3-1 中，VD_1、VD_2 都是理想二极管，求电阻 R 中的电流 I 和电压 U。已知 $R = 6\text{k}\Omega$，$U_1 = 6\text{V}$，$U_2 = 12\text{V}$。

3-2 题图 3-2 中，VD_1、VD_2 都是理想二极管，直流电压 $U_1 > U_2$，u_i、u_o 是交流电压信号的瞬时值。试求：（1）当 $u_i > U_1$ 时，u_o 的值；（2）当 $u_i < U_2$ 时，u_o 的值。

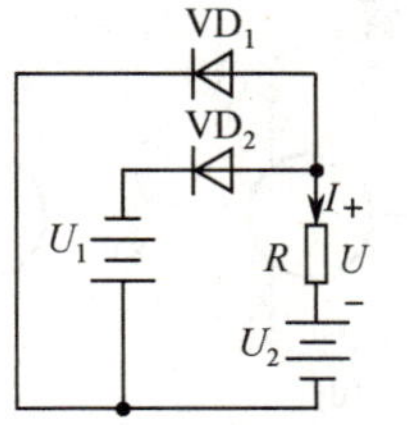

题图 3-1

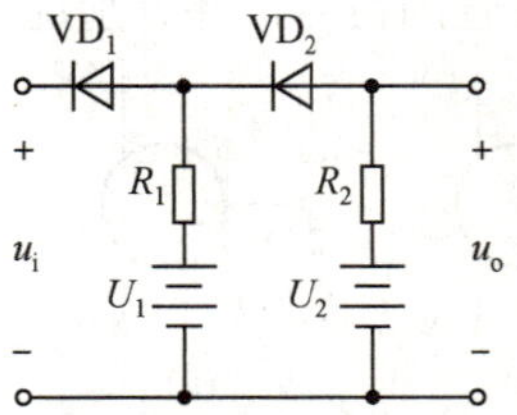

题图 3-2

3-3 题图 3-3 中，二极管均为理想二极管，请判断它们是否导通，并求出 u_o。

3-4 题图 3-4 中，已知二极管为理想二极管，u_i 为峰值 $U_{im} = 5\text{V}$ 的正弦波。试画出电压 u_o 的波形，并标明幅值。

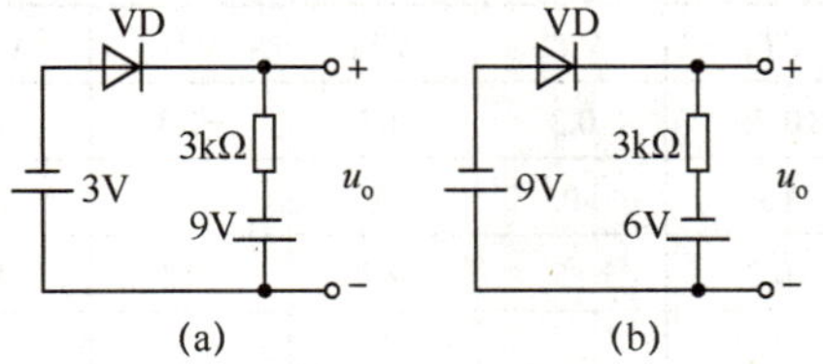

题图 3-3

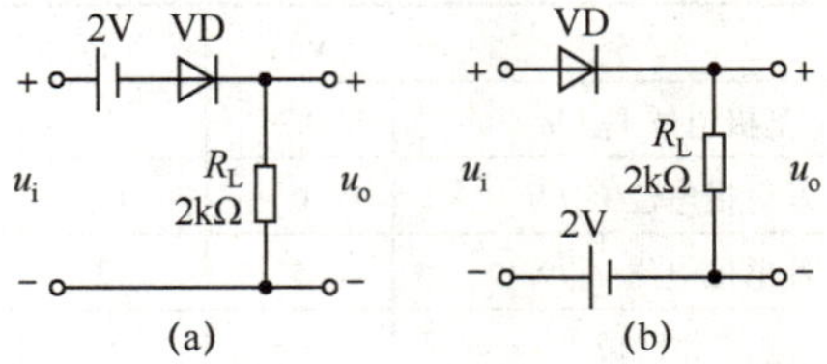

题图 3-4

3-5 现有两只稳压管，它们的稳定电压分别为 6V 和 8V，正向导通电压为 0.7V。试问：（1）将它们串联相接，则可得到几种稳压值？各为多少？（2）将它们并联相接，则又可得到几种稳压值？各为多少？

3-6 题图 3-6 中，试判断图中三极管是导通还是截止，并求出 AO 两端电压 U_{AO}。设二极管为理想二极管。

3-7 题图 3-7 中，二极管为理想器件，输入电压 u_i 由 0V 变化到 140V。试画出电路的电压传输特性。

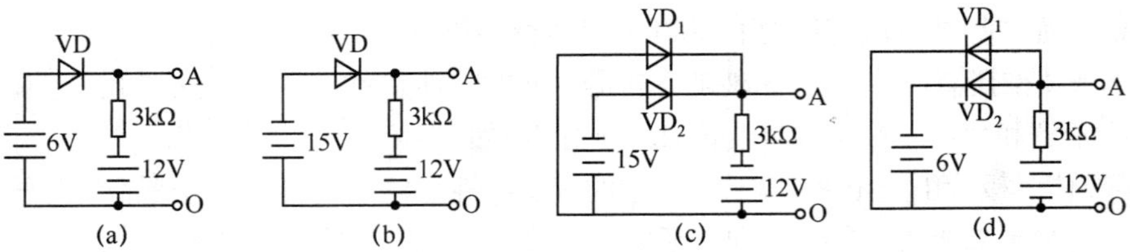

题图 3-6

3-8 稳压管接成如题图 3-8 所示电路。（1）近似计算稳压管的耗散功率 P_Z；（2）计算负载电阻 R_2 所吸收的功率 P_{R2}；（3）限流电阻 R_1 所消耗的功率 P_{R1} 为多少？

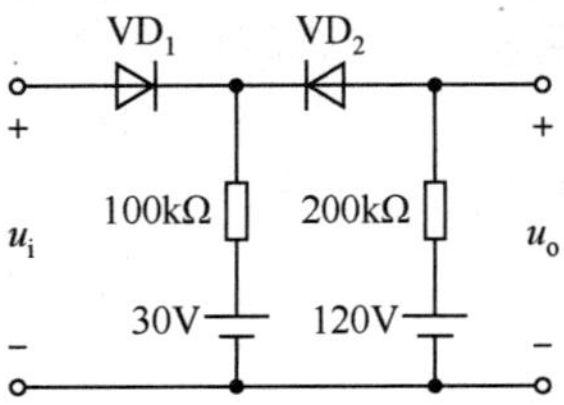

题图 3-7

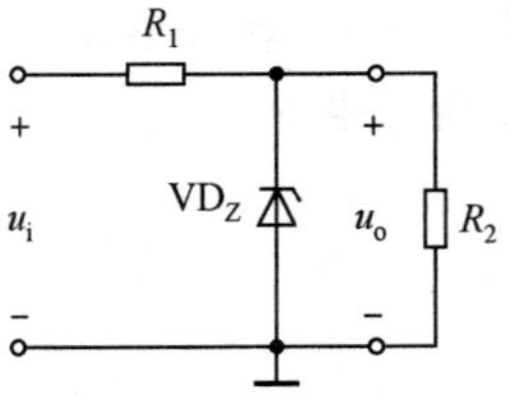

题图 3-8

3-9 有两只三极管，其中一只管子的 $\beta=150$，$I_{CBO}=200\mu A$，另一只管子的 $\beta=50$，$I_{CBO}=10\mu A$，其他参数一样。应选择哪只管子？为什么？

3-10 如题图 3-10 所示为工作于放大状态的三极管，其各电极直流电位分别如图中所示。试在图中画出三极管的符号，并分别说明它们是硅管还是锗管。

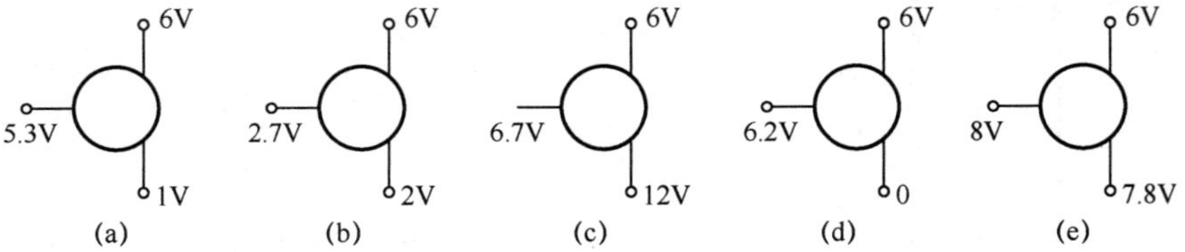

题图 3-10

3-11 测得某电路中几个三极管的各电极电位见题表 3-11，试判断各三极管分别工作在截止区、放大区还是饱和区。

题表 3-11

	VT_1	VT_2	VT_3	VT_4	VT_5	VT_6	VT_7	VT_8
基极电位 V_B / V	0.7	2	−5.3	10.75	0.3	4.7	−1.3	11.7
发射极电位 V_E / V	0	12	−6	10	0	5	−1	12
集电极电位 V_C / V	5	12	0	10.3	−5	4.7	−10	8
工作区域								

3-12 分别测得两个放大电路中三极管的各电极电位如题图 3-12（a）和（b）所示，试判别它们的引脚，分别标上 e、b、c，并判断这两个三极管是 NPN 型，还是 PNP 型，是硅管还是锗管。

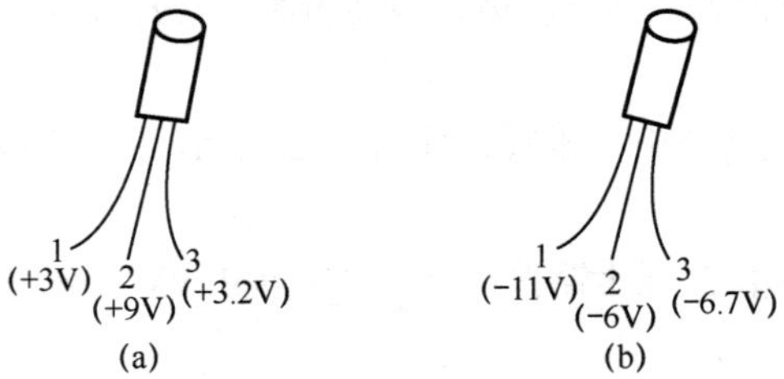

题图 3-12

3-13 设题图 3-13 中的 MOSFET 的开启电压 $|U_{TN}|$、$|U_{TP}|$ 均为 1V，问它们各工作于什么区？

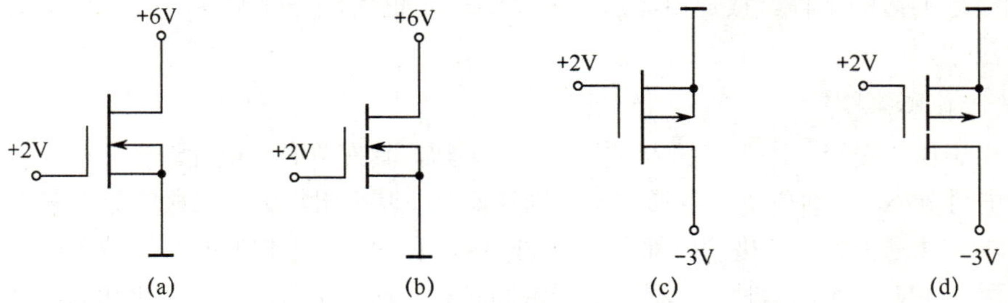

题图 3-13

3-14 已知一个 N 沟道增强型 MOS 管的漏极特性曲线，如题图 3-14（a）所示，试在题图 3-14(b)中作出 U_{DS}=15V 时的转移特性曲线，并由特性曲线求出该场效应管的开启电压 $U_{GS(th)}$，以及当 U_{DS}=15V，U_{GS}=4V 时的跨导 g_m。

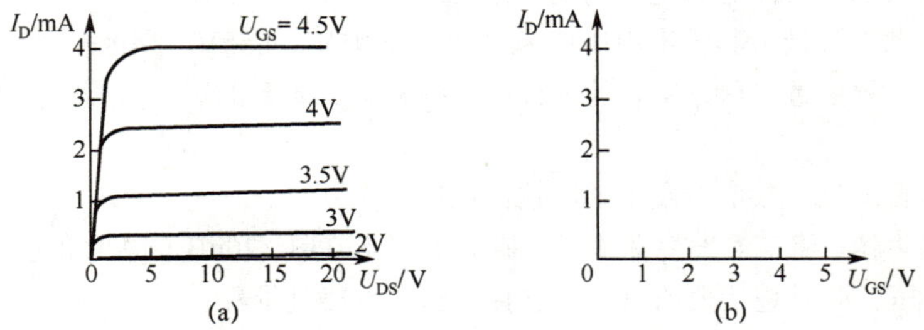

题图 3-14

实验 3.1 半导体元器件性能测试

一、实验目的

1．掌握常用电子仪器、仪表的使用方法。

2．用电子仪器仪表测试半导体元器件性能。

二、实验仪器与器材

通用示波器、函数信号发生器、万用表、直流稳压电源和交流毫伏表。

三、实验原理

1．常用电子仪器仪表

（1）示波器。电子示波器主要用以观察各种周期性的电压或电流波形，它是使用非常广泛的一种电子仪器。本实验用的是双踪电压示波器，它有 X 和 Y 两个通道，可以同时观察两路波形。

（2）函数信号发生器。函数信号发生器又称交流信号源，是电子测量系统不可缺少的重要设备。它可以产生不同频率的正弦信号、调幅信号、调频信号，以及各种频率的方波、三角波、锯齿波、正负脉冲信号等。输出信号电压幅度可通过输出幅度调节旋钮进行连续调节，并由幅度显示器读取电压值；输出信号电压频率可通过频率分级开关进行调节，并由频率计读取频率值。函数信号发生器的信号输出端不允许短路。

（3）交流毫伏表。交流毫伏表只能在其工作频率范围内，用来测量正弦交流电压的有效值。为了防止过载而损坏，测量前一般先把量程开关置于量程较大位置处，然后在测量中逐渐减小到接近测量的量程。接通电源后，先将输入端短接，进行调零。然后断开短路线，就可进行测量。

2. 半导体元器件

（1）半导体二极管。二极管的内部是一个 PN 结，具有单向导电性。当二极管正偏时，其表现出的电阻很小，二极管处于导通状态；当反偏时，其内阻很大，二极管处于截止状态。

（2）半导体三极管。三极管内部有两个 PN 结，有 NPN 型和 PNP 型之分。当外加电压使得其内部两个 PN 结均正偏时，三极管处于饱和状态；均截止时，出于截止状态；当发射结正偏，集电结反偏时，三极管工作于放大状态。

四、实验内容及步骤

1. 电子仪器仪表的使用练习

（1）用万用表测量直流稳压电源的输出电压

接通稳压电源，并调节其输出电压值为 1.2V、2.95V、4.55V、14.8V，可用万用表的直流电压挡进行测量。测量时注意万用表的量程应选择适当。表笔的正、负极性要对应稳压电源输出端极性。

（2）用毫伏表测量函数信号发生器的输出电压

接通信号发生器，将信号发生器输出衰减开关置于 0dB、20dB、40dB 的位置，用毫伏表分别测量其输出电压。此时毫伏表的量程要选择适当，不要过量程。

（3）用示波器观察信号发生器的输出电压波形

① 将示波器电源接通 1～2 分钟后，调节“辉度”、“聚焦”、“X 轴位移”、“Y 轴位移”及“X 轴增幅”等旋钮，使荧光屏上出现扫描线。

② 调节信号发生器，使其输出电压为 1～5V，频率为 1kHz，用示波器观察信号电压波形，调节“Y 轴衰减”、“Y 轴增幅”旋钮，使波形大小适中。

③ 调节“扫描范围”、“扫描微调”旋钮，使荧光屏上显示出 1，3，5 个完整的正弦波形。

④ 将信号频率改为 100Hz、1.5kHz、15kHz，调节有关旋钮使波形清晰、稳定。

2. 用万用表辨别器件

（1）利用万用表测试半导体二极管

① 鉴别正、负极性

万用表及其欧姆挡的内部等效电路如实验图 3-1 所示。图中 E 为表内电源，r 为等效内阻，I 为被测回路中的实际电流。由图可见，黑表笔接表内电源正极端，红表笔接表内电源的负极端。将万用表欧姆挡的量程拨到 R×100 挡或 R×1k 挡，并将两表笔分别接到二极管的两端，如实验图 3-2 所示，即红表笔接二极管的负极，而黑表笔接二极管的正极，则二极管处于正向偏置状态，因此呈现出低电阻，此时万用表指示的电阻通常小于几 kΩ。反之，若将红表笔接二极管的正极，而黑表笔接二极管的负极，则二极管被反向偏置，此时万用表指示的电阻值将达几百 kΩ。

② 性能测试

将万用表的黑表笔接二极管的正极，红表笔接二极管的负极，可测得二极管的正向电阻，此电阻一般在几 kΩ 以下为好，通常要求二极管的正向电阻越小越好。将红表笔接二极管正极，黑表笔接二极管的负极，可测出反向电阻。一般要求二极管的反向电阻应大于 200kΩ 以上。

若反向电阻太小，则二极管失去单向导电作用。如果正、反向电阻都无穷大，则表明管子断路；反之，若二者都为零，则表明管子短路。

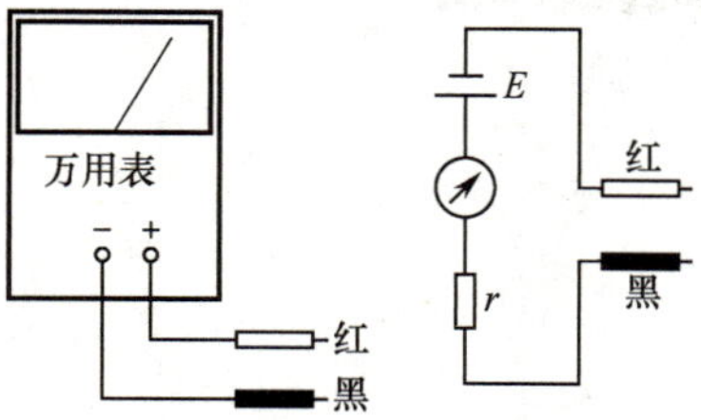

(a) 外观图　(b) 内部结构

实验图 3-1

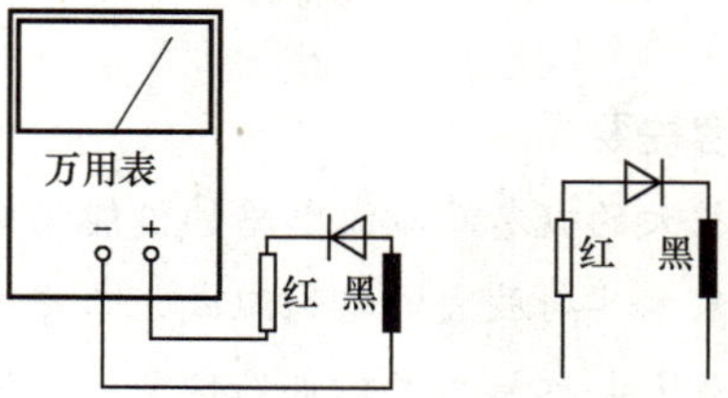

(a) 电阻小　(b) 电阻大

实验图 3-2

（2）利用万用表测试小功率晶体三极管

① 判定基极和管子的类型

由于基极与发射极、基极与集电极之间，分别是一个 PN 结，而 PN 结的反向电阻很大，正向电阻很小，因此，可用万用表的 R×100 挡或 R×1k 挡进行测试。先将黑表笔接晶体管的一极，然后将红表笔先后接其余的两个极，若两次测得的电阻都很小，则黑表笔接的是 NPN 型管子的基极，如实验图 3-3 所示；若两次测得的电阻一大一小，则黑表笔所接的电极不是三极管的基极，应另接一个电极重新测量，以便确定管子的基极；将红表笔接晶体三极管的某一极，黑表笔先后接其余的两个极，若两次测得的电阻都很小，则红表笔接的电极为 PNP 型管子的基极。

② 判断集电极和发射极

判断集电极和发射极的基本原理是把三极管接成基本单管共射放大电路，利用测量管子的电流放大系数 β 值的大小来判定集电极和发射极。以 NPN 型为例，如实验图 3-4 所示。基极确定以后，用万用表两表笔接另外两个电极，用 100kΩ 的电阻一端接基极，一端接黑表笔，若电表指针偏转较大，则黑表笔所接的一端是集电极，红表笔接的是发射极。

也可用手捏住基极与黑表笔（不能使两者相碰），以人体电阻代替 100kΩ 电阻的作用。或两表笔分别接两极，用舌尖轻触基极，若电表指针偏转较大，则黑表笔接的是集电极，红表笔接的是发射极。

③ 测试性能

以 NPN 型管子为例。用万用表的黑表笔接管子的基极，红表笔接另外两极，测得的电阻都很小；用红表笔接基极，黑表笔接另外两极，测得的电阻都很大，则此三极管是好的，否则就是坏的。

PNP 型管子的判别方法与 NPN 型管子相同，但极性相反。

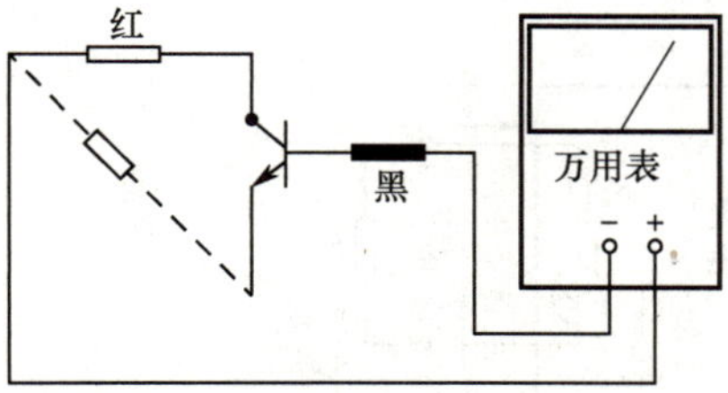

实验图 3-3

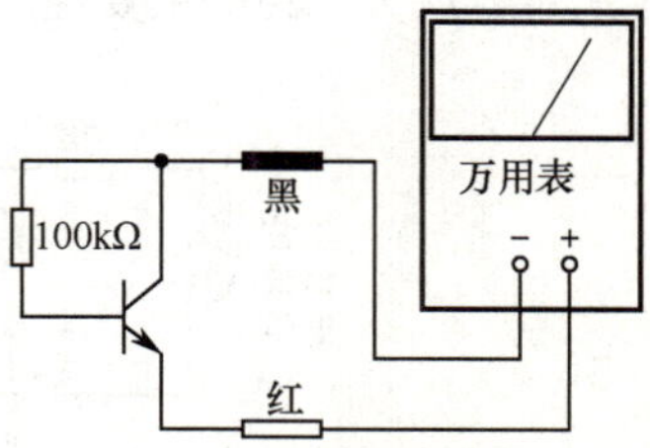

实验图 3-4

第 4 章　放大电路基础

内容提要

- 放大的概念及放大电路的性能指标
- 基本共射放大电路的组成、工作原理及分析方法
- 放大电路静态工作点的稳定
- 单管放大电路的三种基本组态
- 多级放大电路的耦合方式及分析方法

4.1　放大的概念和放大电路的性能指标

4.1.1　放大的概念

在电子设备中，经常要把微弱的电信号放大，以便推动执行元件工作。例如，在测量或自动控制的过程中，常常需要检测和控制一些与设备运行有关的非电量，如温度、湿度、流量、转速、声、光、力和机械位移等，虽然这些非电量的变化可以用传感器转换成相应的电信号，但这样获得的电信号一般都比较微弱，必须经过放大电路放大以后，才能驱动继电器、控制电机、显示仪表或其他执行机构动作，以达到测量或控制的目的。所以说，放大电路是自动控制、检测装置、通信设备、计算机、扩音机以及电视机等电子设备中最基本的组成部分。

放大电路，又称放大器，其功能是把微弱的电信号不失真地放大到所需要的数值。

所谓放大，从表面上看是将输入信号的幅度增大，但实质上是实现**能量的控制和转换**。即在输入信号作用下，通过放大电路将直流电源的能量转换成负载所获得的能量。能够控制能量的元件称为**有源元件**，因而放大电路中必须包含有源元件，才能实现信号的放大作用。晶体三极管和场效应管就是这种有源元件，它们是构成放大电路的核心元件。

此外，放大电路所放大的对象是输入信号的变化量。即当输入端加入一个较小的变化量时，在输出端的负载上得到一个比较大的变化量。由此可见，所谓放大作用，其**放大的对象是变化量**。

4.1.2　放大电路的性能指标

为了评价一个放大电路质量的优劣，通常需要规定若干项性能指标。由于任何稳态信号都可分解为若干个不同频率正弦信号（谐波）的叠加，因此放大电路常以正弦电压作为测试信号，如图 4-1 所示。放大电路的主要性能指标有以下几项。

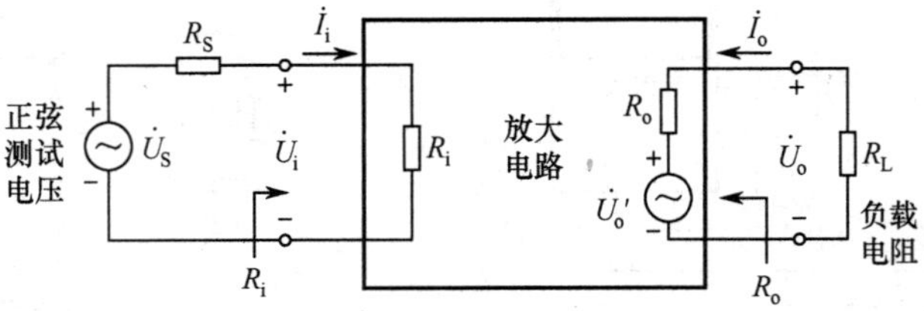

图 4-1　放大电路性能指标测试电路

1．放大倍数

放大倍数是衡量一个放大电路放大能力的指标。放大倍数越大，则放大电路的放大能力越强。

放大倍数定义为输出信号与输入信号的变化量之比。根据输入、输出端所取的是电压信号还是电流信号，放大倍数又分为**电压放大倍数、电流放大倍数**等。

（1）电压放大倍数。测试电压放大倍数指标时，通常在放大电路的输入端加上一个正弦波电压信号，假设其相量为$\dot{U}_i$，然后在输出端测得输出电压的相量为$\dot{U}_o$，此时可用$\dot{U}_o$与$\dot{U}_i$之比表示放大电路的电压放大倍数$\dot{A}_u$，即

$$\dot{A}_u=\frac{\dot{U}_o}{\dot{U}_i} \tag{4-1}$$

一般情况下，放大电路中输入与输出信号近似为同相，因此可用电压有效值之比表示电压放大倍数，即$A_u = U_o/U_i$。

（2）电流放大倍数。同理，可用输出电流与输入电流相量之比表示电流放大倍数，即$\dot{A}_i=\frac{\dot{I}_o}{\dot{I}_i}$，也可用有效值之比$A_i = I_o/I_i$表示电流放大倍数。

放大倍数是无量纲的常数。以上两式中，最常用的是电压放大倍数A_u。

2．输入电阻

输入电阻衡量一个放大电路向信号源索取信号大小的能力。输入电阻越大，表明放大电路向信号源索取的电流越小，放大电路所得到的输入电压 U_i 就越接近信号源电压 U_S。所以说，为了使放大电路从信号源索取到更大的电压信号，就要增大输入电阻。

放大电路的输入电阻是指从输入端看进去的等效电阻，用 R_i 表示。R_i 是输入电压有效值U_i与输入电流有效值I_i之比，即

$$R_i=\frac{U_i}{I_i} \tag{4-2}$$

当信号源接到放大电路输入端时，信号源相当于接了一个大小为R_i的负载电阻。此时，放大电路的输入电压$\dot{U}_i$与信号源电压$\dot{U}_S$之比为：$\frac{\dot{U}_i}{\dot{U}_S}=\frac{R_i}{R_S+R_i}$。可见，$R_i$越大，$\dot{U}_i$与$\dot{U}_S$越接近，且$\dot{I}_i$值越小，电路对于信号源电压的放大倍数为

$$\dot{A}_{uS}=\frac{\dot{U}_o}{\dot{U}_S}=\frac{\dot{U}_i}{\dot{U}_S}\cdot\frac{\dot{U}_o}{\dot{U}_i}=\frac{R_i}{R_S+R_i}\cdot\dot{A}_u \tag{4-3}$$

3．输出电阻

输出电阻是衡量一个放大电路带负载能力的指标，用R_o表示。输出电阻越小，则放大电路的带负载能力越强。

任何放大电路的输出回路均可等效成一个有内阻的电压源，如图4-1所示，从放大电路输出端看进去的等效内阻就是输出电阻。输出电阻定义为：信号源U_S置零，输出端开路（即$R_L=\infty$）时，在输出端外加一个端口电压$\dot{U}_o$，得到相应端口电流$\dot{I}_o$，两者之比就是输出电阻。

实验中常用式（4-4）求放大器的输出电阻。式中U_o'为断开负载时的输出电压；U_o为接上负载R_L（为已知）时的输出电压。

$$R_o=\left(\frac{U_o'}{U_o}-1\right)R_L \tag{4-4}$$

4．通频带

通频带是衡量一个放大电路对不同频率的输入信号适应能力的指标。一般来说，由于放大电路中耦合电容、三极管极间电容以及其他电抗元件的存在，使放大倍数在信号频率比较低或比较高时，不但数值下降，还产生相移。可见放大倍数是频率的函数。通常在中间一段频率范围内（中频段），由于各种电抗性元件的作用可以忽略，因此放大倍数基本不变，而当频率过高或过低时，放大倍数都将下降，当信号频率趋近于零或无穷大时，放大倍数的数值将趋近于零。这种特性称为放大电路的**频率特性**，频率特性可直接用放大电路的电压放大倍数 $\dot{A}_u$ 与频率 f 的关系来描述，如图 4-2 所示。

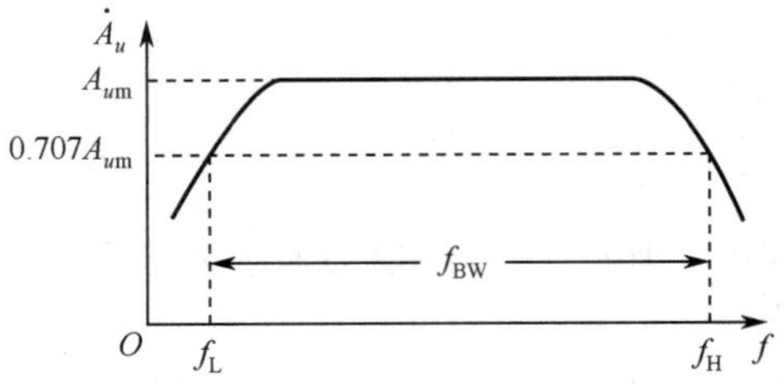

图 4-2　放大电路的通频带

把放大倍数下降到中频放大倍数 A_{um} 的 0.707 倍的两个点所限定的频率范围定义为放大电路的通频带，用符号 f_{BW} 表示，如图 4-2 所示，其中 f_L 称为下限频率，f_H 称为上限频率，f_L 与 f_H 之间的频率范围即为通频带。

放大电路的性能指标还有最大输出幅度、最大输出功率与效率、抗干扰能力、信号噪声比、允许工作温度范围等。

4.2　基本放大电路的组成及工作原理

基本放大电路，是指由一只放大管构成的简单放大电路，又称为**单管放大电路**，它是构成多级放大电路的基础。

4.2.1　基本放大电路的组成及各元件作用

本节以常用的单管共射放大电路为例介绍基本放大电路的组成及工作原理。为了实现不失真地放大变化的信号，放大电路的组成必须遵循以下原则：

（1）直流电源的极性必须使三极管处于放大状态，即发射结正偏，集电结反偏，否则管子无电流放大作用；

（2）输入回路的接法应使输入电压的变化量 Δu_i 能够传送到三极管的基极回路，并使基极电流产生相应的变化量 Δi_B；

（3）输出回路的接法应保证集电极电流的变化量 Δi_C 能够转化为集电极电压的变化量 Δu_{CE}，并传送到放大电路的输出端。

一个正常工作的放大电路必须同时满足这几项原则。图 4-3 就是按以上原则组成的放大电路，图中，VT 是一只 NPN 型三极管，起放大作用，是放大电路的核心器件，V_{CC} 是集电极回路的电源，用来保证集电结反偏，同时也为输出信号提供能量；R_c 是集电极负载电阻，通过它可以将集电极电流的变化量 Δi_C 转换为集电极电压的变化量 Δu_{CE}，然后传送到放大电路的输出端。基极直流电源 V_{BB} 和基极电阻 R_b 一方面为三极管的发射结提供正向偏置电压，同时二者共同决定了当不加输入电压时三极管基极回路的电流 I_B，这个电流称为静态基流，以后将会看到，I_B 的大小与放大质量的优劣以及放大电路的其他性能有着密切的关系。同时还要指出，为了使三极管能够工作在正常的放大状态，如前所述，必须保证集电结反偏，发射结正偏，因此，V_{CC}、R_c、V_{BB} 和 R_b 等元件的参数值应与电路中三极管的输入、输出特性有适当的配合关系。

如图 4-3 所示单管共射放大电路作为实际应用有两个缺点，一是需要两路直流电源 V_{CC} 和 V_{BB}，不方便也不经济；二是输入电压 u_i 与输出电压 u_o 不共地，实际应用时不可取。为此，需对此电路进行改进。

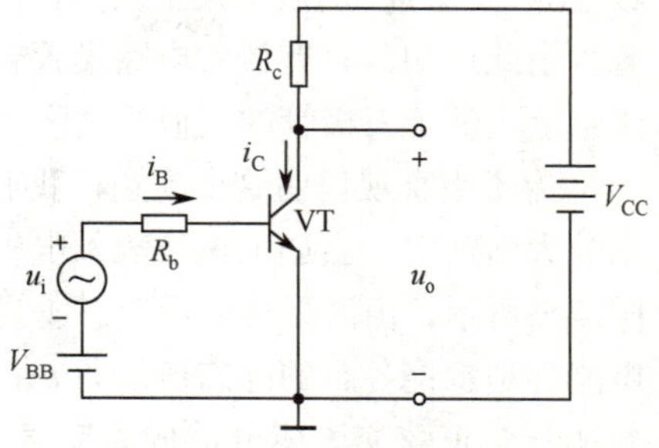

图 4-3 单管共射放大电路原理图

针对上述缺点，首先要去掉直流电源 V_{BB}，利用 V_{CC} 的极性保证发射结正向偏置。其次，将输入电压 u_i 的一端接至公共端，与 u_o 共地。改进后的电路如图 4-4（a）所示，图 4-4（b）是简化画法。

图中电容 C_1 和 C_2 的作用是隔直通交，称其为**隔直电容**或**耦合电容**。C_1 接到三极管的基极，在一定的信号频率时，输入电压中的交流成分能够基本上没有衰减地通过电容到达基极，但其中的直流成分则不能通过。同样，集电极通过电容 C_2 接到输出端，使放大后的交流成分得以输出，而直流成分被隔断。

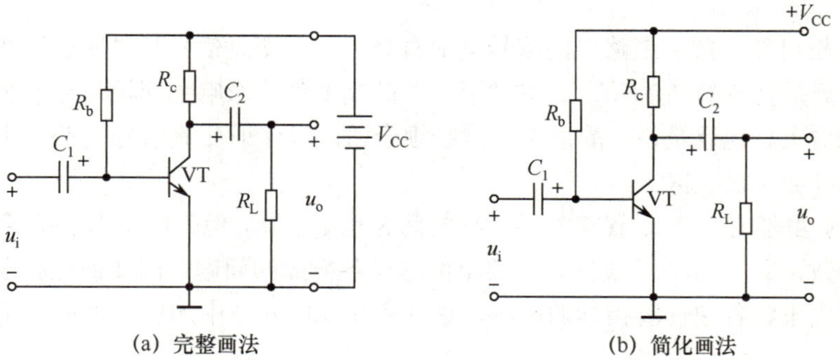

图 4-4 阻容耦合单管共射放大电路

4.2.2 基本放大电路的工作原理

由如图 4-4（b）所示单管共射放大电路的组成可以看出，放大电路在正常放大信号时，电路中既有直流电源 V_{CC}，同时也有动态信号源 u_i，即电路中的电压、电流信号是“**交、直流并存**”的，直流是基础，交流是被放大的对象。为了便于分析，通常将直流和交流分开来讨论（仅是一种分析方法），也即所谓的放大电路的**静态分析**和**动态分析**。

1. 放大电路的静态

当放大电路的输入信号 $u_i = 0$ 时，电路中只有直流电源 V_{CC} 作用，此时电路中的电压和电流只有直流成分，放大电路的这种状态称为**静态**。

当直流电源 V_{CC}、基极电阻 R_b 和集电极电阻 R_c 等主要元件参数确定后，电路中的直流电压和直流电流的数值便唯一地确定下来。这个确定的静态电流和静态电压的数值将在三极管的特性曲线上确定一点，这个点称为放大电路的**静态工作点**，用 **Q**（Quiescent）表示。Q 点的位置即对应唯一的 I_B、U_{BE}、I_C 和 U_{CE} 的值，把静态工作点处的静态电流和静态电压表示为 I_{BQ}、U_{BEQ}、I_{CQ} 和 U_{CEQ}。

为了不失真（或基本不失真）地放大信号，必须设置合适的静态工作点，否则就会出现非线性失真。这里包括两方面含义，一是必须设置静态工作点，即给电路加上直流量；二是静态工作点要合适，即所加直流量的大小要适中。如果设置了静态工作点，但大小不合适（在特性曲线上表现为工作点 Q 的位置太高或太低），将会发生失真。若 Q 点太高，u_i 正半周幅值较大的部分将进入饱和区，此时，当 i_B 增大时，i_C 不再随之增大，致使 i_C、u_{CE} 的波形发生失真，这种失真叫**饱和失真**；若 Q 点太低，u_i 负半周幅值较小的部分将进入截止区，使 i_B、i_C 等于零，致使 i_B、i_C、u_{CE} 的波形发生失真，这种失真叫**截止失真**。饱和失真和截止失真统称为**非线性失真**。由此可知，只有放大电路设置合适的静态工作点，才能保证交流信号叠加在大小合适的直流量上，处于三极管的近似线性区（即放大区）。

为了更直观说明这个问题，我们看一下放大电路正常工作时各信号波形。在图 4-4（b）所示放大电路中，当加上正弦输入电压 u_i 时，放大电路中相应的 u_{BE}、i_B、i_C、u_{CE} 和 u_o 的波形如图 4-5 所示。由波形可以看出：①当输入一个正弦电压 u_i 时，放大电路中三极管的各极电压和电流都是围绕各自的静态值，即 u_{BE}、i_B、i_C 和 u_{CE} 的波形均为在原来静态直流量的基础上，再叠加一个正弦交流成分，成为**交直流并存**的状态；②当输入电压有一个微小的变化量时，通过放大电路，在输出端可得到一个比较大的电压变化量，可见单管共射放大电路能够实现**电压放大作用**；③输出电压 u_o 的相位与输入电压 u_i 相反，通常称之为单管共射放大电路的**倒相作用**。

由以上分析可知，放大电路中的信号是交直流并存，交流信号是“驮载”在直流分量上进行放大的，直流是交流的“基石”，这块“基石”的高低都将影响到交流信号能否进入线性放大区进行正常的放大。也就是说，静态工作点必须合适，以保证交流信号 u_i 叠加上直流量后整个周期的波形都能处于放大区。

应当指出，虽然 Q 点的设置首先要解决的问题是不失真，但是由于 Q 点还会影响放大电路的多项动态参数，所以 Q 点的设置，需要全面考虑各方面的问题，即要保证减小失真，同时还要考虑到对放大电路各项性能指标的影响，这些将在后面几节中加以讨论和说明。

2．放大电路的动态

当放大电路加上交流信号 u_i 后，信号电量叠加在原静态值上，此时电路中的电流、电压既有直流成分，也有交流成分。由如图 4-5 所示单管共射放大电路中电压、电流的工作波形，由波形可见，除 u_i 和 u_o 外，其他电压电流波形都是交直流并存的。为了分析方便，通常将直流和交流分开考虑，现只考虑交流的情况，此时电路中的电流、电压是纯交流信号，没有直流成分，电路的这种工作状态称为**动态**。

为了清楚地表示放大电路中的各电量，对其表示的符号进行如下规定：

（1）直流量：字母大写，下标大写，如 I_B、I_C、U_{BE}、U_{CE} 。

（2）交流量：字母小写，下标小写，如 i_b、i_c、u_{be}、u_{ce}。

（3）交、直流叠加量：字母小写，下标大写，如 i_B、i_C、u_{BE}、u_{CE}。

（4）交流量的有效值：字母大写，下标小写，如 I_b、I_c、U_{be}、U_{ce} 。

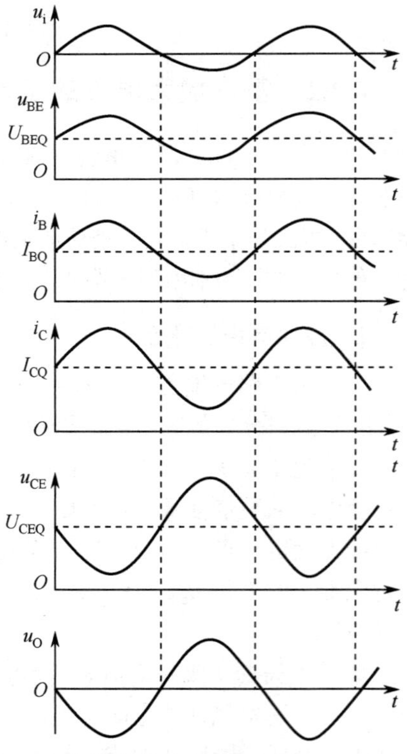

图 4-5　单管共射放大电路的电压/电流波形

4.3 基本放大电路的分析方法

分析放大电路就是求解其静态工作点及各项动态性能指标，通常遵循**“先静态，后动态”**的原则。只有静态工作点合适，电路没有产生失真，动态分析才有意义。

4.3.1 直流通路与交流通路

通过对放大电路工作原理的分析可知，直流量与交流量共存于放大电路之中，前者是直流电源 V_{CC} 作用的结果，后者是输入交流电压 u_i 作用的结果；而且由于电容、电感等电抗元件的存在，使直流量与交流量所流经的通路将有所不同。因此，为了研究问题方便，要画出放大电路的**直流通路**和**交流通路**。所谓直流通路，就是直流电源作用形成的电路通路；所谓交流通路，就是交流信号作用所形成的电路通路。为了正确画出放大电路的直流通路和交流通路，需要了解放大电路中的电抗元件对直流信号和交流信号不同的电抗作用。

（1）电容：根据电容元件容抗表达式 $X_C=\dfrac{1}{\omega C}$ 可知，电容对直流信号的阻抗无穷大，不允许直流信号通过，可以视为开路；但对于交流信号来说，当电容值足够大时，电容的阻抗非常小，可以视为短路。

（2）电感：根据电感元件感抗表达式 $X_L=\omega L$ 可知，电感对直流信号的阻抗很小，几乎为零，相当于短路；但对于交流信号而言，电感的阻抗很大，这一特点与电容正好相反。

（3）理想电压源：由于其电压值恒定不变（如 V_{CC} 等），故对于交流信号而言相当于短路。

（4）理想电流源：由于其电流值恒定不变，故对于交流信号而言相当于开路。

现以如图 4-4（b）所示单管共射放大电路为例，画出其直流通路和交流通路分别如图 4-6（a）、（b）和（c）所示。

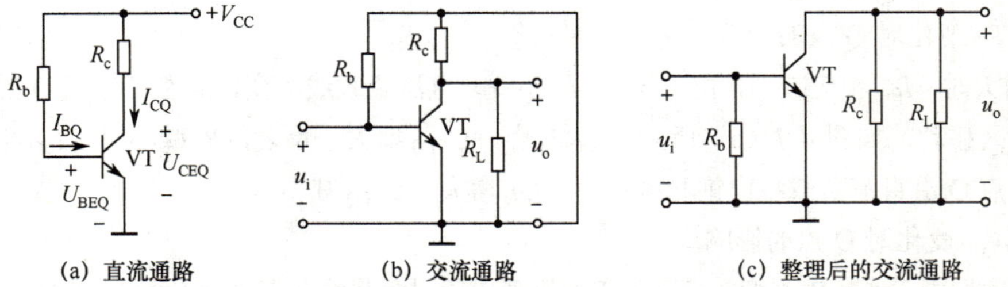

(a) 直流通路　(b) 交流通路　(c) 整理后的交流通路

图 4-6 单管共射放大电路的直流通路和交流通路

4.3.2 静态分析

放大电路静态分析的目的是求解静态工作点 Q，实际是求 4 个直流量：I_{BQ}、U_{BEQ}、I_{CQ} 和 U_{CEQ}，如图 4-6（a）中所示。静态分析通常可以采用公式法（也称**近似估算法**）和**图解法**两种。

1. 近似估算法（公式法）求 Q 点

如图 4-6（a）所示单管共射放大电路的直流通路中，各直流量及其参考方向已标出，由图可以估算出 I_{BQ}、I_{CQ} 和 U_{CEQ}。静态基极偏置电流 I_{BQ} 为

$$I_{BQ}=\frac{V_{CC}-U_{BEQ}}{R_b} \tag{4-5}$$

由三极管内部载流子的运动分析可知，三极管在放大状态时，基极电流和集电极电流之间的关系是 $I_C \approx \overline{\beta} I_B$，且 $\beta \approx \overline{\beta}$，所以静态集电极电流为

$$I_{CQ} \approx \beta I_{BQ} \tag{4-6}$$

$$U_{CEQ}=V_{CC}-I_{CQ}R_C \tag{4-7}$$

三极管导通时，U_{BEQ}的变化很小，可视为常数。一般认为：硅管为 0.7V；锗管为 0.2V。

2．用图解法计算 Q 点

图解法是利用三极管的特性曲线，用作图的方法来分析放大电路的基本性能，图解法能直观地反映放大器的工作原理。由于器件手册通常不给出三极管的输入特性曲线，且输入特性也不易准确地测出，因此，一般不在输入特性曲线上用图解法求 I_{BQ} 和 U_{BEQ}。而是利用公式法估算 I_{BQ}，一般可以满足实际工作的要求。用图解法确定静态工作点的方法如下。

（1）根据公式 $I_{BQ}=\frac{V_{CC}-U_{BEQ}}{R_b}$ 求出 I_{BQ}，并在三极管的输出特性曲线上找出对应 I_{BQ} 的那条曲线。

（2）根据 $u_{CE}=V_{CC}-i_C R_c$，画出与之对应的线段，该线段称为**直流负载线**，可见，直流负载线的斜率为 $-1/R_c$。

（3）在输出曲线上找出直流负载线与 I_{BQ} 那条曲线的交点，此交点就是需要确定的静态工作点 Q，然后根据 Q 点找出 I_{CQ} 和 U_{CEQ} 的值。

3．用图解法分析电路参数对静态工作点的影响

利用图解法并结合三极管的输出特性曲线，可以直观地看出，当放大电路的元件参数变化时，静态工作点位置的变化情况。

（1）R_b 变化对 Q 点的影响

R_b 增大时，I_{BQ} 相应减小，由于 V_{CC}、R_c 不变，直流负载线不变，静态工作点 Q 沿直流负载线向截止区移动，如图 4-7（a）所示，I_{CQ} 减小，U_{CEQ} 增大；反之，R_b 减小时，I_{BQ} 相应增大，静态工作点 Q 沿直流负载线向饱和区移动，I_{CQ} 增大，U_{CEQ} 减小。

（2）V_{CC} 变化对 Q 点的影响

V_{CC} 增大时，因为 R_c 不变，负载线斜率不变，所以负载线向右平移。而 I_{BQ} 增大时，则 Q 点向右上方移动，如图 4-7（b）所示，I_{CQ} 增大，U_{CEQ} 也增大。

（3）R_c 变化对 Q 点的影响

R_c 增大时，根据直流负载线方程式 $U_{CEQ}=V_{CC}-I_{CQ}R_c$，直流负载线与横轴的交点 V_{CC} 不变，与纵轴的交点 V_{CC}/R_c 下降，因此直流负载线比原来的平坦，静态工作点 Q 沿 I_{BQ} 向左移动，如图 4-7（c）所示。I_{CQ} 基本不变，U_{CEQ} 减小；反之 R_c 减小，直流负载线变陡，Q 点沿 I_{BQ} 向右移动，I_{CQ} 基本不变，U_{CEQ} 增大。

（4）β 变化对 Q 点的影响

β 值变化主要是因为更换管子或温度变化引起的 β 值增大，伏安特性间距加大，如图 4-7（d）中虚线所示。如果 I_{BQ} 不变，则 Q 点向饱和区移动，I_{CQ} 增大，U_{CEQ} 减小。

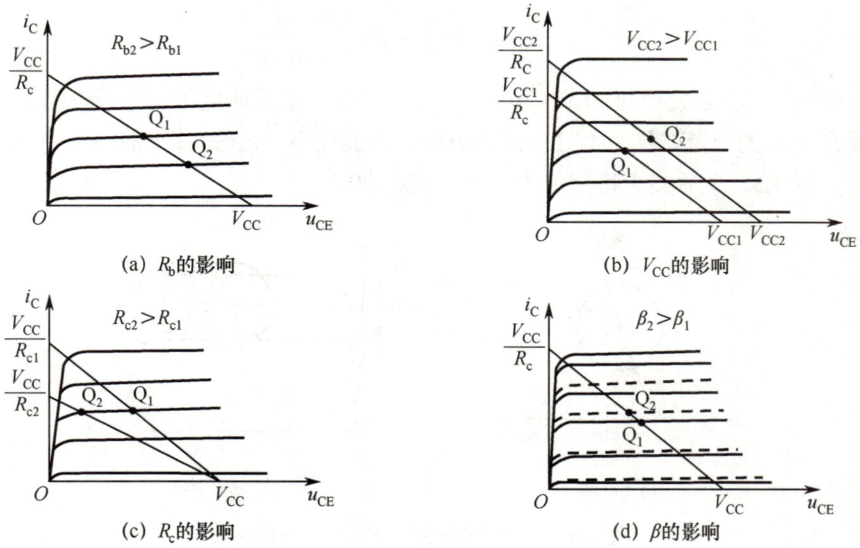

(a) R_b的影响　(b) V_{CC}的影响　(c) R_c的影响　(d) β的影响

图 4-7　元件参数对静态工作点的影响

4.3.3　动态分析

放大电路动态分析的目的是求解放大电路的各项动态性能参数，如电压放大倍数 A_u、输入电阻 R_i、输出电阻 R_o。动态分析可采用图解法和**微变等效电路分析法**，此处重点介绍微变等效电路分析法。

1．微变等效电路分析法

如果放大电路的输入信号较小，就可以保证三极管工作在输入特性曲线和输出特性曲线的线性放大区（严格说，应该是近似线性区）。因此，对于微变量（小信号）来说，三极管可以近似看成是一个线性元件，可以用一个与之等效的线性电路来表示。这样，放大电路的交流通路就可以转换为一个线性电路。此时，可以用线性电路的分析方法来分析放大电路。这种分析方法得出的结果与实际测量结果基本一致，此法称为微变等效电路法。

（1）三极管的近似线性等效电路。三极管特性曲线的局部线性化如图 4-8 所示。当三极管工作在放大区时，在静态工作点 Q 附近，输入特性曲线基本上是一条直线，如图 4-8（a）所示，即 Δi_B 与 Δu_{BE} 成正比，因而可以用一个等效电阻 r_{be} 来代表输入电压和输入电流之间的关系，即 $r_{be}=\dfrac{\Delta u_{BE}}{\Delta i_B}$。

从如图 4-8（b）所示输出特性曲线可以看出，在 Q 点附近一个微小范围内，特性曲线基本上是水平的，而且相互之间平行等距，即 Δi_C 仅由 Δi_B 决定而与 u_{CE} 无关，满足 $\Delta i_C=\beta\Delta i_B$。所以三极管的 c、e 间可以等效为一个线性的受控电流源，其大小为 $\beta\Delta i_B$。于是，得到三极管的线性等效模型如图 4-9 所示。

由于在低频小信号作用下，将三极管看成了一个双口网络，利用网络的 h 参数来表示输入端口和输出端口的电压、电流关系，便可得出三极管的等效电路，故称之为**共射 *h* 参数微变等效模型**。又因为该等效模型忽略了 u_{CE} 对 i_B、i_C 的影响，所以将其称为**简化的 *h* 参数微变等效模型**，如图 4-9 所示。

（2）r_{be} 的计算。由于输入特性曲线往往手册上不给出，而且也较难测准。因此对于 r_{be}，一般可用下面的简便公式进行计算

$$r_{be} = r_{bb'} + (1+\beta)\frac{26\,\text{mV}}{I_{EQ}(\text{mA})} \tag{4-8}$$

式（4-8）中，I_{EQ}是发射极静态电流，$r_{bb'}$是三极管的基区体电阻。三极管的三个区对载流子的运动呈现一定的电阻，称为半导体的体电阻，阻值较小。$r_{bb'}$是其中的一个体电阻。对于小功率管，$r_{bb'} \approx 300\Omega$。今后如无特别说明，$r_{bb'}$均取 300Ω。

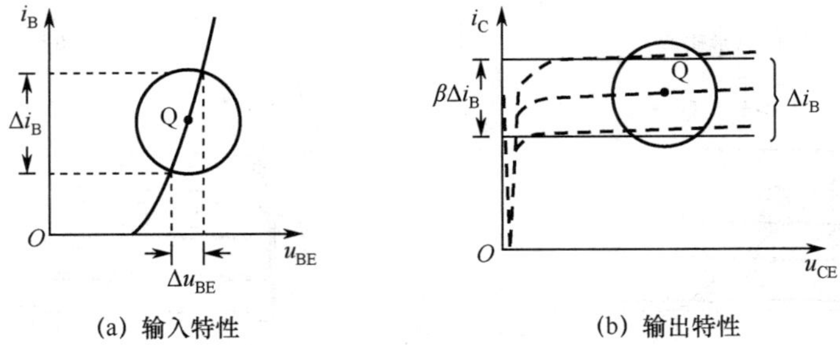

(a) 输入特性　　(b) 输出特性

图 4-8　三极管特性曲线的局部线性化

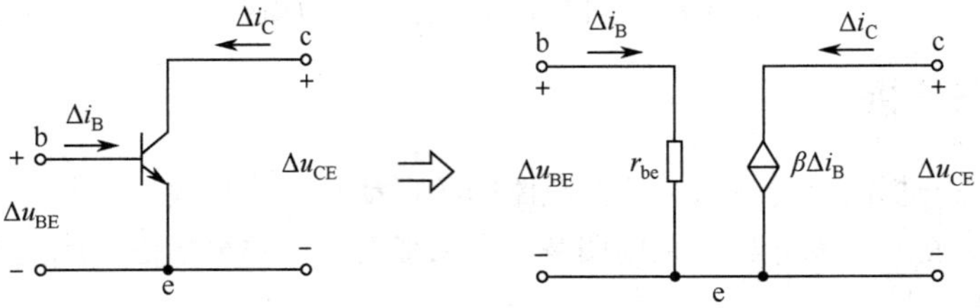

图 4-9　三极管的简化 h 参数等效模型

2．用微变等效电路法分析单管共射放大电路

用微变等效电路法分析放大电路时，首先需要画出交流通路的微变等效电路，然后在微变等效电路中对几个动态指标进行求解。由交流通路画微变等效电路时，只需将交流通路中的三极管用其线性等效模型代替，其余部分按照交流通路原样画上即可。所以，关键还是画对交流通路。

单管共射放大电路如图 4-10（a）所示。根据以上分析可画出其微变等效电路如图 4-10（b）所示。现将输入端加上一个正弦输入电压$\dot{U}_i$，图中$\dot{U}_i$、$\dot{U}_o$、$\dot{I}_b$和$\dot{I}_c$等分别表示相关电压和电流的正弦相量。

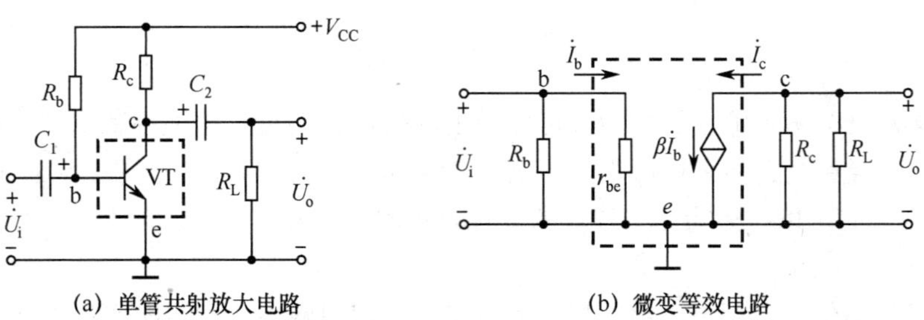

(a) 单管共射放大电路　　(b) 微变等效电路

图 4-10　单管共射放大电路的交流微变等效电路

根据如图 4-10（b）所示微变等效电路，对放大电路进行动态分析如下。

由输入回路求得输入电压　　$\dot{U}_i = \dot{I}_b r_{be}$

由输出回路求得输出电压　　$\dot{U}_o = -\dot{I}_c R'_L$

其中 $R_L' = R_c // R_L$

则输出电压 $$\dot{U}_o = -\frac{\beta \dot{U}_i}{r_{be}} R_L'$$

所以电压放大倍数 $$\dot{A}_u = \frac{\dot{U}_o}{\dot{U}_i} = -\beta \frac{R_L'}{r_{be}} \tag{4-9}$$

式（4-9）中的负号表明输出电压与输入电压反相，由此可知，单管共射放大电路具有**倒相作用**。

单管共射放大电路的输入电阻 R_i 为

$$R_i = r_{be} // R_b \tag{4-10}$$

通常，$R_b \gg r_{be}$，所以 $R_i \approx r_{be}$。

若不考虑三极管的 r_{ce}①，则输出电阻为

$$R_o \approx R_c \tag{4-11}$$

例 4-1 在如图 4-10（a）所示的放大电路中，已知 $R_b = 280\text{k}\Omega$，$R_c = 3\text{k}\Omega$，$V_{CC}=12\text{V}$，$R_L=3\text{k}\Omega$，三极管的 $\beta = 50$，$U_{BEQ} = 0.7\text{V}$。试估算三极管的 r_{be} 以及 $\dot{A}_u$、R_i 和 R_o。如欲提高电路的 $|\dot{A}_u|$，可采取什么措施，应调整电路中的哪些参数？

解 用静态工作点的近似估算法不难求出：$I_{EQ} \approx I_{CQ} = 2\text{mA}$。则

$$r_{be} = 300\Omega + (1+\beta)\frac{26\text{mV}}{I_{EQ}(\text{mA})} = 300\Omega + 51 \times \frac{26\text{mV}}{2\text{mA}} = 963\Omega$$

$$R_L' = R_c // R_L = \frac{3\times 3}{3+3} = 1.5\text{ k}\Omega$$

由式（4-9）求得电压放大倍数

$$\dot{A}_u = \frac{\dot{U}_o}{\dot{U}_i} = -\beta\frac{R_L'}{r_{be}} = -\frac{50\times 1.5}{0.96} = -78$$

由式（4-10）求得输入电阻

$$R_i = r_{be} // R_b \approx r_{be} = 963\Omega$$

由式（4-11）求得输出电阻

$$R_o \approx R_c = 3\text{k}\Omega$$

如果要提高电路的 $|\dot{A}_u|$，可调整 Q 点使 I_{EQ} 增大，r_{be} 减小，从而提高 $|\dot{A}_u|$。例如将 I_{EQ} 增大至 3mA，则此时

$$r_{be} = 300 + 51\frac{26}{3} = 742\Omega$$

$$\dot{A}_u = -\beta\frac{R_L'}{r_{be}} = -\frac{50\times 1.5}{0.74} = -101$$

为了增大 I_{EQ}，在 V_{CC}、R_c 等电路参数不变的情况下，减小基极电阻 R_b，则 I_{BQ}、I_{CQ}、I_{EQ} 将随之增大。但应注意，在调节 $|\dot{A}_u|$ 大小的同时，要考虑到 Q 点的位置（Q 点应在放大区的中心区域），二者应兼顾。

---

① r_{ce} 是三极管 c-e 之间的等效电阻。当三极管工作在放大区时，u_{ce} 变化，i_c 几乎不变，因此 Δu_{ce} 与 Δi_c 的比值，即 c-e 之间的等效电阻 $r_{ce} \approx \infty$。所以 r_{ce} 与 R_c 并联时可以忽略。

4.4 放大电路静态工作点的稳定

放大电路的多项重要技术指标均与静态工作点的位置直接相关。如果静态工作点不稳定，则放大电路的某些性能也将发生变化。因此，如何保持静态工作点稳定，是一个十分重要的问题。

4.4.1 温度对静态工作点的影响

一般来说，放大电路中电源电压的变化、元器件老化引起参数的变化、三极管特性随温度的变化等，都将使静态工作点 Q 发生变化。前两种因素引起的 Q 点变化，可通过采用高稳定度电源和在使用元件前进行老化实验加以消除，所以半导体器件对温度的敏感性成为 Q 点不稳定的主要因素。

当温度变化时，三极管的特性参数（如 I_{CBO}、U_{BE}、β 等）将随之变化。温度对工作点的影响主要体现在以下三个方面。

（1）从输入特性曲线看，当温度升高，U_{BE} 将减小。在共射基本放大电路中，由于 $I_{BQ}=(V_{CC}-U_{BEQ})/R_b$，使 I_{BQ} 增大，则 I_{CQ} 也增大。

（2）从输出特性曲线看，当温度升高，使输出特性曲线间距增大，即 β 增大，在相同的 I_{BQ} 条件下 I_{CQ} 也增大。

（3）当温度升高，三极管的反向饱和电流 I_{CBO} 增大，穿透电流 I_{CEO} 更大，使 I_{CQ} 增大。

还需要说明的是：I_{CBO}、U_{BE}、β 对硅管和锗管的影响是不完全相同的。硅管的 I_{CBO} 小，因此工作点不稳定的主要内因是 U_{BE}、β 随温度变化。而锗管的 I_{CBO} 大，工作点不稳定的主要原因是 I_{CBO} 随温度变化。因此对于同类电路，硅管静态工作点比锗管稳定。

综上所述，温度升高对三极管的影响最终将导致集电流 I_{CQ} 增大。因此，只要能设法使 I_{CQ} 近似维持稳定，问题就可以得到解决。

4.4.2 静态工作点稳定电路

1．电路组成

如图 4-11（a）所示电路便是实现上面设想的电路，图 4-11（b）、（c）分别是它的直流通路和交流微变等效电路。在如图 4-11（a）所示电路中，发射极接有电阻 R_e 和电容 C_e；直流电源 V_{CC} 经电阻 R_{b1}、R_{b2} 分压接到三极管的基极，所以如图 4-11（a）所示电路通常称为**分压式静态工作点稳定电路**。

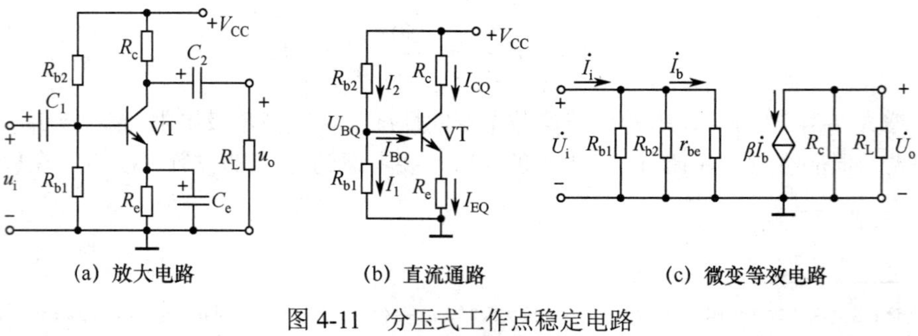

图 4-11 分压式工作点稳定电路

由于三极管的基极电位 U_{BQ} 是由 V_{CC} 分压后得到的，因此它不受温度变化的影响，基本是恒定的。当集电极电流 I_{CQ} 随温度的升高而增大时，发射极电流 I_{EQ} 也将相应增大，此电流流过 R_e，使发射极电位 U_{EQ} 升高，则三极管的发射结电压 $U_{BEQ}=U_{BQ}-U_{EQ}$ 将降低，从而使静态基极电流 I_{BQ} 减小，于是 I_{CQ} 也随之减小，结果使静态工作点 Q 稳定。简述上面过程如下

$$T\uparrow \rightarrow I_{CQ}(I_{EQ})\uparrow \rightarrow U_{EQ}\uparrow \text{（因为}U_{BQ}\text{基本不变）} \rightarrow U_{BEQ}\downarrow \rightarrow I_{BQ}\downarrow \rightarrow I_{CQ}\downarrow$$

同理可分析出，当温度降低时，各物理量与上述过程变化相反，即

$$T\downarrow \rightarrow I_{CQ}(I_{EQ})\downarrow \rightarrow U_{EQ}\downarrow \text{（因为}U_{BQ}\text{基本不变）} \rightarrow U_{BEQ}\uparrow \rightarrow I_{BQ}\uparrow \rightarrow I_{CQ}\uparrow$$

上述过程是通过发射极电流的负反馈作用牵制集电极电流的变化的，使静态工作点Q稳定。所以此电路也称为电流反馈式工作点稳定电路。

显然，R_e 越大，同样的 I_{EQ} 变化量所产生的 U_{EQ} 变化量也越大，则电路的稳定性越好。但是，R_e 增大后，U_{EQ} 随之增大。为了得到同样的输出电压幅度，必须增大 V_{CC}，需兼顾考虑。

另外，接入 R_e 后，使电压放大倍数大大下降，为此，在 R_e 两端并联一个大电容 C_e，此时电阻 R_e 和电容 C_e 的接入对电压放大倍数基本没有影响。C_e 称为**旁路电容**。

2．电路分析

（1）静态分析。由图 4-11（b）所示直流通路，可进行分压式电路的静态分析。首先可先从估算 U_{BQ} 入手。由于电路设计使 I_{BQ} 很小，可以忽略，所以 $I_1 \approx I_2$，R_{b1}、R_{b2} 近似为串联，根据串联分压，可得

$$U_{BQ} \approx \frac{R_{b1}}{R_{b1}+R_{b2}}V_{CC} \tag{4-12}$$

静态发射极电流为

$$I_{EQ} = \frac{U_{EQ}}{R_e} = \frac{U_{BQ}-U_{BEQ}}{R_e} \tag{4-13}$$

静态集电极电流为

$$I_{CQ} \approx I_{EQ} = \frac{U_{BQ}-U_{BEQ}}{R_e} \tag{4-14}$$

三极管 c、e 之间的静态电压为

$$U_{CEQ} = V_{CC} - I_{CQ}R_c - I_{EQ}R_e \approx V_{CC} - I_{CQ}(R_c+R_e) \tag{4-15}$$

三极管静态基极电流为

$$I_{BQ} \approx \frac{I_{CQ}}{\beta} \tag{4-16}$$

（2）动态分析。由于旁路电容 C_e 足够大，使发射极对地交流短路，这样，分压式工作点稳定电路实际上也是一个共射放大电路，通过对如图 4-11（c）所示微变等效电路法分析，可知电压放大倍数与如图 4-4（b）所示共射放大电路电压放大倍数相同。即

$$\dot{A}_u = -\beta\frac{R_L'}{r_{be}} \tag{4-17}$$

式中 $R_L' = R_c // R_L$。

输入电阻为

$$R_i = r_{be} // R_{b1} // R_{b2} \tag{4-18}$$

输出电阻为

$$R_o \approx R_c \tag{4-19}$$

4.5 单管放大电路的三种基本组态

三极管的三个电极均可作为输入回路和输出回路的公共端。前面介绍的共射（CE）放大电路以发射极为公共端；如果以基极或集电极为公共端，则称为**共基（CB）放大电路**和**共集电极（CC）放大电路**。这三种放大电路也叫放大电路的三种组态，其简单示意图如图 4-12 所示。判断放大电路以哪个电极为公共端主要是看交流信号的通路。

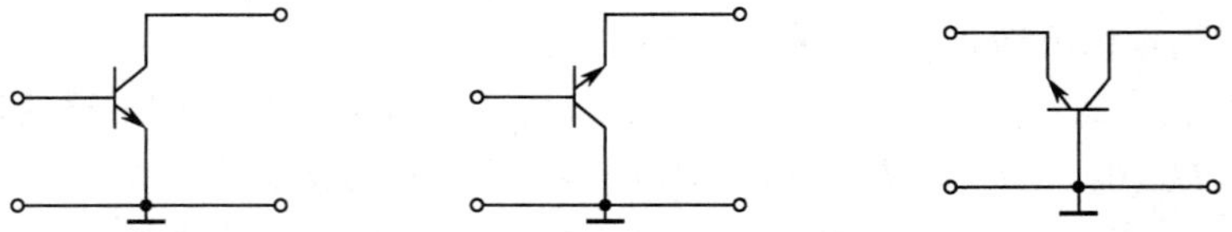
(a) 共射放大电路　(b) 共集电极放大电路　(c) 共基放大电路

图 4-12　三极管放大电路的三种组态

4.5.1 共集电极放大电路

共集电极放大电路的基本结构如图 4-13（a）所示。可以看出，对交流信号而言，集电极是输入和输出的公共端，所以称为共集电极放大电路。另外，信号是通过发射极输出到负载的，因此它又称为**射极输出器**。

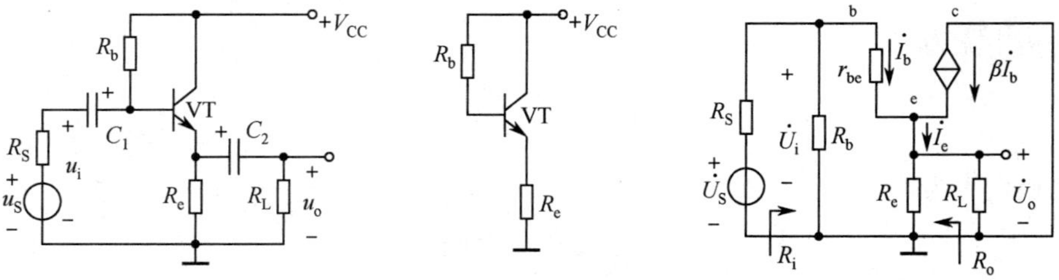

(a) 放大电路图　(b) 直流通路　(c) 微变等效电路

图 4-13　共集电极放大电路

下面主要讨论共集电极放大电路的动态分析。如图 4-13（c）所示为共集电极放大电路的交流微变等效电路。由该等效电路对放大器进行动态分析如下。

（1）电压放大倍数。由图 4-13（c）可得

$$\dot{U}_o = \dot{I}_e R_L' = (1+\beta)\dot{I}_b R_L'$$

$$\dot{U}_i = \dot{I}_b r_{be} + \dot{I}_e R_L' = \dot{I}_b r_{be} + (1+\beta)\dot{I}_b R_L'$$

因此，电压放大倍数为

$$\dot{A}_u = \frac{\dot{U}_o}{\dot{U}_i} = \frac{(1+\beta)R_L'}{r_{be}+(1+\beta)R_L'} \tag{4-20}$$

式中 $R_L' = R_e // R_L$。

从式（4-20）可以看出，共集电极放大电路的电压放大倍数 $\dot{A}_u$ 大于 0 且小于 1，即 $\dot{U}_o$ 与 $\dot{U}_i$ 同相且 $U_o < U_i$。当$(1+\beta)R_L' \gg r_{be}$时，$\dot{A}_u \approx 1$，即 $\dot{U}_o \approx \dot{U}_i$，而且输出电压和输入电压同相。因此，

共集电极放大电路也被称为**射极跟随器**或**电压跟随器**。

（2）输入电阻。由图 4-13（c）可得输入电阻为

$$R_i = R_b // [r_{be} + (1+\beta)R_L'] \tag{4-21}$$

由于 R_b 和 $(1+\beta)R_L'$ 值都较大，因此，共集电极放大电路的输入电阻很高，可达几十千欧到几百千欧。

（3）输出电阻。根据输出电阻的定义和计算方法，可得如图 4-13（a）所示共集电极放大电路输出电阻 R_o 为

$$R_o = R_e // \frac{r_{be} + R_S'}{1+\beta} \tag{4-22}$$

式中 $R_S' = R_b // R_S$。

通常，R_e 取值较小，r_{be} 和 R_S' 也多为几百欧到几千欧，而 β 至少为几十倍，所以由上式可知，输出电阻 R_o 可小到几十欧。

通过以上对共集电极放大电路的分析可知，共集电极放大电路输入电阻大，输出电阻小，因而从信号源索取的电流小且带负载能力强，所以常用于多级放大电路的输入级和输出级；也可用它连接两个电路，以减少电路间直接相连所带来的影响，起缓冲作用。

4.5.2 共基放大电路

图 4-14（a）是共基放大电路的电路原理图。发射极电源 V_{EE} 的极性保证三极管的发射结正向偏置，集电极电源 V_{CC} 的极性保证三极管的集电结反向偏置，因而可以使三极工作在放大区。由于输入信号与输出信号的公共端是基极，因此是共基放大电路。图 4-14（b）是共基放大电路的实际电路。用单电源 V_{CC} 取代 V_{EE}，保证电路能够正常工作。图 4-14（c）是图 4-14（b）的交流微变等效电路。在图 4-14（c）中进行动态分析如下。

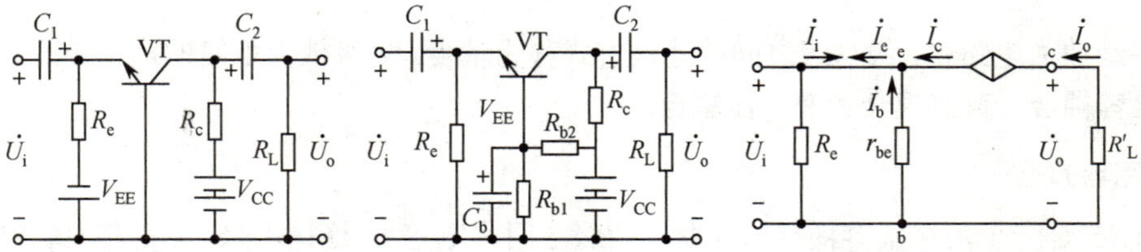

图 4-14　共基放大电路

（1）电流放大倍数。由图 4-14（c）可得

$$\dot{I}_i = -\dot{I}_e,\quad \dot{I}_o = \dot{I}_c$$

所以电流放大倍数为

$$\dot{A}_i = \frac{\dot{I}_o}{\dot{I}_i} = -\frac{\dot{I}_c}{\dot{I}_e} = -\alpha \tag{4-23}$$

α 是三极管的共基电流放大系数，由于 α 小于 1 而近似等于 1，所以共基放大电路没有电流放大作用。

（2）电压放大倍数。图 4-15（c）中，由于 $\dot{U}_i = -\dot{I}_b r_{be}$，$\dot{U}_o = -\beta \dot{I}_b R_L'$，其中 $R_L' = R_c // R_L$。所以电压放大倍数为

$$\dot{A}_u = \frac{\dot{U}_o}{\dot{U}_i} = \beta\frac{R_L'}{r_{be}} \tag{4-24}$$

上式表明，共基放大电路电压放大倍数与共射放大电路电压放大倍数数值相等，但没有负号，表明共基放大电路的输出电压与输入电压相位一致，为同相放大。

（3）输入电阻

$$R_{\rm i}=\frac{\dot{U}_{\rm i}}{\dot{I}_{\rm i}}=\frac{-\dot{I}_{\rm b}r_{\rm be}}{-(1+\beta)\dot{I}_{\rm b}}=\frac{r_{\rm be}}{1+\beta} \tag{4-25}$$

式（4-25）说明共基接法的输入电阻比共射接法的低，是它的 $\frac{1}{1+\beta}$ 倍。

（4）输出电阻。由于三极管的 $r_{\rm cb}$ 非常大，满足 $r_{\rm cb}\gg R_{\rm c}$，所以输出电阻

$$R_{\rm o}=R_{\rm c}//r_{\rm cb}\approx R_{\rm c} \tag{4-26}$$

综上所述，三种基本放大电路各有特点：共射放大电路既放大电流，又放大电压；共集电极放大电路只放大电流，不放大电压；共基放大电路只放大电压，不放大电流；三种电路中输入电阻最大的是共集电极放大电路，最小的是共基放大电路；输出电阻最小的是共集电极放大电路；通频带最宽的是共基放大电路。使用时，应根据需求选择合适的放大电路。

4.6 多级放大电路

在实际应用中，有时需要放大非常微弱的信号，单级放大电路的电压放大倍数往往不够高，因此常采取多级放大电路。将第一级的输出接到第二级的输入，第二级的输出作为第三级的输入……这样使信号逐级放大，以得到所需要的输出信号。不仅是电压放大倍数，对于放大电路的其他性能指标，如输入电阻、输出电阻等，通过采用多级放大电路，也能达到所需要求。

4.6.1 多级放大电路的耦合方式

在多级放大电路中，级与级之间的连接方式称为**耦合**。多级放大电路的耦合方式共有三种，分别是**阻容耦合**、**直接耦合**和**变压器耦合**。

1．阻容耦合

图 4-15 是一个两级阻容耦合放大器。两级之间用电容 C_2 连接起来，C_2 称为耦合电容。前一级的输出电压经 C_2 接到下一级的输入端。耦合电容的取值较大，一般为数微法到数十微法。对交流信号而言，电容相当于短路，信号可以畅通流过；对直流信号而言，电容相当于开路，从而使前后两级的工作点相互独立，互不影响，给分析、设计和调试带来很大方便。但它也有局限性，因为作为耦合元件的电容对缓慢变化的信号容抗很大，不利于流畅传输。所以，它不能放大缓慢变化的信号，更不能反映直流成分的变化，而只能放大交流信号。另外，耦合电容不易集成化。

2．直接耦合

图 4-16 是一个两级直接耦合放大器。为了避免耦合电容对低频率信号的影响，把前一级的输出信号直接接到下一级的输入端。直接耦合的优点是：既能放大交流信号，也能放大直流信号；同时还便于集成化。但直接耦合前后级之间存在直流通路，造成各级静态工作点相互影响，分析、设计和调试比较烦琐。另外，直接耦合带来的第二个问题是**零点漂移**问题，这是直接耦合电路最突出的问题。

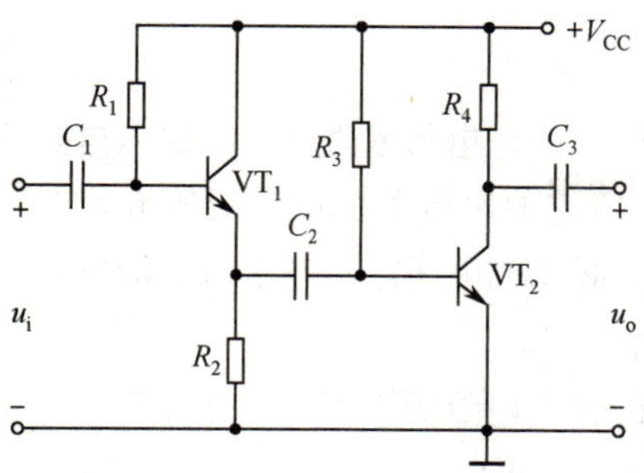

图 4-15　阻容耦合放大电路

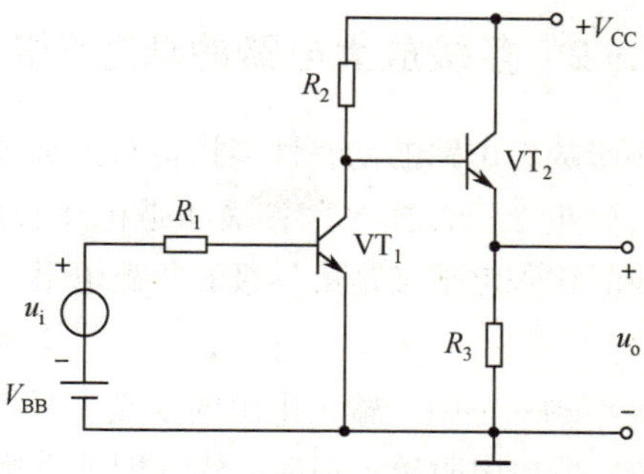

图 4-16　直接耦合放大电路

如果将一个直接耦合放大电路的输入端对地短路，即令输入电压 $u_i = 0\text{V}$，并调整电路使输出电压 u_o 等于零。从理论上讲，输出电压 u_o 应一直为零并保持不变，但实际上输出电压将离开零点，缓慢地发生不规则的变化，如图 4-17 所示，这种现象称为**零点漂移**，简称**零漂**。产生零点漂移的主要原因是当放大器件的参数受温度的影响而发生波动（因此零漂又叫**温漂**），导致放大电路静态工作点不稳定，而放大级之间又采用直接耦合方式，使静态工作点的变化逐级传递并放大。因此，一般来说，直接耦合放大电路的级数越多，放大倍数越高，零漂问题就越严重。零漂对放大电路的影响主要有两个方面：①零漂使静态工作点偏离原设计值，使放大器无法正常工作；②零漂信号在输出端叠加在被放大的信号上，干扰有效信号甚至“淹没”有效信号，使有效信号无法判别，这时放大器已经没有使用价值了。可见，控制多级直接耦合放大电路中第一级的零漂是至关重要的问题。通常采取抑制零漂的措施有：①采用分压式放大电路；②利用热敏元件补偿；③将两个参数对称的单管放大电路接成差分放大电路的结构形式，使输出端的零漂互相抵消。第 3 种措施十分有效而且比较容易实现，实际上，集成运算放大电路的输入级基本上都采用差分放大电路的结构形式。

3．变压器耦合

因为变压器能够通过磁路的耦合将原边的交流信号传送到副边，所以也可以作为多级放大电路的耦合元件。如图 4-18 所示为变压器耦合放大电路的一个实例。变压器 T_{r1} 将第一级的输出信号传送到第二级，T_{r2} 将第二级的输出信号传送给负载并进行阻抗变换。在第二级，三极管 VT_2 和 VT_3 组成推挽式放大电路。

变压器耦合方式的优点：具有阻抗变换作用，能使交流信号通畅传输，还具有各级静态工作点相互独立的特点。其主要缺点是：体积大且笨重，有些性能较差，不易集成化，而且与阻容耦合一样，只能放大交流信号，不能放大缓慢变化的信号，因此一般很少使用。

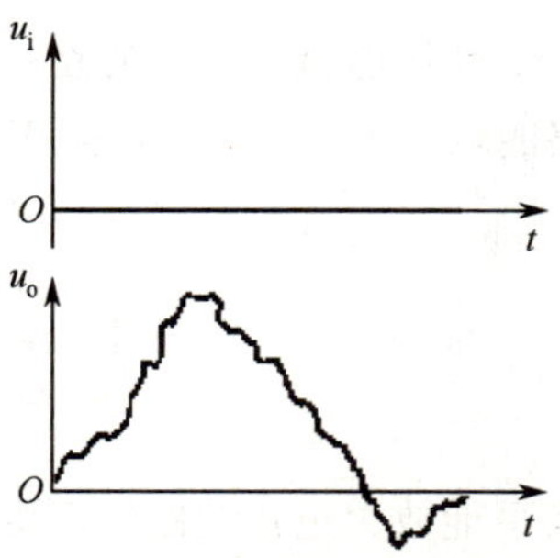

图 4-17　零点漂移现象

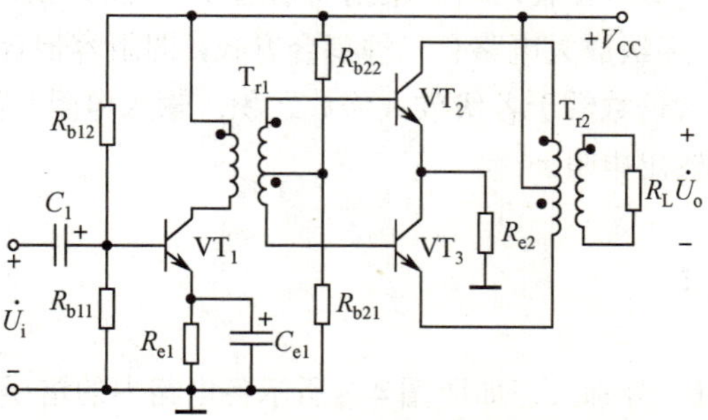

图 4-18　变压器耦合放大电路

4.6.2 多级放大电路的动态分析

多级放大电路的动态性能指标与单级放大电路相同，即有电压放大倍数、输入电阻和输出电阻。分析交流性能时，各级间是相互联系的，第一级的输出电压是第二级的输入电压，而第二级的输入电阻又是第一级的负载电阻。对于一个 n 级放大电路，其电压放大倍数为

$$\dot{A}_u = \dot{A}_{u1} \cdot \dot{A}_{u2} \cdot \dot{A}_{u3} \cdots \dot{A}_{un} \tag{4-27}$$

根据输入电阻、输出电阻的定义，多级放大电路的输入电阻等于第一级（即输入级）的输入电阻，输出电阻等于最后一级（即输出级）的输出电阻，即

$$R_{\rm i} = R_{\rm i1} \tag{4-28}$$

$$R_{\rm o} = R_{\rm on} \tag{4-29}$$

应当指出，当共集电极放大电路作为输入级时，$R_{\rm i}$将与第二级的输入电阻（输入级的负载）有关；当共集电极放大电路作为输出级时，$R_{\rm o}$将与倒数第二级的输出电阻（输出级的信号源内阻）有关。

本章小结

1．基本共射放大电路、分压式工作点稳定电路和基本共集电极放大电路是常用的单管放大电路。它们的组成原则是：直流通路必须保证三极管有合适的静态工作点；交流通路必须保证输入信号能传送到放大电路的输入回路，同时保证放大后的信号传送到放大电路的输出端。

2．由于放大电路中交、直流信号并存，含有非线性器件，出现受控电流源，因此增加了分析电路的难度。一般分析放大电路的方法是：先静态，后动态。静态分析是为确定静态工作点Q，即 $I_{\rm BQ}$、$I_{\rm CQ}$、$I_{\rm EQ}$和 $U_{\rm CEQ}$；动态分析包括波形和动态指标，即 A_u、$R_{\rm i}$和 $R_{\rm o}$。

3．图解分析法主要是利用在三极管的特性曲线上作图的方法求解 Q，分析信号的动态范围和失真情况。它直观、形象、很容易分析波形失真、输出幅度以及电路参数对 Q 的影响等。但是，作图过程比较烦琐、容易产生作图误差，电路稍一复杂就无法用图解法直接求 A_u，也不能分析频率特性等。

4．微变等效电路法是在小信号的条件下，把三极管等效成线性电路的分析方法。该方法只能分析动态，不能分析静态，也不能分析失真和动态范围等。

5．由三极管组成的单管放大电路有共射、共集、共基三种组态，不同组态放大器具有不同的动态参数，在使用时应根据需求选择合适的接法。

6．多级放大电路有三种耦合方式，即阻容耦合、直接耦合、变压器耦合。多级放大电路的电压放大倍数等于各级放大倍数之积；输入电阻为第一级电路的输入电阻；输出电阻等于末级电路的输出电阻。

习题 4

4-1 分别改正如题图 4-1 所示各电路中的错误，使它们有可能放大正弦波信号。要求保留电路原来的共射接法和耦合方式。

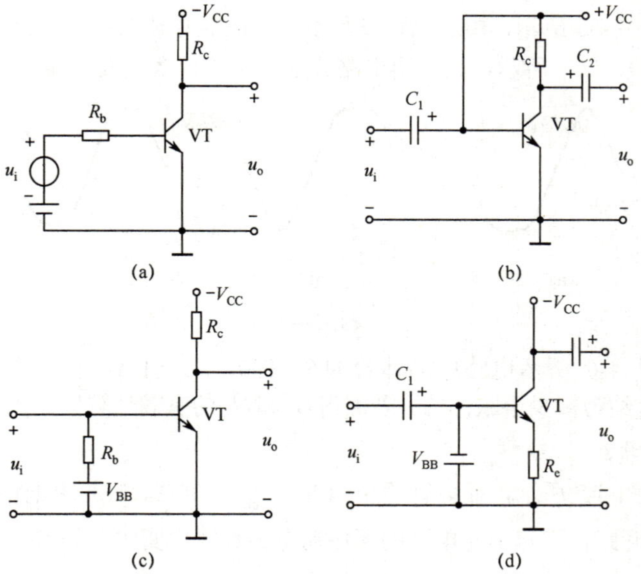

题图 4-1

4-2 电路如题图 4-2 所示，已知晶体管$\beta=50$，在下列情况下，用直流电压表测晶体管的集电极电位，应分别为多少？设 $V_{CC}=12\text{V}$，晶体管饱和管压降 $U_{CES}=0.5\text{V}$。

（1）正常情况　（2）R_{b1} 短路　（3）R_{b1} 开路　（4）R_{b2} 开路　（5）R_c 短路

4-3 电路如题图 4-3 所示，晶体管的$\beta=80$，$r_{bb'}=100\Omega$。计算 $R_L=\infty$时的 Q 点及 $\dot{A}_u$、R_i 和 R_o。

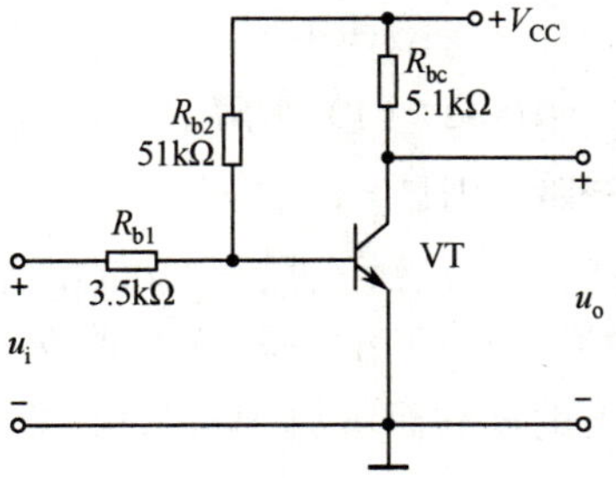

题图 4-2

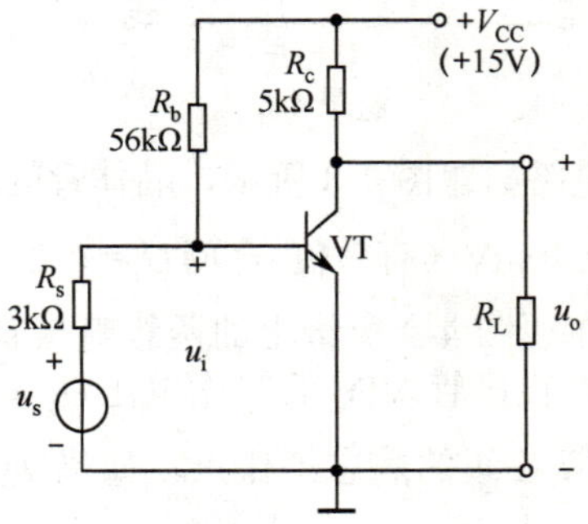

题图 4-3

4-4 电路如题图 4-4（a）所示，三极管的特性曲线如题图 4-4（b）和（c）所示。已知 V_{CC}=18V，$R_b=238\text{k}\Omega$，$R_c=1.5\text{k}\Omega$，$R_e=500\Omega$。（1）求电路的静态工作点，设 $U_{BEQ}=0.7\text{V}$；（2）在特性曲线上作直流负载线，并标出 Q 的位置及有关参数。

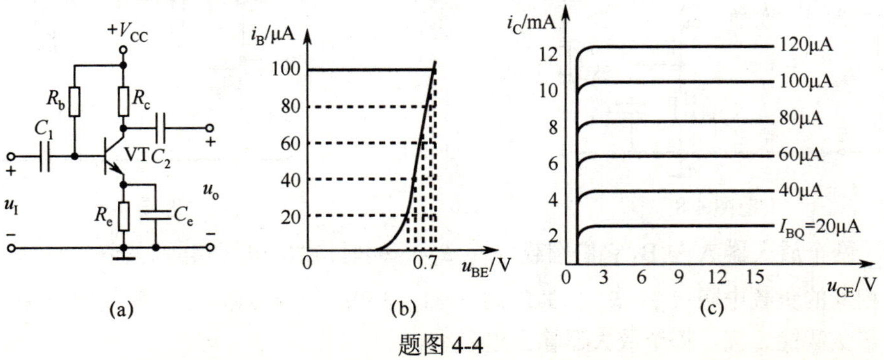

题图 4-4

4-5 电路如题图 4-3 所示，由于电路参数不同，在信号源电压为正弦波时，测得输出波形如题图 4-5（a）、（b）、（c）所示，试说明电路分别产生了什么失真，如何消除。

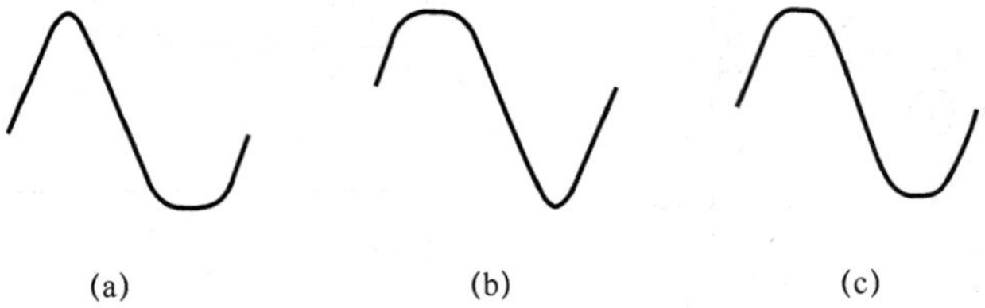

题图 4-5

4-6 已知题图 4-6 所示电路中晶体管的$\beta = 100$，$r_{be} = 1k\Omega$。（1）现已测得静态管压降$U_{CEQ} = 6V$，估算 R_b 约为多少千欧；（2）若测得$\dot{U}_i$ 和$\dot{U}_o$ 的有效值分别为 1mV 和 100mV，则负载电阻 R_L 为多少千欧？

4-7 电路如题图 4-7 所示，晶体管的$\beta = 100$，$r_{bb'} = 100\Omega$。（1）求电路的 Q 点、$\dot{A}_u$、R_i 和 R_o；（2）若电容 C_e 开路，则将引起电路的哪些动态参数发生变化？如何变化？

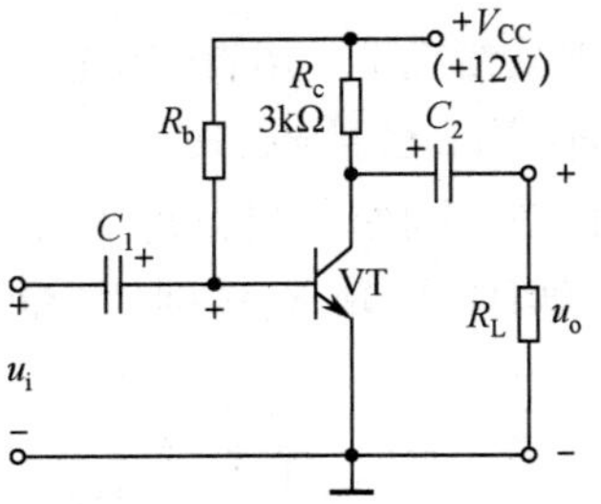

题图 4-6

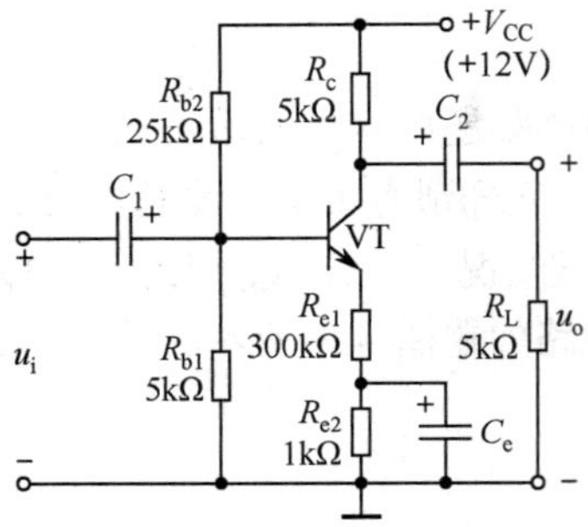

题图 4-7

4-8 电路如题图 4-8 所示，晶体管的$\beta = 60$，$r_{bb'} = 100\Omega$。（1）求解 Q 点、$\dot{A}_u$、R_i 和 R_o；（2）设 $U_S = 10mV$（有效值），问U_i =？U_o =？若 C_3 开路，则U_i =？U_o =？

4-9 在题图 4-9 所给出的两级直接耦合放大电路中，已知：$R_{b1} = 240k\Omega$，$R_{c1} = 3.9k\Omega$，$R_{c1} = 500\Omega$，稳压管 VD_Z 的工作电压$U_Z = 4V$，三极管 VT_1 的 $\beta_1 = 45$，VT_2 的 $\beta_2 = 40$，$V_{CC} = 24V$，试计算各级的静态工作点。如果 I_{CQ1} 由于温度的升高而增加 1%，试计算输出电压的变化是多少。

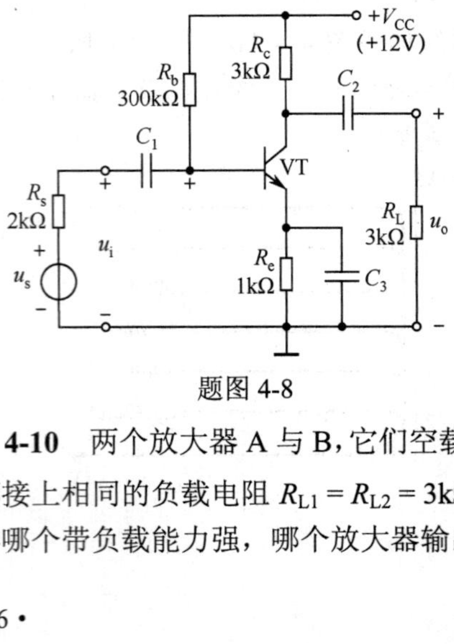

题图 4-8

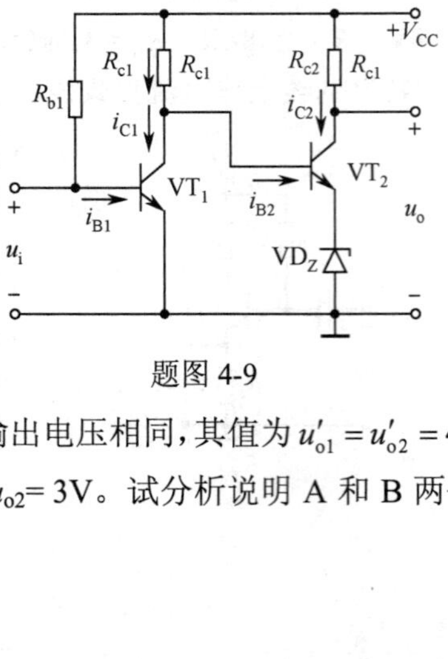

题图 4-9

4-10 两个放大器 A 与 B，它们空载(R_{L1}=R_{L2}= ∞)时，输出电压相同，其值为$u'_{o1} = u'_{o2} = 4V$。当都接上相同的负载电阻 $R_{L1} = R_{L2} = 3k\Omega$ 时，$u_{o1} = 3.9V$，u_{o2}= 3V。试分析说明 A 和 B 两个放大器哪个带负载能力强，哪个放大器输出电阻小。

4-11 有两个放大倍数相同的放大电路 A 和 B，分别对同一信号源电压 u_S 进行放大，其输出电压分别为 $U_{OA}=5.2V$，$U_{OB}=5V$。由此可得出放大电路_______优于放大电路_______。其原因是它的_______。[（1）放大倍数大；（2）输入电阻大；（3）输出电阻小。]

4-12 ____________耦合放大电路各级 Q 点相互独立，_____________耦合放大电路温漂小，____________耦合放大电路能放大直流信号。

4-13 现有基本放大电路如下：

A）共射电路　　　　B）共集电极电路　　　　C）共基电路

选择正确答案填入空内，只需填 A、B、C：

（1）输入电阻最小的电路是 _______ ，最大的是 _______ ；

（2）输出电阻最小的电路是 _______ ；

（3）有电压放大作用的电路是 _______ ；

（4）有电流放大作用的电路是 _______ ；

（5）输入电压与输出电压同相的电路是 _______ ；反相的电路是 _______ 。

实验 4.1　单管共射放大电路实验

一、实验目的

1．熟悉电子元器件和模拟电路实验仪。

2．学会放大器静态工作点的调试方法。

3．分析电路参数的变化对放大器静态工作点、电压放大倍数及输出波形的影响。

4．掌握放大器电压放大倍数、输入电阻、输出电阻及最大不失真输出电压的测量方法。

二、实验仪器及设备

示波器、万用表、模拟电路实验仪及“单管放大电路”实验模板。

三、实验原理

实验电路如实验图 4-1 所示。该电路的偏置电路采用电位器 R_P 和电阻 R_{b1} 组成的分压电路。在放大器的输入端加上输入信号以后，在放大器的输出端便可得到幅值被放大的相位相反的输出信号。

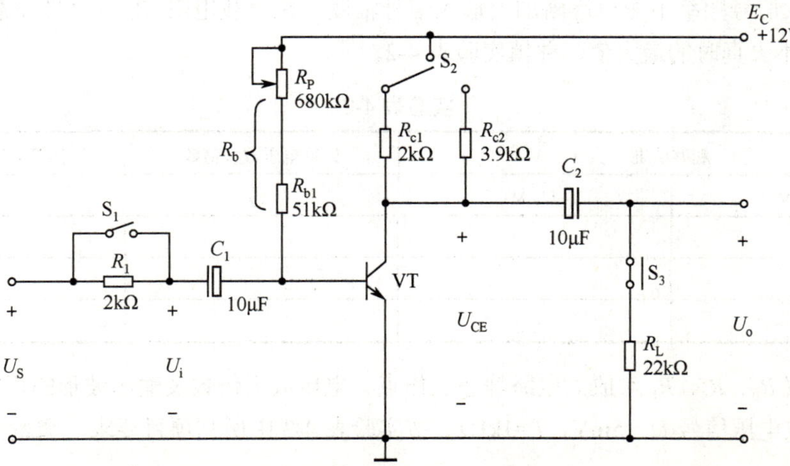

实验图 4-1

静态工作点

$$U_{CEQ}=E_C-I_{CQ}\cdot R_c,\qquad I_{BQ}=\frac{E_C-U_{BEQ}}{R_b}=\frac{I_{CQ}}{\beta}$$

动态参数

$$A_u=\frac{U_o}{U_i}=\frac{-\beta R_L'}{r_{be}},\qquad R_i=r_{be}//R_b,\qquad R_o\approx R_c$$

放大器输入电阻测试方法如下。

当开关 S_1 断开（R_1 接入）时，测得 U_S 和 U_i，即可计算输入电阻 $R_i=\frac{U_i}{U_S-U_i}\cdot R_1$。输出电阻为 $R_o=\left(\frac{U_o'}{U_o}-1\right)R_L$。其中 U_o' 为 R_L 未接入时（即 $R_L=\infty$时）的输出电压，U_o 为接入负载电阻后的输出电压。

四、实验内容及步骤

按实验图 4-1 用连线在实验模板上连接好电路，将电位器 R_P 的阻值调到最大，检查连线无误后接通电源。

1. 静态工作点测试

调整 R_P 为某一值使 U_{CEQ} = 6V，测量 U_{BEQ} 和 R_b 的值并填入实验表 4-1 中（静态电流 I_{CQ}、I_{BQ} 可通过计算求得）。

实验表 4-1

实测结果			实测计算	
U_{BEQ}	U_{CEQ}	R_b/ kΩ	I_{BQ}/ μA	I_{CQ}/ mA
	6V			

2. 放大倍数测试

（1）在函数信号发生器上选择正弦波电压，且调其频率 f = 1kHz，幅值为 5mV，接到放大器的输入端（U_i 处），用示波器观察输入电压 U_i 和输出电压 U_o 的波形，并比较两者的相位关系。

（2）输入信号频率不变，逐渐加大输入信号幅度，在负载电阻 $R_L=\infty$（即空载）时，用示波器观察 U_o 不失真时的最大值，并填实验表 4-2。

实验表 4-2

观察结果		计算电压放大倍数	估算电压放大倍数
U_i /mV	U_o/ V	A_u	A_u

（3）观察 R_b、R_c、R_L 对放大电路静态工作点、电压放大倍数及输出波形的影响。

输入正弦电压信号 U_i =5mV，f=1kHz、按实验表 4-3 中所列项目要求，测量并记录数据，画出 U_o 波形。

实验表 4-3

给定条件			测量结果				由测量值计算		
			U_{CEQ}	U_{BEQ}	U_o	输出波形图	I_{CQ}	I_{BQ}	A_u
R_b	合适值	$R_c=2k\Omega$ $R_L=\infty$							
	最小								
	最大								
R_c	3.9kΩ	R_b 为合适值，$R_L=\infty$							
R_L	2.7kΩ	R_b 为合适值，$R_c=2k\Omega$							

3. 观察波形失真情况，测量静态工作点电压 U_{CEQ}、U_{BEQ}

输入正弦波电压信号 $U_i=10mV$，f=1kHz，调节 R_P，使 R_b 增大或减小，观察波形失真情况，测量并填入实验表 4-4 中（若失真观察不明显，可改变 U_i 重测）。

实验表 4-4

R_P 值	U_{BEQ}	U_{CEQ}	波形输出
增大			
适中			
改小			

4. 测量放大器的输入、输出电阻

（1）测量输入电阻 R_i。在输入端串接一个 4.7kΩ 的电阻，如实验图 4-2 所示，按前述输入电阻的计算方法，即可计算出输入电阻 R_i。

（2）测量输出电阻 R_o。在输出端接入负载电阻 R_L= 2.7kΩ，如实验图 4-3 所示，在输出电压 U_o 不失真的情况下，测负载与空载时的输出电压 U_o 的值，按上述输出电阻的计算方法，即可求输出电阻 R_o。

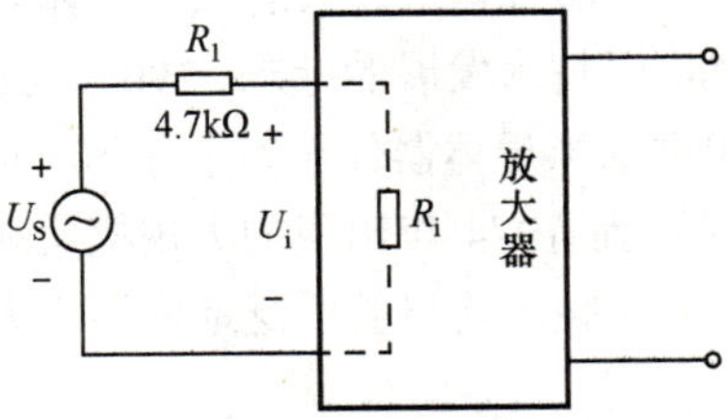

实验图 4-2

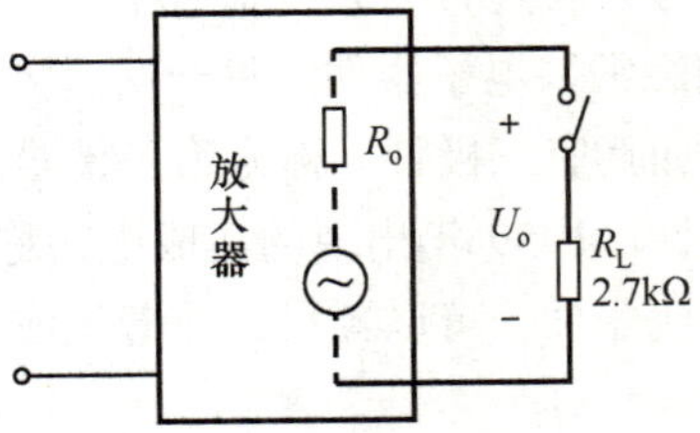

实验图 4-3

第 5 章　集成运算放大电路及其应用

内容提要

- 集成电路的基本知识
- 集成运放的内部组成及各部分的作用
- 理想运放的性能指标及工作特点
- 放大电路中的反馈，包括反馈的类别、判断方法和负反馈对放大电路的影响
- 集成运放应用电路举例

5.1　集成电路概述

前面几章介绍的都是**分立元件电路**。所谓分立元件电路是指由单个电阻、电容、二极管、三极管等元件连接起来组成的电路。由于分立元件电路中的元器件都裸露在外，因此体积大，工作可靠性差。

电子技术发展的一个重要方向和趋势就是实现集成化，因此，集成放大电路是本书讨论的重点内容之一。本章首先介绍集成电路的一些基本知识，然后着重讨论模拟集成电路中发展最早、应用最广泛的集成运算放大器（简称**集成运放**）及其应用电路。

5.1.1　集成电路及其发展

集成电路（Integrated Circuits，IC），是 20 世纪 60 年代初期发展起来的一种半导体器件。它是在半导体制造工艺的基础上，将电路的有源器件（三极管、场效应管等）、无源器件（电阻、电感、电容）及其布线集中制作在同一块半导体基片上，形成紧密联系的一个整体电路。

人们经常以电子器件的每一次重大变革作为衡量电子技术发展的标志。1904 年出现的半导体器件（如真空三极管）称为第一代器件，1948 年出现的半导体器件（如半导体三极管）称为第二代器件，1959 年出现的集成电路称为第三代器件，而 1974 年出现的大规模集成电路，则称为第四代器件。可以预料，随着集成工艺的发展，电子技术将日益广泛地应用于人类社会的各个方面。

5.1.2　集成电路的特点及分类

与分立元件电路相比，集成电路具有突出特点：体积小，重量轻；可靠性高，寿命长；速度高，功耗低；成本低。

按照不同的标准可将集成电路分成不同种类。

（1）按制造工艺分类：按照集成电路的制造工艺不同，可分为半导体集成电路（又分双极型集成电路和 MOS 集成电路），薄膜集成电路和混合集成电路。

（2）按功能分类：集成电路按其功能的不同，可分为数字集成电路，模拟集成电路和微波集成电路。

（3）按集成规模分类：集成规模又称为**集成度**，是指集成电路内所含元器件的个数。按集成度的大小不同，集成电路可分为小规模集成电路（SSI），内含元器件数小于 100；中规模

集成电路（MSI），内含元器件数为 100～1000 个；大规模集成电路（LSI），元器件数为 1000～10 000 个；超大规模集成电路（VLSI），元器件数目在 10 000～100 000 之间。集成电路的集成化程度仍在不断地提高，目前，已经出现了内含上亿个元器件的集成电路。

5.1.3　集成电路制造工艺简介

在集成电路的生产过程中，在直径为 3mm～10mm 的硅片上，同时制造几百甚至几千个电路。人们称这个硅晶片为基片，称每一块电路为管芯，如图 5-1 所示。

基片制成后，再经划片、压焊、测试、封装后成为产品。如图 5-2（a）、（b）所示分别为圆壳式、双列直插式集成电路的外形及其剖面图。

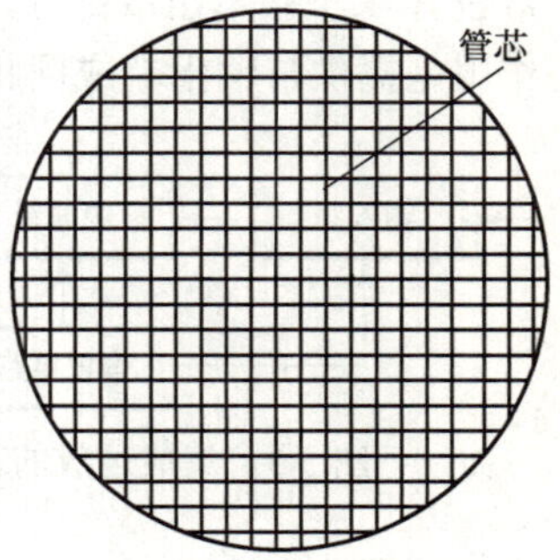

图 5-1　基片与管芯图

1．几个工艺名词

集成电路的制造工艺较为复杂，在制造过程中需要很多道工序，现将制造过程中的 5 个主要工艺名词介绍如下。

（1）氧化：在温度为 800℃～1200℃的氧气中使半导体表面形成 SiO_2 薄层，以防止外界杂质的污染。

（2）光刻与掩模：制作过程中所需的版图称为掩模，利用照相制版技术将掩模刻在硅片上称为光刻。

（3）扩散：在 1 000℃左右的炉温下，将磷、砷、或硼等元素的气体引入扩散炉，经一定时间形成杂质浓度一定的 N 型半导体或 P 型半导体。每次扩散完毕都要进行一次氧化，以保护硅片的表面。

（4）外延：在半导体基片上形成一个与基片结晶轴同晶向的半导体薄层，称为外延生长技术。所形成的薄层称为外延层，其作用是保证半导体表面性能均匀。

（5）蒸铝：在真空中将铝蒸发，沉积在硅片表面，为制造连线或引线做准备。

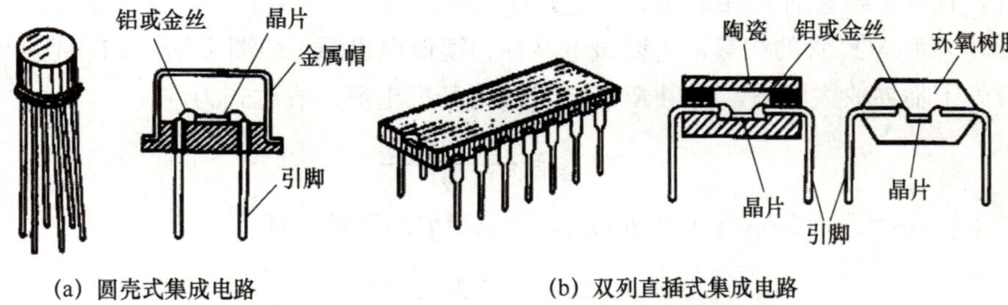

图 5-2　集成电路的外形及剖面图

2．集成电路中元件的特点

与分立元件相比，集成电路中的元件有如下特点。

（1）具有良好的对称性：由于元件在同一硅片上用相同的工艺制造，且元件很密集而环境温度差别很小，所以元件的性能比较一致，而且同类元件温度对称性也较好。

（2）电阻与电容的数值有一定的限制：由于集成电路中电阻和电容要占用硅片的面积，且数值越大，占用面积也越大，因此不易制造大电阻和大电容。电阻阻值范围为几十欧至几千欧，电容容量一般小于 100pF。

（3）用有源元件取代无源元件：由于纵向 NPN 管占用硅片面积小且性能好，而电阻和电容占用硅片面积大且取值范围窄，因此在集成电路的设计中尽量多采用 NPN 型管，而少用电阻和电容。用 NPN 型管的发射结作为二极管和稳压管，用 NPN 型管基区体电阻作为电阻，用 PN 结势垒电容或 MOS 管栅极与沟道间等效电容作为电容等。

5.2 集成运放的基本组成及各部分的作用

从原理上说，集成运放的内部实质上是一个高放大倍数的直接耦合的多级放大电路。它通常包含 4 个基本组成部分，即**输入级**、**中间级**、**输出级**和**偏置电路**，如图 5-3 所示。输入级的作用是提供与输出端成同相和反相关系的两个输入端，通常采用差分放大电路，对其要求是温漂要小，输入电阻要大。中间级主要是完成电压放大任务，要求有较高的电压增益，一般采用带有源负载的共射电压放大电路。输出级是向负载提供一定的功率，属于功率放大，一般采用互补对称的功率放大器。偏置电路是向各级提供稳定的静态工作电流，一般采用电流源。下面分别介绍。

图 5-3 集成运放的基本组成部分

5.2.1 偏置电路——电流源

在电子电路中，特别是模拟集成电路中，广泛使用不同类型的电流源。它的用途之一是为各种基本放大电路提供稳定的偏置电流；第二个用途是用作放大电路的有源负载。下面讨论几种常见的电流源。

1．镜像电流源

如图 5-4 所示为镜像电流源的结构原理图。图中 VT_1 管和 VT_2 管具有完全相同的输入特性和输出特性，且由于两管的 b、e 极分别相连，$U_{BE1}=U_{BE2}$，$I_{B1}=I_{B2}$，因此就像照镜子一样，VT_2 管的集电极电流和 VT_1 管的相等，所以该电路称为**镜像电流源**。由图可知，VT_1 管的 b、c 极相连，VT_1 管处于临界放大状态，电阻 R 中电流 I_R 为基准电流，表达式为

$$I_R=\frac{V_{CC}-U_{BEQ}}{R} \tag{5-1}$$

且 $I_R=I_{C1}+I_{B1}+I_{B2}=I_{C2}+2I_{B2}=(1+2/\beta)I_{C2}$，所以当 $\beta\gg 2$ 时，有

$$I_{C2}\approx I_R=\frac{V_{CC}-U_{BEQ}}{R} \tag{5-2}$$

可见，只要电源 V_{CC} 和电阻 R 确定，则 I_{C2} 就确定。恒定的 I_{C2} 可作为提供给某个放大级的静态偏置电流。另外，在镜像电流源中，VT_1 的发射结对 VT_2 具有温度补偿作用，可有效地抑制 I_{C2} 的温漂。例如当温度升高使 VT_2 的 I_{C2} 增大的同时，也使 VT_1 的 I_{C1} 增大，从而使 U_{BE1}（U_{BE2}）减小，致使 I_{B2} 减小，从而抑制了 I_{C2} 的增大。

2．微电流源

图 5-5 所示是模拟集成电路中常用的一种电流源。与镜像电流源相比，在 VT_2 的射极电路接入电阻 R_e，当基准电流 I_R 一定时，I_{C2} 可确定如下。

由于

$$U_{BE1}-U_{BE2}=\Delta U_{BE}=I_{E2}R_e$$

所以

$$I_{C2} \approx I_{E2} = \frac{\Delta U_{BE}}{R_e} \tag{5-3}$$

由式（5-3）可知，利用两管发射结电压差 ΔU_{BE} 可以控制输出电流 I_{C2}。由于 ΔU_{BE} 的数值较小，这样，用阻值不大的 R_e 即可获得微小的工作电流，故称此电流源为**微电流源**。该电路由于 VT_1、VT_2 是对管，两管基极又连在一起，当 V_{CC}、R 和 R_e 为已知时，基准电流 $I_R \approx V_{CC}/R$，在 U_{BE1}、U_{BE2} 为一定时，I_{C2} 也就确定了；在电路中，当电源电压 V_{CC} 发生变化时，I_R 以及 ΔU_{BE} 也将发生变化，由于 R_e 的值一般为数千欧，使 $U_{BE2} \ll U_{BE1}$，以致 VT_2 的 U_{BE2} 值很小而工作在输入特性的弯曲部分，则 I_{C2} 的变化远小于 I_R 的变化，故电源电压波动对工作电流 I_{C2} 的影响不大。

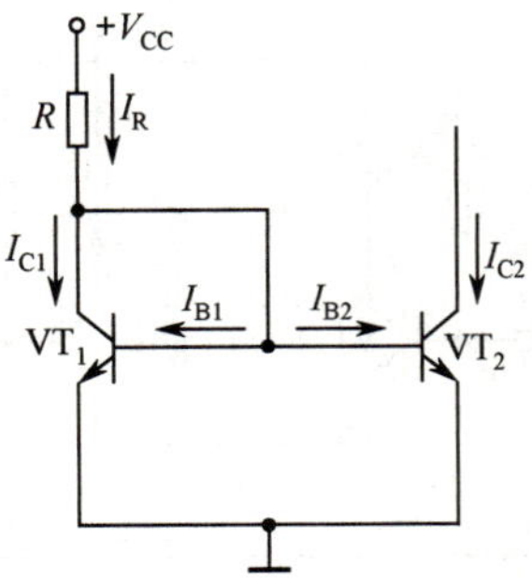

图 5-4　镜像电流源

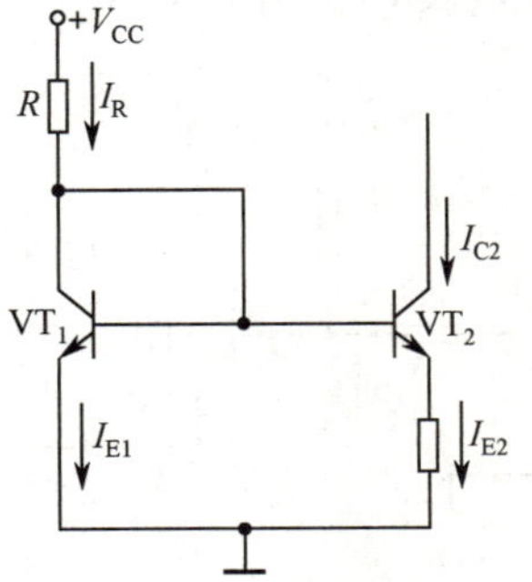

图 5-5　微电流源

5.2.2　输入级——差分放大电路

集成运放的输入级采用**差分放大电路**（也称**差动放大电路**），就其功能来说，是放大两个输入信号之差。

由于集成运放的内部实质上是一个高放大倍数的直接耦合的多级放大电路，因此必须解决零漂问题，电路才能实用。虽然集成电路中元器件参数分散性大，但是相邻元器件参数的对称性却比较好。差分放大电路就是利用这一特点，采用参数相同的三极管来进行补偿，从而有效地抑制零漂。差分放大电路常见的形式有三种：基本形式、长尾式和恒流源式。

1．基本形式差分放大电路

（1）输入信号类型。将两个电路结构、参数均相同的单管放大电路组合在一起，就组成差分放大电路的基本形式，如图 5-6 所示。

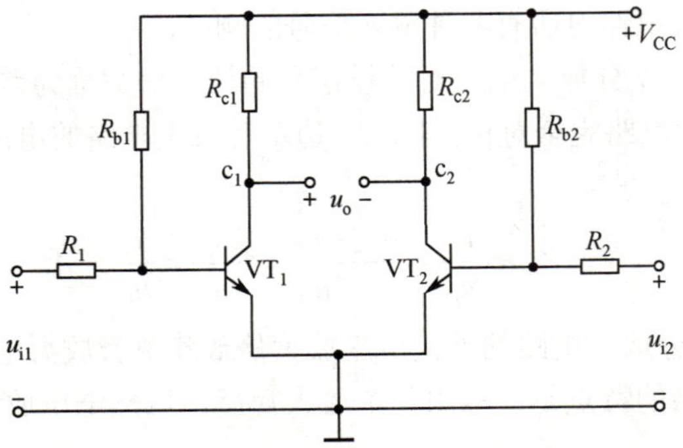

图 5-6　基本形式差分放大电路

差分放大电路的两个输入端，可以分别加上两个输入电压信号 u_{i1} 和 u_{i2}。如果两个输入电压大小相等，极性相反，即 $u_{i1}=-u_{i2}$，这样的输入电压称为**差模输入电压**，用 u_{id} 表示，u_{id} 等于两输入端输入电压之差，即

$$u_{id}=u_{i1}-u_{i2} \tag{5-4}$$

或者

$$u_{i1}=-u_{i2}=\frac{1}{2}u_{id} \tag{5-5}$$

差模输入电路如图 5-7 所示。

在差分放大电路的两个输入端分别加上大小相等、极性相同的信号，即 $u_{i1}=u_{i2}$，这样的输入电压称为**共模输入电压**，用 u_{ic} 表示。u_{ic} 与两输入端的输入电压有以下关系

$$u_{ic}=u_{i1}=u_{i2} \tag{5-6}$$

共模输入电路如图 5-8 所示。

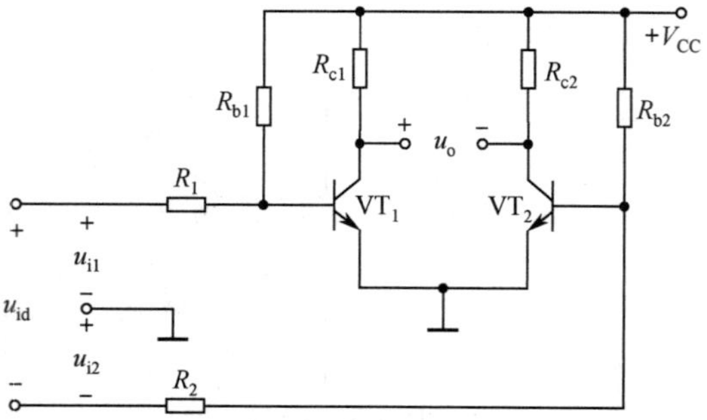

图 5-7　差模输入电路

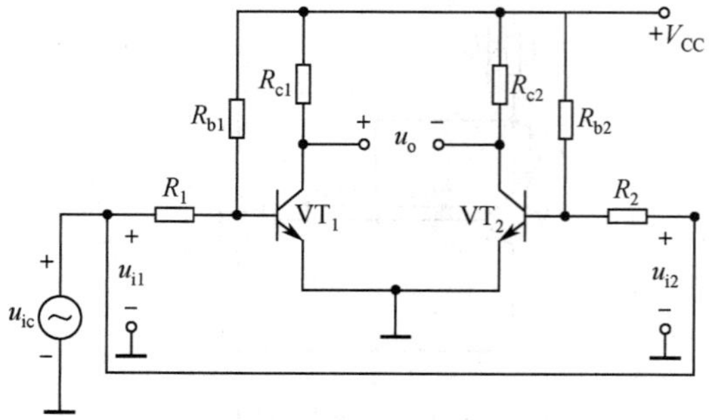

图 5-8　共模输入电路

实际上，在差分放大电路的两个输入端加上任意大小、任意极性的输入电压 u_{i1} 和 u_{i2}，我们都可以将它们认为是某个差模输入电压与某个共模输入电压的组合，其中差模输入电压 u_{id} 和共模输入电压 u_{ic} 的值分别为

$$u_{id}=u_{i1}-u_{i2},\qquad u_{ic}=\frac{u_{i1}+u_{i2}}{2} \tag{5-7}$$

于是，加在两输入端上的信号可分解为

$$u_{i1}=u_{ic}+\frac{u_{id}}{2},\qquad u_{i2}=u_{ic}-\frac{u_{id}}{2} \tag{5-8}$$

例如，$u_{i1}=6\text{mV}$，$u_{i2}=2\text{mV}$，则此时

$$u_{id}=u_{i1}-u_{i2}=6-2=4\text{mV},\qquad u_{ic}=\frac{u_{i1}+u_{i2}}{2}=\frac{6+2}{2}=4\text{mV}$$

因此，只要分析清楚差分放大电路对差模输入信号和共模输入信号的响应，利用叠加定理即可完整地描述差分放大电路对所有各种输入信号的响应。

（2）电压放大倍数。差分放大电路对差模信号的放大倍数称为**差模电压放大倍数**，用 A_{ud} 表示，假设两边单管放大电路完全对称，且每一边单管放大电路的电压放大倍数为 A_{u1}，可以推出当输入差模信号时，A_{ud} 为

$$A_{ud}=\frac{u_o}{u_{id}}=\frac{u_{c1}-u_{c2}}{u_{i1}-u_{i2}}=\frac{2u_{c1}}{2u_{i1}}=\frac{u_{c1}}{u_{i1}}=A_{u1} \tag{5-9}$$

式（5-9）表明，差分放大电路的差模电压放大倍数和单管放大电路的电压放大倍数相同。可以看出，差分放大电路的特点是，多用一个放大管后，虽然电压放大倍数没有增加，但是换来了对零漂的抑制。

差分放大电路对共模信号的放大倍数称为**共模电压放大倍数**，用 A_{uc} 表示，可以推出，当输入共模信号时，A_{uc} 为

$$A_{uc}=\frac{u_{o}}{u_{ic}}=\frac{u_{c1}-u_{c2}}{u_{i1}}=\frac{0}{u_{i1}}=0 \tag{5-10}$$

式（5-10）表明，差分放大电路对共模信号没有放大作用，这正是我们所希望的结果。因为共模信号就是由于外界干扰而产生的有害信号，如零漂信号，因此必须加以抑制。这里可以这样解释：差分放大电路具有对称结构，当有外界干扰时，例如温度变化，对两只管子的影响完全相同，因此在两输入端产生的输入信号也完全相同，这就是共模输入信号。

综上所述，差分放大电路对有效的差模信号有放大作用，而对无效的共模信号有抑制作用，也就是说，要想放大输入信号，必须使两输入端的信号有差别，正所谓“输入有差别，输出才有变动”，差动放大电路由此得名。

（3）共模抑制比。差分放大电路的**共模抑制比**用符号 K_{CMR} 表示，它定义为差模电压放大倍数与共模电压放大倍数之比，一般用对数表示，单位为分贝（dB），即

$$K_{CMR}=20\lg\left|\frac{A_{ud}}{A_{uc}}\right| \tag{5-11}$$

共模抑制比描述差分放大电路对共模信号即零漂的抑制能力。K_{CMR} 越大，说明抑制零漂的能力越强。在理想情况下，差分放大电路两侧的参数完全对称，两管输出端的零漂完全抵消，则共模电压放大倍数 $A_{uc}=0$，共模抑制比 $K_{CMR}=\infty$。

对于基本形式的差分放大电路而言，由于内部参数不可能绝对匹配，因此输出电压 u_o 仍然存在零点漂移，共模抑制比很低。而且从每个三极管的集电极对地电压来看，其零漂与单管放大电路相同，丝毫没有改善。因此，在实际工作中一般不采用这种基本形式的差分放大电路，而是在此基础上稍加改进，组成了**长尾式差分放大电路**。

2．长尾式差分放大电路

（1）电路组成。在图 5-6 基本差分电路的基础上，在两个放大管的发射极接入一个发射极电阻 R_e，如图 5-9 所示。这个电阻像一条“长尾”，所以这种电路称为长尾式差分放大电路。

长尾电阻 R_e 对共模信号具有抑制作用。假设在电路输入端加上正的共模信号，则两个管子的集电极电流 i_{c1}、i_{c2} 同时增加，使流过发射极电阻 R_e 的电流 i_E 增加，于是发射极电位 u_E 升高，从而两管的 u_{BE1}、u_{BE2} 降低，进而限制了 i_{c1}、i_{c2} 的增加。

但是对于差模输入信号，由于两管的输入信号幅度相等而极性相反，所以 i_{c1} 增加多少，i_{c2} 就减少同样的数量，因而流过 R_e 的电流总量保持不变，即 $\Delta u_E=0$，所以 R_e 对差模输入信号无影响。

由以上分析可知，长尾电阻 R_e 的接入使共模放大倍数减小，降低了每个管子的零点漂移，但对差模放大倍数没有影响，因此提高了电路的共模抑制比。R_e 越大，抑制零漂的效果越好。但是，随着 R_e 的增大，R_e 上的直流压降将越来越大。为此，在电路中引入一个负电源 V_{EE} 来补偿 R_e 上的直流压降，以免输出电压变化范围太小。引入 V_{EE} 后，静态基极电流可由 V_{EE} 提供，因此可以不接基极电阻 R_b，如图 5-9 所示。

（2）静态分析。当输入电压等于零时，由于电路结构对称，故设 $I_{BQ1}=I_{BQ2}=I_{BQ}$，$I_{CQ1}=I_{CQ2}=I_{CQ}$，$U_{BEQ1}=U_{BEQ2}=U_{BEQ}$，$U_{CQ1}=U_{CQ2}=U_{CQ}$，$\beta_1=\beta_2=\beta$。由三极管的基极回路可得

$$I_{BQ}R+U_{BEQ}+2I_{EQ}R_e=V_{EE}$$

则静态基极电流为

$$I_{BQ} = \frac{V_{EE} - U_{BEQ}}{R + 2(1+\beta)R_e} \tag{5-12}$$

静态集电极电流和电位为

$$I_{CQ} \approx \beta I_{BQ} \tag{5-13}$$

$$U_{CQ} = V_{CC} - I_{CQ}R_c \quad （对地） \tag{5-14}$$

静态基极电位为

$$U_{BQ} = -I_{BQ}R \quad （对地） \tag{5-15}$$

（3）动态分析。当输入差模信号时，由于两管的输入电压大小相等、方向相反，流过两管的电流也大小相等、方向也相反，结果使得长尾电阻 R_e 上的电流变化为零，则 $u_E = 0$。可以认为：R_e 对差模信号呈短路状态。交流通路如图 5-10 所示。

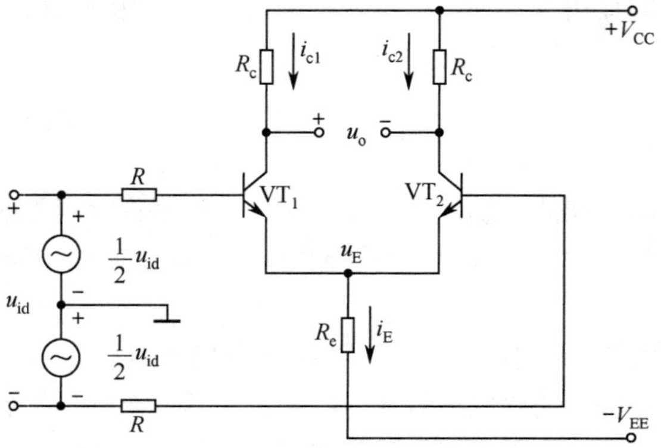

图 5-9　长尾式差分放大电路

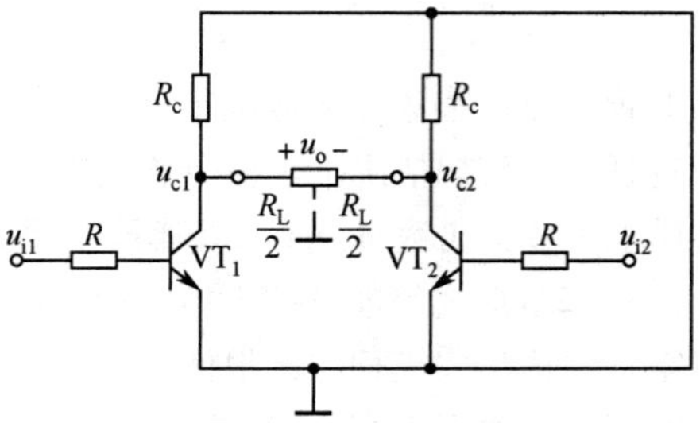

图 5-10　长尾式差分放大电路的交流通路

图中 R_L 为接在两个三极管集电极之间的负载电阻。当输入差模信号时，一个管集电极电位降低，另一个管集电极电位升高，而且升高与降低的数值相等，于是可以认为 R_L 中点处的电位为零。也就是说，在 $R_L/2$ 处相当于交流接地。根据交流通路可得差模电压放大倍数为

$$A_{ud} = \frac{u_o}{u_{id}} = \frac{u_{c1} - u_{c2}}{u_{i1} - u_{i2}} = \frac{2u_{c1}}{2u_{i1}} = -\frac{\beta R_L'}{r_{be} + R} \tag{5-16}$$

其中 $R_L' = R_c//(R_L/2)$。

从两管输入端向里看，差模输入电阻为

$$R_{id} = 2(R + r_{be}) \tag{5-17}$$

两管集电极之间的输出电阻为

$$R_o = 2R_c \tag{5-18}$$

在长尾式差分放大电路中，为了在两参数不完全对称的情况下能使静态时的 u_o 为零，常常在两管发射极之间接入调零电位器 R_P。

3．恒流源式差分放大电路

在长尾式差分放大电路中，R_e 越大，抑制零漂的能力越强。但 R_e 的增大是有限的，原因有两个：一是在集成电路中难于制作大电阻；二是在同样的工作电流下 R_e 越大，所需 V_{EE} 将越高。为此，可以考虑采用一个三极管代替原来的长尾电阻 R_e。

在三极管输出特性的恒流区，当集电极电压有一个较大的变化量 Δu_{CE} 时，集电极电流 i_c 基本不变。此时三极管 c-e 之间的等效电阻 $r_{CE} = \frac{\Delta u_{CE}}{\Delta i_c}$ 的值很大。用恒流三极管充当一个阻值很

大的长尾电阻 R_e，既可在不用大电阻的条件下有效地抑制零漂，又适合集成电路制造工艺中用三极管代替大电阻的特点，因此，这种方法在集成运放中被广泛采用。

恒流源式差分放大电路如图 5-11 所示。由图可见，恒流管 VT_3 的基极电位由 R_{b1}、R_{b2} 分压后得到，可认为基本不受温度变化的影响，则当温度变化时 VT_3 的发射极电位和发射极电流也基本保持稳定，而两个放大管的集电极电流 i_{c1} 和 i_{c2} 之和近似等于 i_{c3}，所以 i_{c1} 和 i_{c2} 将不会因温度的变化而同时增大或减小，可见，接入恒流三极管后，抑制了共模信号的变化。

有时为了简化起见，常常不把恒流源式差分放大电路中恒流管 VT_3 的具体电路画出，而采用一个简化的恒流源符号来表示，如图 5-12 所示。

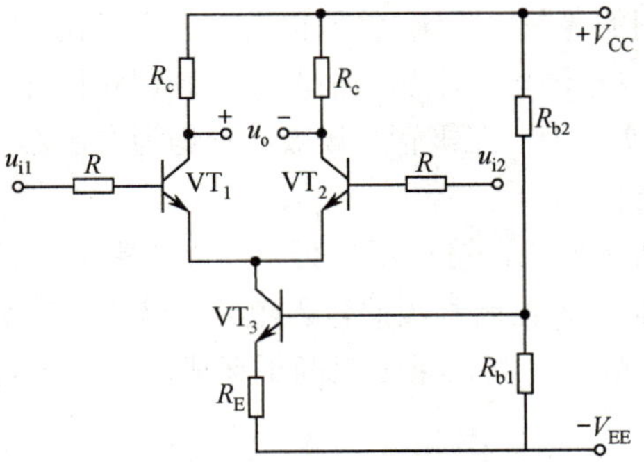

图 5-11　恒流源式差动放大电路

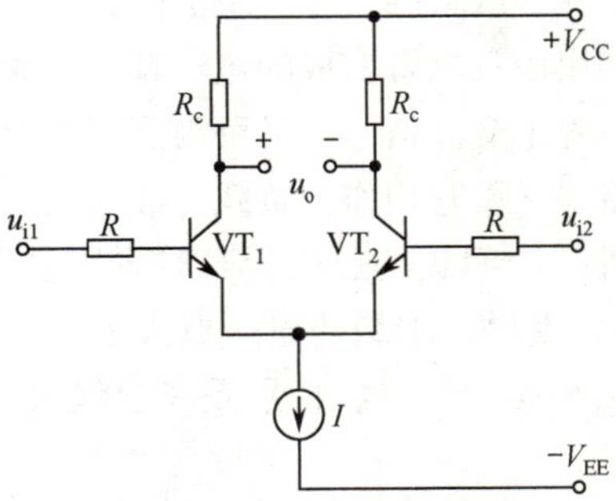

图 5-12　图 5-11 的简化画法

4．差分放大电路的 4 种输入、输出接法

差分放大电路有两个放大三极管，它们的基极和集电极分别是放大电路的两个输入端和两个输出端。差分放大电路的输入、输出端可以有 4 种不同的接法，即双端输入、双端输出，双端输入、单端输出，单端输入、双端输出，单端输入、单端输出。当采用单端输入时，一个输入端（基极）加输入信号，另一个输入端（基极）接地；当采用单端输出时，一个输出端（集电极）负责输出电压信号，而另一个输出端（集电极）悬空即可。

根据前面对长尾式差分放大电路双端输入、双端输出的分析，读者可自行分析其他三种接法的差分电路。当输入、输出的接法不同时，放大电路的性能、特点也不尽相同。其性能比较如表 5-1 所列。

表 5-1　差分放大电路 4 种接法之性能比较

接法 性能	双端输入、双端输出	双端输入、单端输出	单端输入、双端输出	单端输入、单端输出
A_{ud}	$-\dfrac{\beta\left(R_c//\dfrac{R_L}{2}\right)}{r_{be}+R}$	$\dfrac{1}{2}\cdot\dfrac{\beta(R_c//R_L)}{r_{be}+R}$	$-\dfrac{\beta\left(R_c//\dfrac{R_L}{2}\right)}{r_{be}+R}$	$\dfrac{1}{2}\cdot\dfrac{\beta(R_c//R_L)}{r_{be}+R}$
R_{id}	$2(R+r_{be})$	$2(R+r_{be})$	$\approx 2(R+r_{be})$	$\approx 2(R+r_{be})$
R_o	$2R_c$	R_c	$2R_c$	R_c
K_{CMR}	很高	较高	很高	较高
特点	A_{ud} 与单管放大电路的 A_u 基本相同；适用于输入信号和负载的两端均不接地的情况	A_{ud} 约为双端输出时的一半；适用于将双端输入转换为单端输出	A_{ud} 与单管放大电路的 A_u 基本相同；适用于将单端输入转换为双端输出	A_{ud} 约为双端输出时的一半；适用于输入、输出均要求接地的情况；选择从不同的管子输出，可使输出、输入电压反相或同相

5.2.3 中间级——采用有源负载的共射放大电路

中间级的主要任务是提供足够大的电压放大倍数，因此，不仅要求中间级本身具有较高的电压增益，同时为了减少对前级的影响，还应具有较高的输入电阻。共射放大电路（或共源放大电路，此处以共射放大电路为例）具有较高的电压放大倍数，而且，为了提高电压放大倍数，比较有效的方法是增大集电极电阻 R_c。然而一方面，集成电路的工艺不便于制造大电阻；另一方面，为了维持放大管的静态电流不变，在增大 R_c 的同时必须提高电源电压，当电源电压增大到一定程度时，电路的设计就变得不合理了。由前面对恒流源式差分放大电路的介绍可知，当三极管工作在放大区（也称恒流区）时，c-e 之间的等效电阻 r_{ce} 的值很大。因此，在集成运放中，常采用由三极管构成的电流源取代 R_c，这样在电源电压不变的情况下，既可获得合适的静态电流，对于交流信号，又可得到很大的等效的 R_c。由于三极管和场效应管均为有源器件，而上述电路中又以它们作为负载，故称之为**有源负载**。

另外，中间级的放大管有时采用**复合管**的结构形式，这样不仅可以得到很高的电流放大系数 β，以便提高本级的电压放大倍数，而且能够大大提高本级的输入电阻，以免对前级放大倍数产生不良的影响，特别是在前级采用有源负载时，其效果是提高了集成运放总的电压放大倍数。

1．复合管的接法及其 β 和 r_{be}

复合管可由两个或两个以上三极管组合而成。复合管的接法有多种，它们可以由相同类型的三极管组成，也可以由不同类型的三极管组成。例如在图 5-13 中，图 5-13（a）、（b）分别由两个同为 NPN 型或同为 PNP 型的三极管组成，但图 5-13（c）、（d）中的复合管却由不同类型的三极管组成。

无论由相同或不同类型的三极管组成复合管，首先，在前后两个三极管的连接关系上，应保证前级三极管的输出电流与后级三极管的输入电流的实际方向一致，以便形成适当的电流通路，否则电路不能形成通路，复合管无法正常工作；其次，为了实现电流放大，应将前级管的集电极电流或发射极电流作为后级管的基极电流，外加电压的极性应保证前后两个三极管均为发射结正向偏置，集电结反向偏置，使两管都工作在放大区。

例如在图 5-13（a）、（b）中，前级的 i_{e1} 就是后级的 i_{b2}，二者的实际方向一致。而在图 5-13（c）、（d）中，前级的 i_{c1} 就是后级的 i_{b2}，二者的实际方向也一致。至于基极回路和集电极回路的外加电压，应为如图括号内所示的正、负极性，则前后两个三极管均工作在放大区。

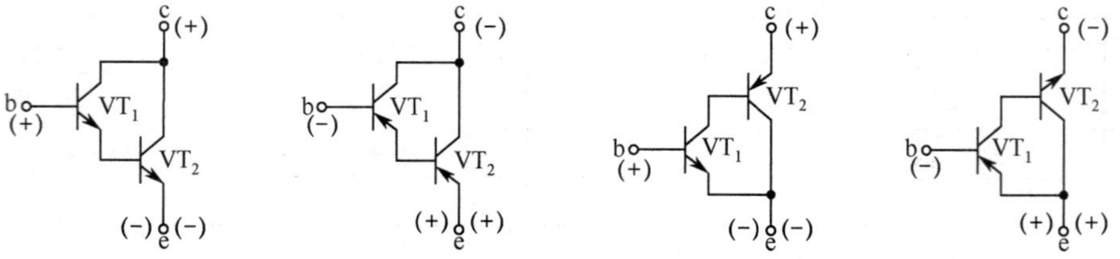

(a) NPN型　　(b) PNP型　　(c) NPN型　　(d) PNP型

图 5-13　复合管的接法

综合图 5-13 所示的几种复合管，可以得出以下结论。

（1）由两个相同类型的三极管组成的复合管，其类型与原来相同，复合管的 $\beta \approx \beta_1\beta_2$，复合管的 $r_{be} = r_{be1} + (1 + \beta_1)\, r_{be2}$。

（2）由两个不同类型的三极管组成的复合管，其类型与前级三极管相同，复合管的 $\beta =$

$\beta_1(1+\beta_2)\approx\beta_1\beta_2$，复合管的 $r_{be}=r_{be1}$。

通过介绍可以看出，复合管与单个三极管相比，其电流放大系数 β 大大提高，因此，复合管常用于运放的中间级，以提高整个电路的电压放大倍数，不仅如此，复合管也常常用于输入级和输出级。

2．由复合管构成的有源负载共射放大电路

如图 5-14 所示为利用复合管构成的**有源负载共射放大电路**。其中三极管 VT_1 和 VT_2 组成的 NPN 型复合管是放大管，VT_3 管是复合管的有源负载。VT_3 与 VT_4 组成镜像电流源，作为偏置电路，负责为放大管提供合适的集电极直流偏置电流 I_{CQ}。由图可得，基准电流 I_{REF} 由 V_{CC}、VT_4 和 R 支路产生，其表达式为

$$I_{REF}=\frac{V_{CC}-U_{BE4}}{R}$$

根据基准电流 I_{REF}，即可确定放大管的集电极静态电流 I_{CQ}。当 $\beta\gg 2$ 时，$I_{CQ}\approx I_{REF}$。

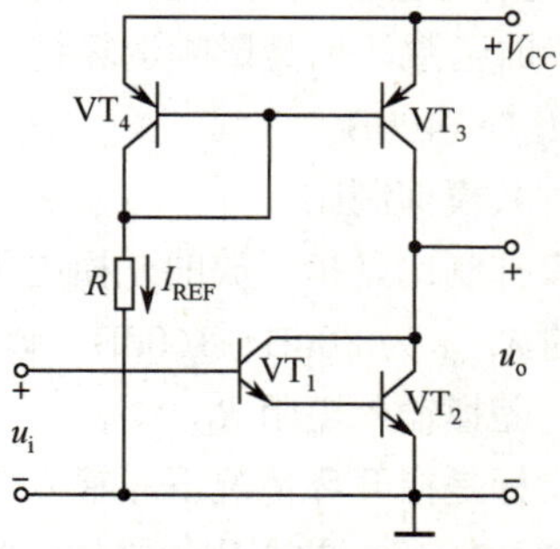

图 5-14　由复合管构成的有源负载共射放大电路

5.2.4　输出级——功率放大电路

在多级放大电路中，输出级输出的信号往往都是送到负载并驱动负载工作的。例如，使扬声器音圈振动发出声音，推动电动机旋转，使继电器或记录仪表动作等。这就要求多级放大电路的输出级能够给负载提供足够大的信号功率，即输出级不但要输出足够高的电压，同时还要输出足够大的电流。这种用来放大功率的放大电路称为**功率放大电路**，也叫**功率放大器**，简称**功放**，常采用**互补对称式的功率放大电路**的结构形式。

如图 5-15 所示是无输出电容（Output Capacitorless，OCL）的甲乙类互补对称功率放大电路，该电路由双电源供电。如图 5-16 所示是无输出变压器（Output Transformless，OTL）的甲乙类互补对称功率放大电路，该电路由单电源供电。甲乙类是功放中三极管的一种工作状态，在这种状态下，三极管的导通时间大于信号的半个周期，且小于一个周期。目前常用的音频功率放大电路中，功放管多数是工作在甲乙类放大状态。这种电路的效率略低于乙类（三极管只放大信号的半个周期）功放电路，但它克服了乙类放大电路产生的失真问题，目前使用较广泛。

OTL 电路与 OCL 电路的区别除了是用单电源方式外，它在电路的输出端是通过较大的耦合电容 C 与负载相连。该电容一方面传递信号，另一方面起到了在信号负半周时向负载供电的作用。

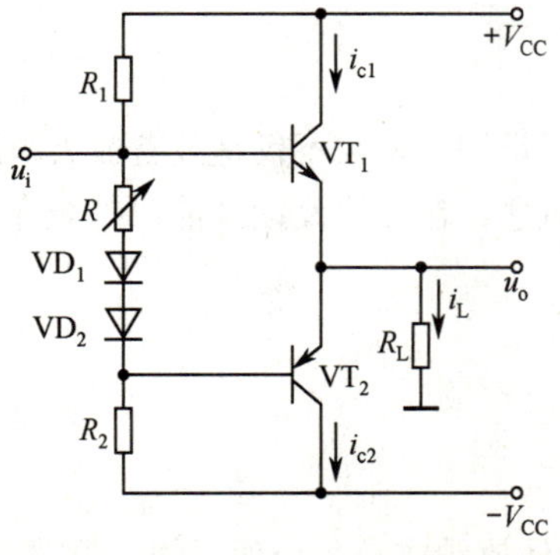

图 5-15　OCL 甲乙类互补对称功率放大电路

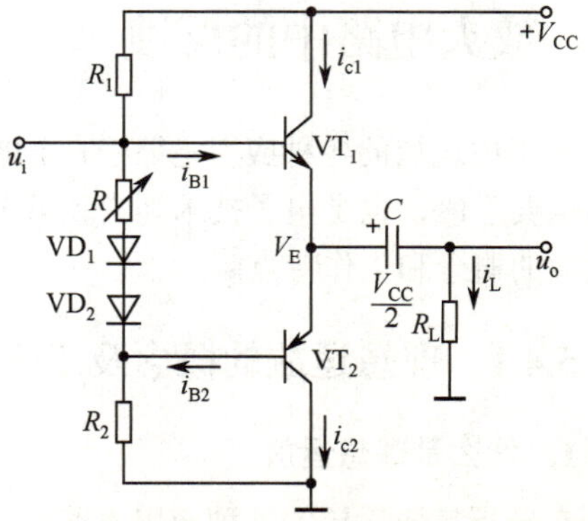

图 5-16　OTL 甲乙类互补对称功率放大电路

5.3 集成运放的性能指标

集成运放性能的好坏，可用其性能指标来衡量。为了合理正确地选择和使用运放，必须明确其性能指标的意义。

（1）开环差模电压增益 A_{od}

A_{od}是指运放在无外加反馈情况下的直流差模增益，一般用对数表示，单位为分贝（dB）。它是频率的函数，也是影响运算精度的重要参数。一般运放的 A_{od} 为 60dB～120dB，性能较好的运放 A_{od}＞140dB。

（2）共模抑制比

共模抑制比是指运放的差模电压增益 A_{ud} 与共模电压增益 A_{uc} 之比，一般也用对数表示。一般运放的 K_{CMR} 为 80dB～160dB。该指标用以衡量集成运放抑制零漂的能力。

（3）差模输入电阻 R_{id}

该指标是指开环情况下，输入差模信号时运放的输入电阻。其定义为差模输入电压 U_{id} 与相应的输入电流 I_{id} 的变化量之比。R_{id} 用以衡量集成运放向信号源索取电流的大小。该指标越大越好，一般运放的 R_{id} 为 10kΩ～3MΩ。

（4）输入失调电压 U_{io}

它的定义是，为了使运放在零输入时零输出，在输入端所需要加的补偿电压。U_{io} 实际上就是输出失调电压折合到输入端电压的负值，其大小反映了运放电路的对称程度。U_{io} 越小越好，一般为±(0.1～10)mV。

（5）最大差模输入电压 U_{idm}

这是集成运放反相输入端与同相输入端之间能够承受的最大电压。若超过这个限度，输入级差分对管中的一个管子的发射结可能被反向击穿。若输入级由 NPN 管构成，则其 U_{idm} 约为±5V，若输入级含有横向 PNP 管，则 U_{idm} 可达±30V 以上。

（6）单位增益带宽 BW_G 和开环带宽 BW_{Hf}

BW_G 指开环差模电压增益 A_{od} 下降到 0dB（即 $A_{od}=1$）时的信号频率，它与三极管的特征频率相类似。BW_G 用来衡量运放的一项重要品质因素——增益带宽积的大小。BW_{Hf} 则指 A_{od} 下降 3dB 时的信号频率。BW_{Hf} 一般不高，约几十赫兹至几百千赫兹，低的只有几赫兹。

除上述指标外，还有转换速率 S_R、输入偏置电流 I_{iB}、静态功耗 P_C、最大输出电压 U_{omax} 等，这里不再一一介绍。

5.4 放大电路中的反馈

在集成运放的各种应用电路中，几乎无一例外地引用了反馈。反馈不仅是改善放大电路性能的重要手段，也是电子技术和自动调节原理中一个基本概念。在介绍反馈之前，首先介绍理想运放的概念和工作特点。

5.4.1 理想运放的概念及工作特点

1. 什么是理想运放

在分析集成运放的各种应用电路时，常常将其中的集成运放看成是一个理想的运算放大器。

所谓**理想运放**就是将集成运放的各项技术指标理想化，即认为集成运放的各项指标为：

（1）开环差模电压增益 $A_{od}=\infty$；

（2）差模输入电阻 $R_{id}=\infty$；

（3）输出电阻 $R_o=0$；

（4）共模抑制比 $K_{CMR}=\infty$；

（5）输入失调电压、失调电流以及它们的零漂均为零。

实际的集成运放当然达不到上述理想化的技术指标。但由于集成运放工艺水平的不断提高，集成运放产品的各项性能指标越来越好。因此，一般情况下，在分析估算集成运放的应用电路时，将实际运放看成理想运放所造成的误差，在工程上是允许的。后面的分析中，如无特别说明，均将集成运放作为理想运放进行讨论。

2．理想运放的两种工作状态

在各种应用电路中，集成运放的工作状态有**线性状态**和**非线性**状态两种，在其传输特性曲线上对应两个区域，即**线性区**和**非线性区**。集成运放的电路符号和**电压传输特性**分别如图 5-17（a）和（b）所示。由图 5-17（a）所示电路符号可以看出，运放有同相和反相两个输入端，分别对应其内部差分输入级的两个输入端，u_+代表同相输入端电压，u_-代表反相输入端电压，输出电压 u_o 与 u_+具有同相关系，与 u_-具有反相关系。运放的差模输入电压 $u_{id}=(u_+-u_-)$。图 5-17（b）中，虚线代表实际运放的传输特性，实线代表理想运放。可以看出，线性工作区非常窄，当输入端电压的幅度稍有增加，则运放的工作范围将超出线性放大区而到达非线性区。运放工作在不同状态，其表现出的特性也不同，下面分别讨论。

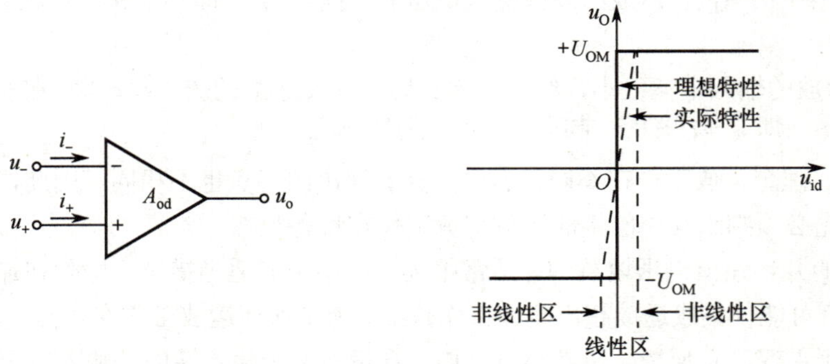

(a) 电路符号　　(b) 传输特性

图 5-17　集成运放的电路符号及电压传输特性

（1）线性工作状态。当运放工作在线性状态时，运放的输出电压与两个输入端电压之间存在着线性放大关系，即

$$u_o = A_{od}u_{id} = A_{od}(u_+ - u_-) \tag{5-19}$$

理想运放工作在线性状态时有两个重要特点：

① 理想运放的差模输入电压 u_{id} 很小，约等于零，即 $u_+\approx u_-$。由于运放工作在线性区，故输出、输入电压之间符合式（5-19）。而且，因为理想运放的 $A_{od}=\infty$，所以由式（5-19）可得

$$u_{id} = u_+ - u_- = u_o/A_{od} \approx 0$$

即

$$u_{id} \approx 0 \text{ 或 } u_+ \approx u_- \tag{5-20}$$

式（5-20）表明，同相输入端与反相输入端的电位相等，如同将该两点短路一样，但实际上该两点并未真正被短路，因此常将此特点简称为**虚短**。

实际集成运放的 $A_{od} \neq \infty$，因此 u_+ 与 u_- 不可能完全相等。但是当 A_{od} 足够大时，集成运放的差模输入电压（$u_+ - u_-$）的值很小，可以忽略。例如，在线性区内，当 $u_o = 10V$ 时，若 $A_{od} = 10^5$，则 $u_+ - u_- = 0.1mV$；若 $A_{od} = 10^7$，则 $u_+ - u_- = 1\mu V$。可见，在一定的 u_o 值下，集成运放的 A_{od} 越大，则 u_+ 与 u_- 的差值越小，将两点视为短路所带来的误差也越小。

② 理想运放的输入电流很小，约等于零。由于理想运放的差模输入电阻 $R_{id} = \infty$，因此在其两个输入端均没有电流，即在图 5-17（a）中，有

$$i_+ = i_- \approx 0 \tag{5-21}$$

此时运放的同相输入端和反相输入端的电流都等于零，如同该两点被断开一样，将此特点简称为**虚断**。

虚短和**虚断**是理想运放工作在线性区时的两个重要特点。这两个特点常常作为今后分析运放应用电路的出发点，因此必须牢固掌握。

（2）非线性工作状态。如果运放的工作信号超出了线性放大的范围，则输出电压与输入电压不再满足式（5-19），即 u_o 不再随差模输入电压 u_{id} 线性增长，u_o 将达到饱和，如图 5-17（b）中所示的非线性工作区。

理想运放工作在非线性状态时，也有两个重要特点：

① 理想运放的输出电压 u_o 只有两种取值。一种等于运放的正向最大输出电压 $+U_{OM}$；另一种等于其负向最大输出电压 $-U_{OM}$，如图 5-17（b）中的实线所示。

$$\begin{cases} 当 u_+ > u_- 时，u_o = +U_{OM} \\ 当 u_+ < u_- 时，u_o = -U_{OM} \end{cases} \tag{5-22}$$

在非线性工作状态内，运放的差模输入电压 u_{id} 可能很大，即 $u_+ \neq u_-$。也就是说，此时**虚短**现象不复存在。

② 理想运放的输入电流很小，约等于零。因为理想运放的 $R_{id} = \infty$，故在非线性区仍满足输入电流等于零，即 $i_+ = i_- \approx 0$ 对非线性工作区仍然成立。

如上所述，理想运放工作在不同状态时，其表现出的特点也不相同。因此，在分析各种应用电路时，首先必须判断其中的集成运放究竟工作在哪种状态。

集成运放的开环差模电压增益 A_{od} 通常很大，如不采取适当措施，即使在输入端加一个很小的电压，仍有可能使集成运放超出线性工作范围。为了保证运放工作在线性区，一般情况下，必须在电路中引入深度负反馈，以减小直接施加在运放两个输入端的净输入电压。

5.4.2 反馈的基本概念及判别方法

1．反馈的基本概念

在第 3 章介绍分压式工作点稳定电路时曾经提出过反馈的概念。在该电路中引入反馈起到稳定静态工作点的作用。

所谓**反馈**，就是将放大电路的输出量（电压或电流）的一部分或全部，通过一定的电路形式（反馈网络）引回到它的输入端来影响输入量（电压或电流）的连接方式。

为了更好地理解反馈的概念，我们将引入反馈的放大电路用一个方框图表示，如图 5-18 所示。为了表示一般情况，图 5-18 所示方框图中的输入信号、输出信号和反馈信号都用正弦相量表示，它们可能是电压量，也可能是电流量。其中，上面一个方框表示**放大网络**，无反馈时放大网络的放大倍数为 $\dot{A}$，下面一个方框表示能够把输出信号的一部分或者全部送回到输入端的电路，称为**反馈网络**，**反馈系数**用 $\dot{F}$ 表示；箭头线表示信号传输方向，信号在放大网络中为正

向传递，在反馈网络中为反向传递；符号⊗表示信号叠加，输入信号 $\dot{X}_i$ 由前级电路提供；反馈信号 $\dot{X}_f$ 是反馈网络从输出端取样后送回到输入端的信号；$\dot{X}_i'$ 是输入信号 $\dot{X}_i$ 与反馈信号 $\dot{X}_f$ 在输入端叠加后的净输入信号，“+”和“−”表示 $\dot{X}_i$ 和 $\dot{X}_f$ 参与叠加时规定的正方向，即 $\dot{X}_i - \dot{X}_f = \dot{X}_i'$；$\dot{X}_o$ 为输出信号。通常，从输出端取出信号的过程称为取样，把 $\dot{X}_i$ 与 $\dot{X}_f$ 的叠加过程称为比较。

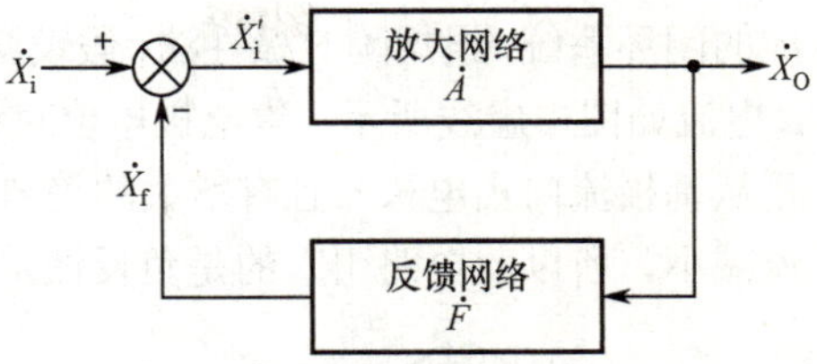

图 5-18　反馈放大电路的方框图

引入反馈后，放大电路与反馈网络构成一个闭合环路，所以有时把引入了反馈的放大电路称为闭环放大电路（或称**闭环系统**），而未引入反馈的放大电路称为开环放大电路（或称**开环系统**）。

2．反馈的分类及判别方法

介绍反馈的分类之前，首先应搞清如何判断电路中是否引入了反馈。

若放大电路中存在将输出回路与输入回路相连接的通路，即反馈电路，并由此影响了放大电路的净输入量，则表明电路中引入了反馈；否则电路中便没有反馈。

如图 5-19（a）所示电路中，集成运放的输出端与同相输入端、反向输入端均无通路，故电路中没有反馈。如图 5-19（b）所示电路中，电阻 R_2 将集成运放的输出端与反相输入端相连接，因而集成运放的净输入量不仅决定于输入信号，还与输出信号有关，所以该电路中引入了反馈。在如图 5-19（c）所示电路中，虽然电阻 R 跨接在集成运放的输出端与同相输入端之间，但是由于同相输入端接地，所以 R 只不过是集成运放的负载，而不会使 u_o 作用于输入回路，可见电路中没有引入反馈。

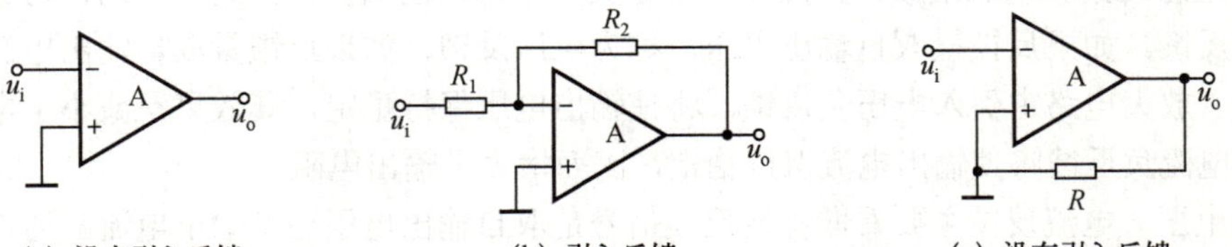

(a) 没有引入反馈　　(b) 引入反馈　　(c) 没有引入反馈

图 5-19　有无反馈的判断

由以上分析可知，寻找电路中有无反馈通路是判断电路中是否引入反馈的主要方法。只有首先判断出电路中存在反馈，继而才能进一步分析反馈的类型。

（1）**正反馈和负反馈**。按照反馈量极性分类，有正反馈和负反馈。以图 5-18 为例，如果反馈量 X_f 增强了净输入量 X_i'，使输出量有所增大，称为正反馈。反之，如果反馈量 X_f 削弱了净输入量 X_i'，使输出量有所减小，则称为负反馈。

判断正、负反馈，一般用**瞬时极性法**。具体方法如下。

① 首先假设输入信号某一时刻的瞬时极性为正（用“+”表示）或负（用“−”表示），“+”表示该瞬间信号有增大的趋势，“−”则表示有减小的趋势。

② 根据输入信号与输出信号的相位关系，逐步推断电路有关各点此时的极性，最终确定输出信号和反馈信号的瞬时极性。

③ 再根据反馈信号与输入信号的连接情况，分析净输入量的变化，如果反馈信号使净输入量增强，即为正反馈，反之为负反馈。

例如图 5-20 中，图 5-20（a）、（b）所示为由集成运放构成的闭环系统，其中图 5-20（a）

中通过电阻 R_2 和 R_1 在运放的反相输入端引入了负反馈；图 5-20（b）中通过电阻 R_2 和 R_1 在运放的同相输入端引入了正反馈。由此可知，对于单个集成运放，若通过纯电阻网络将反馈引到反相输入端，则为负反馈；引到同相输入端，则为正反馈。如图 5-20（c）所示为由分立元件构成的闭环系统，根据瞬时极性法，假设交流信号源 u_S 瞬时极性为“+”，则基极电位也瞬时为“+”，i_b 电流如图中虚线所示，集电极电位对地瞬时为“−”，所以 u_o 在电阻 R_F 上产生的电流 i_f 的方向是从基极流向集电极，且有增大的趋势，而净输入电流 $i_b = i_i - i_f$，显然反馈的结果使净输入电流减小，所以此电路引入的是负反馈。

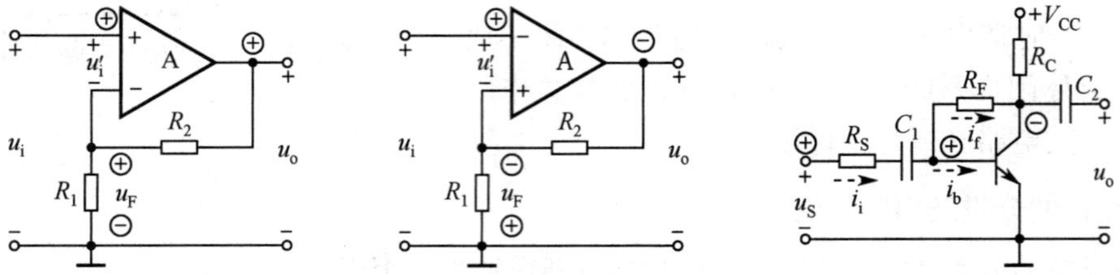

(a) 负反馈　　(b) 正反馈　　(c) 负反馈

图 5-20　正负反馈的判断

（2）**直流反馈**和**交流反馈**。按照反馈量中包含交、直流的成分的不同，有直流反馈和交流反馈之分。如果反馈量中只含有直流成分，称为直流反馈。如果反馈量中只含交流成分，称为交流反馈。在集成运放反馈电路中，往往是两者兼有。直流负反馈的主要作用是稳定静态工作点；交流负反馈则改善电路的动态性能。

关于交、直流反馈的判断方法，主要看交流通路或直流通路中有无反馈通路，若存在反馈通路，必有对应的反馈。

（3）**电压反馈**和**电流反馈**。按照反馈量在放大电路输出端取样方式的不同，可分为电压反馈和电流反馈。如果反馈量取自输出电压，称为电压反馈；如果反馈量取自输出电流，则称为电流反馈。放大电路中引入电压负反馈，将使输出电压保持稳定，其效果是减小了电路的输出电阻；而电流负反馈将使输出电流保持稳定，因而增大了输出电阻。

判断电压、电流反馈主要看取样端反馈信号是取自输出电压还是输出电流。通常有两种判断方法：

① 输出端短路法。将反馈放大器的负载短路（即令输出电压 $u_o = 0$），观察此时是否仍有反馈信号。如果反馈信号不复存在，则为电压反馈，否则就是电流反馈。

② 根据电路结构判定。在交流通路中，若放大器的输出端和反馈网络的取样端处在同一个放大器件的同一个电极上，则为电压反馈，否则是电流反馈。

按上述方法可以判定，图 5-21（a）所示放大电路中引入的是电压反馈，图 5-21（b）中引入的是电流反馈。

（4）**串联反馈**和**并联反馈**。串联反馈和并联反馈是指反馈信号在放大电路的输入端和输入信号的连接形式。

反馈信号可以是电压形式或电流形式；输入信号也可以是电压形式或电流形式。如果反馈信号和输入信号都是以电压形式出现，那么它们在输入回路必定以串联的方式连接，这就是串联反馈；如果反馈信号和输入信号都是以电流形式出现，那么它们在输入回路必定以并联的方式连接，这就是并联反馈。

判断串、并联反馈的方法是：对于交流分量而言，如果输入信号和反馈信号分别接到同一放大器件的同一个电极上，则为并联反馈；如果两个信号接到不同电极上，则为串联反馈。

按此方法可以判定，图 5-21（a）放大电路中引入的是并联反馈，图 5-21（b）中引入的是串联反馈。

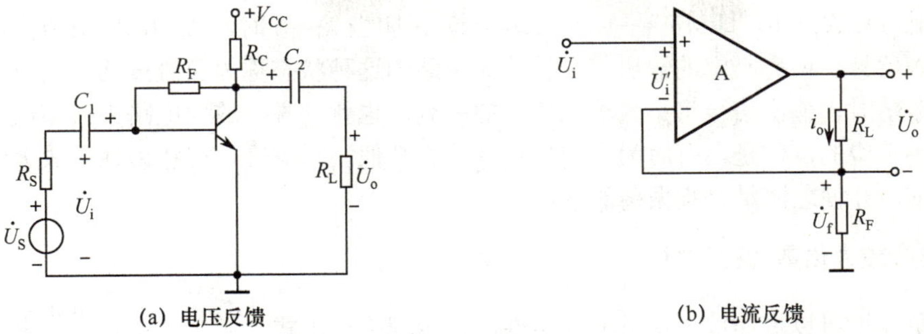

图 5-21 反馈电路举例

以上提出了几种常见的反馈分类方法。除此之外，反馈还可以按其他方面分类。例如，在多级放大电路中，可以分为局部反馈（本级反馈）和级间反馈；又如在差动放大电路中，可以分为差模反馈和共模反馈等，此处不再一一列举。

根据以上分析可知，实际放大电路中的反馈形式是多种多样的，本章将着重分析各种形式的交流负反馈。对于交流负反馈来说，根据反馈信号在输出端取样方式以及在输入回路中叠加形式的不同，共有**四种组态**，分别是：**电压串联负反馈、电压并联负反馈、电流串联负反馈、电流并联负反馈**。

5.4.3 负反馈对放大电路性能的影响

负反馈对放大电路性能的影响，主要表现在以下几个方面。

1．降低放大倍数

若 A_f 为引入负反馈后的**闭环放大倍数**（此处只考虑相量 $\dot{A}_f$ 的大小而不考虑相位，以下各量同），A 为**开环放大倍数**，F 为**反馈系数**，参照图 5-18 不难推得

$$A_f = \frac{A}{1+AF} \tag{5-23}$$

式（5-23）即为反馈放大电路的一般表达式。其中，$1+AF$ 称为**反馈深度**，表示引入反馈后放大电路的放大倍数与无反馈时相比所变化的倍数。反馈深度是一个非常重要的参数，通过后面的分析将会看到，放大电路引入负反馈后，其中各项性能的改善程度，皆与 $1+AF$ 的大小有关。下面针对式（5-23）分三种情况进行讨论。

（1）若$(1+AF)>1$，则 $A_f<A$，说明引入反馈后使放大倍数减小，这种反馈称为负反馈。负反馈虽然降低了放大倍数，但却换来了放大电路性能的稳定，可以说，负反馈放大电路是以牺牲放大倍数作为代价换来整个电路性能的稳定。

在负反馈情况下，如果反馈深度$(1+AF)\gg 1$，则式（5-23）可简化为 $A_f \approx \dfrac{1}{F}$，这表明，当反馈深度$(1+AF)\gg 1$ 时，闭环放大倍数 A_f基本上等于反馈系数 F 的倒数，而与放大电路的放大倍数 A 无关。因而，即使由于温度等因素变化而导致放大网络的放大倍数 A 发生变化，只要 F 的值一定，就能保证闭环放大倍数 A_f稳定，这是深度负反馈放大电路的一个突出优点。实际的反馈网络常由电阻等原件组成，反馈系数 F 通常决定于某些电阻值之比，基本上不受温度的影响。实际在设计放大电路时，为了提高稳定性，往往选用开环电压增益 A_{od} 很高的集成运放，以便引入**深度负反馈**。

（2）若$(1+AF)<1$，则$A_f>A$，即引入反馈后放大倍数比原来增大，因此这种反馈称为正反馈。正反馈虽然可以提高增益，但使放大电路的性能不稳定，所以很少使用。

（3）若$(1+AF)=0$，即$AF=-1$，则$A_f\to\infty$。说明当$X_i=0$时，$X_o\neq0$，此时放大电路虽然没有外加输入信号，但有一定的输出信号。放大电路的这种状态称为**自激振荡**。当反馈放大电路发生自激振荡时，输出信号将不受输入信号的控制，也就是说，放大电路失去了放大作用，这是我们所不希望的。但是，有时为了产生正弦波或其他波形信号，有意识地在放大电路中引入一个正反馈，并使之满足自激振荡的条件。

2．提高放大倍数的稳定性

交流负反馈可以提高放大倍数的稳定性，稳定程度可用式$\dfrac{\mathrm{d}A_f}{A_f}=\dfrac{1}{1+AF}\cdot\dfrac{\mathrm{d}A}{A}$表示。此式表明，闭环放大倍数$A_f$的相对变化量$\dfrac{\mathrm{d}A_f}{A_f}$仅为其开环放大电路放大倍数$A$的相对变化量$\dfrac{\mathrm{d}A}{A}$的$\dfrac{1}{1+AF}$，也就是说$A_f$的稳定性是$A$的$(1+AF)$倍。例如，当$A$变化10%时，若$1+AF=100$，则$A_f$仅变化0.1%。

应当指出，A_f的稳定性是以损失放大倍数作为代价的，即A_f减小到A的$\dfrac{1}{1+AF}$，才使其稳定性提高到A的$(1+AF)$倍。

3．改善非线性失真

可以证明，在输出信号基波不变的情况下，引入负反馈后，电路的非线性失真减小到原来的$\dfrac{1}{1+AF}$。

例如，在如图5-22（a）所示电路中，放大电路无反馈，当输入信号为正弦波时，由于放大电路的非线性，使输出信号幅值出现上大下小、正半周与负半周不对称的失真波形。但是，当电路中引入负反馈后，由于反馈信号取自输出信号，所以也呈上大下小的波形，这样，净输入信号就会呈现上小下大的波形（因为净输入信号$x_i'=x_i-x_f$），如图5-22（b）所示；经过放大电路非线性的校正，使得输出信号幅值正、负半周趋于对称，近似为正弦波，即改善了输出波形。

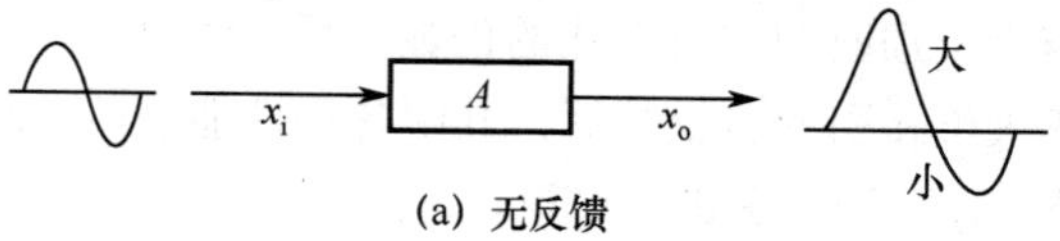

(a) 无反馈

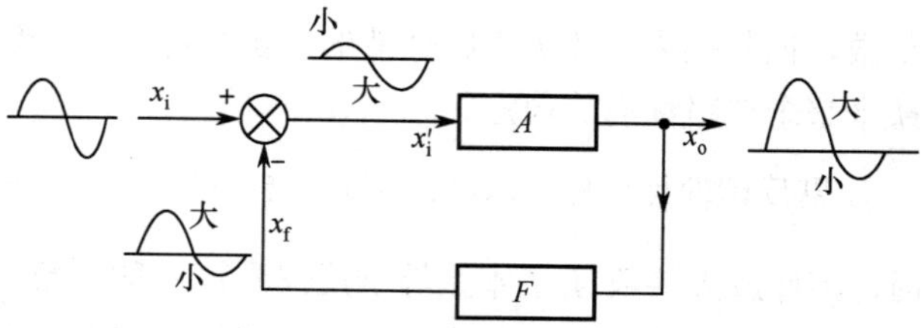

(b) 引入反馈

图5-22　利用负反馈减小非线性失真

4．展宽频带

引入负反馈后，电压放大倍数下降几分之一，通频带就展宽几倍。可见，引入负反馈可以展宽通频带，但这也是以降低放大倍数作为代价的。

5．负反馈可以改变输入、输出电阻

（1）串联负反馈使输入电阻增大。在串联负反馈中，由于在放大电路的输入端反馈网络和基本放大电路是串联的，输入电阻的增加是不难理解的。通过分析可知，串联负反馈放大电路的输入电阻为

$$R_{if}=(1+AF)R_i$$

（2）并联负反馈使输入电阻减小。在并联负反馈中，由于在放大电路的输入端反馈网络和基本放大电路是并联的，因而势必造成输入电阻的减小。通过分析可得，并联负反馈放大电路的输入电阻为

$$R_{if}=\frac{1}{1+AF}R_i$$

（3）电压负反馈使输出电阻减小。电压负反馈具有稳定输出电压的作用，即当负载变化时，输出电压的变化很小，这意味着电压负反馈放大电路的输出电阻减小了。若基本放大电路的输出电阻为 R_o，可以证明，电压负反馈放大电路的输出电阻为

$$R_{of}=\frac{R_o}{1+AF}$$

（4）电流负反馈使输出电阻增大。电流负反馈具有稳定输出电流的作用，即当负载变化时，输出电流的变化很小，这意味着电流负反馈放大电路的输出电阻增大了。若基本放大电路的输出电阻为 R_o，可以证明，电流负反馈放大电路的输出电阻为

$$R_{of}=(1+AF)R_o$$

5.5 集成运放的应用

集成运放作为通用性器件，它的应用十分广泛。以集成运放为核心部件，在其外围加上一定形式的外接电路，即可构成各种功能的电路，例如运算电路，滤波电路、比较电路以及波形产生和变换电路等。

在 5.4 节已经讨论过，集成运放有线性和非线性两个工作区域，因此在分析具体的集成运放应用电路时，首先判断运放工作在线性区还是非线性区，再运用线性区和非线性区的特点分析电路的工作原理。

一般而言，判断运放工作状态的最直接的方法是看电路中引入反馈的极性，若为负反馈，则工作在线性区；若为正反馈或者没有引入反馈（开环状态），则运放工作在非线性状态。

5.5.1 模拟信号运算电路

集成运算放大器加入负反馈，可以实现比例、加法、减法、积分、微分、对数、指数、乘法、除法等数学运算功能，实现这些运算功能的电路统称为模拟信号运算电路，简称运算电路。在运算电路中，运放工作在线性区，在分析各种运算电路时，要注意输入方式，利用**虚短**和**虚断**的特点进行工作原理的分析。

1．比例运算电路

比例电路是最基本的运算电路，它是构成其他各种运算电路的基础。本章随后将介绍的各种运算电路，都是在比例电路的基础上，加以扩展或演变以后得到的。

根据输入信号接法的不同，比例电路有三种基本形式：反相输入、同相输入以及差分输入比例电路。

（1）反相比例运算电路。如图 5-23 所示为反相比例运算电路。输入电压 u_i 通过电阻 R_1 接入运放的反相输入端。R_F 为反馈电阻，引入了电压并联负反馈。同相输入端电阻 R_2 接地，为保证运放输入级差分放大电路的对称性，要求 $R_2 = R_1 // R_F$。

根据前面的分析，该电路的运放工作在线性区，并具有**虚短**和**虚断**的特点。由于虚断，故 $i_+ = 0$，即 R_2 上没有压降，则 $u_+ = 0$；又因虚短，可得 $u_+ = u_- = 0$，这说明在反相比例电路中，集成运放的反相输入端与同相输入端的电位不仅相等，而且均等于零，如同该两点接地一样，这种现象称为**虚地**。虚地是反相比例运算电路的一个重要特点，由于虚地，使得加在运放输入端的共模输入电压很小。

由于 $i_- = 0$，则 $i_i = i_F$，即 $\frac{u_i - u_-}{R_1} = \frac{u_- - u_o}{R_F}$，则输出电压与输入电压的关系为

$$u_o = -\frac{R_F}{R_1} u_i \tag{5-24}$$

由式（5-24）可以看出，u_o 与 u_i 的比值总为负，表示输出电压与输入电压反相。另外，该比值的绝对值可以大于、等于 1 或小于 1。若 $R_F = R_1$，则 $u_o = -u_i$，输出电压与输入电压大小相等，相位相反。这时，反相比例电路只起反相作用，称为**反相器**。

由于反相输入端虚地，故该电路的输入电阻为 $R_{if} = R_1$。反相比例电路的输入电阻不大，这是由于电路中接入了电压并联负反馈的缘故。我们已经知道，并联负反馈将降低输入电阻。反相比例运算电路中引入了深度的电压并联负反馈，该电路输出电阻很小，具有很强的带负载能力。

（2）同相比例运算电路。如图 5-24 所示是同相比例运算电路，运放的反相输入端通过电阻 R_1 接地，同相输入端则通过补偿电阻 R_2 接输入信号，$R_2 = R_1 // R_F$。电路通过电阻 R_F 引入了电压串联负反馈，运放工作在线性区。同样根据**虚短**和**虚断**的特点可知，$i_+ = i_- = 0$，故 $u_- = \frac{R_1}{R_1 + R_F} u_o$，而且 $u_+ = u_- = u_i$。由此可得同相比例运算电路输出电压与输入电压的关系为

$$u_o = \left(1 + \frac{R_F}{R_1}\right) u_i \tag{5-25}$$

由式（5-25）可以看出，u_o 与 u_i 的比值总为正，表示输出电压与输入电压同相。另外，该比值总是大于或等于 1，不可能小于 1。如果 $R_F = 0$，从式（5-25）可知输入电压 u_i 等于输出电压 u_o，即 $u_o = u_i$，而且相位相同，故称这一电路为**电压跟随器**。理想运放的开环差模增益为无穷大，因此电压跟随器具有比射极输出器好得多的跟随特性。

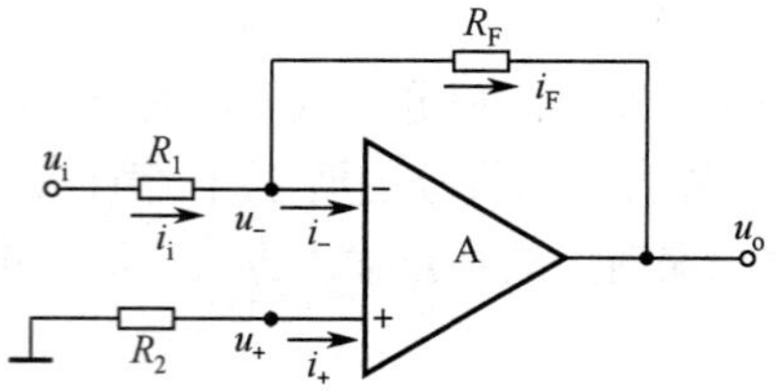

图 5-23　反相比例运算电路

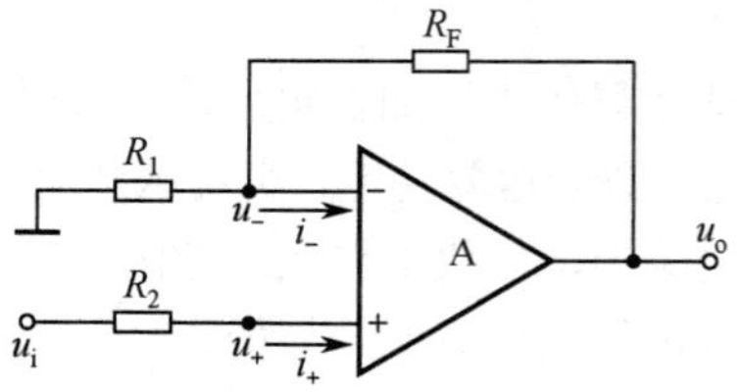

图 5-24　同相比例运算电路

集成电压跟随器具有多方面的优良性能。例如，型号为 AD9620 的芯片，电压增益为 0.994，输入电阻为 0.8MΩ，输出电阻为 40Ω，带宽为 600MHz，转换速率为 2000V/μs。

同相比例运算电路引入的是电压串联负反馈，具有较大的输入电阻和很小的输出电阻，这是这种电路的主要优点。

（3）差分比例运算电路。前面介绍的反相和同相比例运算电路，都是单端输入放大电路，差分比例运算电路属于双端输入放大电路，其电路如图 5-25 所示。为了保证运放两个输入端对地的电阻平衡，同时为了避免降低共模抑制比，通常要求 $R_1=R_2$，$R_F = R_F'$。根据叠加定理以及**虚短**和**虚断**的特点，可以推得输出电压与输入电压关系式为

$$u_o = -\frac{R_F}{R_1}(u_{i1} - u_{i2}) \tag{5-26}$$

在电路元件参数对称的条件下，差分比例运算电路的差模输入电阻为 $R_{if} = 2R_1$。

由以上分析可见，差分比例运算电路的输出电压与两个输入电压之差成正比，实现了差分比例运算，或者说实现了减法运算。

2．加减运算电路

实现多个输入信号按各自不同的比例求和或求差的电路统称为加减运算电路。若所有输入信号均作用于集成运放的同一个输入端，则实现加法运算；若一部分输入信号作用于集成运放的同相输入端，而另一部分输入信号作用于反相输入端，则实现加减运算。

（1）加法运算电路。加法运算电路的输出信号反映多个模拟输入信号相加的结果。用运放实现加法运算时，可以采用反相输入方式，也可采用同相输入方式。

① **反相加法运算电路**。如图 5-26 所示为反相加法运算电路，图中 $R' = R_1 // R_2 // R_3 // R_F$。由**虚短**和**虚断**的概念可以推得输出电压与输入电压的关系式为

$$u_o = -i_F R_F = -\left(\frac{R_F}{R_1}u_{i1} + \frac{R_F}{R_2}u_{i2} + \frac{R_F}{R_3}u_{i3}\right) \tag{5-27}$$

如图 5-26 所示反相输入加法运算电路的优点是：当改变某一输入回路的电阻时，仅仅改变输出电压与该路输入电压之间的比例关系，对其他各路没有影响，因此调节比较灵活方便。另外，该电路具有**虚地**的特点，使得加在集成运放输入端的共模电压很小。在实际工作中，反相输入方式的加法电路应用比较广泛。

② **同相加法运算电路**。如图 5-27 所示为同相加法运算电路，各输入电压加在集成运放的同相输入端。同样利用理想运放线性工作区的两个特点，可以推出输出电压与各输入电压之间的关系为

$$u_o = \left(1 + \frac{R_F}{R_1}\right)\left(\frac{R_+}{R_1'}u_{i1} + \frac{R_+}{R_2'}u_{i2} + \frac{R_+}{R_3'}u_{i3}\right) \tag{5-28}$$

式（5-28）中 $R_+ = R_1' // R_2' // R_3' // R'$。也就是说，$R_+$ 与接在运放同相输入端所有各路的输入电阻以及反馈电阻有关，如果要改变某一路输入电压与输出电压的比例关系，则当调节该路输入端电阻时，同时也将改变其他各路的比例关系，故常常需要反复调整，才能最后确定电路的参数，因此估算和调整的过程不太方便。另外，由于集成运放两个输入端不“虚地”，所以对集成运放的最大共模输入电压的要求比较高。在实际工作中，同相加法不如反相加法电路应用广泛。

另外，同相加法电路也可由反相加法电路与反相比例电路共同实现。通过前面的分析可以看出，反相与同相加法电路的 u_o 表达式只差一个负号，因此，若在如图 5-26 所示反相加法电路的基础上再加一级反相器，则可消除负号，变为同相加法电路。

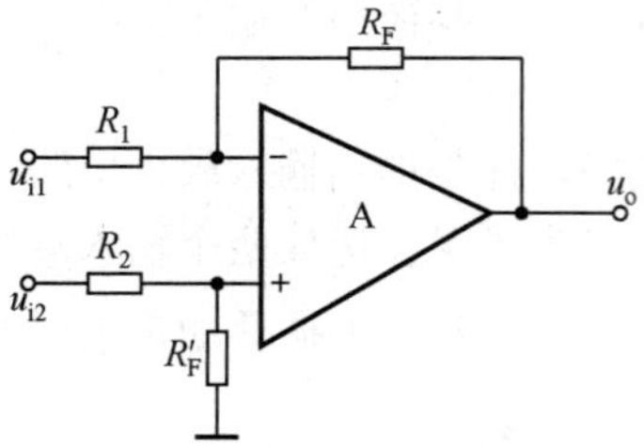

图 5-25　差分比例运算电路

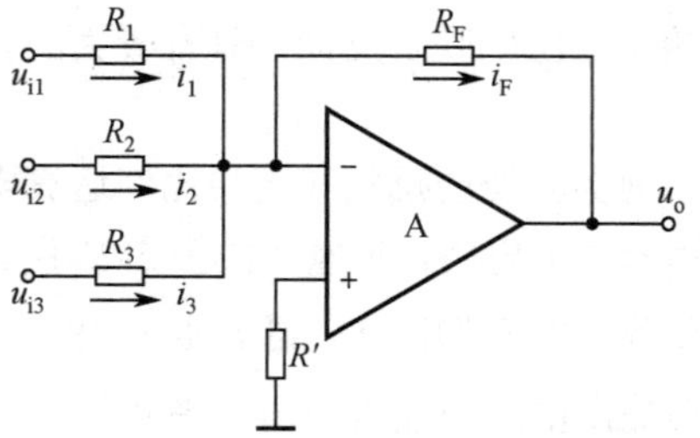

图 5-26　反相输入加法运算电路

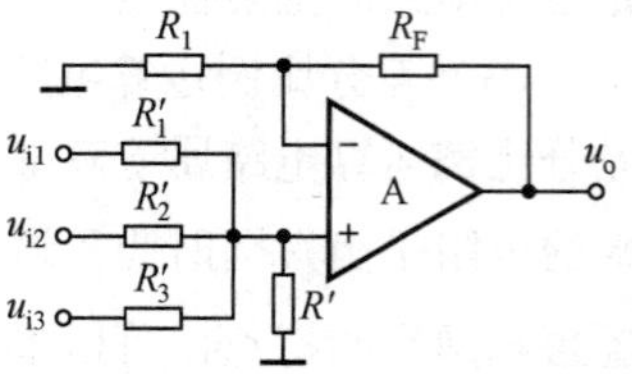

图 5-27　同相输入加法运算电路

例 5-1　假设一个控制系统中的温度、压力和速度等物理量经传感器后分别转换成为模拟电压量 u_{i1}、u_{i2}、u_{i3}，要求该系统的输出电压与上述各物理量之间的关系为

$$u_o = -3u_{i1} - 10u_{i2} - 0.53u_{i3}$$

试设计出实现该表达式的电路图，并选取合适的元件参数以满足上式要求。

解　由已知表达式可知，输出电压 u_o 与各输入电压之间实现的是反相加法运算，故可采用如图 5-26 所示的电路结构加以实现。将以上给定的关系式与式（5-27）比较，可得 $\dfrac{R_F}{R_1}=3$，$\dfrac{R_F}{R_2}=10$，$\dfrac{R_F}{R_3}=0.53$。为了避免电路中的电阻值过大或过小，可先选 $R_F = 100\text{k}\Omega$，则

$$R_1 = \frac{R_F}{3} = \frac{100}{3} = 33.3\,\text{k}\Omega, \qquad R_2 = \frac{R_F}{10} = \frac{100}{10} = 10\,\text{k}\Omega$$

$$R_3 = \frac{R_F}{0.53} = \frac{100}{0.53} = 188.7\,\text{k}\Omega, \qquad R' = R_1 // R_2 // R_3 // R_F$$

为了保证精度，以上电阻应选用精密电阻。

（2）加减运算电路。前面介绍的差分比例运算电路实际上就是一个简单的加减运算电路。如果在差分比例运算电路的同相输入端和反相输入端各输入多个信号，就变成了一般的加减运算电路，如图 5-28 所示，它综合了反相加法运算电路和同相加法运算电路的特点，所以也可称为双端输入求和运算电路。令 $R_N = R_1//R_2//R_F$，$R_P = R_3//R_4//R_5$，取 $R_N = R_P$，使电路参数对称，利用叠加定理可以推得输出电压与输入电压的运算关系式为

$$u_o = \frac{R_F}{R_3}u_{i3} + \frac{R_F}{R_4}u_{i4} - \frac{R_F}{R_1}u_{i1} + \frac{R_F}{R_2}u_{i2} \tag{5-29}$$

利用图 5-28 实现加减运算，要保证 $R_N = R_P$，有时选择参数比较困难，这时可考虑用两级电路实现。图 5-29 所示便是采用两级反相加法电路实现的加减运算电路。根据式（5-27）可以推得图 5-29 电路输出电压的表达式为

$$u_o = \frac{R_{F2}}{R_4}\left(\frac{R_{F1}}{R_1}u_{i1} + \frac{R_{F1}}{R_2}u_{i2}\right) - \frac{R_{F2}}{R_3}u_{i3}$$

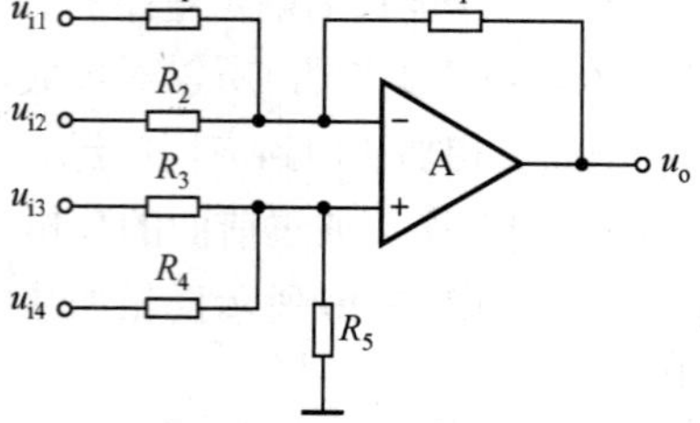

图 5-28　加减运算电路

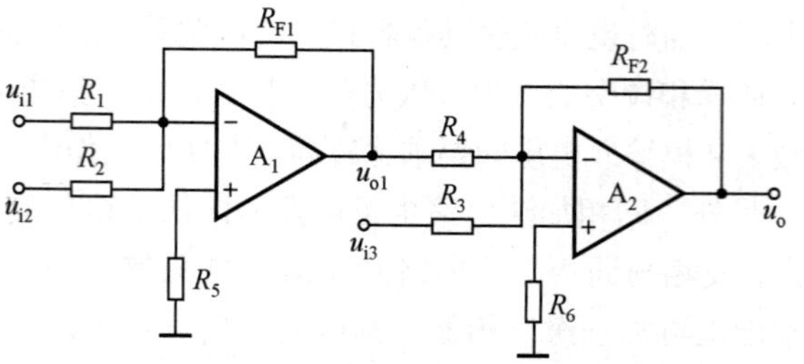

图 5-29　采用两级反相加法电路实现的加减运算电路

3．积分和微分运算电路

我们知道，电容元件的电压和电流之间满足微分或积分关系。因此，以集成运放作为放大电路，利用电阻和电容作为反馈网络，即可实现积分和微分这两种运算电路。

（1）积分运算电路。积分电路如图 5-30 所示，由**虚断**和**虚短**的概念可得 $i_i = i_C = u_i/R$，所以输出电压 u_o 为

$$u_o = -u_C = -\frac{1}{C}\int i_C\,dt = -\frac{1}{RC}\int u_i\,dt \tag{5-30}$$

从而实现了输入电压与输出电压之间的积分运算。通常将上式中电阻 R 与电容 C 的乘积称为**积分时间常数**，用符号“τ”表示。

积分运算电路的用途很多，例如，在自动控制系统中用以延缓过渡过程的冲击，使被控制的电动机外加电压缓慢上升，避免其机械转矩猛增，造成传动机械的损坏。此外，积分电路还可用作波形变换，如图 5-31 所示。当输入为阶跃信号时，若 t_0 时刻电容上的电压为零，则输出电压波形如图 5-31（a）所示。当输入为方波和正弦波时，输出电压分别如图 5-31（b）和（c）所示。

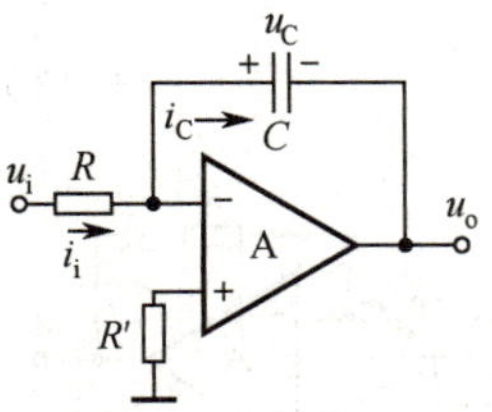

图 5-30　基本积分电路

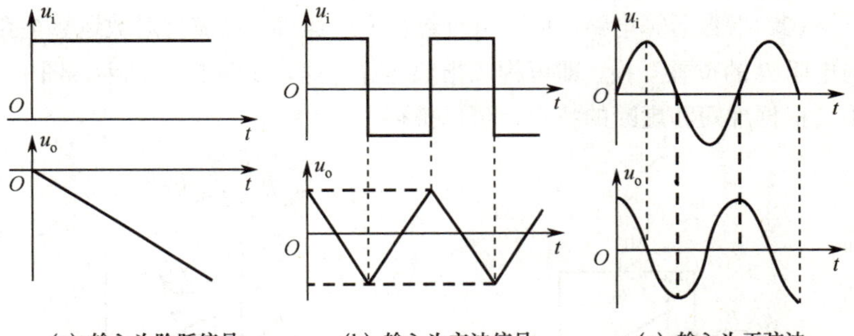

(a) 输入为阶跃信号　(b) 输入为方波信号　(c) 输入为正弦波

图 5-31　积分电路的波形变换作用

（2）微分运算电路。微分是积分的逆运算。将积分电路中 R 和 C 的位置互换，即可组成基本微分电路，如图 5-32 所示。由**虚断**和**虚短**的概念可得 $i_C = i_R$ ，则输出电压为

$$u_o = -i_R R = -i_C R = -RC\frac{du_C}{dt} = -RC\frac{du_i}{dt} \tag{5-31}$$

可见，输出电压正比于输入电压的微分。

微分电路的波形变换作用如图 5-33 所示，可将矩形波变成尖脉冲输出。微分电路在自动控制系统中可用作加速环节，例如电动机出现短路故障时，起加速保护作用，迅速降低其供电电压。

工程上，常把比例（Proportion）、积分（Integration）和微分（Differentiation）电路结合起来构成 PID 校正电路，用作自动控制系统中的信号调节，如图 5-34 所示。PID 校正电路也叫 PID 调节器，它实际上是一个运算控制器，在自动控制系统中实现对输入信号进行比例（P）、积分（I）和微分（D）的控制运算，比例积分运算用来提高调节精度，微分运算用来加速过渡过程。

4．对数和指数运算电路

通过第 3 章学习知道，半导体二极管在一定条件下，其电流与电压之间存在对数或指数运算关系，因此将二极管或三极管接入集成运放的反馈回路和输入回路，即可构成对数和指数运算电路。

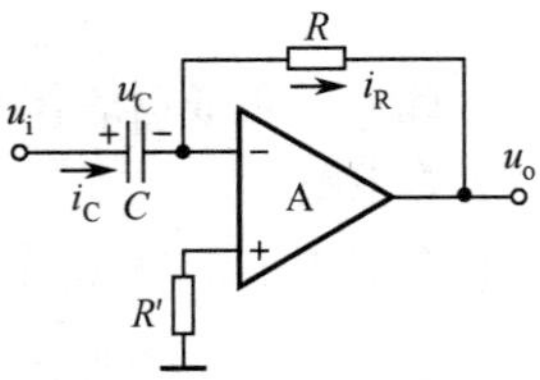

图 5-32　基本微分电路

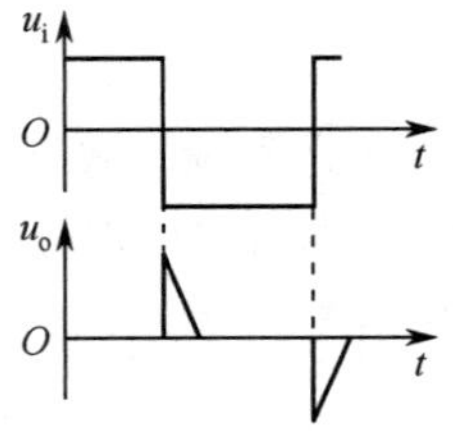

图 5-33　微分电路的波形变换作用

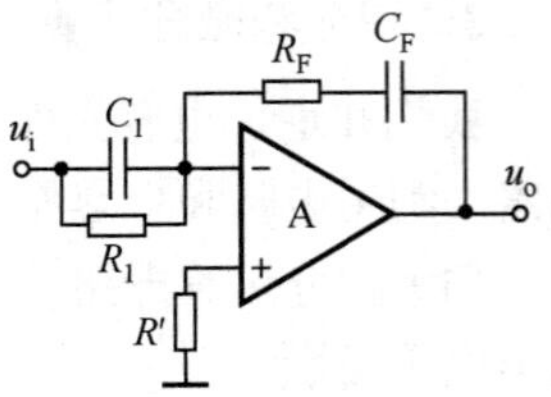

图 5-34　PID 校正电路

（1）对数运算电路。如图 5-35 所示为采用二极管构成的对数运算电路，为使二极管正偏导通，输入电压 u_i 应大于零。根据**虚短**和**虚断**的概念可得

$$u_o = -u_D \approx -U_T \ln \frac{i_D}{I_S} = -U_T \ln \frac{i_R}{I_S} = -U_T \ln \frac{u_i}{I_S R} \tag{5-32}$$

即输出电压与输入电压之间满足对数运算关系。

图 5-35 仅在一定电流范围内才能实现指数运算关系。为了扩大输入电压的动态范围，实际中常用三极管取代二极管。图 5-36 便是利用三极管构成的对数运算电路，该电路同样能实现式（5-32）的对数运算关系。

（2）指数运算电路。指数与对数互为逆运算。只需将对数运算电路中的二极管（或三极管）与电阻 R 的位置互换，即可构成指数运算电路，如图 5-37 所示，图中仍需满足输入电压 u_i 大于零。根据**虚短**和**虚断**的特点，可以推得

$$u_o = -i_R R = -I_S R \, e^{\frac{u_i}{U_T}} \tag{5-33}$$

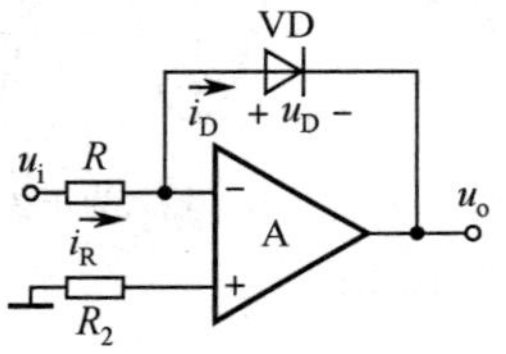

图 5-35　采用二极管的对数运算电路

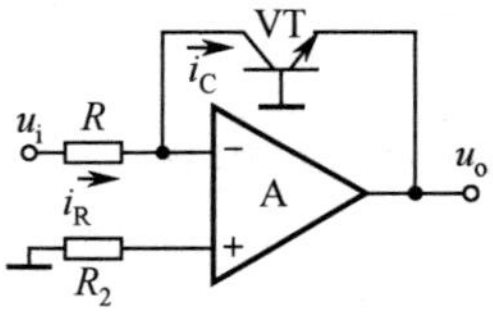

图 5-36　采用三极管的对数运算电路

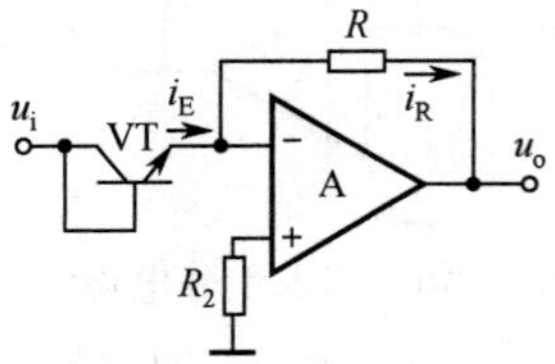

图 5-37　指数运算电路

5．乘法和除法运算电路

利用对数和指数运算电路可实现乘法和除法运算，其实现方框图分别如图 5-38 和图 5-39 所示。

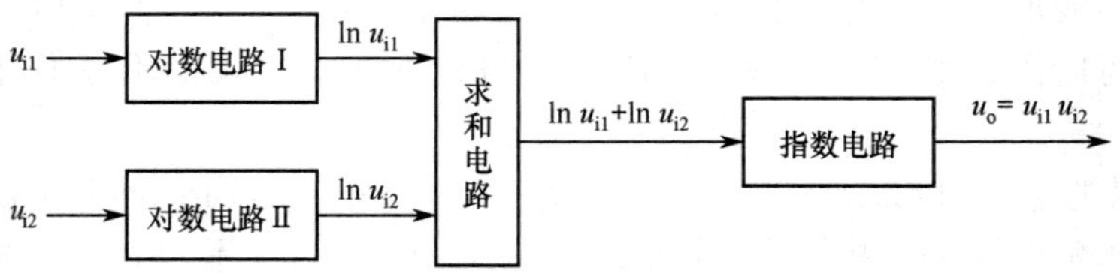

图 5-38　由对数和指数电路实现的乘法电路方框图

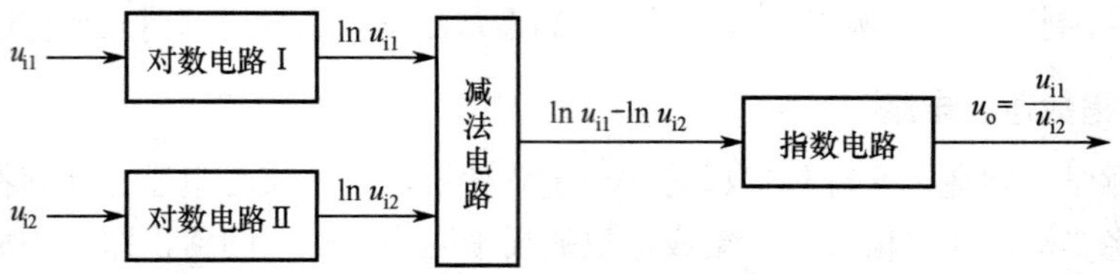

图 5-39　由对数和指数电路实现的除法电路方框图

6. 模拟乘法器及其应用

模拟乘法器是一种完成两个模拟信号相乘的电子器件。近年来，单片的集成模拟乘法器发展十分迅速。由于技术性能不断提高，而价格比低廉，使用比较方便，所以应用十分广泛，不仅用于模拟信号的运算，而且已经扩展到电子测量仪表、无线电通信等各个领域。

（1）模拟乘法器的电路符号和运算关系。模拟乘法器的电路符号如图 5-40 所示，它有两个输入电压信号 u_X、u_Y 和一个输出电压信号 u_o。输入和输出信号可以是连续的电流信号，也可以是连续的电压信号。对于一个理想的电压乘法器，其输出端的电压 u_o 仅与两个输入端的电压 u_X、u_Y 的乘积成正比，故乘法器的输出与输入关系为

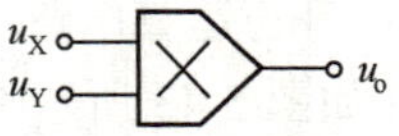

图 5-40　模拟乘法器的电路符号

$$u_o = ku_Xu_Y \tag{5-34}$$

其中 k 是比例系数，其值可正可负，若 k 大于 0 则为同相乘法器，若 k 值小于 0 则为反相乘法器。k 值通常为$+0.1\text{V}^{-1}$或-0.1V^{-1}。

模拟乘法器的两个输入电压 u_X 和 u_Y 的极性可以有正负不同的组合，在 u_X 和 u_Y 的坐标平面上分为 4 个区域，即 4 个象限。如果允许两个输入电压均可有正负两种极性，则乘法器可以在 4 个象限内工作，称为四象限乘法器。如果只允许其中一个输入电压有两种极性，而另一个输入电压只允许为某一种单极性，则乘法器只能在两个象限内工作，称为二象限乘法器。如果两个输入电压都分别只允许为某一种单极性，则乘法器只能在某一个象限内工作，称为单象限乘法器。

（2）模拟乘法器的应用。模拟乘法器的用途十分广泛，除用于模拟信号的运算，如乘法、平方、除法及开方等运算以外，还在电子测量及无线电通信等领域用于振幅调制、混频、倍频、同步检测、鉴相、鉴频、自动增益控制及功率测量等方面。下面举几个例子。

① 平方运算电路

从理论上讲，可以用多个模拟乘法器串联组成 u_i 的任意次幂的运算电路，如图 5-41（a）、（b）、（c）所示分别为平方、3 次方和 4 次方运算电路，其表达式分别为

$$u_{o1} = ku_i^2, \qquad u_{o2} = k^2u_i^3, \qquad u_{o3} = k^3u_i^4$$

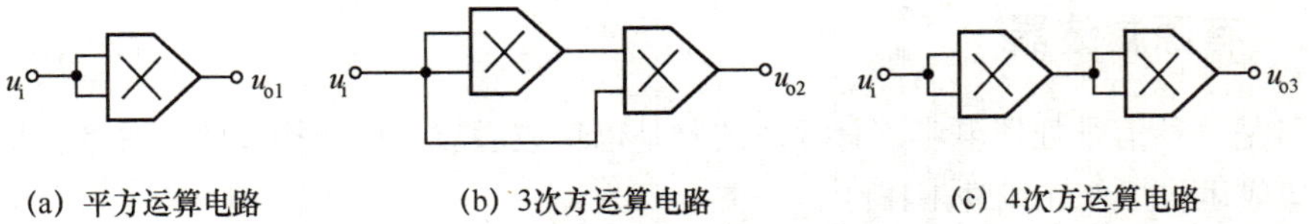

图 5-41　乘方运算电路

但是实际上，当串联的模拟乘法器超过 3 个时，运算误差的积累会使得电路的精密程度变差，在精度要求较高的场合将不适用。因此，在实现高次幂的乘方运算时，可以考虑采用模拟乘法器与集成对数运算电路和指数运算电路组合而成，如图 5-42 所示。

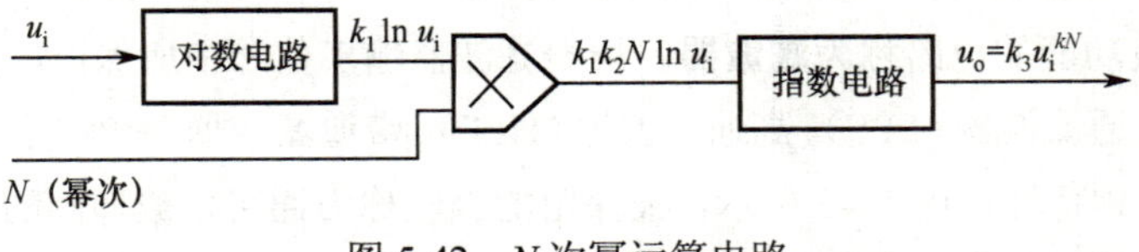

图 5-42　N 次幂运算电路

② 除法运算电路

如图 5-43 所示为除法运算电路，模拟乘法器放在反馈回路中，并形成深度负反馈。可以推得

$$u_o = -\frac{R_2}{kR_1} \cdot \frac{u_{i1}}{u_{i2}} \tag{5-35}$$

从而实现了 u_{i1} 对 u_{i2} 的除法运算，$-\frac{1}{k}$ 是其比例系数。

必须指出，u_{i1} 和 u_{o1} 极性必须相反，才能保证运放工作于深度负反馈状态，因此要求 u_{i2} 必须为正，u_{i1} 的极性可以是任意的，故图 5-43 所示电路属二象限除法运算电路。

③ 开方运算电路

在如图 5-43 所示除法运算电路中，如果将 u_{i2} 端也接到 u_o 端，则除法运算电路变成了开方运算电路，如图 5-44 所示。由图可得

$$u_o = \sqrt{-\frac{u_i}{k}} \tag{5-36}$$

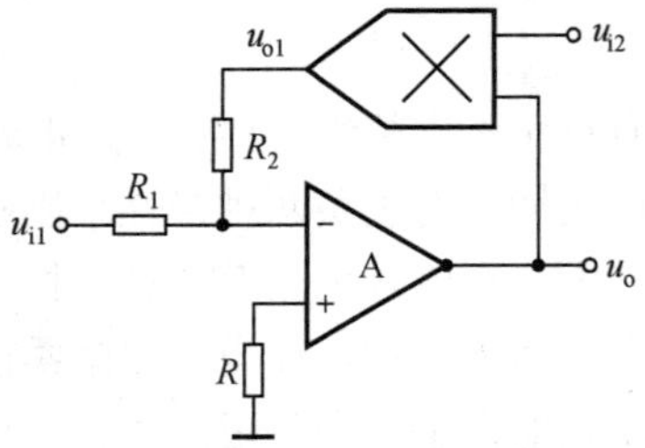

图 5-43　除法运算电路

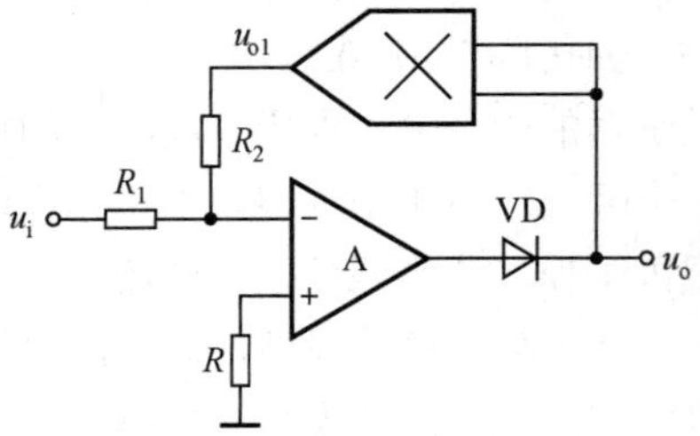

图 5-44　开方运算电路

由式（5-36）可以看出，只有当输入信号 u_i 为负值，才能满足负反馈条件。如图 5-44 中二极管的作用是防止出现当 u_i 因受干扰等原因变为正值时，u_o 为负值的情况，而且 u_{o1} 与 u_i 都为正值，运算放大电路变为正反馈，电路不能正常工作，电路将出现锁定现象，加了二极管后，即可避免锁定现象的发生。

以上是模拟乘法器在信号运算方面的应用举例。此外，模拟乘法器在电子测量和无线通信等领域也有广泛地应用，例如用模拟乘法器可以构成倍频电路、功率测量电路、自动增益控制电路等。

5.5.2　有源滤波器

滤波器是一种信号处理电路，有源滤波器是以集成运放为核心构成的一种滤波器，在有源滤波器中集成运放工作在线性工作区。

1．滤波的概念及滤波器的分类

在电子电路传输的信号中，往往包含多种频率的正弦波分量，其中除有用频率分量外，还有无用的甚至是对电子电路工作有害的频率分量，如高频干扰和噪声。滤波器的作用就是，允许一定频率范围内的信号顺利通过，而抑制或削弱那些不需要的频率分量，即实现**滤波**。

能够实现滤波功能的电路称为**滤波器**。根据滤波器输出信号中所保留的频率成分的不同，可将滤波器分为低通滤波器（LPF）、高通滤波器（HPF）、带通滤波器（BPF）和带阻滤波器（BEF）四大类。它们的幅频特性如图 5-45 所示，被保留的频段称为**通带**，被抑制的频段称为**阻带**。图中虚线所示为实际滤波特性，实线为理想滤波特性。

滤波电路的理想特性是：（1）通带范围内信号无衰减地通过，阻带范围内无信号输出；（2）通带与阻带之间的过渡为零。

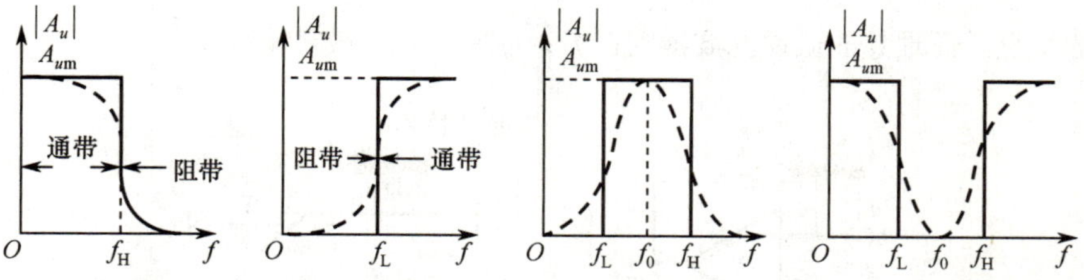

(a) 低通滤波器　(b) 高通滤波器　(c) 带通滤波器　(d) 带阻滤波器

图 5-45　滤波器的幅频特性

2. 各种有源滤波器

如图 5-46 所示 RC 电路就是一个简单的**无源滤波器**。图 5-46（a）电路中，电容 C 上的电压为输出电压，对输入信号中的高频信号，电容的容抗 X_C 很小，则输出电压中的高频信号幅值很小，受到抑制，为低通滤波电路。图 5-46（b）电路中，电阻 R 上的电压为输出电压，由于高频时容抗很小，则高频信号能顺利通过，而低频信号被抑制，因此为高通滤波电路。其幅频特性如图 5-45（a）、（b）所示。

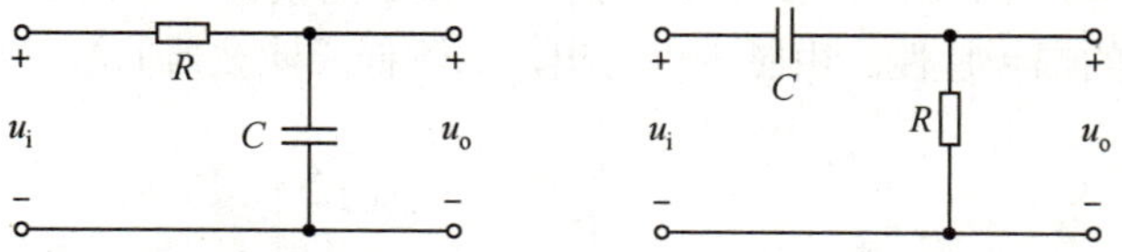

(a) 低通滤波器　(b) 高通滤波器

图 5-46　无源滤波器

无源滤波电路结构简单，但存在诸多缺点，如通带电压放大倍数低、带负载能力差、滤波特性受负载影响、过滤带较宽、幅频特性不理想等。

为了克服无源滤波器的缺点，可将 RC 无源滤波器接到集成运放的同相输入端。因为集成运放为有源元件，故称这种滤波电路为**有源滤波器**。

（1）有源低通滤波器。如图 5-47（a）所示电路为有源低通滤波器，RC 为无源低通滤波电路，输入信号通过它加到同相比例运算电路的输入端，即集成运放的同相输入端，所以电路中引入了深度电压负反馈。如图 5-47（a）所示电路的电压放大倍数为

$$\dot{A}_u=\frac{\dot{U}_o}{\dot{U}_i}=\left(1+\frac{R_F}{R_1}\right)\frac{\dot{U}_+}{\dot{U}_i}=\frac{1+\dfrac{R_F}{R_1}}{1+j\dfrac{f}{f_0}}=\frac{A_{up}}{1+j\dfrac{f}{f_0}}\tag{5-37}$$

式中

$$A_{up}=1+\frac{R_F}{R_1}\tag{5-38}$$

$$f_0=\frac{1}{2\pi RC}\tag{5-39}$$

在如图 5-47（a）所示电路中，当 $f=0$ 时，电容 C 相当于开路，此时的电压放大倍数 A_{up} 即为同相比例运算电路的电压放大倍数。在一般情况下，$A_{up}>1$，所以与无源滤波器相比，合理选择 R_1 和 R_F 就可得到所需的放大倍数。由于电路引入了深度电压负反馈，输出电阻近似为零，因此电路带负载后，$\dot{U}_o$ 与 $\dot{U}_i$ 关系不变，即 R_L 不影响电路的频率特性。当信号频率 f 为通带截止频率 f_0 时，$\left|\dot{A}_u\right|=A_{up}/\sqrt{2}$；因此在图 5-47（b）所示的对数幅频特性中，当 $f=f_0$ 时的增益比通带增益 20lg A_{up} 下降 3dB。当 $f>f_0$ 时，增益以−20dB/十倍频的斜率下降，这是**一阶低**

通滤波器的特点。而理想的低通滤波器则在$f>f_0$时，增益立刻降到 0。

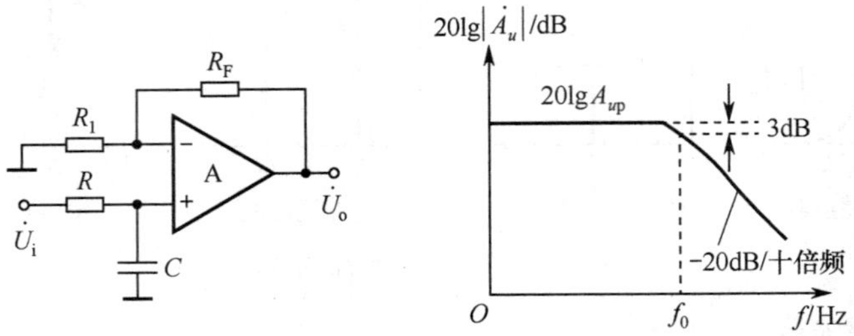

(a) 电路图　　　　(b) 对数幅频特性

图 5-47　一阶有源低通滤波器

为了改善一阶低通滤波器的特性，使之更接近于理想情况，可利用多个 RC 环节构成多阶低通滤波器。具有两个 RC 环节的电路，称为**二阶低通滤波器**；具有三个 RC 环节的电路，称为**三阶低通滤波器**电路；其余类推，阶数越多，且$f>f_0$时，$|\dot{A}_u|$下降越快，$\dot{A}_u$的频率特性越接近理想情况。如图 5-48（a）所示电路就是一种二阶低通滤波器，如图 5-48（b）所示是其不同Q（品质因数）值下的幅频特性。由图可以看出，二阶低通滤波器的幅频特性比一阶的好。

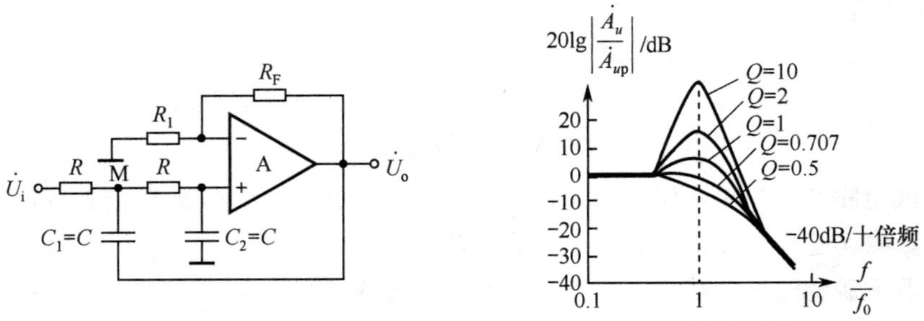

(a) 电路图　　　　(b) 对数幅频特性

图 5-48　二阶有源低通滤波器

（2）有源高通滤波器。将图 5-47（a）所示一阶低通滤波器中R和C的位置调换，就成为**一阶有源高通滤波器**，如图 5-49（a）所示。在图中，滤波电容接在集成运放输入端，它将阻隔、衰减低频信号，而让高频信号顺利通过。

同低通滤波器的分析类似，我们可以得出高通滤波器的下限截止频率为$f_0=1/(2\pi RC)$，对于低于截止频率的低频信号，$|A_u|<0.707|A_{um}|$。

一阶有源高通滤波器的带负载能力强，并能补偿 RC 网络上压降对通带增益的损失，但存在过渡带较宽，滤波性能较差的特点。采用二阶高通滤波，可以明显改善滤波性能。将图 5-48（a）所示二阶低通滤波器中R和C的位置调换，就成为二阶有源高通滤波电路，如图 5-49（b）所示。

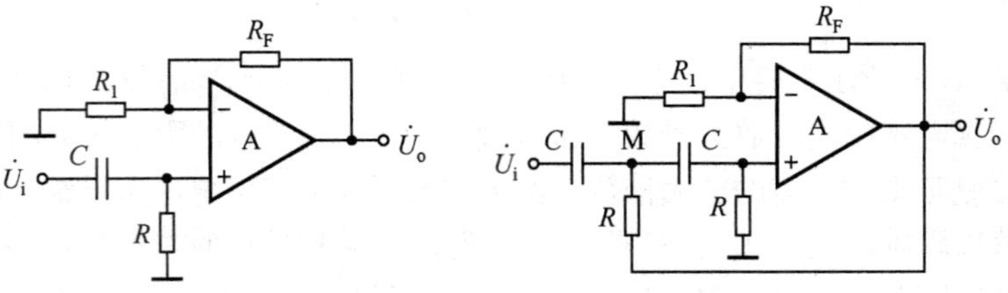

(a) 一阶　　　　(b) 二阶

图 5-49　有源高通滤波器

（3）有源带通滤波器。将低通滤波器和高通滤波器串联，如图 5-50 所示，就可得到**带通滤波器**。设前者的截止频率为 f_{01}，后者的截止频率为 f_{02}，f_{02} 应小于 f_{01}，则通频带为$(f_{01}-f_{02})$。实用电路中也常采用单个集成运放构成压控电压源二阶带通滤波电路，如图 5-51（a）所示，图 5-51（b）是它的幅频特性。Q 值越大，通带放大倍数数值越大，频带越窄，选频特性越好。调整电路的 A_{up} 能够改变频带宽度。

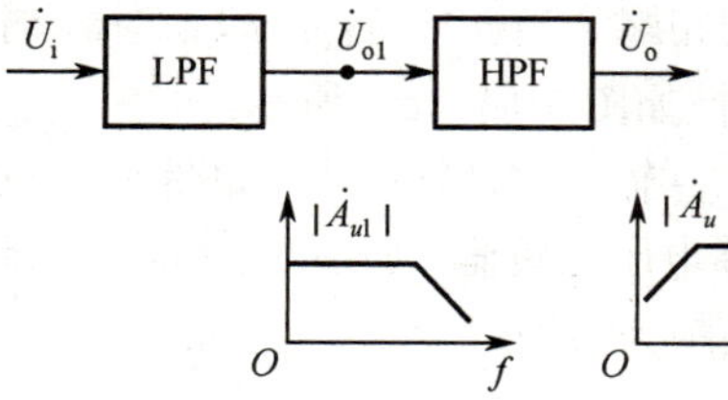

图 5-50　由低通和高通滤波器串联组成的带通滤波器

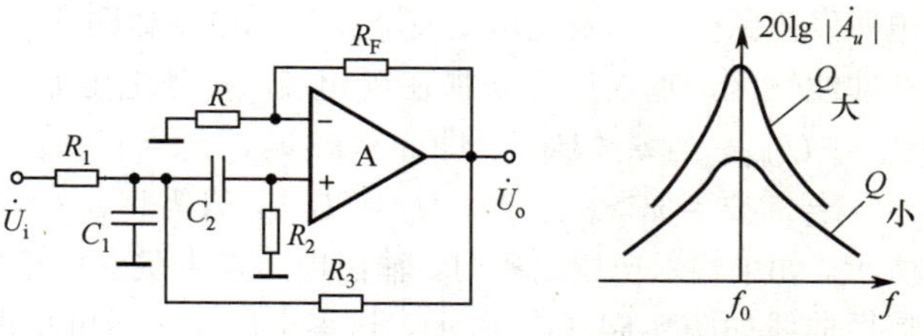

(a) 电路　(b) 幅频特性

图 5-51　压控电压源二阶带通滤波器

（4）有源带阻滤波器。将输入电压同时作用于低通滤波器和高通滤波器，再将两个电路的输出电压求和，就可得到**带阻滤波器**，如图 5-52 所示。其中低通滤波器的截止频率 f_{01} 应小于高通滤波器的截止频率 f_{02}，因此电路的阻带为$(f_{02}-f_{01})$。

实用电路常利用无源 LPF 和 HPF 并联构成无源带阻滤波器，然后接同相比例运算电路，从而得到有源带阻滤波器，如图 5-53 所示。由于两个无源滤波器均由三个元件构成英文字母 T，故称之为双 T 网络。

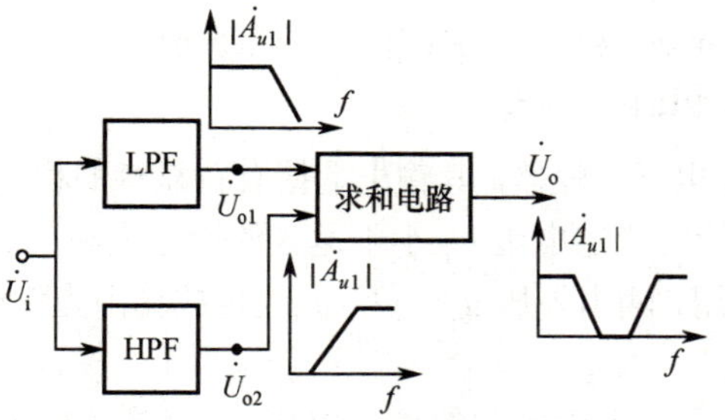

图 5-52　由低通和高通滤波器并联组成的带阻滤波器方框图

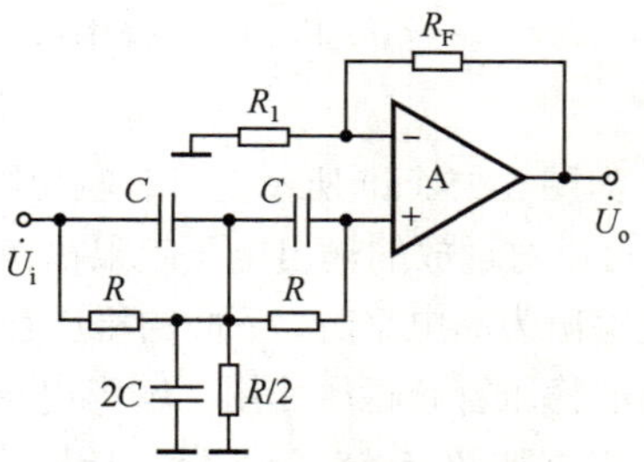

图 5-53　有源带阻滤波器

5.5.3　电压比较器

电压比较器（简称**比较器**）是信号处理电路，其功能是比较两个电压的大小，通过输出电压的高电平或低电平，表示两个输入电压的大小关系。在自动控制和电子测量中，常用于鉴幅、模数转换、各种非正弦波形的产生和变换电路中。

电压比较器的输入信号通常是两个模拟量，一般情况下，其中一个输入信号是固定不变的参考电压 U_{REF}，另一个输入信号则是变化的模拟电压信号 u_i。输出只有两种可能的状态：正饱和值$+U_{OM}$ 或负饱和值$-U_{OM}$。可以认为，比较器的输入信号是连续变化的模拟量，而输出信号则是数字量，即 **0** 或 **1**。

电压比较器中集成运放通常工作在非线性区，即满足：当 $u_-<u_+$ 时，$U_o=+U_{OM}$，正向饱和；当 $u_->u_+$ 时，$U_o=-U_{OM}$，负向饱和；当 $u_-=u_+$ 时，$-U_{OM}<U_o<+U_{OM}$，状态不定。

上述关系表明，工作在非线性区的运放，当 $u_-<u_+$ 或 $u_->u_+$ 时，其输出状态都保持不变，只有当 $u_-=u_+$ 时，输出状态才能够发生跳变。也就是说，若输出状态发生跳变，必定发生在

$u_- = u_+$的时刻。这是分析比较器的重要依据。通常把比较器的输出状态发生跳变的时刻所对应的输入电压值称为**阈值电压**，简称阈值或门限电压，也可简称为门限，记作 U_{TH}。

常用的比较器有单限电压比较器、滞回电压比较器和双限电压比较器。

1．单限电压比较器

单限电压比较器只有一个阈值电压，输入电压变化（增大或减小）经过阈值电压时，输出电压发生跃变。单限电压比较器的基本电路如图 5-54（a）所示，集成运放处于开环状态，工作在非线性区，输入信号 u_i 加在反相端，参考电压 U_{REF} 接在同相端。当 $u_i > U_{REF}$，即 $u_- > u_+$ 时，$U_o = -U_{OM}$；当 $u_i < U_{REF}$，即 $u_- < u_+$ 时，$U_o = +U_{OM}$。传输特性如图 5-54（b）所示。

若需要当 $u_i > U_{REF}$ 时，$U_o = +U_{OM}$，只需将 u_i 输入端与 U_{REF} 输入端调换即可，如图 5-54（c）所示。如果输入电压过零时，输出电压发生跳变，就称为**过零电压比较器**，如图 5-54（e）所示，特性曲线如图 5-54（f）所示。过零电压比较器可将正弦波转换为方波。

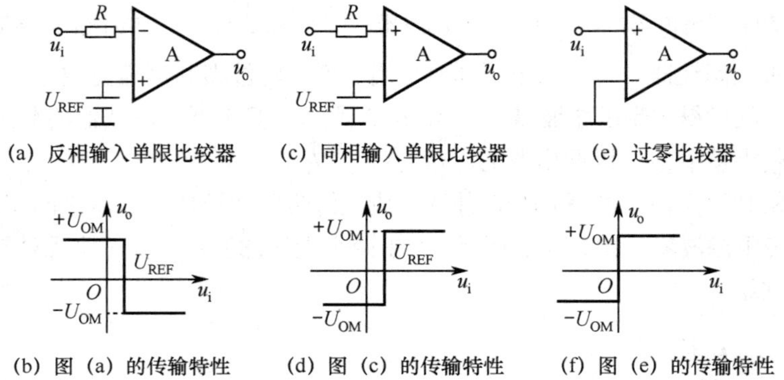

图 5-54　单限电压比较器

如图 5-55（a）所示是具有输出限幅的单限电压比较器，其输出端接有背靠背的稳压管二极管，可以对运放的输出电压起限幅作用。稳压管的稳定电压 U_Z 小于运放的输出饱和值 U_{OM}。当运放输出为高电平时，下面的稳压管起稳压作用，输出电压 $u_o = +U_Z$；当运放输出为低电平时，上面的稳压管起稳压作用，输出电压 $u_o = -U_Z$。

根据如图 5-55（a）所示电路，令 $u_- = u_+$，求出此时的输入电压 u_i 就是阈值电压，即 $U_T = -\frac{R_2}{R_1}U_{REF}$。此式表明，只要改变参考电压的大小和极性，或者改变电阻 R_1 和 R_2 的阻值，就可以改变阈值电压的大小和极性。因此，如图 5-55（a）所示电路实际上是一个阈值电压可调的单限电压比较器，图 5-55（b）是图 5-55（a）电路的电压传输特性。

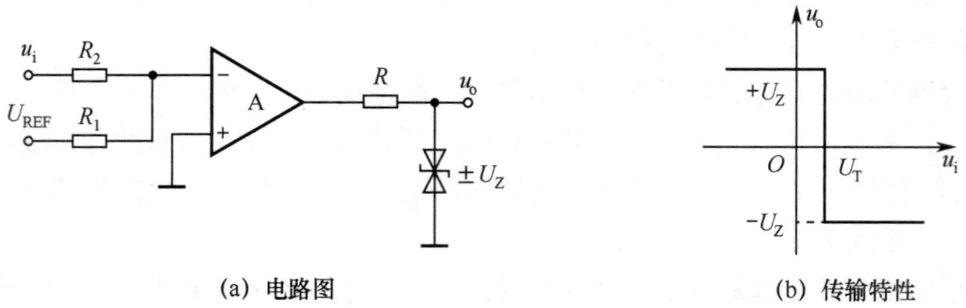

图 5-55　具有输出限幅的单限电压比较器

2．滞回电压比较器

单限电压比较器只有一个阈值电压，只要输入电压经过阈值电压，输出电压就产生跃变。

若输入电压受到干扰或噪声的影响在阈值电压附近波动，即使其幅值很小，输出电压也会在正、负饱和值之间反复跃变。若发生在自动控制系统中，这种过分灵敏的动作将会对执行机构产生不利的影响，甚至干扰其他设备，使之不能正常工作。为了克服这个缺点，可将比较器的输出端与输入端之间引入由 R_F 和 R_2 构成的电压串联正反馈，使运放同相输入端的电压随着输出电压而改变；输入电压接在运放的反相输入端，参考电压经 R_2 接在运放的同相输入端，构成**滞回电压比较器**，电路如图 5-56（a）所示，图 5-56（b）是其电压传输特性。

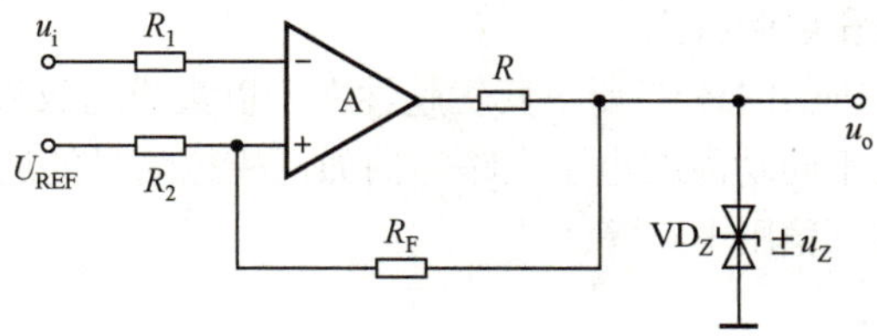

（a）电路图

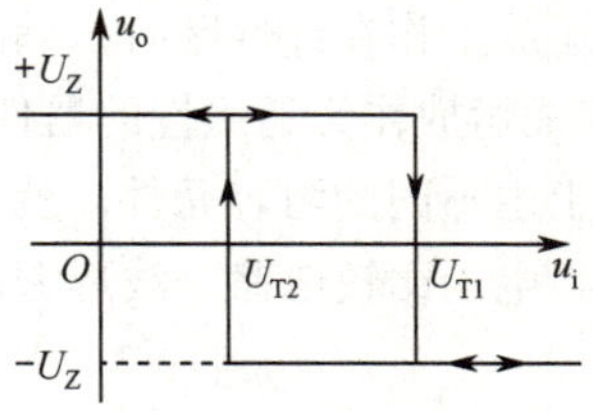

（b）传输特性

图 5-56　滞回电压比较器

滞回电压比较器有两个阈值电压 U_{T1} 和 U_{T2}，且 $U_{T1}>U_{T2}$。它与单限电压比较器的相同之处在于，在输入电压向单一方向的变化过程中，输出电压只跃变一次，根据这一特点可以将滞回电压比较器视为两个不同的单限电压比较器的组合。

3．双限电压比较器

单限电压比较器和滞回电压比较器在输入电压单一方向变化时，输出电压只跃变一次，因而不能检测出输入电压是否在两个给定电压之间，而**双限电压比较器**具有这一功能。如图 5-57（a）所示为一种双限电压比较器，它由两个运放 A_1 和 A_2 组成。输入电压分别接到 A_1 的同相端和 A_2 的反相端，两个参考电压 U_{REFH} 和 U_{REFL} 分别接到 A_1 的反相端和 A_2 的同相端，并且 $U_{REFH}>U_{REFL}$，这两个参考电压就是比较器的两个阈值电压 U_{T1} 和 U_{T2}，$U_{T1}=U_{REFH}$，$U_{T2}=U_{REFL}$。电阻 R 和稳压管 VD_Z 构成限幅电路。

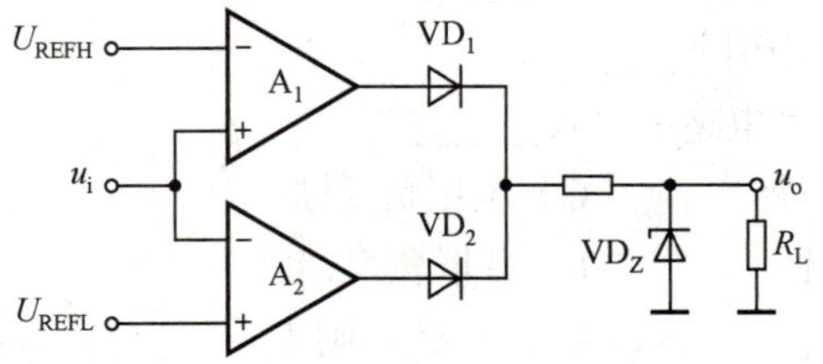

（a）电路

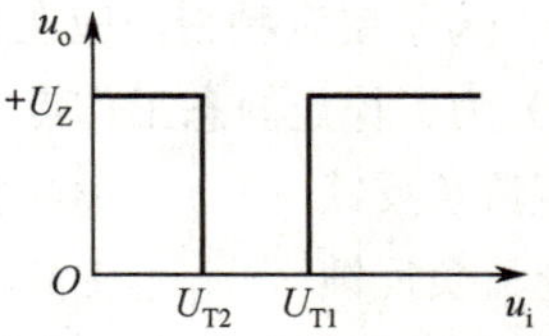

（b）电压传输特性

图 5-57　双限电压比较器

本章小结

1．利用半导体工艺将各种元器件集成在同一硅片上组成的电路就是集成电路。集成电路具有体积小、成本低、可靠性高等优点，是现代电子系统中常见的器件之一。

2．集成运放的内部实质上是一个高放大倍数的多级直接耦合放大电路。它的内部通常包含 4 个基本组成部分，即输入级、中间级、输出级和偏置电路。为了有效地抑制零漂，运放的输入极常采用差分放大电路。集成运放的输出级基本上都采用各种形式的互补对称电路，以降低输出电阻，提高电路的带负载能力。同时，也需要有较高的输入电阻，以免影响中间级共射电路的电压放大倍数。

3．在各种放大电路中普遍采用了负反馈。按照不同的分类标准，反馈可分为正、负反馈，交、直流反馈，串、并联反馈和电压、电流反馈。负反馈有 4 种组态。负反馈虽然降低了放大电路的增益，但却提高了放大电路增益的稳定性，展宽了通频带，减小了非线性失真，改变了放大电路的输入、输出电阻。

4．在分析集成运放的各种应用电路时，常常将其中的集成运放看成是一个理想的运算放大器。理想运放有两种工作状态，即线性和非线性工作状态，在其传输特性曲线上对应两个工作区域。当运放工作在线性区时，满足虚短和虚断特点。

5．集成运放作为通用性的器件，它的应用十分广泛。其优越性在于以集成运放为核心，在其外围接上由不同的阻容元件，就可构成不同功能的电子电路。例如，模拟信号的运算电路、滤波电路、电压比较电路、波形振荡电路、稳压电路等。

习题 5

5-1　选择题

（1）电路的 A_{ud} 越大表示______，A_{uc} 越大表示______，K_{CMR} 越大表示______。

A）温漂越大　　B）抑制温漂能力越强　　C）对差模信号的放大能力越强

（2）集成运放有______个输入端和______个输出端。

A）1　　B）2　　C）3

（3）复合管组成的电路可以______。

A）展宽频带　　B）提高电流放大系数　　C）减小温漂　　D）改变管子类型

（4）a）为了稳定输出电压，应在放大电路中引入______。

b）为了稳定输出电流，应在放大电路中引入______。

c）为了减小输出电阻，应在放大电路中引入______。

d）为了增大输出电阻，应在放大电路中引入______。

e）为了展宽频带，应在放大电路中引入______。

f）为了稳定静态工作点，应在放大电路中引入______。

A）直流负反馈　　B）交流负反馈　　C）电压负反馈

D）电流负反馈　　E）串联负反馈　　F）并联负反馈

（5）集成运放引入正反馈后将工作在______区，若 $U_+<U_-$，则 $U_o=$ ______；若 $U_+>U_-$，则 $U_o=$ ______。

A）线性　　B）非线性　　C）$+U_{OM}$　　D）$-U_{OM}$

5-2　电路如题图 5-2 所示，试说明存在哪些反馈支路，并判断哪些是正反馈，哪些是负反馈，哪些是直流反馈，哪些是交流反馈。如为交流负反馈，请判断反馈的组态。

5-3　电路如题图 5-3 所示：

（1）电路中共有哪些反馈（包括级间反馈和局部反馈），分别说明它们的极性和组态。

（2）如果要求 R_{F1} 只引入交流反馈，R_{F2} 只引入直流反馈，应该如何改变？请画在图上。

（3）在第（2）小题情况下，上述两路反馈各对电路产生什么影响？

5-4　电路如题图 5-4 所示，要求达到以下效果，应该引入什么反馈？

（1）提高从 b_1 端看进去的输入电阻：应接 R_F 从_______到_______。

（2）减小输出电阻：应接 R_F 从_______到_______。

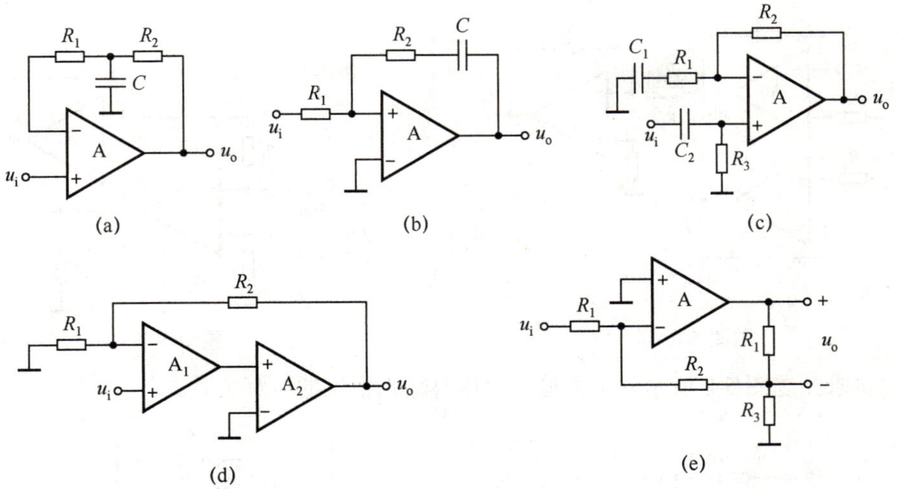

题图 5-2

（3）希望 R_{c3} 改变时，其上的 I_o（在给定 U_i 情况下的输出交流电流有效值）基本不变：应接 R_F 从________到________。

（4）希望各级静态工作点基本稳定：应接 R_F 从________到________。

（5）希望在输出端接上负载电阻 R_L 后，U_o（在给定 U_i 情况下的输出交流电压有效值）基本不变，应接 R_F 从________到________。

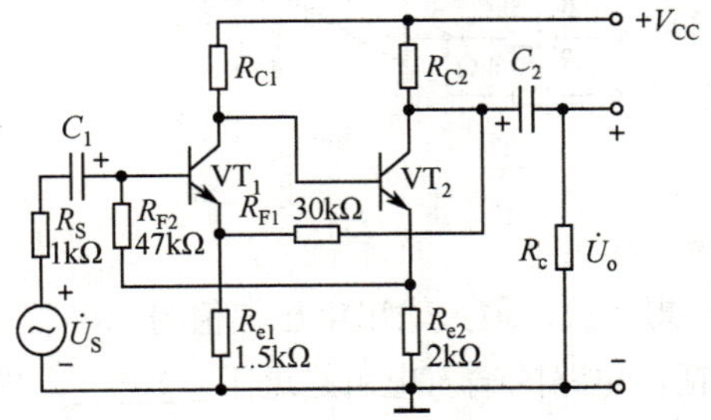

题图 5-3

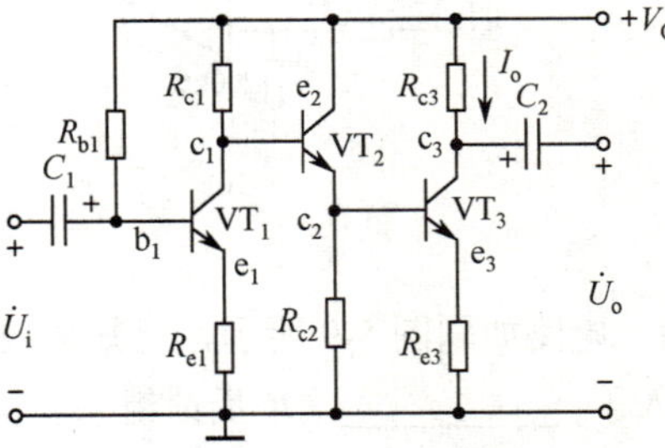

题图 5-4

5-5 电路如题图 5-5 所示，已知集成运放输出电压的最大幅值为+14V，试填题表 5-5。

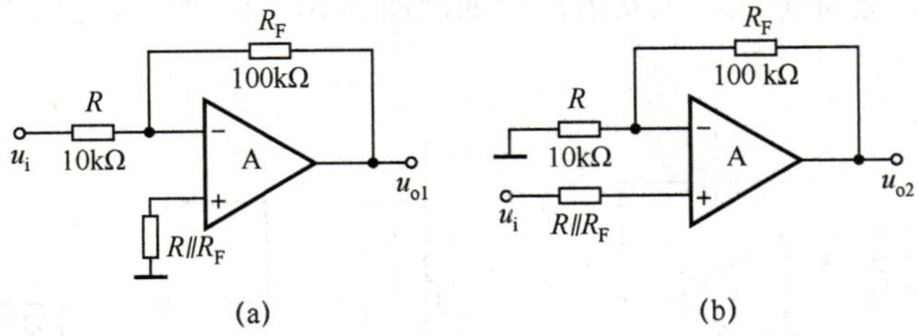

题图 5-5

题表 5-5

u_i/V	0.1	0.5	1.0	1.5
u_{o1}/V				
u_{o2}/V				

5-6 放大电路如题图 5-6 所示，已知 $R_1 = R_2 = R_5 = R_7 = R_8 = 10\text{k}\Omega$，$R_6 = R_9 = R_{10} = 20\text{k}\Omega$。（1）$R_3$ 和 R_4 分别应选用多大电阻？（2）列出 u_{o1}、u_{o2} 和 u_o 的表达式。（3）设 $u_{i1} = 0.3$ V，$u_{i2} = 0.1$V，则输出电压 u_o=？

5-7 电路如题图 5-7 所示。（1）写出 u_o 与 u_{i1}、u_{i2} 的运算关系式。（2）当 R_P 滑动端在最上端时，若 u_{i1} =10mV，u_{i2} = 20mV，则 u_o=？（3）若 u_o 的最大幅值为±14V，输入电压最大值 u_{i1max} =10mV，u_{i2max} = 20mV，最小值均为 0V，则为了保证集成运放工作在线性区，R_2 的最大值为多少？

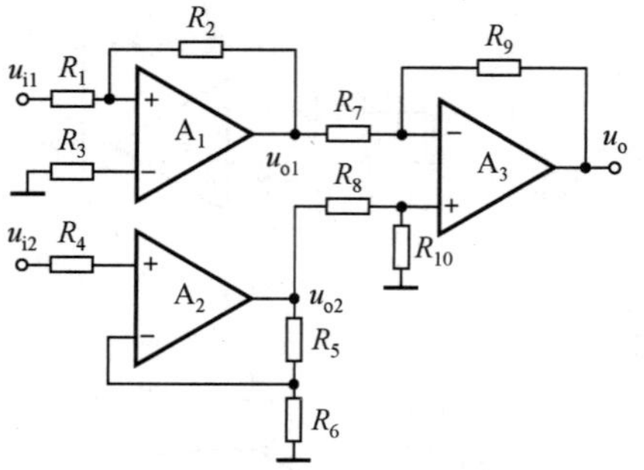

题图 5-6

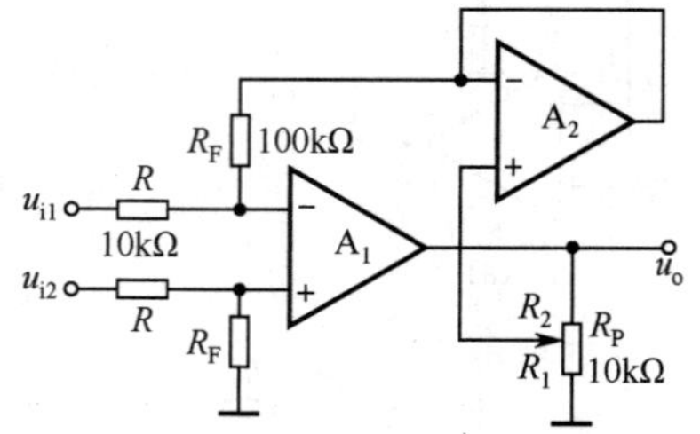

题图 5-7

5-8 试求如题图 5-8 所示各电路输出电压与输入电压的运算关系式。

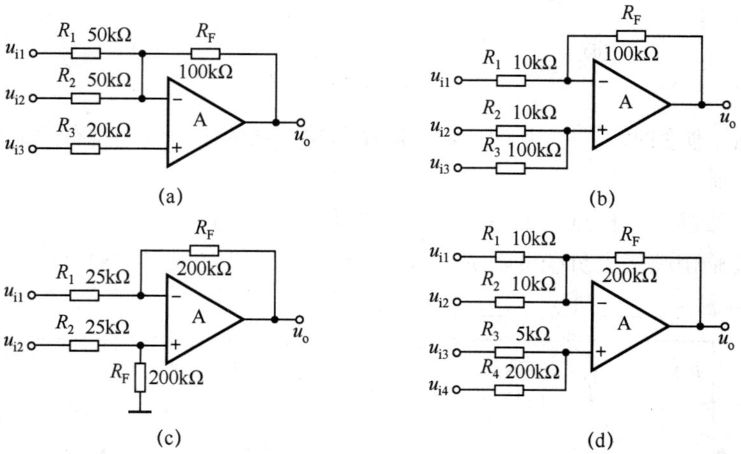

题图 5-8

5-9 电路如题图 5-9 所示，已知集成运放为理想运放，最大输出电压幅值为+14V。填空：电路引入了____________（填反馈组态）交流负反馈，电路的输入电阻趋近于________，电压放大倍数 $A_{uf}=\Delta u_o/\Delta u_i=$________。设 $u_i=1$V，则 $u_o=$ ______V；若 R_1 开路，则 u_o 变为________V；若 R_1 短路，则 u_o 变为________V；若 R_2 开路，则 u_o 变为________V；若 R_2 短路，则 u_o 变为________V。

5-10 电路题图 5-10（a）所示，已知输入电压 u_i 的波形如题图 5-10（b）所示，当 $t=0$ 时 $u_o=0$。试画出输出电压 u_o 的波形。

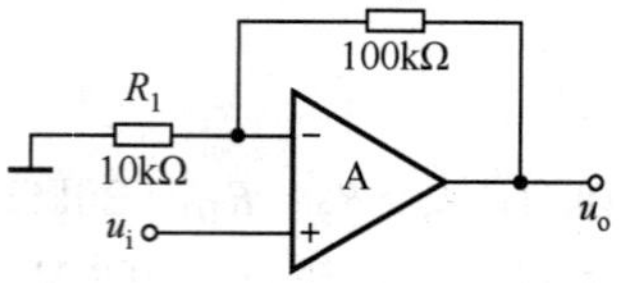

题图 5-9

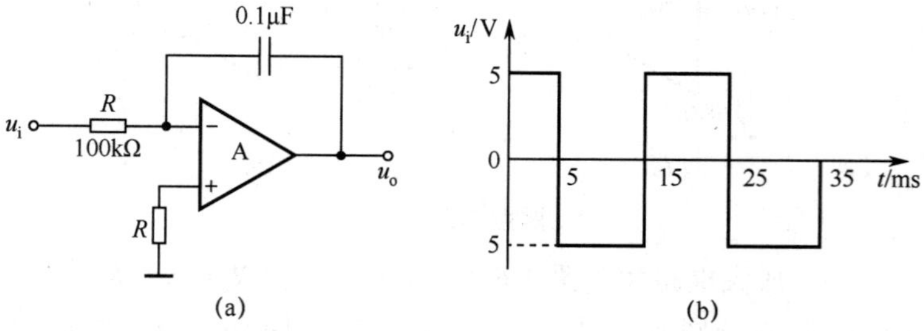

题图 5-10

5-11 写出如题图 5-11 所示各电路的输入、输出关系。

5-12 试设计一个比例放大器，实现以下运算关系

$$A_{uf}=\frac{u_o}{u_i}=0.5$$

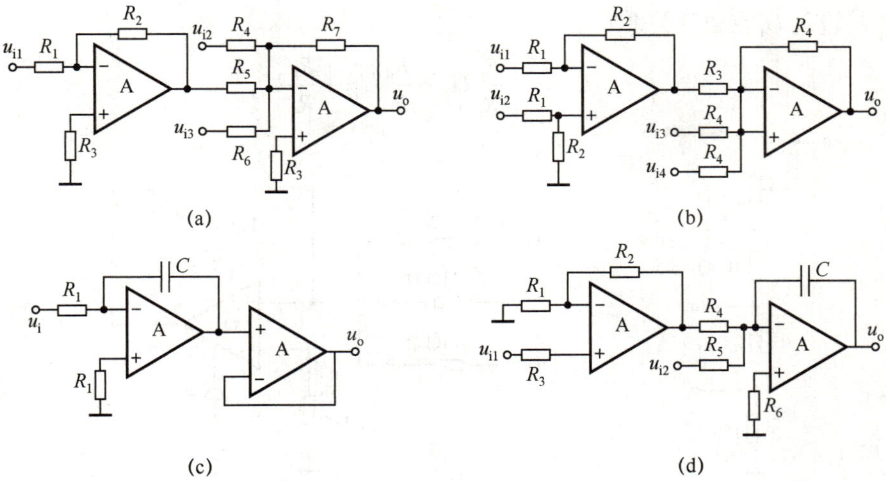

题图 5-11

5-13 试用集成运放组成一个运算电路，要求实现以下运算关系

$$u_{o}=2u_{i1}-5u_{i2}+0.1u_{i3}$$

5-14 在下列各种情况下，应分别采用哪种类型（低通、高通、带通、带阻）的滤波器。

（1）抑制 50Hz 交流电源的干扰；

（2）处理具有 1Hz 固定频率的有用信号；

（3）从输入信号中取出低于 2kHz 的信号；

（4）抑制频率为 100kHz 以上的高频干扰。

5-15 设一阶 LPF 和二阶 HPF 的通带放大倍数均为 2，通带截止频率分别为 2kHz 和 100Hz。试用它们构成一个带通滤波器，并画出幅频特性。

5-16 已知单限比较器、滞回比较器和双限比较器的电压传输特性如题图 5-16（a）所示，它们的输入均为如题图 5-16（b）所示三角波，试画出 u_{o1}、u_{o2}、u_{o3} 的波形。

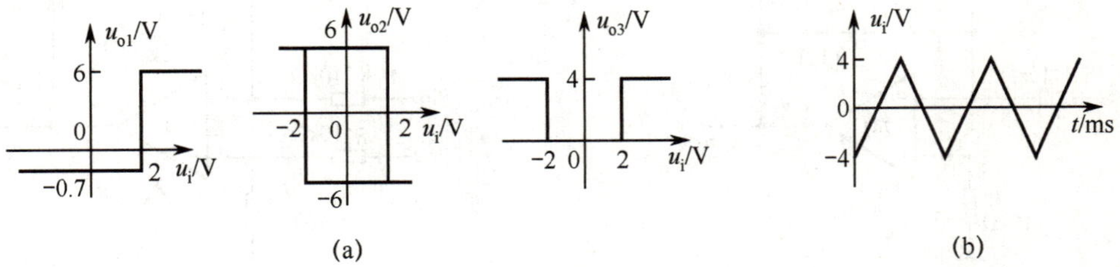

题图 5-16

实验 5.1 模拟信号运算电路实验

一、实验目的

（1）掌握运算放大电路的测量、设计方法。

（2）巩固集成运放几种典型运算电路的用法，掌握电路元件的选择技巧。

二、实验原理

1. 反相加法电路

如实验图 5-1（a）所示为外接信号源电路，如实验图 5-1（b）所示为典型的反相加法电路，

其输出 U_o 与输入 U_i 有如下关系

$$U_o = -\left(\frac{R_F}{R_1}U_{i1} + \frac{R_F}{R_2}U_{i2} + \frac{R_F}{R_3}U_{i3}\right)$$

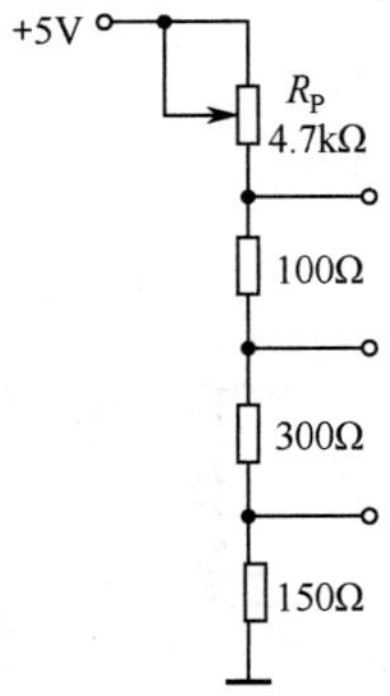

(a) 外接信号源电路

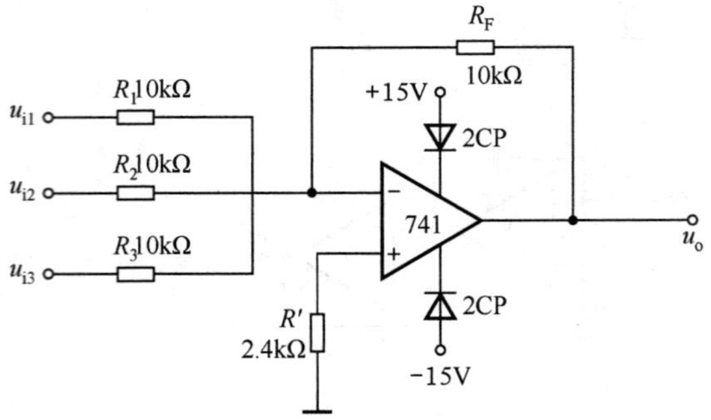

(b) 电路图

实验图 5-1　反相加法电路

2. *积分电路*

如实验图 5-2 所示为一个基本积分电路（R_F 起抑制自激振荡的作用），其输出 U_o 与输入 U_i 的关系可用下式表达

$$u_o = \frac{1}{RC}\int u_i \, dt$$

3. *差分比例运算电路*

如实验图 5-3 所示为一个差分比例运算电路，其输出 U_o 与输入 U_i 的关系如下

$$u_o = -\frac{R_F}{R_1}(u_{i1} - u_{i2})$$

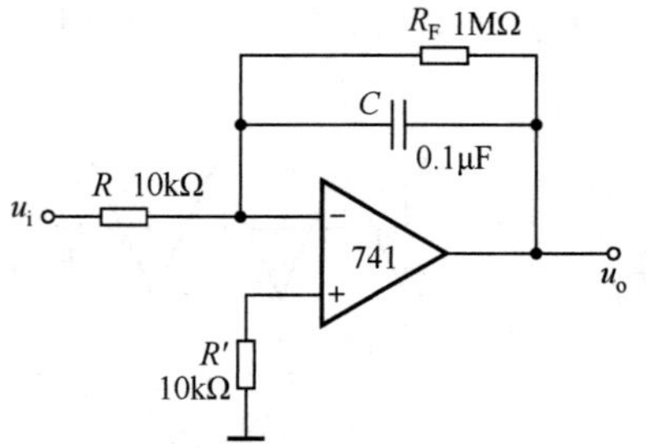

实验图 5-2　基本积分电路

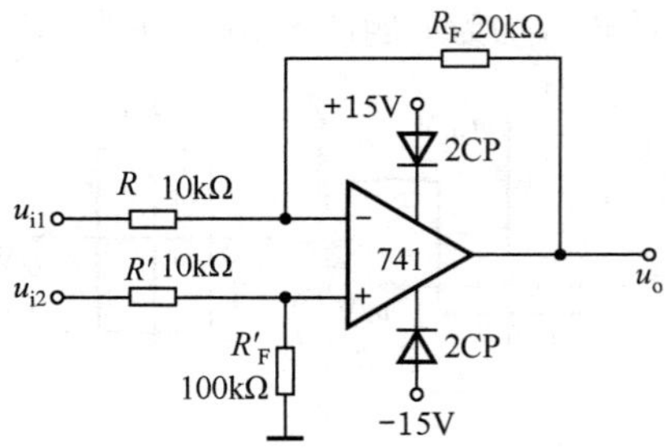

实验图 5-3　差分比例运算电路

三、实验内容与步骤

1. *反相求和电路*

按如实验图 5-1（b）所示安装实验电路，实验图 5-1（a）是外接信号源电路，根据电原理图连接测试电路，接通电源±15V。

只要通过调节外接信号源电路的电位器及改变各电阻的位置就可在 0V～2V 范围内选择 U_{i1}、U_{i2}、U_{i3} 的给定值。然后测量输出电压 U_o，即可对电路进行实验。

由于输入信号是直流，可用数字万用表的直流电压挡，选择合适的量程，对输入的信号电压及输出电压的值进行测量，将测量结果填入实验表 5-1 中。

实验表 5-1

输入电压	U_{i1}/V	U_{i2}/V	U_{i3}/V	U_o/V		误差/%
				测量值	计算值	
1 组						
2 组						
3 组						

2. 积分电路

按实验图 5-2 安装实验电路（电容可在电路板上更换），接通±15V 电源。

（1）C 接 0.1μF。在 U_i 端输入幅值为±2V，频率为 250Hz（T = 4ms）的方波信号，用示波器观察输出电压 U_o 的波形，画出波形图，标出幅值，将结果记入实验表 5-2 中。

（2）C 改接为 0.01μF，用上述同样方法测量并记录输出 U_o 的波形。

实验表 5-2

项目	U_i/V	U_o/V	
		C = 0.1μF	C = 0.01μF
幅度			
波形图			

3. 差分比例运算电路

设计一个差分比例运算电路，使输出电压 U_o = 5V。

（1）画出电路原理图；

（2）选择电路参数；

（3）设计直流电源电路；

（4）搭接线路，将测量数据填入实验表 5-3 中，并与计算值相比较。

实验表 5-3

输入电压	U_{i1}/V	U_{i2}/V	$(U_{i1}-U_{i2})$/V	U_o 实测值/V	U_o 计算值/V
1 组					
2 组					
3 组					
4 组					

第3篇　数字电子技术

第6章　逻辑代数基础

内容提要

- 常用数制及其转换
- 码制及常用代码
- 逻辑门电路
- 逻辑代数的基本公式及逻辑函数的化简

6.1　数字电路概述

6.1.1　模拟信号和数字信号

“信号”一词在人们的日常生活和社会活动中并不陌生，例如，时钟报时、汽车喇叭声、交叉路口的红绿灯、战场上的信号弹、计算机内部以及它和外围设备之间联络的电信号等，都是人们熟悉的信号。**信号**就是表示消息的物理量，它是运载消息的工具，是消息的载体。在作为信号的众多物理量中，电是应用最广泛的物理量，因为它容易产生、传输和控制，也容易实现与其他物理量的相互转换。因此，我们通常所指的信号主要是**电信号**。

非电信号（如声音、压力、光强、流量、速度等信号）可以通过各种传感器较容易地转换成电信号。电信号是指随时间而变化的电压 u 或电流 i，在数学描述上可将其表示为时间 t 的函数，并可画出其随时间变化的波形。

电子电路中的信号均为电信号（以下简称信号），就其变化规律的特点而言，不外乎有两大类：模拟信号和数字信号。

1. 模拟信号

模拟信号是指信号波形模拟着信息的实际变化过程，其主要特征是幅度是连续的，可取无限多个值；而在时间上则可连续，也可不连续。其数学表达式较复杂，例如，正弦函数、指数函数等。如图 6-1（a）所示为典型的模拟信号。

传输、处理模拟信号的电路称为模拟电子线路，简称**模拟电路**。在模拟电路中主要关心输入、输出信号间的大小、相位、失真等方面的问题，这些问题在第 2 篇中已经讨论过。

2. 数字信号

电子系统中一般均含有模拟和数字两种构件。模拟电路是系统中必需的组成部分。但是，为了便于存储、分析或传输信号，数字电路更具优越性。

数字信号是指时间和数值上都是不连续变化的信号，即数字信号具有离散性，如图 6-1（b）所示。交通信号灯控制电路、智力竞赛抢答电路，以及计算机键盘输入电路中的信号，都是数字信号。对数字信号进行传输、处理的电子线路称为数字电子线路，简称**数字电路**。在数字电路中主要关心输入、输出之间的逻辑关系。

数字电路又叫开关电路或逻辑电路，它利用半导体器件的开关特性使电路输出高、低两种电平，从而控制事物相反的两种状态，如灯的亮和灭、开关的开和关、电机的转动和停转等。数字电路中的信号只有高、低两种电平，分别用二进制数字 **1** 和 **0**（为强调是二进制数，本书全部加粗处理）表示，即数字信号都是由 **0**、**1** 组成的一串二进制代码。

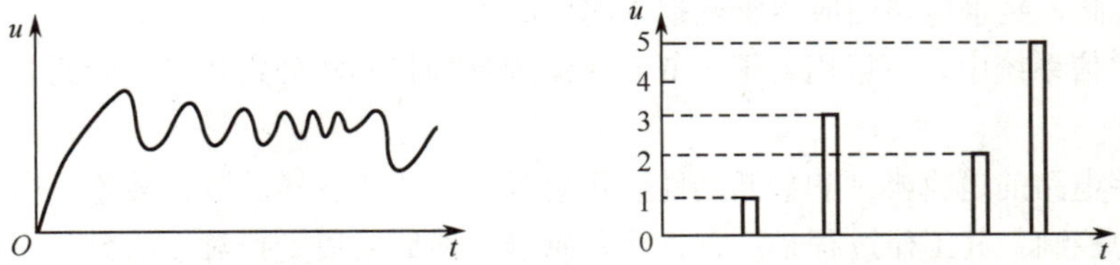

(a) 模拟信号　　(b) 数字信号

图 6-1　模拟信号与数字信号

6.1.2　数字电路的特点及分类

1. 数字电路的特点

（1）数字电路中的工作信号是不连续的数字信号，反映在电路上只有高电平和低电平两种状态，因此在分析数字电路时采用二进制数码 **0** 和 **1** 来表示电路中的高、低两种电平状态。

（2）与模拟电路相同，数字电路也是由半导体器件如二极管、三极管、场效应管组成的，但不同电路中器件的工作状态不同。数字电路在稳态情况下，半导体器件工作于开、关状态，这种开关状态是利用器件的导通和截止来实现的，器件的导通和截止反映在电路上就是电流的有无、电压的高低，这种有和无、高和低是相对立的两种状态，正好可用二进制数码 **0** 和 **1** 来表示。因此，数字电路中的信号采用的是二进制表示，二进制数码 **0** 和 **1** 在此只代表两种不同的状态，没有数量的大小。例如，用 **0** 和 **1** 分别表示一件事的是与非、真与假，一盏灯的亮与灭，一个开关的开通与断开等。

（3）数字电路对元件的精度要求不高，允许有较大的误差，只要在工作时能够可靠地区分 **0** 和 **1** 两种状态就可以了。因此，数字电路便于集成化、系列化生产。它具有使用方便、可靠性高、价格低廉等特点。

（4）与模拟电路不同，数字电路讨论的是输入与输出之间抽象的逻辑关系，使用的主要方法是逻辑分析和逻辑设计，主要工具是逻辑代数，所以数字电路又称逻辑代数。

（5）数字电路能够对数字信号进行各种逻辑运算和算术运算，因此广泛应用于数控装置、智能仪表以及计算机中。

2. 数字电路的分类

数字电路按其组成的结构不同，可分为**分立元件电路**和**集成数字电路**两大类。分立元件电路是最基本的电路，它是由二极管、三极管、电阻、电容等元器件组成的，并且所有元件都裸露在外，没有封装。随着集成电路的飞速发展，分立元件电路已逐步被取代。

集成数字电路按照所用元器件的不同，可分为双极型和单极型两类。其中双极型电路又有 TTL、DTL、ECL、IIL、HTL 等多种；单极型电路有 JFET、NMOS、PMOS、CMOS 四种。按照应用的角度可分为通用型和专用型两大类，通用型是已被定型的标准化、系列化的产品，适用于不同的数字设备；专用型是指为某种特殊用途专门设计，具有特定的复杂而完整功能的功能块型产品，只适用于专用的数字设备。按照逻辑功能的不同特点，又分为组合逻辑电路和时序逻辑电路两大类。

6.1.3 数字电路的应用

数字电路较模拟电路具有更多的优点，如有较强的稳定性、可靠性和抗干扰能力，精确度较高，具有算术运算和逻辑运算能力，可进行逻辑推理和逻辑判断，电路结构简单，便于制造和集成等。因此，数字电路的应用领域越来越广泛。

在数字通信系统中，可以用若干个 **0** 和 **1** 编成各种代码，分别代表不同的含义，用以实现信息的传送。

利用数字电路的逻辑推理和判断功能，可以设计出各式各样的数控装置，用来实现对生产和过程的自动控制。其工作过程是：首先用传感器在现场采集受控对象的数据，求出它们与设定数据的偏差，接着由数字电路进行计算、判断，其次产生相应的控制信号，驱动伺服装置对受控对象进行控制或调整。这样不仅能通过连续监控提高生产的安全性和自动化水平，同时也提高了产品的质量，降低了成本，减轻了劳动强度。

在数字电子技术基础上发展起来的数字电子计算机，是当代科学技术最杰出的成就之一。当今，电子计算机不仅成了近代自动控制系统中不可缺少的一个重要组成部分，而且已经渗透到了国民经济和人民生活的各个领域，成为人们工作、生活、学习不可或缺的重要组成部分，并在许多方面产生了根本性的变革。尤其是计算机网络技术的飞速发展，使人们获取信息、享受网络服务更为便捷。

然而，数字电路的应用也具有它的局限性。前面已提到，在自动控制和测量系统中，被控制和被测量的对象往往是一些连续变化的物理量，即模拟信号，而模拟信号不能直接为数字电路所接收，这就给数字电路的使用带来了很大的不便。为了用数字电路处理这些模拟信号，必须用专门的电路将它们转换为数字信号（称为模数转换）；而经数字电路分析、处理输出的数字量往往还要通过专门的电路转换成相应的模拟信号（称为数模转换）才能被执行机构所接收。这样一来，不仅导致了整个设备的复杂化，而且也使信号的精度受到影响，数字电路本身可以达到的高精度也因此失去了意义。所以，在使用数字电路时，应具体情况具体分析，以便于操作、提高生产效率为目的。

前面几章介绍的都是分立元件电路。所谓分立元件电路是指由单个电阻、电容、二极管、三极管等元件连接起来组成的电路。由于分立元件电路中的元器件都裸露在外，因此体积大，工作可靠性差。

电子技术发展的一个重要方向和趋势就是实现集成化，因此，集成放大电路是本书讨论的重点内容之一。本章首先介绍集成电路的一些基本知识，其次着重讨论模拟集成电路中发展最早、应用最广泛的集成运算放大器（简称集成运放）及其应用电路。

6.2 数制与码制

6.2.1 数制及其转换

1. 各种数制

数制即计数体制，它是按照一定规则表示数值大小的计数方法。日常生活中最常用的计数体制是十进制（Decimal），数字电路中常用的是二进制（Binary），有时也采用八进制（Octal）和十六进制（Hexadecimal）。对于任何一个数，可以用不同的进制来表示。

二进制数中只有 **0**、**1** 两个数字符号，所以运算规则是“逢二进一，借一当二”，整数各位

的权为 2^{i-1}，小数各位的权为 2^i。将二进制数转换为十进制数时，只要将二进制数的各位按权展开，然后相加即可。如二进制数 **101.11** 转换为十进制数的方法是

$$(\mathbf{101.11})_2 = \mathbf{1}\times2^2+\mathbf{0}\times2^1+\mathbf{1}\times2^0+\mathbf{1}\times2^{-1}+\mathbf{1}\times2^{-2}=(5.75)_{10}$$

计算机内采用的是二进制数表示，采用二进制数具有以下优点。

（1）二进制数只有 **0** 和 **1** 两个代码，因此，在数字系统中，可用电子器件的两种不同状态来表示这两个代码，实现起来非常方便。所以，二进制数的物理实现简单、易行、可靠，并且存储和传送也方便。

（2）二进制数运算规则简单，有利于简化计算机的内部结构，提高运算速度。

二进制数的缺点是书写位数太多，不便记忆。为此数字系统通常用八进制数和十六进制数。八进制数有 0，1，2，3，4，5，6，7 共 8 个数码，基数为 8，它的运算规则是“逢八进一，借一当八”。十六进制数采用 16 个数码，而且“逢十六进一，借一当十六”。这 16 个数码是 0，1，2，3，4，5，6，7，8，9，A（对应于十进制数中的 10），B（11），C（12），D（13），E（14），F（15）。十六进制数的基数是 16。

2. 各种数制之间的转换

（1）非十进制数转换为十进制数。二进制数、八进制数、十六进制数转换为十进制数时，先按权展开为多项式，然后再按十进制数进行计算，结果便是十进制数。在转换过程中要注意各位权的幂不要写错，系数为 0 的那些项可以不写。

（2）十进制数转换成非十进制数。十进制数转换成非十进制数的方法是：

整数部分：用“除基数取余”的方法进行转换，转换结果为“先余为低，后余为高”；

小数部分：用“乘基数取整”的方法进行转换，转换结果为“先整为高，后整为低”。

需要注意的是，从二进制数、八进制数、十六进制数转换为十进制数，或十进制整数转换为二进制整数，都能做到完全准确。但把十进制小数转换为其他进制小数时，除少数可以完全准确外，大多数存在误差，这时就要根据精度的要求进行“四舍五入”，请看下面例题。

例 6-1 把十进制小数 0.39 转换成二进制小数。要求：（1）误差不大于 2^{-7}；（2）误差不大于 0.2%。

解 （1）要求误差不大于 2^{-7}，只需保留至小数点后 7 位，计算过程如下

$$0.39\times2=0.78\cdots\cdots\mathbf{0}$$
$$0.78\times2=1.56\cdots\cdots\mathbf{1}$$
$$0.56\times2=1.12\cdots\cdots\mathbf{1}$$
$$0.12\times2=0.24\cdots\cdots\mathbf{0}$$
$$0.24\times2=0.48\cdots\cdots\mathbf{0}$$
$$0.48\times2=0.96\cdots\cdots\mathbf{0}$$
$$0.96\times2=1.92\cdots\cdots\mathbf{1}$$

因此，$(0.39)_{10}\approx(\mathbf{0.0110001})_2$。

（2）由于 $\dfrac{1}{2^9}=\dfrac{1}{512}<0.2\%$，因此要求误差不大于 0.2%，只需保留至小数点后 9 位。接（1）的计算过程有

$$0.92\times2=1.84\cdots\cdots\mathbf{1}$$
$$0.84\times2=1.68\cdots\cdots\mathbf{1}$$

因此，$(0.39)_{10}\approx(\mathbf{0.011000111})_2$。

（3）二进制数与八进制数、十六进制数的相互转换

由于 1 位八进制数有 0～7 共 8 个数码，3 位二进制数正好有 **000**～**111** 共 8 种组合，它们之间有以下简单的对应关系：

八进制数	0	1	2	3	4	5	6	7
二进制数	**000**	**001**	**010**	**011**	**100**	**101**	**110**	**111**

利用这种对应关系，可以很方便地在八进制数与二进制数之间进行转换。

将二进制数转换为八进制数的方法是：以小数点为界，将二进制数的整数部分从低位开始，小数部分从高位开始，每 3 位分成一组，头尾不足 3 位的补 **0**，然后将每组 3 位二进制数转换为 1 位八进制数。反之，将八进制数转换为二进制数时，只需将每 1 位八进制数码用相应的 3 位二进制数表示即可。

同理，由于 1 位十六进制数有 16 个代码，而 4 位二进制数正好有 **0000**～**11111** 共 16 种组合，它们之间也存在简单的对应关系。利用这种对应关系，可以很方便地在十六进制数与二进制数之间进行转换。转换方法与二、八进制数的转换类似，只是将二进制数中 3 位一组改为 4 位一组。

3. 二进制正、负数的表示法

在十进制数中，可以在数字前面加上“+”、“−”来表示正、负数，显然数字电路不能直接识别“+”、“−”。因此，在数字电路中把一个数的最高位作为符号位，并用 **0** 表示“+”，用 **1** 表示“−”，像这样符号也数码化的二进制数称为机器数。原来带有“+”、“−”的数称为真值。例如：

十进制数	+67	−67
二进制数（真值）	**+1000011**	**−1000011**
计算机内（机器数）	**01000011**	**11000011**

通常，二进制正、负数（机器数）有 3 种表示方法：**原码**、**反码**和**补码**。

（1）原码

用首位表示数的符号，**0** 表示正，**1** 表示负，其他位则为数的真值的绝对值，这样表示的数就是数的原码。

例 6-2 求$(+105)_{10}$和$(-105)_{10}$的原码。

解 $[(+105)_{10}]_{原} = [(+\mathbf{1101001})_2]_{原} = (\mathbf{01101001})_2$

$[(-105)_{10}]_{原} = [(-\mathbf{1101001})_2]_{原} = (\mathbf{11101001})_2$

0 的原码有两种，即

$$[+0]_{原} = (\mathbf{00000000})_2$$
$$[-0]_{原} = (\mathbf{10000000})_2$$

原码简单易懂，与真值转换起来很方便。但若是两个异号的数相加或两个同号的数相减就要做减法，做减法就必须判别这两个数哪一个绝对值大，用绝对值大的数减去绝对值小的数，运算结果的符号就是绝对值大的那个数的符号，这样操作比较麻烦，运算的逻辑电路也较难实现。于是，为了将加法和减法运算统一成只做加法运算，就引入了反码和补码表示。

（2）反码

反码用得较少，它只是求补码的一种过渡。

正数的反码与其原码相同，负数的反码是这样求的：先求出该负数的原码，然后原码的符

号位不变，其余各位按位取反，即 **0** 变 **1**，**1** 变 **0**。

例 6-3 求$(+65)_{10}$和$(-65)_{10}$的反码。

解 $[(+65)_{10}]_{\text{原}} = (\mathbf{01000001})_2$ $[(-65)_{10}]_{\text{原}} = (\mathbf{11000001})_2$

则 $[(+65)_{10}]_{\text{反}} = (\mathbf{01000001})_2$ $[(-65)_{10}]_{\text{反}} = (\mathbf{10111110})_2$

很容易验证：一个数反码的反码就是这个数本身。

（3）补码

正数的补码与其原码相同，负数的补码是它的反码加 **1**。

例 6-4 求$(+63)_{10}$和$(-63)_{10}$的补码。

解 $[(+63)_{10}]_{\text{原}} = (\mathbf{00111111})_2$ $[(+63)_{10}]_{\text{反}} = (\mathbf{00111111})_2$

则 $[(+63)_{10}]_{\text{补}} = (\mathbf{00111111})_2$

$[(-63)_{10}]_{\text{原}} = (\mathbf{10111111})_2$ $[(-63)_{10}]_{\text{反}} = (\mathbf{11000000})_2$

则 $[(-63)_{10}]_{\text{补}} = (\mathbf{11000001})_2$

同样可以验证：一个数的补码的补码就是其原码。

引入了补码以后，两个数的加减法运算就可以统一用加法运算来实现，此时两数的符号位也当成数值直接参加运算，并且有这样一个结论：两数和的补码等于两数补码的和。所以在数字系统中一般用补码来表示带符号的数。

例 6-5 用二进制补码运算求出 14+10、14−10、−14+10 和−14−10。

解 由于 14+10 和−14−10 的绝对值为 24，所以必须用有效数字为 5 位的二进制数才能表示，再加上一位符号位，就得到 6 位的二进制补码。

根据前述计算补码的方法可知，+14 的二进制补码应为 **001110**（最高位为符号位），−14 的二进制补码为 **110010**，+10 的二进制补码为 **001010**，−10 的二进制补码为 **110110**。计算结果分别为

+14	**0 01110**	+14	**0 01110**
+10	**0 01010**	−10	**1 10110**
+24	**0 11000**	+ 4	**(1)0 00100**

−14	**1 10010**	−14	**1 10010**
+10	**0 01010**	−10	**1 10110**
− 4	**1 11100**	−24	**(1)1 01000**

从例 6-5 可以看出，若将两个加数的符号位和来自最高有效数字位的进位相加，得到的结果（舍弃产生的进位）就是和的符号。

需要指出的是，在两个同符号数相加时，它们的绝对值之和不可超过有效数字位所能表示的最大值，否则会得出错误的计算结果。

6.2.2 码制

一般地说，用文字、符号或者数字表示特定事物的过程都可以称为**编码**。在数字设备中，任何数据和信息都要用二进制代码表示。对同一事物的编码方案通常不止一种，不同的编码方案称为**码制**。

1. 二-十进制编码（BCD 码）

二-十进制编码是一种用 4 位二进制代码表示 1 位十进制数的编码，简称 BCD（Binary Coded

Decimal）码。1 位十进制数有 0～9 共 10 个数码，而 4 位二进制数有 16 种组态，指定其中的任意 10 种组态来表示十进制的 10 个数，因此 BCD 编码方案有很多，常用的有 8421 码、余 3 码、2421 码、5421 码、格雷码等，如表 6-1 所列。

表 6-1　几种常见的 BCD 代码

编码种类 / 十进制数	8421 码	余 3 码	2421 码	5421 码	格雷码
0	**0 0 0 0**	**0 0 1 1**	**0 0 0 0**	**0 0 0 0**	**0 0 0 0**
1	**0 0 0 1**	**0 1 0 0**	**0 0 0 1**	**0 0 0 1**	**0 0 0 1**
2	**0 0 1 0**	**0 1 0 1**	**0 0 1 0**	**0 0 1 0**	**0 0 1 1**
3	**0 0 1 1**	**0 1 1 0**	**0 0 1 1**	**0 0 1 1**	**0 0 1 0**
4	**0 1 0 0**	**0 1 1 1**	**0 1 0 0**	**0 1 0 0**	**0 1 1 0**
5	**0 1 0 1**	**1 0 0 0**	**1 0 1 1**	**1 0 0 0**	**0 1 1 1**
6	**0 1 1 0**	**1 0 0 1**	**1 1 0 0**	**1 0 0 1**	**0 1 0 1**
7	**0 1 1 1**	**1 0 1 0**	**1 1 0 1**	**1 0 1 0**	**0 1 0 0**
8	**1 0 0 0**	**1 0 1 1**	**1 1 1 0**	**1 0 1 1**	**1 1 0 0**
9	**1 0 0 1**	**1 1 0 0**	**1 1 1 1**	**1 1 0 0**	**1 1 0 1**
权	8421		2421	5421	

8421BCD 码是最常用的一种 BCD 码，它和自然二进制码的组成相似，4 位的权值从高到低依次是 8，4，2，1。但不同的是，它只选取了 4 位自然二进制码 16 个组合中的前 10 个组合，即 **0000～1001**，分别用来表示 0～9 共 10 个十进制数，称为有效码，剩下的 6 个组合 **1010～1111** 没有采用，称为无效码。8421BCD 码与十进制数之间的转换只要直接按位转换即可。例如

$$(509.37)_{10} = (\mathbf{0101\ 0000\ 1001\ .\ 0011\ 0111})_{8421BCD}$$

$$(\mathbf{0111\ 0100\ 1000\ .\ 0001\ 0110})_{8421BCD} = (748.16)_{10}$$

余 3BCD 码由 8421 码加 3(**0011**)得到。或者说是选取了 4 位自然二进制码 16 个组合中的中间 10 个，而舍弃头、尾 3 个组合形成的。

2421BCD 码和 5421BCD 码都是有权码，从高位到低位的权值依次为：2，4，2，1 和 5，4，2，1，这两种码的编码方案都不是唯一的，表 6-1 中给出的是其中一种方案。

2421BCD 码在进行运算时，也具有和余 3 码类似的特点。

5421BCD 码较明显的一个特点是：最高位连续 5 个 **0** 后又连续 5 个 **1**。若计数器采用该种代码进行编码，在最高位可产生对称方波输出。

2. 可靠性编码

代码在产生和传输过程中，难免发生错误，为减少错误发生，或者在发生错误时能迅速地发现和纠正，在工程应用中普遍采用了可靠性编码。利用该技术编出的代码叫可靠性代码，格雷码和奇偶校验码是其中最常用的两种。

（1）格雷码。格雷码（Gray 码）有多种编码形式，但所有格雷码都有两个显著的特点：一是相邻性，二是循环性。相邻性是指任意两个相邻的代码间仅有 1 位的状态不同；循环性是指首尾的两个代码也具有相邻性。因此，格雷码也称循环码。表 6-2 列出了典型的格雷码与十进制码及二进制码的对应关系。

表 6-2　典型格雷码与十进制码及二进制码的对应关系

十进制码	二进制码	格雷码
0	**0000**	**0000**
1	**0001**	**0001**
2	**0010**	**0011**
3	**0011**	**0010**
4	**0100**	**0110**
5	**0101**	**0111**
6	**0110**	**0101**
7	**0111**	**0100**
8	**1000**	**1100**
9	**1001**	**1101**
10	**1010**	**1111**
11	**1011**	**1110**
12	**1100**	**1010**
13	**1101**	**1011**
14	**1110**	**1001**
15	**1111**	**1000**

由于格雷码具有以上特点，因此时序电路中采用格雷码编码时，能防止波形出现“毛刺”，并可提高工作速度。这是因为，其他编码方法表示的数码，在递增或递减过程中可能发生多位数码的变化。例如，8421BCD 码表示的十进制数，从 7(**0111**)递增到 8(**1000**)时，4 位数码均发生了变化。但事实上数字电路（如计数器）的各位输出不可能完全同时变化，这样在变化过程中就可能出现其他代码，造成严重错误。如第 1 位先变为 **1**，然后其他位再变为 **0**，就会出现从 **0111** 变到 **1111** 的错误。而格雷码由于其任何两个代码（包括首尾两个）之间仅有 1 位状态不同，所以用格雷码表示的数在递增或递减过程中不易产生差错。

（2）奇偶校验码。数码在传输、处理过程中，难免发生一些错误，即有的 **1** 错成 **0**，有的 **0** 错成 **1**。奇偶校验码是一种能够检验出这种差错的可靠性编码。

奇偶校验码由信息位和校验位两部分组成，信息位是要传输的原始信息，校验位是根据规定算法求得并添加在信息位后的冗余位。奇偶校验码分奇校验和偶校验两种。以奇校验为例，校验位产生的规则是：若信息位中有奇数个 **1**，校验位为 **0**，若信息位中有偶数个 **1**，校验位为 **1**。偶校验正好相反。也就是说，通过调节校验位的 **0** 或 **1** 使传输出去的代码中 **1** 的个数恒为奇数或偶数。

接收方对收到的加有校验位的代码进行校验。信息位和校验位中 **1** 的个数的奇偶性符合约定的规则，则认为信息没有发生差错，否则可以确定信息已经出错。

这种奇偶校验只能发现错误，但不能确定是哪一位出错，而且只能发现代码的 1 位出错，不能发现 2 位或更多位出错。但由于该方法实现起来容易，信息传送效率也高，而且由于 2 位或 2 位以上出错的几率相当小，所以奇偶校验码用来检测代码在传送过程中的出错是相当有效的，被广泛应用于数字系统中。

奇偶校验码只能发现 1 位出错，但不能定位错误，因而也就不能纠错。汉明校验码就是一种既能发现又能定位错误的可靠性编码，汉明校验的基础是奇偶校验，可以看成是多重的奇偶校验码。

3. 字符码

字符码是对字母、符号等编码的代码。目前使用比较广泛的是 **ASCII 码**，它是美国信息交换标准码（American Standard Code for Information Interchange）的简称。ASCII 码用 7 位二进制数编码，可以表示 2^7（128 个）字符，其中 95 个是可打印字符，33 个是不可打印和显示的控制字符，见表 6-3。

表 6-3　标准 ASCII 编码表

	$B_6B_5B_4$	0	1	2	3	4	5	6	7
$B_3B_2B_1B_0$		000	001	010	011	100	101	110	111
0	0000	NUL	DLE	SP	0	@	P	`	p
1	0001	SOH	DC1	!	1	A	Q	a	q
2	0010	STX	DC2	"	2	B	R	b	r
3	0011	ETX	DC3	#	3	C	S	c	s
4	0100	EOT	DC4	$	4	D	T	d	t
5	0101	ENG	NAK	%	5	E	U	e	u
6	0110	ACK	SYN	&	6	F	V	f	v
7	0111	BEL	ETB	'	7	G	W	g	w
8	1000	BS	CAN	(	8	H	X	h	x
9	1001	HT	EM	)	9	I	Y	i	y
A	1010	LF	SUB	*	:	J	Z	j	z
B	1011	VT	ESC	+	;	K	[	k	{
C	1100	FF	FS	,	<	L	\	l	|
D	1101	CR	GS	–	=	M	]	m	}
E	1110	SO	RS	.	>	N	↑	n	～
F	1111	SI	VS	/	?	O	←	o	DEL

由表 6-3 可以看出，数字和英文字母都是按顺序排列的，只要知道其中一个数字或字母的 ASCII 码，就可以求出其他数字或字母的 ASCII 码。具体特点为：数字 0～9 的 ASCII 码表示成十六进制数为 30H～39H，即任一数字字符的 ASCII 码等于该数字值加上+30H；字母的 ASCII 码中，小写字母 a～z 的 ASCII 码表示成十六进制数为 61H～7AH，而大写字母 A～Z 的 ASCII 码表示成十六进制数为 41H～5AH，同一字母的大小写其 ASCII 码不同，且小写字母的 ASCII 码比大写字母的 ASCII 码大 20H。

为了使用更多的字符，大部分系统采用扩充的 ASCII 码。扩充 ASCII 码用 8 位二进制数编码，共可表示 256(2^8 = 256)个符号。其中编码范围在 **00000000**～**01111111** 之间编码所对应的符号与标准 ASCII 码相同，而 **10000000**～**11111111** 之间的编码定义了另外 128 个图形符号。

6.3　逻辑代数

6.3.1　逻辑变量与逻辑函数

1849 年，英国数学家乔治•布尔（George Boole）首先提出了描述客观事物逻辑关系的数学方法——**布尔代数**。因为布尔代数广泛地用于解决开关电路及数字逻辑电路的分析设计上，故又把布尔代数称为开关代数或**逻辑代数**。值得注意的是，逻辑代数与数学中的普通代数是不同的，尽管有些运算在形式上是一样的，但其含义不同，在学习过程中，一定要加以区别。

逻辑代数中，也用字母来表示变量，这种变量称为**逻辑变量**。逻辑变量的取值只有 **0** 和 **1** 两个，这里的 **0** 和 **1** 不再表示数量的大小，只表示两种不同的逻辑状态，如是和非、开和关、高和低等。

在研究事件的因果关系时，决定事件变化的因素称为逻辑自变量，对应事件的结果称为逻辑因变量，也叫逻辑结果，以某种形式表示逻辑自变量与逻辑结果之间的函数关系称为**逻辑函数**。例如，当逻辑自变量 A，B，C，D，…的取值确定后，逻辑因变量 F 的取值也就唯一确定了，则称 F 是 A，B，C，D，…的逻辑函数。记作

$$F=f(A,\ B,\ C,\ D,\ \cdots\cdots)$$

在数字系统中，逻辑自变量通常就是输入信号变量，逻辑因变量（即逻辑结果）就是输出信号变量。数字电路讨论的重点就是输出变量与输入变量之间的逻辑关系。

6.3.2 基本逻辑运算

逻辑代数中有 3 种基本的逻辑关系，即**与**（AND）逻辑关系、**或**（OR）逻辑关系和**非**（NOT）逻辑关系。与之相对应，有三种基本的逻辑运算，分别是**与**、**或**、**非**逻辑运算。

1. 与运算

实际生活中**与**逻辑关系的例子很多。例如，在如图 6-2（a）所示电路中，电源 U_S 通过开关 A 和 B 给灯泡 Y 供电，只有当开关 A 和 B 全部闭合时，灯泡 Y 才会亮，若有一个或两个开关断开，灯泡 Y 都不会亮。从这个电路可以总结出这样的逻辑关系："只有当一件事（灯亮）的几个条件（开关 A 与 B 都接通）全部具备时，这件事才发生"，这种关系称为**与逻辑**。这一关系可以用表 6-4 所示的功能来表示。

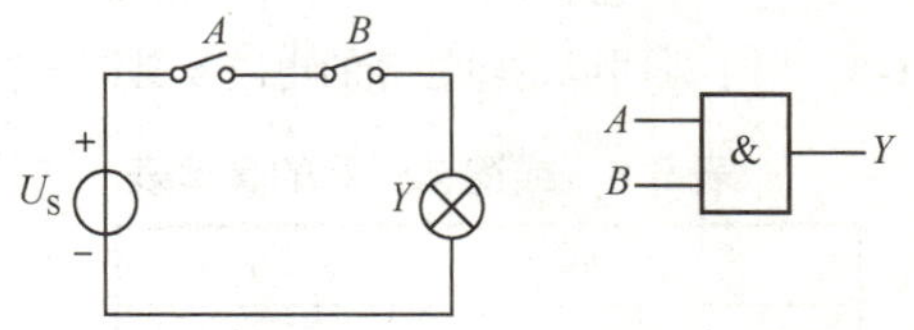

（a）电路　　（b）图形符号

图 6-2　用于说明与逻辑运算的电路及其图形符号

若用二值逻辑 **0** 和 **1** 来表示如图 6-2（a）所示电路的逻辑关系，把开关和灯分别用字母 A、B 和 Y 表示，并用 **0** 表示开关断开和灯灭，用 **1** 表示开关闭合和灯亮，这种用字母表示开关和灯的过程称为**设定变量**，用二进制代码 **0** 和 **1** 表示开关和灯有关状态的过程称为**状态赋值**。经过状态赋值得到的反映开关状态和电灯亮灭之间逻辑关系的表格称为**真值表**（truth table），如表 6-5 所列。

表 6-4　图 6-2（a）电路的功能表

开关 A	开关 B	灯 Y
断开	断开	灭
断开	闭合	灭
闭合	断开	灭
闭合	闭合	亮

表 6-5　与逻辑运算的真值表

A	B	Y
0	0	0
0	1	0
1	0	0
1	1	1

若用逻辑表达式来描述上面的关系，则可写为

$$Y=A\cdot B \tag{6-1}$$

式中"·"表示 A 和 B 的**与**运算，读作"**与**"，也称为逻辑乘。在不致引起混淆的前提下，"·"可省略。如图 6-2（b）所示是**与**运算的图形符号。

2. 或运算

实际生活中**或**逻辑关系的例子也很多，在如图 6-3（a）所示电路中， 当开关 A 和 B 中至少有一个闭合时，灯泡 Y 就会亮。由此可总结出另一种逻辑关系：“当一件事情的几个条件中只要有一个条件得到满足，这件事就会发生”，这种逻辑关系称为**或**逻辑。

在同上的状态赋值条件下，**或**运算的逻辑表达式和真值表分别如式（6-2）和表 6-6 所列。

$$Y = A + B \tag{6-2}$$

式中符号“+”表示 A 和 B 的**或**运算，读作**或**，也称为逻辑加。如图 6-3（b）所示是**或**运算的图形符号。

3. 非运算

在如图 6-4（a）所示的开关电路中，当开关 A 闭合时，灯泡 Y 不亮；只有当开关 A 断开时，灯泡 Y 才会亮。由此可总结出第三种逻辑关系，即“一件事情的发生是以其相反的条件为依据”。这种逻辑关系称为**非**逻辑。**非**就是相反，就是否定。**非**运算的逻辑表达式和真值表分别如式(6-3)和表 6-7 所列。

$$Y = \overline{A} \tag{6-3}$$

式中字母上方的“¯”表示**非**运算，读作**非**或**反**。如图 6-4（b）所示是**非**运算的图形符号。

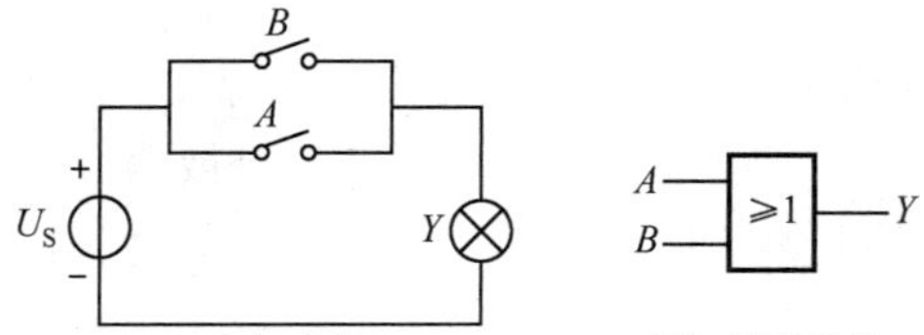

(a) 电路　　(b) 图形符号

图 6-3　用于说明或逻辑运算的电路及其图形符号

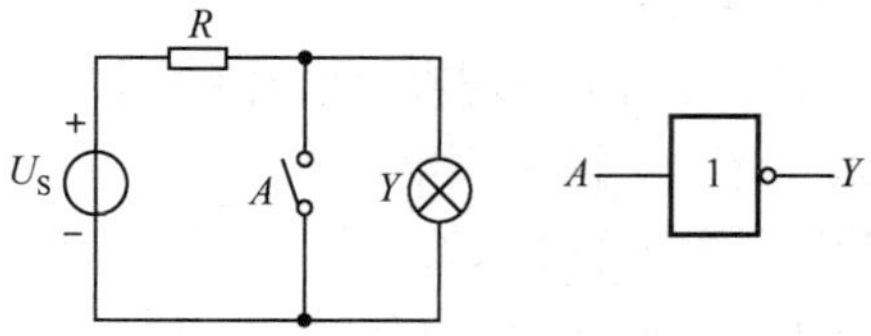

(a) 电路　　(b) 图形符号

图 6-4　用于说明非逻辑运算的电路及其图形符号

表 6-6　或逻辑运算的真值表

A　B	Y
0　0	0
0　1	1
1　0	1
1　1	1

表 6-7　非逻辑运算的真值表

A	Y
0	1
1	0

6.3.3　复合逻辑运算

与、**或**、**非**是逻辑代数中的 3 种基本运算，实际的逻辑问题往往比**与**、**或**、**非**复杂得多，不过这些复杂的逻辑运算都可以通过 3 种基本的逻辑运算组合而成。最常见的复合逻辑运算有：**与非**运算、**或非**运算、**异或**运算、**同或**运算以及**与或非**运算，其逻辑表达式、图形符号、真值表如表 6-8、表 6-9 所列。

表 6-8　几种常见的复合逻辑运算

逻辑关系	与非	或非	异或	同或	与或非
逻辑表达式	$Y=\overline{A\cdot B}$	$Y=\overline{A+B}$	$Y=\overline{A}B+A\overline{B}=A\oplus B$	$Y=AB+\overline{A}\overline{B}=A\odot B$	$Y=\overline{AB+CD}$
逻辑符号	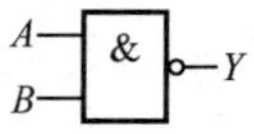	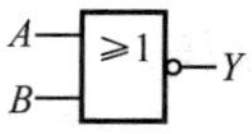	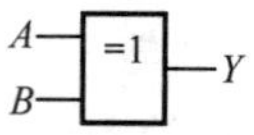	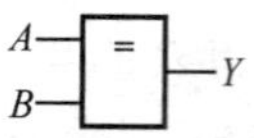	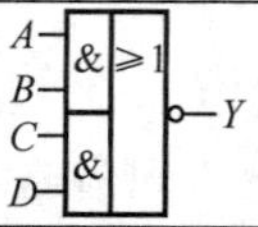

（续表）

逻辑关系		与非	或非	异或	同或	与或非
真值表	输入 *AB*	输出 *Y*	输出 *Y*	输出 *Y*	输出 *Y*	输出 *Y*
	0 0	1	1	0	1	见表 6-9
	0 1	1	0	1	0	
	1 0	1	0	1	0	
	1 1	0	0	0	1	

表 6-9　与或非逻辑运算的真值表

A	*B*	*C*	*D*	*Y*	*A*	*B*	*C*	*D*	*Y*
0	0	0	0	1	1	0	0	0	1
0	0	0	1	1	1	0	0	1	1
0	0	1	0	1	1	0	1	0	1
0	0	1	1	0	1	0	1	1	0
0	1	0	0	1	1	1	0	0	0
0	1	0	1	1	1	1	0	1	0
0	1	1	0	1	1	1	1	0	0
0	1	1	1	0	1	1	1	1	0

说明两点：

（1）逻辑非的运算符号尚无统一的标准。除了本书中采用“¯”表示非运算以外，目前在国内外的某些电子技术教材和 EDA 软件中，也有采用 *A*′、～*A*、┐*A* 表示变量 *A* 的非运算。

（2）关于与、或、非三种基本逻辑门电路以及几种复合逻辑门电路的图形符号，以上给出的是国标符号。此外，还有一种符号是目前国外教材和 EDA 软件中使用比较多的特定逻辑符号（见图 6-5），在此一并给读者列出，以便对照和学习。

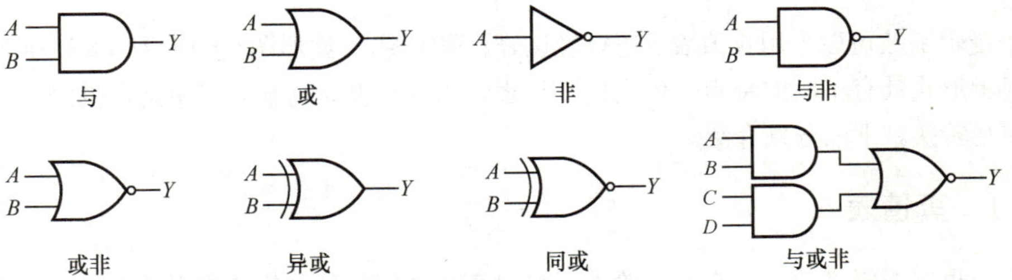

图 6-5　逻辑运算的另一种图形符号

6.3.4　几个概念

1. 高、低电平的概念

前面已多次提到高、低电平的概念，今后还要经常用到。这里“电平”就是“电位”，电位是伏特（V）。在数字电路中，人们习惯于用高、低电平来描述电位的高低。高电平（V_H）、低电平（V_L）是两种不同的状态，它们表示的都是一定的电压范围，而不是一个固定不变的数值。例如，在集成 TTL 电路中，常规定高电平的额定值为 3V，低电平的额定值为 0.2V，而从 0 V～0.8V 都算作低电平，从 1.8V～5V 都算作高电平。如果超出规定的范围（V_L 高于上限值和 V_H 低于下限值时），则不仅会破坏电路的逻辑功能，而且还可能造成器件性能下降甚至损坏。

2. 正、负逻辑的概念

数字电路是以输入、输出电平的高、低来表示逻辑值 **0** 或 **1** 的。若规定以高电平表示逻辑 **1**，低电平表示逻辑 **0**，这种规定称为**正逻辑**。反之，若规定以高电平表示逻辑 **0**，低电平表示逻辑 **1**，这种规定称为**负逻辑**。前面讨论各种逻辑门电路的逻辑功能时，都采用的是正逻辑。

值得注意的是，同一门电路，可以采用正逻辑，也可以采用负逻辑。正逻辑与负逻辑的规定不涉及逻辑电路本身的结构与性能好坏，但不同的规定可使同一电路具有不同的逻辑功能。

例如，假定某逻辑门电路的输入、输出电平关系如表 6-10 所列。按正逻辑规定可得到表 6-11 所列真值表，由真值表可知，该电路是一个**与**门；按负逻辑规定可得到表 6-12 所列真值表，由真值表可知，该电路是一个**或**门。

表 6-10　输入、输出电平关系

输入	输出
A　B	*F*
L　L	L
L　H	L
H　L	L
H　H	H

表 6-11　正逻辑真值表

输入	输出
A　B	*F*
0　0	**0**
0　1	**0**
1　0	**0**
1　1	**1**

表 6-12　负逻辑真值表

输入	输出
A　B	*F*
1　1	**1**
1　0	**1**
0　1	**1**
0　0	**0**

由此可知，正逻辑**与**门等价于负逻辑**或**门。同理，正逻辑的**或**门等价于负逻辑的**与**门；正逻辑的**与非**门等价于负逻辑的**或非**门；正逻辑的**或非**门等价于负逻辑的**与非**门。但是对于**非**门电路来说，不管是正逻辑还是负逻辑，其逻辑功能不变。

本书所涉及的逻辑电路，如无特别说明，采用的都是正逻辑。

6.4　逻辑函数的表示方法及其相互转换

一个逻辑函数可以采用真值表、逻辑表达式、逻辑图、 波形图和卡诺图 5 种表示形式。虽然各种表示形式具有不同的特点，但它们都能表示出输出变量与输入变量之间的逻辑关系，并且可以相互转换。下面分别介绍。

6.4.1　真值表

真值表也叫逻辑真值表，它是将输入、输出变量之间各种取值的逻辑关系经过状态赋值后用 **0**、**1** 两个数字符号列成的表格。

在如图 6-6 所示的电灯控制电路中，若设开关 *A*、*B* 接到 S_1 用 **1** 表示、接到 S_0 用 **0** 表示，电灯亮用 **1** 表示、不亮用 **0** 表示，可以得到反映开关 *A*、*B* 和电灯 *Y* 状态关系的真值表，如表 6-13 所列。

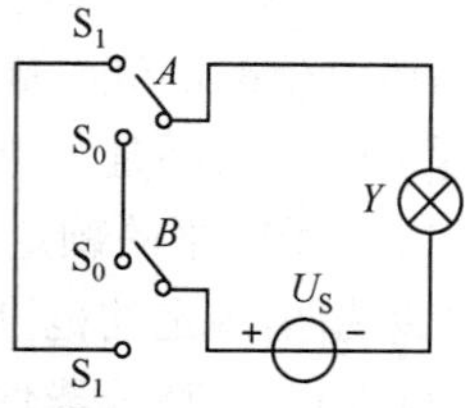

图 6-6　电灯控制电路

表 6-13　电灯控制电路真值表

A　B	*Y*
0　0	**1**
0　1	**0**
1　0	**0**
1　1	**1**

真值表的优点是：能够直观明了地反映出输入变量与输出变量之间的取值对应关系，而且当把一个实际问题抽象为逻辑问题时，使用真值表最为方便，所以在数字电路的逻辑设计中，首先就是根据要求列出真值表。

真值表的主要缺点是：不能进行运算，而且当变量比较多时，真值表就会变得比较复杂。一个确定的逻辑函数，只有一个真值表，因此真值表具有唯一性。

6.4.2 逻辑表达式

逻辑表达式是用**与**、**或**、**非** 3 种基本运算组合而成的表示逻辑关系的一种数学表示形式。

1. 标准与或式

由真值表可以方便地写出逻辑表达式，其方法如下：在真值表中，找出那些使函数值为 **1** 的变量取值组合，在变量取值组合中，变量值为 **1** 的写成原变量（字母上无**非**号的变量），为 **0** 写成反变量（字母上带**非**号的变量），这样对应于使函数值为 **1** 的每一种变量取值组合，都可写出唯一的乘积项（也叫**与**项）。只要将这些乘积项加（**或**）起来，即可得到函数的逻辑表达式。显然从表 6-13 不难得到图 6-6 电路中开关与灯泡之间的逻辑表达式为

$$Y = \overline{A}\overline{B} + AB = A \odot B$$

将输入变量 A、B 的 4 种取值组合分别代入这个表达式进行计算，然后与真值表进行比较，即可验证该表达式的正确性。

这样得到的表达式即为逻辑函数的**标准与或式**。之所以称为标准**与或**式，是因为表达式中的乘积项具有标准的形式。这种标准的乘积项，称之为逻辑函数的**最小项**。因此，标准**与或**式又可称为**最小项之和表达式**。

2. 最小项

最小项是逻辑代数中一个重要的概念。一个 n 变量的逻辑函数共有 2^n 种取值组合，对于每一种取值组合，将其中变量值为 **1** 的写成原变量（字母上无**非**号的变量），变量值为 **0** 写成反变量（字母上带**非**号的变量），这样对每一种变量取值组合，都可写出唯一的乘积项（也叫**与**项），这个乘积项就称为逻辑函数的**最小项**。例如，对于如图 6-6 所示电路中，灯泡受到两个开关的控制，属于两变量的逻辑函数，共有 4 种取值组合 **00**、**01**、**10** 和 **11**，其对应的 4 个最小项分别为 $\overline{A}\,\overline{B}$、$\overline{A}B$、$A\overline{B}$ 和 AB。同样，对于三变量逻辑函数，共有 8 种取值组合 **000**、**001**、**010**、**011**、**100**、**101**、**110**、**111**，与之对应的 8 个最小项是：$\overline{A}\,\overline{B}\,\overline{C}$、$\overline{A}\,\overline{B}C$、$\overline{A}B\overline{C}$、$\overline{A}BC$、$A\overline{B}\,\overline{C}$、$A\overline{B}C$、$AB\overline{C}$、$ABC$。

很显然，一个 n 变量的逻辑函数，共有 2^n 种取值组合，也就有 2^n 个最小项。

通常，对于两个最小项，若它们只有 1 个因子不同，则称其为逻辑相邻的最小项，简称**逻辑相邻项**。如 $\overline{A}B\overline{C}$ 和 $AB\overline{C}$ 是逻辑相邻项，$\overline{A}BC$ 和 ABC 也是逻辑相邻项。两个逻辑相邻项可以合并成 1 项，并且消去 1 个因子。例如，$\overline{A}B\overline{C} + AB\overline{C} = B\overline{C}$。这一特性正是卡诺图化简逻辑函数的依据。

由以上对最小项的介绍可知，当输入变量取某一种组合时：①仅有 1 个最小项的值为 **1**；②全体最小项之和恒为 **1**；③任意两个最小项的乘积为 **0**。这正是最小项的重要性质。

今后，为了叙述方便，给每个最小项编上号，用 m_i 表示。$\overline{A}\,\overline{B}\,\overline{C}$，$\overline{A}\,\overline{B}C$，$\overline{A}B\overline{C}$，…，$ABC$ 分别用 m_0，m_1，m_2，…，m_7 表示。最小项的序号就是其对应变量取值组合当成二进制数时所对应的十进制数。

任一逻辑函数都能化成唯一的最小项之和形式（也称标准**与或**式）。方法是首先将给定的逻辑函数式化为若干乘积项之和的**与或**形式，然后再利用基本公式 $A+\overline{A}=1$ 将每个乘积项中缺少的因子补全，这样就可以将**与或**的形式化为最小项之和的标准形式。这种标准形式在逻辑函数的化简以及计算机辅助分析和设计中得到了广泛的应用。

例 6-6 写出函数 $Y=(A+\overline{B})(\overline{A}+C)$ 的最小项之和形式（标准**与或**式）。

解 $Y=(A+\overline{B})(\overline{A}+C)=AC+\overline{A}\,\overline{B}+\overline{B}C=AC(B+\overline{B})+\overline{A}\,\overline{B}(C+\overline{C})+\overline{B}C(A+\overline{A})$

$=ABC+A\overline{B}C+\overline{A}\,\overline{B}C+\overline{A}\,\overline{B}\,\overline{C}+A\overline{B}C+\overline{A}\,\overline{B}C=ABC+A\overline{B}C+\overline{A}\,\overline{B}C+\overline{A}\,\overline{B}\,\overline{C}$

$=m_7+m_5+m_1+m_0=\sum_m(0,1,5,7)$

顺便指出：如果把真值表中使函数值为 **0** 的那些变量取值组合所对应的最小项加起来，则可得到逻辑函数的反函数的标准**与或**式。

***3. 最大项**

在 n 变量逻辑函数中，若 M 为 n 个变量之和，而且这 n 个变量均以原变量或反变量的形式在 M 中出现一次，则称 M 为该组变量的**最大项**。例如，对于三变量函数，其最大项有($\overline{A}+\overline{B}+\overline{C}$)、($\overline{A}+\overline{B}+C$)、($\overline{A}+B+\overline{C}$)、($\overline{A}+B+C$)、($A+\overline{B}+\overline{C}$)、($A+\overline{B}+C$)、($A+B+\overline{C}$)、($A+B+C$)共 8 个。可见，一个 n 变量的逻辑函数，共有 2^n 个最大项，其数目与最小项是相等的。

输入变量的每一组取值都使一个对应的最大项的值为 0。例如，在三变量 A、B、C 的最大项中，当 $A=\mathbf{1}$，$B=\mathbf{0}$，$C=\mathbf{1}$ 时，($\overline{A}+B+\overline{C}$)= **0**。若将最大项为 **0** 的 ABC 取值视为一个十进制数，并以其对应的十进制数给最大项编号，则($\overline{A}+B+\overline{C}$)可记作 M_5。由此可得，三变量函数的 8 个最大项($\overline{A}+\overline{B}+\overline{C}$)，($\overline{A}+\overline{B}+C$)，($\overline{A}+B+\overline{C}$)，…，($A+B+C$)中，其编号分别记为 M_7，M_6，M_5，…，M_0。

根据最大项的定义同样可以得到它的重要性质，即当输入变量取某一种组合时：①仅有一个最大项的值为 **0**；②全体最大项之积恒为 **0**；③任意两个最大项之积为 1；④只有一个变量不同的两个最大项的乘积等于各相同变量之和。

根据最大项和最小项的定义以及性质不难发现，最大项和最小项之间存在关系 $M_i=\overline{m}_i$。

任一逻辑函数同样可以化成唯一的**最大项之积形式**（即**标准或与式**）。方法是：首先把函数式化成若干多项式相乘的**或与**形式（也称“和之积”形式）。然后利用基本公式 $A\overline{A}=\mathbf{0}$ 将每个多项式中缺少的变量补齐，就可以将函数式的**或与**形式化成最大项之积的形式了。

逻辑表达式表示逻辑函数的优点是：书写方便，形式简洁，不会因为变量数目的增多而变得复杂；便于运算和演变，也便于用相应的逻辑符号来实现。不足之处是：在反映输入变量与输出变量的取值对应关系时不够直观。

6.4.3 逻辑图

逻辑图也叫逻辑电路图，是用逻辑符号表示逻辑关系的图形表示方法。与表达式 $Y=\overline{A}\,\overline{B}+AB$ 对应的逻辑图如图 6-7 所示。

逻辑图的优点比较突出。逻辑图中的逻辑符号和实际使用的电路器件有着明显的对应关系，所以它比较接近于工程实际。在工作中，要了解某个数字系统或者数控装置的逻辑功能时，都要用到逻辑图，因为它可以把许多繁杂的实际电路的逻辑功能层次分明地表示出来。在制作数字设备时，首先也要通过逻辑设计画出逻辑图，再把逻辑图变成实际电路。

6.4.4 波形图

波形图也叫**时序图**，它是由输入变量的所有可能取值组合的高、低电平及其对应的输出变量的高、低电平所构成的图形。它是用变量随时间变化的波形来反映输入、输出间对应关系的一种图形表示法。

画波形图时要特别注意，横坐标是时间轴，纵坐标是变量取值（高、低电平或二进制代码 **1** 和 **0**），由于时间轴相同，变量取值又十分简单，所以在波形图中可略去坐标轴。具体画波形时，还要注意务必将输出与输入变量的波形在时间上对应起来，以体现输出决定于输入。根据表 6-13 和给定的 A、B 波形对应画出 Y 的波形如图 6-8 所示。

此外，可以利用示波器对电路的输入、输出波形进行测试、观察，以判断电路的输入、输出是否满足给定的逻辑关系。因此波形图的优点是便于电路的调试和检测，实用性强，在描述输出与输入变量的取值对应关系上也比较直观。在计算机硬件课程中，通常用波形图来分析计算机内部各部件之间的工作关系。

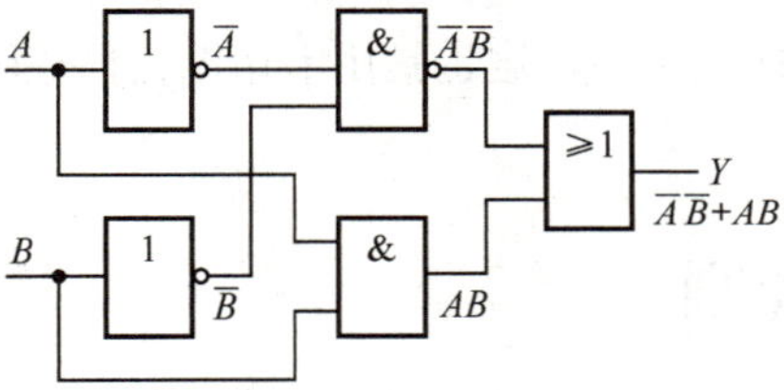

图 6-7 图 6-6 的逻辑图

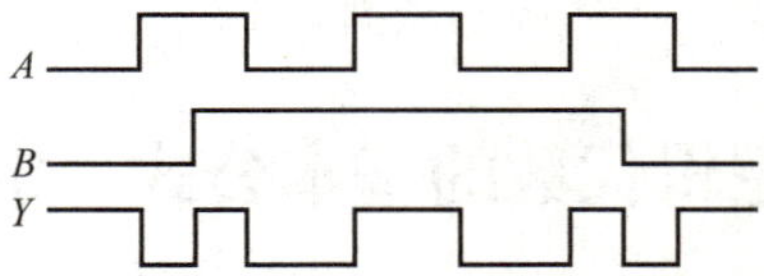

图 6-8 图 6-6 的波形图

6.4.5 卡诺图

卡诺图是一种最小项方格图，它是由美国工程师卡诺（Karnaugh）设计的，每一个小方格对应一个最小项，n 变量逻辑函数有 2^n 个最小项，因此 n 变量卡诺图中共有 2^n 个小方格。另外，小方格在排列时，应保证几何位置相邻的小方格，在逻辑上也相邻。所谓**几何相邻**，是指空间位置上的相邻，包括紧挨着的，以及相对的（卡诺图中某一行或某一列的两头）。

画卡诺图时，根据函数中变量数目 n，将图形分成 2^n 个方格，方格的编号和最小项的编号相同，由方格外面行变量和列变量的取值决定。图 6-9（a）、（b）、（c）分别是三变量、四变量和五变量的卡诺图，图 6-9 中，斜线下方的是行变量，斜线上方的是列变量，规定如下。

（1）写方格编号时，以行变量为高位组，列变量为低位组（当然也可用相反的约定）。例如，图 6-9（b）中，AB = **10**，CD = **01** 的方格对应编号为 m_9（**1001**= 9）的最小项，那么就可以在对应的方格中填上 m_9，或只简单地填上序号 9。

（2）行、列变量取值顺序一定按循环码排列，例如，图 6-9（b）中 AB 和 CD 都是按照 **00**，**01**，**11**，**10** 的顺序排列的。这样标注可以保证几何相邻的最小项必定也是逻辑相邻的最小项。循环码可由二进制数码推导出来。若设 $B_3B_2B_1B_0$ 是一组 4 位二进制数码，则对应的 4 位循环码 $G_3G_2G_1G_0$ 可用公式 $G_i = B_{i+1} \oplus B_i$ 求出。

（3）用卡诺图表示逻辑函数

根据逻辑函数最小项表达式画卡诺图时，式中有哪些最小项，就在相应的方格中填 **1**，而其余的方格填 **0**（**0** 也可以省略不填）。若不是最小项之和形式，可先化成最小项之和形式。

A \ BC	$\overline{B}\overline{C}$ 00	$\overline{B}C$ 01	BC 11	$B\overline{C}$ 10
0	m_0 $\overline{A}\overline{B}\overline{C}$	m_1 $\overline{A}\overline{B}C$	m_3 $\overline{A}BC$	m_2 $\overline{A}B\overline{C}$
1	m_4 $A\overline{B}\overline{C}$	m_5 $A\overline{B}C$	m_7 ABC	m_6 $AB\overline{C}$

(a) 三变量

AB \ CD	00	01	11	10
00	m_0	m_1	m_3	m_2
01	m_4	m_5	m_7	m_6
11	m_{12}	m_{13}	m_{15}	m_{14}
10	m_8	m_9	m_{11}	m_{10}

(b) 四变量

AB \ CDE	000	001	011	010	110	111	101	100
00	0	1	3	2	6	7	5	4
01	8	9	11	10	14	15	13	12
11	24	25	27	26	30	31	29	28
10	16	17	19	18	22	23	21	20

(c) 五变量

图 6-9　变量卡诺图

例 6-7　画出逻辑函数 $Y = A\overline{B}C + \overline{A}BC + AB$ 的卡诺图。

解　式中 $A\overline{B}C$、$\overline{A}BC$ 已是最小项。含有**与**项 AB 的最小项有两个：ABC 和 $AB\overline{C}$。故在 m_3、m_5、m_6、m_7 相应的小方格填 **1**，如图 6-10 所示。

A \ BC	00	01	11	10
0	0	0	1	0
0	0	1	1	1

图 6-10　例 6-7 图

若逻辑函数不是**与或**式，应先变换成**与或**式（不必变换成最小项表达式），然后把含有各个**与**项的最小项在对应小方格内填 **1**，即得函数的卡诺图。

卡诺图表示逻辑函数最突出的优点是：用几何位置相邻表达了构成函数的各个最小项在逻辑上的相邻性，这也是用卡诺图化简逻辑函数的依据。

6.5　逻辑代数的基本公式、定律和规则

根据逻辑变量的取值只有 **0** 和 **1**，以及逻辑变量的**与**、**或**、**非**三种基本运算法则，可以推导出逻辑运算的基本公式和定理。这些公式的证明，最直接的方法是列出等号两边函数的真值表，看看是否完全相同。也可利用已知的公式来证明其他公式。

6.5.1　基本公式

1. 常量之间的关系

$$\mathbf{0}\cdot\mathbf{0}=\mathbf{0} \qquad \mathbf{1}+\mathbf{1}=\mathbf{1}$$
$$\mathbf{0}\cdot\mathbf{1}=\mathbf{0} \qquad \mathbf{1}+\mathbf{0}=\mathbf{1}$$
$$\mathbf{1}\cdot\mathbf{1}=\mathbf{1} \qquad \mathbf{0}+\mathbf{0}=\mathbf{0}$$
$$\overline{\mathbf{0}}=\mathbf{1} \qquad \overline{\mathbf{1}}=\mathbf{0}$$

2. 变量和常量之间的关系

$$A\cdot\mathbf{1}=A \qquad A+\mathbf{0}=A$$
$$A\cdot\mathbf{0}=\mathbf{0} \qquad A+\mathbf{1}=\mathbf{1}$$
$$A\cdot\overline{A}=\mathbf{0} \qquad A+\overline{A}=\mathbf{1}$$

6.5.2　基本定律

（1）交换律　$A+B=B+A$　　$A\cdot B=B\cdot A$

（2）结合律　$(A+B)+C=A+(B+C)$　　$(A\cdot B)\cdot C=A\cdot(B\cdot C)$

（3）分配律　$A+BC=(A+B)(A+C)$　　$A\cdot(B+C)=A\cdot B+A\cdot C$

（4）同一律　$A+A=A$　　$A\cdot A=A$

（5）反演律（又称摩根定律）　$\overline{A+B}=\overline{A}\cdot\overline{B}$　　$\overline{A\cdot B}=\overline{A}+\overline{B}$

（6）还原律　$\overline{\overline{A}}=A$

6.5.3 常用公式

（1）$A+AB=A$

（2）$A+\overline{A}B=A+B$

（3）$AB+A\overline{B}=A$

（4）$A(A+B)=A$

（5）$AB+\overline{A}C+BC=AB+\overline{A}C$

6.5.4 有关异或运算的一些公式

（1）交换律　$A\oplus B=B\oplus A$

（2）结合律　$(A\oplus B)\oplus C=A\oplus(B\oplus C)$

（3）分配律　$A\cdot(B\oplus C)=A\cdot B\oplus A\cdot C$

（4）常量和变量的**异或**运算

$A\oplus \mathbf{1}=\overline{A}$　　$A\oplus \mathbf{0}=A$　　$A\oplus A=\mathbf{0}$　　$A\oplus \overline{A}=\mathbf{1}$

6.5.5 基本规则

1. 代入规则

在任何一个包含变量 A 的逻辑等式中（变量 A 在此是泛指），若以另外一个逻辑式代入式中所有 A 的位置，则等式仍成立。这就是所谓的代入规则。例如，已知 $\overline{A\cdot B}=\overline{A}+\overline{B}$，若用 $Y=BC$ 代替式中的 B，则 $\overline{A\cdot BC}=\overline{A}+\overline{BC}=\overline{A}+\overline{B}+\overline{C}$。由此可得，$\overline{A\cdot B\cdot C\cdots}=\overline{A}+\overline{B}+\overline{C}+\cdots$，即为多个变量的反演律。可见，代入规则可以扩大公式的使用范围。

2. 反演规则

对于任何一个逻辑表达式 Y，若将式中所有的“·”换成“+”，“+”换成“·”，**0** 换成 **1**，**1** 换成 **0**，原变量换成反变量，反变量换成原变量，这样得到的逻辑函数就是原函数的反函数 $\overline{Y}$，称这一规则为反演规则。运用反演规则可以直接求得一个函数 Y 的反函数 $\overline{Y}$。

注意：运用反演规则求反函数时，不是一个变量上的反号应保持不变；而且要特别注意运算符号的优先顺序——先算括号，再算乘积，最后算加。

3. 对偶规则

若两逻辑式相等，则它们的对偶式也相等，这就是对偶规则。**对偶式**的定义是：对于任何一个逻辑式 Y，若将其中所有的“·”换成“+”，“+”换成“·”，**0** 换成 **1**，**1** 换成 **0**，则得到一个新的逻辑式 Y'，这个 Y' 就称为 Y 的对偶式，或者说 Y 和 Y' 互为对偶式。

对偶规则的意义在于：如果两个函数式相等，则它们的对偶式也相等。前面介绍的基本公式和定律中，左右两列等式之间的关系即是利用了对偶规则。显然，利用对偶规则，可以使要证明的公式数目减少一半。

运用对偶规则时，同样要注意反演规则中提到的两点注意事项。

6.6 逻辑函数的化简

通过前面的学习可以知道，逻辑函数表达式越简单，实现这个逻辑函数的逻辑电路所需要的门电路数目就越少，这样，不但降低了成本，还提高了电路的工作速度和可靠性，因此，在设计逻辑电路时，化简逻辑函数是很必要的。

6.6.1 “最简”的概念及最简表达式的几种形式

所谓逻辑函数的最简表达式，必须同时满足以下两个条件：

（1）**与**项（乘积项）的个数最少，这样可以保证所需门电路的数目最少；

（2）在**与**项个数最少的前提下，每个**与**项中包含的因子数最少，这样可以保证每个门电路输入端的个数最少。

一个逻辑函数的最简表达式，常按照式中变量之间运算关系的不同，分成最简**与或**式、最简**与非-与非**式、最简**或与**式、最间**或非-或非**式、最简**与或非**式。例如，某一逻辑函数 Y，其最简表达式可表示为：

与或表达式　　　$Y = A\overline{B} + BC$

与非-与非式　　　$Y = \overline{\overline{A\overline{B}} \cdot \overline{BC}}$

或与表达式　　　$Y = (A+B) \cdot (\overline{B}+C)$

或非-或非表达式　　　$Y = \overline{\overline{A+B} + \overline{\overline{B}+C}}$

与或非表达式　　　$Y = \overline{\overline{A}\,\overline{B} + B\overline{C}}$

不同的表达式将用不同的门电路来实现，而且各种表达形式之间可以相互转换。应当指出，最简**与或**表达式是最基本的表达形式，只要有了函数的最简**与或**式，再用反演律进行适当变换，就可以得到其他几种形式的最简式。例如，已知**与或**式 $Y = A\overline{B} + BC$，将其转换成**与非-与非**式的方法是

$$Y = \overline{\overline{Y}} = \overline{\overline{A\overline{B} + BC}} = \overline{\overline{A\overline{B}} \cdot \overline{BC}}$$

6.6.2 逻辑函数的公式化简法

逻辑函数的化简方法有**公式法**和**卡诺图法**等。公式化简法实际上就是应用逻辑代数的公式、定律，对逻辑函数进行运算和变换，以求得逻辑函数的最简形式。常用的方法有：

（1）并项法。根据 $AB + A\overline{B} = A$ 可以把两项合并为一项，保留相同因子，消去互为相反的因子。例如

$$Y = AB + ACD + \overline{A}B + \overline{A}CD = (A+\overline{A})B + (A+\overline{A})CD = B + CD$$

（2）吸收法。根据 $A + AB = A$ 可将 AB 项消去。A 和 B 可代表任何复杂的逻辑式。例如

$$Y = AB + AB\overline{C} + ABD = AB$$

（3）消项法。根据 $AB + \overline{A}C + BC = AB + \overline{A}C$ 可将 BC 项消去。A、B 和 C 可代表任何复杂的逻辑式。例如

$$Y = A\overline{C} + \overline{A}\,\overline{B} + \overline{B}\,\overline{C} = A\overline{C} + \overline{A}\,\overline{B}$$

（4）消因子法。根据 $A + \overline{A}B = A + B$ 可将 $\overline{A}B$ 中的因子 $\overline{A}$ 消去。A 和 B 可代表任何复杂的逻辑式。例如

$$Y = AC + \overline{A}B + B\overline{C} = AC + B\overline{A}\,\overline{C} = AC + B$$

（5）配项法。根据 $A+A+\cdots = A$ 可以在逻辑函数式中重复写入某一项，以获得更加简单的化简结果。例如

$$\begin{aligned}Y &= \overline{A}B\overline{C} + \overline{A}BC + ABC = \overline{A}B\overline{C} + \overline{A}BC + (ABC + \overline{A}BC)\\ &= \overline{A}B(\overline{C} + C) + BC(\overline{A} + A) = \overline{A}B + BC\end{aligned}$$

例 6-8 用公式法化简下列逻辑函数。

（1）$F = A(B + \overline{C}) + A\overline{C} + \overline{B}C + B\overline{C} + B\overline{D} + \overline{B}D + ADE$

（2）$F = (A \oplus B)C + ABC + \overline{A} \cdot \overline{B}C$

（3）$F = AC + \overline{B}C + B\overline{D} + C\overline{D} + A(B + \overline{C}) + \overline{A}BC\overline{D} + A\overline{B}DE$

解 （1）$F = A(B + \overline{C}) + A\overline{C} + \overline{B}C + B\overline{C} + B\overline{D} + \overline{B}D + ADE$

$$\begin{aligned}&= (A\overline{\overline{B}C} + \overline{B}C) + B\overline{C} + B\overline{D} + \overline{B}D + ADE = A + \overline{B}C + B\overline{C} + B\overline{D} + \overline{B}D + ADE\\ &= (A + ADE) + \overline{B}C + B\overline{D} + B\overline{C} + \overline{B}D = A + \overline{B}C + B\overline{D} + B\overline{C} + \overline{B}D = A + B\overline{C} + \overline{B}D + \overline{D}C\end{aligned}$$

（2）$F = (A \oplus B)C + ABC + \overline{A} \cdot \overline{B}C = (A \oplus B)C + (AB + \overline{A} \cdot \overline{B})C = C[(A \oplus B) + \overline{A \oplus B}] = C$

（3）$F = AC + \overline{B}C + B\overline{D} + C\overline{D} + A(B + \overline{C}) + \overline{A}BC\overline{D} + A\overline{B}DE$

$$\begin{aligned}&= AC + \overline{B}C + B\overline{D} + C\overline{D} + A\overline{\overline{B}C} + A\overline{B}DE = AC + \overline{B}C + B\overline{D} + C\overline{D} + A + A\overline{B}DE\\ &= A + \overline{B}C + B\overline{D} + C\overline{D} = A + \overline{B}C + B\overline{D}\end{aligned}$$

用公式法化简逻辑函数，需要对逻辑代数的基本公式和常用公式比较熟悉，它没有固定的规律，适于化简变量比较多的逻辑函数。

6.6.3 逻辑函数的卡诺图化简法

由于卡诺图中几何位置相邻的最小项也具有逻辑相邻性，而逻辑函数化简的实质就是合并逻辑相邻的最小项，因此，直接在卡诺图中合并几何相邻的最小项即可，合并的具体方法是将所有几何相邻的最小项圈在一起进行合并。这里所说的几何相邻有两方面的含义，一是指紧挨着，二是指卡诺图中某一行或某一列两头。

卡诺图化简逻辑函数的一般步骤如下。

（1）画出逻辑函数的卡诺图。画逻辑函数的卡诺图就是在卡诺图中将函数所包含的最小项方格内填 **1**，其余方格内填 **0**（**0** 也可不填）。

（2）合并几何相邻的最小项。实际上是将几何相邻的填有 **1** 的方格（简称“**1** 格”）圈在一起进行合并，保留相同的变量，消去不同的变量。每圈一个圈，就得到一个**与**项。

（3）将所有的**与**项相加，即可得到函数的最简**与或**表达式。

以上三步中，第（1）步是基础，第（2）步是难点，为了正确化简逻辑函数，圈出几何相邻的“**1** 格”最关键。下面给出圈“**1** 格”的注意事项。

（1）每个圈中只能包含 2^n 个“**1** 格”，并且可消掉 n 个变量，被合并的“**1** 格”应该排成正方形或矩形。

（2）圈的个数应尽量少，圈越少，**与**项越少。

（3）圈应尽量大，圈越大，消去的变量越多。

（4）有些“**1** 格”可以多次被圈，但每个圈中应至少有一个“**1** 格”只被圈过一次。

（5）要保证所有“**1** 格”全部圈完，无几何相邻项的“**1** 格”，独立构成一个圈。

（6）圈“**1** 格”的方法不止一种，因此化简的结果也就不同，但它们之间可以转换。

最后需注意一点：卡诺图中 4 个角上的最小项也是几何相邻最小项，可以圈在一起合并。

例 6-9 用卡诺图化简函数 $Y=\sum_m(1, 4, 5, 6, 8, 12, 13, 15)$。

解 ① 画出 Y 的卡诺图，如图 6-11 所示。

② 合并“**1** 格”。图中画了 1 个“四格组”的圈，4 个“两格组”的圈，但这种方案是错误的，因为“四格组”圈中所有“**1** 格”都被圈过两次。正确方案是只保留图中 4 个“两格组”的圈。

③ 写出最简**与或**表达式为

$$Y=\overline{A}\,\overline{C}D+\overline{A}B\overline{D}+A\overline{C}\,\overline{D}+ABD$$

例 6-10 利用卡诺图化简函数

$$Y=\overline{A}\,\overline{C}+AC+A\overline{B}\,\overline{C}\,\overline{D}+\overline{A}\,\overline{B}\,C\overline{D}$$

解 ① 画出 Y 的卡诺图，如图 6-12 所示。

② 合并“**1** 格”。注意 4 个角上的“**1** 格”应圈在一起进行合并。

③ 写出最简**与或**表达式为

$$Y=\overline{A}\,\overline{C}+AC+\overline{B}\,\overline{D}$$

注意：在卡诺图中合并“**0** 格”，将得到反函数的最简**与或**式。

例 6-11 函数 $Y=AB+BC+CA$，用卡诺图求出 $\overline{Y}$ 的最简**与或**表达式。

解 ① 画出 Y 的卡诺图，如图 6-13 所示。

② 合并“**0** 格”。

③ 写出 $\overline{Y}$ 的最简**与或**表达式为

$$\overline{Y}=\overline{A}\,\overline{B}+\overline{B}\,\overline{C}+\overline{A}\,\overline{C}$$

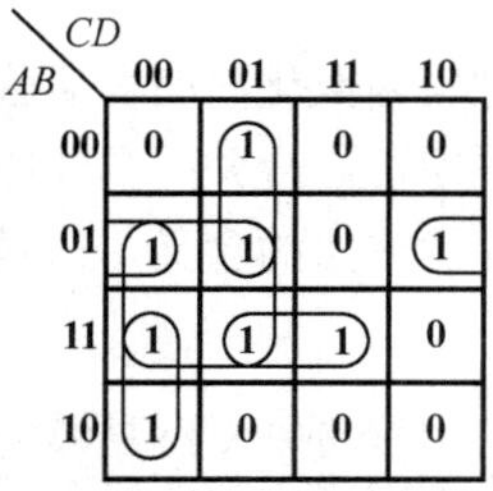

图 6-11 例 6-9 的卡诺图

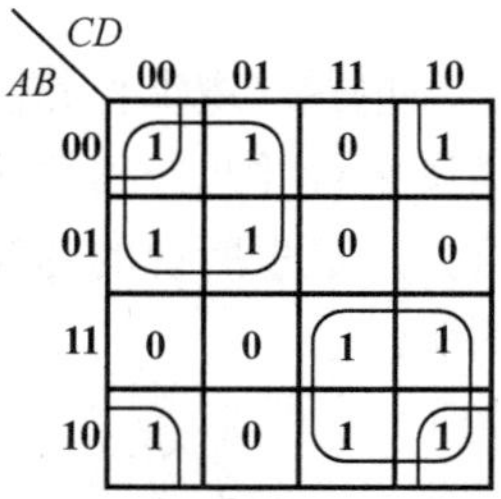

图 6-12 例 6-10 的卡诺图

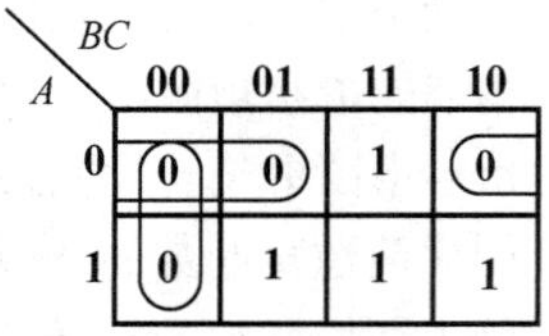

图 6-13 例 6-11 的卡诺图

与公式化简法相比，卡诺图化简逻辑函数具有直观、简便、易于掌握化简结果的准确程度等优点，因而广泛应用于数字电路的分析和设计过程中。

6.6.4 具有无关项的逻辑函数的化简

1. 约束项、任意项和逻辑函数中的无关项

在分析某些逻辑函数时，经常会遇到输入变量的取值不是任意的。对输入变量的取值所加的限制称为约束，把这一组变量称为具有约束的一组变量。

例如，有三个变量 A、B、C，它们分别表示一台电动机的正转、反转和停止命令，$A=\mathbf{1}$ 表示正转，$B=\mathbf{1}$ 表示反转，$C=\mathbf{1}$ 表示停止。因为电机任何时候只能执行其中的一个命令，所以不允许两个或两个以上的变量同时为 **1**。A、B、C 的取值可能是 **001**、**010**、**100** 当中的某一种，而不能是 **000**、**011**、**101**、**110**、**111** 中的任何一种。因此，A、B、C 是一组具有约束的变量。

约束项：逻辑函数中不会出现的变量取值组合所对应的最小项称为约束项。

任意项：有些逻辑函数，当变量取某些组合时，函数的值可以任意，即可以为 **0**，也可以为 **1**，这样的变量取值组合所对应的最小项称为任意项。

无关项：把约束项和任意项统称为逻辑函数的无关项。

由最小项的性质知道，只有对应变量取值出现时，最小项的值才会为 **1**。而约束项对应的是不会出现的变量取值，任意项对应的取值一般也不会出现，所以无关项的值总等于 **0**。

约束条件：由无关项加起来所构成的值为 **0** 的逻辑表达式称为约束条件。因为无关项的值恒为 **0**，且无论多少个 **0** 加起来还是 **0**，所以约束条件是一个值恒为 **0** 的条件等式。上例中的约束条件可表示为

$$\overline{A}\,\overline{B}\,\overline{C}+\overline{A}BC+A\overline{B}C+AB\overline{C}+ABC=\mathbf{0}$$

2. 具有无关项逻辑函数的化简

在真值表和卡诺图中，无关项所对应的函数值往往用符号“×”表示。在逻辑表达式中，通常用字母 d 表示无关项。化简具有无关项的逻辑函数时，如果能合理地利用这些无关项，一般都可以得到更加简单的化简结果。具体做法是：在公式法化简中，可以根据化简的需要加上或去掉约束条件。因为在逻辑表达式中，加上或去掉 **0**，函数是不会受影响的。在卡诺图化简法中，可以根据化简的需要包含或去掉无关项。因为合并最小项时，如果圈中包含了约束项，则相当于在相应的乘积项上加上了该约束项，而约束项的值恒为 **0**，显然函数不会受影响。

例 6-12 用卡诺图法化简具有约束的逻辑函数 $Y=\overline{A}\,\overline{B}C+\overline{A}B\overline{C}+A\overline{B}\,\overline{C}$。约束条件：$\overline{A}BC+AB\overline{C}+A\overline{B}C+ABC=\mathbf{0}$

解 ① 画出函数 Y 的卡诺图，如图 6-14 所示。

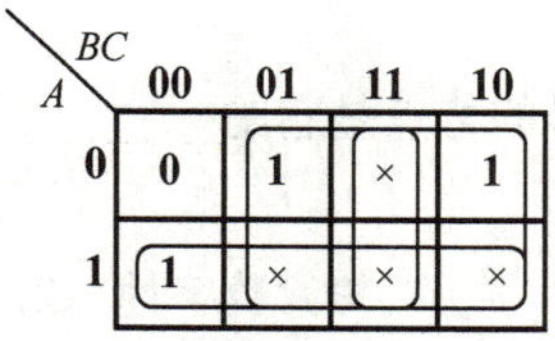

图 6-14 例 6-12 的卡诺图

② 合并最小项，约束项均当作 **1** 处理。

③ 写出最简**与或**表达式为

$$Y=A+B+C$$

本章小结

1. 数字电路研究的主要问题是输入变量与输出函数间的逻辑关系，它的工作信号在时间和数值上是离散的，用二值量 **0**、**1** 表示。

2. 二进制是数字电路的基本计数体制；十六进制数有 16 个数字符号，4 位二进制数可表示 1 位十六进制数。常用的码制为 8421BCD 码。

3. 逻辑代数有 3 种基本的逻辑运算（关系）——**与**、**或**、**非**，由它们可组合或演变成几种复合逻辑运算——**与非**、**或非**、**异或**、**同或**和**与或非**等。

4. 逻辑函数有 5 种常用的表示方法——真值表、逻辑表达式、逻辑图、波形图、卡诺图。

它们虽然各具特点，但都能表示输出函数与输入变量之间的取值对应关系。5 种表示方法可以相互转换，其转换方法是分析和设计数字电路的必要工具，在实际中可根据需要选用。

5. 逻辑函数的化简是分析、设计数字电路的重要环节。实现同样的功能，电路越简单，成本就越低，且工作越可靠。化简逻辑函数有两种方法，公式法和卡诺图法各有所长，又各有不足，应熟练掌握。

6. 在实际逻辑问题中，输入变量之间常存在一定的制约关系，称为约束；把表明约束关系的等式称为约束条件。在逻辑函数的化简中，充分利用约束条件可使逻辑表达式更加简化。

习题 6

6-1 填空题

（1）逻辑函数 $L = A\overline{B} + \overline{A}C$ 的对偶式为 $L' =$____________________，最简**或与**式为 $L =$____________________。

（2）$(174)_{10} = (\qquad\qquad)_2 = (\qquad\qquad)_{8421BCD}$

（3）$(37.483)_{10} = (\qquad\qquad)_2 = (\qquad)_{16}$

（4）$(\mathbf{101110.011})_2 = (\qquad)_{10}$

（5）$(254.76)_{10} = (\qquad)_8$

（6）$(4DE.C8)_{16} = (\qquad)_{10}$

（7）$(23F.45)_{16} = (\qquad\qquad)_2$

（8）将 $Y(A，B，C) = \sum_m (3，5，6，7)$的最大项表示为____________________。

6-2 选择题

（1）同模拟信号相比，数字信号的特点是它的________。一个数字信号只有______种取值，分别表示为_______和_______。

A）连续性，2，**0**，**1**　　B）数字性，2，**0**，**1**

C）对偶性，2，**0**，**1**　　D）离散性，2，**0**，**1**

（2）以下说法正确的是（　　　）。

A）数字信号在大小上不连续，时间上连续，模拟信号则相反

B）数字信号在大小上连续，时间上不连续，模拟信号则相反

C）数字信号在大小和时间上均连续，模拟信号则相反

D）数字信号在大小和时间上均不连续，模拟信号则相反

（3）下列几种说法中与 BCD 码的性质不符的是（　　　）。

A）一组 4 位二进制数组成的 BCD 码只能表示 1 位十进制数

B）BCD 码是一种人为选定的 0～9 的十个数字的代码

C）BCD 码是一组 4 位二进制数，能表示 16 以内的任何一个十进制数

D）BCD 码有多种

（4）若将一**异或**门（输入端为 A，B）当作反相器使用，则 A，B 端应按（　　）连接。

A）A 或 B 中有一个接 **1**　　B）A 或 B 中有一个接 **0**

C）A 和 B 并联使用　　D）不能实现

（5）已知逻辑门电路的输入信号 A，B 和输出信号 Y 的波形如题图 6-2（a）所示，则该电路实现（　　　　）逻辑功能。

A）与非　　　B）异或　　　C）或　　　D）无法判断

（6）已知逻辑门电路的输入信号 A，B 和输出信号 Y 的波形如题图 6-2（b）所示，则该电路实现（　　　　）逻辑功能。

A）与非　　　B）异或　　　C）或　　　D）无法判断

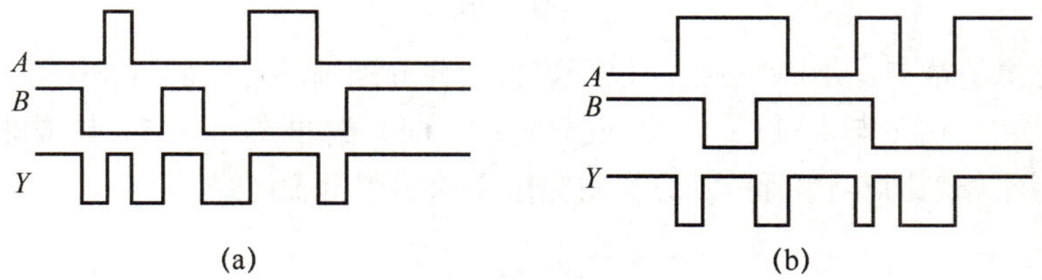

题图 6-2

（7）下列一组数中的最大数为（　　　　）。

A）$(11)_{10}$　　B）$(10110)_2$　　C）$(10010001)_{8421BCD}$　　D）$(110)_8$

（8）已知有 4 个逻辑变量，它们能组成的最大项的个数为（　　　），这 4 个逻辑变量的任意两个最小项之积恒为（　　　）。

6-3　写出下列二进制数的原码、反码和补码。

（1）$(+1110)_2$　　（2）$(+10110)_2$　　（3）$(-1110)_2$　　（4）$(-10110)_2$

6-4　试用 8 位二进制补码计算下列各式，并用十进制数表示结果。

（1）12+9　　（2）11−3　　（3）−29−25　　（4）−120+30

6-5　根据反演规则和对偶规则，直接写出下列函数的反函数和对偶式。

（1）$W = \overline{A} \cdot \overline{B} + A\overline{C} + BC$　　（2）$Y = \overline{A}C + \overline{\overline{B}C + A(\overline{B} + \overline{CD})}$

6-6　列出下列各函数的真值表。

（1）$Y(A、B、C) = AC + A\overline{B}$　　（2）$Y(A、B、C) = A \oplus B \oplus C$

6-7　试用真值表证明下列等式成立。

（1）$(A+B)(\overline{A}+C)(B+C) = (A+B)(\overline{A}+C)$　　（2）$AB(A \oplus B \oplus C) = ABC$

6-8　电路如题图 6-8 所示。设开关闭合表示为 **1**，断开表示为 **0**；灯亮表示为 **1**，灯灭表示为 **0**。试分别列出（a）、（b）、（c）各电路中灯泡 Y 与开关 A、B、C 关系的真值表，写出函数表达式，并画出相应的逻辑符号。

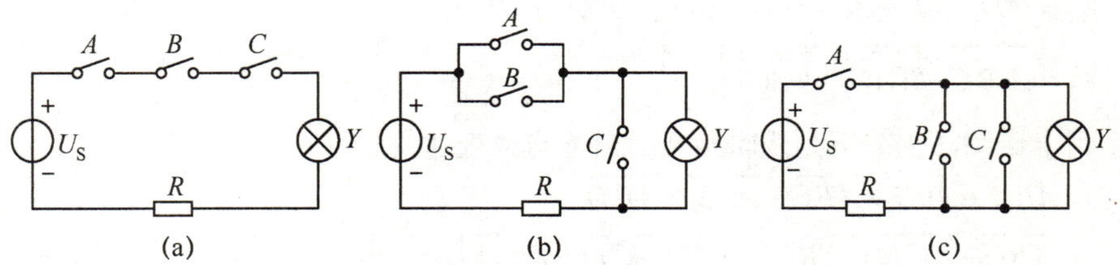

题图 6-8

6-9　将下列各式展开成最小项之和的形式。

（1）$F = A + B\overline{C} + \overline{A}C$　　（2）$F = B(A+\overline{C})(A+\overline{B}+C)$

6-10　根据题图 6-10 中所给的输入变量 A、B、C 的波形，分别画出输出 Y_1～Y_4 的波形。

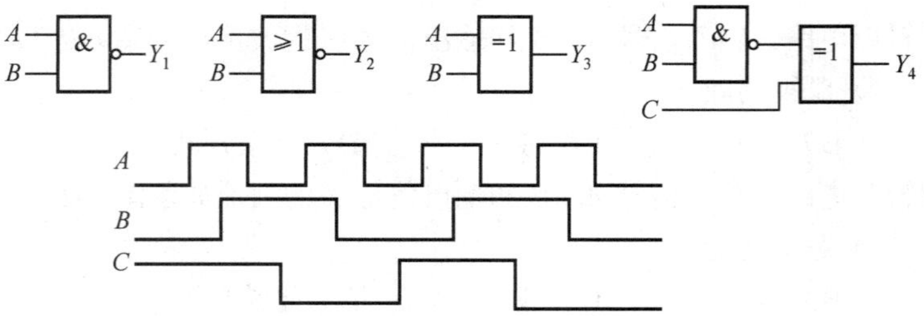

题图 6-10

6-11 将逻辑函数 $F = A \oplus B$ 变换为以下形式，并分别画出对应的电路图。

（1）**与或**式；（2）**与非**式；（3）**或与**式；（4）**或非**式；（5）**与或非**式。

6-12 试写出如题图 6-12 所示各逻辑图输出变量的逻辑表达式。

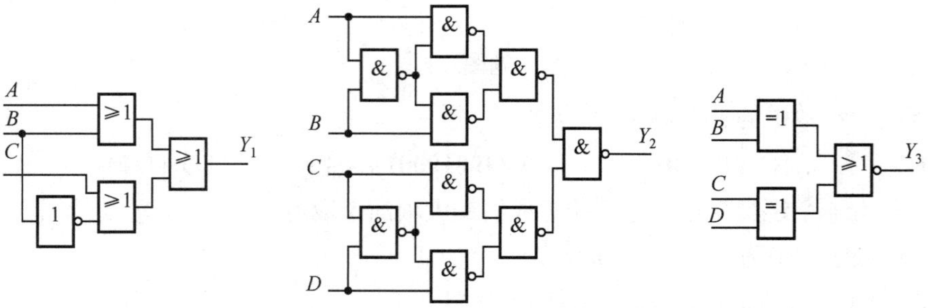

(a)　(b)　(c)

题图 6-12

6-13 用公式法化简下列逻辑函数为最简**与或**表达式。

（1）$Y_1 = A\overline{B}(C+D) + B\overline{C} + \overline{A}\cdot\overline{B} + \overline{A}C + BC + \overline{B}\cdot\overline{C}\cdot\overline{D}$

（2）$Y_2 = A(\overline{B}+C+D)(B+\overline{D})$

（3）$Y_3 = A + A\,\overline{B}\,\overline{C} + \overline{A}CD + \overline{C}E + \overline{D}E$

（4）$Y_4 = AB\overline{C}\,\overline{D} + A\overline{B}\,\overline{D} + B\overline{C}D + AB\overline{C} + \overline{B}\,\overline{D} + B\overline{C}$

（5）$Y_5 = A\overline{BC} + AB\overline{C}$　　（6）$Y_6 = A+B+C+\overline{A}\,\overline{B}\,\overline{C}$

（7）$Y_7 = (B+\overline{B}C)(A+AD+B)$　　（8）$Y_8 = (A+B+C)(\overline{A}+\overline{B}+\overline{C})$

（9）$Y_9 = A\overline{D} + A\overline{C} + C\overline{D} + AD$　　（10）$Y_{10} = \overline{A\overline{C}}B + \overline{A\overline{C}+B} + BC$

（11）$Y_{11} = A\overline{B} + B\overline{C} + \overline{A}B + AC$　　（12）$Y_{12} = A\overline{B} + \overline{A} + B + \overline{C} + AC$

（13）$Y_{13} = AB(C+D) + (\overline{A}+\overline{B})\cdot\overline{\overline{C}\,\overline{D}} + \overline{C\oplus D}\cdot\overline{D}$

（14）$Y_{14} = AD + AB + \overline{A}C + A\overline{D} + BD + A\overline{B}EF + \overline{B}EF$

（15）$Y_{15} = \overline{A\oplus C\cdot\overline{\overline{B}(A\overline{C}\,\overline{D} + \overline{A}C\overline{D})}}$

6-14 用卡诺图法化简下列逻辑函数为最简**与或**表达式。

（1）$Y_1 = A\overline{B}D + \overline{A}BD + \overline{A}\,\overline{B}\,\overline{C} + \overline{A}CD + \overline{A}\,\overline{B}\,\overline{D}$

（2）$Y_2 = \overline{A}\,\overline{B}\,\overline{C} + \overline{A}\,\overline{C}\,\overline{D} + \overline{A}BC + ABD + \overline{A}C\overline{D} + AC\overline{D}$

（3）$Y_3 = A\overline{B} + B\overline{C} + \overline{A}\cdot\overline{\overline{B}\,\overline{C}} + \overline{A}BC$

（4）$Y_4 = A\overline{B} + B\overline{C} + C\overline{D} + \overline{A}D + AC + A\overline{C}$

（5）$Y_5 = A\overline{B}CD + \overline{B}\,\overline{C}D + (A+C)B\overline{D}$

（6） $Y_6(A, B, C) = \sum_m(0, 1, 2, 5)$

（7） $Y_7(A, B, C) = \sum_m(0, 2, 4, 6, 7)$

（8） $Y_8(A, B, C) = \sum_m(0, 1, 2, 3, 4, 5, 6)$

（9） $Y_9(A, B, C) = \sum_m(0, 1, 2, 3, 6, 7)$

（10） $Y_{10}(A, B, C, D) = \sum_m(0, 1, 8, 9, 10)$

（11） $Y_{11}(A, B, C, D) = \sum_m(0, 1, 2, 3, 4, 9, 10, 12, 13, 14, 15)$

（12） $Y_{12}(A, B, C, D) = \sum_m(0, 4, 6, 8, 10, 12, 14)$

（13） $Y_{13}(A, B, C, D) = \sum_m(1, 3, 8, 9, 10, 11, 14, 15)$

（14） $Y_{14}(A, B, C, D) = \sum_m(3, 5, 8, 9, 11, 13, 14, 15)$

（15） $Y_{15}(A, B, C, D) = \sum_m(0, 2, 3, 4, 8, 10, 11)$

（16） $Y_{16}(A, B, C, D) = \sum_m(0, 1, 2, 3, 4, 9, 10, 11, 12, 13, 14, 15)$

（17） $Y_{17}(A, B, C, D) = \sum_m(0, 1, 4, 6, 8, 9, 10, 12, 13, 14, 15)$

（18） $Y_{18}(A, B, C, D) = \sum_m(2, 4, 5, 6, 7, 11, 12, 14, 15)$

6-15 化简下列具有约束项的逻辑函数，求出最简**与或**表达式。

（1） $Y_1(A, B, C, D) = \sum_m(3, 4, 5, 6) + \sum_d(10, 11, 12, 13, 14, 15)$

（2） $Y_2(A, B, C, D) = \sum_m(1, 3, 5, 7, 8, 9) + \sum_d(11, 12, 13, 15)$

（3） $Y_3(A, B, C, D) = \sum_m(0, 2, 6, 7, 8, 10, 12) + \sum_d(5, 11)$

（4） $Y_4(A, B, C, D) = \sum_m(0, 1, 8, 10) + \sum_d(2, 3, 4, 5, 11)$

（5） $Y_5(A, B, C, D) = \sum_m(0, 2, 7, 8, 13, 15) + \sum_d(1, 5, 6, 9, 10, 11, 12)$

（6） $Y_6(A, B, C, D) = \sum_m(2, 4, 6, 7, 12, 15) + \sum_d(0, 1, 3, 8, 9, 11)$

（7） $Y_7(A, B, C, D) = \sum_m(1, 2, 4, 12, 14) + \sum_d(5, 6, 7, 8, 9, 10)$

（8） $Y_8(A, B, C, D) = \sum_m(0, 2, 3, 4, 5, 6, 11, 12) + \sum_d(8, 9, 10, 13, 14, 15)$

（9） $\begin{cases} Y_9 = \overline{A}\overline{C}D + \overline{A}BCD + \overline{A}\overline{B}D \\ AB + AC = 0 \end{cases}$

（10） $\begin{cases} Y_{10} = AB\overline{C} + \overline{A}BC\overline{D} + \overline{A}\overline{B}CD \\ AB + AC = 0 \end{cases}$

（11） $\begin{cases} Y_{11} = \overline{B}\overline{C}\overline{D} + B\overline{C}D + \overline{A}\overline{B}C + \overline{A}\overline{B}\overline{D} \\ AC + BC = 0 \end{cases}$

第 7 章　逻辑门电路

内容提要

- 半导体二极管、三极管、场效应管的开关特性
- 二极管与门、二极管或门、三极管非门
- TTL 集成门电路的工作特性、型号、参数及使用
- CMOS 集成门电路的工作特性、型号、参数及使用
- TTL 与 CMOS 之间的接口电路

用以实现各种逻辑运算的电路称为**门电路**，简称**门**。与第 6 章所讲的基本逻辑运算和复合逻辑运算相对应，常用的门电路在逻辑功能上有**与**门、**或**门、**非**门、**与非**门、**或非**门、**异或**门、**同或**门、**与或非**门等。构成门电路的核心元件是半导体元器件，如二极管、三极管、场效应管等。这些半导体器件在电路中起到开关的作用，称为**电子开关**。为此，本章首先介绍各种半导体器件的开关特性，然后讨论门电路，包括分立元件门电路和集成门电路。

7.1　半导体器件的开关特性

理想情况下，开、关状态的转换是瞬间完成的，但实际中这种理想开关是不存在的。

7.1.1　半导体二极管的开关特性

二极管具有单向导电性。当其正偏电压为高电平，即 $u_i = U_{iH} = 5V$ 时，如图 7-1（a）所示，二极管导通，且有 0.7V 的压降，其等效电路如图 7-1（b）所示，理想情况下，二极管可看成短路，相当于开关闭合。若 $u_i = U_{iL} = -2V$，如图 7-1（c）所示，此时二极管反偏截止，等效电路如图 7-1（d）所示，二极管相当于开关断开。

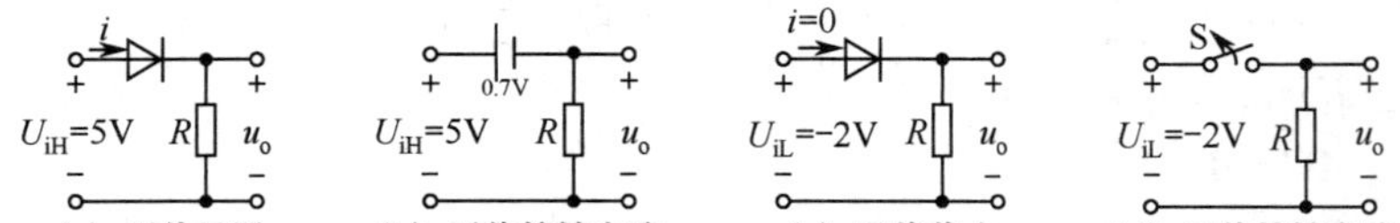

（a）正偏导通　（b）正偏等效电路　（c）反偏截止　（d）反偏等效电路

图 7-1　二极管的开关特性

7.1.2　半导体三极管的开关特性

如图 7-2 所示分别为三极管的开关电路和开关等效电路。当输入电压小于发射结的开启电压，即 $u_i < U_{on}$ 时，三极管因发射结截止而工作在截止状态。此时，$i_B \approx 0$，$i_C \approx 0$，c-e 间相当于开关断开，$u_o \approx V_{CC}$。三极管截止时的等效电路如图 7-2（b）所示，三个电极如同断开的开关。

当输入电压大于发射结的开启电压，即 $u_i > U_{on}$ 且 $u_{BC} < 0V$ 时，三极管因发射结正偏、集电结反偏而处于放大状态，此时，$i_C = \beta i_B$，i_C 受 i_B 的控制，三极管 c-e 间等效为一个受控电流源，$u_{CE} = V_{CC} - i_C R_c$。

当输入电压 u_i 继续增大时，发射结依然正偏，但是 i_B 随之增大，$i_C = \beta i_B$ 也随之增大，u_{CE} 则随之减小，当 u_{CE} 减小至与 u_{BE}（0.7V）相同时，管子进入饱和状态。通常认为 $u_{CE} = U_{BE}$ 的状

态为**临界饱和状态**。临界饱和状态下三极管的基极电流、集电极电流和管压降可表示为 I_{BS}、I_{CS} 和 U_{CES}，此时仍满足 $I_{CS}=\beta I_{BS}$ 的关系。若输入电压继续增大，管子的基极电流 i_B 将大于 I_{BS}，三极管进入饱和状态，此时，$u_o=U_{CES}\leqslant 0.3V$（硅管），三极管 c-e 间相当于一个小于 0.3V 压降的闭合开关，其等效电路如图 7-2（c）所示。实际的 i_B 与 I_{BS} 相比越大，则 U_{CES} 越小。

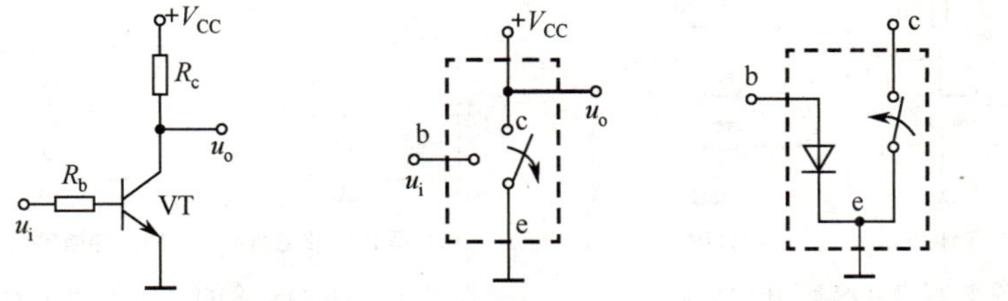

(a) 三极管开关电路　(b) 截止等效电路　(c) 饱和导通等效电路

图 7-2　三极管及其开关等效电路

由以上分析可知，当判断出三极管发射结正偏导通时，管子有可能工作在放大状态，也有可能工作在饱和状态，此时，需要根据基极电流 i_B 与临界饱和状态下的基极电流 I_{BS} 进行比较来判断。若 $0<i_B<I_{BS}$，则管子工作在放大状态；反之，若 $i_B>I_{BS}$，则管子工作在饱和状态。请看下面例题。

例 7-1　在如图 7-2（a）所示电路中，已知 R_c=1kΩ，R_b=10kΩ，V_{CC} =5V，β=50，三极管发射结的开启电压 U_{on} = 0.5V，饱和时的 u_{BE} = 0.7V，U_{CES} = 0.3V。分别求当输入电压 u_i = 0.3V、1V、3V 时的输出电压 u_o，并判断三极管的工作状态。

解　（1）当 u_i = 0.3V 时，由于 $u_{BE}<U_{on}$ = 0.5V，所以三极管发射结截止，基极电流 $i_B\approx 0$，三极管工作在截止状态，集电极电流 $i_C\approx 0$，故输出电压 $u_o=V_{CC}-i_CR_c$ = 5V。

（2）当 u_i = 1V 时，三极管发射结正偏导通，基极电流

$$i_B=\frac{u_i-u_{BE}}{R_b}=\frac{1-0.7}{10}\text{mA}=0.03\text{mA}$$

三极管临界饱和时的基极电流

$$I_{BS}=\frac{V_{CC}-U_{CES}}{\beta R_c}=\frac{5-0.3}{50\times 1}\text{mA}=0.094\text{mA}$$

显然 $0<i_B<I_{BS}$，所以三极管工作在放大状态。此时，$i_C=\beta i_B$ =1.5 mA，输出电压 $u_o=u_{CE}=V_{CC}-i_CR_c$= 3.5V。

（3）当 u_i = 3V 时，三极管导通，基极电流

$$i_B=\frac{u_i-u_{BE}}{R_b}=\frac{3-0.7}{10}\text{mA}=0.23\text{mA}$$

三极管临界饱和时的基极电流

$$I_{BS}=\frac{V_{CC}-U_{CES}}{\beta R_c}=\frac{5-0.3}{50\times 1}\text{mA}=0.094\text{mA}$$

显然 $i_B>I_{BS}$，所以三极管工作在饱和状态。此时输出电压 $u_o=U_{CES}$ = 0.3V。

7.1.3　MOS 管的开关特性

图 7-3（a）、（b）分别为 NMOS 管和 PMOS 管的开关电路。

MOS 管的开关特性与三极管类似。以 NMOS 管为例，当其栅-源电压小于开启电压 U_{TN}，即 $u_{GS}<U_{TN}$ 时，管子截止，此时漏-源间的电阻 r_d 极高，约大于 $10^9\Omega$，因此 D-S 间相当于开关

断开。当 $u_{GS} \geqslant U_{TN}$ 时，MOS 管导通，漏-源间内阻 r_{on} 很小，此时 D-S 间如同开关闭合。NMOS 管开关电路的等效电路如图 7-4 所示。

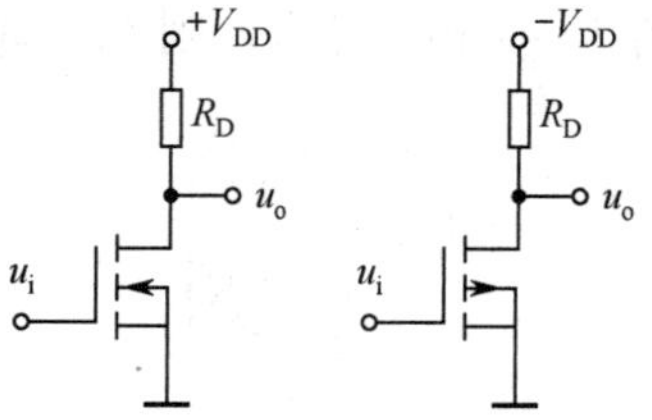

(a) NMOS (b) PMOS

图 7-3 MOS 管开关电路

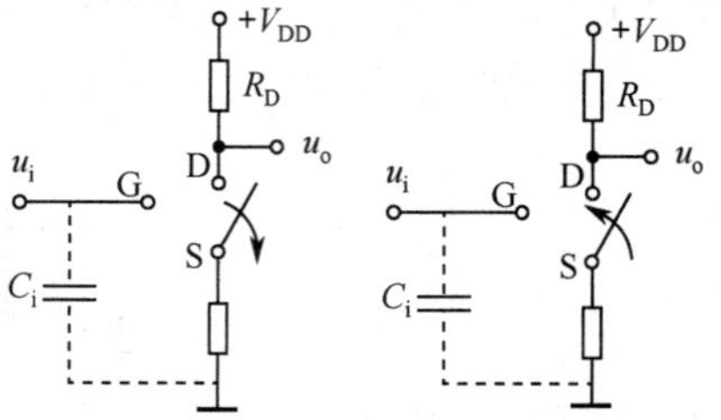

(a) 截止等效电路 (b) 导通等效电路

图 7-4 NMOS 管的开关等效电路

7.2 分立元件门电路

尽管现在很少使用分立元件门电路，但所有集成门电路都是在分立元件门电路的基础上发展、演变而得到的。因此，在学习集成门电路之前，有必要学习有关分立元件门电路一些简单的工作原理。

7.2.1 二极管与门

与门是实现**与**逻辑功能的电路，它有多个输入端和一个输出端。由二极管构成的**与**门电路如图 7-5（a）所示，u_A、u_B 为输入电压信号，u_Y 为输出电压信号。图 7-5（b）为**与**门的图形符号，其中 A、B 为输入变量，分别表示图 7-5（a）中的输入电压 u_A 和 u_B；Y 为输出变量，表示图 7-5（a）中的输出电压 u_Y。

（1）当输入电压 u_A、u_B 均为低电平 0V 时，二极管 VD_1、VD_2 均导通。若将二极管视为理想开关，则输出电压 u_Y 为低电平 0V。

（2）当输入电压 u_A、u_B 中有一个为低电平 0V 时，设 u_A 为低电平 0V，u_B 为高电平 5V，则二极管 VD_1 抢先导通，VD_2 因此而截止，输出电压 u_Y 为低电平 0V。

（3）当输入电压 u_A、u_B 均为高电平 5V 时，二极管 VD_1、VD_2 均导通，输出电压 u_Y 为高电平 5V。

将上述输入、输出电平值列于表 7-1 中，按正逻辑赋值得到该电路逻辑真值表如表 7-2 所列。从中可以看出，电路的输入信号只要有一个为低电平，输出便是低电平；只有输入全为高电平时，输出才是高电平，即实现**与**逻辑功能。

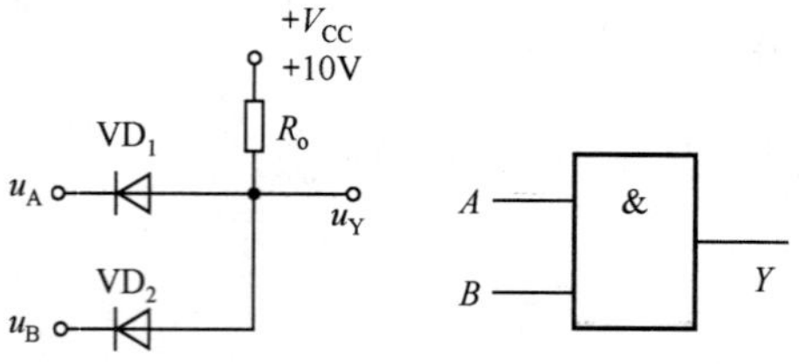

(a) 电路 (b) 图形符号

图 7-5 二极管与门

表 7-1 与门电压关系表

u_A/V	u_B/V	VD_1	VD_2	u_Y/V
0	0	导通	导通	0
0	5	导通	截止	0
5	0	截止	导通	0
5	5	导通	导通	5

表 7-2 与门真值表

A	B	Y
0	0	0
0	1	0
1	0	0
1	1	1

7.2.2 二极管或门

或门是实现**或**逻辑功能的电路，它也有多个输入端和一个输出端。由二极管构成的**或**门电路如图 7-6（a）所示，u_A、u_B 为输入电压信号，u_Y 为输出电压信号，其输入信号的高、低电平仍取 5V 和 0V，如图 7-6（b）所示为**或**门的图形符号。

或门工作原理的分析和**与**门类似，这里不再赘述，请读者自行分析。

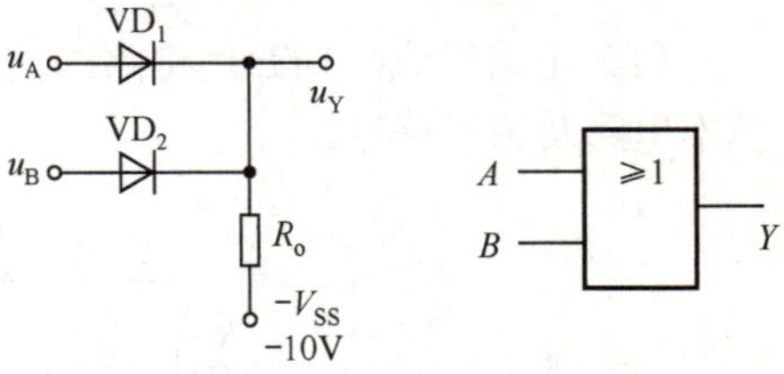

(a) 电路　　(b) 图形符号

图 7-6　二极管或门

7.2.3 三极管非门（反相器）

实现**非**逻辑功能的电路是**非**门电路，也称**反相器**。利用三极管的开关特性，可以实现**非**逻辑运算。图 7-7（a）是三极管**非**门电路，图 7-7（b）为**非**门的图形符号，其中 A 为输入变量，表示图 7-7（a）中的输入电压 u_A；Y 为输出变量，表示图 7-7（a）中的输出电压 u_Y。

当 $u_i = U_{iL} = 0V$ 时，三极管截止，$i_B = i_C \approx 0$，则有 $u_o = V_{CC} = 5V$ 为高电平。

当 $u_i = U_{iH} = 5V$ 时，发射结正偏，此时三极管 VT 是否工作于饱和导通状态，需要进行如下判断：

基极电流 $$i_B = \frac{U_{iH} - u_{BE}}{R_b} = \frac{5-0.7}{4.3} = 1\text{mA}$$

基极临界饱和电流 $$I_{BS} \approx \frac{V_{CC}}{\beta R_c} = \frac{5}{30 \times 1} \approx 0.17\text{mA}$$

因为 $i_B > I_{BS}$，所以 VT 饱和导通，故有 $u_o = U_{CES} \leqslant 0.3V$ 为低电平。

将输入、输出电压值列于表 7-3 中，按正逻辑赋值得到该电路逻辑真值表如表 7-4 所列。可以看出，输出与输入逻辑正好相反，实现了**非**逻辑功能。

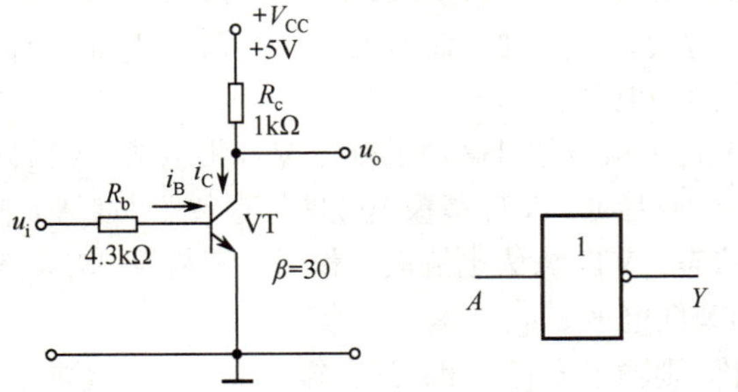

(a) 电路　　(b) 图形符号

图 7-7　三极管非门

表 7-3　非门电压关系表

u_i/V	u_o/V
0	5
5	0.3

表 7-4　非门真值表

A	Y
0	1
1	0

7.3 集成门电路

现代数字电路广泛采用了集成电路。根据半导体器件的类型，数字集成门电路分为 MOS 集成门电路和双极型（晶体三极管）集成门电路。MOS 集成门电路中，使用最多的是 **CMOS** 集成门电路。双极型集成门电路中，使用最多的是 TTL 集成门电路。TTL 集成门电路的输入、输出都是由晶体三极管组成，所以人们称它为晶体管-晶体管逻辑门电路（Transistor-Transistor Logic），简称 **TTL** 门。

7.3.1 TTL 集成门电路

1. TTL 集成与非门

（1）电路组成。TTL 门电路的基本形式是**与非**门，图 7-8（a）、（b）分别为 TTL **与非**门的基本电路及图形符号。

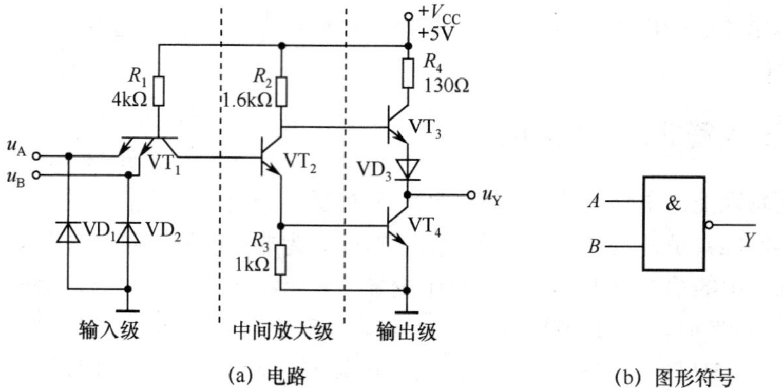

图 7-8　TTL 与非门

如图 7-8（a）所示**与非**门电路，可将其内部分为三级。

输入级：由多发射极三极管 VT_1 和电阻 R_1 组成，多发射极三极管 VT_1 有多个发射极，作为门电路的输入端。VD_1、VD_2 是输入端保护二极管，是为抑制输入电压负向过低而设置的。

中间放大级：由 VT_2、R_2、R_3 组成，VT_2 集电极输出驱动 VT_3，发射极输出驱动 VT_4。

输出级：由 VT_3、VT_4、VD_3 和 R_4 组成。

（2）工作原理。在图 7-8（a）中，若输入电压 u_A、u_B 中至少有一个是低电平 0V，则 VT_1 管基极电位 $u_{B1} = 0.7V$，这个 0.7V 电压不能使 VT_1 集电结、VT_2 发射结、VT_4 发射结三个 PN 结导通，所以 VT_2、VT_4 截止。此时，V_{CC} 通过 R_2 使 VT_3 导通，输出电压 $u_Y = V_{CC} - I_{B3}R_2 - u_{BE3} - u_{D3} \approx V_{CC} - u_{BE3} - u_{D3} \approx 5-0.7-0.7 = 3.6V$，输出为高电平 U_{OH}。

当输入信号 u_A、u_B 均为高电平 3V 时，VT_1 基极电位升高，足以使 VT_1 集电结、VT_2 发射结、VT_4 发射结三个 PN 结导通，三个 PN 结一旦导通，VT_1 基极电位即被钳位于 2.1 V。VT_1 的发射结反偏，集电结正偏，处于倒置工作状态，VT_1 失去电流放大作用。三极管 VT_2、VT_4 导通后，进入饱和区，$u_Y = U_{CES4} = 0.3$ V，输出为低电平 U_{OL}。

由此可见，只要输入电压有一个为低电平，则输出为高电平；只有输入电压全为高电平时，输出才为低电平。所以图 7-8（a）电路实现的是**与非**逻辑关系。

图 7-9 所示是两种 TTL 集成**与非**门 74LS00 和 74LS20 的引脚排列图。74LS00 内部集成了 4 个完全相同的 2 输入**与非**门，故简称为四-2 输入**与非**门；74LS20 为二-4 输入**与非**门。

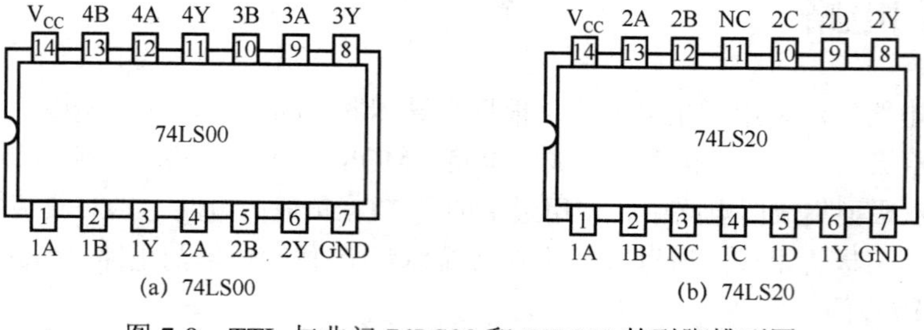

图 7-9　TTL 与非门 74LS00 和 74LS20 的引脚排列图

（3）主要技术参数

① 输入、输出的高低电平。集成 TTL **与非**门输入和输出高、低电平的数值为：输出高电平 $U_{OH} \approx 3.6V$，输出低电平 $U_{OL}=0.2V$，输入低电平 $U_{IL}=0.4V$，输入高电平 $U_{IH}=1.2V$。

以上电平值是一种较理想的情况。对于 TTL 门电路（如 74 系列）来说，高、低电平的标准电压值为：$U_{OL}=0.4V$，$U_{OH}=2.4V$，$U_{IL}=0.8V$，$U_{IH}=2V$。

由于不同类型的 TTL 器件，其 u_i-u_o 特性各不相同，因而其输入和输出高、低电压也各不相同。

② 噪声容限。当门电路的输入电压受到的干扰超过一定值时，会引起输出电平发生转换，产生逻辑错误。电路的抗干扰能力是指保持输出电平在规定范围内，允许输入端叠加上干扰电压的最大范围，用**噪声容限**来表示。由于输入低电平和高电平时，其抗干扰能力不同，因此分为**低电平噪声容限**和**高电平噪声容限**。

噪声容限越大，表明门电路的抗干扰能力越强。

在实际的数字系统中，往往前一级电路的输出就是后一级电路的输入。若假设前级输出高电平的最小值为 U_{OHmin}，后级输入高电平的最小值为 U_{IHmin}，则它们的差值称为高电平噪声容限，用 U_{NH} 表示，即

$$U_{NH}=U_{OHmin}-U_{IHmin} \tag{7-1}$$

若假设前级输出低电平的最大值为 U_{OLmax}，后级输入低电平的最大值为 U_{ILmax}，则它们的差值称为低电平噪声容限，用 U_{NL} 表示，即

$$U_{NL}=U_{ILmax}-U_{OLmax} \tag{7-2}$$

7400 系列门电路高电平噪声容限 U_{NH} 和低电平噪声容限 U_{NL} 一般均为 0.4V。

③ 扇入、扇出系数。TTL 门电路的**扇入系数**取决于它的输入端的个数，例如，一个 3 输入的**与非**门，其扇入系数 $N_I=3$。

扇出系数的情况则稍复杂。由于实际应用中，门电路输出端一般总接有一个或几个门（这里以 TTL **与非**门带同类门作为负载为例来讨论）。承受前级门输出信号的后级门称为前级门的**负载门**；带动负载门的前级门称为**驱动门**。驱动门输出的电流称为驱动电流；流经驱动门又流经负载门的电流称为负载电流。

负载电流又有两种情况，一种是负载门电流灌入驱动门输出端，这种负载称为**灌电流负载**，如图 7-10（a）所示，此时，驱动门输出为低电平 U_{OL}，为了保证输出 U_{OL} 不高于规定值（0.4V），要求负载门的个数不能无限制地增加。在输出为低电平的情况下，所能驱动同类门的个数由下式决定

$$N_{OL}=\frac{I_{OL}}{I_{IL}} \tag{7-3}$$

式中 I_{OL} 为驱动门的输出端电流，I_{IL} 为负载门输入端电流。N_{OL} 即为输出为低电平时的扇出系数。

另一种情况是，负载门电流是从驱动级中拉出来的，这种负载叫**拉电流负载**，如图 7-10（b）所示，此时，驱动门输出为高电平 U_{OH}，同样，输出高电平 U_{OH} 也不能低于规定值（2.4V）。这样，输出为高电平时的扇出系数为

$$N_{OH}=\frac{I_{OH}}{I_{IH}} \tag{7-4}$$

式中 I_{OH} 为驱动门的输出端电流，I_{IH} 为负载门输入端电流。

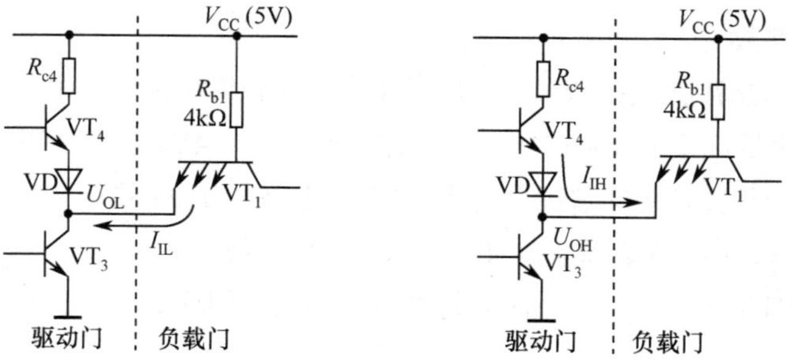

(a) 灌电流负载　　　　(b) 拉电流负载

图 7-10　与非门的带负载能力

扇出系数用来表征门电路的带负载能力，其值越大，带负载能力越强。一般 TTL 器件的数据手册中，并不给出扇出系数，而须用计算或实验的方法求得，并注意在设计时要留有余地，以保证数字电路或系统能正常运行。

通常，输出低电平电流 I_{OL} 大于输出高电平电流 I_{OH}，$N_{OL} \neq N_{OH}$，因此，在实际的工程设计中，常取二者中的较小者。

④ 传输延迟时间。**传输延迟时间**是表征门电路开关速度的参数。由于门电路中的开关元件（二极管、三极管、场效应管）在状态转换过程中都需要一定的时间，且电路中有寄生电容的影响，因此，门电路从接收信号到输出响应会有一定的延迟。

传输延迟时间是决定开关速度的重要参数，通常根据该参数的大小将门电路划分为低速门、中速门、高速门。普通 TTL 与非门的传输延迟时间为 6ns～15ns。

2. TTL 集成非门、或非门、集电极开路门和三态门

（1）TTL 非门（反相器）。图 7-11（a）是 TTL 非门的基本电路，除了输入级 VT_1 由多发射极三极管改为单发射极三极管外，其余部分和如图 7-8（a）所示的**与非**门完全一样。如图 7-11（b）所示为集成反相器 74LS04 的引脚排列图，74LS04 中包含 6 个相互独立的反相器。

当输入电压 $u_i = U_{IL} = 0V$ 时，VT_1 基极电流 i_{B1} 流入发射极，即由**非**门输入端流出，因此 $i_{B2} = 0$，VT_2 截止，显然 VT_4 基极也没有电流，也截止。而 VT_3 和 VD 将导通，输出电压 $u_o = U_{OH} = 3.6V$，输出为高电平。当输入电压 $u_i = U_{IH} = 3.6V$ 时，VT_1 倒置，i_{B1} 流入 VT_2 基极，使 VT_2 饱和导通，进而使 VT_4 饱和导通，而 VT_3 和 VD 将截止，$u_o = U_{OL} \leqslant 0.3V$，输出为低电平。于是，电路实现了**非**逻辑关系。

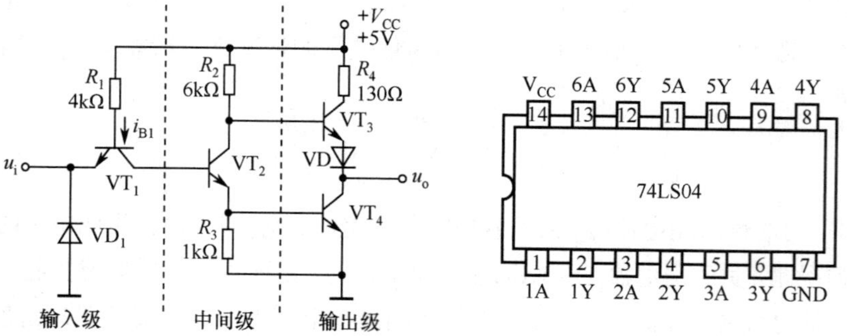

(a) 电路　　　　(b) 74LS04的引脚排列图

图 7-11　TTL 非门

（2）TTL **或非**门。如图 7-12（a）所示是 TTL **或非**门的电路图，R_1、VT_1、R_1'、VT_1'构成输入级；VT_2、VT_2' 和 R_2、R_3 构成中间级；R_4、VT_3、VD、VT_4 构成输出级。如图 7-12（b）所示

为集成 TTL **或非**门 74LS02 的引脚排列图，74LS02 中包含 4 个相互独立的**或非**门。

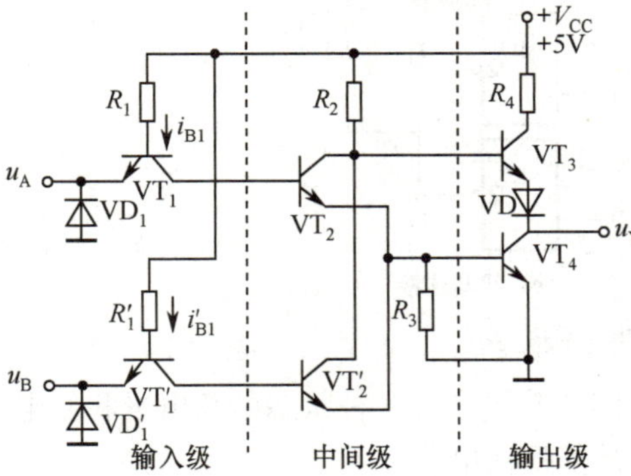

(a) 电路

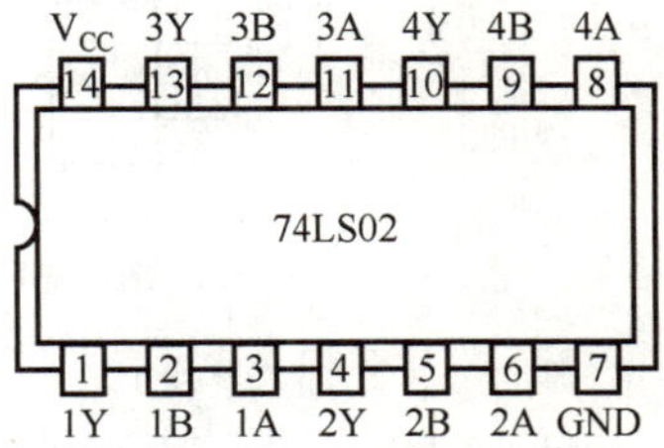

(b) 74LS02的引脚排列图

图 7-12　TTL 或非门

当输入信号 u_A、u_B 中只要有一个为高电平，例如 $u_A = U_{IH} = 3.6V$，那么 i_{B1} 就会经过 VT_1 集电结流入 VT_2 基极，使 VT_2、VT_4 饱和导通，使得输出 $u_Y = U_{OL} \leqslant 0.3V$，为低电平。只有当输入信号 u_A、u_B 全为低电平时，i_{B1}、i'_{B1} 均分别流入 VT_1、VT_1'发射极，VT_2、VT_2'均截止，VT_4 也截止，VT_3、VD 导通，输出为高电平，即电路实现的是**或非**逻辑功能。

此外，还有 TTL **与**门、TTL **或**门、TTL **与或非**门等，它们的电路结构都是在 TTL **与非**门的基础上稍加变化得到，此处不再介绍。图 7-13 给出了两种 TTL 集成门电路的引脚排列图，如图 7-13（a）所示是 TTL **与或非**门 74LS51 的引脚排列图，74LS51 中集成了两个相互独立的**与或非**门，其中 $1Y = \overline{1A \cdot 1B + 1C \cdot 1D}$，$2Y = \overline{2A \cdot 2B \cdot 2C + 2D \cdot 2E \cdot 2F}$；如图 7-13（b）所示是 TTL **异或**门 74LS86 的引脚排列图，74LS86 中包含 4 个相互独立的**异或**门。

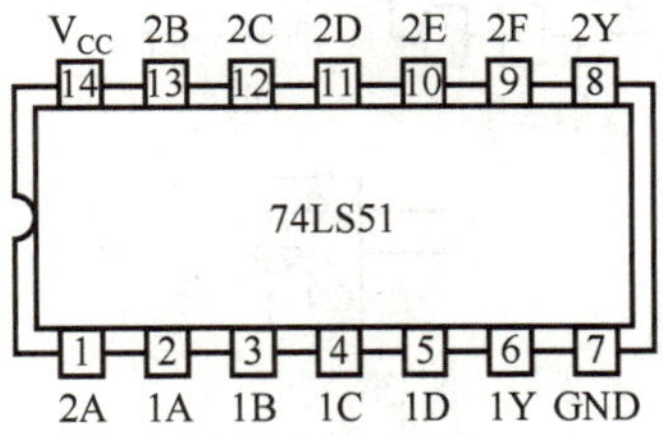

(a) TTL与或非门

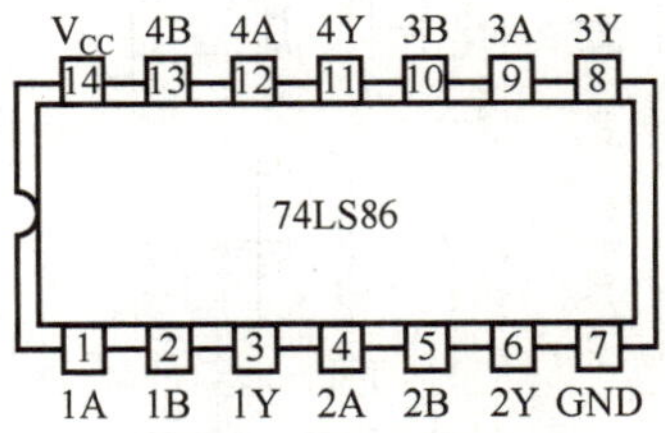

(b) TTL异或门

图 7-13　TTL 门电路的引脚排列图

（3）集电极开路门（OC 门）。在工程实践中，往往需要将两个或多个逻辑门的输出端并联，以实现输出信号之间**与**的逻辑功能，称为**线与**。然而，前面介绍的 TTL 门电路，其输出端不允许并联使用，也就无法实现**线与**功能。这是因为，对于一般的 TTL 门电路，若将两个（或多个）门的输出端直接相连，将会产生较大的电流从一个门流经另一个门，然后流入参考点，该电流值将远远超出器件的额定值，很容易将器件损坏。

为了解决这一问题，可以采用**集电极开路门（OC 门）**。与普通的门电路相比，OC 门中输出管的集电极与电源间开路，因此可以避免大电流的产生。需要特别强调的是，只有输出端外接电源电压 V_{CC} 和上拉电阻 R_L，OC 门才能正常工作。为了和普通门电路相区分，OC 门的逻辑符号如图 7-14（a）所示（此处以 OC **与非**门为例），如图 7-14（b）所示的是两个 OC **与非**门实现输出信号**线与**的逻辑电路图。其输出为

$$Y = Y_1 \cdot Y_2 = \overline{A \cdot B} \cdot \overline{C \cdot D} = \overline{AB + CD}$$

在如图 7-14（b）所示电路中，只要上拉电阻 R_L 选得合适，就不会因电流过大而烧坏芯片。因

此，实际应用中，必须要合理选取上拉电阻的阻值。

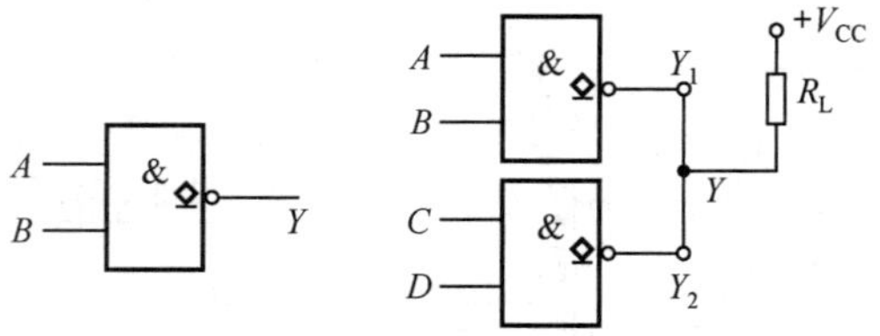

(a) 图形符号　　(b) 线与连接

图 7-14　集电极开路门

（4）三态门（TSL 门）。普通的 TTL 门电路，其输出有两种状态：高电平和低电平。无论哪种输出，门电路的直流输出电阻都很小，都是低阻输出。

TTL 三态门又称 TSL 门，它有三种输出状态，分别是：高电平、低电平和**高阻态**（禁止态）。其中，在高阻状态下，输出端相当于开路。三态门是在普通门的基础上，加上使能控制信号和控制电路构成的。如图 7-15（a）所示是使能端 EN 低电平有效的三态**与非**门的电路图及图形符号，“EN 低电平有效”是指当使能控制端信号 EN 为低电平时，电路才实现**与非**逻辑功能，输出高电平及低电平，而当 EN 为高电平时，输出为高阻无效状态。如图 7-15（b）所示是使能端 EN 高电平有效的三态**与非**门的电路图及图形符号，其 EN 的有效电平与图 7-15（a）正好相反。

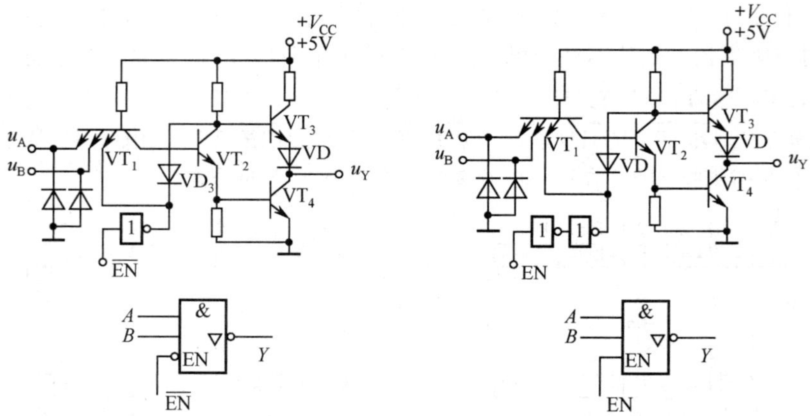

(a) 使能端低电平有效　　(b) 使能端高电平有效

图 7-15　三态与非门的电路图及图形符号

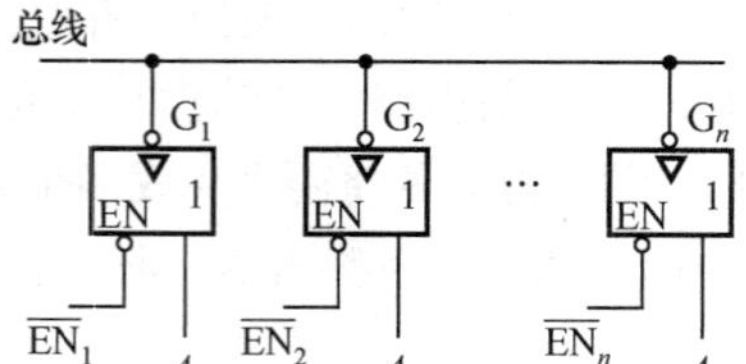

图 7-16　三态门在数据总线中的应用

三态门在数字系统中有着广泛地应用。其中最重要的一个用途是实现多路数据的分时传送，即用一根传输线分时传送不同的数据，如图 7-16 所示。图中，n 个三态输出反相器的输出端都连到数据总线上。只要让各门的使能端轮流处于低电平，即任何时刻只让一个三态门处于工作状态，而其余三态门均处于高阻状态，这样，总线就会分时（轮流）传输各门的输出信号。这种用总线来传送数据的方法，在计算机中被广泛采用。

3. 改进型 TTL 门电路——抗饱和 TTL 门电路

晶体三极管的开关时间限制了 TTL 门的开关速度。为了提高 TTL 门电路的开关速度，人们在三极管的基极和集电极间跨接肖特基二极管，如图 7-17（b）所示，以缩短三极管的开关时间。肖特基二极管也称快速恢复二极管，它的导通电压较低，为 0.4V～0.5V，因此开关速度极短，可实现 1ns 以下的高速度，其电路符号如图 7-17（a）所示。加接了肖特基二极管的三极管称为肖特基三极管，其电路符号如图 7-17（c）所示。由肖特基三极管组成的门电路称为肖特基 TTL 门，即 STTL 门，它的传输延迟时间在 10ns 以内。除典型的肖特基型（STTL）外，还有低功耗肖特基型（LSTTL）、先进的肖特基型（ASTTL）、先进的低功耗型（ALSTTL）等，它们的技术参数各有特点。这些不同类型的门电路是在 TTL 工艺的发展过程中逐步形成的。

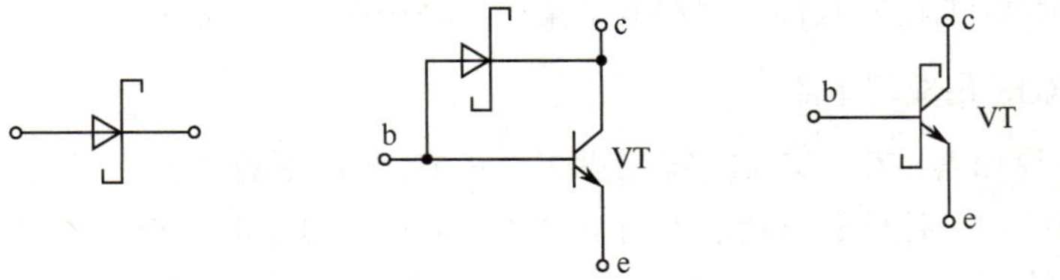

(a) 肖特基二极管　(b) 接有肖特基二极管的三极管　(c) 肖特基三极管

图 7-17　肖特基二极管及三极管

下面将基本 TTL 门和肖特基 TTL 门电路的性能进行比较，列于表 7-5 中。

表 7-5　TTL 门电路的各种系列的性能比较

类型 / 参数	通用 TTL（74 系列）	高速 TTL（74H 系列）	肖特基 TTL（74S 系列）	低功耗肖特基 TTL（74LS 系列）
t_{pd}/ns	10	6	3	9
P_D/mW	10	22	20	2
DP/pJ	100	80	60	18

4. 使用 TTL 门电路的注意事项

（1）电源电压范围。TTL 集成电路对电源的要求比较严格，当电源电压超过 5.5V 时，将损坏器件；若电源电压低于 4.5V，器件的逻辑功能将不正常。因此在以 TTL 门电路为基本器件的系统中，电源电压应满足 5V±0.5V。

（2）对输入信号的要求。输入信号的电平不能高于+5.5V 和低于 0V。

（3）消除动态尖峰电流。尖峰电流要干扰门电路的正常工作，严重时会造成逻辑错误。降低尖峰电流应注意布线时尽量减小分布电容，并降低电源内阻。常用的方法是在电源与地线之间接入 0.01μF～0.1μF 的高频滤波电容。同时，为了保证系统正常工作，必须保证电路良好接地。

（4）电路外引线脚的连接。正确判别电路的电源端和接地端，不能接反，否则会使集成电路烧坏。输出端应通过电阻与低内阻电源连接。除 OC 门和三态门外，其他门电路的输出端不允许直接并联使用。

（5）门电路多余输入端的处理。TTL **与**系列门（包括**与**门、**与非**门、**与或非**门等）的多余输入端可以直接悬空处理，从理论上分析相当于接高电平输入，但这样容易使电路受到外界干扰而产生错误动作。因此对于这类电路，多余输入端最好接一个固定高电平，例如接电源 V_{CC} 的方法。TTL **或**系列门（包括**或**门、**或非**门等）的多余输入端不可以悬空，应采取直接接地的方法，以保证电路逻辑功能的正确性。

此外，在使用门电路时，还应注意功耗与散热问题。正常工作时，门电路的功耗不可超过其最大功耗，否则会出现热失控而引起逻辑功能紊乱，甚至还会导致集成电路损坏。

7.3.2　CMOS 集成门电路

MOS 集成门电路是数字集成电路的一个重要系列，它具有低功耗、抗干扰性强、制造工艺简单、易于大规模集成等优点，因此得到广泛应用。MOS 集成电路有 N 沟道 MOS 管构成的 NMOS 集成电路、P 沟道 MOS 管构成的 PMOS 集成电路，以及 N 沟道 MOS 管和 P 沟道 MOS 管共同组成的 CMOS 集成电路。CMOS 是“互补金属-氧化物-半导体”（Complementary Metal Oxide Semiconductor）的英文缩写。由于 CMOS 电路中巧妙地利用了 N 沟道增强型 MOS 管和 P 沟道增强型 MOS 管特性的互补性，因而不仅电路结构简单，而且在电气特性上也有突出的优点。正因为如此，CMOS 电路的制作工艺在数字集成电路中得到了广泛应用。

1. 各种 CMOS 集成门电路

（1）CMOS 反相器。在 CMOS 逻辑电路中，**CMOS 反相器**（非门）和 **CMOS 传输门**是最基本的两种电路单元。各种逻辑功能的门电路和很多更加复杂的逻辑电路都是在这两种单元的基础上组合而成的。

CMOS 反相器电路如图 7-18 所示，G_1 为 NMOS 管，G_2 为 PMOS 管，且 $V_{DD} > |U_{TP}| + U_W$，U_{TP} 为 PMOS 管的阈值电压，U_{TN} 为 NMOS 管的阈值电压，G_1、G_2 栅极连在一起作为输入端，漏极连在一起作为输出端。

当输入电压 $u_A = V_{DD} = 10V$ 高电平时，G_1 导通，G_2 截止，输出低电平；当输入 $u_A = 0V$ 低电平时，G_1 截止，G_2 导通，输出为高电平。因此电路实现了**非**逻辑运算，是非门（反相器）。

（2）CMOS **与非**门。CMOS **与非**门电路如图 7-19 所示，VT_{N1}、VT_{N2} 是串联的驱动管，VT_{P1}、VT_{P2} 是并联的负载管。当输入电压 u_A、u_B 同时为高电平时，VT_{N1}、VT_{N2} 导通，VT_{P1}、VT_{P2} 截止，输出电压 u_Y 为低电平；当输入电压 u_A、u_B 中有一个为低电平时，VT_{N1}、VT_{N2} 中必有一个截止，VT_{P1}、VT_{P2} 中必有一个导通，输出电压 u_Y 为高电平。因此该电路实现了**与非**逻辑功能。

（3）CMOS **或非**门。CMOS **或非**门电路如图 7-20 所示，VT_{N1}、VT_{N2} 是并联的驱动管，VT_{P1}、VT_{P2} 是串联的负载管。当输入电压 u_A、u_B 中有一个为高电平时，VT_{N1}、VT_{N2} 中必有一个导通，相应的 VT_{P1}、VT_{P2} 中必有一个截止，输出电压 u_Y 为低电平；当输入电压 u_A、u_B 全为低电平时，VT_{N1}、VT_{N2} 截止，VT_{P1}、VT_{P2} 导通，输出电压 u_Y 为高电平。电路实现了**或非**逻辑功能。

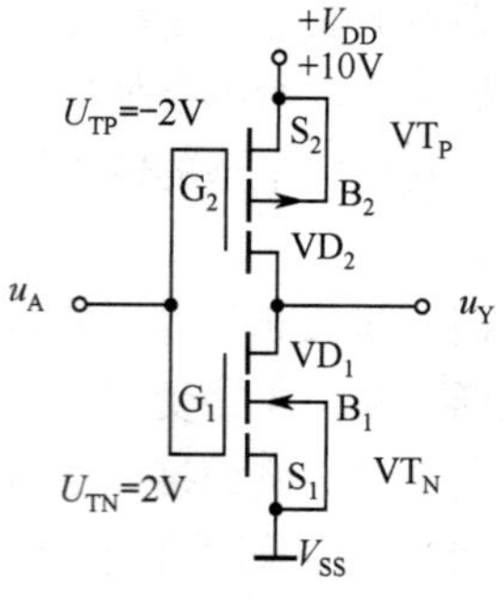

图 7-18 CMOS 反相器电路

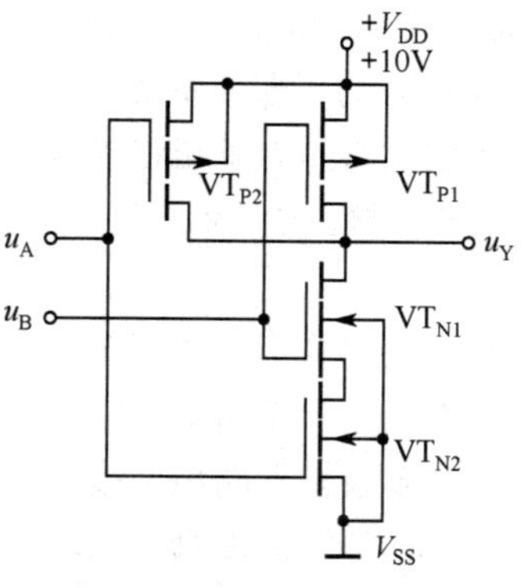

图 7-19 CMOS 与非门电路

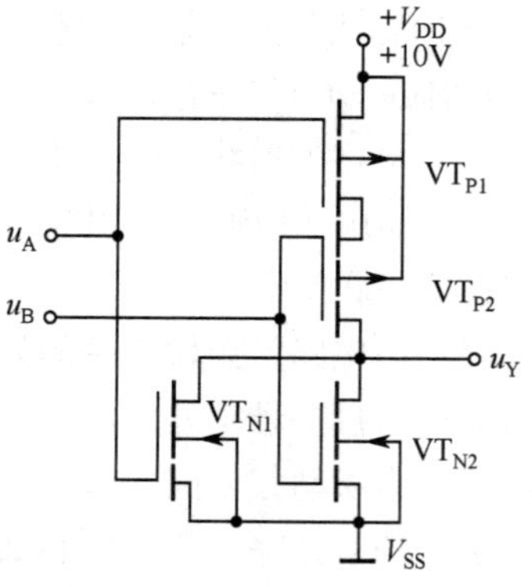

图 7-20 CMOS 或非门电路

（4）CMOS 传输门。如图 7-21（a）所示是 CMOS 传输门电路，如图 7-21（b）是它的图形符号。图中 VT_N、VT_P 分别是 NMOS 管和 PMOS 管，它们的结构和参数均对称。两管的栅极引出端分别接高、低电平不同的控制信号 C 和 $\overline{C}$，源极相连作为输入端，漏极相连作为输出端。

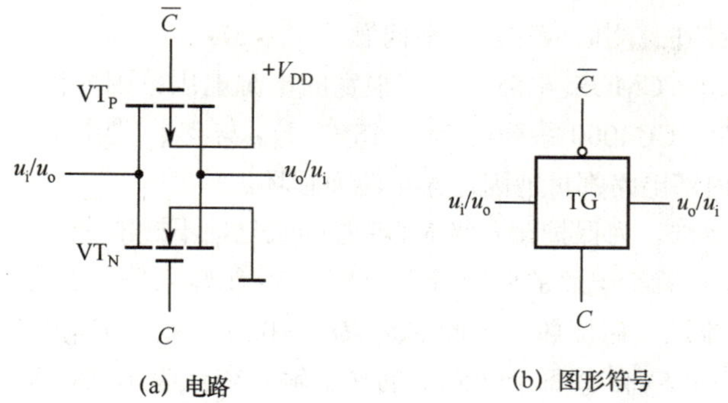

图 7-21　CMOS 传输门

设控制信号的高、低电平分别为 V_{DD} 和 0 V，$U_{TN}=|U_{TP}|$ 且 $V_{DD}>2\,U_{TN}$。

当控制信号 $U_C=0$、$U_{\overline{C}}=V_{DD}$（即 C = **0**、$\overline{C}$ = **1**）时，输入信号 u_i 在 0V～V_{DD} 范围内，$U_{GSN}<U_{TN}$、$U_{GSP}>U_{TP}$，两管均截止，输入和输出之间是断开的。

当控制信号 $U_C=V_{DD}$、$U_{\overline{C}}=0$（即 C = **1**、$\overline{C}$ = **0**）时，输入信号 u_i 在 0V～V_{DD} 范围内，至少有一只管子导通。即当 u_i 在 0V～（$V_{DD}-U_{TN}$）间变化时，NMOS 管导通，当 u_i 在 $|U_{TP}|$～V_{DD} 间变化时，PMOS 管导通。因此，当 C = **1**、$\overline{C}$ = **0** 时，输入电压在 0V～V_{DD} 范围内变化，都将传输到输出端，即 $u_o=u_i$。

综上所述，通过控制 C、$\overline{C}$ 端的电平值，即可控制传输门的通断。另外，由于 MOS 管具有对称结构，源极和漏极可以互换，所以 CMOS 传输门的输入端、输出端可以互换，因此传输门是一个双向开关。

顺便指出，图 7-21（a）中 u_i 和 u_o 可以是模拟信号，这时 CMOS 传输门作为模拟开关。

例 7-2　由 CMOS 传输门构成的电路如图 7-22 所示，试列出其真值表，说明该电路的逻辑功能。

解　当 CS = **1** 时，4 个传输门均为断开状态，输出处于高阻状态。当 CS = **0** 时，依次分析电路可以列出真值表如表 7-6 所示，根据真值表可得 $L=\overline{A+B}$。该电路实现三态输出的 2 输入或非逻辑功能。

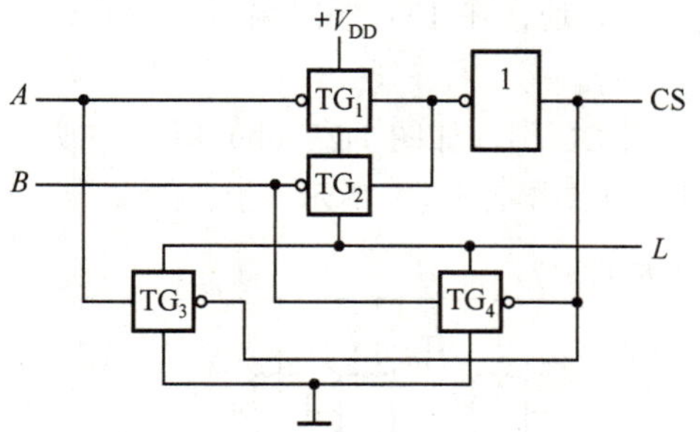

图 7-22　例 7-2 图

表 7-6　例 7-2 真值表

CS　A　B	L
1　×　×	高阻态
0　0　0	1
0　0　1	0
0　1　0	0
0　1　1	0

2. 使用 CMOS 门电路的注意事项

国产 CMOS 系列数字集成电路主要有 C000 和 CC4000 两个系列。C000 系列是我国早期的 CMOS 集成电路产品，工作电压为 7V～15V。CC4000（CC14000）系列与国际上 CD4000（MC14000）系列对应工作电压为 3V～18V，能与 TTL 电路共用电源，也便于连接，是目前发展较快，应用较普遍的 CMOS 器件。高速 CMOS 电路 CC74HC××系列与国际上 MM74××系列相对应。

CMOS 集成门电路在使用时应注意以下问题。

（1）对电源的要求。CMOS 电路可以在很宽的电源电压范围内提供正常的逻辑功能，如 C000 系列为 7V～15V，CC4000 系列为 3V～18V。V_{DD}与 V_{SS}（接地端）绝对不允许接反。否则无论是保护电路或内部电路都可能因过大电流而损坏。

（2）对输入端的要求。为保护输入级 MOS 管的氧化层不被击穿，一般 CMOS 电路输入端都有二极管保护网络，这就给电路的应用带来一些限制：①输入信号必须在 V_{DD}～V_{SS}之间取值，以防二极管因正偏电流过大而烧坏，一般 $V_{SS} \leqslant U_{IL} \leqslant 0.3V_{DD}$；$0.7V_{DD} \leqslant U_{IH} \leqslant V_{DD}$。$u_i$ 的极限值为$(V_{SS}-0.5V)$～$(V_{DD}+0.5V)$。②每个输入端的典型输入电流为 10pA。输入电流以不超过 1mA 为佳。

多余输入端一般不允许悬空。与门及与非门的多余输入端应接至 V_{DD} 或高电平，或门和或非门的多余输入端应接至 V_{SS} 或低电平。

（3）对输出端的要求。集成 CMOS 电路的输出端不允许直接接 V_{DD} 或 V_{SS}，否则将导致器件损坏。一般情况下不允许输出端并联。因为不同的器件参数不一致，有可能导致 NMOS 和 PMOS 同时导通，形成大电流。但为了增加驱动能力，可以将同一芯片上相同门电路的输入端、输出端分别并联使用。

7.3.3 TTL 与 CMOS 门电路之间的接口技术

集成 CMOS 电路与集成 TTL 电路相比，CMOS 电路比 TTL 电路功耗低，抗干扰能力强，电源电压适用范围宽，扇出能力强；TTL 电路比 CMOS 电路延迟时间短、工作频率高。在使用时，可根据电路的要求及门电路的特点进行选用。

在数字系统中，常遇到不同类型集成电路混合使用的情况。由于输入输出电平、带负载能力等参数的不同，不同类型的集成电路相互连接时，需要合适的接口电路。下面介绍 TTL 与 MOS 门电路之间的接口技术。

1. TTL 门电路驱动 CMOS 门电路

（1）当 $V_{CC}=V_{DD}=+5V$ 时。TTL 电路一般可以直接驱动 CMOS 电路。由于 CMOS 输入高电平时要求 $U_{IH}>3.5V$，而 TTL 输出高电平下限 $U_{OHmin}=2V$，通常在 TTL 输出端加上一个上拉电阻 R，如图 7-23（a）所示。

（2）当 $V_{DD}=+3V$～$+18V$ 时。可采用将 TTL 电路改用 OC 门，如图 7-23（b）所示，或采用具有电平移动功能的 CMOS 电路作为接口电路的方法，如图 7-23（c）所示。

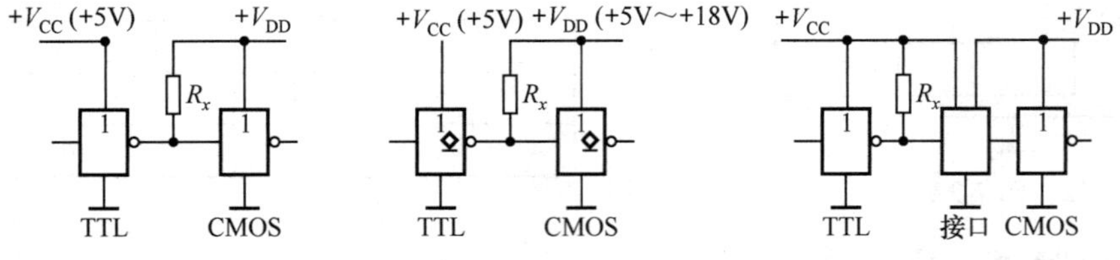

(a) 加上拉电阻　　(b) OC门　　(c) 加接口电路

图 7-23　TTL 电路驱动 CMOS 电路

2. CMOS 门电路驱动 TTL 门电路

（1）当 $V_{DD}=V_{CC}=+5V$ 时。CMOS 电路一般可以直接驱动一个 TTL 门，当被驱动的门数量较多时，由于 CMOS 输出低电平吸收负载电流的能力较小，而 TTL 输入低电平时$|I_{IL}|$较大，

可以采用以下方法，如图 7-24 所示。如图 7-24（a）所示是在同一芯片上将 CMOS 门并接使用，以提高驱动电路的带负载能力；如图 7-24（b）所示是增加了一级 CMOS 驱动电路。另外，还有采用增加漏极开路门驱动的方法。

（2）当 V_{DD} = +3V～+18V 时。宜采用 CMOS 缓冲器驱动器作为接口电路，如图 7-24（c）所示。

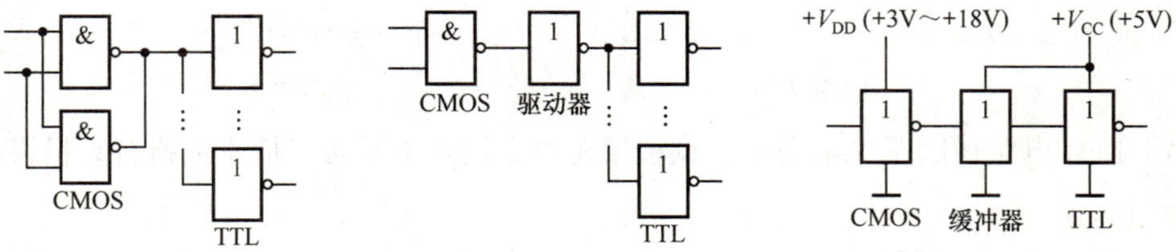

(a) CMOS并接　　(b) 加驱动器　　(c) 加接口电路

图 7-24　CMOS 电路驱动 TTL 电路

应该指出，TTL 与 CMOS 门电路之间的接口电路形式多种多样，实用中应根据情况进行选择。

本章小结

1. 半导体二极管、三极管和场效应管在数字电路中通常工作在开关状态下，它们是组成基本门电路的核心元件。

2. 分立元件门电路是组成逻辑门的基本形式，虽然目前已被集成电路所取代，但它有助于理解门电路的一些基本工作原理和分析方法。

3. 集成门电路分为 TTL 和 CMOS 两大类，是目前广泛被采用的两种集成电路。TTL 门电路具有工作速度高、带负载能力强等优点，也一直是数字系统普遍采用的器件；CMOS 门电路具有功耗低、集成度高、工作电源范围宽、抗干扰能力强等优点。

4. TTL、CMOS 门电路在使用时，要遵循一定的规则。TTL 门与 CMOS 门之间连接时，需要适当的接口电路。

习题 7

7-1　指出下列情况下，TTL 与非门输入端的逻辑状态：

（1）输入端接地；

（2）输入端接电压低于+ 0.8V 的电源；

（3）输入端接前级门的输出低电平+ 0.3V；

（4）输入端接电源电压 V_{CC} = +5V；

（5）输入端悬空；

（6）输入端接前级门的输出高电平 2.7 V～3.6V；

（7）输入端接高于+1.8V 的电压。

7-2　二极管门电路如题图 7-2 所示，试写出 Y_1 和 Y_2 的表达式。

7-3　分立元件非门如题图 7-3 所示。（1）试求使三极管截止的最大输入电压值；（2）试求使三极管饱和导通的最小输入电压值；（3）试判断在输入电压分别为 0V、3V、5V 时三极管的工作状态，并求解输出电压的值；（4）为使输入高电平时三极管深度饱和，可采用哪些措施？

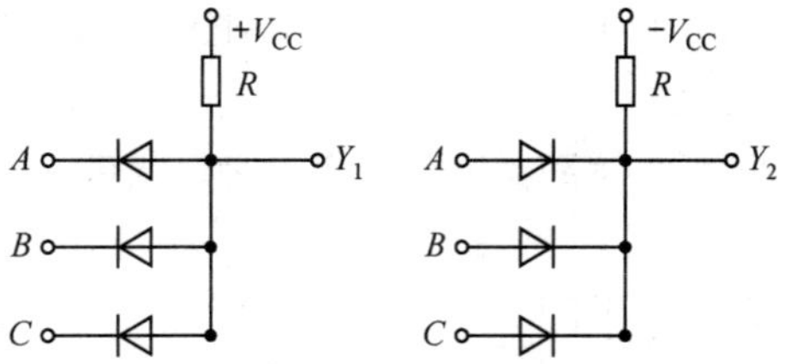

题图 7-2

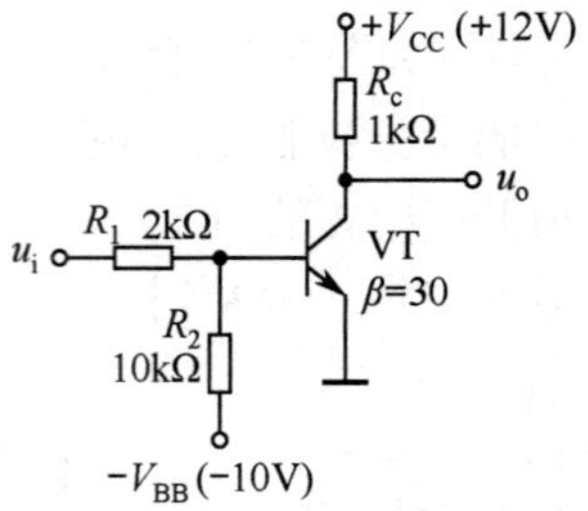

题图 7-3

7-4 TTL 电路如题图 7-4 所示。试根据逻辑表达式所示功能检查电路有无错误，若有则改正。

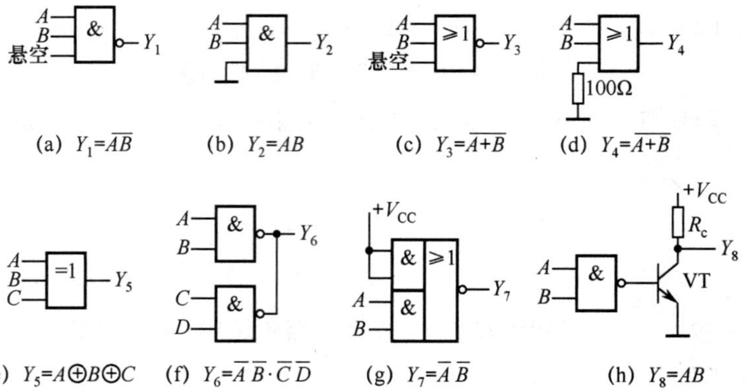

题图 7-4

7-5 说明如题图 7-5 所示各个集成 TTL 门电路输出端的逻辑状态，写出相应输出信号的逻辑表达式。

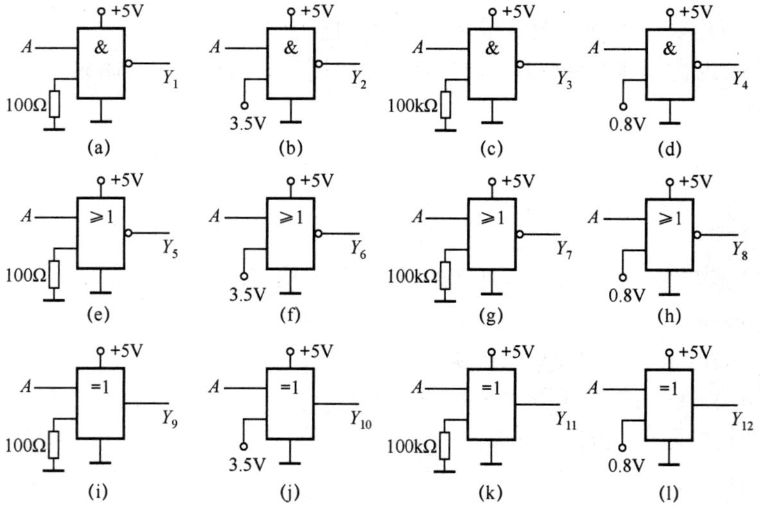

题图 7-5

7-6 集成门电路如题图 7-6 所示，写出 Y_1～Y_5 的逻辑表达式，并根据所给输入信号 A、B、C 的波形画出输出信号 Y_1～Y_5 的波形。

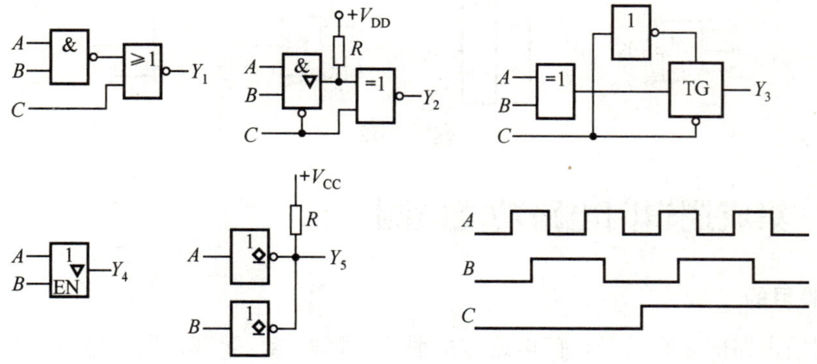

题图 7-6

7-7 现有一片四-2 输入**与非**门（74LS00），欲实现 $Y=\overline{AB+CD}$，电路应如何连接？画出逻辑图及芯片引脚连线图。

7-8 如题图 7-8 所示是一个由 TTL **与非**门组合而成的**与或非**电路，若只用了 A、B 及 C、D 四个输入端，那么 E、F 端应如何处理？可以悬空吗？若只用了 A、B 及 C、D 和 E 端，那么 F 端应如何处理？

7-9 **与非**门电路如题图 7-9 所示。A 为控制端，B 为信号输入端，输入信号为一串矩形脉冲，当 6 个脉冲过后，**与非**门就关闭，问控制端 A 的信号应如何连接？并画出用**与**门、**或**门、**或非**门代替**与非**门作为门控电路时的波形图。

7-10 试用题图 7-10 电路控制一指示灯，设 $F=\mathbf{1}$ 时灯亮，$F=\mathbf{0}$ 时灯灭，U_1 和 U_2 为控制端信号，静态时 U_1 和 U_2 均为 $\mathbf{0}$。

（1）$U_1=\mathbf{0}$，U_2 加入一正阶跃信号时灯亮，问 U_2 信号消失后灯是否保持亮？为什么？

（2）灯亮后，要使它熄灭，控制端的信号应如何安排？

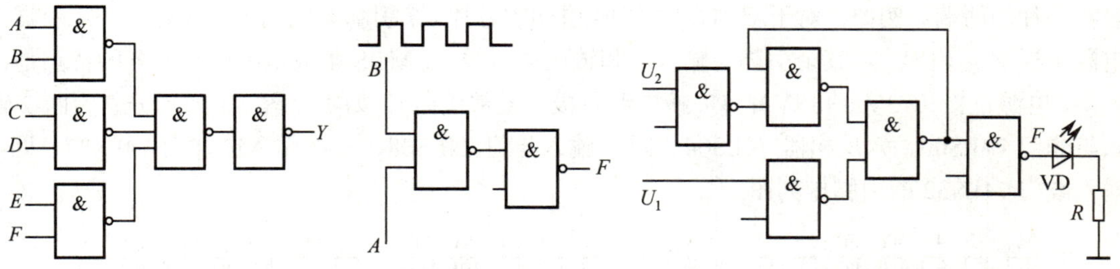

题图 7-8　　题图 7-9　　题图 7-10

7-11 如题图 7-11 所示为几种 TTL 电路驱动 CMOS 电路和 CMOS 电路驱动 TTL 电路的连接图。试检查电路连接方式是否正确，若有错误则改正，并简述理由。

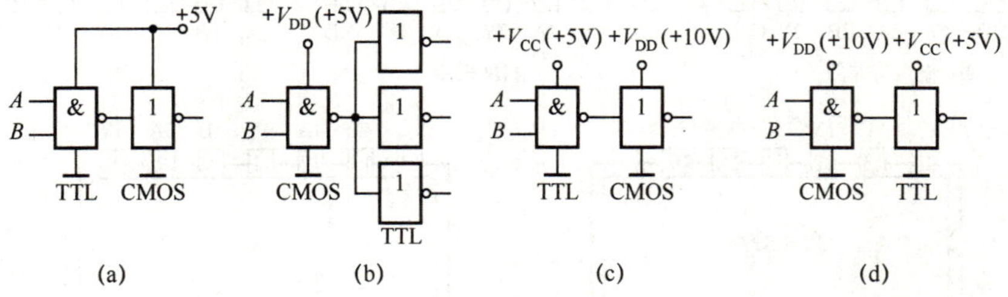

题图 7-11

7-12 已知如题图 7-12 所示各电路的逻辑表达式分别为：$Y_1=\overline{A+B}$，$Y_2=\overline{A}\,\overline{B}$，$Y_3=AB$，$Y_4=A$，试将多余输入端 C 进行适当处理。

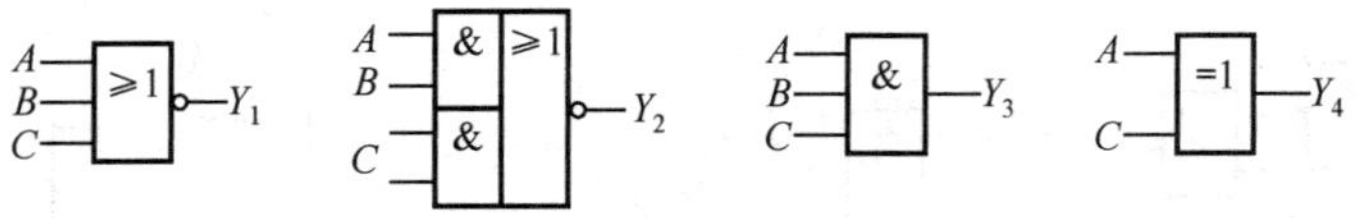

题图 7-12

实验 7.1　集成逻辑门电路功能检测

一、实验目的

1．了解门电路的逻辑符号，门电路方框图及引脚功能，验证常用门电路的逻辑功能。

2．熟悉实验环境，掌握常用实验仪器的使用。

二、实验仪器与器材

部分 74LS 系列集成电路（00，04，08，27，32）、部分 CMOS 系列集成电路、直流稳压电源、万用表、发光二极管及其限流电阻、波段开关等。

三、实验原理

门电路实际上是一种条件开关电路，因为门电路的输入、输出信号之间存在着一定的逻辑关系，所以又称为逻辑门电路。集成逻辑门是数字电路中应用广泛的最基本的一类器件。

集成电路也叫芯片，通用型集成电路的封装形式是双列直插式，其引脚按电路需要有 8、14、16、20、24、28 和 40 引脚等。判断引脚排列顺序的方法是：将集成电路的正面对准使用者，以左边缺口为标志，引脚号从左下角（有标志“•”）开始为第 1 引脚，后面的依次按逆时针方向递增。

集成电路的引脚，分别对应逻辑符号图中的输入端和输出端。TTL 集成电路的电源和地一般在芯片的两端。例如，对于双列直插式 14 引脚的芯片，7 引脚为电源地（GND），14 引脚为电源正极 V_{CC}（+5V），其余引脚为输入端和输出端引线。CMOS 集成电路引脚排列的特点是：V_{DD} 接电源正极（+3V～+18V）；V_{SS} 接电源负极（通常接地）。如实验图 7-1 所示分别为四-2 输入与非门 74LS00、六反相器 74LS04、四-2 输入与门 74LS08、三-3 输入或非门 74LS27、四-2 输入或门 74LS32 的引脚排列图。

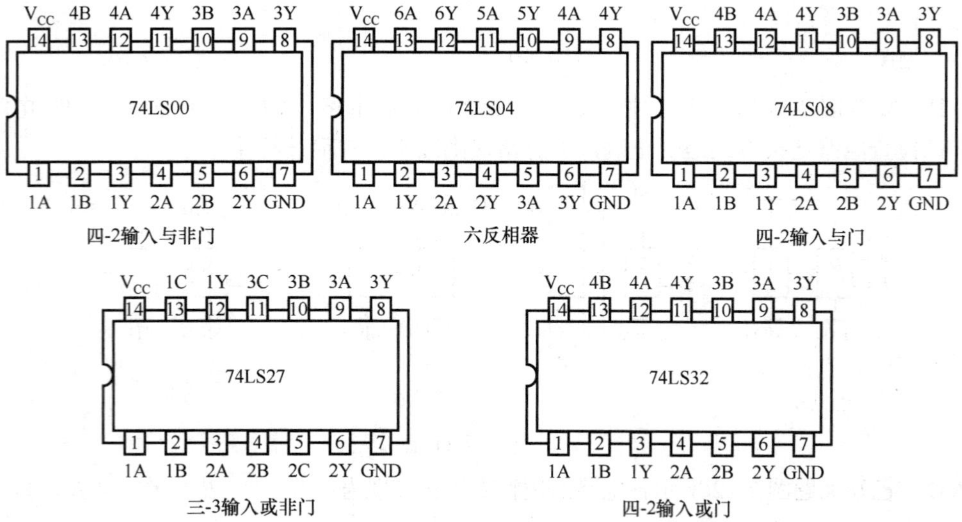

实验图 7-1　集成门电路的引脚排列图

四、实验内容与步骤

1. 与门功能检测

对与门逻辑功能的检测使用的是 74LS08，检测电路如实验图 7-2 所示。

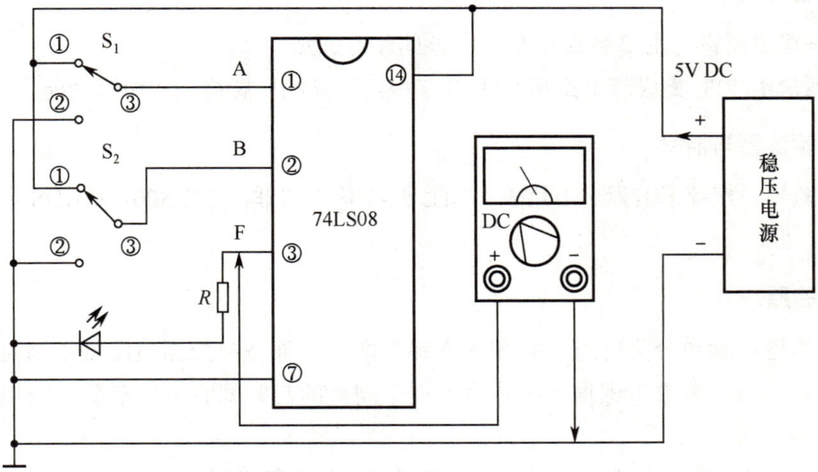

实验图 7-2　74LS08 逻辑功能检测电路

具体检测方法为：改变转换开关 S_1 和 S_2 接不同位置，使 74LS08 的①与②脚（与门的输入端）处于不同的电平，测出每种电平下③脚（与门的输出端）输出电平的情况，确认其电平关系是否符合与门功能，并将检测的结果填入实验表 7-1 中。实验图 7-2 是以 74LS08 内的门 1 为例，其他 3 只门的检测方法与门 1 相同。

实验表 7-1　74LS08 与门逻辑功能检测实验记录表

S_1 连接情况	S_2 连接情况	灯亮灭情况	万用表示值/V	输出逻辑状态（填 1 或 0）	结论（写出逻辑表达式）
③与②接通	③与②接通				
③与②接通	③与①接通				
③与①接通	③与②接通				
③与①接通	③与①接通				

2. 或门、非门、与非门、或非门功能测试

参照对与门 74LS08 芯片的检测方法，进一步检测或门芯片 74LS32、非门芯片 74LS04、与非门芯片 74LS00（或 CD4011）、或非门芯片 74LS27。参照实验图 7-2 自行设计检测电路图；并参照实验表 7-1 将检测结果填入相应的实验表中。

五、实验报告要求

1. 将获得的实验结果与理论值进行比较，分析误差存在的原因。

2. 参照实验图 7-2，自行画出 74LS32、74LS04、74LS00 和 74LS27 的逻辑功能检测电路。

3. 在上述实验操作中应注意哪些问题？

4. 若将门电路的输入信号端置 1，除了可以将其接+5V 电源外，还有什么办法？这种办法有何弊端？

实验 7.2　集成逻辑门电路性能参数的测试

一、实验目的

1．理解集成逻辑门主要参数的含义并掌握测试方法。

2．熟悉常用 TTL 集成门电路和 CMOS 集成门电路的引脚排列和引脚功能。

二、实验仪器与器材

数字实验箱、双踪示波器、万用表、TTL 四-2 输入与非门 74LS00，CMOS 四-2 输入与非门 CC4011。

三、实验原理

门电路的性能参数分为静态参数和动态参数两种。静态参数指电路处于稳定的逻辑状态下测得的参数，动态参数指逻辑状态转换过程中测得的与时间有关的参数。门电路的主要参数如下。

（1）扇出系数：电路正常工作时，能带动同型号门的数目叫扇出系数。

（2）输出高电平 U_{OH}：一般情况 $U_{OH} \geqslant 2.4V$。

（3）输出低电平 U_{OL}：一般情况 $U_{OL} \leqslant 0.4V$。

（4）**开门电平 U_{ON} 和关门电平 U_{OFF}**：为了更好地理解这两个参数，此处以非门为例，对照实验图 7-3 所示非门的电压传输特性曲线，可以看出，使输出电压 U_O 刚刚达到低电平 U_{OL} 时的最低输入电压称为开门电平 U_{ON}。使输出电压 U_O 刚刚达到高电平 U_{OH} 时的最高输入电压称为关门电平 U_{OFF}。

（5）电压传输特性曲线：如实验图 7-3 所示为非门的电压传输特性，在曲线上可以清楚地读出 U_{OH}、U_{OL}、U_{ON}、U_{OFF}。

（6）输入短路电流 I_{IS}：对于有多个输入端的门电路来说，如与非门，将与非门的一个输入端接地其他输入端悬空时，流过该接地输入端的电流称为输入短路电流。

（7）空载导通功耗 P_{ON}：将与非门的输入端全部接高电平，输出为低电平且不带负载时的功率损耗。

（8）空载截止功耗 P_{OFF}：将与非门的输入端接低电平，输出为高电平且不带负载时的功率损耗。

（9）输入漏电流 I_{ID}：将与非门的一个输入端接高电平，另一个输入端接低电平，流过高电平输入端的电流。

（10）平均传输延迟时间 t_{pd}：t_{pd} 是一个交流参数。由于二极管、三极管开关状态的转换和负载电容、寄生电容的充放电都需要时间，从而使输出电压波形总比输入电压的波形滞后一定时间，因此造成传输延迟。如实验图 7-4 所示描述的是非门的输出对输入的延迟情况。

CMOS 电路的参数是对它本身特性的描述，这些参数应包括逻辑功能的正确与否、性能的优劣与可靠性。CMOS 参数的意义及测试方法与 TTL 电路参数的意义及测试方法基本相同，此处不再叙述。

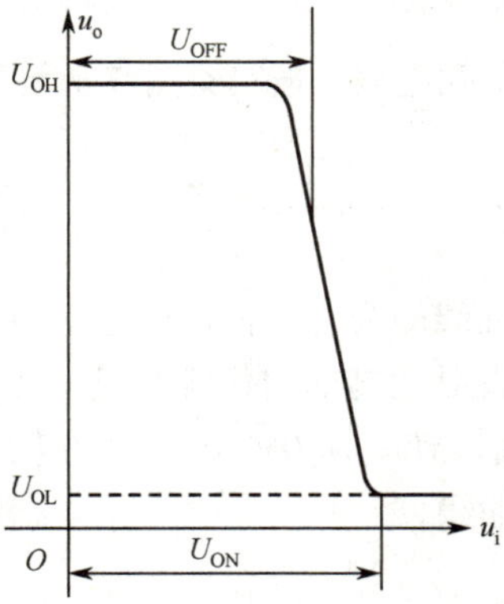

实验图 7-3　非门电压传输特性曲线

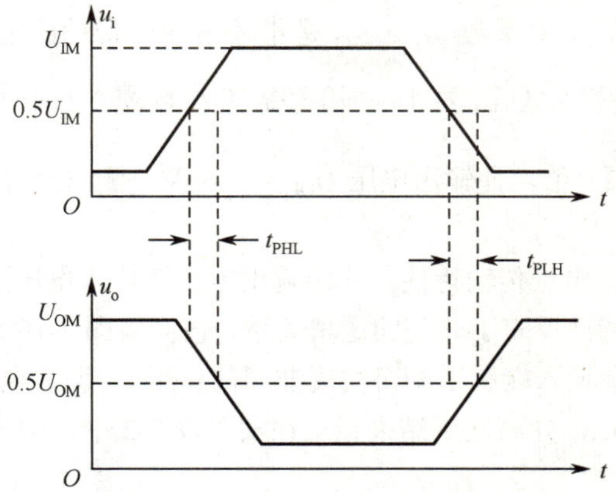

实验图 7-4　平均延迟时间 t_{pd}

四、实验内容与步骤

实验前首先观察数字实验箱的面板结构和布局，检查电源是否正常。然后选择实验用的集成电路，按要求插在实验箱的面板上。根据实验接线图接好连线，特别注意 V_{CC} 及地线不能接错，检查无误后再接通电源进行实验。对于初学者来说，容易认错集成块的引脚，因此必须认真检查，若发现集成块发热，应立即切断电源。发热的原因一般是反接了电源，或者输出端对地短路。

1. TTL 与非门参数的测试（74LS00）

（1）低电平输入电流 I_{IL}。低电平输入电流又称输入短路电流（I_{IS}），是一个非常重要的参数，它反映了对前一级负载的大小，按实验图 7-5 连线，测得 I_{IL} = ________ mA。

（2）输入漏电流 I_{ID}。按实验图 7-6 连线，测得 I_{ID} = ________ μA。

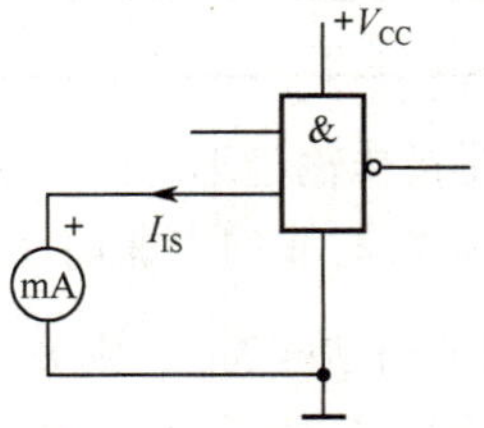

实验图 7-5　输入短路电流 I_{IS} 的测试电路

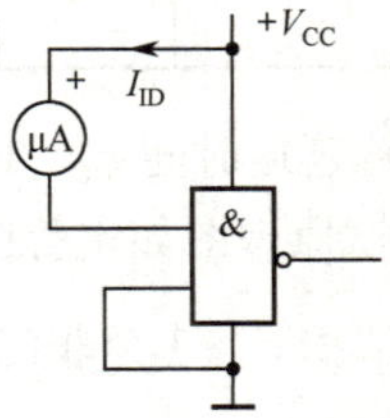

实验图 7-6　输入漏电流 I_{ID} 的测试电路

（3）空载导通功耗 P_{ON}。$P_{ON} = I_{CCL} \times V_{CC}$，其中，$I_{CCL}$ 为空载时电源导通电流，V_{CC} 为电源电压（+5V）。按实验图 7-7 连线，测得 I_{CCL} = ________ mA，算出 P_{ON} 的值。通常对与非门的要求是 P_{ON}＜50mW。

（4）空载截止功耗 P_{OFF}。$P_{OFF} = I_{CCH} \times V_{CC}$，其中，$I_{CCH}$ 为空载截止电流，V_{CC} 为电源电压（+5V）。按实验图 7-8 连线，测得 I_{CCH} = ________ mA，算出 P_{OFF} 的值。通常对与非门的要求是 P_{OFF}＜25mW。

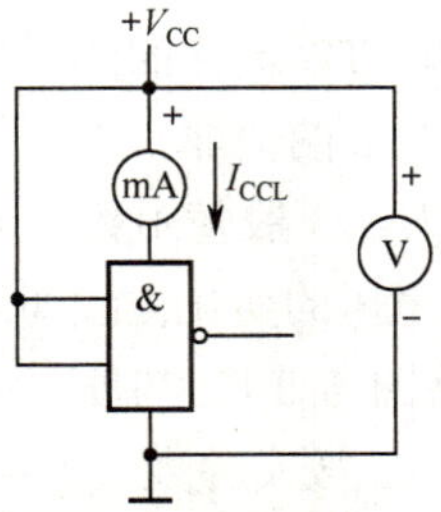

实验图 7-7　空载导通功耗 P_{ON} 的测试电路

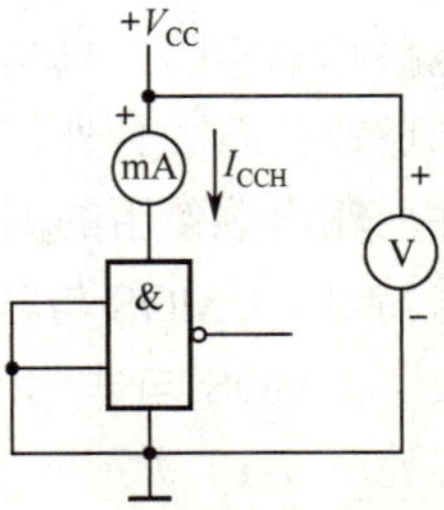

实验图 7-8　空载截止功耗 P_{OFF} 的测试电路

（5）扇出系数 N_O。N_O 是指输出端可带动的最多同类门数，其意义是最大带负载能力。$N_O=\frac{I_{Omax}}{I_{IS}}$。$I_{Omax}$ 为 $U_{OL}\leqslant 0.35V$ 时准许灌入的最大灌入负载电流。按实验图 7-9 连线，调节 R_L（1kΩ）值，使输出电压 $U_{OL}=0.35V$，测出此时的 I_{Omax} =__________ mA，按公式算出 N_O 的值。

（6）电压传输特性。**非**门输出电压随输入电压的变化曲线即为电压传输特性 $u_o=f(u_i)$，电压传输特性反映了**非**门的逻辑关系，按实验图 7-10 连线（此处用**与非**门代替**非**门，只需将**与非**门的多余输入端置 **1** 即可实现**非**门的作用），调节电位器 R_P，使 u_i 从 0V 至 2.5V 变化，逐点测出 u_i 和 u_o，并将测试结果记录在实验表 7-2 中，画出特性曲线。

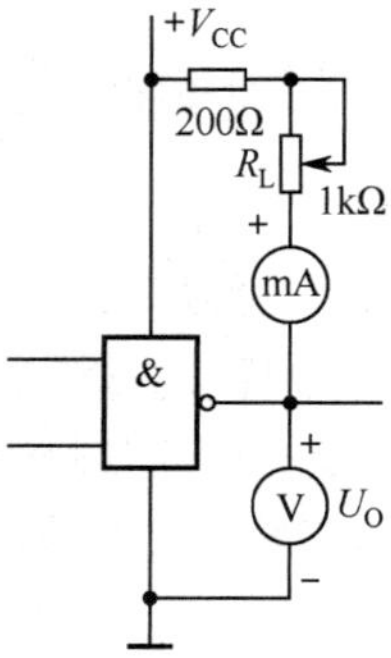

实验图 7-9　扇出系数 N_O 的测试电路

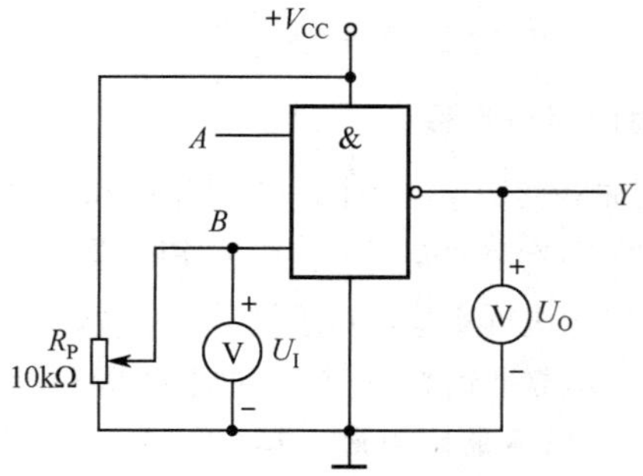

实验图 7-10　TTL 非门电压传输特性的测试电路

实验表 7-2　TTL 与非门电压传输特性

U_I/V	0.3	0.8	1.0	1.1	1.2	1.3	1.35	1.4	1.5	2.0	2.5
U_O/V											

（7）平均传输延迟时间 t_{pd}。TTL **非**门的动态参数主要指传输延迟时间。目前常用环形振荡器法测试 t_{pd}，测试原理图如实验图 7-11 所示（此处同样是把**与非**门当**非**门使用）。假设每一个**非**门的延迟时间都相等，3 个**非**门构成的环形振荡器的周期为 $T=6t_{pd}$，则 $t_{pd}=\frac{T}{6}$，其中，周期 T 可用示波器或频率计测量。

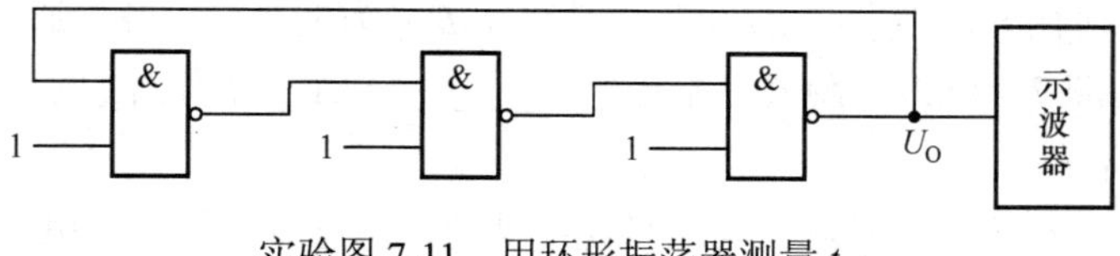

实验图 7-11　用环形振荡器测量 t_{pd}

2. CMOS 与非门参数测试（CC4011）

CMOS 器件的特性参数也有静态和动态之分，测试 CMOS 器件静态参数的电路与测量 TTL 器件静态参数的电路基本相同，只是要注意 CMOS 器件和 TTL 器件的使用规则不一样，对各引脚的处理要符合逻辑关系。另外，CMOS 器件的 I_{CCL}、I_{CCH} 的值非常小，仅为几微安，为保证输出开路的条件，输出端使用的测量表的内阻应该足够大，一般使用数字电表。

（1）电压传输特性。CMOS **与非**门的输出电压随输入电压的变化曲线即为电压传输特性，电压传输特性反映了 CMOS **与非**门的逻辑关系。测试电路图与 TTL **与非**门电压传输特性测试图基本一致（如实验图 7-10 所示），注意电源电压改为 V_{DD}。按实验表 7-3 测出 u_i 和 u_o，并画出特性曲线。CMOS **与非**门的输出高电平接近电源电压 V_{DD}，输出低电平接近 0V，CMOS **与非**

门的转换电压称为阈值电压 U_T，$U_T = \frac{1}{2} V_{DD}$。

实验表 7-3　CMOS 与非门电压传输特性

U_I/V	2.0	4.0	5.0	5.5	5.8	6.0	6.2	6.5	7.0	8.0
U_O/V										

（2）平均传输延迟时间 t_{pd}。利用环形振荡器可测出 CMOS 与非门传输延迟时间，测试电路图与 TTL 与非门 t_{pd} 的测试图基本一致（如实验图 7-11 所示）。假设每一个与非门的延迟时间都相等，3 个与非门构成的环形振荡器的周期为 $T = 6t_{pd}$，则 $t_{pd} = \frac{T}{6}$，其中，周期 T 可用示波器或频率计测量。

五、实验报告与要求

（1）整理实验数据，把测得的参数值与它的规范值做比较。

（2）画出测试集成门电路各参数的原理图，并证明测试条件，画出实测的电压传输特性曲线。

六、预习要求与思考题

1. 预习要求

（1）常用仪器设备（数字实验箱、双踪示波器、数字万用表）的结构、原理和使用方法。

（2）熟悉本实验待测集成块 74LS00、CC4011 的外引线排列，并懂得主要参数的含义及测试方法。

2. 思考题

（1）为什么 TTL 与非门输入端悬空就相当于输入逻辑 **1** 电平？

（2）测量扇出系数 N_O 的原理是什么？

（3）与非门的功耗与工作频率和外接负载情况有关吗？为什么？

（4）TTL 和 CMOS 与非门的一个输入端，分别通过 500Ω 左右的电阻和 10kΩ 的电阻接地，其余输入端接高电平，试问两种器件在这两种情况下的输出逻辑值各为多少？请用实验加以验证。

第 8 章　组合逻辑电路

内容提要

- 组合逻辑电路的结构特点及功能特点
- 组合逻辑电路的分析方法与设计方法
- 编码器、译码器、加法器、数据选择器、数据分配器的工作原理及使用方法
- 组合电路中的竞争-冒险现象及消除方法

数字电路按照逻辑功能的不同分为两大类：一类是**组合逻辑电路**，简称组合电路；一类是**时序逻辑电路**，简称时序电路。本章讨论组合电路，首先介绍组合电路的结构和功能特点、一般分析方法和设计方法，然后以编码器、译码器、加法器、数值比较器、数据选择器和数据分配器为例重点讲述常用中规模集成组合电路的组成、工作原理及典型应用。

8.1　组合逻辑电路的特点及分析设计方法

8.1.1　组合电路的特点

1．功能特点

图 8-1　组合电路框图

组合电路在任意时刻的输出仅仅取决于该时刻输入信号的状态，而与该时刻之前电路的状态无关。简而言之，组合电路“无记忆性”。

如图 8-1 所示是一个有多输入端和多输出端的组合电路框图，其中 A_1，A_2，…，A_m 为输入逻辑变量，Y_1，Y_2，…，Y_n 为输出逻辑变量，输出与输入之间的关系表示为

$$\begin{cases} Y_1 = f_1(A_1, A_2, \cdots, A_m) \\ Y_2 = f_2(A_1, A_2, \cdots, A_m) \\ \quad\vdots \qquad\qquad \vdots \\ Y_n = f_n(A_1, A_2, \cdots, A_m) \end{cases} \tag{8-1}$$

2．结构特点

组合电路之所以具有以上功能特点，归根结底是由于结构上满足以下特点。

（1）不包含记忆（存储）元件。

（2）不存在输出到输入的反馈回路。

需要指出的是，在第 7 章介绍的各种门电路均属于组合电路，它们是构成复杂组合电路的单元电路。

8.1.2　组合电路的一般分析方法

分析组合电路，就是根据已知的逻辑图，找出输出变量与输入变量之间的逻辑关系，从而确定电路的逻辑功能。分析组合电路，通常遵循以下步骤。

（1）根据给定逻辑图写出输出变量的逻辑表达式。

（2）用公式法或卡诺图法化简逻辑表达式。

（3）根据化简后的表达式列出真值表。

（4）根据真值表所反映的输出与输入变量的取值对应关系，说明电路的逻辑功能。

以上步骤中，第（2）步不是必须的，第（1）步写输出变量表达式的目的只是为了列真值表，有了真值表，逻辑功能也就一目了然了。因此，只要方便列真值表，也可以不化简表达式。下面举例说明。

例 8-1　试分析如图 8-2 所示电路的逻辑功能。

解　（1）从输入端依次写出各门电路输出信号的逻辑表达式为

$$L_1=\overline{AB}\,,\quad L_2=A+B\,,\quad L_3=\overline{L_2\cdot C}$$

$$F=\overline{L_1\cdot L_3}=\overline{\overline{AB}\cdot\overline{(A+B)\cdot C}}$$

（2）列出逻辑函数真值表，如表 8-1 所示。

（3）逻辑功能分析。

由真值表可知，当 A、B、C 中有多数个为 **1** 时，F 即为 **1**。因此，如图 8-2 所示电路具有多数表决的功能，是一个多数表决电路。

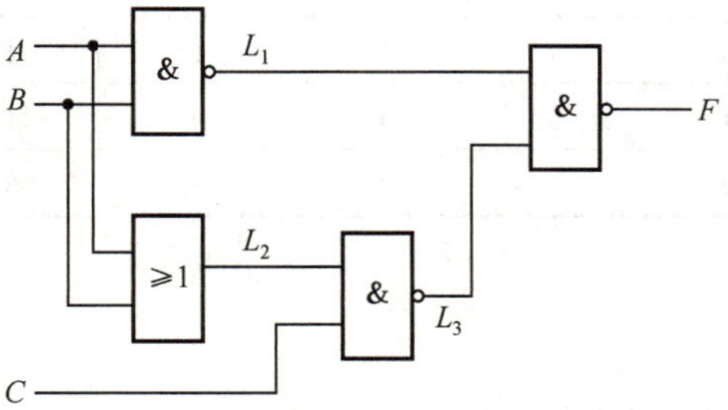

图 8-2　例 8-1 图

表 8-1　例 8-1 真值表

A	B	C	F
0	**0**	**0**	**0**
0	**0**	**1**	**0**
0	**1**	**0**	**0**
0	**1**	**1**	**1**
1	**0**	**0**	**0**
1	**0**	**1**	**1**
1	**1**	**0**	**1**
1	**1**	**1**	**1**

例 8-2　分析如图 8-3 所示电路的逻辑功能。

解　（1）写逻辑表达式

$$L=\overline{A\cdot\overline{ABC}}\,,\quad M=\overline{B\cdot\overline{ABC}}\,,\quad N=\overline{C\cdot\overline{ABC}}\,,\quad Y=\overline{LMN}=\overline{L}+\overline{M}+\overline{N}$$

（2）化简得

$$Y=\overline{LMN}=\overline{L}+\overline{M}+\overline{N}=A(\overline{A}+\overline{B}+\overline{C})+B(\overline{A}+\overline{B}+\overline{C})+C(\overline{A}+\overline{B}+\overline{C})$$

$$=A\overline{B}+A\overline{C}+B\overline{A}+B\overline{C}+\overline{A}C+\overline{B}C=\overline{A}B+\overline{B}C+\overline{C}A(\text{或}=A\overline{B}+B\overline{C}+C\overline{A})$$

（3）由化简后的表达式列出真值表，如表 8-2 所示。

（4）分析逻辑功能。由真值表可知，只要 A、B、C 的取值不一样，输出 Y 就为 **1**；否则，当 A、B、C 取值一样时，Y 为 **0**。所以，这是一个三变量的非一致电路。

表 8-2　例 8-2 真值表

A	B	C	Y
0	**0**	**0**	**0**
0	**0**	**1**	**1**
0	**1**	**0**	**1**
0	**1**	**1**	**1**
1	**0**	**0**	**1**
1	**0**	**1**	**1**
1	**1**	**0**	**1**
1	**1**	**1**	**0**

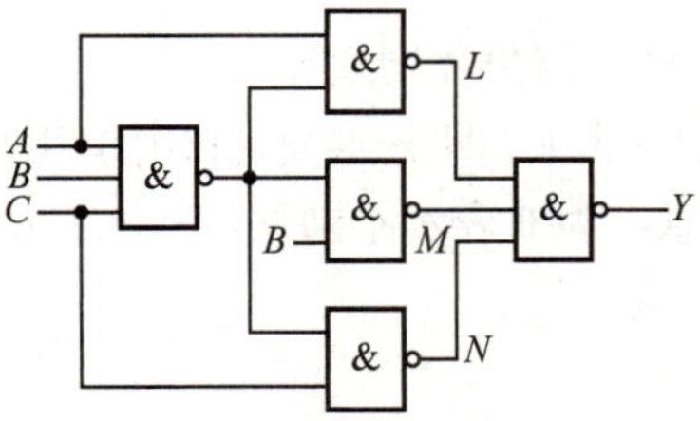

图 8-3　例 8-2 图

例 8-3 试分析如图 8-4 所示电路的逻辑功能。

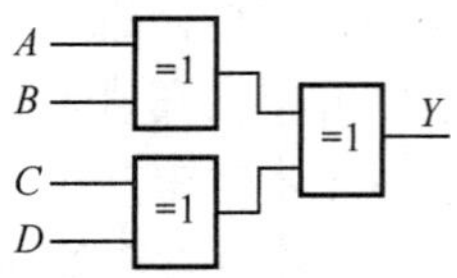

图 8-4 例 8-3 图

解 （1）写出图 8-4 的逻辑表达式

$$Y=A\oplus B\oplus C\oplus D$$

（2）由逻辑表达式得真值表，如表 8-3 所示。

（3）分析逻辑功能。由真值表可知，当 4 个输入变量中有奇数个 **1** 时，输出为 **1**；否则，输入变量中有偶数个 **1** 时，输出为 **0**，这样根据输出结果就可以校验输入 **1** 的个数是否为奇数，因此图 8-4 所示电路是一个 4 输入变量的**奇校验电路**。

表 8-3 例 8-3 真值表

A	*B*	*C*	*D*	*Y*	*A*	*B*	*C*	*D*	*Y*
0	0	0	0	0	1	0	0	0	1
0	0	0	1	1	1	0	0	1	0
0	0	1	0	1	1	0	1	0	0
0	0	1	1	0	1	0	1	1	1
0	1	0	0	1	1	1	0	0	0
0	1	0	1	0	1	1	0	1	1
0	1	1	0	0	1	1	1	0	1
0	1	1	1	1	1	1	1	1	0

8.1.3 组合电路的一般设计方法

组合电路的设计与分析过程相反，它是根据已知的逻辑问题，首先列出真值表，然后求出逻辑函数的最简表达式，继而画出逻辑图。组合电路的设计通常以电路简单、所用器件最少为目标。前面介绍的公式法和卡诺图法化简逻辑函数，就是为了获得最简表达式，以便使用最少的门电路组合成逻辑电路。但是由于在设计中普遍采用中、小规模集成电路，一片集成电路包括几个至几十个同一类型的门电路，因此应根据具体情况，尽可能减少所用器件的数目和种类，这样可以使组装好的电路结构紧凑，达到工作可靠的目的。

组合电路的设计可遵循以下步骤。

（1）设定输入、输出变量并进行状态赋值。

（2）根据功能要求列出真值表。

（3）根据真值表写出逻辑表达式并化简成最简表达式，如果题目对所用器件的种类有附加的限制（例如只允许用单一类型的**与非门**实现），则还应将表达式变换成与器件种类相对应的形式（例如将逻辑表达式化简为**与非-与非**形式）；

（4）根据最简表达式画出逻辑图。

例 8-4 设计一个三人表决电路，实现大多数人同意时，结果才能通过。

解 （1）设定变量并进行状态赋值。用 *A*、*B*、*C* 表示三个人，即输入变量；用 *Y* 代表结果，即输出变量，且采用正逻辑赋值，*A*、*B*、*C* 为 **1** 表示同意，为 **0** 表示不同意。*Y* 为 **1** 表示结果通过，为 **0** 表示不通过。

（2）根据题目要求列真值表，如表 8-4 所列。

（3）由真值表写出逻辑表达式并化简，再根据题目要求将最简表达式变换为最简**与非-与非**式，为

$$Y = \overline{A}BC + A\overline{B}C + AB\overline{C} + ABC = AB + BC + AC$$

（4）画逻辑图。本题未限制门电路的种类，则由最简表达式直接画出逻辑图即可，如图 8-5 所示。

表 8-4　例 8-4 真值表

A	B	C	Y
0	0	0	0
0	0	1	0
0	1	0	0
0	1	1	1
1	0	0	0
1	0	1	1
1	1	0	1
1	1	1	1

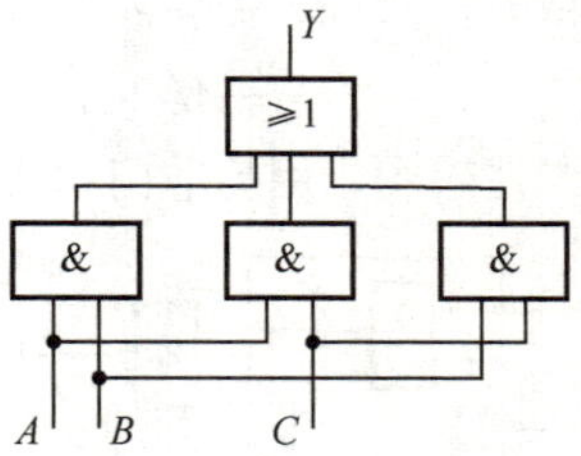

图 8-5　例 8-4 电路

例 8-5　设计一个燃油锅炉自动报警器。要求燃油喷嘴在开启状态下，如锅炉水温或压力过高则发出报警信号。要求用与非门实现。

解　（1）设定变量并进行状态赋值。将喷嘴开关、锅炉水温、压力分别用 A、B、C 表示；$A = 1$ 表示喷嘴开关打开，$A = 0$ 表示喷嘴开关关闭；B、C 为 1 表示温度、压力过高，为 0 表示温度、压力正常。报警信号作为输出变量用 F 表示，$F = 0$ 表示正常，$F = 1$ 报警。

（2）根据题意列真值表，如表 8-5 所示。

（3）根据真值表写表达式并化为最简，得

$$F = A\overline{B}C + AB\overline{C} + ABC = AB + AC$$

由于要求用**与非**门实现，所以需将表达式变换成**与非-与非**式。即

$$F = AB + AC = \overline{\overline{AB + AC}} = \overline{\overline{AB} \cdot \overline{AC}}$$

（4）画逻辑图。用**与非**门实现的逻辑图如图 8-6 所示。

表 8-5　例 8-5 真值表

A	B	C	F
0	0	0	0
0	0	1	0
0	1	0	0
0	1	1	0
1	0	0	0
1	0	1	1
1	1	0	1
1	1	1	1

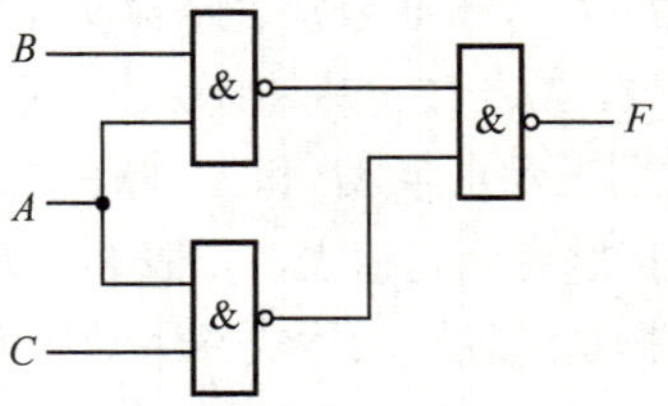

图 8-6　例 8-5 电路

例 8-6　设 A、B、C 为某保密锁的 3 个按键，当 A 单独按下时，锁既不打开也不报警；只有当 A、B、C 或者 A、B 或者 A、C 分别同时按下时，锁才能被打开，当不符合上述组合状态时，将发出报警信息，试分别用**与非**门和**或非**门设计此保密锁的逻辑电路。

解　（1）设定变量并进行状态赋值。A、B、C 为三个按键信号，按下为 1，不按为 0。设 F 和 G 分别为开锁信号和报警信号，开锁为 1，不开锁为 0，报警为 1，不报警为 0。

（2）根据题意列真值表，如表 8-6 所示。

表 8-6　例 8-6 真值表

A	B	C	F	G
0	0	0	0	0
0	0	1	0	1
0	1	0	0	1
0	1	1	0	1
1	0	0	0	0
1	0	1	1	0
1	1	0	1	0
1	1	1	1	0

（3）根据真值表写表达式并化为最简，得

$$F = A\overline{B}C + AB\overline{C} + ABC = AB + AC$$
$$G = \overline{A} \cdot \overline{B}C + \overline{A}B\overline{C} + \overline{A}BC = \overline{A}B + \overline{A}C$$

若用**与非**门实现，需将表达式变换成**与非-与非**式，即

$$F = AB + AC = \overline{\overline{AB + AC}} = \overline{\overline{AB} \cdot \overline{AC}} \qquad G = \overline{A}B + \overline{A}C = \overline{\overline{\overline{A}B + \overline{A}C}} = \overline{\overline{\overline{A}B} \cdot \overline{\overline{A}C}}$$

若用**或非**门实现，需将表达式变换成**或非-或非**式，即

$$F = AB + AC = \overline{\overline{A} + \overline{B + C}} \qquad G = \overline{A}B + \overline{A}C = \overline{A + \overline{B + C}}$$

（4）画逻辑图。用**与非**门和**或非**门实现的逻辑图分别如图 8-7 和图 8-8 所示。

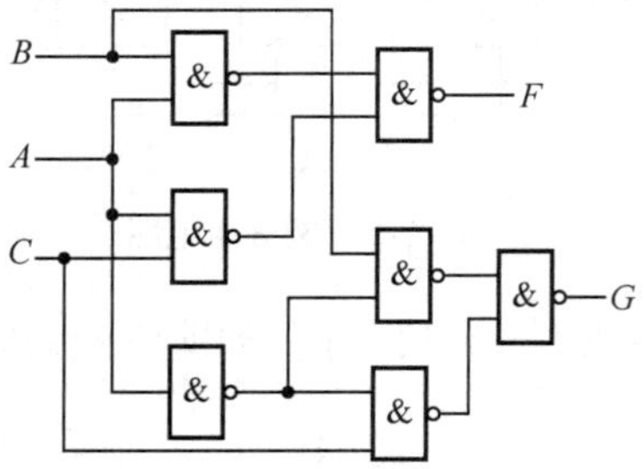

图 8-7　例 8-6 用**与非**门实现的电路

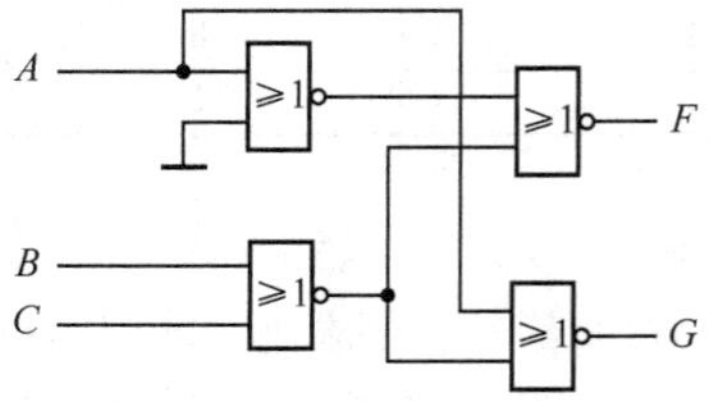

图 8-8　例 8-6 用**或非**门实现的电路

例 8-7　有一个水箱由大、小两台水泵 M_L 和 M_S 供水，如图 8-9 所示。水箱中设置了 3 个水位检测元件 a、b、c。水面低于检测元件时，检测元件给出高电平；反之给出低电平。现要求当水位超过 c 点时水泵停止工作；水位低于 c 点而高于 b 点时 M_S 单独工作；水位低于 b 点而高于 a 点时 M_L 单独工作；水位低于 a 点时 M_L 和 M_S 同时工作。试根据以上要求设计一个控制两台水泵自动工作的电路。

解　本题是一个具有约束项的逻辑函数问题，设计时需要注意。

（1）状态赋值

用 A、B、C 等于 **1** 分别表示检测元件 a、b、c 给出高电平，用 A、B、C 等于 **0** 分别表示检测元件 a、b、c 给出低电平；用 $M_L = 1$、$M_S = 1$ 分别表示水泵 M_L 和 M_S 工作，用 $M_L = 0$、$M_S = 0$ 分别表示水泵 M_L 和 M_S 停止工作。

（2）根据题意列真值表，如表 8-7 所示。

（3）根据真值表写表达式并用卡诺图化简得

$$M_S = A + \overline{B}C\,,\quad M_L = B$$

（4）由最简表达式可得逻辑图如图 8-10 所示。

表 8-7　例 8-7 真值表

A	B	C	M_S	M_L
0	0	0	0	0
0	0	1	1	0
0	1	0	×	×
0	1	1	0	1
1	0	0	×	×
1	0	1	×	×
1	1	0	×	×
1	1	1	1	1

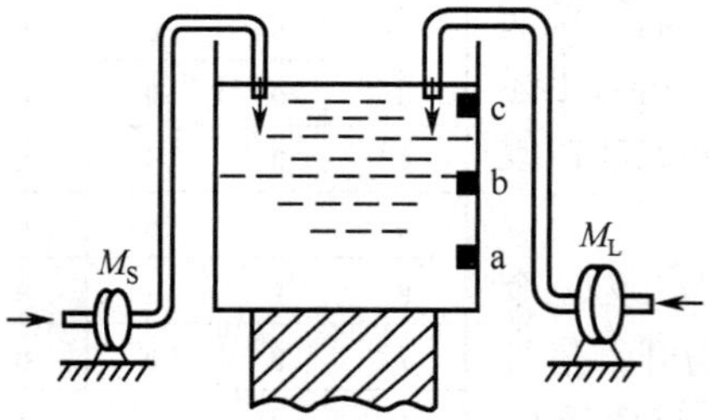

图 8-9　例 8-7 用图

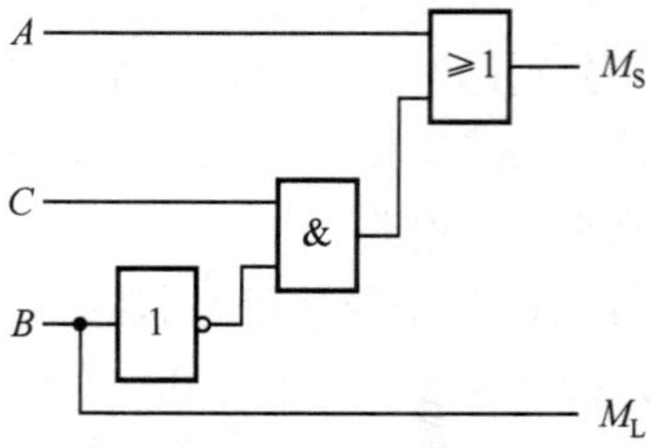

图 8-10　例 8-7 电路

8.2 常用组合逻辑电路介绍

编码器、译码器、加法器、数据选择器、数值比较器、数据分配器、函数发生器等电路是常用的组合逻辑电路，它们经常、大量地出现在各种数字系统中。为了使用方便，已经将这些逻辑电路制成了中、小规模集成电路产品。在设计大规模集成电路时，也经常调用这些模块，作为所设计电路的组成部分。下面分别介绍这些电路的工作原理及使用方法。

8.2.1 编码器

1. 什么是编码

一般地说，用文字、符号或者数字表示特定事物的过程都可以称为**编码**。例如，人一出生就要起名字，入学后被编上学号，运动员身上带的号码布等，都属于编码。而数字电路中的编码，是指用二进制代码表示不同的事物。能够实现编码功能的电路称为**编码器**（Encoder）。

n 位二进制代码可以组成 2^n 种不同的状态，也就可以表示 2^n 个不同的信息。若要对 N 个输入信息进行编码，需满足 $N \leqslant 2^n$，n 为二进制代码的位数，也即输入变量的个数。当 $N=2^n$ 时，是利用了 n 个输入变量的全部组合进行的编码，称为**全编码**，实现全编码的电路称为全编码器（或称二进制编码器）；当 $N<2^n$ 时，是利用了 n 个输入变量的部分状态进行的编码，称为部分编码。

2. 二进制编码器

二进制编码器也叫全编码器，其框图如图 8-11 所示。框图中，输入信号 $I_1, I_2, \cdots, I_{2^n}$ 为 2^n 个有待于编码的信息，输出信号 $Y_n, Y_{n-1}, \cdots, Y_1$ 为 n 位二进制代码，其中 Y_n 为代码的最高位，Y_1 为最低位。例如，当 $n=3$ 时，称为 3 位二进制编码器；当 $n=4$ 时，称为 4 位二进制编码器。

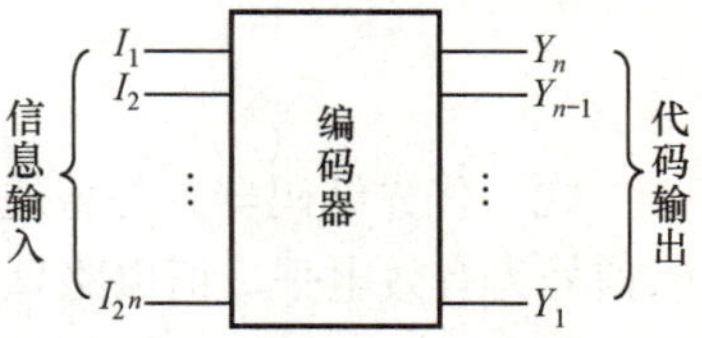

图 8-11 二进制编码器框图

对于编码器而言，在编码过程中，一次只能有一个输入信号被编码，被编码的信号必须输入的是有效电平。有效电平可能是高电平，也有可能是低电平，这与电路设计有关，不同编码器，其有效电平可能不同。例如，某个编码器的输入有效电平是高电平，表明只有当输入信号为高电平时才能被编码，而输入为低电平时不能被编码。对于输出的二进制代码来说，可能是原码，也可能是反码，这取决于电路设计中所选取的门电路的种类。例如，十进制数“9”的 8421BCD 原码是 **1001**，反码是 **0110**。

二进制编码器又分为普通编码器和优先编码器。

（1）普通编码器。以 3 位二进制普通编码器为例。表 8-8 是该编码器的真值表，由表可以看出：

表 8-8 3 位二进制普通编码器真值表

$\overline{I}_7$	$\overline{I}_6$	$\overline{I}_5$	$\overline{I}_4$	$\overline{I}_3$	$\overline{I}_2$	$\overline{I}_1$	$\overline{I}_0$	Y_2	Y_1	Y_0
0	**1**	**1**	**1**	**1**	**1**	**1**	**1**	**1**	**1**	**1**
1	**0**	**1**	**1**	**1**	**1**	**1**	**1**	**1**	**1**	**0**
1	**1**	**0**	**1**	**1**	**1**	**1**	**1**	**1**	**0**	**1**
1	**1**	**1**	**0**	**1**	**1**	**1**	**1**	**1**	**0**	**0**
1	**1**	**1**	**1**	**0**	**1**	**1**	**1**	**0**	**1**	**1**
1	**1**	**1**	**1**	**1**	**0**	**1**	**1**	**0**	**1**	**0**
1	**1**	**1**	**1**	**1**	**1**	**0**	**1**	**0**	**0**	**1**
1	**1**	**1**	**1**	**1**	**1**	**1**	**0**	**0**	**0**	**0**

① 由于输入信号为低电平有效，因此输入信号“I”上面带有非号；

② 由于信号之间互相排斥，即不允许有两个或两个以上输入信号同时为有效电平，因此这种普通编码器又称为**互斥编码器**。

③ 因为输出信号为原码，所以“Y”上面没有非号，这种二进制编码器又可称为 8-3 线（8/3 线）编码器。

根据真值表写出输出变量 Y_2、Y_1、Y_0 的表达式并整理得

$$Y_2 = \overline{\overline{I}_7 \cdot \overline{I}_6 \cdot \overline{I}_5 \cdot \overline{I}_4} \qquad Y_1 = \overline{\overline{I}_7 \cdot \overline{I}_6 \cdot \overline{I}_3 \cdot \overline{I}_2} \qquad Y_0 = \overline{\overline{I}_7 \cdot \overline{I}_5 \cdot \overline{I}_3 \cdot \overline{I}_1}$$

需要说明的是，表 8-8 所列实际是一个八变量的逻辑函数（理论上共有 2^8 种不同的取值组合）。由于任何时刻 I_0～I_7 中仅有一个取值为 **1**，即输入变量取值的组合仅有表中列出的 8 种状态，则输入变量为其他取值下输出等于 **1** 的那些最小项均为约束项，利用这些约束项通过化简即可得到上面 Y_2、Y_1、Y_0 的最简表达式。

由表达式画出逻辑电路图如图 8-12（a）所示，如图 8-12（b）是该 8-3 线互斥编码器的图形符号。

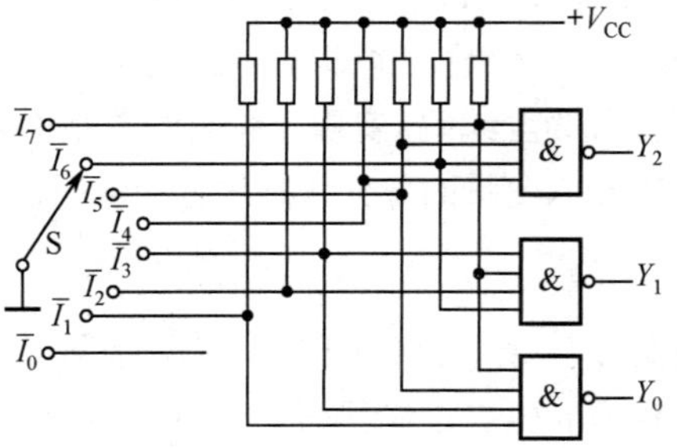

(a) 逻辑图

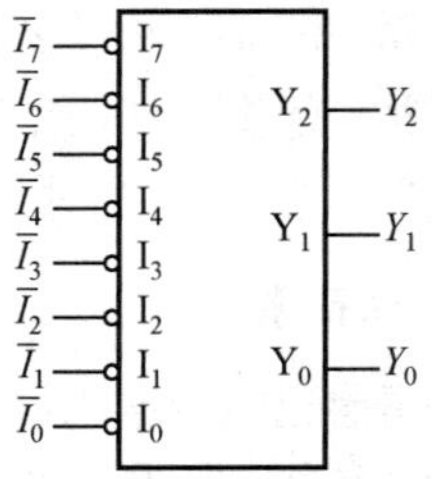

(b) 图形符号

图 8-12 8-3 线普通编码器

（2）优先编码器。与普通编码器不同，**优先编码器**（Priority Encoder）允许同时有几个输入信号为有效电平，但电路只能对其中优先级别最高的输入信号进行编码。

同样以 8-3 线优先编码器为例，设输入信号 I_7～I_0 为高电平有效（“I”上不带非号），输出为原码（Y_2、Y_1、Y_0 上也没有非号）。若输入信号的优先级别依次为 I_7、I_6、…、I_1、I_0，则可以得到表 8-9 所列的真值表（表中“×”表示取 **0** 取 **1** 均可）。显然，表中输入信号允许同时有多个为有效电平 **1**。

由表 8-9 可分别写出 Y_2、Y_1、Y_0 的表达式如下

$$Y_2 = I_7 + \overline{I}_7 I_6 + \overline{I}_7\overline{I}_6 I_5 + \overline{I}_7\overline{I}_6\overline{I}_5 I_4 = I_7 + I_6 + I_5 + I_4$$

$$Y_1 = I_7 + \overline{I}_7 I_6 + \overline{I}_7\overline{I}_6\overline{I}_5\overline{I}_4 I_3 + \overline{I}_7\overline{I}_6\overline{I}_5\overline{I}_4\overline{I}_3 I_2 = I_7 + I_6 + \overline{I}_5\overline{I}_4 I_3 + \overline{I}_5\overline{I}_4 I_2$$

$$Y_0 = I_7 + \overline{I}_7\overline{I}_6 I_5 + \overline{I}_7\overline{I}_6\overline{I}_5\overline{I}_4 I_3 + \overline{I}_7\overline{I}_6\overline{I}_5\overline{I}_4\overline{I}_3\overline{I}_2 I_1 = I_7 + \overline{I}_6 I_5 + \overline{I}_6\overline{I}_4 I_3 + \overline{I}_6\overline{I}_4\overline{I}_2 I_1$$

表 8-9 8-3 线优先编码器真值表

I_7	I_6	I_5	I_4	I_3	I_2	I_1	I_0	Y_2	Y_1	Y_0
1	×	×	×	×	×	×	×	**1**	**1**	**1**
0	**1**	×	×	×	×	×	×	**1**	**1**	**0**
0	**0**	**1**	×	×	×	×	×	**1**	**0**	**1**
0	**0**	**0**	**1**	×	×	×	×	**1**	**0**	**0**
0	**0**	**0**	**0**	**1**	×	×	×	**0**	**1**	**1**
0	**0**	**0**	**0**	**0**	**1**	×	×	**0**	**1**	**0**
0	**0**	**0**	**0**	**0**	**0**	**1**	×	**0**	**0**	**1**
0	**0**	**0**	**0**	**0**	**0**	**0**	**1**	**0**	**0**	**0**

若用**与或非**门实现且反码输出，即输出为$\overline{Y}_2$、$\overline{Y}_1$、$\overline{Y}_0$，则上面的式子可写成

$$\overline{Y}_2=\overline{I_7+I_6+I_5+I_4}$$

$$\overline{Y}_1=\overline{I_7+I_6+\overline{I}_5\overline{I}_4I_3+\overline{I}_5\overline{I}_4I_2}$$

$$\overline{Y}_0=\overline{I_7+\overline{I}_6I_5+\overline{I}_6\overline{I}_4I_3+\overline{I}_6\overline{I}_4\overline{I}_2I_1}$$

如果输入为低电平有效，即$\overline{I}_7\sim\overline{I}_0$以反变量输入，则根据$\overline{Y}_2$、$\overline{Y}_1$、$\overline{Y}_0$的表达式可画出 8-3 线优先编码器的逻辑图，如图 8-13 所示。特别地，当输入低电平有效时，常将反相器的“○”画在输入端，参见图 8-13 中的 $G_1\sim G_7$。另外注意，图中$\overline{I}_0$为隐含码，即当输入信号$\overline{I}_7\sim\overline{I}_1$均无输入时（即$\overline{I}_7\sim\overline{I}_1$均为**1**），此时，$\overline{Y}_2$、$\overline{Y}_1$、$\overline{Y}_0$均为**1**，此即$\overline{I}_0$的编码。

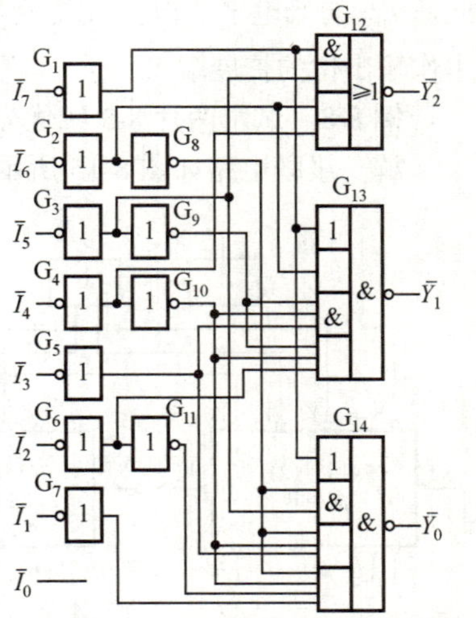

图 8-13　8-3 线优先编码器的逻辑图

（3）集成 8-3 线优先编码器。如图 8-14（a）所示是 TTL 集成 8-3 线优先编码器 74LS148 的引脚排列图，图 8-14（b）是其图形符号。在理论分析中多采用集成电路的图形符号，引脚排列图多用于实际连线中。74LS148 的逻辑功能如表 8-10 所列真值表。74LS148 除了具备表 8-9 所示的 8-3 线优先编码器的功能外，还增加了一些功能端$\overline{\mathrm{ST}}$、$\overline{Y}_\mathrm{S}$和$\overline{Y}_\mathrm{EX}$。

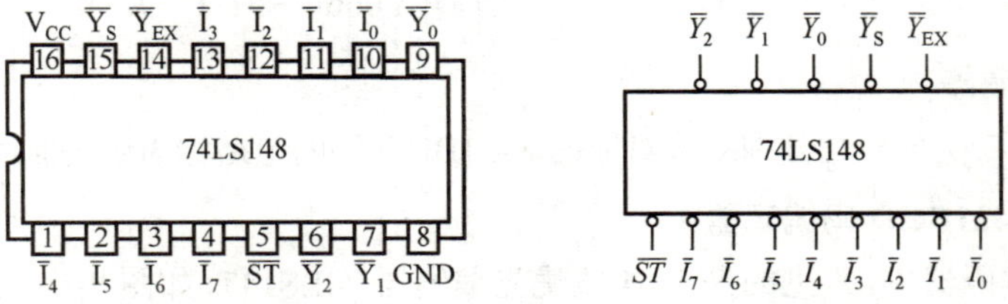

(a) 引脚排列图　　(b) 图形符号

图 8-14　8-3 线优先编码器 74LS148

表 8-10　74LS148 的功能表

输入									输出				
$\overline{\mathrm{ST}}$	$\overline{I}_7$	$\overline{I}_6$	$\overline{I}_5$	$\overline{I}_4$	$\overline{I}_3$	$\overline{I}_2$	$\overline{I}_1$	$\overline{I}_0$	$\overline{Y}_2$	$\overline{Y}_1$	$\overline{Y}_0$	$\overline{Y}_\mathrm{EX}$	$\overline{Y}_\mathrm{S}$
1	×	×	×	×	×	×	×	×	**1**	**1**	**1**	**1**	**1**
0	**1**	**1**	**1**	**1**	**1**	**1**	**1**	**1**	**1**	**1**	**1**	**1**	**0**
0	**0**	×	×	×	×	×	×	×	**0**	**0**	**0**	**0**	**1**
0	**1**	**0**	×	×	×	×	×	×	**0**	**0**	**1**	**0**	**1**
0	**1**	**1**	**0**	×	×	×	×	×	**0**	**1**	**0**	**0**	**1**
0	**1**	**1**	**1**	**0**	×	×	×	×	**0**	**1**	**1**	**0**	**1**
0	**1**	**1**	**1**	**1**	**0**	×	×	×	**1**	**0**	**0**	**0**	**1**
0	**1**	**1**	**1**	**1**	**1**	**0**	×	×	**1**	**0**	**1**	**0**	**1**
0	**1**	**1**	**1**	**1**	**1**	**1**	**0**	×	**1**	**1**	**0**	**0**	**1**
0	**1**	**1**	**1**	**1**	**1**	**1**	**1**	**0**	**1**	**1**	**1**	**0**	**1**

$\overline{\mathrm{ST}}$为使能端，也称选通输入端，低电平有效。即只有当$\overline{\mathrm{ST}}=\mathbf{0}$时，电路才处于正常工作状态，对输入信号进行编码；否则，当$\overline{\mathrm{ST}}=\mathbf{1}$时，编码被禁止，所有的输出端均被封锁在高电平。

$\overline{Y}_\mathrm{S}$和$\overline{Y}_\mathrm{EX}$分别称为选通输出端和扩展输出端，它们均用于多个编码器芯片的级联扩展。在

多个芯片级联应用时，将高位片的 $\overline{Y}_S$ 端与低位片的 $\overline{ST}$ 端连接起来，可以扩展编码器的功能。由表 8-10 可以看出，只有当所有编码输入都是无效电平高电平 **1** 时（即没有编码输入），而且 $\overline{ST}=\mathbf{0}$ 时，$\overline{Y}_S$ 才是低电平 **0**。因此，$\overline{Y}_S$ 的低电平输出信号表示“电路工作，但无编码输入”。而 $\overline{Y}_{EX}$ 的作用是，只要任何一个输入端有编码请求（即为有效电平 **0**），且 $\overline{ST}=\mathbf{0}$，$\overline{Y}_{EX}$ 即为低电平。因此，$\overline{Y}_{EX}$ 的低电平输出信号表示“电路工作，而且有编码输入”。$\overline{Y}_{EX}$ 在多个芯片级联应用时可用作输出位的扩展端。

例 8-8 试用两片 8-3 线优先编码器 74LS148 通过级联，接成 16-4 线编码器。

解 级联电路如图 8-15 所示。

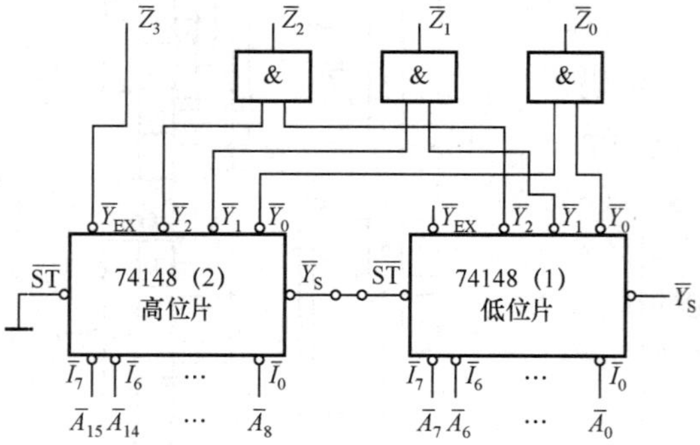

图 8-15 例 8-8 连线图

$\overline{A}_{15}\sim\overline{A}_0$ 是编码输入信号，低电平有效，$\overline{A}_{15}$ 优先级别最高，$\overline{A}_0$ 优先级别最低；$\overline{Z}_3\sim\overline{Z}_0$ 组成 4 位二进制反码作为输出信号。当高位片无编码输入而低位片有编码输入时（即 $\overline{A}_{15}\sim\overline{A}_8$ 全为 **1**，$\overline{A}_7\sim\overline{A}_0$ 中至少有一个为 **0** 时），高位片的 $\overline{Y}_S=\mathbf{0}$，低位片工作，$\overline{Z}_3=\mathbf{1}$，输出为 $\overline{A}_7\sim\overline{A}_0$ 的编码 **1000**～**1111**（反码）。当高位片有编码输入时（即 $\overline{A}_{15}\sim\overline{A}_8$ 中至少有一个为低电平时），高位片的 $\overline{Y}_S=\mathbf{1}$，低位片停止工作，$\overline{Z}_3=\mathbf{0}$，输出为 $\overline{A}_{15}\sim\overline{A}_8$ 的编码 **0000**～**0111**（反码）。

3．十进制编码器

将 10 个输入信号 $I_9\sim I_0$ 分别编成对应的 8421BCD 码的电路称为十进制编码器，也称为**二-十进制编码器**或 **8421BCD 码编码器**。

集成十进制编码器中，常见的是 10-4 线优先编码器 74LS147，如图 8-16（a）所示为 74LS147 的引脚排列图，如图 8-16（b）是它的图形符号。

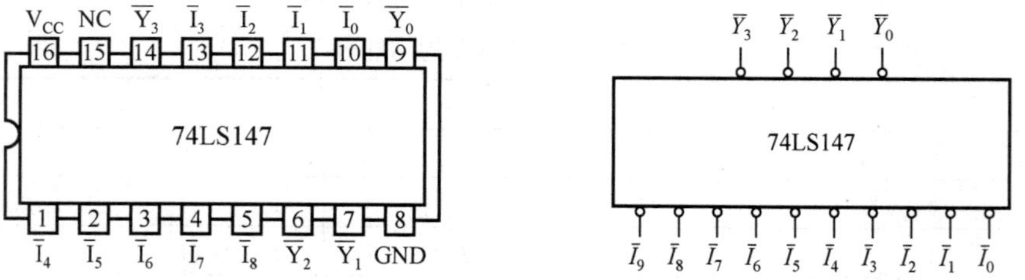

(a) 引脚排列图 (b) 图形符号

图 8-16 10-4 线优先编码器 74LS147

74LS147 的输入端为 $\overline{I}_0\sim\overline{I}_9$，低电平有效，优先权从 $\overline{I}_9$ 到 $\overline{I}_0$ 依次降低；输出端为 $\overline{Y}_3$、$\overline{Y}_2$、$\overline{Y}_1$、$\overline{Y}_0$，组成 4 位 8421BCD 码，$\overline{Y}_3$ 为最高位，$\overline{Y}_0$ 为最低位，且输出为反码。

例 8-9 某医院有一、二、三、四号病室，每室设有呼叫按钮，同时在护士值班室内对应装有一、二、三、四号指示灯。现在的情况是，四个病室的按钮可以同时按下，但值班室一次只有一盏灯亮，一号病室的优先权最高，四号病室的优先权最低。试用优先编码器 74LS148 和门电路设计满足上述要求的控制电路。

解 选取输入变量 B_1、B_2、B_3、B_4 分别表示一、二、三、四号病室的按钮，按下时变量为 **0**，否则为 **1**，即输入为低电平有效。用输出变量 L_1、L_2、L_3、L_4 分别表示一、二、三、四号指示灯，

变量为 **0** 表示灯亮，为 **1** 表示灯灭。因只需控制 4 盏灯，故用两位输出即可。本设计可选用 74LS148 的低 4 位输入端 $\overline{I}_0 \sim \overline{I}_3$ 和低二位输出端 $\overline{Y}_1$、$\overline{Y}_0$。控制电路的功能可用表 8-11 来描述。

表 8-11　例 8-9 控制功能真值表

$B_1(\overline{I}_3)$	$B_2(\overline{I}_2)$	$B_3(\overline{I}_1)$	$B_4(\overline{I}_0)$	$\overline{Y}_1$	$\overline{Y}_0$	L_1	L_2	L_3	L_4
0	×	×	×	**0**	**0**	**0**	**1**	**1**	**1**
1	**0**	×	×	**0**	**1**	**1**	**0**	**1**	**1**
1	**1**	**0**	×	**1**	**0**	**1**	**1**	**0**	**1**
1	**1**	**1**	**0**	**1**	**1**	**1**	**1**	**1**	**0**

由真值表可得 $L_1 \sim L_4$ 的表达式为

$$L_1 = \overline{\overline{Y}_1 \overline{Y}_0} \qquad L_2 = \overline{\overline{Y}_1 \overline{\overline{Y}_0}} \qquad L_3 = \overline{\overline{\overline{Y}_1} \overline{Y}_0} \qquad L_4 = \overline{\overline{\overline{Y}_1}\,\overline{\overline{Y}_0}}$$

由表达式画出控制电路如图 8-17 所示。

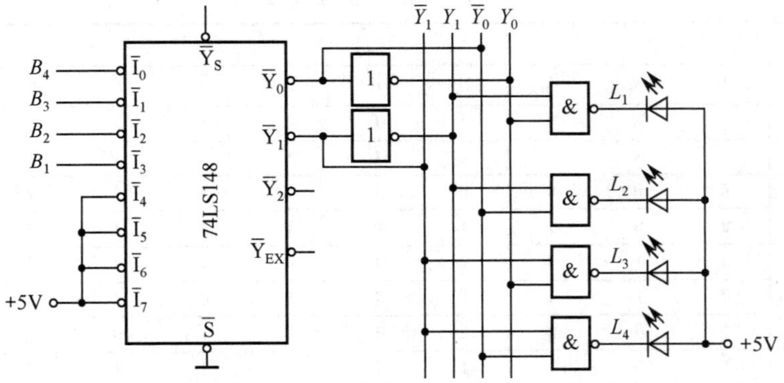

图 8-17　例 8-9 电路图

8.2.2　译码器

1．什么是译码

译码是指将输入的二进制代码译成对应的输出高、低电平信号或另外一个代码的过程。能够实现译码功能的电路称为**译码器**（Decoder）。译码是编码的逆过程。

编码器是将 N 个输入信号用 n 变量的不同二进制组合表示出来，而译码器则是将输入的 n 变量的不同二进制组合所表示的状态，以输出高电平或低电平的形式一一反映出来。若译码器有 n 个输入信号，N 个输出信号，则应有 $N \leqslant 2^n$。当 $N = 2^n$ 时，称为**全译码器**，也叫二进制译码器；当 $N < 2^n$ 时，称为部分译码器。

常用的译码器有二进制译码器、十进制译码器和显示译码器。

2．二进制译码器

图 8-18 是**二进制译码器**的框图。图中 $A_1 \sim A_n$ 是 n 个输入信号，组成 n 位二进制代码，A_n 是代码的最高位，A_1 是代码的最低位，代码可能是原码，也可能是反码，若为反码，则“A”字母上面要带**非**号；$Y_1 \sim Y_{2^n}$ 是输出信号，可能是高电平有效，也可能是低电平有效，若为低电平有效，则“Y”字母上要带**非**号。

图 8-19 是集成 3-8 线译码器 74LS138 的逻辑图和引脚排列图，其逻辑功能如表 8-12 所列。

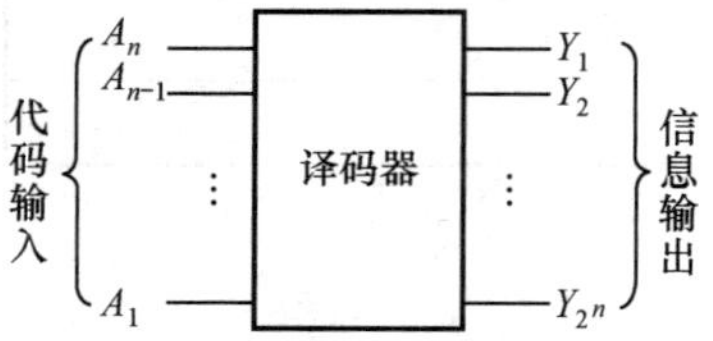

图 8-18　二进制译码器框图

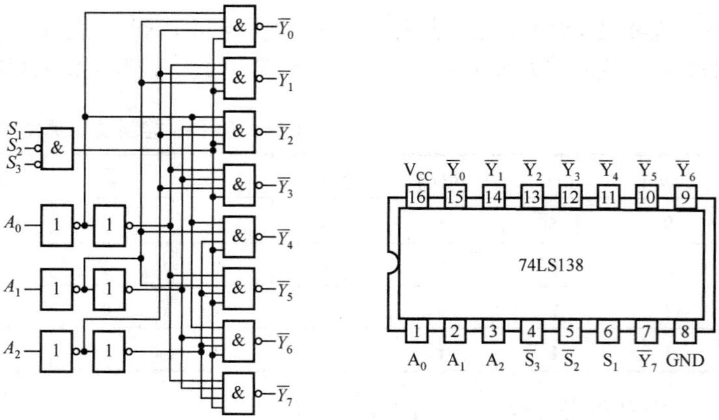

(a) 逻辑图　　(b) 引脚排列图

图 8-19　3-8 线译码器 74LS138 的逻辑图和引脚排列图

表 8-12　74LS138 的功能表

输入					输出							
S_1	$\overline{S_2}+\overline{S_3}$	A_2	A_1	A_0	$\overline{Y_0}$	$\overline{Y_1}$	$\overline{Y_2}$	$\overline{Y_3}$	$\overline{Y_4}$	$\overline{Y_5}$	$\overline{Y_6}$	$\overline{Y_7}$
0	×	×	×	×	**1**	**1**	**1**	**1**	**1**	**1**	**1**	**1**
×	**1**	×	×	×	**1**	**1**	**1**	**1**	**1**	**1**	**1**	**1**
1	**0**	**0**	**0**	**0**	**0**	**1**	**1**	**1**	**1**	**1**	**1**	**1**
1	**0**	**0**	**0**	**1**	**1**	**0**	**1**	**1**	**1**	**1**	**1**	**1**
1	**0**	**0**	**1**	**0**	**1**	**1**	**0**	**1**	**1**	**1**	**1**	**1**
1	**0**	**0**	**1**	**1**	**1**	**1**	**1**	**0**	**1**	**1**	**1**	**1**
1	**0**	**1**	**0**	**0**	**1**	**1**	**1**	**1**	**0**	**1**	**1**	**1**
1	**0**	**1**	**0**	**1**	**1**	**1**	**1**	**1**	**1**	**0**	**1**	**1**
1	**0**	**1**	**1**	**0**	**1**	**1**	**1**	**1**	**1**	**1**	**0**	**1**
1	**0**	**1**	**1**	**1**	**1**	**1**	**1**	**1**	**1**	**1**	**1**	**0**

由 74LS138 的功能表可以看出，其输入的三位代码为原码，A_2 是代码最高位，A_0 是代码最低位；输出为低电平有效。74LS138 有三个附加的控制端 S_1、$\overline{S_2}$、$\overline{S_3}$，也叫使能端。只有当 S_1= **1** 且 $\overline{S_2}=\overline{S_3}=\mathbf{0}$ 时，译码器才工作，对应于输入代码 $A_2A_1A_0$ 的某一种取值组合，某一个输出端输出有效电平 **0**；否则，译码器被禁止，所有的输出端被封锁在高电平。这三个控制端也称为“片选”输入端，利用片选的作用可以将多片级联起来以实现译码器的功能扩展。

74LS138 的功能表显示，在译码器正常工作时，某一时刻一定只有一个输出为有效电平，且满足 $\overline{Y_i}=\overline{m_i}$（$i=0,1,2,\cdots,7$），$m_i$ 为最小项。这一特点是全译码器所共有的。由于任何一个组合逻辑函数，都有唯一的最小项之和表达式与之对应，因此，我们可以用集成译码器实现组合逻辑函数。

例 8-10　用集成译码器并辅以适当门电路实现下列组合逻辑函数

$$Y=\overline{A}\,\overline{B}+AB+\overline{B}C$$

解　要实现的是一个 3 变量的逻辑函数，因此应选用 3-8 线译码器，用 74LS138。

（1）将所给表达式化成最小项之和形式

$$Y=\overline{A}\,\overline{B}+AB+\overline{B}C=\overline{A}\,\overline{B}\,\overline{C}+\overline{A}\,\overline{B}C+AB\overline{C}+ABC$$
$$=m_0+m_1+m_5+m_6+m_7$$

（2）确定译码器输入端的逻辑变量，可令 $A_2A_1A_0=ABC$。

（3）写出译码器输出信号逻辑表达式，即 $\overline{Y_i}=\overline{m_i}$。

（4）把逻辑函数 Y 的最小项之和形式与译码器输出信号逻辑表达式进行比较可得

$$Y = m_0 + m_1 + m_5 + m_6 + m_7 = \overline{\overline{m_0}\,\overline{m_1}\,\overline{m_5}\,\overline{m_6}\,\overline{m_7}} = \overline{\overline{Y_0}\,\overline{Y_1}\,\overline{Y_5}\,\overline{Y_6}\,\overline{Y_7}}$$

（5）由表达式可知，需外接**与非**门作为辅助门，画出逻辑图如图 8-20 所示。

例 8-11　设 X、Z 均为 3 位二进制数，X 为输入，Z 为输出，要求二者之间有下述关系：当 $3 \leqslant X \leqslant 6$ 时，$Z = X+1$；当 $X < 3$ 时，$Z = 0$；当 $X > 6$ 时，$Z = 3$。试用一片 3-8 线译码器和适当门电路构成实现上述要求的逻辑电路。

解　（1）按题意列出真值表，如表 8-13 所示。

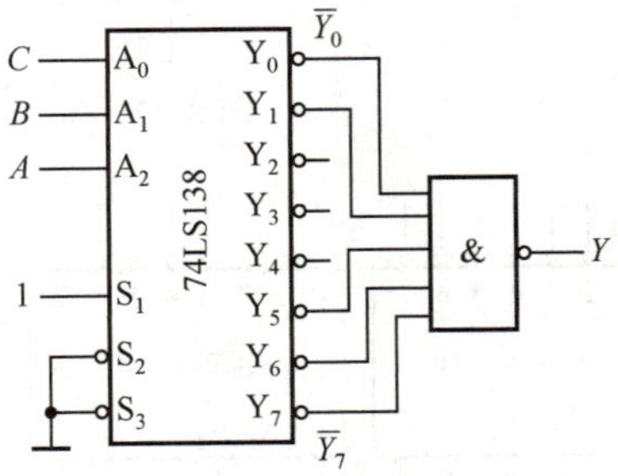

图 8-20　例 8-10 连线图

表 8-13　例 8-11 真值表

X_2	X_1	X_0	Z_2	Z_1	Z_0
0	0	0	0	0	0
0	0	1	0	0	0
0	1	0	0	0	0
0	1	1	1	0	0
1	0	0	1	0	1
1	0	1	1	1	0
1	1	0	1	1	1
1	1	1	0	1	1

（2）由真值表写出输出变量 Z 的表达式并化成最小项之和形式

$$Z_2 = \overline{X_2}X_1X_0 + X_2\overline{X_1}\cdot\overline{X_0} + X_2\overline{X_1}X_0 + X_2X_1\overline{X_0} = m_3 + m_4 + m_5 + m_6$$

$$Z_1 = X_2\overline{X_1}X_0 + X_2X_1\overline{X_0} + X_2X_1X_0 = m_5 + m_6 + m_7$$

$$Z_2 = X_2\overline{X_1}\cdot\overline{X_0} + X_2X_1\overline{X_0} + X_2X_1X_0 = m_4 + m_6 + m_7$$

（3）确定译码器输入端的逻辑变量，可令 $A_2A_1A_0 = X_2X_1X_0$。

（4）写出译码器输出信号的逻辑表达式，即 $\overline{Y}_i = \overline{m}_i$。

（5）把 Z_2、Z_1、Z_0 的最小项之和形式与译码器输出信号逻辑表达式进行比较可得

$$Z_2 = m_3 + m_4 + m_5 + m_6 = \overline{\overline{m_3}\cdot\overline{m_4}\cdot\overline{m_5}\cdot\overline{m_6}} = \overline{\overline{Y_3}\cdot\overline{Y_4}\cdot\overline{Y_5}\cdot\overline{Y_6}}$$

$$Z_1 = m_5 + m_6 + m_7 = \overline{\overline{m_5}\cdot\overline{m_6}\cdot\overline{m_7}} = \overline{\overline{Y_5}\cdot\overline{Y_6}\cdot\overline{Y_7}}$$

$$Z_0 = m_4 + m_6 + m_7 = \overline{\overline{m_4}\cdot\overline{m_6}\cdot\overline{m_7}} = \overline{\overline{Y_4}\cdot\overline{Y_6}\cdot\overline{Y_7}}$$

（6）画出逻辑图如图 8-21 所示。

例 8-12　试用两片 3-8 线译码器 74LS138 通过有效级联，构成 4-16 线译码器。

解　级联图如图 8-22 所示。其中 $D_3D_2D_1D_0$ 为 4 位代码输入端，D_3 是最高位，当 $D_3 = \mathbf{0}$ 时，译码器（Ⅰ）工作，$D_3 = \mathbf{1}$ 时，译码器（Ⅱ）工作。因此，可用 D_3 作为选通信号，分别控制两个译码器轮流工作。

如图 8-23 所示是用 5 片 74LS138 组成的译码电路，能对 5 位二进制代码 $A_4A_3A_2A_1A_0$ 进行译码。由于对 5 位二进制代码进行译码，因此译码电路需要有 32 路输出。用 74LS138 组成 5-32 线译码器，需要用 5 片 74LS138 组成两级译码电路。用 1 片作为输入级，输入级一方面实现输入扩展，此外还起片选作用。用 4 片 74LS138 作为输出级，实现 32 路输出。由图 8-23 可见，当使能端 $\overline{\mathrm{ST}} = \mathbf{1}$ 时，5 片 74LS138 全被禁止，其输出均为高电平。当 $\overline{\mathrm{ST}} = \mathbf{0}$ 时，各片译码器工作。

74LS138 还是计算机微处理器电路中最常用的地址译码器。典型的 8 位微处理器 Intel8085A 或 Motorola 6809 有 16 根地址线（A_0～A_{15}），微处理器通过地址线 A_0～A_{15} 确定存储器的存储单元或外部设备，以达到交换数据的目的。

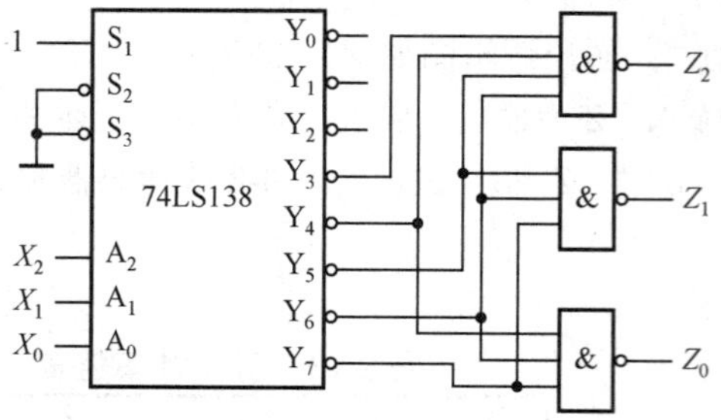

图 8-21　例 8-11 连线图

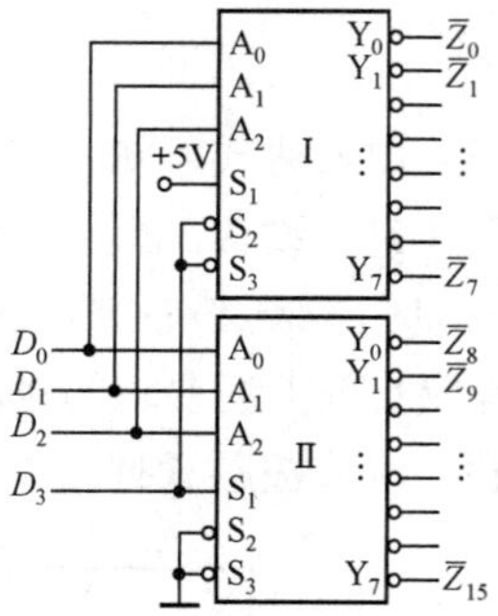

图 8-22　例 8-12 连线图

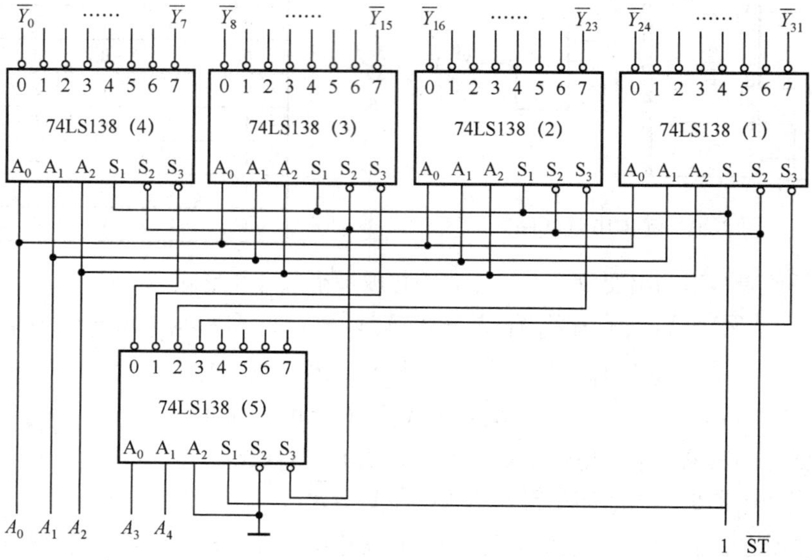

图 8-23　5 片 74LS138 级联扩展成 5/32 线译码器的连线图

3．十进制译码器

将 8421BCD 码翻译成 10 个对应的十进制数码的电路称为十进制译码器，也叫**二-十进制译码器**，它属于 4-10 线译码器。

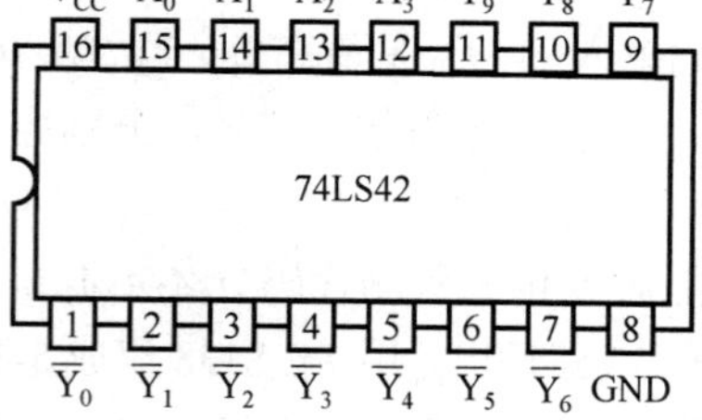

图 8-24　十进制译码器 74LS42 的引脚排列图

如图 8-24 所示是集成 4-10 线译码器 74LS42 的引脚排列图。它的输入为 4 位二进制代码 $A_3A_2A_1A_0$，A_3 为最高位，A_0 为最低位，并且是原码输入；输出信号是 $\overline{Y}_0\sim\overline{Y}_9$，共 10 个信号输出端，低电平有效。74LS42 在译码状态下，其输入代码 $A_3A_2A_1A_0$ 是从 **0000～1001** 的 10 个 8421BCD 码，而对于这 10 个代码以外的伪码（**1010～1111** 共 6 个代码），$\overline{Y}_0\sim\overline{Y}_9$ 均无低电平信号产生，译码器拒绝“翻译”，所以 74LS42 具有拒绝伪码的功能。

4．显示译码器

在实际中，被译出的信号经常需要直观地显示出来，这就需要显示译码器。显示译码器通常由译码电路、驱动电路和显示器等组成。常用的显示译码器将译码电路与驱动电路合于一身。

（1）显示器。在数字系统中，广泛使用七段字符显示器，或称七段数码管显示器。常用的七段显示器有半导体数码管显示器（LED）和液晶显示器（LCD），这里仅介绍半导体七段显示器。

图 8-25 是七段显示器的示意图，它由 a ～g 共 7 个光段组成，每个光段都是一个发光二极管 LED。根据需要，可让其中的某些段发光，即可显示出数字 0～15，如图 8-26 所示。

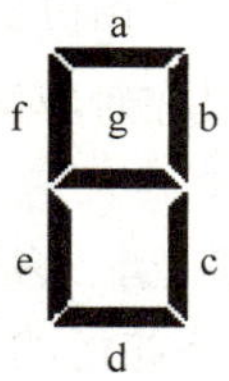

图 8-25　七段显示器

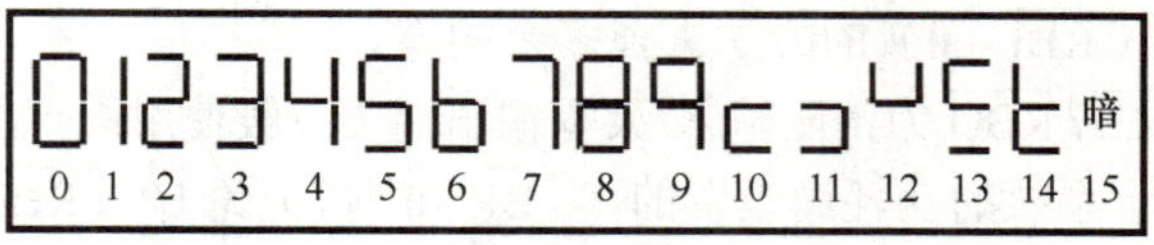

图 8-26　字符显示

七段显示器分共阴极接法和共阳极接法，分别如图 8-27（a）和（b）所示。当共阴极接法时，若需某段发光，则需使该段（a，b，…，g）为高电平；当共阳极接法时，若需某段发光，则需使该段（a，b，…，g）为低电平。

（2）集成 4 线-七段显示译码器。4 线-七段集成显示译码器 74LS247 的输入是 8421BCD 码 $A_3A_2A_1A_0$，并且是原码；输出是 $\overline{Y}_a$、$\overline{Y}_b$、$\overline{Y}_c$、$\overline{Y}_d$、$\overline{Y}_e$、$\overline{Y}_f$、$\overline{Y}_g$，低电平有效，它要与共阳极接法的显示器配合使用。表 8-14 和图 8-28 分别是 74LS247 的功能表和引脚排列图。下面对其中的几个功能端进行简要介绍。

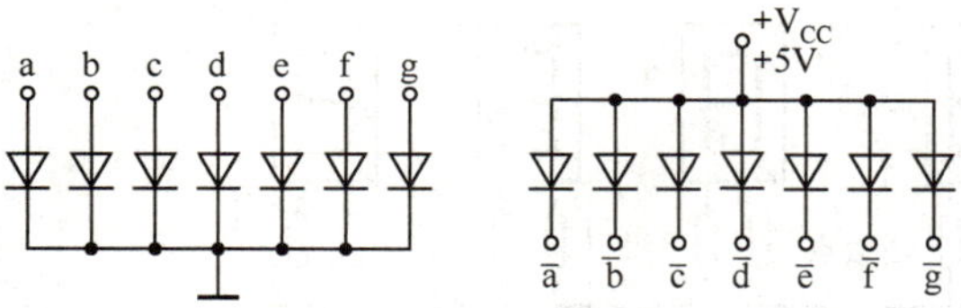

（a）共阴极接法　（b）共阳极接法

图 8-27　发光二极管的接法

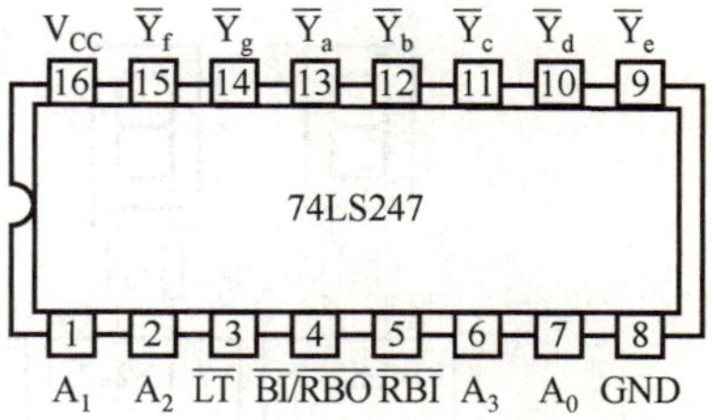

图 8-28　74LS247 引脚排列图

表 8-14　74LS247 功能表

输　入							输　出							字　形
$\overline{LT}$	$\overline{RBI}$	A_3	A_2	A_1	A_0	$\overline{BI}/\overline{RBO}$	$\overline{Y}_a$	$\overline{Y}_b$	$\overline{Y}_c$	$\overline{Y}_d$	$\overline{Y}_e$	$\overline{Y}_f$	$\overline{Y}_g$	
1	1	0	0	0	0	1	0	0	0	0	0	0	1	0
1	×	0	0	0	1	1	1	0	0	1	1	1	1	1
1	×	0	0	1	0	1	0	0	1	0	0	1	0	2
1	×	0	0	1	1	1	0	0	0	0	1	1	0	3
1	×	0	1	0	0	1	1	0	0	1	1	0	0	4
1	×	0	1	0	1	1	0	1	0	0	1	0	0	5
1	×	0	1	1	0	1	1	1	0	0	0	0	0	6
1	×	0	1	1	1	1	0	0	0	1	1	1	1	7
1	×	1	0	0	0	1	0	0	0	0	0	0	0	8
1	×	1	0	0	1	1	0	0	0	1	1	0	0	9
1	×	1	0	1	0	1	1	1	1	0	0	1	0	⊏
1	×	1	0	1	1	1	1	0	0	0	1	1	0	⊐
1	×	1	1	0	0	1	1	0	1	1	1	0	0	⊔
1	×	1	1	0	1	1	0	1	1	0	1	0	0	⊆
1	×	1	1	1	0	1	1	1	1	0	0	0	0	⊨
1	×	1	1	1	1	1	1	1	1	1	1	1	1	全灭
×	×	×	×	×	×	0	1	1	1	1	1	1	1	全灭
1	0	0	0	0	0	0	1	1	1	1	1	1	1	全灭
0	×	×	×	×	×	1	0	0	0	0	0	0	0	全点燃

$\overline{\text{LT}}$ 为灯测试输入端，低电平有效。当 $\overline{\text{LT}}=\mathbf{0}$ 时，无论 A_3～A_0 为何种输入组合，$\overline{Y}_a$～$\overline{Y}_g$ 的状态均为 **0**，七段数码管全部发光，用以检查七段显示器各字段是否能正常发光。

$\overline{\text{RBI}}$ 为灭零输入端，当 $\overline{\text{RBI}}=\mathbf{0}$ 时，若 $A_3A_2A_1A_0=\mathbf{0000}$，则所有光段均灭，用以熄灭不必要的零，以提高视读的清晰度。例如 03.20，前后的两个零是多余的，可以通过在对应位加灭零信号（$\overline{\text{RBI}}=\mathbf{0}$）的方法去掉多余的零。

$\overline{\text{BI}}/\overline{\text{RBO}}$ 为消隐输入/灭零输出端（一般使用同一个引脚）。$\overline{\text{BI}}$ 为消隐输入端，它是为了降低显示系统的功耗而设置的，当 $\overline{\text{BI}}=\mathbf{0}$ 时，无论 $\overline{\text{LT}}$、$\overline{\text{RBI}}$ 及数码输入 A_3～A_0 状态如何，输出 $\overline{Y}_a$～$\overline{Y}_g$ 状态均为 **1**，七段数码管全灭，不显示数字；当 $\overline{\text{BI}}=\mathbf{1}$ 时，显示译码器正常工作。正常显示情况下，$\overline{\text{BI}}$ 必须接高电平或开路，$\overline{\text{BI}}$ 是级别最高的控制信号。

$\overline{\text{RBO}}$ 为灭零输出端，它主要用作灭零指示，当该片输入 $A_3A_2A_1A_0=\mathbf{0000}$ 并熄灭时，$\overline{\text{RBO}}=\mathbf{0}$，将其引向低位片的灭零输入 $\overline{\text{RBI}}$ 端，允许低一位灭零。反之，$\overline{\text{RBO}}=\mathbf{1}$，说明本位处于显示状态，就不允许低一位灭零。

将灭零输入端 $\overline{\text{RBI}}$ 和灭零输出端 $\overline{\text{RBO}}$ 配合使用，即可实现多位十进制数码显示系统的整数前和小数后的灭零控制。图 8-29 所示为灭零控制的连接方法，其整数部分是将高位的 $\overline{\text{RBO}}$ 与后一位的 $\overline{\text{RBI}}$ 相连，而小数部分是将低位的 $\overline{\text{RBO}}$ 与前一位的 $\overline{\text{RBI}}$ 相连。

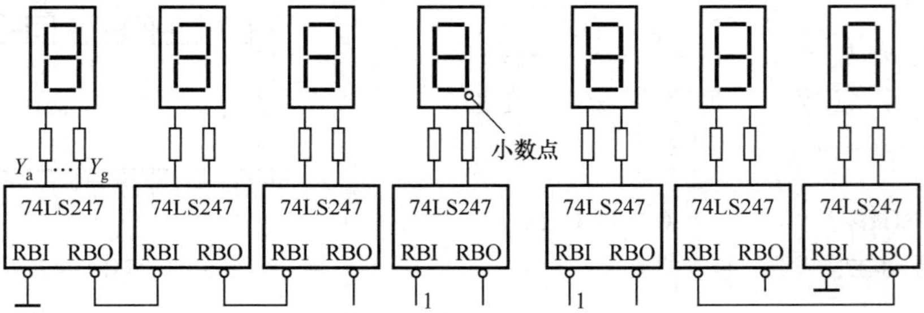

图 8-29　有灭零功能的数码显示系统

在如图 8-29 所示电路的整数显示部分中，最高位译码器的 $\overline{\text{RBI}}$ 接地，$\overline{\text{RBI}}$ 端始终处于有效电平，一旦此位的输入为 **0**，就将进行灭零操作，并通过 $\overline{\text{RBO}}$ 端将灭零输出的低电平向后一位传递，开启后一位的灭零功能。同样，在小数显示部分，最低位译码器的灭零输入端 $\overline{\text{RBI}}$ 端始终处于有效电平，一旦此位的输入为 **0**，就将进行灭零操作，并通过 $\overline{\text{RBO}}$ 将灭零输出的低电平向前传递，开启前一位的灭零功能。依此方法，就可把整数前和小数后的多余的零灭掉。例如，若 7 位数为 0042.300，则显示 42.3；若为 9113.101，则显示 9113.101；若为 0513.072，则显示 513.072；若为 6103.140，则显示 6103.14。

8.2.3　加法器

在数字电路中，常需要进行加、减、乘、除等算术运算，而减法和乘、除运算均可转化为若干步加法运算来实现。因此，加法器是构成算术运算的基本单元。

1．半加器和全加器

加法器分**半加器**和**全加器**。所谓半加，是指两个 1 位二进制数相加，没有低位来的进位的加法运算，实现半加运算的电路称半加器。全加是指两个同位的加数和来自低位的进位 3 个数相加的运算，实现全加的电路叫全加器。例如，两个 4 位二进制数 $A=A_3A_2A_1A_0=\mathbf{1011}$，$B=B_3B_2B_1B_0=\mathbf{1110}$ 相加，A、B 两数的最低位（最右边一位）进行的是半加运算，即只有 A_0 和 B_0 两个数相加，没有低位来的进位；而高三位都是带进位的加法运算，都是三个数相加，是全加运算。

半加器和全加器的逻辑符号分别如图 8-30（a）、（b）所示。

若用 A_i 、B_i 表示 A、B 两个数的第 i 位，用 C_{i-1} 表示来自低位的进位，用 S_i 表示全加和，用 C_i 表示送给高位（第 $i+1$ 位）的进位，那么根据全加运算的规则便可以列出全加器的真值表，如表 8-15 所列。

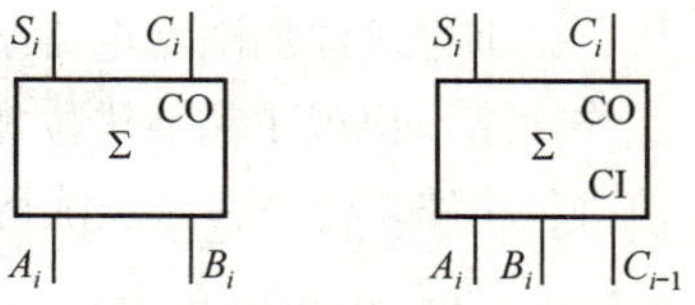

（a）半加器　（b）全加器

图 8-30　加法器的图形符号

根据真值表可得

$$S_i = \overline{A}_i\overline{B}_iC_{i-1} + \overline{A}_iB_i\overline{C}_{i-1} + A_i\overline{B}_i\overline{C}_{i-1} + A_iB_iC_{i-1}$$

$$C_i = \overline{A}_iB_iC_{i-1} + A_i\overline{B}_iC_i + A_iB_i\overline{C}_{i-1} + A_iB_iC_{i-1} = A_iB_i + A_iC_{i-1} + B_iC_{i-1}$$

表 8-15　全加器的真值表

A_i	B_i	C_{i-1}	S_i	C_i	A_i	B_i	C_{i-1}	S_i	C_i
0	0	0	0	0	1	0	0	1	0
0	0	1	1	0	1	0	1	0	1
0	1	0	1	0	1	1	0	0	1
0	1	1	0	1	1	1	1	1	1

若用**与**门、**或**门实现，则可根据上述 S_i 和 C_i 的表达式直接画出如图 8-31 所示的逻辑电路图。

若要用**与或非**门实现，则需先求出 $\overline{S}_i$ 和 $\overline{C}_i$ 的最简**与或**表达式，再取反得到最简**与或非**表达式，然后画出逻辑电路图。在表 8-15 中，合并函数值为 **0** 的项并化简即可得到 $\overline{S}_i$ 和 $\overline{C}_i$ 的最简**与或**表达式

$$\overline{S}_i = \overline{A}_i\overline{B}_i\overline{C}_{i-1} + \overline{A}_iB_iC_{i-1} + A_iB_i\overline{C}_{i-1} + A_i\overline{B}_iC_{i-1}$$

$$\overline{C}_i = \overline{A}_i\overline{B}_i + \overline{A}_i\overline{C}_{i-1} + \overline{B}_i\overline{C}_{i-1}$$

再取反后，得

$$S_i = \overline{\overline{A}_i\overline{B}_i\overline{C}_{i-1} + \overline{A}_iB_iC_{i-1} + A_iB_i\overline{C}_{i-1} + A_i\overline{B}_iC_{i-1}}$$

$$C_i = \overline{\overline{A}_i\overline{B}_i + \overline{A}_i\overline{C}_{i-1} + \overline{B}_i\overline{C}_{i-1}}$$

用**与或非**门实现的逻辑电路图如图 8-32 所示。

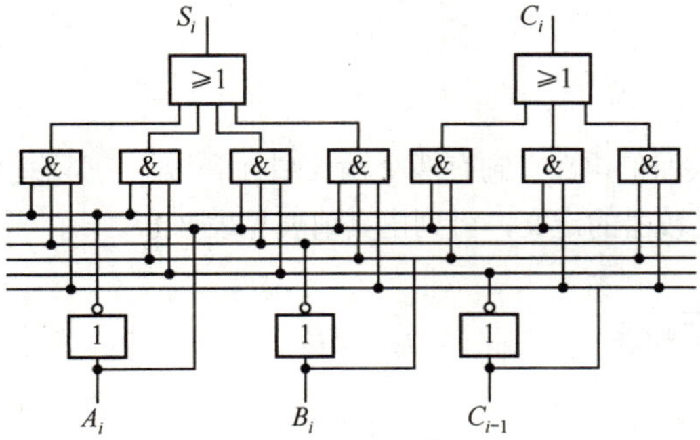

图 8-31　用与门、或门构成的全加器

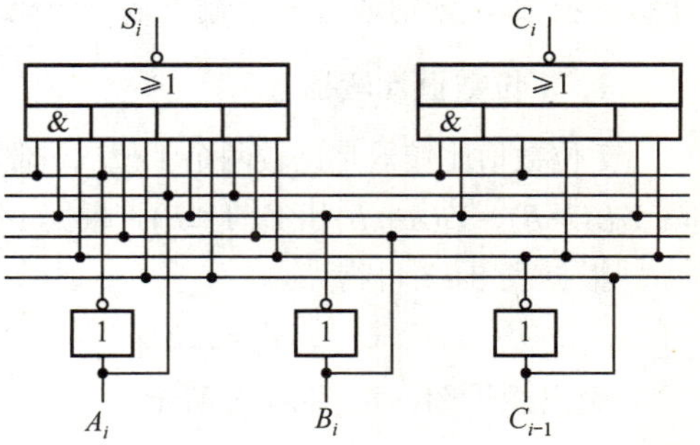

图 8-32　用与或非门和非门构成的全加器

2．集成全加器及其应用

74H183、74LS183 是集成双全加器，它是在 1 个芯片中封装了两个功能相同且相互独立的全加器，功能表同表 8-15，引脚排列图如图 8-33 所示，图中“NC”表示没有用的“空引脚”。

把 4 个全加器（例如两片 74LS183）依次级联起来，便可构成 4 位串行进位加法器，如图 8-34

所示。串行进位加法器电路结构简单，工作过程的分析一目了然，但工作速度较低。为了提高工作速度，出现了超前进位加法器。超强进位加法器除含有求和电路之外，在内部还增加了超前进位电路，使之在做加法运算的同时，快速求出向高位的进位，因此，该电路运算速度较快。

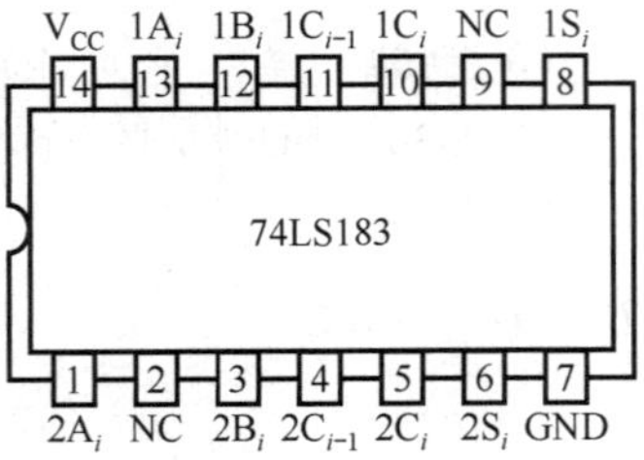

图 8-33　全加器 74LS183 的引脚排列图

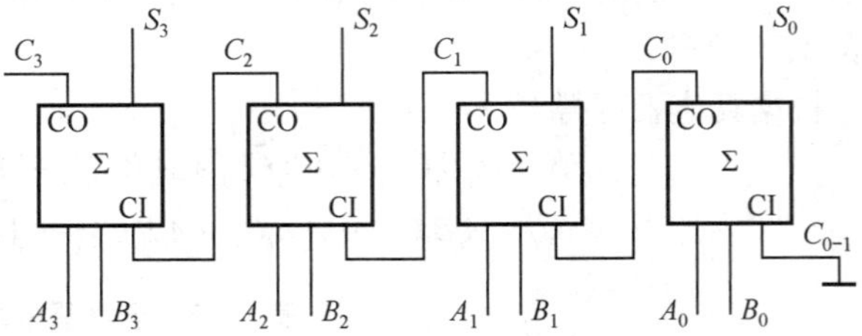

图 8-34　4 位串行进位加法器

与加法器类似，减法器也有半减器和全减器之分。表 8-16（a）、（b）分别是半减器和全减器的真值表，参照前面对全加器的讨论，读者可自行设计出半减器和全减器的逻辑电路图。

表 8-16（a）　半减器的真值表

被减数 A	减数 B	差 D	向高位的借位 V
0	0	0	0
0	1	1	1
1	0	1	0
1	1	0	0

表 8-16（b）　全减器的真值表

被减数 A	减数 B	来自低位的借位 C	差 D	向高位的借位 V
0	0	0	0	0
0	0	1	1	1
0	1	0	1	1
0	1	1	0	1
1	0	0	1	0
1	0	1	0	0
1	1	0	0	0
1	1	1	1	1

8.2.4　数值比较器

比较两个二进制数 A 和 B 大小关系的电路称为数值比较器。比较的结果有三种情况：$A>B$、$A=B$、$A<B$，分别通过三个输出端给予指示。

1．1 位数值比较器

1 位数值比较器是比较两个 1 位二进制数大小关系的电路。它有两个输入端 A 和 B，三个输出端 $Y_0(A>B)$、$Y_1(A=B)$和 $Y_2(A<B)$。根据 1 位数值比较器的定义，可列出真值表见表 8-17。

根据表 8-17 可得

$$Y_0 = A\overline{B}\,,\qquad Y_1 = \overline{A}\,\overline{B}+AB\,,\qquad Y_2 = \overline{A}B$$

画出逻辑图，如图 8-35 所示。

表 8-17　1 位数值比较器的真值表

A	B	$Y_0(A>B)$	$Y_1(A=B)$	$Y_2(A<B)$
0	0	0	1	0
0	1	0	0	1
1	0	1	0	0
1	1	0	1	0

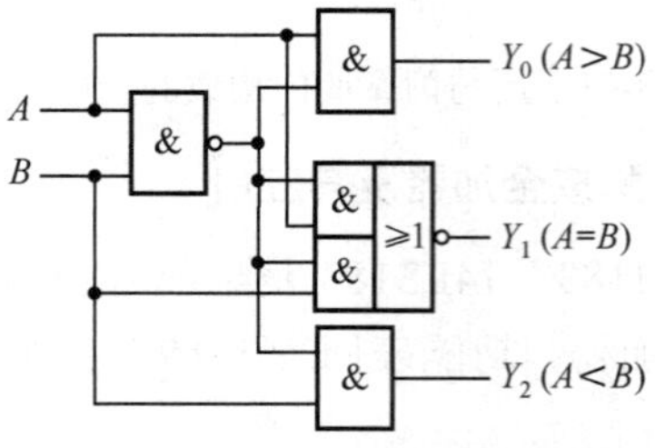

图 8-35　1 位数值比较器逻辑图

2．4 位数值比较器

4 位数值比较器是比较两个 4 位二进制数大小关系的电路，一般由 4 个 1 位数值比较器组合而成。输入是两个相比较的 4 位二进制数 $A = A_3A_2A_1A_0$、$B = B_3B_2B_1B_0$，输出同 1 位数值比较器，也是 3 个输出端。其真值表如表 8-18 所列。由真值表可以看出：

（1）4 位数值比较器实现比较运算是依照“高位数大则该数大，高位数小则该数小，高位相等看低位”的原则，从高位到低位依次进行比较而得到的；

（2）$I_{(A>B)}$、$I_{(A=B)}$、$I_{(A<B)}$是级联输入端，应用级联输入端可以扩展比较器的位数，方法是将低位片的输出 $Y_{(A>B)}$、$Y_{(A=B)}$和 $Y_{(A<B)}$分别与高位片的级联输入端 $I_{(A>B)}$、$I_{(A=B)}$、$I_{(A<B)}$相连。不难理解，只有当高位数相等，低 4 位比较的结果才对输出起决定性的作用。

表 8-18　4 位数值比较器的真值表

比较输入				级联输入			输出		
A_3　B_3	A_2　B_2	A_1　B_1	A_0　B_0	$I_{(A<B)}$	$I_{(A=B)}$	$I_{(A>B)}$	$Y_{(A<B)}$	$Y_{(A=B)}$	$Y_{(A>B)}$
$A_3>B_3$	×	×	×	×	×	×	**0**	**0**	**1**
$A_3=B_3$	$A_2>B_2$	×	×	×	×	×	**0**	**0**	**1**
$A_3=B_3$	$A_2=B_2$	$A_1>B_1$	×	×	×	×	**0**	**0**	**1**
$A_3=B_3$	$A_2=B_2$	$A_1=B_1$	$A_0>B_0$	×	×	×	**0**	**0**	**1**
$A_3=B_3$	$A_2=B_2$	$A_1=B_1$	$A_0=B_0$	**0**	**0**	**1**	**0**	**0**	**1**
$A_3=B_3$	$A_2=B_2$	$A_1=B_1$	$A_0=B_0$	**0**	**1**	**0**	**0**	**1**	**0**
$A_3=B_3$	$A_2=B_2$	$A_1=B_1$	$A_0=B_0$	**1**	**0**	**0**	**1**	**0**	**0**
$A_3<B_3$	×	×	×	×	×	×	**1**	**0**	**0**
$A_3=B_3$	$A_2<B_2$	×	×	×	×	×	**1**	**0**	**0**
$A_3=B_3$	$A_2=B_2$	$A_1<B_1$	×	×	×	×	**1**	**0**	**0**
$A_3=B_3$	$A_2=B_2$	$A_1=B_1$	$A_0<B_0$	×	×	×	**1**	**0**	**0**

3．集成数值比较器及其应用

74LS85（74HC85）是集成 4 位数值比较器，图 8-36 是它的引脚排列图。用多片数值比较器级联，可以实现更多位数的数值比较器，即实现功能扩展。如图 8-37 所示是用两片 4 位数值比较器 74LS85 组成 8 位数值比较器。根据以上分析，两片数值比较器级联，只要将低位片的输出 $Y_{(A>B)}$、$Y_{(A=B)}$和 $Y_{(A<B)}$分别与高位片的级联输入端 $I_{(A>B)}$、$I_{(A=B)}$、$I_{(A<B)}$相连，再将低位片的 $I_{(A>B)}$和 $I_{(A<B)}$接地，$I_{(A=B)}$接高电平即可。

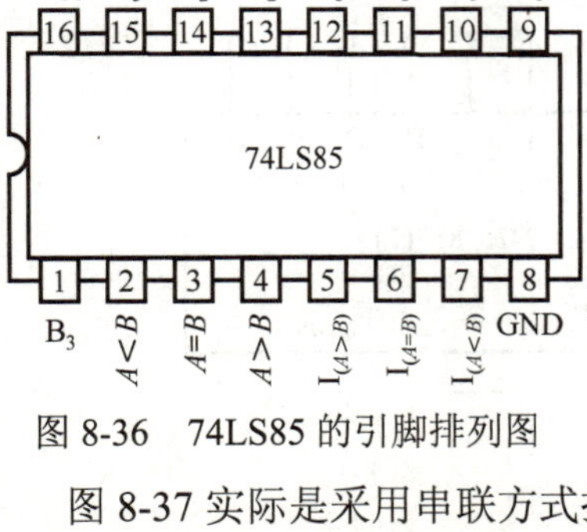

图 8-36　74LS85 的引脚排列图

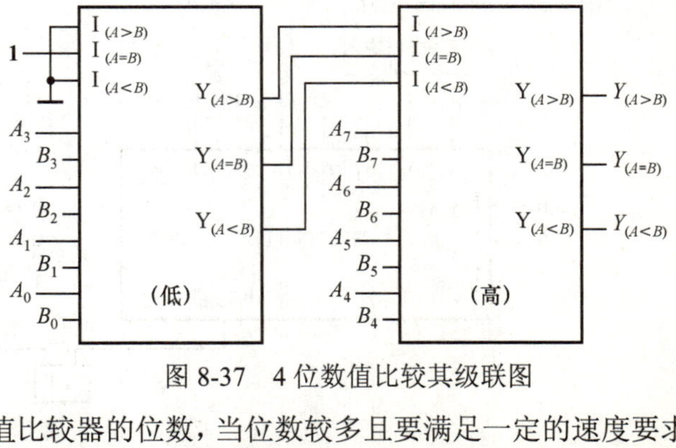

图 8-37　4 位数值比较其级联图

图 8-37 实际是采用串联方式扩展数值比较器的位数，当位数较多且要满足一定的速度要求时，可以采取并联方式。如图 8-38 所示为 16 位数值比较器的原理图。比较方法是：采用两级

比较方式，将 16 位数按高低位次序分成 4 组，每组 4 位，各组的比较是并行进行的。将每组的比较结果再经 4 位比较器进行比较后得出结果。显然，从数据输入到稳定输出只需两倍的 4 位比较器的延迟时间，若用串联方式，则 16 位的数值比较器从输入到稳定输出需要 4 倍的 4 位比较器的延迟时间。

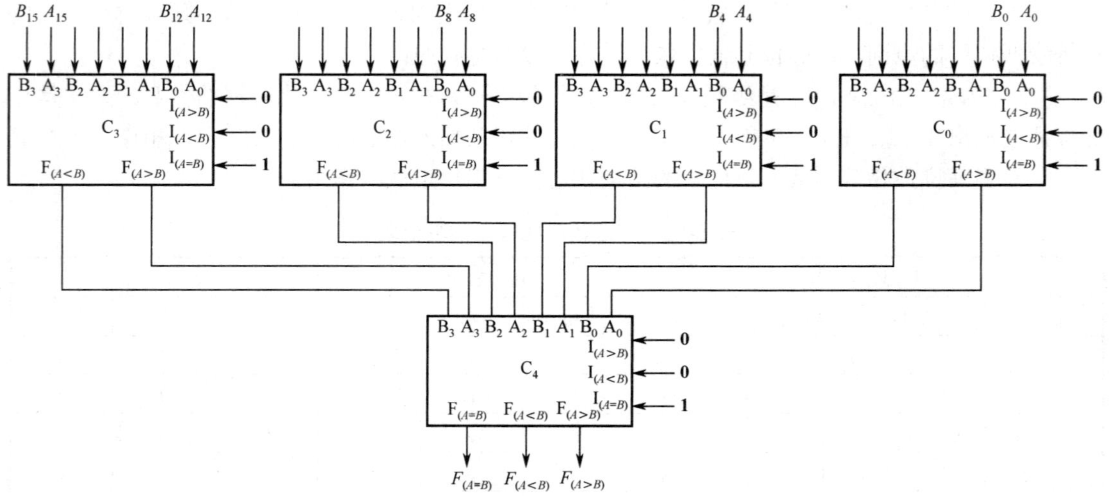

图 8-38　16 位数值比较器的原理图

例 8-13　试用数值比较器 74HC85 设计一个 8421BCD 码有效性测试电路，当输入为 8421BCD 码时，输出为 **1**，否则为 **0**。

解　8421BCD 码的范围是 **0000**～**1001**，即所有有效的 8421BCD 码均小于 **1010**。用 74HC85 构成的测试电路如图 8-39 所示，当输入的 8421BCD 码小于 **1010** 时，$F_{(A<B)}$输出为 **1**，否则为 **0**。

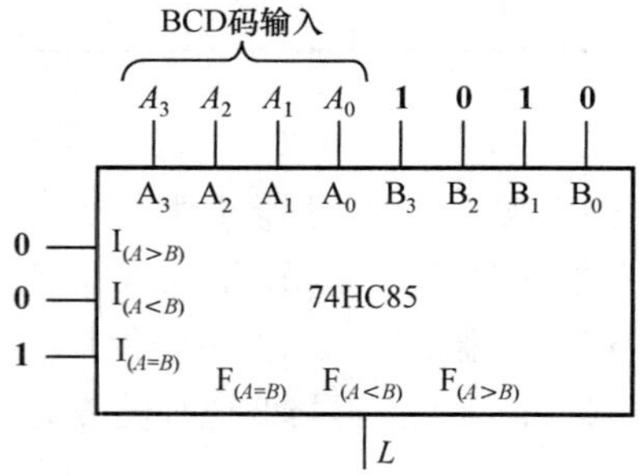

图 8-39　例 8-13 电路

例 8-14　试用数值比较器 74HC85 和必要的逻辑门设计一个余 3 码有效性测试电路，当输入为余 3 码时，输出为 **1**，否则为 **0**。

解　余 3 码的范围是 **0011**～**1100**。因此，需要用两片 74HC85 和一个**或非**门构成测试电路，如图 8-40 所示，当输入数码在 **0011**～**1100** 范围内，片（1）的 $F_{(A>B)}$和片（2）的 $F_{(A<B)}$均为 **0**，**或非**门的输出 L 为 **1**，超出此范围 L 为 **0**。

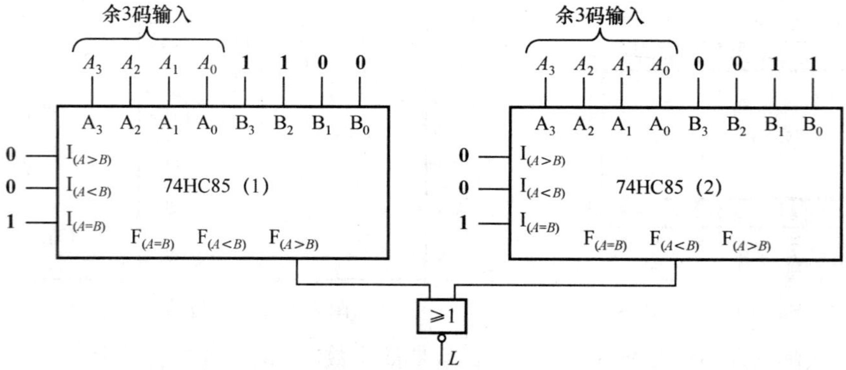

图 8-40　例 8-14 电路

8.2.5　数据选择器

根据输入地址码的不同，从多路输入数据中选择一路进行输出的电路称为数据选择器，又称多路开关。在数字系统中，常利用数据选择器将多条传输线上的不同数字信号按要求选择其中之一送到公共数据线上。

如图 8-41 所示是数据选择器的一般结构框图。设地址输入端有 n 个，这 n 个地址输入端组成 n 位二进制代码，共有 2^n 个不同的地址码。每一个地址码都对应一个输入信号，因此输入端最多可有 2^n 个输入信号，但输出端只有一个。

根据输入信号的个数，数据选择器可分为 4 选 1、8 选 1、16 选 1 数据选择器等。

1．4 选 1 数据选择器

如图 8-42（a）所示是 4 选 1 数据选择器的逻辑图，图 8-42（b）是其方框图。图中 D_0～D_3 为 4 个数据输入端，Y 为输出端，A_1A_0 为地址输入端，$\overline{S}$ 为选通（使能）输入端，低电平有效。

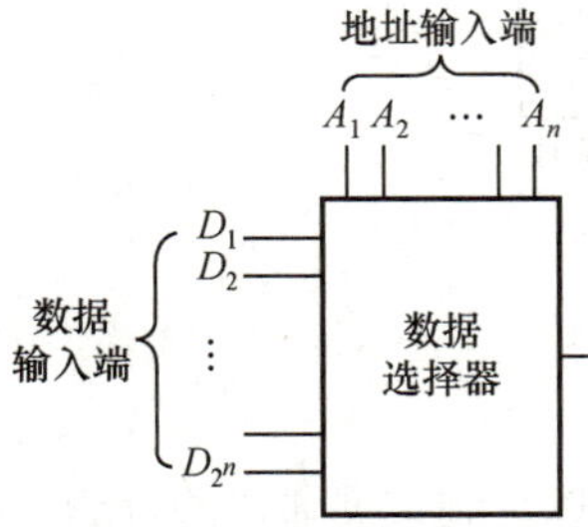

图 8-41　数据选择器的一般结构框图

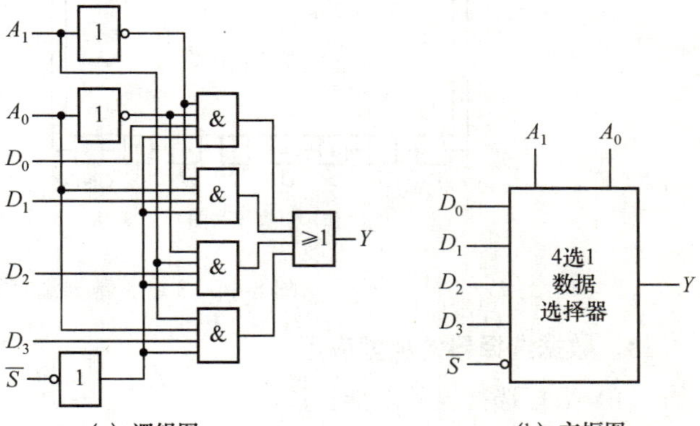

(a) 逻辑图　　(b) 方框图

图 8-42　4 选 1 数据选择器

分析图 8-42（a）所示电路，可写出输出信号 Y 的表达式为

$$Y = (\overline{A}_1\overline{A}_0D_0 + \overline{A}_1A_0D_1 + A_1\overline{A}_0D_2 + A_1A_0D_3)S$$

当 $\overline{S}=\mathbf{1}$ 时，$Y=\mathbf{0}$，数据选择器不工作；当 $\overline{S}=\mathbf{0}$ 时，$Y=\overline{A}_1\overline{A}_0D_0+\overline{A}_1A_0D_1+A_1\overline{A}_0D_2+A_1A_0D_3$，此时数据选择器工作，将根据地址码 A_1A_0 的不同，从 D_0～D_3 中选出 1 个数据输出。如果地址码 A_1A_0 依次改变，即由 **00→01→10→11**，则输出端将依次输出 D_0、D_1、D_2、D_3，这样就可以将并行输入变为串行输出。

4 选 1 数据选择器的典型电路是 74LS153。74LS153 实际上是双 4 选 1 数据选择器，其内部有两片功能完全相同的 4 选 1 数据选择器，表 8-19 是它的真值表。$\overline{\mathrm{ST}}$ 是选通输入端，低电平有效。

74LS153 的引脚排列图和图形符号分别如图 8-43（a）、（b）所示。

2．8 选 1 数据选择器

集成 8 选 1 数据选择器 74LS151 也有一个使能端 $\overline{\mathrm{ST}}$，低电平有效；两个互补输出端 Y 和 $\overline{W}$，其输出信号相反。其表达式可写为

$$Y = (\overline{A}_2\overline{A}_1\overline{A}_0D_0 + \overline{A}_2\overline{A}_1A_0D_1 + \overline{A}_2A_1\overline{A}_0D_2 + \overline{A}_2A_1A_0D_3 + A_2\overline{A}_1\overline{A}_0D_4 + A_2\overline{A}_1A_0D_5 + A_2A_1\overline{A}_0D_6 + A_2A_1A_0D_7)\mathrm{ST}$$

表 8-19　74LS153 的功能表

输　入							输　出
$\overline{ST}$	A_1	A_0	D_0	D_1	D_2	D_3	Y
1	×	×	×	×	×	×	**0**
0	**0**	**0**	D_0	×	×	×	D_0
0	**0**	**1**	×	D_1	×	×	D_1
0	**1**	**0**	×	×	D_2	×	D_2
0	**1**	**1**	×	×	×	D_3	D_3

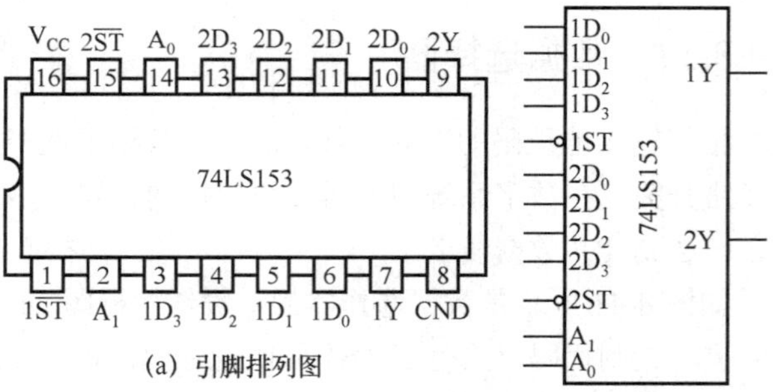

(a) 引脚排列图　(b) 图形符号

图 8-43　4 选 1 数据选择器 74LS153

当 $\overline{ST}=\mathbf{1}$ 时，$Y=\mathbf{0}$，数据选择器不工作；当 $\overline{ST}=\mathbf{0}$ 时，根据地址码 $A_2A_1A_0$ 的不同，将从 D_0～D_7 中选出一个数据输出。如图 8-44 所示为 74LS151 的引脚排列图和图形符号。

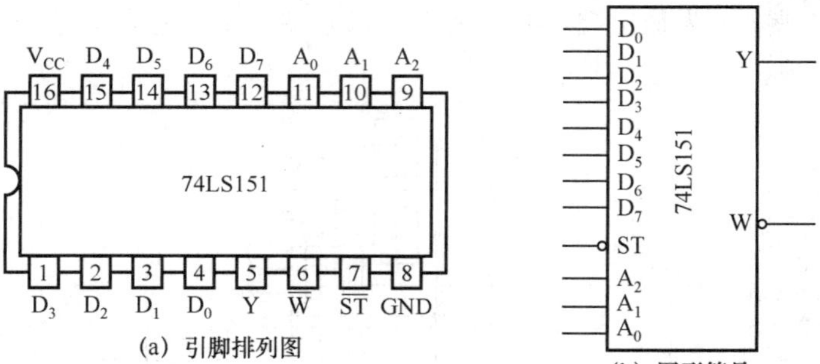

(a) 引脚排列图　(b) 图形符号

图 8-44　8 选 1 数据选择器 74LS151

3．数据选择器的典型应用

（1）数据选择器的功能扩展

利用选通端及外加辅助门电路可以实现数据选择器的功能扩展，以达到扩展通道的目的。例如，用两个 4 选 1 数据选择器（可选 1 片 74LS153）通过级联，构成 8 选 1 数据选择器，其连线图如图 8-45 所示。当 $A=\mathbf{0}$ 时，选中第一块 4 选 1 数据选择器，根据地址码 BC 的组合，从 D_0～D_3 中选一路数据输出；当 $A=\mathbf{1}$ 时，选中第二块，根据 BC 的组合，从 D_4～D_7 中选一路数据输出。

再如，用两片 8 选 1 数据选择器（74LS151）通过级联，可以扩展成 16 选 1 数据选择器，连线图如图 8-46 所示。

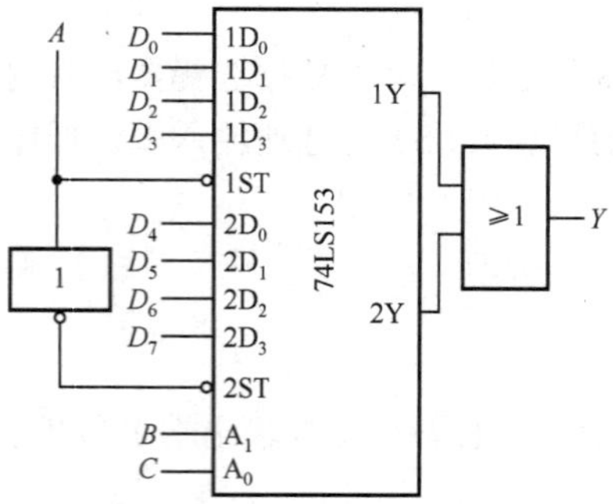

图 8-45　8 选 1 数据选择器的连接图

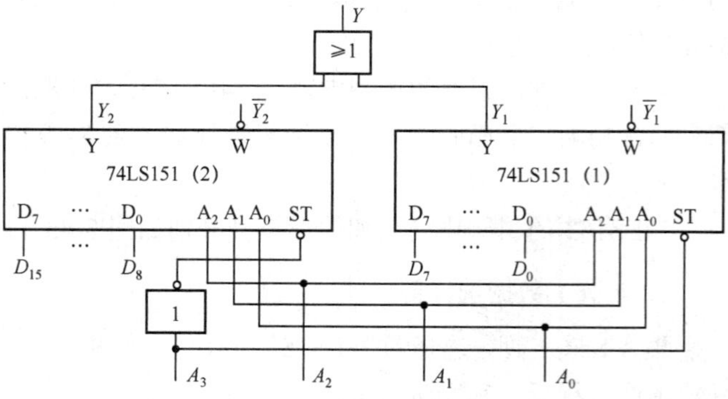

图 8-46　16 选 1 数据选择器连线图

（2）实现逻辑函数

用数据选择器也可以实现组合逻辑函数，这是因为数据选择器输出信号逻辑表达式具有以下特点：①具有标准**与或**表达式的形式；②提供了地址变量的全部最小项；③在一般情况下，输入信号 D_i 可以当成一个变量处理。而且我们知道，任何组合逻辑函数都可以写成唯一的最小项之和表达式的形式，因此，从原理上讲，应用对照比较的方法，用数据选择器可以不受限制地实现任何组合逻辑函数。如果函数的变量数为 k，那么应选用地址变量数为 $n = k$ 或 $n = k - 1$ 的数据选择器。

例 8-15 用数据选择器实现下列函数

$$F = \overline{A}\,\overline{B}\,\overline{C}\,\overline{D} + \overline{A}\,\overline{B}CD + \overline{A}B\overline{C}\,\overline{D} + \overline{A}B\overline{C}D + A\overline{B}\,\overline{C}D + A\overline{B}C\overline{D} + AB\overline{C}\,\overline{D} + AB\overline{C}D$$

解 函数变量个数为 4，则可选用地址变量为 3 的 8 选 1 数据选择器实现，这里选用 74LS151。将函数 F 的前三个变量 A、B、C 作为 8 选 1 数据选择器的地址码 $A_2A_1A_0$，剩下一个变量 D 作为数据选择器的输入数据。已知 8 选 1 数据选择器的逻辑表达式为

$$\begin{aligned} Y = {} & \overline{A}_2\overline{A}_1\overline{A}_0D_0 + \overline{A}_2\overline{A}_1A_0D_1 + \overline{A}_2A_1\overline{A}_0D_2 + \overline{A}_2A_1A_0D_3 \\ & + A_2\overline{A}_1\overline{A}_0D_4 + A_2\overline{A}_1A_0D_5 + A_2A_1\overline{A}_0D_6 + A_2A_1A_0D_7 \end{aligned}$$

比较 Y 与 F 的表达式可知

$$D_0=\overline{D},\quad D_1=D,\quad D_2=\mathbf{1},\quad D_3=\mathbf{0},\quad D_4=D,\quad D_5=\overline{D},\quad D_6=\mathbf{1},\quad D_7=\mathbf{0}$$

根据以上结果画出连线图，如图 8-47 所示。

用 74LS151 也可实现 3 变量逻辑函数。

例 8-16 试用数据选择器实现逻辑函数 $F=AB+BC+AC$。

解 将函数表达式 Y 整理成最小项之和形式

$$\begin{aligned} F=AB+BC+AC &= AB(C+\overline{C}) + BC(A+\overline{A}) + AC(B+\overline{B}) \\ &= \overline{A}BC + A\overline{B}C + AB\overline{C} + ABC \end{aligned}$$

比较逻辑表达式 F 和 8 选 1 数据选择器的逻辑表达式 Y，最小项的对应关系为 $F=Y$，则 $A=A_2$，$B=A_1$，$C=A_0$，Y 中包含 F 的最小项时，函数 $D_n=\mathbf{1}$，未包含最小项时，$D_n=\mathbf{0}$。于是可得

$$D_0=D_1=D_2=D_4=\mathbf{0} \qquad D_3=D_5=D_6=D_7=\mathbf{1}$$

根据上面分析的结果，画出连线图，如图 8-48 所示。

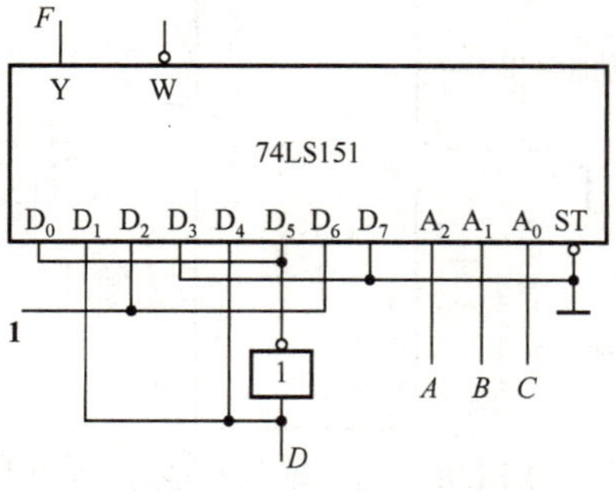

图 8-47 例 8-15 连线图

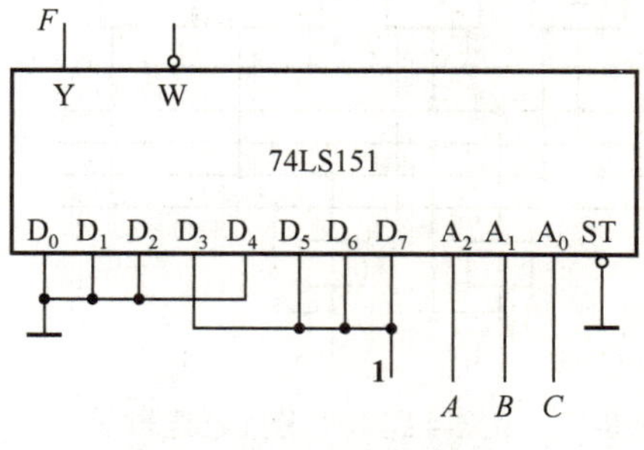

图 8-48 例 8-16 连线图

8.2.6 数据分配器

根据输入地址码的不同，将一个数据源输入的数据传送到多个不同输出通道的电路称为数据分配器，又叫多路分配器。如一台计算机的数据要分时传送到打印机、绘图仪和监控终端中去，就要用到数据分配器。

根据输出端的个数，数据分配器可分为 1 路-4 路、1 路-8 路、1 路-16 路数据分配器等。下面以 1 路-4 路数据分配器为例介绍。

如图 8-49 所示为 1 路-4 路数据分配器的结构框图。其中，1 个输入数据用 D 表示；两个地址输入端用 A_1A_0 表示；4 个数据输出端，用 Y_0、Y_1、Y_2、Y_3 表示。

令 $A_1A_0=\mathbf{00}$ 时，选中输出端 Y_0，即 $Y_0=D$；$A_1A_0=\mathbf{01}$ 时，选中输出端 Y_1，即 $Y_1=D$；$A_1A_0=\mathbf{10}$ 时，选中输出端 Y_2，即 $Y_2=D$；$A_1A_0=\mathbf{11}$ 时，选中输出端 Y_3，即 $Y_3=D$。根据此约定，可列出真值表如表 8-20 所列。

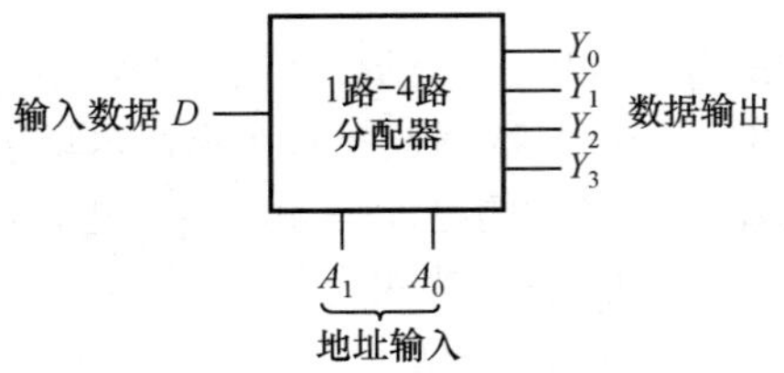

图 8-49　1 路-4 路数据分配器的结构框图

表 8-20　1 路-4 路数据分配器的真值表

输　入			输　出			
	A_1	A_0	Y_0	Y_1	Y_2	Y_3
D	**0**	**0**	D	**0**	**0**	**0**
	0	**1**	**0**	D	**0**	**0**
	1	**0**	**0**	**0**	D	**0**
	1	**1**	**0**	**0**	**0**	D

由表 8-20 所列真值表，可直接得到

$$Y_0=D\overline{A}_1\overline{A}_0,\quad Y_1=D\overline{A}_1A_0,\quad Y_2=DA_1\overline{A}_0,\quad Y_3=DA_1A_0$$

根据上式可画出如图 8-50 所示 1 路-4 路数据分配器的逻辑电路图。

数据分配器可以用唯一地址译码器实现。例如，用 3/8 线译码器 74LS138 作为数据分配器，可以根据输入端 $A_2A_1A_0$ 的不同状态，把数据分配到 8 个不同的通道上去，即实现 1 路-8 路数据分配器的作用。用 74LS138 作为数据分配器的逻辑原理图如图 8-51 所示。

图 8-51 中，将 S_3 接低电平，S_1 作为使能端，高电平有效，A_2、A_1 和 A_0 作为选择通道地址输入，S_2 作为数据输入端。例如，当 $S_1=\mathbf{1}$，$A_2A_1A_0=\mathbf{010}$ 时，由 74LS138 的功能表可得

$$Y_2=\overline{(S_1\cdot\overline{S_2}\cdot\overline{S_3})\cdot\overline{A_2}\cdot A_1\cdot\overline{A_0}}=S_2$$

而其他输出端均为无效电平 **1**。因此，当地址 $A_2A_1A_0=\mathbf{010}$ 时，只有输出端 Y_2 得到与输入端相同的数据波形。

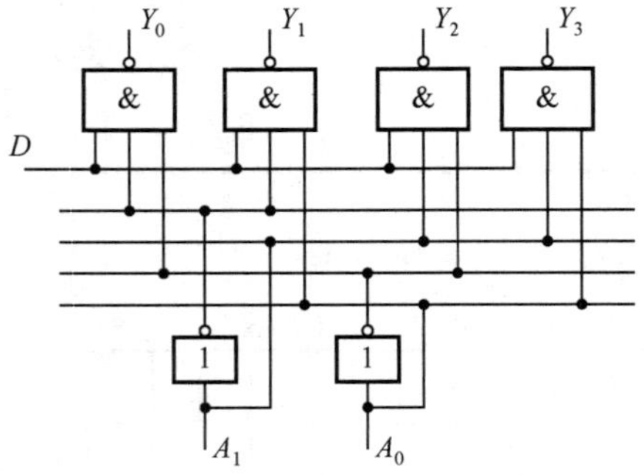

图 8-50　1 路-4 路数据分配器逻辑图

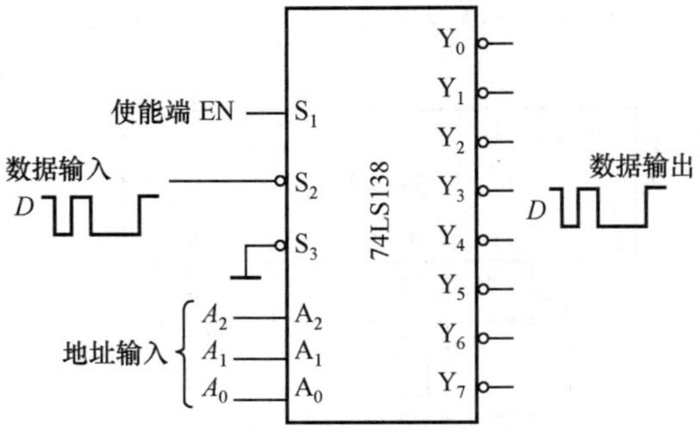

图 8-51　用 74LS138 作为数据分配器的逻辑电路图

8.3　组合电路中的竞争冒险

在前面各节讨论组合电路时，没有考虑门电路的传输延迟时间。但实际中，由于门电路传输延迟的影响，会导致电路在某些情况下，在输出端产生错误信号。

8.3.1　竞争冒险的概念及产生原因

在如图 8-52（a）所示电路中，若输入信号 A、B 的波形分别如图 8-52（b）所示，在理想

情况下，则输出 Y 的波形分别如图 8-52（b）所示，$Y=\mathbf{0}$。

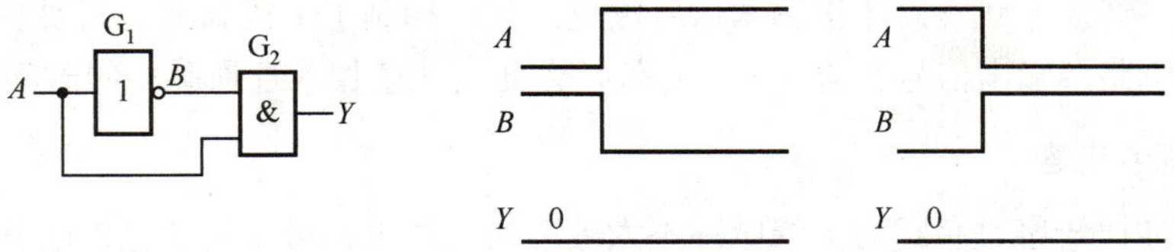

(a) 电路　　(b) 不考虑延迟时间的波形

图 8-52　电路及波形

实际门电路是有延迟的。当输入信号 A 经反相器 G_1 成为 B 信号时，这个过程需要经过 G_1 的传输延迟时间，B 信号的变化落后于 A 信号的变化，当 A 由低电平变为高电平时，B 还处于高电平状态，这一瞬间，Y 出现了过渡干扰脉冲（又称毛刺）。如图 8-53（a）所示。一般来说，当有关门的输入有两个或两个以上信号发生改变时，由于这些信号是经过不同路径传输来的，使得它们状态改变的时刻有先有后，这种时差引起的现象称为**竞争**。

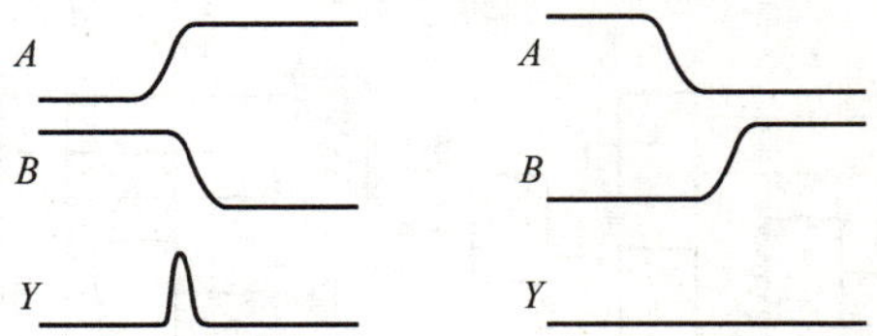

(a)　　(b)

图 8-53　图 8-52（a）电路考虑延迟的输入输出波形

但是，有竞争现象的电路不一定产生毛刺。仍是图 8-52（a）电路，若信号 A、B 的变化如图 8-53（b）所示，虽然两个信号同时向相反方向变化了，门 G_1、G_2 具有同样的延迟时间，B 信号的变化同样落后于 A 信号的变化，但由图 8-53（b）可以看出，并没有产生瞬态过渡干扰脉冲，即没产生毛刺。可见，电路中有竞争现象只是存在产生干扰脉冲的危险而已，故称之为**竞争冒险**。

在复杂的数字系统中，由于各种因素的随机性，很难判断两个信号的先后次序，所以只要有竞争现象，就有产生干扰信号的可能，严重时会使电路产生误动作造成逻辑上的错误。

8.3.2　竞争冒险的消除方法

为了消除竞争冒险现象，常用的方法有以下 4 种。

1．引入封锁脉冲

引入封锁脉冲就是在电路中引入一个负脉冲，使得在输入信号发生竞争的时间内，把可能产生干扰脉冲的门封住，图 8-54（a）中的负脉冲 P_1 就是这样的封锁脉冲。当 A、B 同时变化时，$P_1=\mathbf{0}$，封住与门 G_2，因而消除了干扰脉冲。值得注意，封锁脉冲 P_1 必须要与信号转换时间同步且脉冲宽度大于电路状态转换过程的过渡时间。

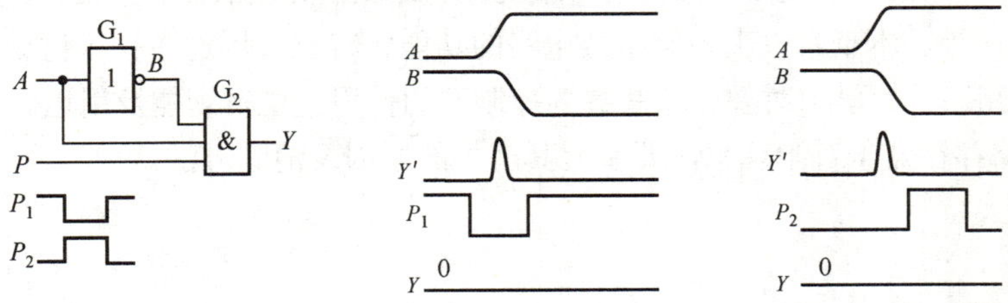

(a) 电路　　(b) 加封锁脉冲后的波形　　(c) 加选通脉冲后的波形

图 8-54　加封锁脉冲或选通脉冲

2．引入选通脉冲

图 8-54（a）中的正脉冲 P_2 即是引入的选通脉冲。在一般情况下使 $P_2=\mathbf{0}$，与门 G_2 处于封

闭状态，将可能产生竞争冒险现象出现干扰脉冲的时间控制在此范围内；只有当 $P_2 = \mathbf{1}$ 时，电路才处于使能（选通）状态，才按输入信号输出，从而抑制了干扰脉冲。需要注意，引入选通脉冲后的组合电路，输出信号在 $P_2 = \mathbf{1}$ 时有效，因此要注意加入选通脉冲的时间。

3．接入滤波电容

在干扰脉冲比较窄且负载对尖峰脉冲不太敏感的条件下，可采用在输出端并接滤波电容的方法来解决。接入滤波电容后，由于电容 C 充放电需要一定的时间，因此必然影响电路的工作速度，所以 C 的取值应尽可能小。

4．修改逻辑设计，增加冗余项

在逻辑函数中增加冗余项，既可使函数的逻辑关系不变，又保证了在两个输入信号的状态向相反方向变化可能出现竞争冒险现象时，因为增加的冗余项的状态是确定的，所以抑制了干扰信号的产生。例如，在如图 8-55（a）所示 2 选 1 数据选择器中，输出信号为

$$Y = AD_1 + \overline{A}D_0$$

当 $D_1 = D_0 = \mathbf{1}$ 时，$Y = A + \overline{A}$，易产生竞争冒险现象。若将上式加上冗余项 D_1D_0，则

$$Y = AD_1 + \overline{A}D_0 + D_1D_0$$

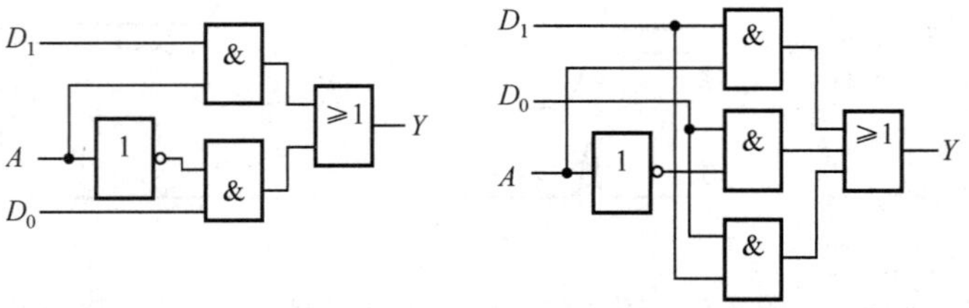

(a) 电路　　(b) 加上冗余项的电路

图 8-55　修改逻辑设计

当 $D_1 = D_0 = \mathbf{1}$ 时，$Y = \mathbf{1}$，电路如图 8-55（b）所示。

本章小结

1．组合电路是数字电路的两大分支之一，本章涉及的内容是本课程的重点。组合电路的输出仅仅取决于该时刻输入信号的状态，而与该时刻之前电路的状态无关。因此电路中不包含具有记忆功能的电路，它是以门电路作为基本单元组成的电路。

2．组合电路的分析是根据已知的逻辑图，找出输出变量与输入变量的逻辑关系，从而确定出电路的逻辑功能。

3．组合电路的设计是分析的逆过程，它是根据已知逻辑功能设计出能够实现该逻辑功能的逻辑图。

4．组合逻辑电路的种类很多，常见的有编码器、译码器、加法器、数值比较器、数据选择数据和数据分配器等。本章对以上各类组合电路的功能、特点、用途进行了讨论，并介绍了一些常见的集成电路芯片，学习时要注意掌握各控制端的作用、逻辑功能及用途。

5．组合电路存在竞争冒险现象，要掌握其产生的原因及消除方法。

习题 8

8-1　填空题

（1）一个 4 输入端的**或非**门，使其输出为 1 的输入变量取值组合有______种。

（2）组合逻辑电路的输出只与当时的________状态有关，而与电路________的状态无关。它

的基本电路单元是__________。

（3）同一个逻辑门电路，如果在正逻辑定义下实现**与非**功能，那么，在负逻辑定义下却实现________功能。如果在负逻辑定义下实现**同或**功能，那么，在正逻辑定义下则实现________功能。

（4）电路如题图 8-1（a）所示，F_1 的表达式是____________________，F_2 的表达式是__________________。

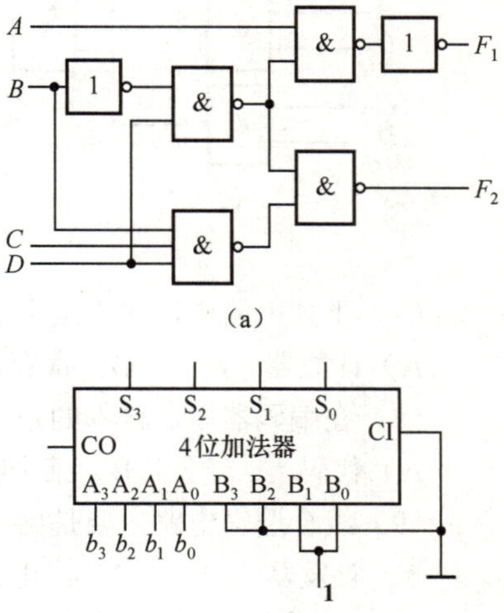

题图 8-1

（5）2-4 线二进制译码器的功能如题表 8-1 所示，欲将其改为 4 路分配器使用，应将使能端 EI 接________，而数据输入端 A、B 作为________端。

（6）4 选 1 数据选择器，当 $\overline{\mathrm{EI}}=0$ 时，如果 $AB=\mathbf{00}$，$Y=$ _____；$AB=\mathbf{10}$，$Y=$ _____。

（7）由加法器构成的代码变换电路如题图 8-1（b）所示，若输入信号 b_3、b_2、b_1、b_0 为 8421BCD 码，则输出端 S_3、S_2、S_1、S_0 是__________代码。

题表 8-1

EI	A	B	Y_0	Y_1	Y_2	Y_3
1	X	X	0	0	0	0
0	0	0	1	0	0	0
0	0	1	0	1	0	0
0	1	0	0	0	1	0
0	1	1	0	0	0	1

（8）为了使 3-8 线译码器 74LS138 的输出端 $\overline{Y_5}=\mathbf{0}$，则要求使能输入端 $S_1\overline{S_2}\cdot\overline{S_3}=$ ________，代码输入端 $CBA=$ ________。

（9）3-8 线译码器 74LS138 有______个代码输入端，________个输出端，输入的二进制代码为______码，输出信号为______电平有效。

（10）实现将输入信号编成一个对应的二进制代码的逻辑功能是________。

8-2 选择题

（1）在如题图 8-2（a）所示组合电路中，其函数表达式为________。

A）$F=\sum_m(0,4,5,7,8,12,13,14,15)$　　B）$F=\sum_m(1,2,3,6,9,10,11)$

C）$F=\sum_m(0,8,12,14,15)$　　D）$F=AB+BD+\overline{C}\cdot\overline{D}$

（2）已知优先编码器 74148 的输入 $\overline{I_1}=\overline{I_2}=\overline{I_3}=\mathbf{0}$，则输出端 $\overline{Y_2}\cdot\overline{Y_1}\cdot\overline{Y_0}$ 的值是__________。

A）**000**　　B）**100**　　C）**101**　　D）**111**

（3）要使 3-8 线译码器 74LS138 工作，使能控制端 $S_1\overline{S_2}\cdot\overline{S_3}$ 的电平信号是________。

A）**100**　　B）**111**　　C）**011**　　D）**001**

（4）双向数据总线可以采用__________构成。

A）译码器　　B）三态门　　C）与非门　　D）多路选择器

（5）8 路数据分配器，其地址输入（选择控制端）有______个。

A）1　　B）2　　C）3　　D）8

（6）由 8 选 1 数据选择器 74LS151 组成的电路如题图 8-2（b）所示，则该电路的输出为________。

A）$Y = A\overline{B}\cdot\overline{C} + A\overline{B}C + \overline{A}\cdot\overline{B}C$　　B）$Y = \sum_m (6, 7, 9, 13)$

C）$Y = \sum_m (6, 7, 13, 14)$　　D）$Y = \sum_m (6, 7, 8, 9, 13, 14)$

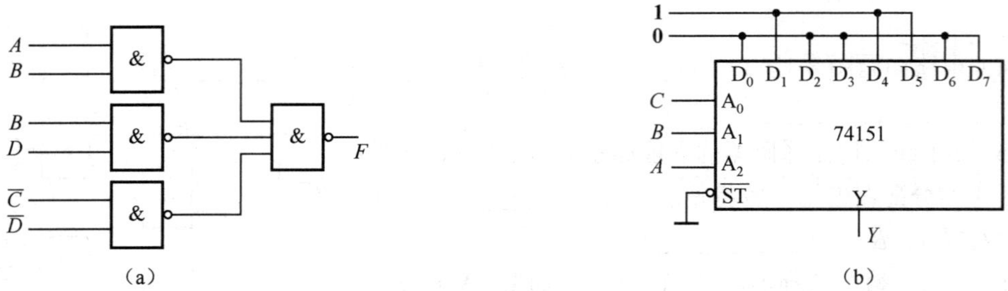

题图 8-2

（7）下列电路中，属于组合逻辑电路的是________。

A）计数器　　B）寄存器　　C）数据选择器　　D）触发器

（8）在编码器中，输入的是_________，输出的是_________。

A）代码　　B）某个特定的字符或信息　　C）二进制数

（9）组合逻辑电路主要是由_________组成的。

A）触发器　　B）门电路　　C）计数器　　D）寄存器

8-3　电路如题图 8-3 所示，试写出输出变量 Y 的表达式，列出真值表，并说明各电路的逻辑功能。

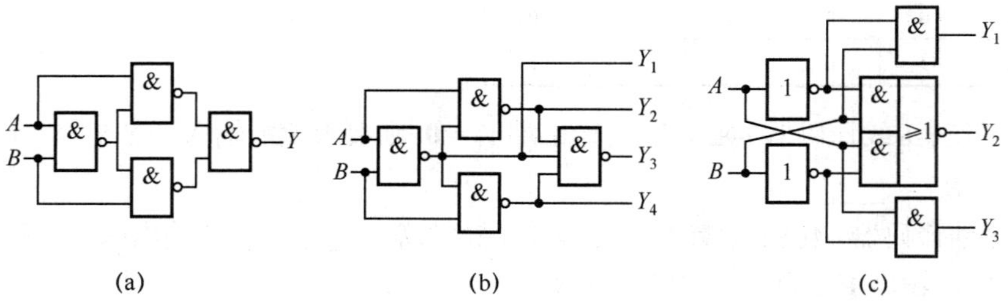

题图 8-3

8-4　某同学设计的代码转换电路如题图 8-4 所示。当 $K = \mathbf{1}$ 时，输入二进制码转换成循环码；当 $K = \mathbf{0}$ 时，输入循环码转换成二进制码。二进制码和循环码关系如题表 8-4 所示。

（1）分别求解两种情况下输出函数的逻辑表达式；（2）检查电路有无错误，若有则改正。

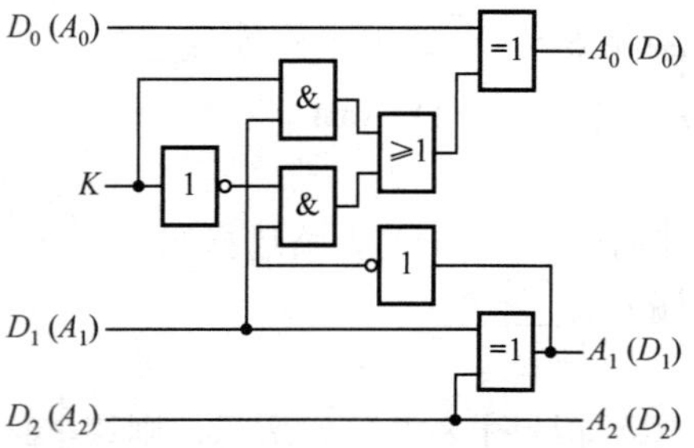

题图 8-4

题表 8-4　二进制码和循环码的对应关系

二进制码			循环码		
D_2	D_1	D_0	A_2	A_1	A_0
0	**0**	**0**	**0**	**0**	**0**
0	**0**	**1**	**0**	**0**	**1**
0	**1**	**0**	**0**	**1**	**1**
0	**1**	**1**	**0**	**1**	**0**
1	**0**	**0**	**1**	**1**	**0**
1	**0**	**1**	**1**	**1**	**1**
1	**1**	**0**	**1**	**0**	**1**
1	**1**	**1**	**1**	**0**	**0**

8-5 化简下列逻辑函数，并用最少的**与非**门实现它们。

（1）$Y_1 = A\overline{B} + A\overline{C}D + \overline{A}C$　　（2）$Y_2 = A\overline{B} + \overline{A}C + B\overline{C}\ \overline{D} + ABD$

（3）$Y_3 = \sum_m (0, 2, 3, 4, 6)$　　（4）$Y_4 = \sum_m (0, 2, 8, 10, 12, 14, 15)$

8-6 试分别设计一个用全**与非**门和全**或非**门实现**异或**逻辑的逻辑电路。

8-7 试用门电路设计如下功能的组合逻辑电路。

（1）三变量的判奇电路，要求三个输入变量中有奇数个为 **1** 时输出为 **1**，否则为 **0**；

（2）四变量多数表决电路，要求 4 个输入变量中有多数个为 **1** 时输出为 **1**，否则为 **0**；

（3）2 位二进制数的乘法运算电路，其输入为 A_1、A_0，B_1、B_0，输出为 4 位二进制数 $D_3D_2D_1D_0$。

8-8 设计一个路灯控制电路，要求实现的功能是：当总电源开关闭合时，安装在三个不同地方的三个开关都能独立地将灯打开或熄灭；当总电源开关断开时，路灯不亮。

8-9 设计用 3 个开关控制一个电灯的电路，要求改变任何一个开关的状态都能控制电灯由亮变灭或由灭变亮。要求用数据选择器来实现。

8-10 设计一个组合电路，其输入是 4 位二进制数 $D = D_3D_2D_1D_0$，要求能判断下列三种情况：（1）D 中没有一个 **1**；（2）D 中有两个 **1**；（3）D 中有奇数个 **1**。

8-11 试用门电路实现一个优先编码器，对 4 种电话进行控制。优先顺序由高到低为：火警电话（**11**），急救电话（**10**），工作电话（**01**），生活电话（**00**）。编码如括号内所示，输入低电平有效。

8-12 用 A、B 两个抽水泵对矿井进行抽水，如题图 8-12 所示。当水位在 H 以上时，A、B 两泵同时开启；当水位在 H 以下 M 以上时，开启 A 泵；当水位在 M 以下 L 以上时，开启 B 泵；而水位在 L 以下时，A、B 两泵均不开启。试列写控制 A、B 两泵动作的真值表。

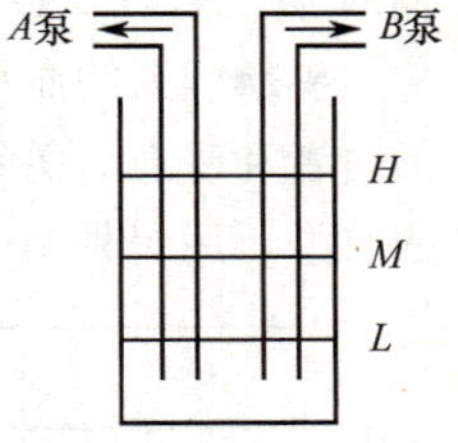

题图 8-12

8-13 试用两片 2-4 线译码器（如题图 8-13 所示）构成一个 3-8 线译码器。

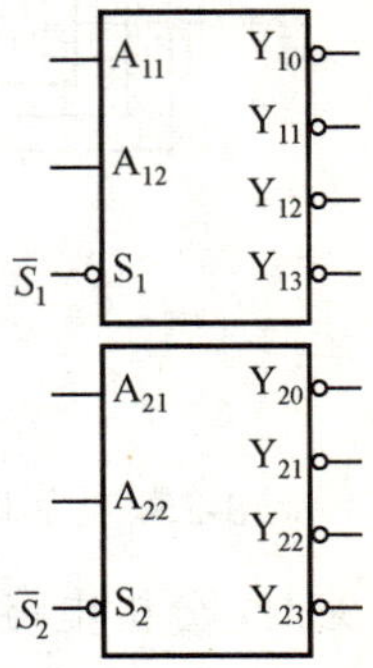

题图 8-13

8-14 用集成译码器 74LS138 和**与非**门实现下列逻辑函数。

（1）$Y = A\overline{B}C + \overline{A}B$

（2）$Y = \overline{(A+B)(\overline{A}+\overline{C})}$

（3）$Y = \sum_m (3, 4, 5, 6)$

（4）$Y = \sum_m (0, 2, 3, 4, 7)$

8-15 试用集成译码器 74LS138 和**与非**门实现全加器。

8-16 试用集成译码器 74LS138 和**与非**门实现全减器。

8-17 用二-十进制编码器、译码器，七段数码管显示器组成一个 1 位数码显示电路。当 0～9 共 10 个输入端中有一个接地时，显示相应数码。选择合适的器件，画出连线图。

8-18 试用两个半加器和一个**或**门构成一个全加器。（1）写出 S_i 和 C_i 的逻辑表达式；（2）画出逻辑图。

8-19 试用 1 片双 4 选 1 数据选择器（74LS153）和尽可能少的门电路实现两个判断功能：要求输入信号 A、B、C 中有奇数个为 **1** 时输出 Y_1 为 **1**，否则 Y_1 为 **0**；输入信号 A、B、C 中有多数个为 **1** 时输出 Y_2 为 **1**，否则 Y_2 为 **0**。

8-20 用数据选择器 74LS151 实现下列逻辑函数

（1）$Y=\sum_m(0,2,3,5,6,8,10,12)$

（2）$Y=\sum_m(0,2,4,5,6,7,8,9,14,15)$　　　（3）$Y=A\overline{B}C+\overline{A}B+\overline{A}\,\overline{C}$

8-21　写出如题图 8-21 所示电路的 Z_1、Z_2 的逻辑表达式，并列出逻辑真值表。

8-22　写出如题图 8-22 所示电路中输出信号 Y 的逻辑表达式。

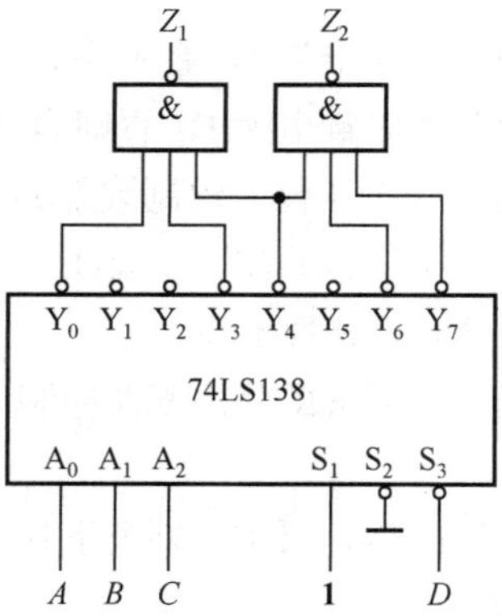

题图 8-21

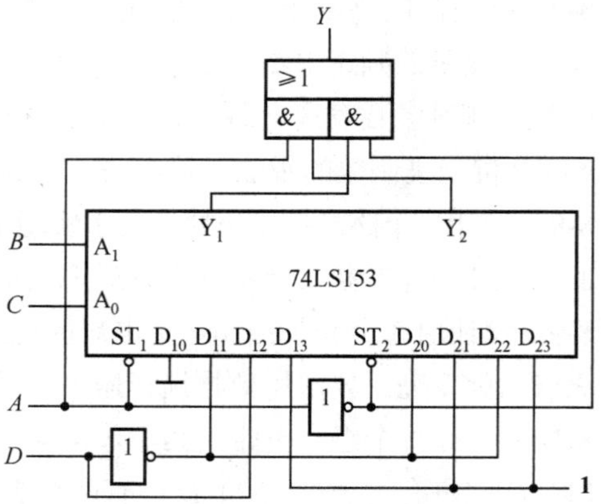

题图 8-22

8-23　如题图 8-23 所示是用两个 4 选 1 数据选择器组成的逻辑电路，试写出输出变量 F 与输入 M、N、P、Q 之间的逻辑表达式。

8-24　人的血型有 A、B、AB 和 O 共 4 种，试用数据选择器设计一个逻辑电路，要求判断供血者和受血者关系是否符合题图 8-24 的关系。（提示：可用两个变量的 4 种组合表示供血者的血型，用另外两个变量的 4 种组合表示受血者的血型，用 Y 表示判断的结果。）

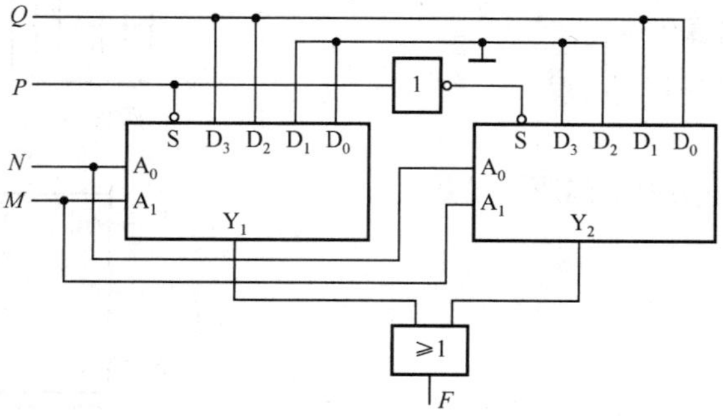

题图 8-23

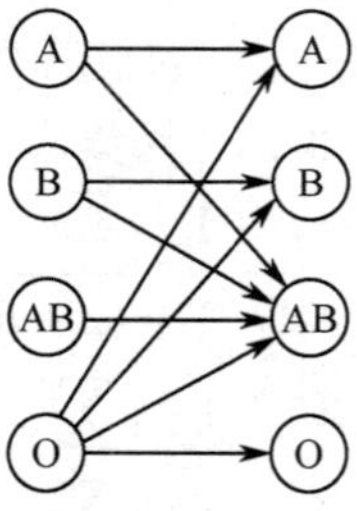

题图 8-24

8-25　已知函数 $F(A,B,C,D)=\sum_m(1,3,7,8,9,15)$，当用最少数目的**与非**门实现其电路时，分析电路是否存在竞争-冒险，在什么时刻出现？试用增加冗余项的办法消除冒险现象。

实验 8.1　组合逻辑电路的功能检测及设计实验

一、实验目的

1. 熟悉组合逻辑电路的特点及一般分析设计方法。
2. 掌握编码器、译码器、数据选择器和数码管的性能及应用。

二、实验仪器与器材

数字实验箱、74LS138 等集成块。

三、实验原理

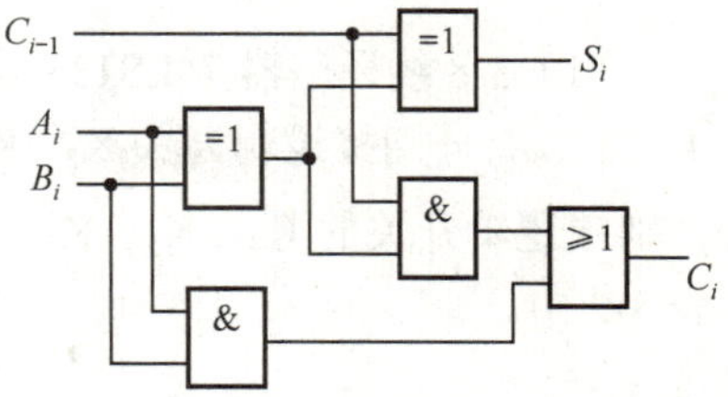

实验图 8-1

1. 如实验图 8-1 所示电路是由集成**异或**门、**与**门、**或**门组成的全加器，它是典型的组合逻辑电路，可以实现两个一位二进制数相加，并考虑来自低位的进位 C_{i-1}，输出的本位和为 S_i，向高一位的进位为 C_i。

2. 如实验图 8-2（a）～（d）所示分别是集成 3-8 线译码器 74LS138、8-3 线优先编码器 74LS148、8 选 1 数据选择器 74LS151、4 线-七段显示译码器 74LS248 的引脚排列图。它们的逻辑功能及典型应用已在 8.2 节中做了详细介绍。本次实验将检测它们的逻辑功能，为此首先要熟悉它们的逻辑功能表。

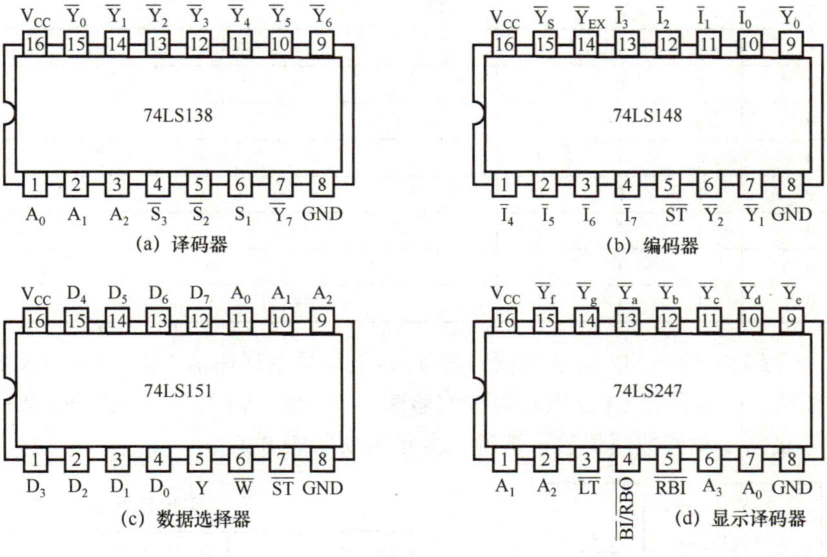

实验图 8-2

四、实验内容与步骤

1. 优先编码器逻辑功能测试

将 8-3 线优先编码器 74LS148 的输入端 $\overline{I}_7 \sim \overline{I}_0$ 接逻辑开关，$\overline{Y}_S$ 和 $\overline{Y}_{EX}$ 及输出端 $\overline{Y}_2 \sim \overline{Y}_0$ 接发光二极管，改变输入端状态，观察输出端状态，并填入实验表 8-1 中。

实验表 8-1

输入									输出				
$\overline{ST}$	$\overline{I}_7$	$\overline{I}_6$	$\overline{I}_5$	$\overline{I}_4$	$\overline{I}_3$	$\overline{I}_2$	$\overline{I}_1$	$\overline{I}_0$	$\overline{Y}_2$	$\overline{Y}_1$	$\overline{Y}_0$	$\overline{Y}_S$	$\overline{Y}_{EX}$
1	×	×	×	×	×	×	×	×					
0	1	1	1	1	1	1	1	1					
0	0	×	×	×	×	×	×	×					
1	1	1	×	×	×	×	×	×					
0	1	1	0	×	×	×	×	×					
0	1	1	1	0	×	×	×	×					
0	1	1	1	1	0	×	×	×					
0	1	1	1	1	1	0	×	×					
0	1	1	1	1	1	1	0	×					
0	1	1	1	1	1	1	1	0					

2. 译码器功能测试

（1）3-8 线译码器 74LS138 功能测试。将 3-8 线译码器 74LS138 插入 16P 插座上，输入端 A_2、A_1、A_0 分别接逻辑开关 K_3、K_2、K_1，$\overline{Y}_0$～$\overline{Y}_7$ 分别接 1～8 号 LED 状态显示，S_1、$\overline{S_2}$、$\overline{S_3}$ 分别接逻辑开关的 K_4、K_5、K_6。按实验表 8-2 分别输入有关信号，观察输出结果并记录实验表 8-2 中。

实验表 8-2

输入					输出							
S_1	$\overline{S}_2+\overline{S}_3$	A_2	A_1	A_0	$\overline{Y}_0$	$\overline{Y}_1$	$\overline{Y}_2$	$\overline{Y}_3$	$\overline{Y}_4$	$\overline{Y}_5$	$\overline{Y}_6$	$\overline{Y}_7$
0	×	×	×	×								
×	1	×	×	×								
1	0	0	0	0								
1	0	0	0	1								
1	0	0	1	0								
1	0	0	1	1								
1	0	1	0	0								
1	0	1	0	1								
1	0	1	1	0								
1	0	1	1	1								

（2）显示译码器 74LS248 功能测试。将 4 线-七段显示译码器 74LS248 插入实验箱 IC 插座，找到实验箱上的共阴极 LED 数码管按实验图 8-3 连线，输入端 D、C、B、A 接逻辑开关，改变输入信号状态，观察数码管显示情况，并填写实验表 8-3。

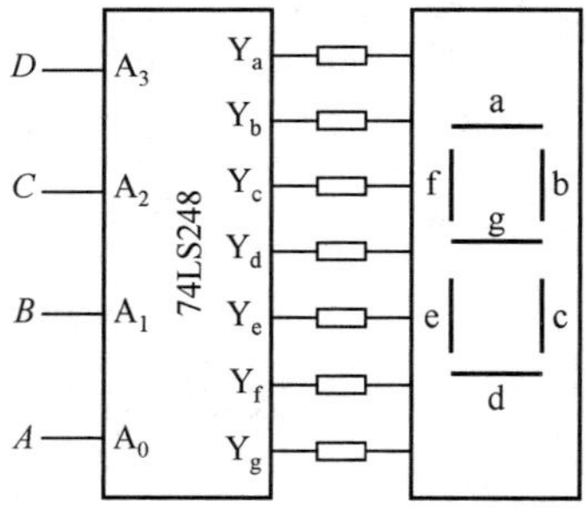

实验图 8-3

实验表 8-3

D	C	B	A	字 形	D	C	B	A	字 形
0	0	0	0		0	1	0	1	
0	0	0	1		0	1	1	0	
0	0	1	0		0	1	1	1	
0	0	1	1		1	0	0	0	
0	1	0	0		1	0	0	1	

3. 数据选择器功能测试

将 8 选 1 数据选择器 74LS151 插入 16P 插座上，地址端 A_0～A_2、数据端 D_0～D_7、使能端 $\overline{S}$ 接逻辑开关，输出端 Q 接 LED 状态显示。置数据输入端 D_0～D_7 为 **10101010** 或 **11110000**，按实验表 8-4 分别输入有关地址信号，观察输出结果并记录在实验表 8-4 中。

4. 全加器功能测试

（1）按如实验图 8-1 所示电路连线。输入端接逻辑开关，输出接 LED 状态显示，检查接线无误后，接通电源测试。当输入 A_i、B_i，C_{i-1} 为实验表 8-5 所列情况时，观察输出端 S_i、C_i 的显示结果，记录于实验表 8-5 中，并总结全加器的逻辑关系式。

（2）试用 1 片 74LS138 和基本门电路构成 1 位全加器电路，画出电路连线图，并验证其功能。

（3）试用 74LS151 构成 1 位全加器电路，画出电路连线图，并验证其功能。

实验表 8-4

输入				输出	
A_2	A_1	A_0	$\overline{S}$	Y	$\overline{W}$
×	×	×	1		
0	0	0	0		
0	0	1	0		
0	1	0	0		
0	1	1	0		
1	0	0	0		
1	0	1	0		
1	1	0	0		
1	1	1	0		

实验表 8-5

A_i	B_i	C_{i-1}	S_i	C_i
0	0	0		
0	0	1		
0	1	0		
0	1	1		
1	0	0		
1	0	1		
1	1	0		
1	1	1		

五、实验报告与要求

1．画出实验集成电路连线示意图，整理实验数据，分析实验结果，说明电路功能。

2．总结组合逻辑电路的特点和一般分析、设计方法。

六、预习要求与思考题

1．预习要求

（1）组合逻辑电路的功能特点和结构特点。

（2）组合逻辑电路的一般分析、设计方法。

（3）所用集成电路的功能、外部引线排列及主要参数、使用注意事项。

2．思考题

（1）试用全加器设计一个 2 位二进制串行进位的加法器电路，画出连线图并验证其功能。

（2）试设计用 3-8 线译码器 74LS138 和门电路实现逻辑函数 $Y_1=\overline{A}\,\overline{B}+ABC$ 和 $Y_2=\overline{B}+C$ 。

第 9 章　触发器和时序逻辑电路

内容提要

- 触发器的特点、分类及逻辑功能
- 时序逻辑电路的特点及逻辑功能描述方法
- 计数器的组成、工作原理、分析方法及应用
- 寄存器的结构、工作特点及应用
- 时序电路的设计方法
- 555 定时器及其应用电路

时序逻辑电路简称时序电路，它的逻辑功能与组合电路有所不同，究其原因是因为时序电路的结构中包含具有记忆功能的基本逻辑单元——**触发器**（Flip-Flop），而组合电路中不包含触发器。本章首先介绍触发器的特点、分类及逻辑功能；其次讨论时序电路的特点、时序电路的分析方法和设计方法；最后重点介绍两种典型的时序电路——**计数器**和**寄存器**。

9.1　触发器

9.1.1　触发器的功能特点

在复杂的数字电路中，要连续进行各种复杂的运算和控制，就必须将曾经输入过的信号以及运算的结果暂时保存起来，以便与新的输入信号进一步运算，共同确定电路新的输出状态。这样，就要求数字电路中必须包含具有记忆功能的电路单元，这种电路单元通常具有两种稳定的逻辑状态，**0** 状态和 **1** 状态，触发器就是具有记忆 1 位二进制代码的基本单元。

为了实现记忆 1 位二值信号的功能，触发器必须具备以下功能特点。

（1）有两个稳定状态——**0** 状态和 **1** 状态，因此也称为**双稳态触发器**。它能存储 1 位二进制信息。

（2）如果外加输入信号为有效电平，触发器将发生状态转换，即从一种稳态翻转到另一种新的稳态。

为便于描述，今后把触发器原来所处的稳态用 Q^n 表示，称为**现态**；而将转换之后的新的稳态用 Q^{n+1} 表示，称为**次态**。我们分析触发器的逻辑功能，主要就是分析当输入信号为某一种取值组合时，输出信号的次态 Q^{n+1} 的值。

（3）当输入信号有效电平消失后，触发器能保持新的稳态。因此说触发器具有记忆功能，是存储信息的基本单元。

触发器是构成时序逻辑电路必不可少的基本部件。

9.1.2　触发器的分类及逻辑功能描述方法

触发器的种类较多，根据逻辑功能可分为：RS 触发器、D 触发器、JK 触发器、T 触发器和 T′触发器；根据触发方式的不同可分为：电平触发型和边沿触发型触发器；从结构上可分为：

基本触发器、同步触发器、主从触发器和边沿触发器，其中，同步触发器、主从触发器、边沿触发器又统称为**时钟触发器**。

本节重点之一是分析不同触发器的逻辑功能，在分析逻辑功能时，常用的分析方法有：特性表、特性方程、工作波形图（时序图）等。

9.1.3 基本 RS 触发器

1. 电路组成及逻辑符号

将两个**与非**门首尾交叉相连，就组成一个基本 RS 触发器，如图 9-1（a）所示。其中$\overline{R}$、$\overline{S}$是两个输入信号，低电平有效。Q、$\overline{Q}$是两个互补输出端，其输出信号相反，触发器正常工作时，要求这两个互补输出端的输出电平必须相反。通常规定 Q 端的输出状态为触发器的存储状态，例如，当 $Q=\mathbf{0}$，$\overline{Q}=\mathbf{1}$ 时，称触发器存储 **0** 状态；当 $Q=\mathbf{1}$，$\overline{Q}=\mathbf{0}$ 时，称触发器存储 **1** 状态。图 9-1（b）是基本 RS 触发器的图形符号。

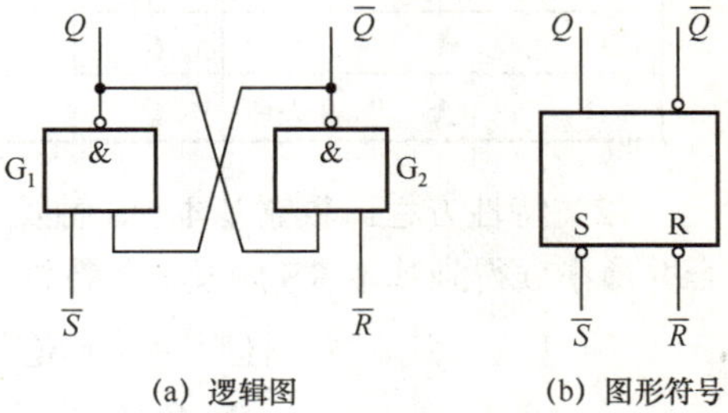

图 9-1 由与非门构成的基本 RS 触发器

2. 逻辑功能分析

下面分析基本 RS 触发器的逻辑功能。

（1）$\overline{R}=\mathbf{1}$，$\overline{S}=\mathbf{1}$ 时，输入信号均为无效电平，由逻辑图不难分析出，此时触发器将保持原来的状态不变，即 $Q^{n+1}=Q^n$。

（2）$\overline{R}=\mathbf{0}$，$\overline{S}=\mathbf{1}$ 时，此时 G_2 门的输出$\overline{Q}=\mathbf{1}$，因而 G_1 门的输入全为 **1**，则 $Q=\mathbf{0}$，触发器为 **0** 态，即 $Q^{n+1}=\mathbf{0}$，且与原来状态无关，这种功能称为触发器**置 0**，又称**复位**。由于置 **0** 是输入信号$\overline{R}$为有效电平 **0** 所致，因此$\overline{R}$端叫作**置 0 端**，又叫**复位端**。

（3）$\overline{R}=\mathbf{1}$，$\overline{S}=\mathbf{0}$ 时，此时 G_1 门的输出 $Q=\mathbf{1}$，因而 G_2 门的两个输入均为 **1**，则$\overline{Q}=\mathbf{0}$，触发器为 **1** 态，即 $Q^{n+1}=\mathbf{1}$，同样与原状态无关，这种功能称为触发器**置 1**，又称**置位**。由于置 **1** 是输入信号$\overline{S}$为有效电平 **0** 所致，因此$\overline{S}$端叫作**置 1 端**，又叫**置位端**。

（4）$\overline{R}=\mathbf{0}$，$\overline{S}=\mathbf{0}$ 时，输入信号均为有效电平，这种情况是不允许的。因为：①$\overline{R}=\mathbf{0}$，$\overline{S}=\mathbf{0}$ 破坏了 Q 与$\overline{Q}$互补的约定；②当$\overline{R}$、$\overline{S}$的低电平有效信号同时消失后，Q 与$\overline{Q}$的状态将是不确定的。顺便指出，如果$\overline{R}$、$\overline{S}$的有效电平不同时撤销，即不同时由 **0** 变 **1**，则触发器状态由后变的信号决定。例如，若$\overline{S}=\mathbf{0}$ 的有效电平晚于$\overline{R}$变化，则当$\overline{R}$首先由 **0** 变 **1** 时，此时$\overline{S}$仍为 **0**，这时触发器将被置 **1**。

3. 逻辑功能描述

综合以上对基本 RS 触发器逻辑功能的分析结果，下面分别用特性表、特性方程、状态转换图、工作波形图将其功能进行描述。

（1）特性表。通过前面的分析可以看出，触发器的次态 Q^{n+1} 不仅与输入信号$\overline{R}$、$\overline{S}$有关，还与触发器的现态 Q^n 有关，这正体现了触发器的记忆功能。因此，特性表中，如表 9-1（a）所列，自变量共有 3 个，$\overline{R}$、$\overline{S}$和 Q^n，函数是次态 Q^{n+1}。表 9-1（b）是简化特性表。表中“×”表示触发器输出状态不定。

表 9-1　基本 RS 触发器特性表

（a）　特性表

$\overline{R}$	$\overline{S}$	Q^n	Q^{n+1}	功　能
0	**0**	**0**	×	不允许
0	**0**	**1**	×	
0	**1**	**0**	**0**	置　0
0	**1**	**1**	**0**	
1	**0**	**0**	**1**	置　1
1	**0**	**1**	**1**	
1	**1**	**0**	Q^n	保　持
1	**1**	**1**	Q^n	

（b）　简化特性表

$\overline{R}$	$\overline{S}$	Q^{n+1}	功　能
0	**0**	×	不允许
0	**1**	**0**	置　**0**
1	**0**	**1**	置　**1**
1	**1**	Q^n	保　持

（2）特性方程。根据基本 RS 触发器的特性表 9-1（a），可以画出卡诺图，如图 9-2 所示。合并最小项得到基本 RS 触发器的特性方程为

$$\begin{cases} Q^{n+1} = S + \overline{R}Q^n \\ \overline{R} + \overline{S} = \mathbf{1} \end{cases} \qquad (9\text{-}1)$$

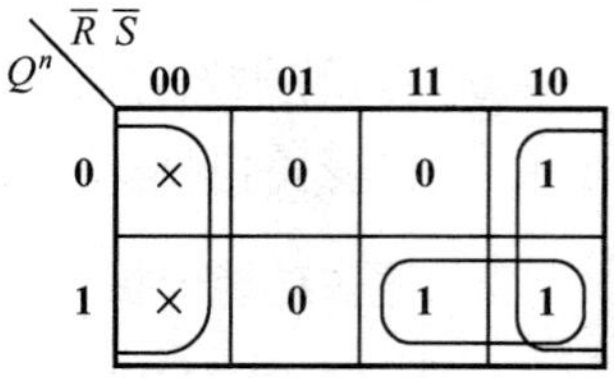

图 9-2　Q^{n+1} 的卡诺图

式（9-1）是基本 RS 触发器的特性方程。其中 $\overline{R}+\overline{S}=\mathbf{1}$ 表示两个输入信号之间必须满足的约束条件。

（3）工作波形图。触发器的状态也可用工作波形图表示，下面通过一道例题说明波形图的画法。

例 9-1　根据图 9-3 中所给 $\overline{R}$、$\overline{S}$ 的电压波形，画出图 9-1 基本 RS 触发器 Q 与 $\overline{Q}$ 端的电压波形。

解　根据基本 RS 触发器的特性表，画出电压波形图如图 9-3 所示。

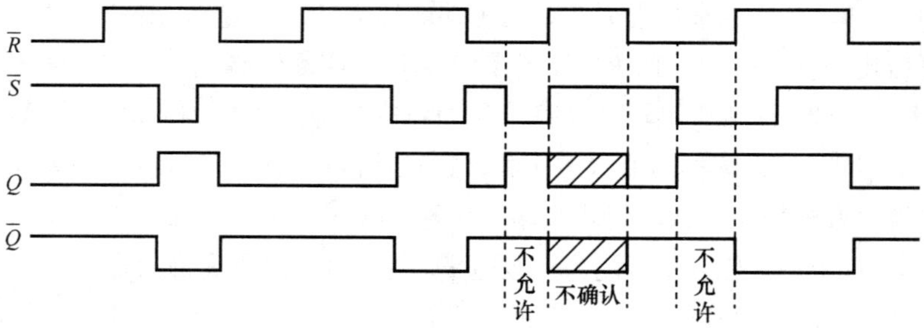

图 9-3　例 9-1 的波形图

4．应用举例

在调试数字电路时，经常要用到脉冲信号。脉冲信号的产生通常是利用机械开关接通产生的。由于机械开关触点的金属片有弹性，所以接通开关时触点常发生抖动，使产生的电压或电流波形产生"毛刺"，影响脉冲信号的质量，如图 9-4 所示。

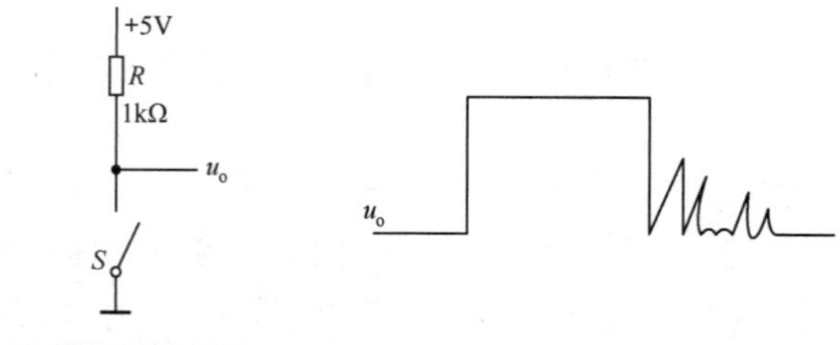

(a) 机械开关的接通　　(b) 对电压波形的影响

图 9-4　机械开关的工作情况

利用基本 RS 触发器的记忆作用可以消除上述开关振动所产生的影响，开关与触发器的连接如图 9-5（a）所示。设单刀双掷开关 S 原来与 B 点接触，触发器的输入信号 $\overline{R}=\mathbf{0}$，根据基本 RS 触发器的逻辑功能，此时触发器的状态为 **0**。当开关由 B 合向 A

时，其中有一段短暂的浮空时间，这时触发器的两个输入信号 $\overline{R}$ 、$\overline{S}$ 均为 **1**，触发器保持原来状态，仍为 **0**。当中间触点与 A 接触时，A 点的电位由于振动而产生“毛刺”。但是，首先是 B 点已经为高电平（$\overline{R}$ =**1**），A 点一旦出现低电平（$\overline{S}$ = **0**），触发器的状态翻转为 **1**，即使 A 点再出现高电平（$\overline{S}$ = **1**），也不会再改变触发器的状态，所以 Q 端的电压波形不会出现“毛刺”，如图 9-5（b）所示。

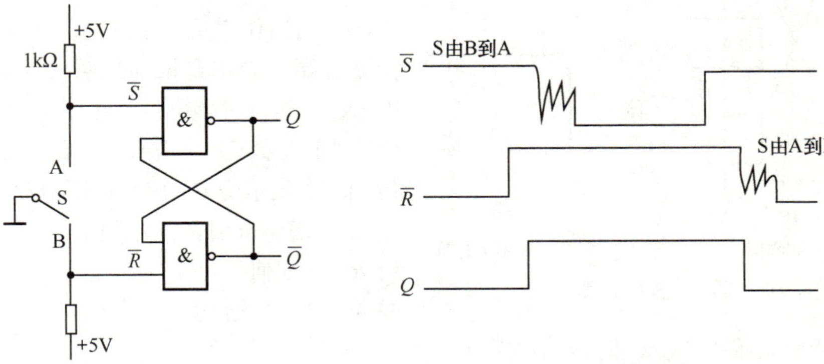

(a) 电路　　(b) 电压波形

图 9-5　利用基本 RS 触发器消除机械开关振动的影响

通过前面的分析，可以总结出基本 RS 触发器具有以下特点。

优点：电路结构简单，是构成其他复杂结构触发器的基础。具有置 **0**、置 **1**、保持三项功能。

缺点：存在**直接控制问题**。即在输入信号存在期间，输入信号直接控制输出端的状态，这将会使触发器的使用局限性增大；另外，输入信号 R、S 之间存在约束，这也会限制触发器逻辑功能的发挥。

9.1.4　同步触发器

基本 RS 触发器的输出状态无法从时间上加以控制，只要输入端有信号，触发器就立即做相应的状态变化。而在实际的数字系统中，往往是由多个触发器组成，这时常常需要各个触发器按一定的节拍同步动作，因此必须给电路加上一个统一的控制信号，用以协调各触发器的同步翻转，这个统一的控制信号称为**时钟脉冲 CP**（Clock Pulse）信号。

本节主要介绍用 CP 作为控制信号的触发器，称为**时钟触发器**，或者称为**同步触发器**。时钟触发器有 4 种触发方式。

（1）CP = **1** 期间输入控制输出，称为 CP 高电平触发，记为“” ┐
（2）CP = **0** 期间输入控制输出，称为 CP 低电平触发，记为“” ┘ 电平触发

（3）CP 由 **0** 变 **1** 瞬间输入控制输出，称为 CP 上升沿触发，记为“”或“↑” ┐
（4）CP 由 **1** 变 **0** 瞬间输入控制输出，称为 CP 下降沿触发，记为“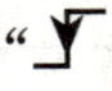”或“↓” ┘ 边沿触发

为区别上述 CP 的 4 种触发方式，常在触发器图形符号中 CP 端画上不同的标记，如图 9-6 所示。

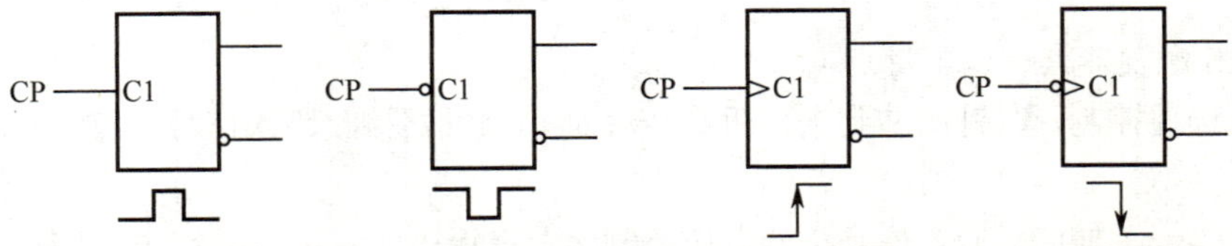

(a) 高电平触发　　(b) 低电平触发　　(c) 上升沿触发　　(d) 下降沿触发

图 9-6　时钟触发器的触发方式

1. 同步 RS 触发器

在基本 RS 触发器的输入端加上两个导引门，就组成同步 RS 触发器，如图 9-7（a）所示。图中 $\overline{R}_D$、$\overline{S}_D$ 分别是直接置 **0**（复位）端和直接置 **1**（置位）端，低电平有效，只要两者当中有一个为有效电平，触发器就被直接置 **0** 或置 **1**，不管此时 CP 和输入信号 R、S 为何值。也就是说，它们的作用优先于 CP，所以也称之为**异步复位端**和**异步置位端**。图 9-7（b）是同步 RS 触发器的图形符号。在图形符号中，用框内的 C1 表示 CP 是编号为 1 的一个控制信号。1S 和 1R 表示受 C1 控制的两个输入信号。

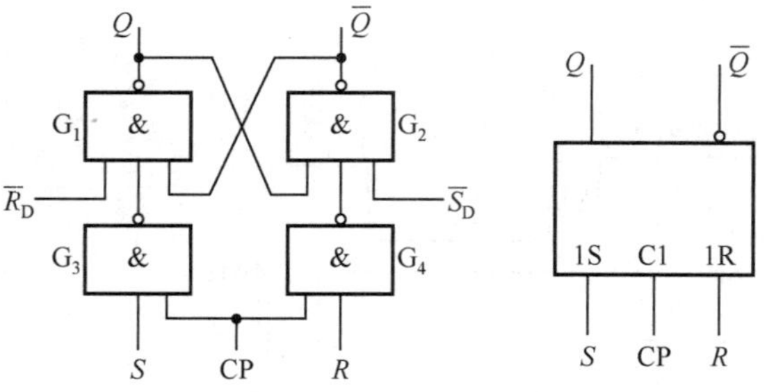

(a) 逻辑图　　(b) 图形符号

图 9-7　同步 RS 触发器

当 CP = **0** 时，控制门 G_3、G_4 被封锁，无论 R、S 如何变化，G_3、G_4 均输出高电平 **1**，根据基本 RS 触发器的逻辑功能，此时同步 RS 触发器应保持原来状态不变，即 $Q^{n+1} = Q^n$。

当 CP = **1** 时，控制门 G_3、G_4 被打开，此时，若 $R = \mathbf{0}$，$S = \mathbf{0}$，触发器保持原来状态，$Q^{n+1} = Q^n$；若 $R = \mathbf{0}$，$S = \mathbf{1}$，G_3 门输出 **0**，从而使 $Q = \mathbf{1}$，即触发器被置 **1**；若 $R = \mathbf{1}$，$S = \mathbf{0}$，G_4 门输出 **0**，从而使 $\overline{Q} = \mathbf{1}$，触发器被置 **0**；若 $R = \mathbf{1}$，$S = \mathbf{1}$，触发器状态不定，因此这种取值要避免。表 9-2 是同步 RS 触发器的特性表。

同步 RS 触发器的特性方程为

$$\begin{cases} Q^{n+1} = S + \overline{R}Q^n \\ RS = \mathbf{0} \end{cases} \quad \text{（CP =}\mathbf{1}\text{ 期间有效）} \qquad (9\text{-}2)$$

其中，$RS = \mathbf{0}$ 是同步 RS 触发器输入信号 R、S 之间的约束条件。

如图 9-8 所示是同步 RS 触发器的波形图，由于开始一段 CP 脉冲为低电平，所以对于 CP 高电平触发的触发器，需要首先假设触发器的初始状态，通常假设初态为 **0** 态，即 $Q = \mathbf{0}$，$\overline{Q} = \mathbf{1}$。若输入信号 R、S 的波形也已知，则根据同步 RS 触发器的特性表 9-2，便可画出输出信号 Q 及 $\overline{Q}$ 的波形，如图 9-8 所示。

表 9-2　同步 RS 触发器特性表

（CP = 1 期间有效）

R	S	Q^{n+1}	说明
0	**0**	Q^n	保持
0	**1**	**1**	置 **1**
1	**0**	**0**	置 **0**
1	**1**	×	不定

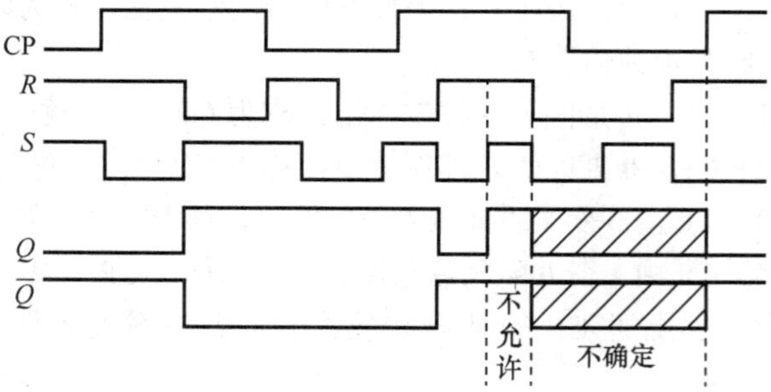

图 9-8　同步 RS 触发器的波形图

同步 RS 触发器具有以下特点。

优点：选通控制，时钟脉冲到来，即 CP = **1** 时，触发器接收输入信号，CP = **0** 时，触发器保持原态。

缺点：CP = **1** 期间，输入信号仍然直接控制触发器输出端的状态；R、S 之间仍有约束，后者可以利用 D 锁存器的连接方式解决。

2．同步 D 触发器

同步 D 触发器又称 D 锁存器，简称**锁存器**，其电路结构及图形符号如图 9-9 所示。它是在同步 RS 触发器的基础上，将 G_3 门的输出反馈到 G_4 门作为 R 输入信号，S 输入端改为 D 而构成的。显然，在 CP = **1** 期间，电路总有 $R \neq S$ 成立，从而克服了输入信号存在约束的问题。

当 CP = **0** 时，门 G_3、G_4 被封锁，触发器保持原来状态。当 CP = **1** 时，门 G_3、G_4 打开，此时，若 $D = \mathbf{0}$，则 G_3 门输出高电平，G_4 门输出低电平，触发器被置 **0**；若 $D = \mathbf{1}$，则 G_3 门输出低电平，G_4 门输出高电平，触发器被置 **1**。也就是说，D 是什么状态，触发器就被置成什么状态。所以特性方程为

$$Q^{n+1} = D \quad （\text{CP} = \mathbf{1} \text{ 期间有效}） \tag{9-3}$$

其特性表如表 9-3 所示。可见，D 触发器只有置 **0** 和置 **1** 两项功能。

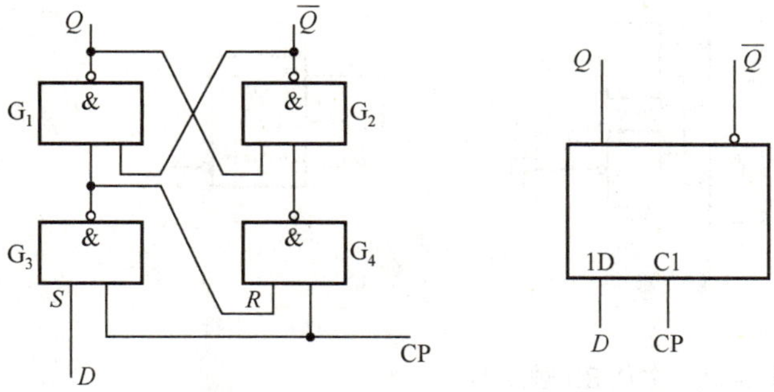

(a) 逻辑图　　(b) 图形符号

图 9-9　同步 D 触发器的逻辑图和图形符号

表 9-3　同步 D 触发器特性表

（CP = 1 期间有效）

D	Q^{n+1}	功　能
0	**0**	置 **0**
1	**1**	置 **1**

如图 9-10 所示是在给定 CP 和 D 信号波形的基础上画出的图 9-9 所示同步 D 触发器 Q 端的电压波形（设触发器初始状态为 **0** 态）。

通过以上分析，可以总结出同步 D 触发器具有以下特点。

优点：同步 D 触发器除具有同步 RS 触发器的优点外，还解决了输入信号之间存在约束的问题。

缺点：仍存在直接控制问题。即 CP = **0** 时，触发器不接收输入信号，保持原态；但是在整个 CP = **1** 期间，触发器都能接收输入信号，其输出状态仍然随输入信号变化而变化。为了从根本上解决电平直接控制问题，人们在同步触发器基础上设计出了**主从触发器**。

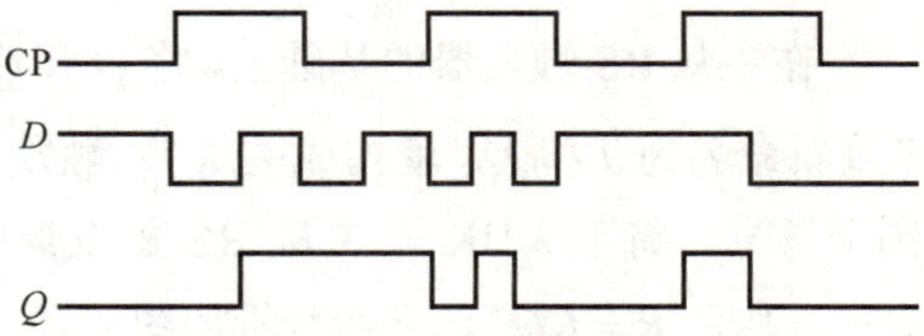

图 9-10　同步 D 触发器的波形图

9.1.5　主从触发器

1．主从 RS 触发器

将两个同步 RS 触发器串联起来就可组成主从 RS 触发器，如图 9-11（a）所示。虚线右边由 G_1～G_4 组成的同步 RS 触发器称为**从触发器**，从触发器的状态是整个触发器的状态。虚线左边由 G_5～G_8 组成的同步 RS 触发器称为**主触发器**，主触发器能够接收并存储输入信号，是触发导引电路。门 G_9 是反相器，由它产生的 $\overline{\text{CP}}$ 作为从触发器的脉冲信号，从而使主从触发器的工作分别进行。

在主从 RS 触发器中，接收信号和输出信号是分成两步进行的，其工作原理如下。

（1）CP = **1** 时，主触发器的状态仅取决于 R、S 输入信号。Q'和 R、S 之间的逻辑关系就是同步 RS 触发器的逻辑关系。此时，$\overline{CP}$= **0**，G_3、G_4 被封锁，从而使从触发器维持原态不变。也就是说，CP = **1** 时，G_7、G_8 门打开，G_3、G_4 门被封锁，R、S 输入信号仅存放在主触发器中，不影响从触发器状态。

（2）CP 由 **1** 变为 **0** 后，G_7、G_8 门被封锁，主触发器维持已置成的状态不变，不再受 R、S 输入信号影响。此时，$\overline{CP}$= **1**，G_3、G_4 门打开，从触发器接收主触发器的状态信号 Q'和$\overline{Q'}$，从而使从触发器的输出状态 $Q = Q'$，$\overline{Q}$= $\overline{Q'}$。也就是说，CP 由 **1** 变为 **0** 后，主触发器的状态维持不变，从触发器接收主触发器存储的信息。

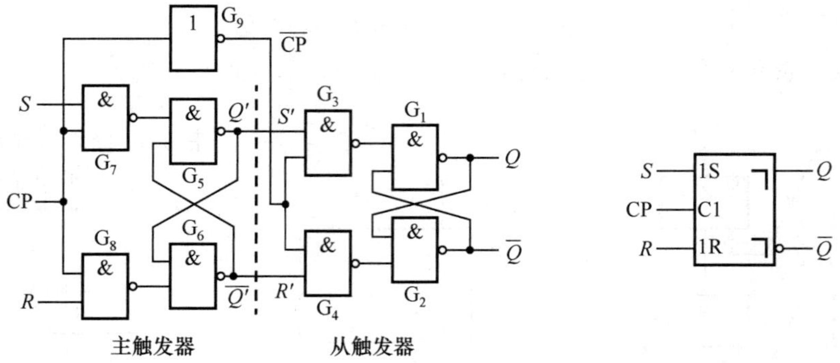

(a) 逻辑图　　　(b) 图形符号

图 9-11　主从 RS 触发器

因此，在如图 9-11（b）所示主从 RS 触发器的逻辑符号中，用框内的“┐”表示“延迟输出”，即 CP 回到低电平（有效电平消失）以后，输出状态才改变。

对于主从 RS 触发器，当 $R = S =$ **1** 时，触发器的状态不定，为了避免这种情况，把主从 RS 触发器做进一步改进，就得到了主从 JK 触发器。

2．主从 JK 触发器

在主从 RS 触发器的基础上，将 Q 和 $\overline{Q}$ 分别反馈到 G_8、G_7 门的输入端，并将原输入信号 R、S 重新命名为 J 和 K，就构成主从 JK 触发器，如图 9-12（a）所示。如图 9-12（b）所示为它的图形符号。将主从 JK 与主从 RS 触发器的逻辑图进行比较可以看出，其触发信号的关系为：$S = J\overline{Q^n}$，$R = KQ^n$。下面分析如图 9-12（a）所示主从 JK 触发器的逻辑功能。

（1）$J =$ **0**，$K =$ **0** 时，此时门 G_7、G_8 被封锁，CP 脉冲到来后，触发器的状态并不翻转，保持原来状态，即 $Q^{n+1} = Q^n$。

（2） $J =$ **1**，$K =$ **1** 时，此时，若 $Q^n =$ **1**，则对比主从 RS 触发器，相当于 $S = J\overline{Q^n} = \mathbf{0}$，$R = KQ^n = \mathbf{1}$，故触发器被置 **0**；若 $Q^n = \mathbf{0}$，则 $S = J\overline{Q^n} = \mathbf{1}$，$R = KQ^n = \mathbf{0}$，触发器被置 **1**。可见，$J =$ **1**，$K =$ **1** 时，触发器总要发生状态翻转，即 $Q^{n+1} = \overline{Q^n}$。

（3）$J =$ **1**，$K =$ **0** 时，若触发器原态为 **0**，即 $Q^n = \mathbf{0}$，$\overline{Q^n} = \mathbf{1}$，那么在 CP = **1** 时，主触发器的 $Q^{n+1} = \mathbf{1}$。当 CP 由 **1** 变 **0**，即下降沿到来后，主触发器状态转存到从触发器中，电路状态由 **0** 翻转到 **1**，$Q^{n+1} = \mathbf{1}$。若触发器原态为 **1**，即 $Q^n = \mathbf{1}$，$\overline{Q^n} = \mathbf{0}$，门 G_7、G_8 被封锁，CP 脉冲到来后，触发器的状态不变，保持 **1** 态，$Q^{n+1} = \mathbf{1}$。综上所述，只要 $J =$ **1**，$K =$ **0**，不论触发器原来为何状态，CP 脉冲到来后，就有 $Q^{n+1} = \mathbf{1}$，即触发器被置 **1**。

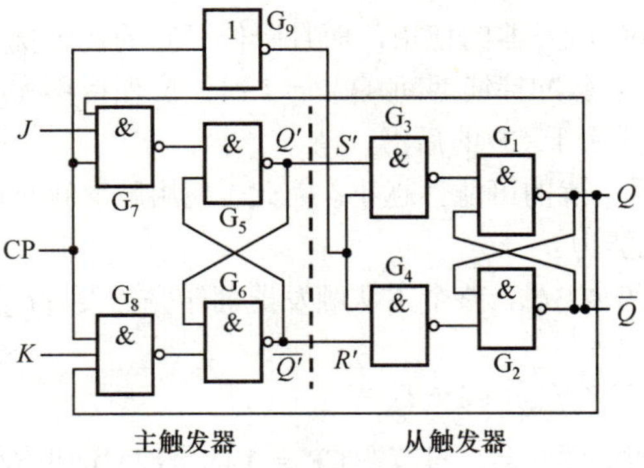

(a) 逻辑图

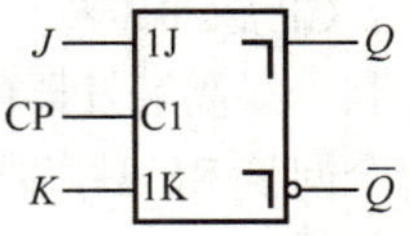

(b) 图形符号

图 9-12　主从 JK 触发器

（4）$J=\mathbf{0}$，$K=\mathbf{1}$ 时，同前分析，此时，触发器被置 **0**，即 $Q^{n+1}=\mathbf{0}$。

根据以上分析，可以得到主从 JK 触发器的特性表如表 9-4 所列。主从 JK 触发器的特性方程可根据同步 RS 触发器推导得到，即

$$Q^{n+1}=S+\overline{R}Q^n=J\overline{Q^n}+\overline{K}Q^n \text{（CP 下降沿到来时有效）} \tag{9-4}$$

主从 JK 触发器的波形图如图 9-13 所示。

表 9-4　主从 JK 触发器特性表
（CP 下降沿到来时有效）

J	K	Q^{n+1}	功　能
0	**0**	Q^n	保　持
0	**1**	**0**	置　**0**
1	**0**	**1**	置　**1**
1	**1**	$\overline{Q^n}$	翻　转

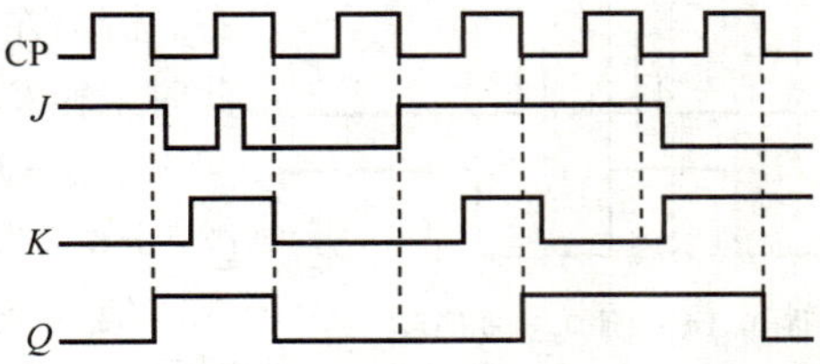

图 9-13　主从 JK 触发器波形图

3．主从 T 触发器和主从 T′触发器

图 9-12 中，若将主从 JK 触发器的两个输入端连接在一起变成一个输入端 T，便构成 T 触发器。据此，只需令 $J=K=T$，代入 JK 触发器的特性方程中，便可得到 T 触发器的特性方程为

$$Q^{n+1}=T\overline{Q^n}+\overline{T}Q^n=T\oplus Q^n \text{（CP 下降沿到来时有效）} \tag{9-5}$$

式（9-5）中，当 $T=\mathbf{0}$ 时，$Q^{n+1}=Q^n$，触发器保持原态；当 $T=\mathbf{1}$ 时，$Q^{n+1}=\overline{Q^n}$，触发器处于翻转状态。触发器翻转的次数，可以用来统计送入到触发器 CP 脉冲的个数，因此翻转状态通常也称为计数状态。T 触发器的特性表如表 9-5 所列。

表 9-5　T 触发器特性表
（CP 下降沿到来时有效）

T	Q^{n+1}	功　能
0	Q^n	保持
1	$\overline{Q^n}$	翻转（计数）

在 T 触发器中，令 $T=\mathbf{1}$，则 T 触发器变为 T′触发器。显然，T′触发器只具有翻转计数功能，其特性方程为

$$Q^{n+1}=\overline{Q^n} \text{（CP 下降沿到来时有效）} \tag{9-6}$$

主从 JK 触发器虽然从根本上解决了输入信号的直接控制问题，但是却存在一次变化现象。所谓**一次变化现象**，是指 $\mathrm{CP}=\mathbf{1}$ 期间，主触发器能且只能翻转一次的现象。产生一次变化现象的原因在于：状态互补的 Q、$\overline{Q}$ 分别引回到了门 G_8、G_7 的输入端，使两个控制门中总有一个是被封锁的，而根据同步 RS 触发器的性能知道，从一个输入端加信号，其状态能且只能改变一

次。一次变化问题，不仅限制了主从 JK 触发器的使用，而且降低了它的抗干扰能力。因此，为保证触发器可靠工作，J、K 信号在 CP 脉冲持续期间（CP = **1** 时）应保持不变，且信号的前沿应略超前于 CP 的前沿，而后沿应略滞后于 CP 的后沿。

不难理解，CP 脉冲越窄，触发器受干扰的可能性越小。因此，使用脉宽较小的窄脉冲作为控制信号，有利于提高触发器的抗干扰能力。

通常，一个同步 RS 触发器翻转完需要 $3t_{pd}$，整个主从触发器翻转完需要 $6\,t_{pd}$，所以主从触发器的最高工作频率为

$$f_{max} \leqslant 1/6\,t_{pd}$$

由此可知，在使用主从结构触发器时必须注意：只有在 CP = **1** 的全部时间里输入状态始终未变的条件下，用 CP 下降沿到达时输入的状态决定触发器的次态才肯定是对的。否则，必须考虑 CP = **1** 期间输入状态的全部变化过程，才能确定 CP 下降沿到达时触发器的次态。参见下面例题。

例 9-2 在如图 9-12 所示的主从 JK 触发器中，已知 CP、J、K 的电压波形如图 9-14 所示，试画出与之对应的输出端 Q 的电压波形。设触发器的初始状态为 Q = **0**。

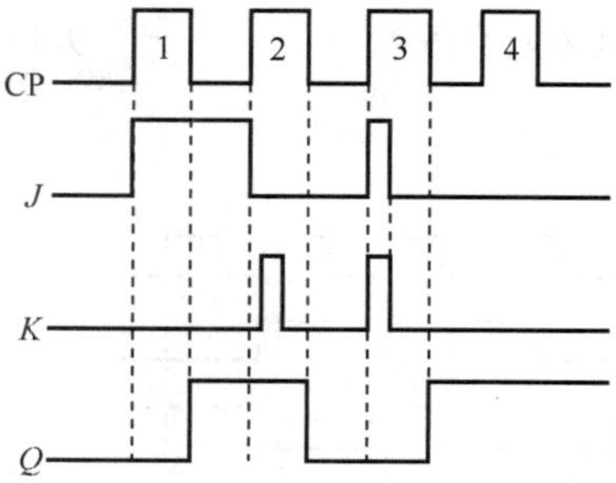

图 9-14 例 9-2 波形图

解 由图 9-14 可见，第一个 CP 高电平期间始终为 J = **1**、K = **0**，CP 下降沿到达后触发器置 **1**。

第二个 CP 的高电平期间 K 端状态发生过变化，因而不能简单地以 CP 下降沿到达时 J、K 的状态来确定触发器的次态。因为在 CP 高电平期间出现过短时的 J = **0**、K = **1** 状态，此时主触发器便被置 **0**，所以虽然 CP 下降沿达到时输入状态回到了 $J = K$ = **0**，但从触发器仍按主触发器的状态被置 **0**，即 Q^{n+1} = **0**。

第三个 CP 下降沿到达时 J = **0**、K = **0**。如果以这时的输入状态决定触发器次态，应保持 Q^{n+1} = **0**。但由于 CP 高电平期间曾出现过 $J = K$ = **1** 状态，CP 下降沿到达之前主触发器已由 **0** 翻转到 **1**，所以 CP 下降沿到达后从触发器的状态为 **1**。

为了解决主从 JK 触发器的一次变化问题，增强电路工作的可靠性，便出现了边沿触发器。

9.1.6 边沿触发器

边沿触发器的具体电路结构形式较多，但边沿触发或控制的特点却是相同的，下面以边沿 JK 触发器为例，来说明电路的结构和主要特点。

如图 9-15（a）所示为边沿 JK 触发器的逻辑电路图。从图中可以看出，该触发器由两个同步 D 触发器外加 G_1、G_2、G_3 三个门电路组成。输出信号 Q 反馈回 G_1、G_3 门。如图 9-15（b）所示为边沿 JK 触发器的图形符号，CP 端的小圆圈表示电路是下降沿触发的边沿 JK 触发器。在逻辑符号中，用 CP 输入端处框内的“^”表示触发器为边沿触发方式。

参照前面对主从触发器工作原理的分析，读者可以自行分析如图 9-15（a）所示边沿 JK 触发器的工作原理。不难看出，该触发器是在 CP 上升沿到来前接收输入信号，CP 上升沿到来时刻翻转，上升沿结束后输入即被封锁，三个步骤都是在上升沿前后完成，所以被称为边沿触发器。

如图 9-15（a）所示边沿结构的触发器，真正实现了 CP 脉冲的边沿控制，彻底解决了触发器的直接控制问题，并且消除了一次变化现象。所以说，在所有结构的触发器中，边沿触发器功能最完善，得到广泛应用。其中的边沿 JK 触发器是最具典型的触发器，其产品居多。边沿

JK 触发器主要有以下特点。

（1）时钟脉冲边沿控制。在 CP 上升沿或下降沿瞬间，加在 J 端和 K 端的信号才会被接收。也称为边沿触发。

（2）抗干扰能力极强，工作速度很高。因为只要在 CP 触发沿瞬间 J、K 的值是稳定的，所以触发器才能可靠地按照特性方程的规定更新状态，在其他时间里，J、K 不起作用。因为是边沿控制，需要的输入信号建立时间和保持时间都极短，所以工作速度可以很高。

（3）功能齐全，使用灵活方便。在 CP 边沿控制下，根据 J、K 取值的不同，边沿 JK 触发器具有保持、置 **0**、置 **1**、翻转 4 项功能，对于触发器来说，它是一种全功能型电路。

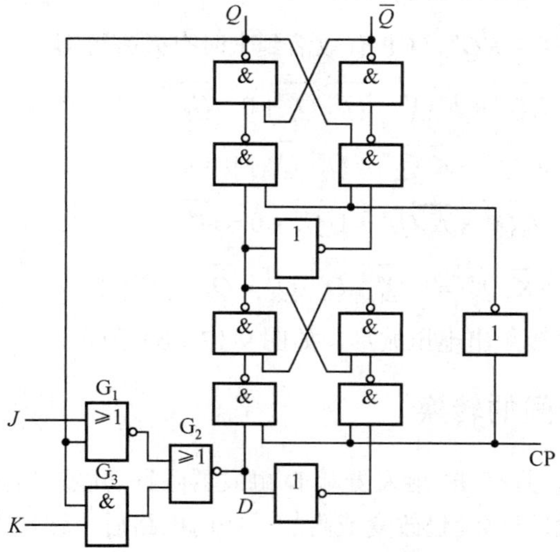

(a) 电路图

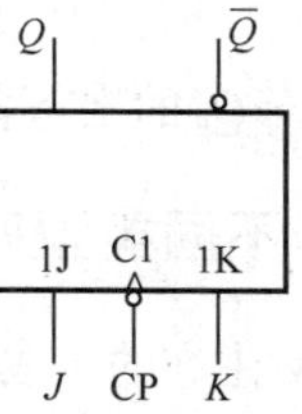

(b) 图形符号

图 9-15　边沿 JK 触发器

例 9-3　如图 9-16（a）所示为带有异步控制端的边沿 JK 触发器，其 CP、$\overline{R}_D$、$\overline{S}_D$ 以及 J、K 的电压波形如图 9-16（b）所示，试画出输出端 Q 电压波形。

解　画波形时需注意两点。

（1）该触发器为 CP 脉冲下降沿触发。

（2）异步控制端的控制权最高。

根据以上两点以及 JK 触发器的特性表，可画出输出端 Q 的波形如图 9-16（b）所示。

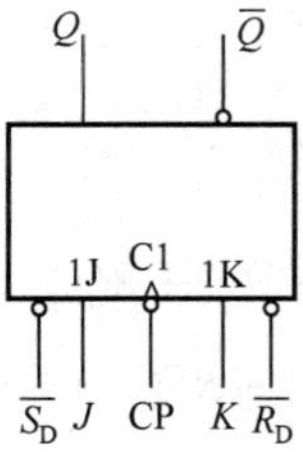

(a) 带有异步控制端的JK触发器

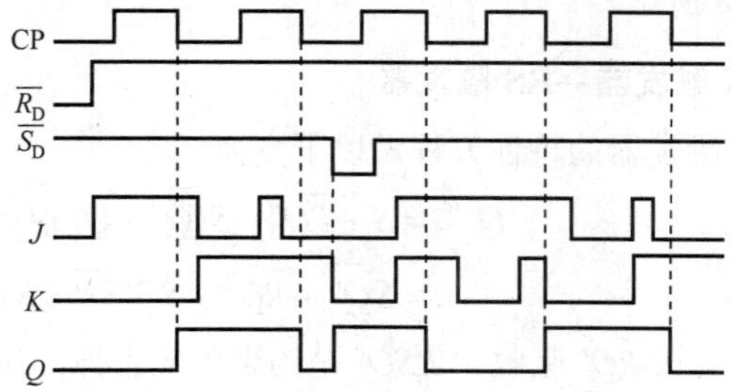

(b) 电压波形图

图 9-16　例 9-3 用图

例 9-4　如图 9-17（a）所示各触发器，已知 CP 为如图 9-17（b）所示的连续脉冲，试画出 Q_1～Q_4 的波形。设各触发器初态为 $Q = \mathbf{0}$。

解　根据 JK 触发器的特性方程以及如图 9-17（a）所示各电路图，首先写出各触发器的输出信号表达式（即次态 Q^{n+1} 的表达式），然后根据 Q^{n+1} 表达式即可直接画出 Q 端的波形。

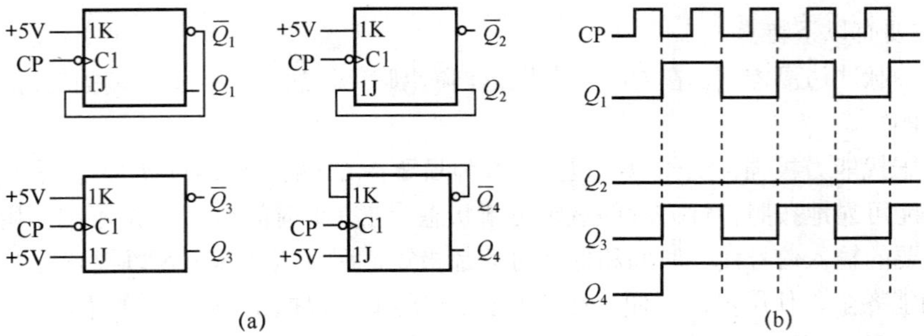

图 9-17　例 9-4 图

由 JK 触发器的特性方程 $Q^{n+1}=J\overline{Q^n}+\overline{K}Q^n$（CP 有效沿到来时有效）可得

$$Q_1^{n+1}=J_1\overline{Q_1^n}+\overline{K_1}Q_1^n=\overline{Q_1^n}\cdot\overline{Q_1^n}+0=\overline{Q_1^n}$$

$$Q_2^{n+1}=J_2\overline{Q_2^n}+\overline{K_2}Q_2^n=Q_2^n\cdot\overline{Q_2^n}+0=0$$

$$Q_3^{n+1}=J_3\overline{Q_3^n}+\overline{K_3}Q_3^n=1\cdot\overline{Q_3^n}+0=\overline{Q_3^n}$$

$$Q_4^{n+1}=J_4\overline{Q_4^n}+\overline{K_4}Q_4^n=1\cdot\overline{Q_4^n}+\overline{\overline{Q_4^n}}\cdot Q_4^n=\overline{Q_4^n}+Q_4^n=1$$

根据 Q_1～Q_4 的次态表达式，可直接画出电压波形，如图 9-17（b）所示。

9.1.7　不同类型时钟触发器间的转换

由于实际生产的集成时钟触发器，只有 JK 触发器和 D 触发器两种功能，当需要其他功能触发器时，可以考虑将这两种功能的触发器经过改变或附加一些门电路后，转换为所需功能的触发器。下面仅以 JK 触发器转换成其他功能触发器为例介绍。

1．JK 触发器→ D 触发器

D 触发器的逻辑功能为：在 CP 控制下，输出信号 Q 与输入信号 D 的状态完全相同，即 $Q^{n+1}=D$，这就是 D 触发器的特性方程。为了将 JK 触发器转换为 D 触发器，需要将 D 触发器的特性方程做一变换，即

$$Q^{n+1}=D=D(\overline{Q^n}+Q^n)=D\overline{Q^n}+DQ^n$$

与 JK 触发器的特性方程对比后可知，若令 $J=D$，$K=\overline{D}$，便能得到 D 触发器。转换逻辑图如图 9-18 所示。

2．JK 触发器→RS 触发器

将 RS 触发器的特性方程做以下变换

$$Q^{n+1}=S+\overline{R}Q^n=S(\overline{Q^n}+Q^n)+\overline{R}Q^n=S\overline{Q^n}+SQ^n+\overline{R}Q^n$$

$$=S\overline{Q^n}+\overline{R}Q^n+SQ^n(\overline{R}+R)=S\overline{Q^n}+\overline{R}Q^n+\overline{R}SQ^n+RSQ^n$$

$\overline{R}SQ^n$ 可被 $\overline{R}Q^n$ 吸收，RSQ^n 是约束项应去掉，从而得到

$$Q^{n+1}=S\overline{Q^n}+\overline{R}Q^n$$

将上式与 JK 触发器的特性方程进行对比可知，若令 $J=S$，$K=R$，便能得到 RS 触发器。转换逻辑图如图 9-19 所示。

3．JK 触发器→T 触发器

对于 JK 触发器，令 $J=K=T$，即得到 T 触发器。因此得到 T 触发器的特性方程为

$$Q^{n+1}=T\overline{Q^n}+\overline{T}Q^n=T\oplus Q^n$$（CP 有效沿到来后有效）

可以看出，T 触发器只具有保持和翻转两项功能。JK 触发器转换为 T 触发器的逻辑图如图 9-20 所示。

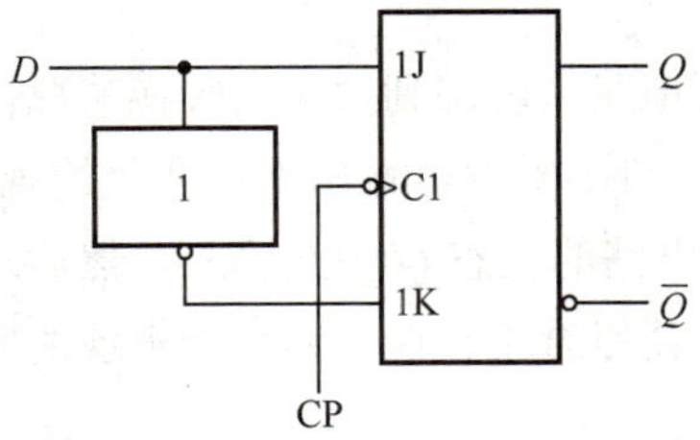

图 9-18　JK 触发器转换成 D 触发器

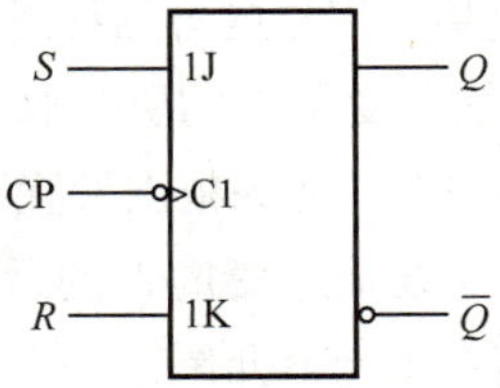

图 9-19　JK 触发器转换成 RS 触发器

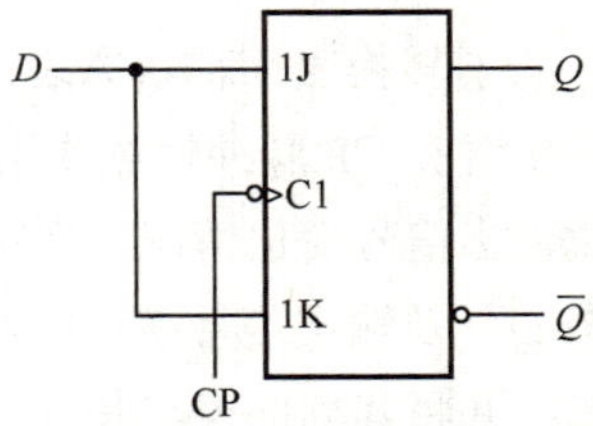

图 9-20　JK 触发器转换成 T 触发器

9.2　时序电路概述

9.2.1　时序电路的特点

1．功能特点

时序电路的输出不仅取决于该时刻的输入信号，而且还与电路的原状态有关。简而言之，时序电路具有“记忆性”。

时序电路之所以具有上述功能特点，归根到底是由电路结构决定的。

2．结构特点

时序电路由组合电路和存储电路组成，而存储电路是由具有记忆功能的触发器构成。如图 9-21 所示为时序电路的结构方框图，图中 X 为输入信号，CP 为时钟脉冲，Y 为输出信号，Q 为存储电路的状态输出，W 为存储电路的反馈信号。在实用的时序电路中，有时可能没有输入信号 X，并且可能以存储电路的状态作为整个电路的输出。

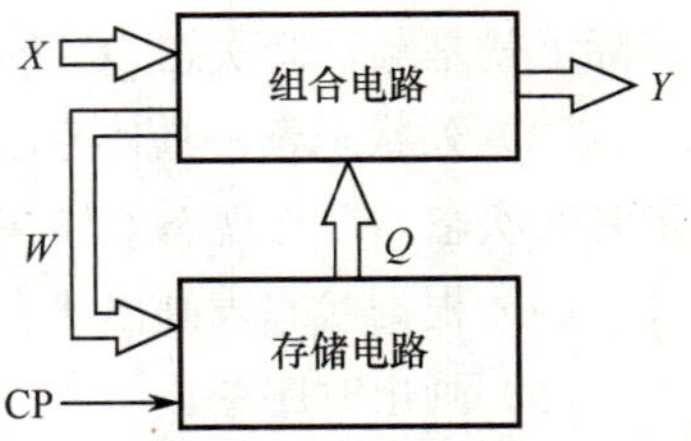

图 9-21　时序电路的结构方框图

根据图 9-21 中信号传递的方向可知，输出信号 Y 是输入信号 X 和存储状态 Q 的函数，反馈信号 W 是输入信号 X 和存储状态 Q 的函数，而存储电路的状态 Q^{n+1} 是反馈信号 W 的函数，也就是输入信号 X 是存储电路原状态 Q^n 的函数。可见，在整个时序电路中，存储电路是核心部分，它是由时钟控制的触发器组成，因此只有当触发器的触发沿到来时，存储电路的状态才会改变。

9.2.2　时序电路逻辑功能的描述方法

为了准确描述时序电路的逻辑功能，常采用逻辑方程、状态转换表、状态转换图、时序图等方法，几种方法各有特点，相互补充。在实际使用中，可根据具体情况选用。

1．逻辑方程

设两个离散但又相邻的时刻为 t_n 和 t_{n+1}，t_n 表示 CP 脉冲触发沿到来之前的时刻，t_{n+1} 表示 CP 脉冲触发沿到来之后的时刻。当 $t=t_n$ 时，$X=X(t_n)$，$Y=Y(t_n)$，$W=W(t_n)$，$Q=Q^n$；当 $t=t_{n+1}$ 时，$Q=Q^{n+1}$。根据如图 9-21 所示方框图，可以得到电路中各个逻辑变量之间的函数关系为

$Y(t_n)= F[X(t_n), Q^n]$　　时序电路的输出方程

$W(t_n)= F[X(t_n), Q^n]$　　存储电路的驱动方程（激励方程）

$Q^{n+1}= F[W(t_n)] = F[X(t_n), Q^n]$　　存储电路的状态方程

2．状态转换表

状态转换表简称**状态表**，它是用列表格的方法描述时序电路从现态到次态的转换情况。状态表包含在 CP 脉冲连续作用并且输入变量 X 的所有取值组合下，触发器输出状态变化的规律，以及输出信号变化情况。列写状态表时，应该依次设置存储电路的初态 Q^n 及输入 X，然后求出次态 Q^{n+1} 及输出信号 Y，直到包含了在输入变量 X 的所有取值组合下存储电路可能出现的所有状态，并将其列成表，具体方法将在下一节介绍。

3．状态转换图

状态转换图简称**状态图**，它是用画图的方法描述时序电路现态到次态的转换情况。将上面状态表中的内容用图形的方式画出，即为状态图。状态图比状态表更加形象。

4．时序图

时序图即是用波形图的形式来描述输入和输出之间的关系，该方法非常直观。

9.2.3　时序电路的一般分析方法

分析时序电路就是根据已知的逻辑图，求出电路所实现的功能。其分析目的与组合电路一样。具体分析步骤如下。

（1）写方程。根据已知逻辑图写出各类方程，包括：存储电路的驱动方程（即触发器输入信号表达式）、时序电路的时钟方程（即时钟信号 CP 的表达式）、时序电路的输出方程（即输出信号 Y 的表达式，没有输出信号时可不用写）。

（2）求状态方程。将驱动方程代入触发器的特性方程，求出触发器的状态方程（状态方程实际上就是触发器次态 Q^{n+1} 的表达式）。

（3）列状态表。具体方法是：根据触发器的状态方程，求出对应每一个 CP 脉冲有效沿到来时的次态 Q^{n+1} 与现态 Q^n 的取值对应关系，并将该关系列成状态表。

（4）根据状态表画出状态图。

（5）画出时序图。

（6）根据状态表、状态图以及时序图，总结时序电路的逻辑功能。

以上分析步骤可根据需要选择其中的几步或全部，目的是能方便求得电路的逻辑功能。

注意：时序电路的分析主要是以计数器为例进行分析，因此有关这方面的例题将在计数器部分介绍。

在数字系统中，最常用的时序电路是各种类型的计数器和寄存器。计数器用于统计输入的计数脉冲 CP 的个数，分为同步和异步、二进制和十进制、加法和减法等。寄存器包含数码寄存器和移位寄存器，前者用于存储数字信号，后者随移位脉冲的作用将存储的数字信号自低位向高位或自高位向低位逐位移动。本章将重点介绍计数器和寄存器的种类、电路组成、工作原理、主要功能，对于集成计数器和寄存器，常用功能表来描述其逻辑功能，本章也将介绍功能表的阅读方法。

9.3 计数器

数字电路中使用最多的时序电路就是计数器。计数器的应用十分广泛，从小型数字仪表到大型电子数字计算机，几乎无处不在，是任何现代数字系统中不可缺少的组成部分。计数器不仅能用于记录时钟脉冲的个数，还可用于分频、定时、产生节拍脉冲和脉冲序列等，并且利用计数器可以实现其他一些时序电路。

9.3.1 计数器的分类

对计数器通常按照以下三个标准进行分类。

（1）同步计数器和异步计数器。按照计数器中各个触发器状态更新（翻转）情况的不同可分成两大类：一类叫**同步计数器**，另一类叫**异步计数器**。在同步计数器中，各个触发器都受同一个时钟脉冲（此处也可称为输入计数脉冲）CP 的控制，因此它们状态的更新是同步的。异步计数器则不同，其中各个触发器的控制脉冲源不同，有的触发器直接受输入计数脉冲 CP 的控制，有的则是把其他触发器的输出用作时钟脉冲，因此它们状态的更新有先有后，是异步的。

（2）N 进制计数器。计数器是以触发器作为基本单元电路的。假设计数器由 M 个触发器构成，虽然最多可以记录 2^M 个状态，但是往往不是所有的状态都有定义，凡有定义的状态均称为有效状态，凡无定义的状态均称为无效状态。计数器有效状态的个数称为计数器的**计数长度**，也叫计数器的**计数容量**或**模长**。计数长度为 N 的计数器称为 N 进制计数器，N 进制计数器的 N 个有效状态构成的循环，称为有效循环。每来 1 个计数脉冲，电路将按一定规律从一个有效状态翻转到另一个有效状态，当 N 个计数脉冲过后，计数器便在 N 个有效状态之间循环了一次，即统计了 N 个脉冲。由 M 个触发器构成的计数器，假设所有 2^M 个状态全部有定义，都用于计数，即 2^M 个状态全部为有效状态，没有无效状态，这种计数器称为**二进制计数器**；若触发器所有 2^M 个状态中仅采用了其中的 10 个，也就是仅有 10 个有效状态，这种计数器称为**十进制计数器**，可见十进制计数器中至少应包含 4 个触发器。常见的十进制计数器按 8421BCD 码计数。

（3）加法计数器和减法计数器。按照在输入计数脉冲作用下，计数器中数值增、减情况的不同，可分为加法、减法和可逆计数器三种类型。随着计数脉冲的输入做递增计数的称为**加法计数器**，简称加计数器；做递减计数的称为**减法计数器**，简称减计数器；而有增有减的称为**可逆计数器**。有些计数器有效状态的转换规律不按计数器中数值的增减排列，因此也就无所谓加法计数器或减法计数器了。

对于任何计数器，至少应说明它是由哪种触发器构成的，是同步计数器还是异步计数器，是几进制计数器，是加法计数器还是减法计数器（或计数过程中状态的变化规律）。

9.3.2 同步计数器

1. 计数器的计数原理

如图 9-22 所示 3 位二进制同步加法计数器是由 3 个 JK 触发器组成的。下面分析在计数脉冲 CP 输入时，计数器的计数原理和计数过程。

每输入一个计数脉冲 CP，最低位触发器 FF_0 的状态就改变一次。而其他触发器是否翻转，将取决于比它低的各触发器的状态。比如在计数器中，第三个触发器 FF_2 是否翻转，由 FF_1、FF_0 是否都为 **1** 态决定，若都为 **1** 态，则图中与门输出 **1**，使 $J_2 = K_2 = \mathbf{1}$，则 FF_2 翻转，否则保持原状态不变。

计数过程如下。

计数前应首先清零，即将每个触发器置 **0**（复位），使计数器初始状态 $Q_2Q_1Q_0 = \mathbf{000}$。

当第一个计数脉冲 CP 到来后，FF_0 的状态由 **0** 变 **1**，而 J_1、K_1，J_2、K_2 均为 **0**，所以 FF_1、FF_2 保持 **0** 态不变，此时计数器的计数状态为 $Q_2Q_1Q_0 = \mathbf{001}$。同时 $J_1 = K_1 = Q_0 = \mathbf{1}$，$J_2 = K_2 = Q_1Q_0 = \mathbf{0}$。

当第二个 CP 脉冲到来后，FF_0 的状态由 **1** 变 **0**，FF_1 的状态由 **0** 变 **1**，而 FF_2 保持 **0** 态。此时计数器的状态为 $Q_2Q_1Q_0 = \mathbf{010}$，同时 $J_1 = K_1 = \mathbf{0}$，$J_2 = K_2 = Q_1Q_0 = \mathbf{0}$。

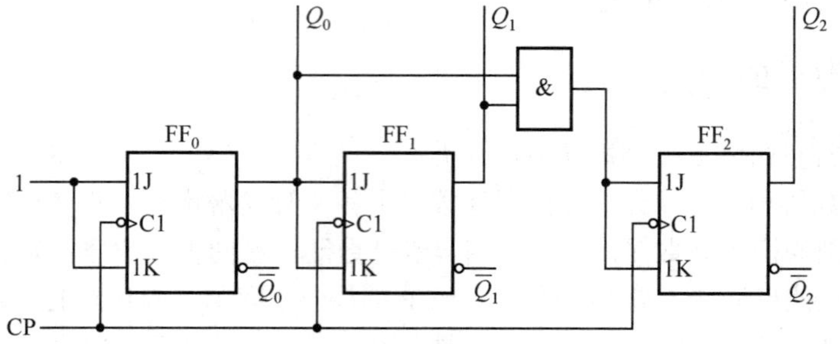

图 9-22　3 位二进制同步加计数器

当第三个 CP 脉冲到来后，只有 FF_0 翻转到 **1**，而 FF_1、FF_2 都保持原态不变，计数状态为 $Q_2Q_1Q_0 = \mathbf{011}$。同时 $J_1 = K_1 = \mathbf{1}$，$J_2 = K_2 = Q_1Q_0 = \mathbf{1}$。

于是，当第 4 个计数脉冲到来后，三个触发器均翻转，计数状态为 $Q_2Q_1Q_0 = \mathbf{100}$。对后面计数过程的分析，读者可自行完成。在第 7 个计数脉冲 CP 到来后，计数状态变为 **111**，再送入一个 CP 脉冲（即第 8 个），计数器恢复到 **000** 态，至此，计数器便完成了一个计数循环，因此该计数器的计数长度为 $2^3 = 8$，属 3 位二进制（模 8）计数器。

通过以上分析可以看出，计数器计数的实质是利用各个触发器状态的翻转进行的。而且同步计数器中各个触发器的状态转换是与输入计数脉冲同步的，具有计数速度快的特点。

2．同步计数器的分析

在数字系统中广泛使用各式各样的计数器，学会分析它们的逻辑功能是非常重要的，下面通过几道例题说明计数器的分析方法。

例 9-5　分析如图 9-23 所示时序电路的逻辑功能。要求：列出状态表，画出状态图和时序图，说明其逻辑功能。

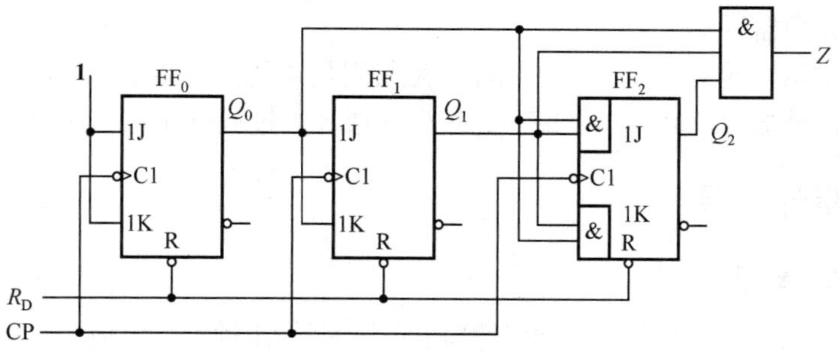

图 9-23　例 9-5 逻辑图

解　（1）写方程。

时钟方程为

$$CP_0 = CP_1 = CP_2 = CP$$

显然，如图 9-23 所示是一个同步时序电路。对于同步时序电路，各个触发器的时钟脉冲都相同，因此时钟方程可以省去不写。

输出方程 $$Z=Q_2^n\cdot Q_1^n\cdot Q_0^n$$

驱动方程 $$\begin{cases}J_0=K_0=\mathbf{1}\\ J_1=K_1=Q_0^n\\ J_2=K_2=Q_1^n\cdot Q_0^n\end{cases}$$

（2）求状态方程。将各触发器的驱动方程分别代入 JK 触发器的特性方程 $Q^{n+1}=J\overline{Q^n}+\overline{K}Q^n$ 中，即可得到每个触发器的状态方程

$$\begin{cases}Q_0^{n+1}=J_0\overline{Q_0^n}+\overline{K_0}Q_0^n=\overline{Q_0^n}\\ Q_1^{n+1}=J_1\overline{Q_1^n}+\overline{K_1}Q_1^n=Q_0^n\overline{Q_1^n}+\overline{Q_0^n}Q_1^n=Q_0^n\oplus Q_1^n\\ Q_2^{n+1}=J_2\overline{Q_2^n}+\overline{K_2}Q_2^n=Q_0^nQ_1^n\overline{Q_2^n}+\overline{Q_0^n}\,\overline{Q_1^n}Q_2^n=(Q_0^nQ_1^n)\oplus Q_2^n\end{cases}$$

（3）列状态表。从 $Q_2^nQ_1^nQ_0^n=\mathbf{000}$ 开始，依次代入状态方程和输出方程进行计算，结果如表 9-6 所列。

（4）画状态图和时序图。根据表 9-6 中现态到次态的转换关系和输出 Z 的值即可画出状态图，如图 9-24（a）所示。在状态转换图中，以圆圈表示电路的各个状态，以箭头表示状态转换的方向。同时，还在箭头旁注明了状态转换前的输入变量取值和输出值。通常将输入变量取值写在斜线以上，将输出值写在斜线以下。因为图 9-23 电路没有输入逻辑变量，所以斜线上方没有数字。根据状态图画出时序图如图 9-24（b）所示。

表 9-6　例 9-5 的状态表

Q_2^n	Q_1^n	Q_0^n	Q_2^{n+1}	Q_1^{n+1}	Q_0^{n+1}	Z
0	0	0	0	0	1	0
0	0	1	0	1	0	0
0	1	0	0	1	1	0
0	1	1	1	0	0	0
1	0	0	1	0	1	0
1	0	1	1	1	0	0
1	1	0	1	1	1	0
1	1	1	0	0	0	1

值得注意的是，每当电路由现态转换到次态后，该次态又变成了新的现态，然后应在表中左边栏内找出这个新的现态，再根据规定去确定新的次态，照此不断地做下去，直到一切可能出现的状态都毫无遗漏地画出来之后，得到的才是反映电路全面工作情况的状态图。

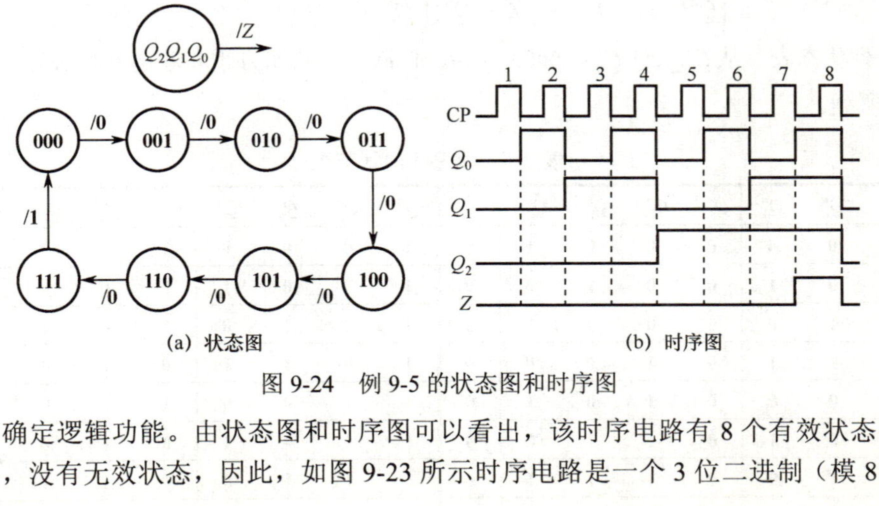

(a) 状态图　　(b) 时序图

图 9-24　例 9-5 的状态图和时序图

（5）确定逻辑功能。由状态图和时序图可以看出，该时序电路有 8 个有效状态，构成了有效循环，没有无效状态，因此，如图 9-23 所示时序电路是一个 3 位二进制（模 8）同步加法计数器。

由时序图还可看出，若输入计数脉冲的频率为 f_{CP}，则触发器输出端 Q_0、Q_1、Q_2 的脉冲频率依次为 $\frac{1}{2}f_{CP}$、$\frac{1}{4}f_{CP}$ 和 $\frac{1}{8}f_{CP}$，即计数器具有分频功能，分别实现了对 f_{CP} 的二分频、四分频和八分频，所以图 9-23 电路也是一个分频器电路。

例 9-6　分析如图 9-25 所示时序电路的逻辑功能。

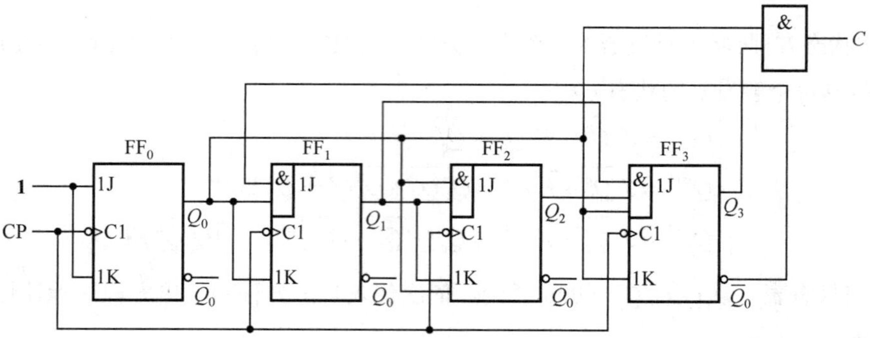

图 9-25　例 9-6 逻辑图

解　（1）写方程。

输出方程

$$C = Q_3^n \cdot Q_0^n$$

驱动方程

$$\begin{cases} J_0 = K_0 = \mathbf{1} \\ J_1 = \overline{Q_3^n} \cdot Q_0^n \qquad K_1 = Q_0^n \\ J_2 = K_2 = Q_1^n \cdot Q_0^n \\ J_3 = Q_2^n \cdot Q_1^n \cdot Q_0^n \quad K_3 = Q_0^n \end{cases}$$

（2）求状态方程。将各触发器的驱动方程分别代入 JK 触发器的特性方程 $Q^{n+1} = J\overline{Q^n} + \overline{K}Q^n$ 中，即可得到每个触发器的状态方程

$$\begin{cases} Q_0^{n+1} = J_0\overline{Q_0^n} + \overline{K_0}Q_0^n = \overline{Q_0^n} \\ Q_1^{n+1} = J_1\overline{Q_1^n} + \overline{K_1}Q_1^n = \overline{Q_3^n}Q_0^n\overline{Q_1^n} + \overline{Q_0^n}Q_1^n \\ Q_2^{n+1} = J_2\overline{Q_2^n} + \overline{K_2}Q_2^n = Q_1^nQ_0^n\overline{Q_2^n} + \overline{Q_1^n Q_0^n}Q_2^n = (Q_1^nQ_0^n) \oplus Q_2^n \\ Q_3^{n+1} = J_3\overline{Q_3^n} + \overline{K_3}Q_3^n = Q_2^nQ_1^nQ_0^n\overline{Q_3^n} + \overline{Q_0^n}Q_3^n \end{cases}$$

（3）列状态表。从 $Q_3^nQ_2^nQ_1^nQ_0^n =$ **0000** 开始，依次代入状态方程和输出方程进行计算，结果如表 9-7 所列。

表 9-7　例 9-6 的状态表

Q_3^n	Q_2^n	Q_1^n	Q_0^n	Q_3^{n+1}	Q_2^{n+1}	Q_1^{n+1}	Q_0^{n+1}	C	Q_3^n	Q_2^n	Q_1^n	Q_0^n	Q_3^{n+1}	Q_2^{n+1}	Q_1^{n+1}	Q_0^{n+1}	C
0	0	0	0	0	0	0	1	0	1	0	0	0	1	0	0	1	0
0	0	0	1	0	0	1	0	0	1	0	0	1	0	0	0	0	1
0	0	1	0	0	0	1	1	0	1	0	1	0	1	0	1	1	0
0	0	1	1	0	1	0	0	0	1	0	1	1	0	1	0	0	1
0	1	0	0	0	1	0	1	0	1	1	0	0	1	1	0	1	0
0	1	0	1	0	1	1	0	0	1	1	0	1	0	1	0	0	1
0	1	1	0	0	1	1	1	0	1	1	1	0	1	1	1	1	0
0	1	1	1	1	0	0	0	0	1	1	1	1	0	0	0	0	1

（4）画状态图。根据表 9-7 中由现态到次态的转换关系和输出信号 C 的值即可画出状态图，如图 9-26 所示。

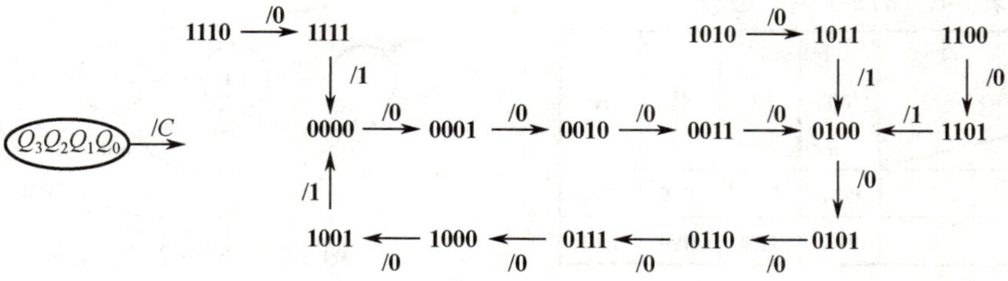

图 9-26　例 9-6 的状态图

（5）确定逻辑功能并判断电路能否自启动。在计数器的分类中已讲过，计数过程中使用的代码状态称为有效状态，没有使用的状态称为无效状态。在图 9-26 中，**1010～1111** 是无效状态。

计数器在输入计数脉冲的作用下，总是循环工作的，在正常情况下，周而复始地在有效状态中的循环称为有效循环，而在无效状态中的循环称为无效循环。电路由于某种原因而落入无效状态时，如果在 CP 脉冲操作下可以返回到有效状态，则称为**能自启动**。凡是不能自启动的电路，肯定存在着无效循环。

由图 9-26 状态图可知，如图 9-25 所示时序电路是一个 8421 编码的同步十进制（模 10）加法计数器，且能够自启动。

需要注意的是，今后在描述计数器的逻辑功能时，除二进制计数器外，都要说明其能否自启动。

例 9-7　试分析如图 9-27 所示时序电路的逻辑功能。A 为输入逻辑变量。

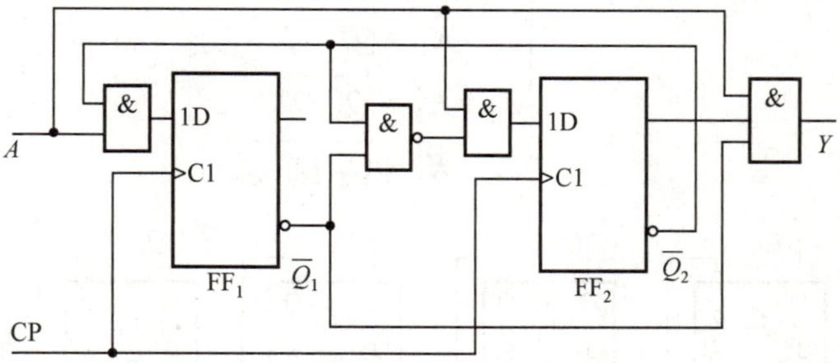

图 9-27　例 9-7 逻辑图

解　（1）写方程。

输出方程

$$Y = A\overline{Q_1^n}Q_2^n$$

驱动方程

$$\begin{cases} D_1 = A\overline{Q_2^n} \\ D_2 = A\overline{\overline{Q_1^n}\cdot\overline{Q_2^n}} = A(Q_1^n + Q_2^n) \end{cases}$$

（2）求状态方程。将各触发器的驱动方程分别代入 D 触发器的特性方程 $Q^{n+1} = D$ 中，即可得到每个触发器的状态方程

$$\begin{cases} Q_1^{n+1} = A\overline{Q_2^n} \\ Q_2^{n+1} = A(Q_1^n + Q_2^n) \end{cases}$$

（3）列状态表。从 $Q_2^nQ_1^n = \mathbf{00}$ 开始，依次代入状态方程和输出方程进行计算，结果如表 9-8 所列。

（4）画状态图。根据表 9-8 中输入变量 A 取不同值时由现态到次态的转换关系和输出信号 Y 的值即可画出状态图，如图 9-28 所示。

表 9-8　例 9-7 的状态表

$Q_2^{n+1}Q_1^{n+1}/Y$ \ A \ $Q_2^nQ_1^n$	00	01	11	10
0	00/0	00/0	00/0	00/0
1	01/0	11/0	10/0	10/1

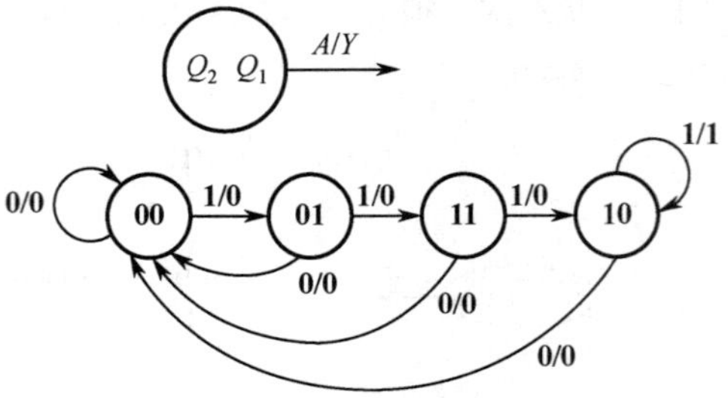

图 9-28　例 9-7 的状态图

（5）确定逻辑功能并判断电路能否自启动。由状态图可以看出，如图 9-27 所示时序电路，当输入变量 $A = 0$ 时，是一个模 1 计数器，有效状态是 **00**，无效状态是 **01**、**10**、**11**，且能够自启动。当 $A = 1$ 时，也是一个模 1 计数器，此时的有效状态是 **10**，无效状态是 **00**、**10**、**11**，也能够自启动。

前面列举的例子基本上是加法计数器，如果将加法计数器中接 Q_0、Q_1、Q_2 等信号的线，改接到 $\overline{Q_0}$ 、$\overline{Q_1}$ 、$\overline{Q_2}$ 等信号上，就构成了减计数器，请看下面例题。

例 9-8　分析如图 9-29 所示时序电路的逻辑功能。要求：列出状态表，画出状态图，说明其逻辑功能。

解　（1）写方程。

输出方程

$$C = \overline{Q_3^n}\cdot\overline{Q_2^n}\cdot\overline{Q_1^n}\cdot\overline{Q_0^n}$$

驱动方程

$$\begin{cases} J_0 = K_0 = \mathbf{1} \\ J_1 = K_1 = \overline{Q_0^n} \\ J_2 = K_2 = \overline{Q_0^n}\ \overline{Q_1^n} \\ J_3 = K_3 = \overline{Q_2^n}\ \overline{Q_1^n}\ \overline{Q_0^n} \end{cases}$$

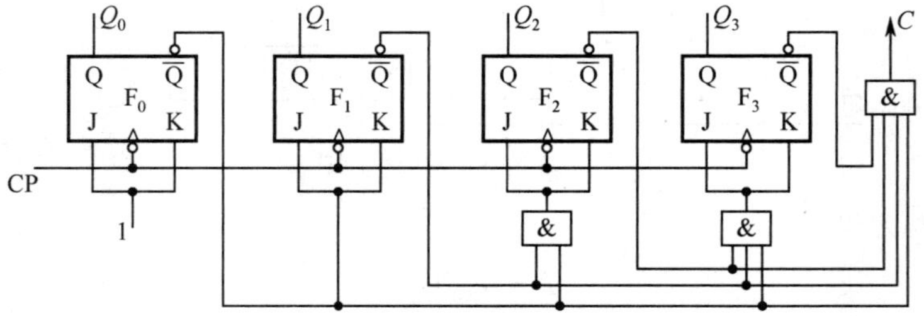

图 9-29　例 9-8 逻辑图

（2）求状态方程。将各触发器的驱动方程分别代入 JK 触发器的特性方程 $Q^{n+1} = J\overline{Q^n} + \overline{K}Q^n$ 中，即可得到每个触发器的状态方程

$$\begin{cases} Q_0^{n+1} = J_0\overline{Q_0^n} + \overline{K_0}Q_0^n = \overline{Q_0^n} \\ Q_1^{n+1} = J_1\overline{Q_1^n} + \overline{K_1}Q_1^n = \overline{Q_1^n}\ \overline{Q_0^n} + Q_1^nQ_0^n = Q_1^n\cdot Q_0^n \\ Q_2^{n+1} = J_2\overline{Q_2^n} + \overline{K_2}Q_2^n = \overline{Q_2^n}\ \overline{Q_1^n}\ \overline{Q_0^n} + Q_2^n\cdot\overline{\overline{Q_1^n}\cdot\overline{Q_0^n}} \\ Q_3^{n+1} = J_3\overline{Q_3^n} + \overline{K_3}Q_3^n = \overline{Q_3^n}\cdot\overline{Q_2^n}\cdot\overline{Q_1^n}\cdot\overline{Q_0^n} + Q_3^n\cdot\overline{\overline{Q_2^n}\cdot\overline{Q_1^n}\cdot\overline{Q_0^n}} \end{cases}$$

（3）列状态表。从 $Q_3^nQ_2^nQ_1^nQ_0^n = \mathbf{0000}$ 开始，依次代入状态方程和输出方程进行计算，结果如表 9-9 所列。

表 9-9　例 9-8 的状态表

Q_3^n	Q_2^n	Q_1^n	Q_0^n	Q_3^{n+1}	Q_2^{n+1}	Q_1^{n+1}	Q_0^{n+1}	C
0	0	0	0	1	1	1	1	0
1	1	1	1	1	1	1	0	0
1	1	1	0	1	1	0	1	0
1	1	0	1	1	1	0	0	0
1	1	0	0	1	0	1	1	0
1	0	1	1	1	0	1	0	0
1	0	1	0	1	0	0	1	0
1	0	0	1	1	0	0	0	0
1	0	0	0	0	1	1	1	0
0	1	1	1	0	1	1	0	0
0	1	1	0	0	1	0	1	0
0	1	0	1	0	1	0	0	0
0	1	0	0	0	0	1	1	0
0	0	1	1	0	0	1	0	0
0	0	1	0	0	0	0	1	0
0	0	0	1	0	0	0	0	1

（4）画状态图和时序图。根据表 9-9 中现态到次态的转换关系和输出 C 的值即可画出状态图，如图 9-30 所示。

（5）确定逻辑功能。由状态图和时序图可以看出，该时序电路有 16 个有效状态，构成了有效循环，没有无效循环，在计数过程中按照递减规律进行计数。因此，如图 9-29 所示时序电路是一个 4 位二进制（模 16）同步减法计数器。

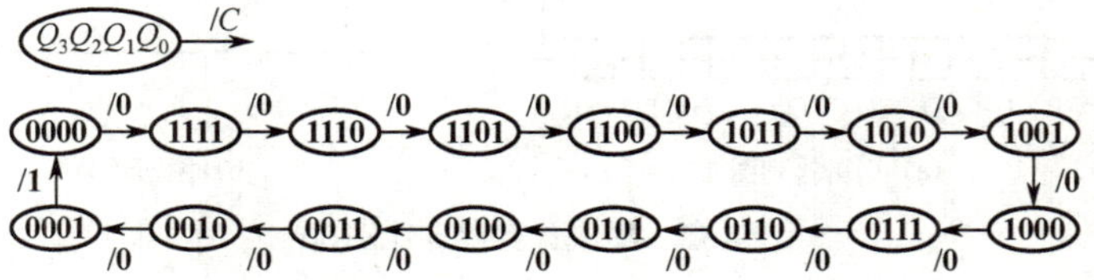

图 9-30　例 9-8 的状态图

3．集成同步计数器

（1）4 位二进制同步可逆计数器 74LS193。74LS193 是 4 位同步可逆计数器，它具有异步清零、异步置数、加减可逆的同步计数功能，应用十分便利。

如图 9-31 所示是 74LS193 的引脚排列图。其中 Q_3～Q_0 是数码输出端，D_3～D_0 是并行数据输入端（D_0 为最低位，D_3 为最高位）。$\overline{BO}$ 是借位输出端（减法计数下溢时，输出低电平脉冲），$\overline{CO}$ 是进位输出端（加法计数上溢时，输出低电平脉冲）。CP_+是加法计数时计数脉冲输入端，CP_-是减法计数时计数脉冲输入端。CR 为**清零端**，高电平有效。$\overline{LD}$ 为**置数控制端**，低电平有效。表 9-10 是它的功能表，简要说明如下。

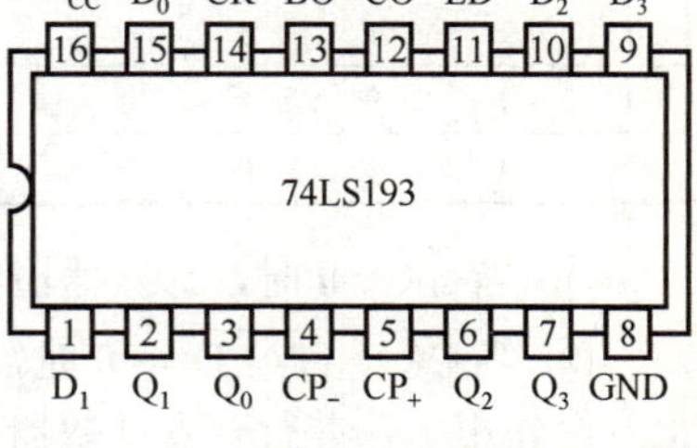

图 9-31　74LS193 的引脚排列图

① CR = **1** 时，不论 CP_+、CP_-、D_3～D_0 为何种状态，计数器清零。由于清零时不需要 CP 脉冲有效沿的作用，因此属于异步清零方式。

② CR = **0** 时，计数器的工作状态由 $\overline{LD}$、CP_+、CP_-决定，具体分析如下：

当 $\overline{LD}$ = **0** 时，不论 CP_+、CP_-的状态如何，计数器进行置数操作，输出端 Q_3～Q_0 的状态

与数据输入端 D_3～D_0 的状态相同，即 $Q_3Q_2Q_1Q_0 = d_3d_2d_1d_0$，从而达到预置数码的目的。由于在置数过程中不需要 CP 脉冲有效沿的作用，因此属异步置数方式。

当 $\overline{LD}$ = **1** 时，若计数脉冲从 CP_+输入，计数器进行加法计数；若计数脉冲从 CP_-输入，计数器进行减法计数。可见，74LS193 具有加减可逆计数功能。无论哪种方式计数，都是同步进行的。

表 9-10　74LS193 的功能表

输入								输出				功能
CR	$\overline{LD}$	CP_+	CP_-	D_3	D_2	D_1	D_0	Q_3^{n+1}	Q_2^{n+1}	Q_1^{n+1}	Q_0^{n+1}	
1	×	×	×	×	×	×	×	0	0	0	0	异步清零
0	0	×	×	d_3	d_2	d_1	d_0	d_3	d_2	d_1	d_0	异步置数
0	**1**	↑	**1**	×	×	×	×	加法计数				
0	**1**	**1**	↑	×	×	×	×	减法计数				
0	**1**	**1**	**1**	×	×	×	×	保持				

（2）4 位十进制同步加法计数器 74LS160。74LS160 的引脚排列如图 9-32（a）所示，图 9-32（b）是它的图形符号。电路具有异步清零、同步置数、十进制计数以及保持原态 4 项功能。计数时，在计数脉冲的上升沿作用下有效。表 9-11 列出了它的主要功能，具体说明如下。

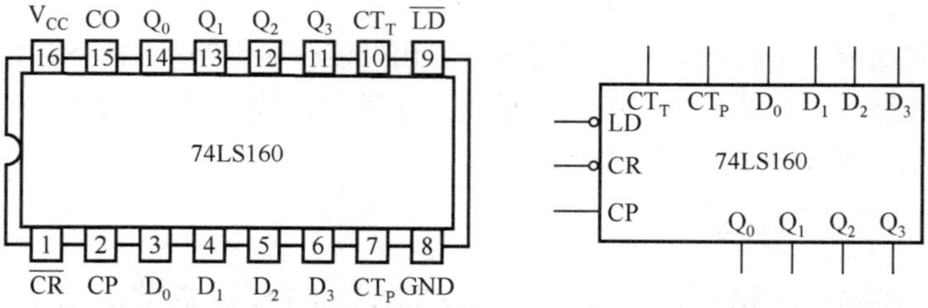

(a) 引脚排列图　　　　(b) 图形符号

图 9-32　集成计数器 74LS160

表 9-11　74LS160 的功能表

输入									输出				注
$\overline{CR}$	$\overline{LD}$	CT_P	CT_T	CP	D_3	D_2	D_1	D_0	Q_3^{n+1}	Q_2^{n+1}	Q_1^{n+1}	Q_0^{n+1}	
0	×	×	×	×	×	×	×	×	**0**	**0**	**0**	**0**	异步清零
1	**0**	×	×	↑	d_3	d_2	d_1	d_0	d_3	d_2	d_1	d_0	同步置数
1	**1**	**1**	**1**	↑	×	×	×	×	加法计数				
1	**1**	**0**	×	×	×	×	×	×	保持				
1	**1**	×	**0**	×	×	×	×	×	保持				

① 当 $\overline{CR}$ = **0** 时，计数器清零，使 $Q_3Q_2Q_1Q_0$ = **0000**。

② 当 $\overline{CR}$ = **1**，$\overline{LD}$ = **0** 时，完成预置数码的功能，数据输入端的数据 d_3～d_0，在 CP 脉冲上升沿作用下，并行存入计数器中，使 $Q_3Q_2Q_1Q_0 = d_3d_2d_1d_0$，达到预置数据的目的。由于在置数过程中必须要有 CP 脉冲有效沿的作用，因此属同步置数方式。

③ 当 $\overline{CR}$ = $\overline{LD}$ = **1**，CT_P = CT_T = **1** 时，计数器进行加法计数。计数满 10，从 CO 端送出正跳变进位脉冲。

④ 当 $\overline{CR}$ = $\overline{LD}$ = **1**，且 $CT_P \cdot CT_T$ = **0** 时，不论其余各输入端的状态如何，计数器将保持原状态不变。

（3）4 位二进制同步加法计数器 74LS161。74LS161 与 74LS160 的功能端基本相同，也是异步清零、同步置数，$\overline{\text{CR}}$ 、$\overline{\text{LD}}$ 也是低电平有效，而且 $CT_P \cdot CT_T = 1$ 时进行计数，CP 为上升沿触发。不同之处在于，74LS161 是 4 位二进制计数器，计数长度是 16，共有 **0000**～**1111** 共 16 个有效状态，没有无效状态，而 74LS160 是 4 位十进制计数器，计数长度是 10，有 **0000**～**1001** 共 10 个有效状态和 **1010**～**1111** 共 6 个无效状态。

此外，常用的还有 4 位二进制同步加法计数器 74LS163，它与 74LS161 唯一的区别就在于 74LS163 是同步清零。

9.3.3 异步计数器

1．异步计数器逻辑功能分析

异步计数器中各级触发器的时钟脉冲并不都来源于计数脉冲 CP，各级触发器的状态转换不是同步的，因此，在分析异步计数器时，要注意各级触发器的时钟信号，以确定其状态转换时刻。下面通过例题说明异步计数器的分析方法和计数原理。

例 9-9 分析图 9-33 所示时序电路的逻辑功能。

解 （1）写方程。

时钟方程

$$CP_0 = CP_2 = CP, \qquad CP_1 = \overline{Q_0^n}$$

与同步计数器不同，异步计数器的时钟信号来源不同，因此其时钟方程不可省略。

驱动方程

$$\begin{cases} D_0 = \overline{Q_2^n}\,\overline{Q_0^n} \\ D_1 = \overline{Q_1^n} \\ D_2 = Q_1^n Q_0^n \end{cases}$$

（2）求状态方程。将各触发器的驱动方程分别代入 D 触发器的特性方程 $Q^{n+1} = D$ 中，即可得到每个触发器的状态方程

$$\begin{cases} Q_0^{n+1} = \overline{Q_2^n}\,\overline{Q_0^n} & \text{（CP上升沿时刻有效）} \\ Q_1^{n+1} = \overline{Q_1^n} & \text{（}\overline{Q_0^n}\text{ 上升沿时刻有效）} \\ Q_2^{n+1} = Q_1^n Q_0^n & \text{（CP上升沿时刻有效）} \end{cases}$$

与同步时序电路不同，对于异步时序电路中不同触发器的状态方程，必须注明其有效的时钟脉冲条件。

（3）列状态表。从 $Q_2^n Q_1^n Q_0^n = \mathbf{000}$ 开始，依次代入状态方程进行计算，结果如表 9-12 所示。

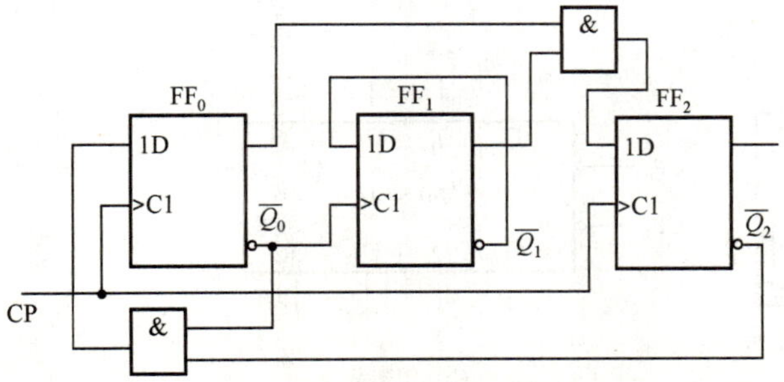

图 9-33 例 9-9 逻辑图

表 9-12 例 9-9 的状态表

Q_2^n	Q_1^n	Q_0^n	Q_2^{n+1}	Q_1^{n+1}	Q_0^{n+1}
0	0	0	0	0	1
0	0	1	0	1	0
0	1	0	0	1	1
0	1	1	1	0	0
1	0	0	0	0	0
1	0	1	0	1	0
1	1	0	0	1	0
1	1	1	1	0	0

（4）画状态图。根据表 9-12 中现态到次态的转换关系即可画出状态图，如图 9-34 所示。

（5）画时序图。在如图 9-35 所示的时序图中，把 $\overline{Q_0^n}$ 的波形也画出来了，以便能更清晰地反映 FF_1 翻转与否完全取决于 $\overline{Q_0^n}$ 的上升沿。另外，画时序图时，无效状态一般不画出来。

注意：在分析时序电路的逻辑功能时，时序图可以不必画出，本题画出的目的是为了说明时序电路时序图的画法。

（6）确定逻辑功能。从如图 9-34 所示状态图可以清楚地看出，如图 9-33 所示时序电路是一个 3 位异步五进制（模 5）加法计数器，而且能够自启动。

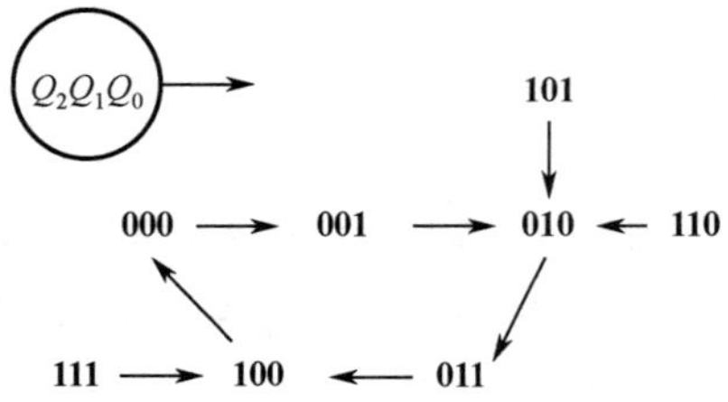

图 9-34　例 9-9 的状态图

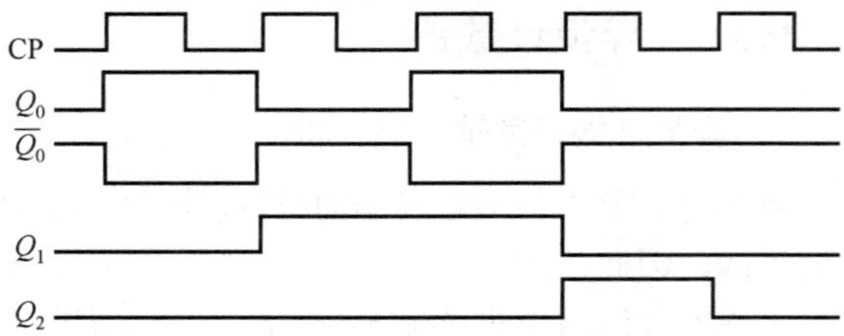

图 9-35　例 9-9 的时序图

2．集成异步计数器

（1）集成 4 位二进制异步计数器 74LS293。如图 9-36 所示是 74LS293 的引脚排列图。其中 Q_3～Q_0 是输出端，R_{OA}、R_{OB} 为复位端，NC 为空脚。表 9-13 是它的功能表。当 $R_{OA}=R_{OB}=\mathbf{1}$ 时，不论 CP_0、CP_1 为何种状态，$Q_3Q_2Q_1Q_0=\mathbf{0000}$，计数器清零。当 $R_{OA}=\mathbf{0}$，或者 $R_{OB}=\mathbf{0}$ 时，电路在 $\overline{CP_0}$ 、$\overline{CP_1}$ 的脉冲下降沿作用下，进行计数操作，若将 $\overline{CP_1}$ 与 Q_0 相连，则计数脉冲从 $\overline{CP_0}$ 端输入，数据从 Q_3、Q_2、Q_1、Q_0 端输出，电路为 4 位异步二进制加法计数器；计数脉冲从 $\overline{CP_1}$ 端输入，数据从 Q_3、Q_2、Q_1 端输出，电路为 3 位异步二进制加法计数器。

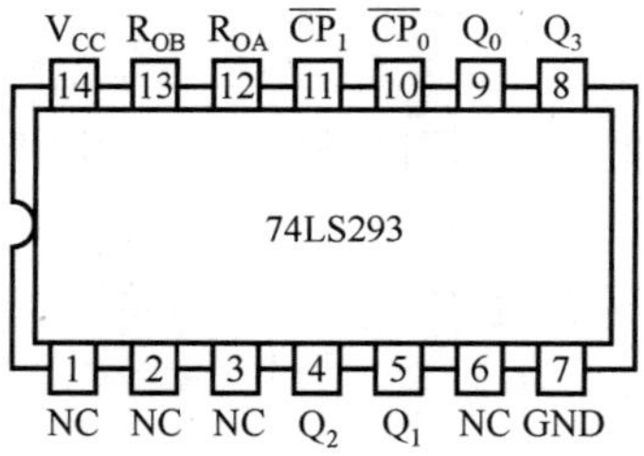

图 9-36　74LS293 的引脚排列图

表 9-13　74LS293 的功能表

输入			输出			
R_{OA}	R_{OB}	CP	Q_3^{n+1}	Q_2^{n+1}	Q_1^{n+1}	Q_0^{n+1}
1	1	×	0	0	0	0
0	×	↓	加法计数			
×	0	↓	加法计数			

（2）集成 4 位二进制异步计数器 74LS197。如图 9-37（a）、（b）所示为集成 4 位二进制异步计数器 74LS197 的引脚排列图和图形符号。$\overline{CR}$ 是异步清零端，CT/$\overline{LD}$ 是计数和置数控制端，CP_0 是触发器 FF_0 的时钟输入端，CP_1 是触发器 FF_1 的时钟输入端，D_0～D_3 是并行数据输入端，Q_0～Q_3 是计数器状态输出端。

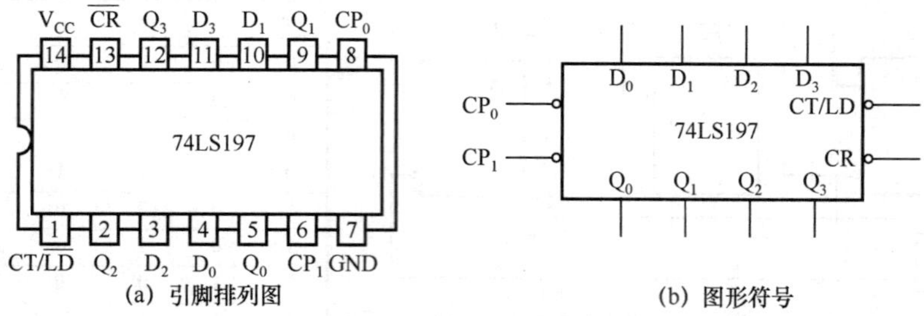

(a) 引脚排列图　　(b) 图形符号

图 9-37　集成 4 位二进制异步计数器 74LS197

通过前面的分析可以看出，异步计数器的结构简单，但由于各触发器异步翻转，所以工作速度低；同步计数器电路结构复杂，但工作速度快。

9.3.4 集成计数器构成 N 进制计数器的方法

目前，尽管各种不同逻辑功能的计数器已经做成中规模集成电路，并逐步取代了触发器组成的计数器，但不可能做到任一进制的计数器都有其对应的集成产品。中规模集成计数器常用的定型产品有 4 位二进制计数器、十进制计数器等。在需要其他任意进制计数器时，可用已有的计数器产品外加适当的反馈电路连接而成。

用现有的 N 进制集成计数器构成 M 进制计数器时，如果 $N>M$，则只需一片 N 进制计数器；如果 $N<M$，则要多片 N 进制计数器。

1．$M<N$

在 N 进制计数器的顺序计数过程中，设法使之跳过（$N-M$）个状态，只在 M 个状态中循环就可以了。实现 M 进制计数器的基本方法有两种：**反馈复位法**和**反馈置数法**。

（1）反馈复位法。反馈复位法适用于有“清零”输入端的集成计数器。这种方法的基本思想是：计数器从全“**0**”状态 S_0 开始计数，计满 M 个状态后产生清零信号反馈给清零端，使计数器恢复到初态 S_0。可见，反馈复位法是利用计数器的清零端实现 M 进制计数的，因此这种方法又称为**反馈清零法**。

对异步清零的计数器，计数器在 S_0～S_{M-1} 共 M 个状态中工作，当计数器进入 S_M 状态时，利用 S_M 状态进行译码产生清零信号，并反馈到异步清零端，使计数器立即返回到 S_0 状态，这样就可以跳过（$N-M$）个状态而得到 M 进制计数器。其示意图如图 9-38（a）中虚线所示。由于是异步清零，只要 S_M 状态一出现便立即被置成 S_0 状态，因此 S_M 状态只在极短的瞬间出现，通常称它为过渡态。在计数器的稳定状态循环中不包括 S_M 状态。

对同步清零的计数器（即清零信号和时钟信号同时有效才清零），则利用 S_{M-1} 状态译码产生清零信号，并反馈到同步清零端，到下一个 CP 脉冲到来时完成清零，使计数器返回到初态 S_0。可见，同步清零没有过渡状态，其示意图如图 9-38（a）中实线所示。

（2）反馈置数法。反馈置数法适用于有预置数功能的集成计数器。置数法和清零法不同，对于置数法，计数器不一定从全“**0**”状态 S_0 开始计数，可以通过预置数功能使计数器从某个预置状态 S_i 开始计数，计满 M 个状态后产生置数信号并反馈给置数端，使计数器又进入预状态 S_i，然后重复上述过程，其示意图如图 9-38（b）所示。

对异步预置数功能的计数器，计数信号应从 S_{i+M} 状态一出现，置数信号有效，立即就将输入端的预置数置入计数器，它不受 CP 脉冲的控制，所以 S_{i+M} 状态只在极短的时间出现，稳定状态循环中不包含 S_{i+M} 状态，即 S_{i+M} 状态也是过渡态，其示意图如图 9-38（b）中虚线所示。

对同步预置数功能的计数器，置数信号应从 S_{i+M-1} 状态中译出，等下一个 CP 脉冲到来时，才将输入端的预置数置入计数器，其示意图如图 9-38（b）中实线所示。

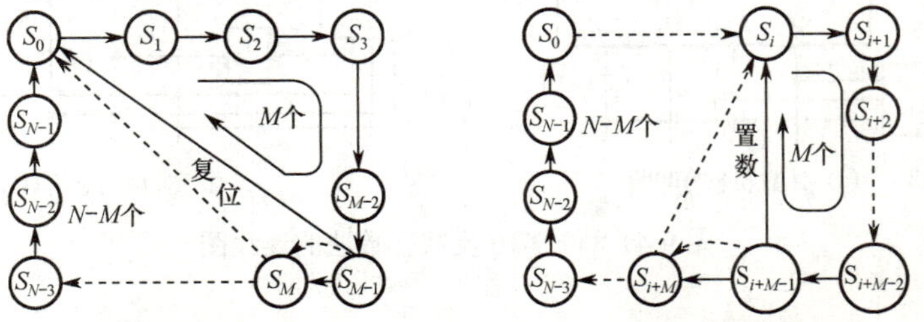

图 9-38 实现任意进制计数器的两种方法

例 9-10　试用同步 4 位二进制计数器 74LS161 实现十三进制加法计数器（提示：74LS161 为异步清零、同步置数）。

解　用反馈法实现任意进制计数器时，最好对照状态转换图，这样会比较清晰。下面分别采用反馈复位法和反馈置数法两种方法实现本题要求的十三进制计数器。

（1）用反馈复位法实现。首先画出 74LS161 的状态转换图如图 9-39 所示。由于 74LS161 是异步清零，因此从计数初态 **0000**（反馈复位法的计数初态一定是 **0000**）开始，当计到第 13 个 CP 脉冲时，此时 $Q_3Q_2Q_1Q_0$ = **1101**，就把 **1101** 作为反馈状态，并通过适当的反馈电路将此状态唯一变成一个低电平信号送给清零端 $\overline{\text{CR}}$（因为 74LS161 的清零端低电平有效），使得在第 14 个 CP 脉冲到来之前，计数器完成清零，回到初态 **0000**，从而完成一次计数循环，如图 9-39 所示。在这个计数循环中，计数器刚好统计了 13 个脉冲，电路连线如图 9-40 所示。由于本题是用清零端 $\overline{\text{CR}}$ 实现的，因此并行数据输入端 D_3、D_2、D_1、D_0 没有用上，将其悬空即可，如图 9-40 所示。

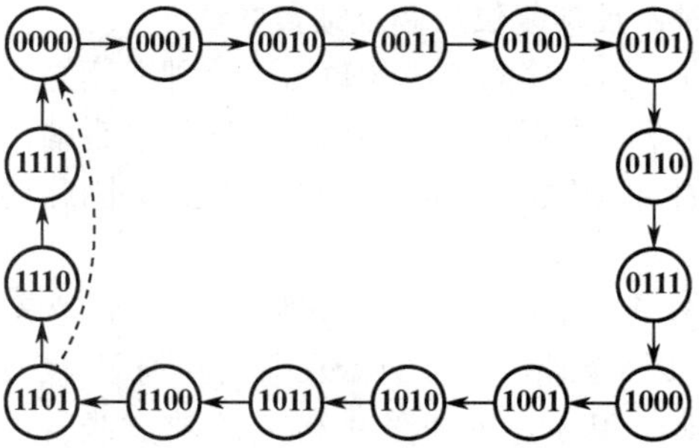

图 9-39　74LS161 的状态转换图

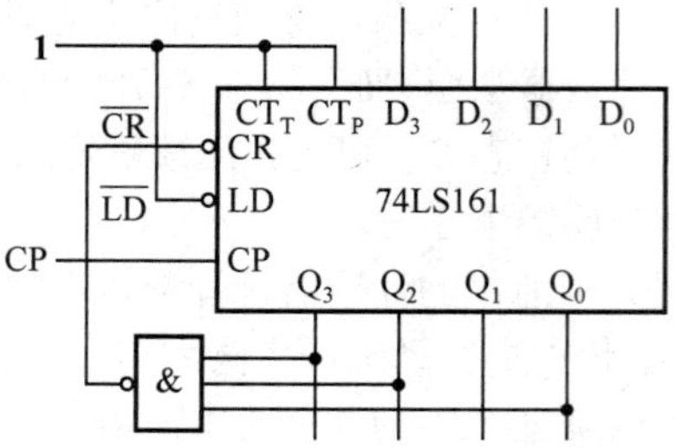

图 9-40　例 9-10 反馈复位法的连线图

（2）用反馈置数法实现。用反馈置数法实现时，计数初态可以是 **0000**～**1111** 中的任何一个状态。下面分别选取计数器计数初态为 **0000** 和 **1111**。由于 74LS161 是同步置数，因此当计数初态为 **0000** 时，应选第 12 个脉冲过后的 $Q_3Q_2Q_1Q_0$=**1100** 作为反馈状态，并通过适当的反馈电路将此状态唯一变成一个低电平信号送给置数端 $\overline{\text{LD}}$，这样当第 13 个脉冲（这个脉冲也是 $\overline{\text{LD}}$ 实现同步置数功能的那个脉冲）到来时，计数器刚好完成置数功能，回到初态 **0000**，从而实现了十三进制计数。连线图如图 9-41（a）所示。当计数初态为 **1111** 时，利用图 9-39 状态图不难看出，此时应选 $Q_3Q_2Q_1Q_0$=**1011** 作为反馈状态，如图 9-41（b）所示。由于本题是用置数端 $\overline{\text{LD}}$ 实现的，因此并行数据输入端 D_3、D_2、D_1、D_0 这时要接计数器的初始状态 **0000** 和 **1111**。

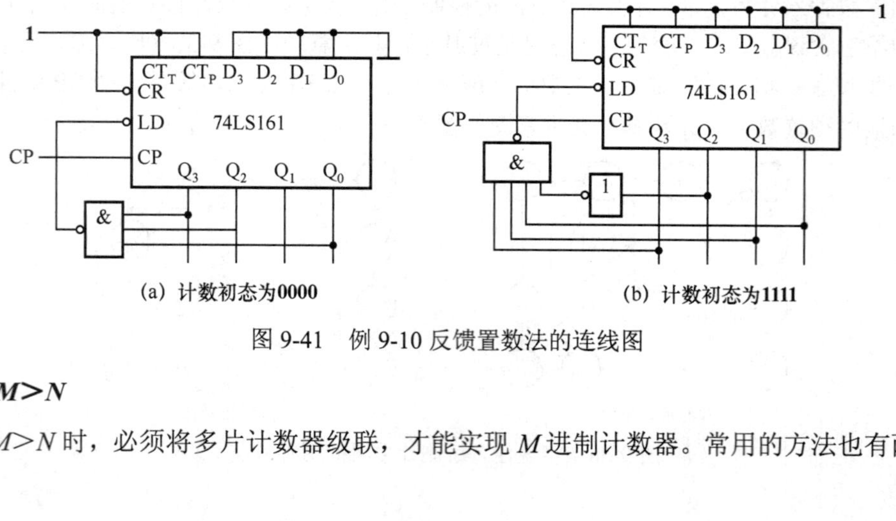

图 9-41　例 9-10 反馈置数法的连线图

2．*M*＞*N*

当 *M*＞*N* 时，必须将多片计数器级联，才能实现 *M* 进制计数器。常用的方法也有两种：整体置数法和分解法。

（1）整体置数法。先将 n 片计数器级联组成 N^n（$N^n > M$）进制计数器，然后采用整体清零或整体置数的方法实现 M 进制计数器。值得注意的是，多片计数器级联时，其总的计数容量为各级计数容量的乘积。

（2）分解法。将 M 分解为 $M = M_1 \times M_2 \times \cdots \times M_n$，其中，$M_1, M_2, \cdots, M_n$ 均不大于 N，用 n 片计数器分别组成 M_1、M_2、…、M_n 进制的计数器，然后再将它们级联构成 M 进制计数器。

芯片之间的级联有串行进位方式和并行进位方式。在串行进位方式中，以低位片的进位输出信号作为高位片的时钟输入信号。在并行进位方式中，以低位片的进位输出信号作为高位片的工作状态控制信号。

例 9-11 试用 74LS160 构成 100 进制计数器。

解 由题目可知，$M = 100$，$N = 10$，因为 $M > N$，且 $100 = 10 \times 10$，所以用两片 74LS160 即可构成 100 进制计数器。图 9-42（a）是串行进位方式连接的计数器。其中片(1)的进位输出信号 C 经反相器后作为片(2)的计数脉冲 CP_2，显然这样连接构成的是异步计数器。虽然两片的 CT_T、CT_P 都为 **1**，都工作在计数状态，但是只有当片(1)由 **1001** 变为 **0000** 状态，使进位信号 C 由 **1** 变为 **0**（CP_2 由 **0** 变为 **1**），片(2)才能计入一个脉冲，其他情况下，片(2)都将保持原来状态不变。

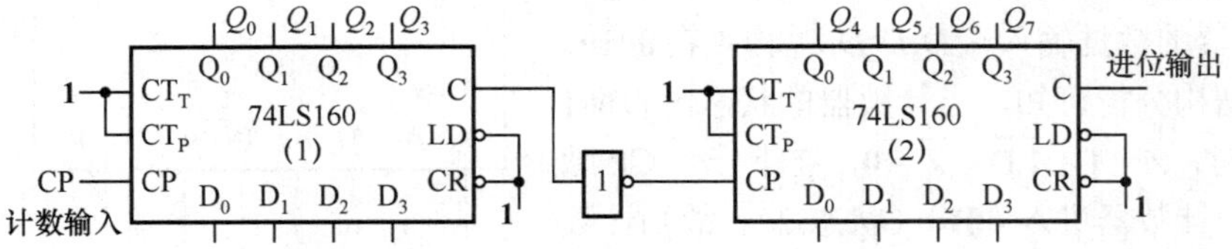

(a) 串行进位方式

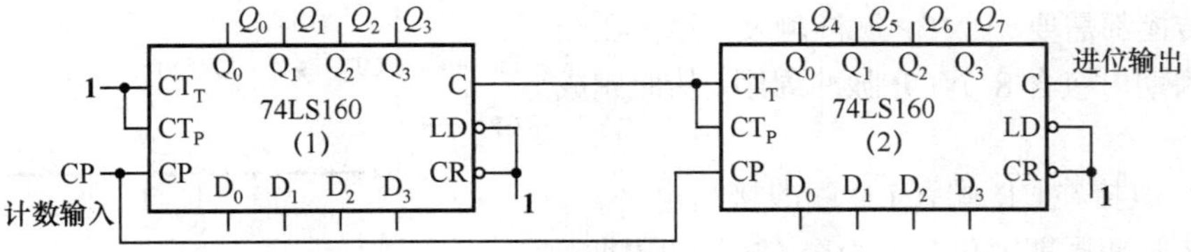

(b) 并行进位方式

图 9-42 例 9-11 的连接图

图 9-42（b）是并行进位方式连接的计数器。两片的 CP 端均与计数脉冲相连，所以是同步计数器。低位片(1)的 CT_T、CT_P 都为 **1**，因而它总是处于计数状态，进位输出 C 作为高位片(2)的 CT_T 和 CT_P 输入，每当片(1)计成 **1001**（十进制数 9）时 C 变为 **1**，片(2)才能处于计数状态，下一个计数脉冲 CP 作用后，片(2)计入 1 个脉冲，同时片(1)由 **1001**（9）状态变成 **0000**（十进制数 0）状态，它的 C 端信号也随之变成 **0**，使片(2)停止计数。

例 9-12 试用两片 74LS160 接成 54 进制计数器。

解 （1）整体置数法。本例中 $M = 54$。图 9-43（a）是整体置数法实现的 54 进制计数器连接电路图。首先将两片 74LS160 级联成 100 进制计数器，在此基础上再用置数法连成 54 进制计数器。

（2）分解法。将 M 分解为 $54 = 6 \times 9$，用两片 74LS160 分别组成六进制和九进制计数器，然后级联组成 54 进制计数器，其逻辑图如图 9-43（b）所示。

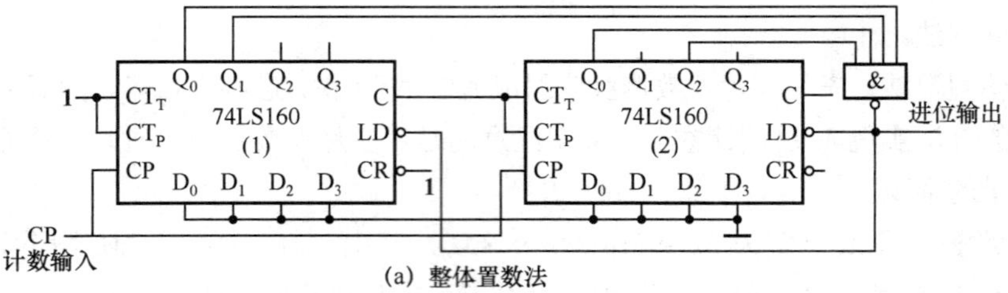

(a) 整体置数法

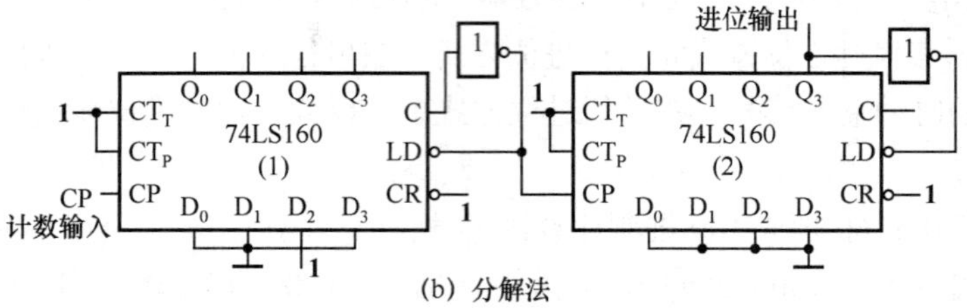

(b) 分解法

图 9-43　例 9-12 的连接图

9.3.5　计数器应用电路举例

如图 9-44 所示是由 4 位比较器 74LS85 和 4 位二进制计数器 74LS161 构成的定时电路。Z 为输出端，设比较器的输入端 $A_3A_2A_1A_0$ 接固定电平 **1001**；计数器的数据输入端 $D_3D_2D_1D_0$ 预置在 **0010**。根据电路结构分析可知，当计数器的状态为 **1001**（状态 9）时，$Z=\mathbf{1}$，$\overline{\mathrm{LD}}=\overline{Z}=\mathbf{0}$，在下一个 CP 脉冲作用下，计数器进入 **0010**（状态 2）。故知计数器的工作状态为状态 2 到状态 9，共有 8 个状态。每次状态转换都需要一个 CP 脉冲触发，故知在一个 Z 脉冲周期内包含 8 个 CP 脉冲周期，从而完成定时功能。

若将 $\overline{Z}$ 改接在 $\overline{\mathrm{CR}}$ 端（$\overline{\mathrm{LD}}$ 端改接高电平），试求一个 Z 脉冲周期内包含多少个 CP 脉冲周期。请读者自行分析。

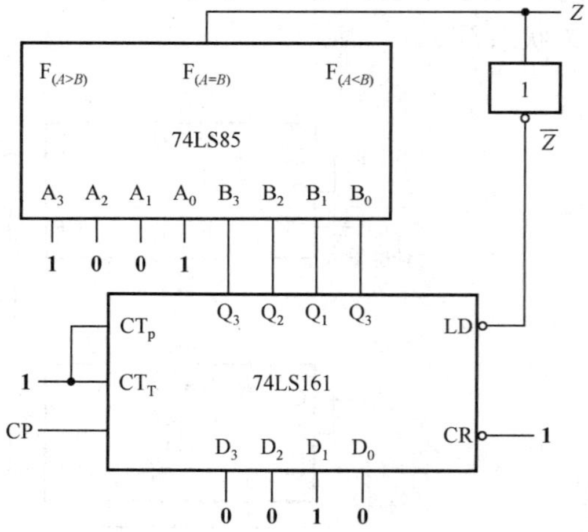

图 9-44　计数器构成的定时电路

9.4　寄存器

在数字系统中常常需要将二进制代码表示的信息暂时存放起来，等待处理，能够完成暂时存放数据的逻辑部件称为寄存器。寄存器是一种重要的数字逻辑部件，一个触发器就是一个能存放 1 位二进制数码的寄存器。存放 n 位二进制数码就需要 n 个触发器，从而构成 n 位寄存器。

寄存器由触发器和门电路组成，具有接收数据、存放数据和输出数据的功能，只有在接到指令（即时钟脉冲 CP）时，寄存器才能接收要寄存的数据。

寄存器按逻辑功能分为**数码寄存器**（也称基本寄存器）和**移位寄存器**，还可以按照位数以及输入、输出方式等分成若干类。

9.4.1　数码寄存器

数码寄存器可以接收、暂存数码。它是在时钟脉冲 CP 作用下，将数据存入对应的触发器。由于 D 触发器的特性方程是 $Q^{n+1}=D$，因此以 D 作为数据输入端组成寄存器最为方便。图 9-45

所示是由 4 个边沿 D 触发器组成的 4 位数码寄存器 74LS175 的逻辑图。D_3～D_0 是并行数码输入端，$\overline{CR}$ 是清零端，CP 是时钟脉冲输入端，Q_3～Q_0 是并行数码输出端。

当 $\overline{CR}=0$ 时，实现异步清零，即通过异步输入端 $\overline{R}_D$ 将 4 个边沿 D 触发器复位到 **0** 状态。当 $\overline{CR}=1$ 时，CP 上升沿送数。只要送数控制脉冲 CP 上升沿到来，加在并行数码输入端的数码 d_3～d_0 就立即被送进寄存器中，使并行输出端 $Q_3Q_2Q_1Q_0=d_3d_2d_1d_0$，从而完成接收并寄存数码的功能。而在 $\overline{CR}=1$，CP 上升沿以外的时间，寄存器保持内容不变。由于寄存器能同时输入 4 位数码，同时输出 4 位数码，故称为并行输入、输出寄存器。

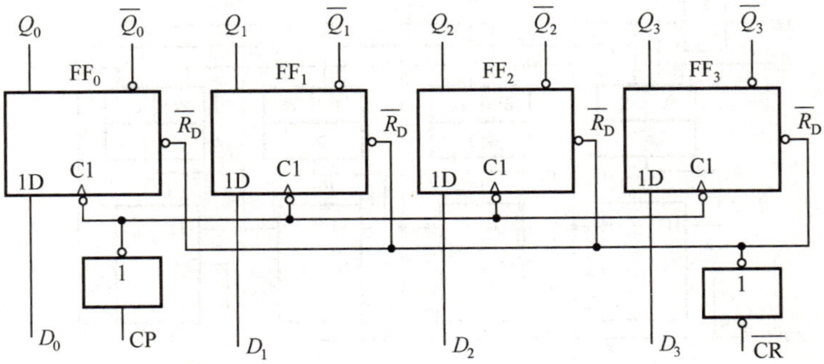

图 9-45　4 位数码寄存器 74LS175 的逻辑图

9.4.2　移位寄存器

移位寄存器既可存放数码，又可使数码在寄存器中逐位左移或右移。按照在移位脉冲 CP 操作下移位情况的不同，移位寄存器又可分为**单向移位寄存器**和**双向移位寄存器**。

1．单向移位寄存器

如图 9-46 所示是用边沿 D 触发器构成的单向移位寄存器，图 9-46（a）为**右移移位寄存器**，图 9-46（b）为**左移移位寄存器**。以右移寄存器为例，假设从输入端 D_i 连续输入 4 个 **1**，D_i 经 FF_0 在 CP 上升沿操作下，依次被移入寄存器中，即经过 4 个 CP 脉冲，寄存器输出状态为 $Q_3Q_2Q_1Q_0=$ **1111**，变成全 **1** 状态，即 4 个 **1** 右移输入完毕。假设再连续输入 **0**，再经过 4 个 CP 脉冲之后，寄存器变成全 **0** 状态。如图 9-47（b）所示为左移移位寄存器，其工作原理与右移移位寄存器并无本质区别，只是因为连接反了，所以移位方向也由此变成从右向左。

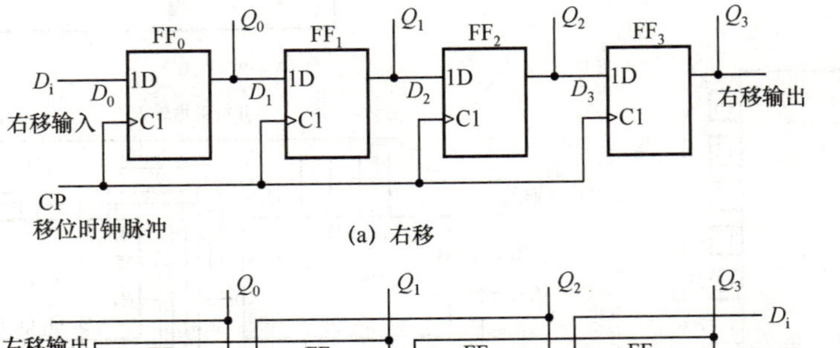

(a) 右移

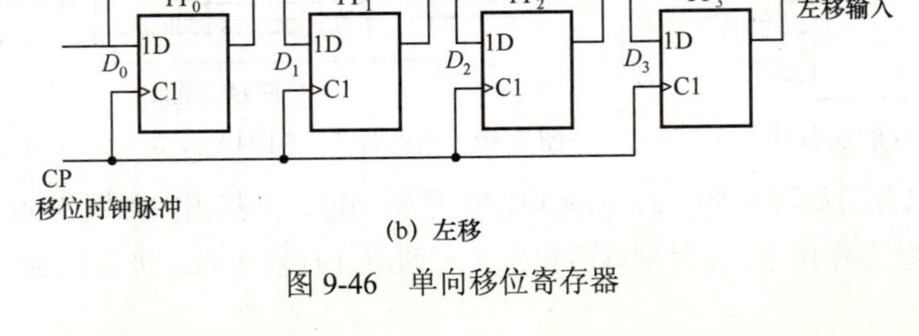

(b) 左移

图 9-46　单向移位寄存器

2．双向移位寄存器

在数字电路中，有时需要寄存器按照不同的控制信号，能够将其中存放的数码向左或向右移位。这种既能右移又能左移的寄存器称为双向移位寄存器。把左移和右移移位寄存器组合起来，加上移位方向控制信号，便可方便地构成双向移位寄存器。图 9-47 所示是基本的 4 位双向移位寄存器，M 是移位方向控制端，D_{iR} 是右移串行输入端，D_{iL} 是左移串行输入端，Q_0～Q_3 是并行输出端，CP 是移位时钟脉冲。图 9-47 中，4 个**与或**门构成了 4 个 2 选 1 数据选择器。

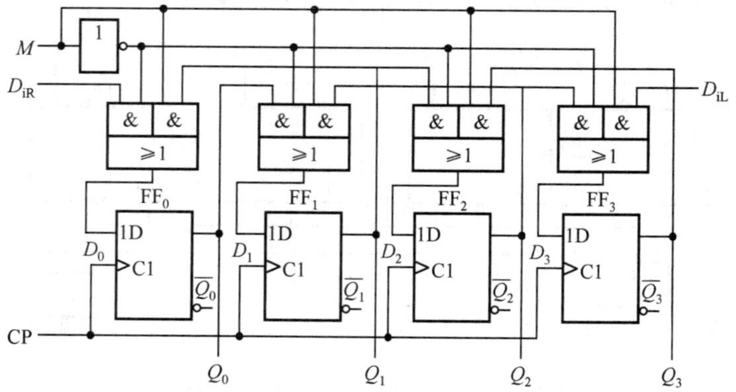

图 9-47　基本 4 位双向移位寄存器

3．集成移位寄存器

集成双向移位寄存器 74LS194 的引脚排列图如图 9-48 所示。图中 M_1、M_0 为工作方式控制端，它们的不同取值，决定寄存器的不同功能：保持、右移、左移及并行输入。D_{iR} 为右移串行输入端，D_{iL} 为左移串行输入端，$\overline{CR}$ 是清零端，$\overline{CR}=\mathbf{0}$ 时寄存器被清零。寄存器工作时，$\overline{CR}$ 应为高电平。这时寄存器工作方式由 M_1、M_0 的状态决定，如表 9-14 所列。

表 9-14　74LS194 的功能表

$\overline{CR}$	M_1	M_0	CP	功　能
0	×	×	×	清零
1	**0**	**0**	↑	保持
1	**0**	**1**	↑	右移
1	**1**	**0**	↑	左移
1	**1**	**1**	↑	并行输入

用多片 74LS194A 通过级联，可以构成多位双向移位寄存器。如图 9-49 所示是用两片 74LS194A 接成 8 位双向移位寄存器的连接图。这时只需将其中一片的 Q_3 接至另一片的 D_{iR} 端，而另一片的 Q_0 接到这一片的 D_{iL}，同时把两片的 M_1、M_0、CP 和 $\overline{CR}$ 分别并联。

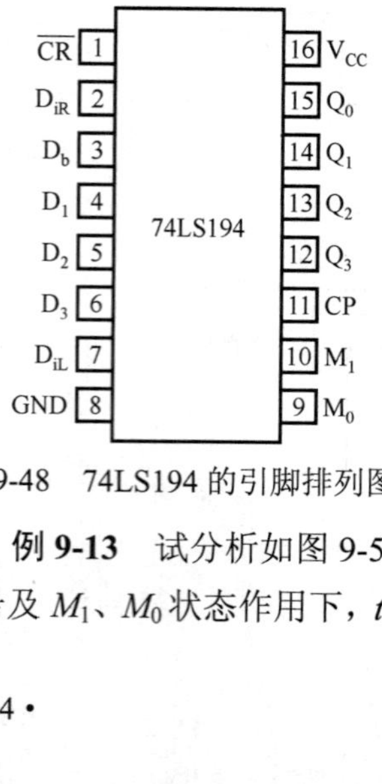

图 9-48　74LS194 的引脚排列图

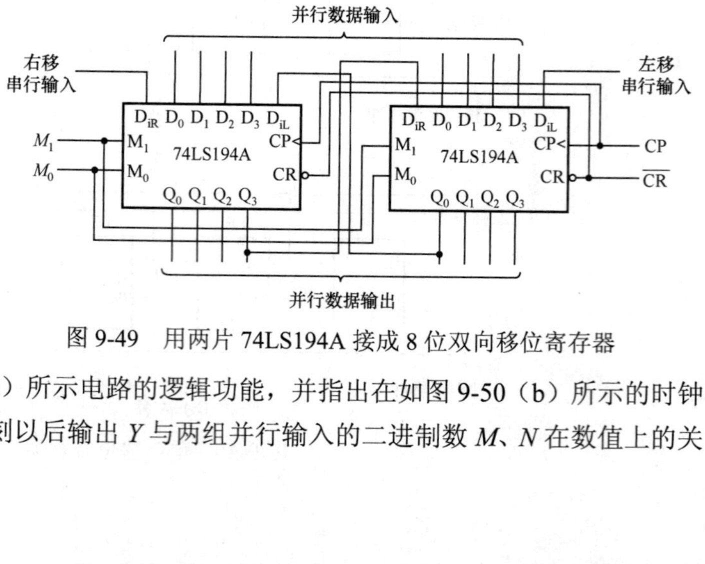

图 9-49　用两片 74LS194A 接成 8 位双向移位寄存器

例 9-13　试分析如图 9-50（a）所示电路的逻辑功能，并指出在如图 9-50（b）所示的时钟信号及 M_1、M_0 状态作用下，t_4 时刻以后输出 Y 与两组并行输入的二进制数 M、N 在数值上的关系。假定 M、N 的状态始终未变。

解 该电路由两片 4 位加法器 74283 和 4 片 74LS194A 组成。两片 74283 接成一个 8 位并行加法器，4 片 74LS194A 分别接成了两个 8 位的单向移位寄存器。由于两个 8 位移位寄存器的输出分别加到了 8 位并行加法器的两组输入端，所以如图 9-50（a）所示电路是将两个 8 位移位寄存器里的内容相加的运算电路。

由图 9-50（b）可见，当 $t=t_1$ 时，则 CP_1 和 CP_2 的第一个上升沿同时到达，因为这时 $M_1=M_0=1$，所以移位寄存器处在数据并行输入工作状态，M、N 的数值便分别存入两个移位寄存器中。

在 $t=t_2$ 以后，则 M、N 同时右移 1 位。若 m_0、n_0 是 M、N 的最低位，则右移 1 位相当于两数各乘以 2。

当 $t=t_4$ 时，则 M 又右移了 2 位，所以这时上面一个移位寄存器里的数为 $M\times8$，下面一个移位寄存器里的数为 $N\times2$。两数经加法器相加后得到

$$Y=M\times8+N\times2$$

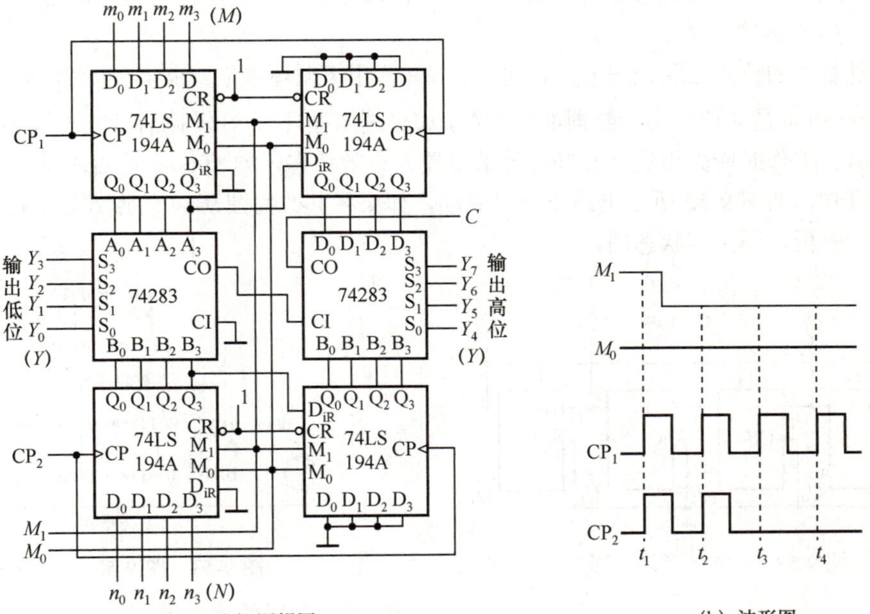

(a) 逻辑图　　(b) 波形图

图 9-50　例 9-13 图

9.4.3 寄存器的应用

移位寄存器的应用十分广泛，可以将信息代码进行串、并行转换以及构成计数器等。

1. 数码的串-并行转换

在数字系统中，数字信息多半是用串行方式在线路上逐位传送，而在收发端则以并行方式对数据进行存放和处理。这就需要将信息进行串-并行转换。前面介绍的单向移位寄存器即可实现数码的串行变并行功能。当要求将并行输入的代码变为串行输出时，可采用如图 9-51 所示的逻辑电路。

将数据 D_3、D_2、D_1、D_0 加到各触发器的异步置 **1** 端 $\overline{S}_D$，在写入脉冲控制下送入各触发器的 Q_3、Q_2、Q_1、Q_0（事先要清零），再在时钟脉冲控制下逐位右移，这就是并入-串出方式。图 9-51 所示电路也可以按串入-并出、串入-串出、并入-并出方式工作。

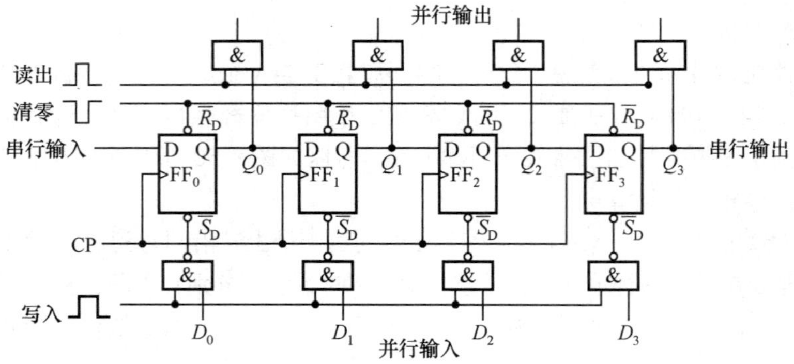

图 9-51　并行输入变为串行输出

2．移位寄存器型计数器

（1）环形计数器。如果将移位寄存器的最后一级输出 Q^n 直接反馈到第一级 D 触发器的输入端，就得到一个自循环的移位寄存器，也是一种最简单的移位寄存器型计数器，通常称为**环形计数器**，如图 9-52 所示。

环形计数器的特点是取 $D_0 = Q_{n-1}^n$，可以在 CP 作用下循环移位一个 **1**，也可以循环移位一个 **0**。如图 9-53 所示是 4 位环形计数器的状态图，如果选用循环一个 **1**，则有效状态是 **1000**、**0100**、**0010**、**0001**。工作时应先用启动脉冲将计数器置入有效状态，如 **1000**，然后才能加 CP 脉冲。由状态图可知，如图 9-52 所示电路不能自启动，如果将其改为图 9-54 的形式，就可自启动了，读者可自行分析，画出其状态图。

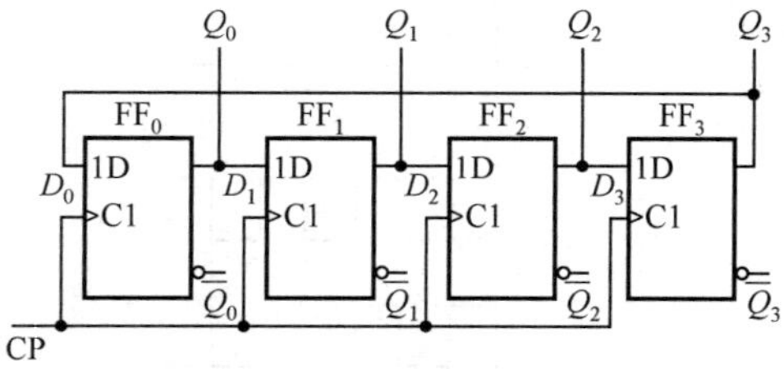

图 9-52　4 位环形计数器

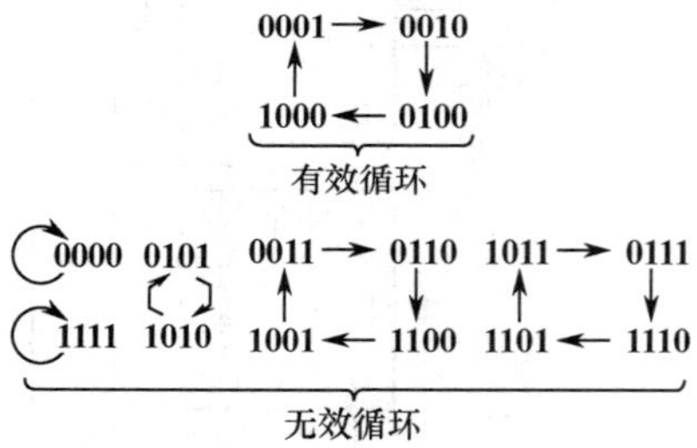

图 9-53　图 9-52 的状态图

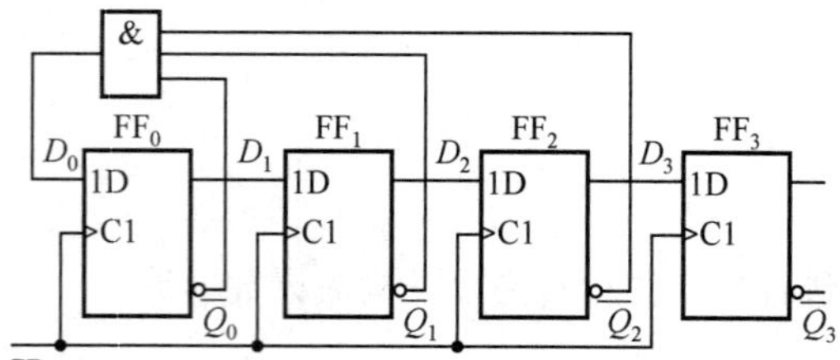

图 9-54　能自启动的 4 位环形计数器

环形计数器的优点是可以实现所有触发器中只有一个为 **1**（或 **0**），利用 Q 端作为状态输出不需要加译码器。在 CP 脉冲的作用下 Q 端交替出现矩形脉冲，所以也可称为脉冲分配器。其缺点是状态利用率低，记 n 个数需要 n 个触发器，使用触发器数量多。

（2）扭环形计数器。将环形计数器最后一级 D 触发器的 $\overline{Q^n}$ 反馈到第一级 D 触发器的输入端，可以构成扭环形计数器。扭环形计数器的结构特点是取 $D_0 = \overline{Q_{n-1}^n}$，它的状态利用率比环形计数器提高一倍，即 $N = 2n$。如图 9-55 和图 9-56 所示电路分别是不能自启动和能够自启动的 4 位扭环形计数器及其状态图。

扭环形计数器的优点是每次状态变化只有一个触发器翻转，因此译码时不存在竞争冒险。缺点是状态利用率低，有 2^n-2n 个状态没有被利用。

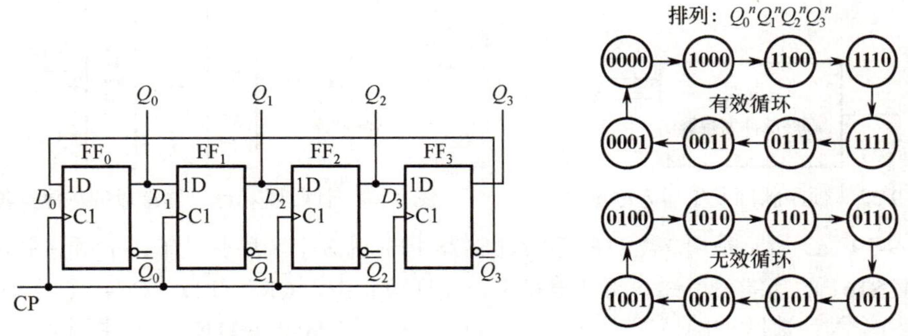

(a) 逻辑电路图　　(b) 状态图

图 9-55　不能自启动的 4 位扭环形计数器

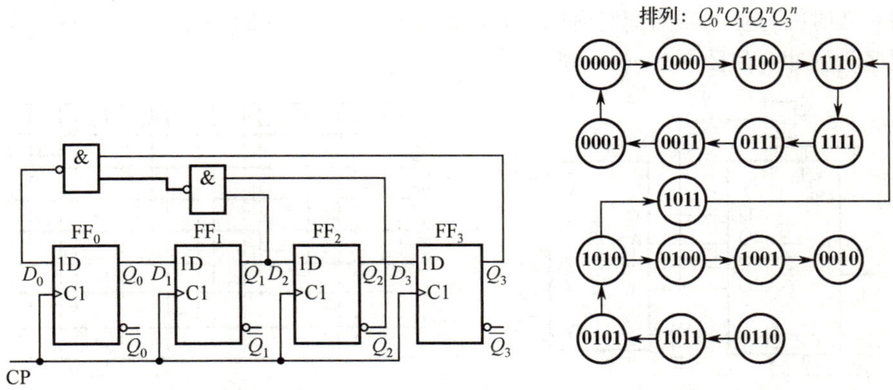

(a) 逻辑电路图　　(b) 状态图

图 9-56　能自启动的 4 位扭环形计数器

9.5　顺序脉冲发生器

在数字系统中，常常要求系统按照规定的时间顺序进行一系列的操作，这就要求系统的控制部分能给出在时间上有一定先后顺序的脉冲信号，再用这组脉冲信号形成所需要的各种控制信号。这种能产生顺序脉冲信号的电路称为**顺序脉冲发生器**，也称节拍脉冲发生器，它是一种重要的时序逻辑电路，也是计数器的应用电路。

顺序脉冲发生器的方框图如图 9-57 所示，它输入时钟脉冲 CP，输出 $Y_1 \sim Y_N$ 路脉冲。在连续脉冲 CP 的作用下，$Y_1 \sim Y_N$ 依次产生宽度等于 CP 周期的脉冲信号，也称之为 N 节拍顺序脉冲发生器。若 CP 的周期为 T_{CP}，则 $Y_1 \sim Y_N$ 的周期均为 NT_{CP}。$Y_1 \sim Y_N$ 分别送到整个系统的各个部分起着不同的作用，如作为计数脉冲、移位脉冲等。

前面介绍的环形计数器，若工作在有效状态中只有一个 **1** 的循环状态时，它就是一个顺序脉冲发生器。所以可以用环形计数器或移位寄存器构成顺序脉冲发生器。当顺序脉冲较多时，还可以利用计数器和译码器组合成顺序脉冲发生器。用一个 N 进制计数器和一个与之相匹配的译码器，便可以组成 N 节拍顺序脉冲发生器，如图 9-58 所示。译码器将 N 进制计数器的 N 个状态译码输出，因此译码器的 N 个输出与计数器的 N 个状态一一对应。对应于计数器的每个有效状态，N 个输出中只有一个为有效电平。因此，当 CP 为周期性连续脉冲时，N 个输出就会按计数规律依次出现有效电平，也就顺序产生宽度等于 CP 周期的脉冲信号。

图 9-57 顺序脉冲发生器方框图

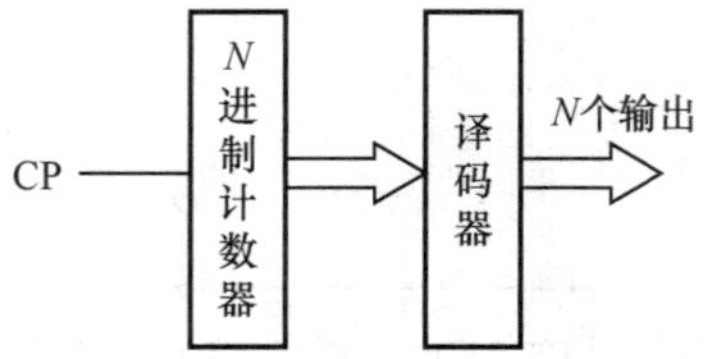

图 9-58 计数器和译码器组成的顺序脉冲发生器

如图 9-59（a）所示是用 74LS161 和 74LS138 构成的 8 个顺序脉冲输出的顺序脉冲发生器。

由 74LS161 的功能表可知，为使电路工作在计数状态，$\overline{CR}$、$\overline{LD}$、CT_T、CT_P 均应接高电平，在连续输入计数脉冲的情况下，$Q_3Q_2Q_1Q_0$ 的状态按 **0000**～**1111** 的顺序循环，低 3 位按 **000**～**111** 的顺序循环，所以可以将低 3 位的输出作为 74LS138 的代码输入。为了避免 74LS161 中各触发器的传输延迟时间的不同而引起的竞争冒险现象，在 74LS138 的 S_1 端加选通脉冲，选通脉冲的有效时间与触发器的翻转时间错开，故选 $\overline{CP}$ 作为 74LS138 的选通脉冲，其输出波形为一组顺序负脉冲，如图 9-59（b）所示。

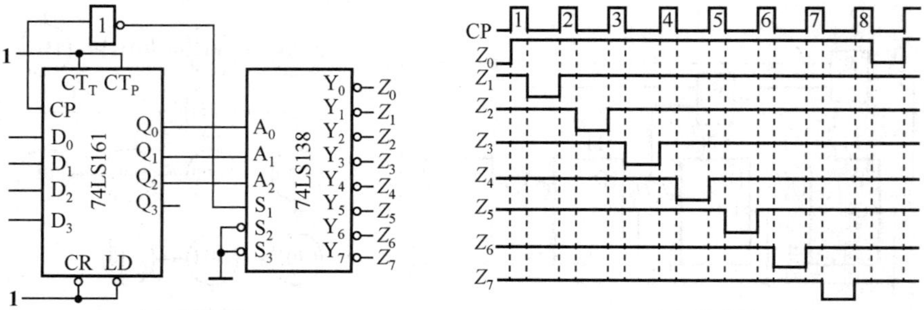

(a) 逻辑图　　(b) 波形图

图 9-59 74LS161 和 74LS138 构成的顺序脉冲发生器

9.6 序列信号发生器

在数字信号的传输和数字系统的测试中，有时需用到一组特定的串行数字信号，如 **00010111** 等，这种串行数字信号叫作序列信号。产生序列信号的电路称为**序列信号发生器**。

序列信号发生器的构成方法有多种。一种比较简单、直观的方法是用“计数器 + 数据选择器”组成。例如，需要产生一个 8 位的序列信号 **00010111**（时间顺序为自左而右），则可用一个八进制计数器和一个 8 选 1 数据选择器组成，如图 9-60 所示。其中八进制计数器取自 74LS161 的低 3 位，74LS152 是 8 选 1 数据选择器。

当 CP 信号连续不断地加到计数器上时，$Q_2Q_1Q_0$ 的状态（也就是加到 74LS152 上的地址输入代码 $A_2A_1A_0$）按照自然二进制代码的顺序不断循环，$\overline{D_0}$ ～ $\overline{D_7}$ 的状态就循环不断地依次出现在 $\overline{Y}$ 端。只要令 $D_0 = D_1 = D_2 = D_4 = \mathbf{1}$，$D_3 = D_5 = D_6 = D_7 = \mathbf{0}$，便可在 $\overline{Y}$ 端得到不断循环的序列信号 **00010111**。在需要修改序列信号时，只要修改加到 D_0～D_7 的高、低电平即可实现，而不需对电路结构做任何改动。因此，使用这种电路既灵活又方便。

构成序列信号发生器的另一种常见的方法是采用带反馈逻辑电路的移位寄存器。如果序列信号的位数为 m，移位寄存器的位数为 n，则应取 $2^n \geq m$。例如，若仍然要求产生 **00010111** 这样一组 8 位的序列信号，则可用 3 位的移位寄存器加上反馈逻辑电路构成所需的序列信号发生器，如图 9-61 所示。移位寄存器从 Q_2 端输出的串行输出信号就应当是所要求的序列信号。

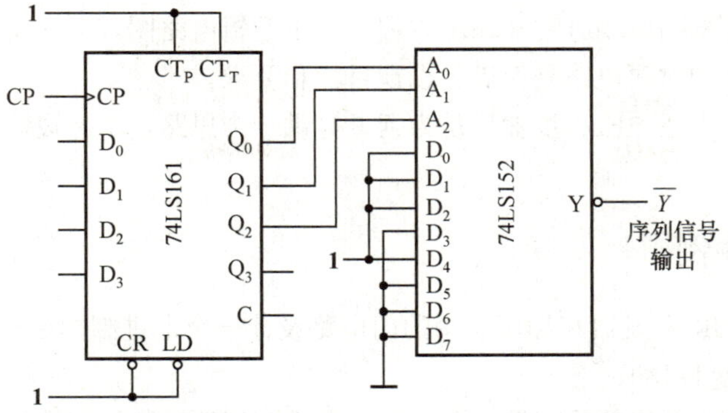

图 9-60 用计数器和数据选择器组成的序列信号发生器

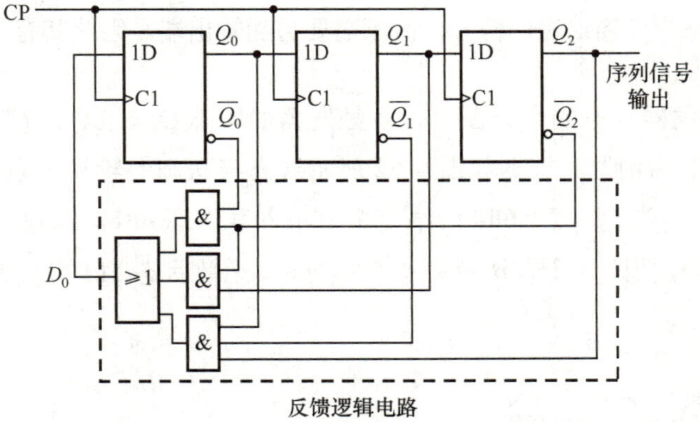

图 9-61 用移位寄存器构成的序列信号发生器

9.7 时序电路的设计

随着电子技术的发展，尤其是在系统可编程逻辑器件中的广泛应用，使得利用门电路和触发器设计时序逻辑电路的方法显得越来越重要，本节以计数器为例简单介绍同步时序电路的设计方法。

9.7.1 设计方法及步骤

时序电路的设计，就是根据给定的逻辑功能要求，选择适当的逻辑器件，设计出符合要求的时序逻辑电路。一般设计步骤如下。

（1）将所设计的实际问题进行逻辑抽象，定义所设计电路的输入信号、输出信号和有效状态的物理意义。

（2）定义所设计电路的有效状态的编码，根据设计目标确定其状态转换真值表或状态转换图。

（3）根据有效状态的状态转换真值表或状态图，以各触发器的现态 Q^n 为输入变量，以次态 Q^{n+1} 为函数，画出各次态的卡诺图。

（4）由卡诺图求出各触发器的状态方程。

（5）将求出的状态方程与触发器的特性方程比较，从而求出各触发器的驱动方程和输出方程。

（6）根据各触发器的驱动方程和输出方程，画出逻辑电路图。

（7）检验所设计的时序电路是否满足设计目标和要求。

需要指出的是，上述方法和步骤只是为读者提供一个思路，实际设计时可根据题目难易程度简化设计过程。

9.7.2 设计举例

例 9-14 试用 JK 触发器和尽可能少的门电路设计一个七进制同步加法计数器，并说明所设计的计数器是否能自启动。

解 （1）确定有效状态的状态转换图。组成七进制加法计数器应选用 3 个触发器，设它们为 FF_2、FF_1、FF_0。显然，七进制加法计数器有 7 个有效状态，不需要输入控制信号，且可利用最高位触发器的状态作为输出进位信号，而不需要另加输出端，因此其有效状态的状态转换图如图 9-62 所示。

（2）画出各触发器次态的卡诺图。以各触发器的现态 Q_2^n、Q_1^n、Q_0^n 为输入变量，以次态 Q_2^{n+1}、Q_1^{n+1}、Q_0^{n+1} 为函数，根据如图 9-62 所示现态与次态的转换关系，可将 Q_2^{n+1}、Q_1^{n+1}、Q_0^{n+1} 画成卡诺图。在 $Q_2^n\ Q_1^n\ Q_0^n = \mathbf{000}$ 的小方格内填入其次态 **001**，在 $Q_2^n\ Q_1^n\ Q_0^n = \mathbf{001}$ 的小方格内填入其次态 **010**，依照这个方法填完所有小方格，无效状态 **111** 可视为无关项，如图 9-63 所示。

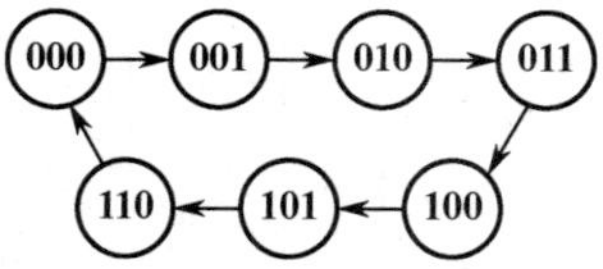

图 9-62　七进制加法计数器的有效循环

Q_2^n \ $Q_1^n Q_0^n$	00	01	11	10
0	001	010	100	011
1	101	110	×××	000

图 9-63　Q_2^{n+1}、Q_1^{n+1}、Q_0^{n+1} 的卡诺图

（3）求状态方程。由如图 9-63 所示卡诺图可求出触发器的状态方程，为清晰起见，也可将图 9-63 所示的卡诺图分解为三个卡诺图，分别表示 Q_2^{n+1}、Q_1^{n+1}、Q_0^{n+1} 这三个逻辑函数。由卡诺图得到各触发器的状态方程为

$$\begin{cases} Q_0^{n+1} = \overline{Q_2^n} \cdot \overline{Q_0^n} + \overline{Q_1^n} \cdot \overline{Q_0^n} = \overline{Q_2^n Q_1^n} \cdot \overline{Q_0^n} \\ Q_1^{n+1} = Q_0^n \cdot \overline{Q_1^n} + \overline{Q_2^n} \cdot \overline{Q_0^n} \cdot Q_1^n \\ Q_2^{n+1} = Q_1^n \cdot Q_0^n \cdot \overline{Q_2^n} + \overline{Q_1^n} \cdot Q_2^n \end{cases}$$

（4）求驱动方程。为了便于求出驱动方程，应将状态方程写成与特性方程 $Q^{n+1} = J\overline{Q^n} + \overline{K}Q^n$ 可类比的形式。例如，在第 i 个触发器的状态方程中，每一项均应含有 $\overline{Q_i^n}$ 或 Q_i^n，其中含有 $\overline{Q_i^n}$ 的项决定 J_i，含有 Q_i^n 的项决定 K_i。据此写出的各触发器的驱动方程为

$$\begin{cases} J_0 = \overline{Q_2^n Q_1^n}, \quad K_0 = \mathbf{1} \\ J_1 = Q_0^n, \quad K_1 = \overline{\overline{Q_2^n} \cdot \overline{Q_0^n}} \\ J_2 = Q_1^n Q_0^n, \quad K_2 = Q_1^n \end{cases}$$

（5）画出逻辑图。根据驱动方程，画出逻辑图如图 9-64 所示。

（6）根据时序电路的分析方法，画出如图 9-64 所示计数器的状态转换图，如图 9-65 所示。

可以看出，所设计的电路能够完成七进制加法计数功能，并且能够自启动。

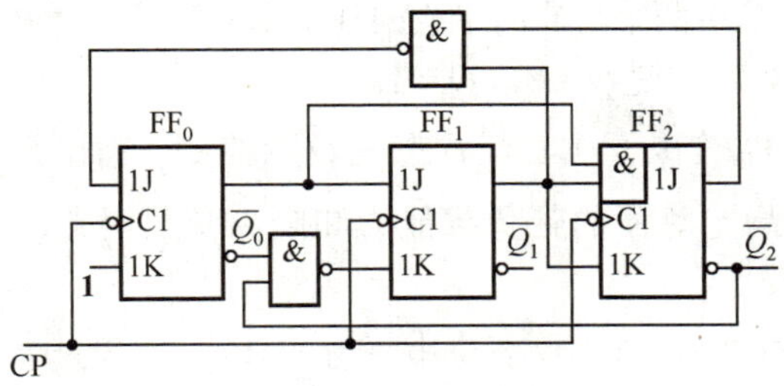

图 9-64　七进制加法计数器的逻辑图

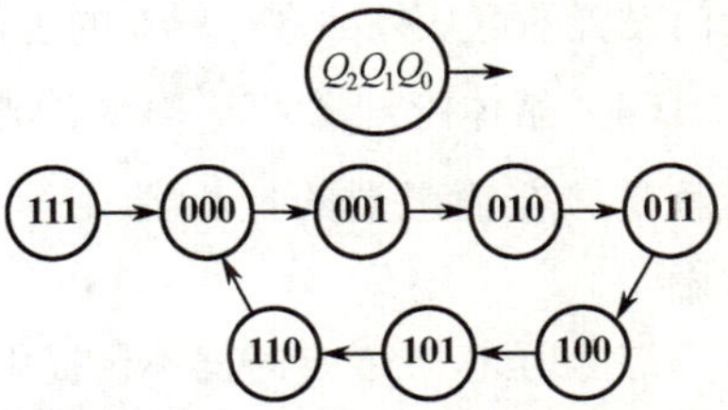

图 9-65　七进制加法计数器状态转换图

9.8　555 集成定时器的原理及应用

555 定时器是一种中规模集成电路，以它为核心，在其外部配上少量阻容元件，就可方便构成多谐振荡器、施密特触发器、单稳态触发器等，这些触发器往往是数字系统中不可缺少的器件。由于使用灵活、方便，因此 555 定时器在波形的产生与变换、测量与控制、家用电器、电子玩具等许多领域中都得到应用。

数字系统中会经常遇到脉冲的产生、整形、延时等问题，实现这些作用的单元电路就是单稳态触发器、多谐振荡器、施密特触发器等，而这些单元电路都可由 555 定时器构成。

9.8.1　555 集成定时器

1．电路结构

如图 9-66（a）所示为 555 集成定时器的电路结构图，图 9-66（b）是引脚排列图。其中 TH 为电压比较器 C_1 的阈值输入端，$\overline{TR}$ 是电压比较器 C_2 的触发输入端。555 集成定时器由以下 5 个部分组成。

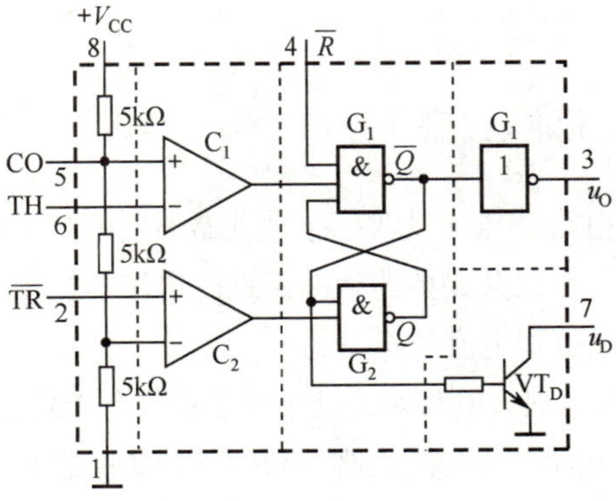

(a) 电路结构

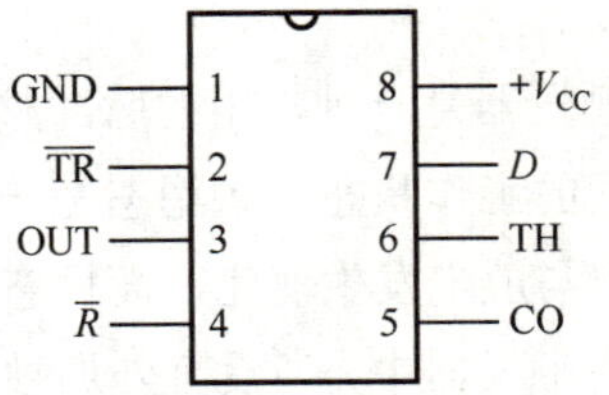

(b) 引脚排列图

图 9-66　555 集成定时器

（1）分压器。三个阻值均为 5kΩ 的电阻串联起来构成分压器（555 因此得名），其作用是为后面的电压比较器 C_1 和 C_2 提供参考电压。如果在电压控制端 CO 另加控制电压，则可改变 C_1、C_2 的参考电压。工作中不使用 CO 端时，一般都通过一个 0.01μF 的电容接地，以旁路高频干扰。

（2）电压比较器。C_1、C_2 是由运放构成的电压比较器。两个输入端基本上不向外电路索取电流，即输入电阻趋于无穷大。

（3）基本 RS 触发器。在电压比较器之后，是由两个与非门组成的基本 RS 触发器，$\overline{R}$ 是专门设置的可从外部进行置 **0** 的复位端，当 $\overline{R}=\mathbf{0}$ 时，使 $Q=\mathbf{0}$，$\overline{Q}=\mathbf{1}$。

（4）晶体管开关和输出缓冲器。晶体管 VT_D 构成开关，其状态受 $\overline{Q}$ 端控制。输出缓冲器就是接在输出端的反相器 G_3，其作用是提高定时器的带负载能力和隔离负载对定时器的影响。

综上所述，555 定时器不仅提供了一个复位电平为 $2/3V_{CC}$，置位电平为 $1/3V_{CC}$，可通过 $\overline{R}$ 端直接从外部进行置 **0** 的基本 RS 触发器，而且还给出了一个状态受该触发器 $\overline{Q}$ 端控制的晶体管开关，因此使用起来非常灵活。

2．工作原理

表 9-15 所列是 555 定时器的功能表，它全面反映了 555 定时器的基本功能。该表是后面分析 555 定时器各种应用电路的重要理论依据。

表 9-15　555 定时器的功能表

U_{TH}	$U_{\overline{TR}}$	$\overline{R}$	u_o	VT_D 的状态
×	×	**0**	U_{OL}	导通
$>2/3V_{CC}$	$>1/3V_{CC}$	**1**	U_{OL}	导通
$<2/3V_{CC}$	$>1/3V_{CC}$	**1**	不变	不变
$<2/3V_{CC}$	$<1/3V_{CC}$	**1**	U_{OH}	截止

由 555 定时器的电路图和功能表可以看出：

$\overline{R}=\mathbf{0}$ 时，$\overline{Q}=\mathbf{1}$，输出电压 $u_o=U_{OL}$ 为低电平，VT_D 饱和导通。

$\overline{R}=\mathbf{1}$，$U_{TH}>2/3V_{CC}$，$U_{\overline{TR}}>1/3V_{CC}$ 时，C_1 输出低电平，C_2 输出高电平，$\overline{Q}=\mathbf{1}$，$Q=\mathbf{0}$，$u_o=U_{OL}$，VT_D 饱和导通。

$\overline{R}=\mathbf{1}$，$U_{TH}<2/3V_{CC}$，$U_{\overline{TR}}>1/3V_{CC}$ 时，C_1、C_2 输出均为高电平，基本 RS 触发器保持原来状态不变，因此 u_o、VT_D 也保持原来状态不变。

$\overline{R}=\mathbf{1}$，$U_{TH}<2/3V_{CC}$，$U_{\overline{TR}}<1/3V_{CC}$ 时，C_1 输出高电平，C_2 输出低电平，$\overline{Q}=\mathbf{0}$，$Q=\mathbf{1}$，$u_o=U_{OH}$，VT_D 截止。

9.8.2　由 555 定时器构成的单稳态触发器

单稳态触发器是一种常用的脉冲整形电路。与一般双稳态触发器不同的是，它有稳态和暂稳态两种不同的工作状态。暂稳态是一种不能长久保持的状态，这时电路的电压和电流会随着电容器的充电与放电发生变化，而稳态时电压和电流是不变的。

在单稳态触发器中，当没有外加触发信号时，电路始终处于稳态；只有当外加触发信号时，电路才从稳态翻转到暂稳态，经过一段时间后，又能自动返回到稳态。暂稳态持续时间的长短取决于电路自身参数，与外触发信号无关。

将 555 定时器高电平触发端 TH 与 D 端相连后接定时元件 R、C，从低电平触发端 $\overline{TR}$ 加入触发信号 u_i，则构成单稳态触发器，如图 9-67（a）所示。

设输入信号 u_i 为高电平，且大于 $1/3V_{CC}$，根据表 9-15，输出电压 u_o 为低电平，D 端接通，因而电容两端即使原来电压不为零也会放电至零，即 $u_C=0$，电路处于稳态。

当 u_i 由高电平变为低电平且低于 $1/3V_{CC}$ 时，u_o 由低电平跃变为高电平，D 端关断，电路进入暂态。此后，电源通过 R 对电容 C 充电，当充电至电容上电压 u_C、也就是高电平触发端的

电压 U_{TH} 略大于 $2/3V_{CC}$ 时，u_o 由高电平跃变为低电平，D 端接通，电容通过 D 端很快放电，电路自动返回稳态，等待下一个触发脉冲的到来。u_i、u_C 、u_o 的波形如图 9-67（b）所示。

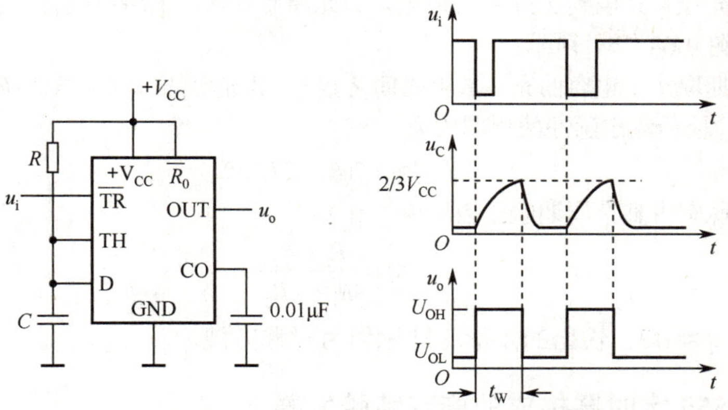

(a) 电路组成　　　　(b) 工作波形

图 9-67　由 555 定时器组成的单稳态触发器

从以上分析可知，单稳态触发器触发脉冲的高电平应大于 $2/3V_{CC}$，低电平应小于 $1/3V_{CC}$，且脉冲宽度应小于暂态时间。输出脉冲的宽度 t_W 为暂态时间，它等于电容 C 上电压从 0 开始充电到 $2/3V_{CC}$ 所需的时间，即

$$t_W \approx RC\ln 3 \approx 1.1RC \tag{9-7}$$

调节 R 和 C 的值可以改变脉冲宽度 t_W，t_W 的值可调范围为几秒到几分钟。

9.8.3　由 555 定时器构成的多谐振荡器

多谐振荡器是一种无稳态电路，在接通电源后，不需要外加触发信号，电路在两个暂稳态之间做交替变化，产生矩形波输出。由于矩形波中除基波外，包含了许多高次谐波，因此这类振荡器称为多谐振荡器。多谐振荡器常用来作为时钟脉冲源。

将 555 定时器的 TH 端和 $\overline{TR}$ 端连在一起再外接电阻 R_1、R_2 和电容 C，便构成了多谐振荡器，如图 9-68（a）所示。该电路不需要外加触发信号，加电后就能产生周期性的矩形脉冲或方波。

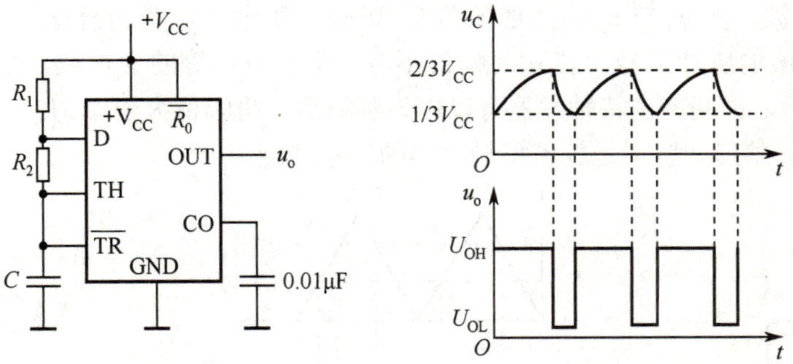

(a) 电路组成　　　　(b) 工作波形

图 9-68　由 555 定时器组成的多谐振荡器

接通电源，设电容电压 $u_C = 0$，而两个电压比较器的阈值电压分别为 $2/3V_{CC}$ 和 $1/3V_{CC}$，所以 $U_{TH} = U_{\overline{TR}} = 0 < 1/3V_{CC}$，根据表 9-16，则有 $u_o = U_{OH}$，且 D 关断。电源对电容 C 充电，充电回路为

$$+V_{CC} \to R_1 \to R_2 \to C \to \text{地}$$

随着充电过程的进行，电容电压 u_C 上升，当上升到 $2/3V_{CC}$ 时，u_o 从 U_{OH} 跃变为 U_{OL}，且 D 导通。此后电容 C 放电，放电回路为

$$C \to R_2 \to \text{ 放电管 D} \to \text{ 地}$$

随着放电过程的进行，u_C下降；当u_C下降到$1/3V_{CC}$时，u_o从U_{OL}跃变为U_{OH}，且D再次关断，电容C又充电，充电到$2/3V_{CC}$又放电，如此周而复始，电路形成自激振荡。输出电压为矩形波，波形如图9-68（b）所示。

矩形波的周期取决于电容的充、放电时间常数τ，其充电的时间常数为$(R_1+R_2)C$，放电时间常数约为R_2C，因而输出脉冲的周期约为

$$T \approx 0.7(R_1+2R_2)C$$

占空比（即脉宽占整个周期的比例）为

$$q=\frac{R_1+R_2}{R_1+2R_2} \tag{9-8}$$

若$R_2 \gg R_1$，$q \approx 1/2$，输出的矩形脉冲近似为对称方波。

9.8.4 由555定时器构成的施密特触发器

施密特触发器是又一种脉冲信号的整形电路，它能够将变化非常缓慢的输入脉冲波形，整形成为适合于数字电路需要的矩形脉冲，而且由于具有滞回特性，所以抗干扰能力也很强。施密特触发器在脉冲的产生和整形电路中应用很广。

将555定时器的TH端和$\overline{\text{TR}}$端连在一起作为信号的输入端，便构成施密特触发器，如图9-69所示。

当$u_i<1/3V_{CC}$，即$\overline{\text{TR}}$端电压$U_{\overline{\text{TR}}}<1/3V_{CC}$时，输出端OUT的电压$u_o$为高电平$U_{OH}$，电路处于第一稳态。只有当$u_i$升高到略大于$2/3V_{CC}$，使$U_{TH}>2/3V_{CC}$且$U_{\overline{\text{TR}}}>1/3V_{CC}$时，输出端OUT的电压$u_o$才跃变为低电平$U_{OL}$，电路进入第二稳态。此后，$u_i$再升高，$u_o$状态不变；只有当$u_i$下降到略小于$1/3V_{CC}$，即$\overline{\text{TR}}$端电压小于$1/3V_{CC}$时，输出电压才又变为高电平，触发器回到第一稳态。可见，阈值电压和回差电压分别为

$$\begin{cases} U_{T-}=1/3V_{CC} \\ U_{T+}=2/3V_{CC} \\ \Delta U_T=U_{T+}-U_{T-}=1/3V_{CC} \end{cases}$$

若u_i为三角波，则u_i与u_o的波形如图9-70（a）所示，说明施密特触发器可将非脉冲信号整形成标准幅值的脉冲信号；若u_i为幅值不等，宽度也不等的尖顶波，则u_i与u_o的波形如图9-70（b）所示，说明施密特触发器可以作为鉴幅器，将幅值大于$2/3V_{CC}$的尖顶波转换为标准幅值的矩形波。整形和鉴幅是施密特触发器的基本功能。

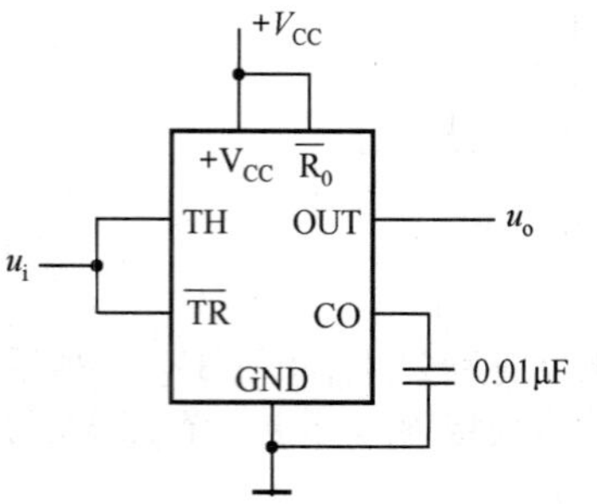

图9-69 由555定时器组成的施密特触发器

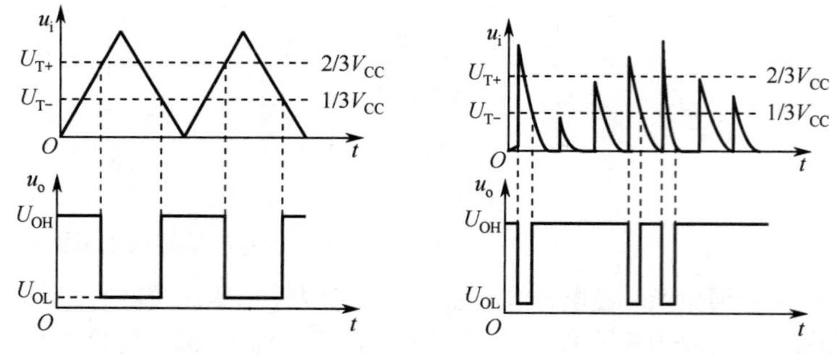

(a) 输入为三角波

(b) 输入为尖顶波

图9-70 施密特触发器输入、输出电压波形分析

9.8.5 555 定时器应用电路举例

1. 555 触摸定时开关

555 触摸定时开关电路如图 9-71 所示。集成电路 IC_1 是一片 555 定时电路，接成单稳态电路。由于触摸片 P 端无感应电压，电容 C_1 通过 555 的 7 脚放电完毕，3 脚输出为低电平，继电器 K 释放，电灯不亮。

当需要开灯时，用手触碰一下金属片 P，人体感应的杂波信号电压由 C_2 加至 555 的触发端，使 555 的输出由低电平变成高电平，继电器 K 吸合，电灯点亮。同时，555 的 7 脚内部截止，电源便通过 R_1 给 C_1 充电，这就是定时的开始。

当电容 C_1 上的电压上升至电源电压的 2/3 时，555 的 7 脚接通使 C_1 放电，使 3 脚输出由高电平变回低电平，继电器释放，电灯熄灭，定时结束。

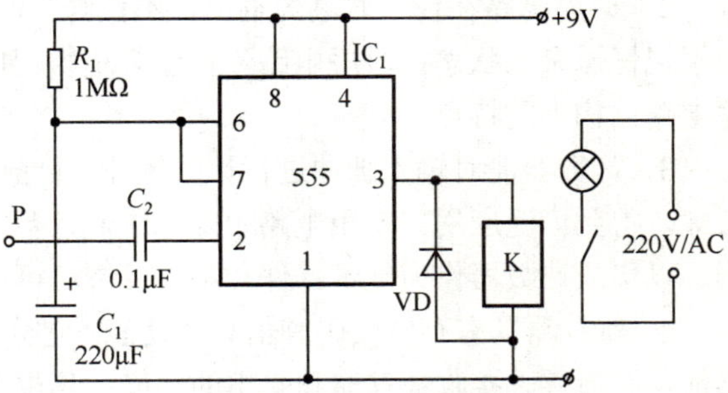

图 9-71 555 触摸定时开关电路

定时长短由 R_1、C_1 的大小决定，即 $T_1=1.1R_1C_1$。按图 9-71 中所标数值，定时时间约为 4min，二极管 VD 可选用 1N4148 或 1N4001。

2. 直流电机调速控制电路

直流电机调速控制电路是一个占空比可调的脉冲振荡器。电机 M 是用它的输出脉冲驱动的。脉冲占空比越大，电机驱动电流就越小，转速减慢；脉冲占空比越小，电机驱动电流就越大，转速越快。因此调节电位器 R_P 的数值可以调整电机的速度。如果电机驱动电流不大于 200mA，则可用 CB555 直接驱动；如果电流大于 200mA，则应增加驱动级和功放级。

图 9-72 中，VD_3 是续流二极管。在功放管截止期间为电机驱动电流提供通路，既保证电机驱动电流的连续性，又防止电机线圈的自感反电动式损坏功放管。电容 C_2 和电阻 R_3 是补偿网络，可使负载呈电阻性。整个电路的脉冲频率在 3kHz～5kHz 之间。频率太低，电机会抖动；频率太高，会因占空比范围小而使电机调速范围减小。

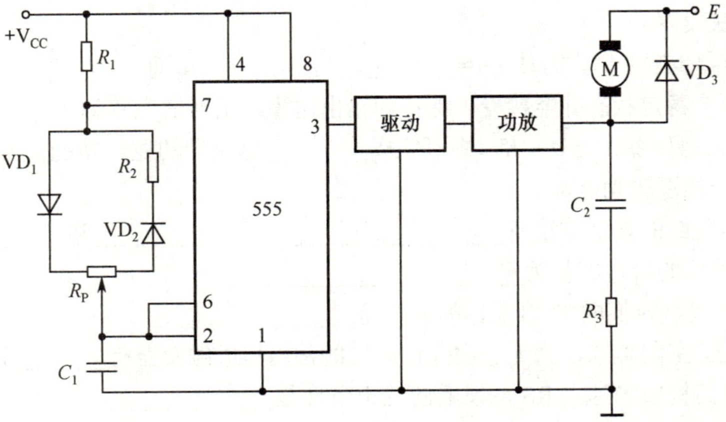

图 9-72 直流电机调速控制电路

本章小结

1．触发器是数字电路中的一种基本逻辑单元，它有 **0** 和 **1** 两个稳态。触发器的种类很多，通常按照三个标准进行分类。按触发器逻辑功能不同分类：RS 触发器、D 触发器、JK 触发器、T 触发器、T′触发器；按结构不同分类：基本触发器、同步触发器、主从触发器、边沿触发器；按触发方式不同分类：电平触发型和边沿触发型触发器。

2．时序电路在任一时刻的输出，不仅与当时的输入信号有关，还与电路原来的状态有关。为了记忆原来的状态，时序电路不仅包含逻辑门电路，还包含具有记忆功能的触发器，这是时序电路结构上的特点。

3．计数器能对输入脉冲进行计数统计。目前集成计数器品种多，功能全，应用灵活，价格低廉，得到广泛应用。实用电路中除二进制计数器和十进制计数器外，还常用其他进制的计数器。以集成计数器作为基本器件，采用反馈法可以实现任意进制计数器。

4．寄存器具有存储数码和信息的功能。它分为数码寄存器和移位寄存器两大类。一般寄存器都具有清零、接收、存储和输出的功能；移位寄存器可构成环形和扭环形计数器。

5．利用计数器和寄存器以及各种组合电路可以实现功能更多、更复杂的时序电路。顺序脉冲发生器由计数器和与之匹配的译码器组成，在连续 CP 脉冲作用下，它将输出多路宽度为 CP 周期的脉冲，用于协调数字系统有条不紊地工作。环形计数器可不需译码器直接作为顺序脉冲发生器。

6. 利用触发器和门电路可以设计具有各种功能的时序逻辑电路，其关键是正确定义输入变量、输出变量及有效状态，准确求出所设计电路中各触发器的驱动方程和输出方程。

7．555 定时器是一种中规模集成电路，以它为核心，在其外部配上少量的阻容元件，就可以方便地构成多谐振荡器、施密特触发器、单稳态触发器等，这些触发器往往是数字系统中不可缺少的器件。

习题 9

9-1　填空题

（1）触发器有______个稳态，一个触发器可记录_______位二进制码，存储 8 位二进制信息需要_______个触发器。

（2）触发器异步置 **0** 时，需使 $\overline{S}_{\mathrm{D}}=$_______，$\overline{R}_{\mathrm{D}}=$_______。而与________和________无关。

（3）具有两个稳定状态并能接受、保持和输出送来的信号的电路称为___________。

（4）对于 JK 触发器，若 $J=K$，则可完成________触发器的逻辑功能；若 $K=\overline{J}$，则可完成_______触发器的逻辑功能。

（5）触发器功能的表示方法有_________、_________、_________和_________。

（6）JK 触发器的特性方程为_____________________。

（7）把 D 触发器转换成 T′ 触发器的方法是_______________。

（8）既克服了空翻现象，又无一次变化问题的常用集成触发器有_______和_______两种。

（9）由与非门构成的基本 RS 触发器的约束条件是___________。

（10）边沿 D 触发器是 CP 的_________触发，其特性方程为_____________。

（11）任一时刻的稳定输出不仅决定于该时刻的输入，而且还与电路原来的状态有关的电路叫______________。

（12）时序逻辑电路由__________和__________两部分组成。

（13）描述时序逻辑电路功能的方法需要三个方程，它们是_________方程、_________方程和_________方程。

（14）时序逻辑电路按触发器时钟端的连接方式分为__________和__________。

（15）可用来暂时存放数据的器件叫___________。

（16）某寄存器由D触发器构成，有4位代码要存储，此寄存器必须有_____个触发器。

（17）一般而言，模值相同的同步计数器比异步计数器的结构_________工作速度_____。

（18）一个五位二进制加法计数器，由**00000**状态开始，问经过169个输入脉冲后，此计数器的状态为_________。

（19）N级环形计数器的计数长度是_______，N级扭环形计数器的计数长度是_________，N级最大长度移位寄存器型计数器的计数长度是_________。

（20）由8级触发器构成的二进制计数器模值为________，由8级触发器构成的十进制计数器的模值为_______。

（21）通过级联方法，把两片4位二进制计数器74LS161连接成为8位二进制计数器后，其最大模值是_______，将3片4位十进制计数器74160连接称为12位十进制计数器后，其最大模值是________。

9-2 选择题

（1）已知R、S是由**或非**门构成的基本RS触发器的输入端，则约束条件为（　　）。

A）$RS=\mathbf{0}$　　B）$R+S=\mathbf{0}$　　C）$RS=\mathbf{1}$　　D）$R+S=\mathbf{1}$

（2）用8级触发器可以记忆（　　）种不同的状态。

A）8　　B）16　　C）128　　D）256

（3）T触发器的特性方程是（　　）。

A）$Q^{n+1}=TQ^n+\overline{TQ^n}$　　B）$Q^{n+1}=T\overline{Q^n}$　　C）$Q^{n+1}=T\overline{Q^n}+\overline{T}Q^n$　　D）$Q^{n+1}=\overline{T}Q^n$

（4）在题图9-2-（4）所示电路中，只有（　　）不能实现$Q^{n+1}=\overline{Q^n}$。

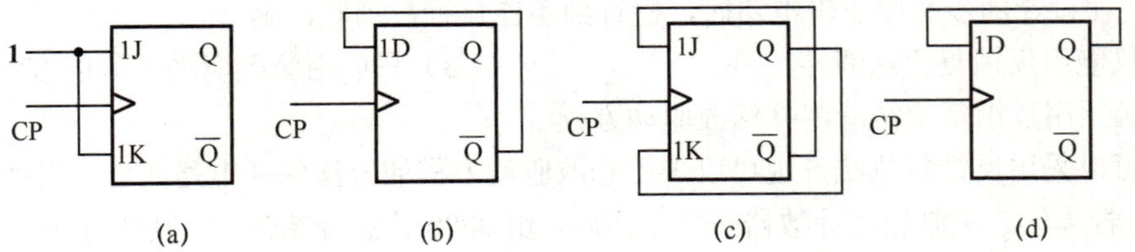

题图9-2-（4）

（5）若JK触发器的现态为**0**，欲在CP作用后仍保持为**0**状态，则驱动方程应为（　　）。

A）$J=K=\mathbf{1}$　　B）$J=\mathbf{1}$，$K=\mathbf{0}$　　C）$J=\mathbf{0}$，$K=\times$　　D）$J=\times$，$K=\times$

（6）已知R、S是由**与非**门构成的基本RS触发器的输入端，则约束条件为（　　）。

A）$R+S=\mathbf{1}$　　B）$R+S=\mathbf{0}$　　C）$RS=\mathbf{1}$　　D）$RS=\mathbf{0}$

（7）主从JK触发器是（　　）。

A）在CP上升沿触发　　B）在CP下降沿触发

C）在CP＝**1**的稳态下触发　　D）与CP无关

（8）下列触发器中，没有约束条件的是（　　）。

A）基本RS触发器　　B）主从RS触发器

C）时钟 RS 触发器　　　　　　　　　　D）边沿 D 触发器

（9）在如题图 9-2-（9）所示各触发器电路中，能实现 $Q^{n+1}=\overline{Q^n}+A$ 功能的电路是（　　）。

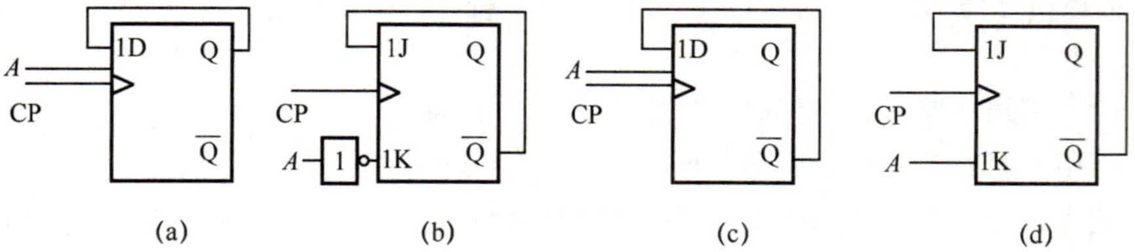

题图 9-2-（9）

（10）若将 D 触发器的 D 端连在 $\overline{Q}$ 端上，经 100 个脉冲作用后，它的次态 $Q(t+100)=\mathbf{0}$，则现态 $Q(t)$应为（　　）。

A）$Q(t)=\mathbf{0}$　　B）$Q(t)=\mathbf{1}$　　C）与现态 $Q(t)$无关

（11）由 3 个触发器构成的环形和扭环形计数器的技术模值依次为（　　）。

A）8 和 8　　B）6 和 3　　C）6 和 8　　D）3 和 6

（12）设计模值为 36 的计数器至少需要（　　）个触发器。

A）3　　B）4　　C）5　　D）6

（13）同步计数器是指（　　）的计数器。

A）由同类型的触发器构成

B）各触发器时钟端连在一起，统一由系统时钟控制

C）可用前级的输出作为后级触发器的时钟

D）可用后级的输出作为前级触发器的时钟

（14）一个 4 位移位寄存器原来的状态为 **0000**，如果串行输入始终为 **1**，则经过 4 个移位脉冲后寄存器的内容为（　　）。

A）**0001**　　B）**0111**　　C）**1110**　　D）**1111**

（15）由 10 级触发器构成的二进制计数器，其模值为（　　）。

A）10　　B）20　　C）1000　　D）1024

（16）在设计同步时序逻辑电路时，检查到不能自行启动时，则（　　）。

A）只能用反馈复位法清零　　　　B）只能用修改驱动方程的方法

C）必须用反馈复位法清零并修改驱动方程

D）可以采用反馈复位法，也可以采用修改驱动方程的方法保证电路能自行启动

（17）若 4 位二进制加法计数器正常工作时，由 **0000** 状态开始计数，则经过 43 个输入计数脉冲后，计数器的状态应为（　　）。

A）**0011**　　B）**1011**　　C）**1101**　　D）**1110**

（18）用反馈复位法来改变由 8 位二进制加法计数器的模值，可以实现（　　）模值范围的计数。

A）1～15　　B）1～16　　C）1～32　　D）1～256

（19）异步计数器设计时，比同步计数器的设计多增加的设计步骤是（　　）。

A）画原始状态转换图　　　　B）进行状态编码

C）求时钟方程　　　　D）求驱动方程

（20）在下列器件中，不属于时序逻辑电路的是（　　）。

A）计数器　　B）移位寄存器　　C）全加器　　D）序列信号检测器

（21）能够比较方便地构成顺序脉冲信号发生器的电路是（　　）。

A）环形计数器　　B）扭环形计数器　　C）移位寄存器　　D）序列信号检测器

9-3 电路如题图 9-3 所示，R、S 和 CP 波形如题图 9-3（b）所示，试分别画出 Q_1～Q_4 的波形。设各触发器的初态为 **0** 态。

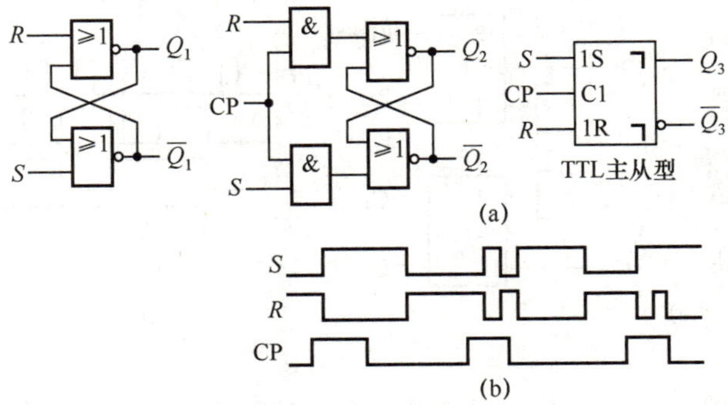

题图 9-3

9-4 选择如题图 9-4 所示 FF_1～FF_{10} 中的一个或多个触发器填入下面的横线上。

（1）满足 $Q^{n+1}=\mathbf{1}$ 的触发器______________；

（2）满足 $Q^{n+1}=Q^n$ 的触发器______________；

（3）满足 $Q^{n+1}=\overline{Q^n}$ 的触发器______________；

（4）满足 D 触发器功能的是______________；

（5）满足 T 触发器功能的是______________。

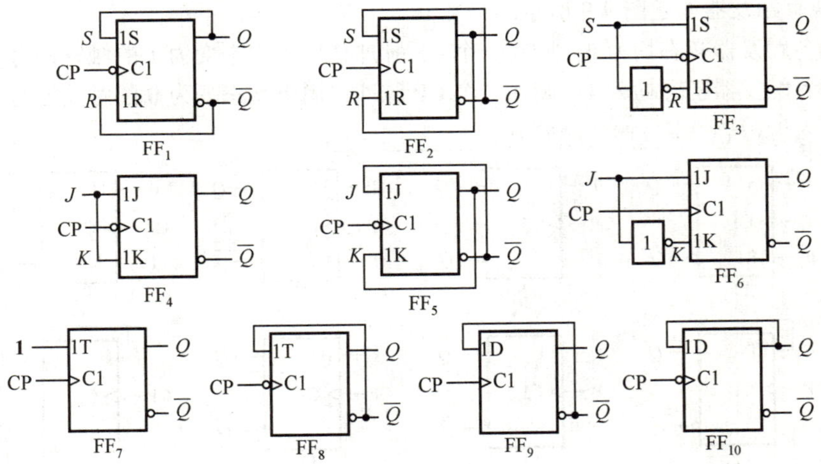

题图 9-4

9-5 试分析如题图 9-5 所示电路的逻辑功能，并列出真值表。

9-6 已知主从 JK 触发器输入端 J、K 及时钟脉冲 CP 的波形如题图 9-6 所示，试画出输出端 Q 的波形。

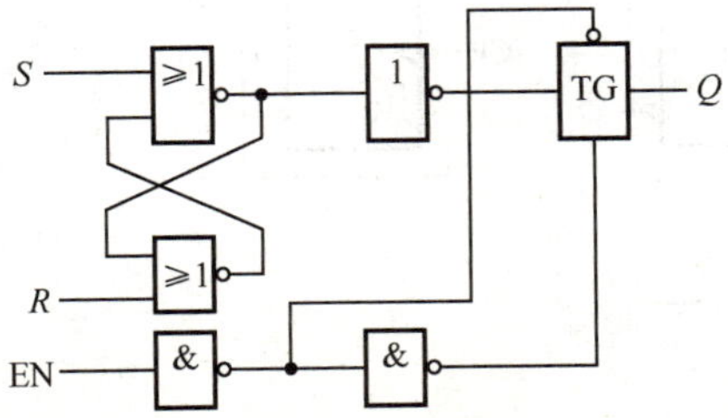

题图 9-5

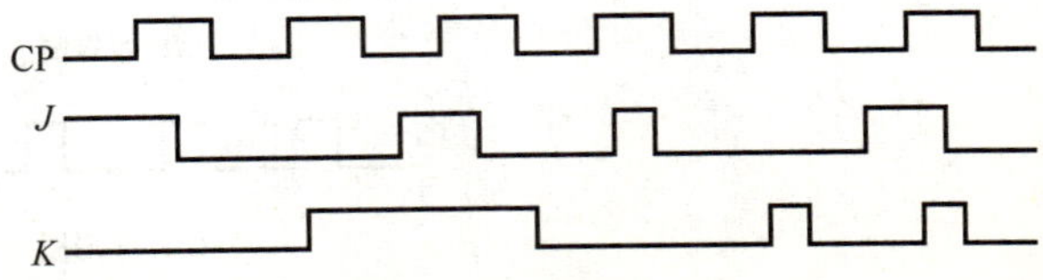

题图 9-6

9-7 求如题图 9-7（a）所示各触发器输出端 Q 的表达式，并根据如题图 9-7（b）所示 CP、A、B、C 的波形画出 Q_1～Q_4 的波形。设各触发器的初态为 **0**。

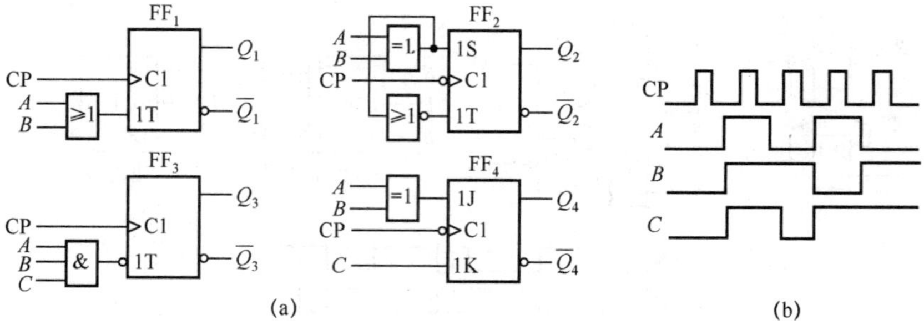

题图 9-7

9-8 电路如题图 9-8（a）所示，其中 $\overline{R}_D$ 为异步置 **0** 端；输入信号 A、B、C 和触发脉冲 CP 的波形如题图 9-8（b）所示，试画出 Q_1 和 Q_2 的波形。

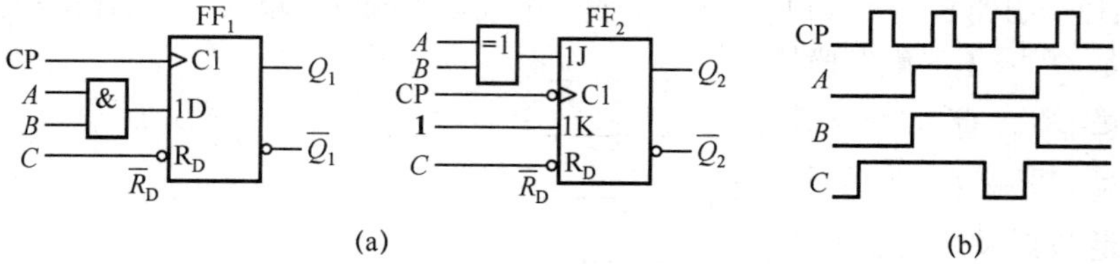

题图 9-8

9-9 现有触发器如题图 9-9 所示。

（1）设各触发器初态均为 **0**，则在一个 CP 脉冲作用下次态变为 **1** 的触发器有________；

（2）设各触发器初态均为 **1**，则在一个 CP 脉冲作用下次态变为 **0** 的触发器有________；

（3）次态方程 $Q^{n+1} = \overline{Q^n}$ 的触发器有____________。

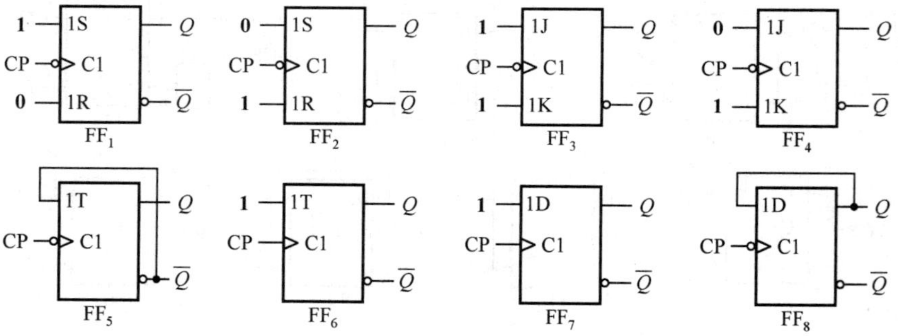

题图 9-9

9-10 如题图 9-10（a）所示各触发器，已知 CP 为如题图 9-10（b）所示的连续脉冲，试画出 Q_1～Q_4 的波形。设各触发器初态为 **0**。

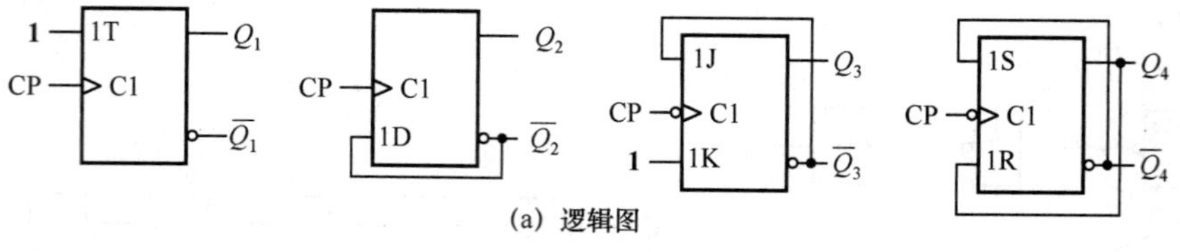

（a）逻辑图

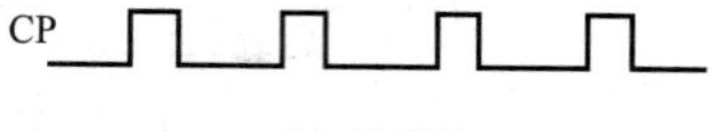

（b）波形图

题图 9-10

9-11 触发器电路及相关波形如题图 9-11 所示。

（1）根据如题图 9-11（a）所示电路写出该触发器的次态方程；

（2）对应题图 9-11（b）给出的波形画出输出端 Q 的波形（设起始状态 $Q=\mathbf{0}$）。

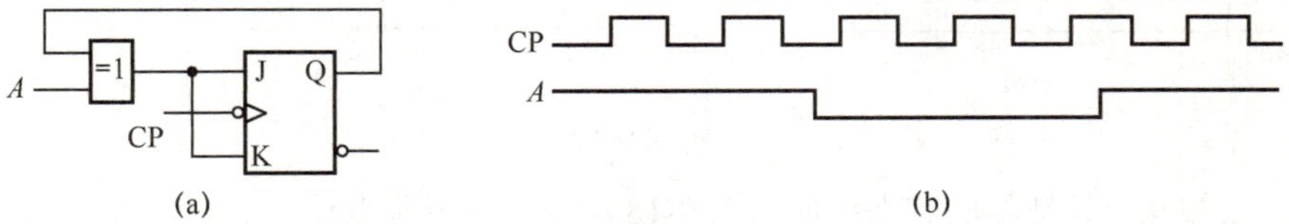

题图 9-11

9-12 在题图 9-12（a）中，FF_1 是 D 触发器，FF_2 是 JK 触发器，CP 和 A 的波形如题图 9-12（b）所示，试画出 Q_1、Q_2 的波形。

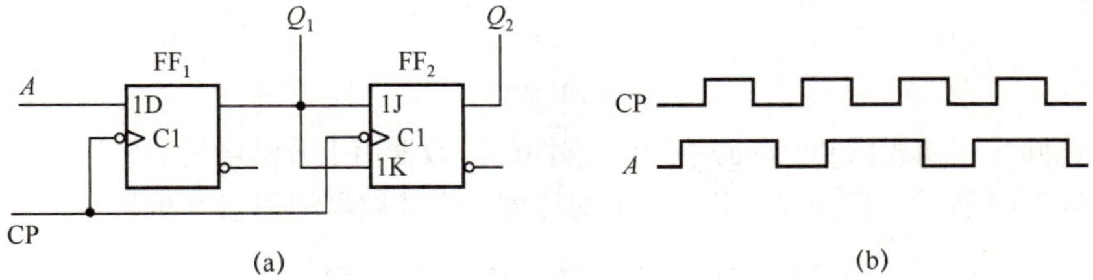

题图 9-12

9-13 分析如题图 9-13 所示时序电路的逻辑功能。要求列出状态表，画出状态图。

9-14 画出如题图 9-14 所示时序电路的状态图和时序图，并说明其逻辑功能。

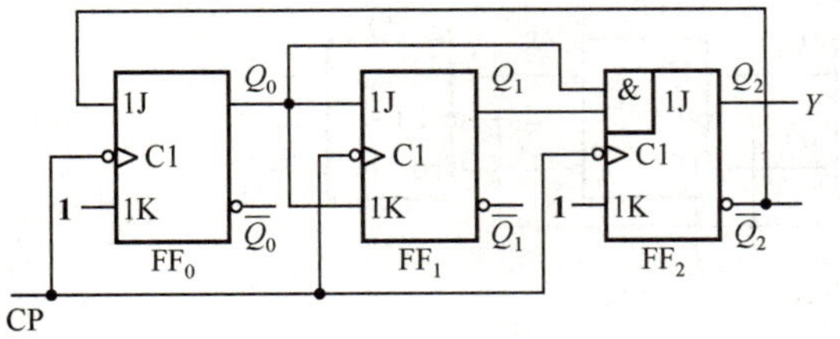

题图 9-13

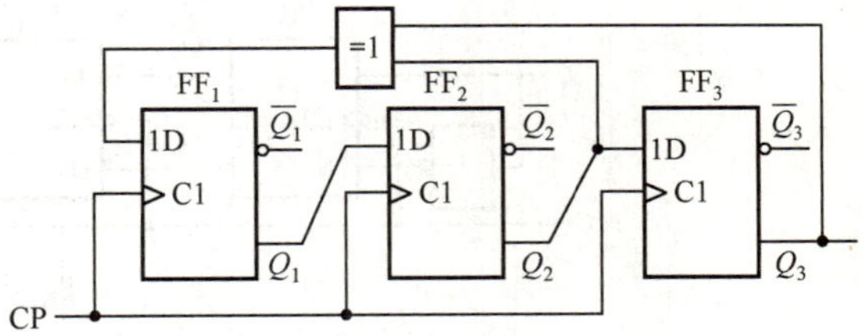

题图 9-14

9-15 计数器如题图 9-15 所示，试画出其状态图，并说明电路的逻辑功能。

9-16 电路如题图 9-16 所示，画出其状态图，并说明它是同步计数器还是异步计数器，是几进制计数器，是加法还是减法计数器，能否自启动。

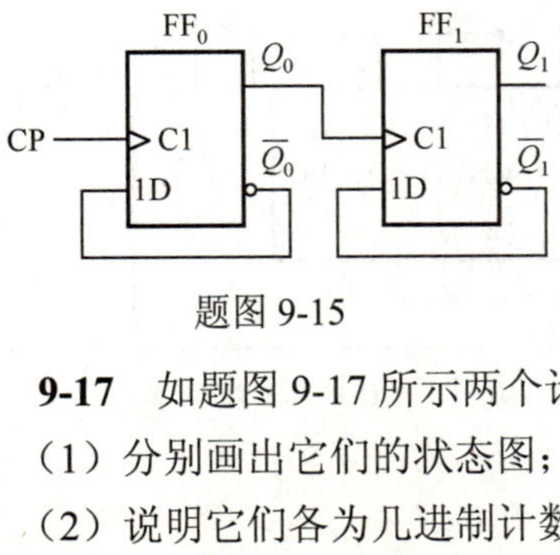

题图 9-15

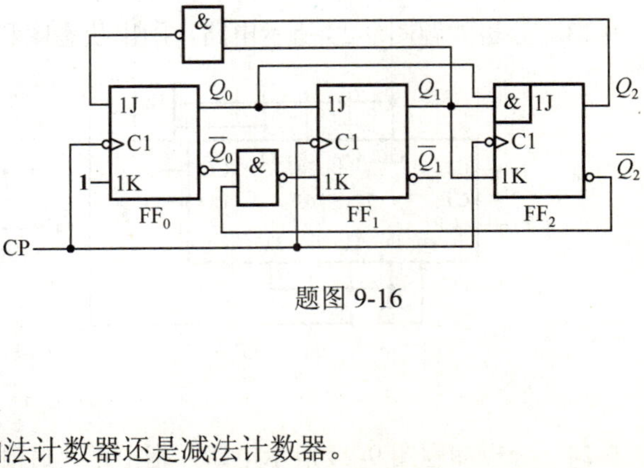

题图 9-16

9-17 如题图 9-17 所示两个计数器。

（1）分别画出它们的状态图；

（2）说明它们各为几进制计数器，加法计数器还是减法计数器。

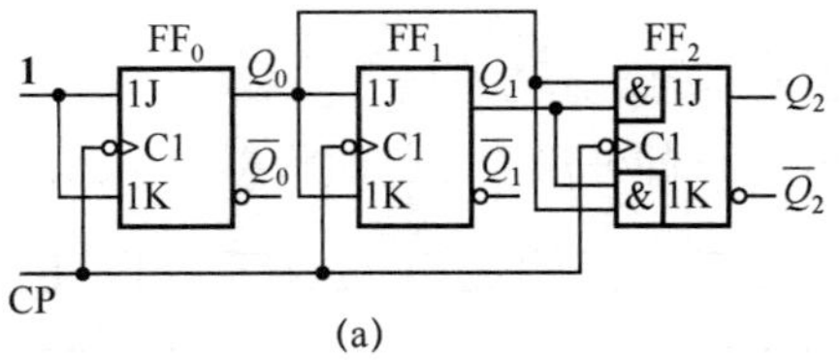

题图 9-17

9-18 已知几个计数器的状态图如题图 9-18 所示，试分别叙述它们的逻辑功能。

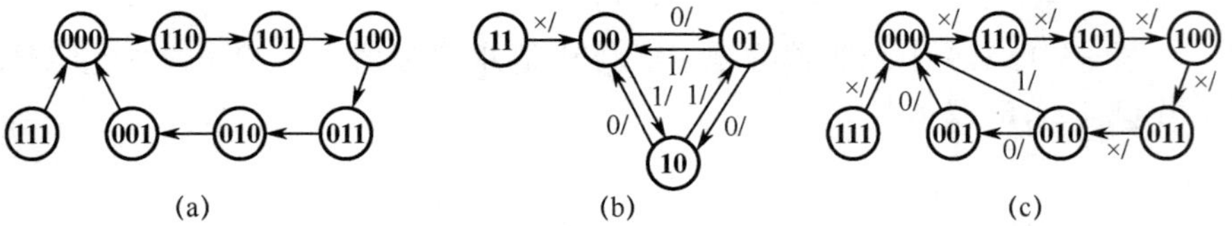

题图 9-18

9-19 已知具有如题图 9-18（a）所示状态图的计数器由上升沿触发的触发器组成，计数脉冲 CP 如题图 9-19 所示。试画出该计数器的时序图。设计数器的初态为 **000**。

题图 9-19

9-20 试将如题图 9-20 所示电路分别接成环形计数器和扭环形计数器。

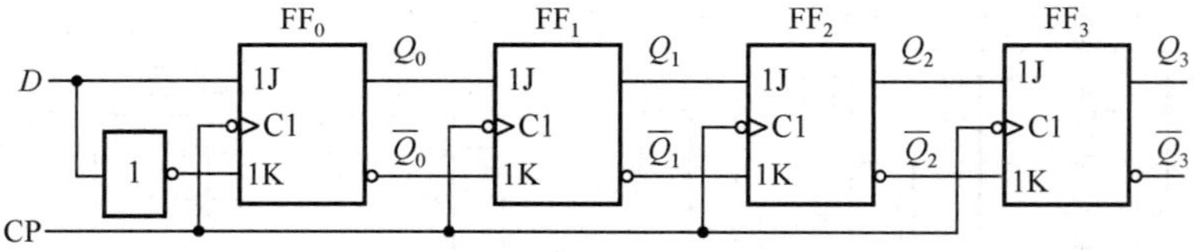

题图 9-20

9-21 试用集成 4 位二进制加法计数器 74LS161 构成十一进制计数器。

（1）用反馈复位法实现。

（2）用反馈置数法实现。

9-22 试采用反馈置数法实现九进制计数器，计数初态设为 **1000**。分别用集成计数器 74LS160 和 74LS161 实现。

9-23 分析如题图 9-23 所示电路，画出状态图和时序图，指出各是几进制计数器。

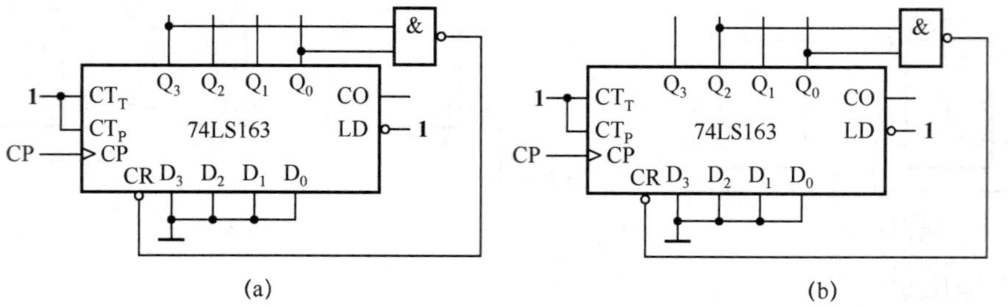

题图 9-23

9-24 分析如题图 9-24 所示电路，指出是几进制计数器。

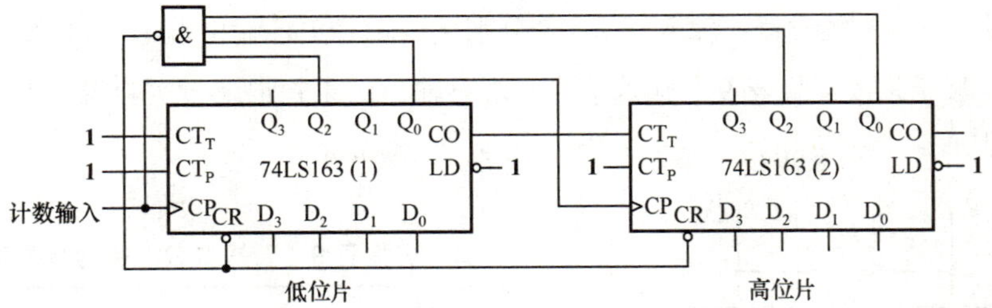

题图 9-24

9-25 在某个计数器输出端观察到的波形如题图 9-25 所示，试确定计数器的模。

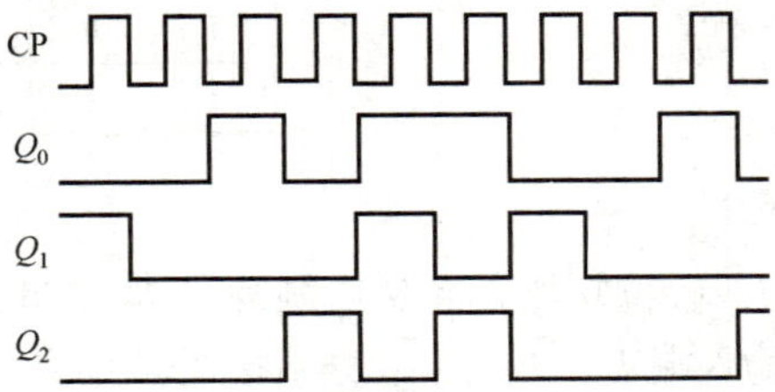

题图 9-25

9-26 试用一片集成 4 位二进制加法计数器 74LS161 和一片 3/8 线译码器 74LS138 组成一个五节拍顺序脉冲发生器。

9-27 试用一片 4 位二进制加法计数器 74LS161 和尽可能少的门电路设计一个时序电路。要求当控制信号 $C=\mathbf{0}$ 时做二进制加法计数，当 $C=\mathbf{1}$ 时做单向移位操作。

9-28 试用 JK 触发器和门电路设计一个同步七进制计数器。

9-29 用 D 触发器和门电路设计一个十一进制计数器，并检查设计的电路能否自启动。

9-30 试用 555 定时器设计一个单稳态触发器，要求输出脉冲宽度在 1～10 秒的范围内连续可调。

9-31 试用 555 定时器设计一个多谐振荡器，要求输出脉冲的振荡频率为 20 kHz，占空比等于 25%。

9-32 在图 9-71 中，用 555 定时器接成的施密特触发器电路中，试问：

（1）当 $V_{CC}=12V$ 时，而且没有外接控制电压时，U_{T1}、U_{T2}、ΔU_T 各等于多少？

（2）当 $V_{CC}=9V$ 时，控制电压 $U_{CO}=5V$ 时，U_{T+}、U_{T-}、ΔU_T 各等于多少？

实验 9.1 触发器逻辑功能的检测

一、实验目的

1. 掌握常用触发器逻辑功能的检测方法。
2. 注意各功能端的使用方法。

二、实验仪器与器材

数字实验箱，同步示波器，脉冲发生器，直流稳压电源，万用表，集成电路 74LS74、74LS112、74LS00、74LS04、74LS08、74LS32。

三、实验内容与步骤

1. *触发器逻辑功能检测*

基本 RS 触发器逻辑功能检测。将 74LS00 集成电路芯片插入 IC 空插座中，按实验图 9-1 连接线路，组成基本 RS 触发器。输入端 R、S 分别接逻辑开关，输出端 Q、$\overline{Q}$ 分别接 LED 状态显示，合上电源开关按实验表 9-1 输入信号，观察输出结果并记录于实验表 9-1 中，总结基本 RS 触发器的功能。

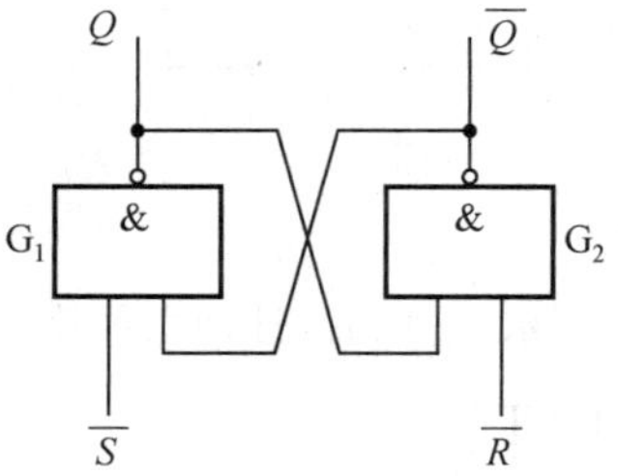

实验图 9-1

实验表 9-1　基本 RS 触发器功能检测表

$\overline{R}$	$\overline{S}$	Q	$\overline{Q}$	结论或说明
0	**0**			
0	**1**			
1	**0**			
1	**1**			

2. D 触发器逻辑功能检测

（1）检测 $\overline{R}_D$、$\overline{S}_D$ 的复位、置位功能。将双 D 触发器 74LS74 集成电路芯片插入 IC 空插座中，任取一只 D 触发器，将输入端 D、$\overline{R}_D$、$\overline{S}_D$ 分别接逻辑开关，CP 接单次脉冲源，Q、$\overline{Q}$ 接 LED 状态显示，按实验表 9-2 输入信号，观察输出信号并记录于实验表 9-2 中。总结异步输入端 $\overline{R}_D$、$\overline{S}_D$ 的功能。74LS74 的引脚排列图如实验图 9-2 所示。

实验表 9-2　D 触发器功能检测表

CP	D	$\overline{R}_D$	$\overline{S}_D$	Q	$\overline{Q}$	结论或说明
×	×	**0**	**0**			
×	×	**0**	**1**			
×	×	**1**	**0**			
×	×	**1**	**1**			

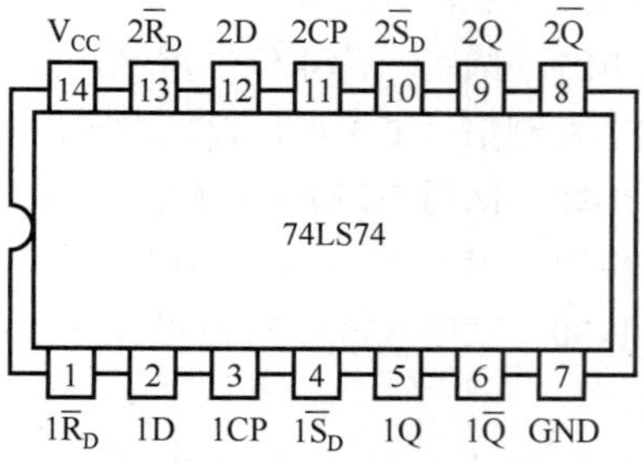

实验图 9-2　74LS74 的引脚排列图

（2）检测 D 触发器的逻辑功能。将输入端 D 接逻辑开关，CP 接单次脉冲，按实验表 9-3 所示要求进行测试，并观察触发器状态更新是否发生在 CP 脉冲的上升沿（即 CP 由 **0→1** 瞬间），将结果记录于实验表 9-3 中，总结基本 D 触发器的功能。

（3）将 D 触发器的 $\overline{Q}$ 端和 D 端相连接，构成 T′触发器。在 CP 端输入 1Hz 的连续脉冲，观察 Q 端的变化。在 CP 端输入 1kHz 的连续脉冲，用双踪示波器观察 CP、Q 端的波形，注意相位关系，画出波形图。

实验表 9-3　D 触发器功能检测表

D	CP	Q^{n+1}		结论或说明
		Q^n= **0**	Q^n= **1**	
0	**0→1**			
	1→0			
1	**0→1**			
	1→0			

3. JK 触发器逻辑功能检测

（1）测试异步输入端 $\overline{R}_D$、$\overline{S}_D$ 的功能。将 JK 触发器 74LS112 集成电路芯片插入 IC 空插座中，任取其中一只 JK 触发器，将 $\overline{R}_D$、$\overline{S}_D$、J、K 端接逻辑开关，CP 端接单次脉冲，Q、$\overline{Q}$ 端接 LED 状态显示，按实验表 9-4 输入数据。观察输出信号并记录于实验表 9-4 中，总结异步输入端 $\overline{R}_D$、$\overline{S}_D$ 的功能。74LS112 的引脚排列图如实验图 9-3 所示。

实验表 9-4　JK 触发器功能检测表

CP	J	K	$\overline{R}_D$	$\overline{S}_D$	Q	$\overline{Q}$	结论或说明
×	×	×	**0**	**0**			
×	×	×	**0**	**1**			
×	×	×	**1**	**0**			
×	×	×	**1**	**1**			

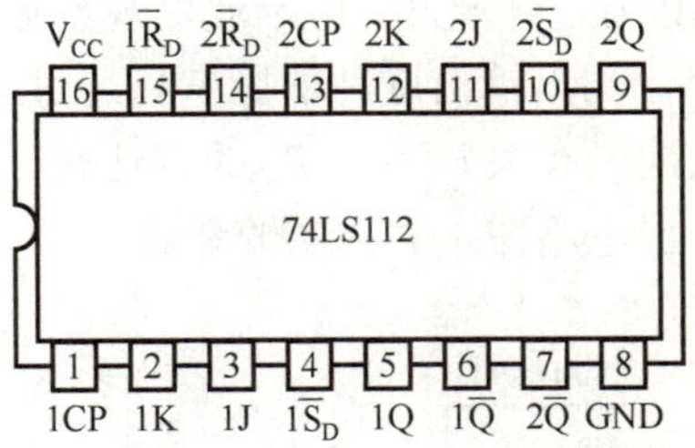

实验图 9-3　74LS112 的引脚排列图

实验表 9-5　JK 触发器功能检测表

J	K	CP	Q^{n+1}		结论或说明
			$Q^n=0$	$Q^n=1$	
0	**0**	**0→1**			
		1→0			
0	**1**	**0→1**			
		1→0			
1	**0**	**0→1**			
		1→0			
1	**1**	**0→1**			
		1→0			

（2）JK 触发器逻辑功能检测。按实验表 9-5 的要求改变 J、K、CP 端状态，观察 Q、$\overline{Q}$ 端状态变化情况。注意触发器状态更新是否发生在 CP 脉冲的下降沿（即 CP 由 **1→0** 瞬间），将结果记录于实验表 9-5 中。

（3）将 JK 触发器的 J、K 端连在一起构成 T 触发器，在 CP 端输入 1Hz 的连续脉冲，观察 Q 端的变化。在 CP 端输入 1kHz 的连续脉冲，用双踪示波器观察 CP、Q 端的波形，注意相位关系，画出波形图。

实验 9.2　触发器的应用实验

一、实验目的

1．学会使用常用的触发器转换成其他各种功能的触发器。

2．熟悉和了解触发器的各种应用电路。

二、实验器件

D 触发器 74LS74、JK 触发器 74LS112、与门 74H72、六反相器 74LS04、四-2 输入**或非**门 74LS02、三-3 输入**与非**门 74LS10 各 1 片。

三、实验内容与步骤

1．*触发器的转换*

（1）D→JK。用 D 触发器 74LS74 转换成 JK 触发器，自行设计转换电路，完成电路接线，并检测电路的功能是否满足设计要求。

（2）JK→其他功能触发器。用 JK 触发器 74LS112 转换成 D、RS、T、T′触发器。自行设计转换电路，完成电路接线，并检测电路的功能是否满足设计要求。

2．*触发器应用电路*

（1）单稳态电路。用 74LS74 芯片组成如实验图 9-4 所示的单稳态电路，在 CP 端加连续脉冲，合理调节频率，观察输出电压 U_o、A 点随 CP 频率变化的波形。改变电阻 R 和电容 C 的值，观察 U_o、A 点波形怎样变化？若想在 U_o端得到脉宽为 100μs 的正脉冲，怎样选择电路参数？并通过实验验证之。

（2）冲息电路。用 JK 触发器 74LS112 与反相器 74LS04 组成如实验图 9-5 所示的电路。

输入 CP 为连续脉冲，用示波器观察 U_o 端和 CP 端的波形，若电路中串接的门数分别为 5 个和 9 个，测出输出脉冲的脉宽。通过实验观察，测定电路的功能。电路输出脉冲的宽度 T_W 与哪些因素有关？写出 T_W 的表达式。若要在输出端得到反相的尖脉冲，则应对电路做何改动？画出电路图，并用实验验证。

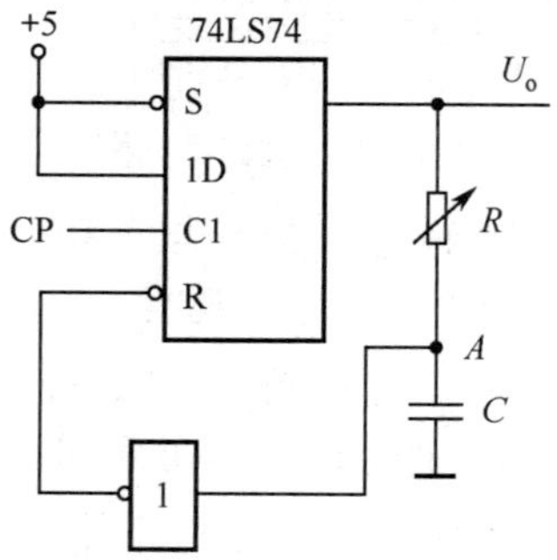

实验图 9-4　单稳态电路

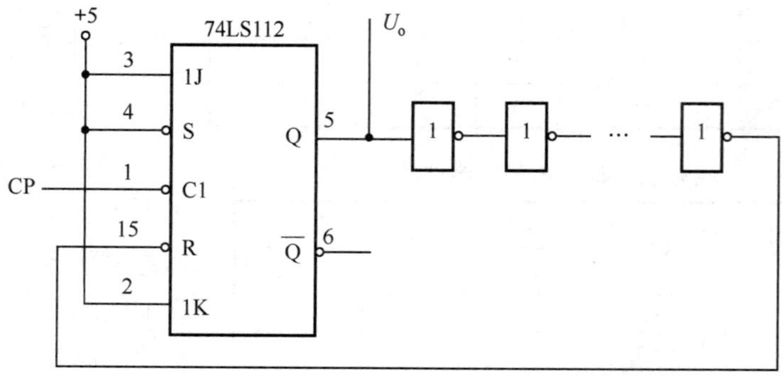

实验图 9-5　冲息电路

（3）串行数据比较电路。按实验图 9-6 连接电路组成串行数据比较电路。图中触发器采用具有与门逻辑输入的触发器 74H72 电路工作时，先在 $\overline{C}_r$ 端加一负脉冲清零，再将串行数据 A_n、B_n 送入，先送高位，后送低位，输出 $Q_{(A>B)}$、$Q_{(A=B)}$、$Q_{(A<B)}$的状态即反映了 A_n、B_n 两数的大小。

在实验图 9-6 中，试输入下列几组数据验证电路的正确性：

$A_n = 0011，0000$	$A_n = 0010，0000$
$B_n = 0100，0000$	$B_n = 0001，1111$
$A_n = 1001，0011$	$A_n = 0110，1100$
$B_n = 1001，0011$	$B_n = 1001，0011$

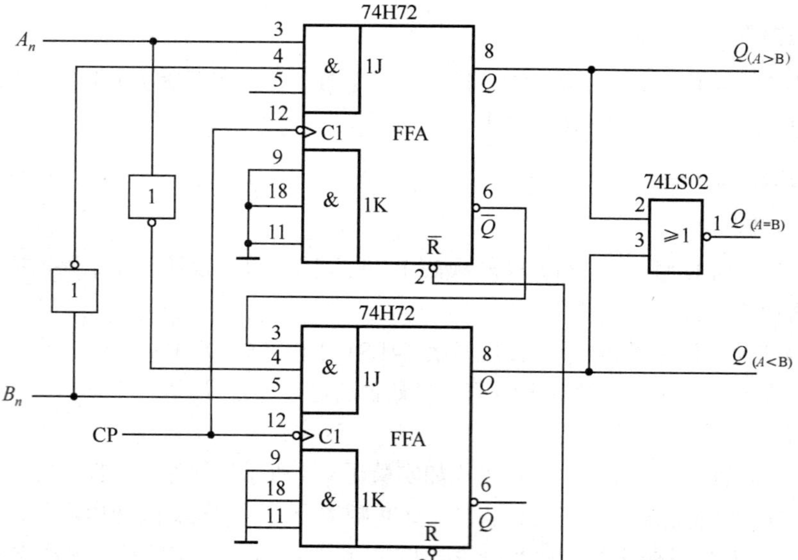

实验图 9-6　串行数据比较电路

四、思考题

1．若将如实验图 9-4 所示单稳态电路中的触发器改为 CMOS 集成电路 CD4013 时，若要实现同样的功能，则应如何改接实验电路？

2．对于 TTL 或 CMOS 集成触发器而言，要使异步置位端和异步复位端起作用，应各加什么电平？不需要使用这些端时应如何处理？

实验 9.3　时序逻辑电路实验

一、实验目的

1．熟悉同步计数器的一般分析、设计方法，学会用触发器组成计数器。

2．熟悉中规模集成触发器的功能特点，学会用中规模集成计数器组成 N 进制计数器的方法。

3．熟悉移位寄存器的功能特点及其典型应用。

二、实验仪器与器材

数字电路实验箱，集成电路 74LS112、74LS74、74LS90、74LS161、74LS20、74LS86、74LS04。

三、实验原理

1．同步计数器是较常用的时序逻辑电路，它由触发器和门电路组成，设计方法比较简单，基本步骤如下。

（1）分析设计要求，由进制 N 和加减法确定状态数和状态转换规律。

（2）确定触发器的数目，选择其类型及计数器的状态编码。

（3）把状态图中现态与次态以及输出状态的转换关系，用卡诺图表示出来，无效状态可作为约束项处理，卡诺图中得到的每一位次态与计数器现态间的函数关系即为计数器的状态方程，输出与计数器现态间的函数关系即为输出方程。

（4）将各无效状态作为现态代入状态方程，分析状态的转换情况，检查能否自启动。若不能自启动，须采取措施加以解决。

（5）把得到的状态方程与触发器的特性方程进行比较，求得各个触发器相应的驱动方程。

（6）根据同步计数器的特点，各触发器的 CP 端与输入时钟脉冲直接相连，按驱动方程确定触发器引出端之间的相互连接关系，按输出方程确定输出进位与各触发器状态的逻辑关系，进而画出逻辑电路。

2．移位寄存器型计数器的设计。

移位寄存器型计数器中，通常有环形计数器、扭环形计数器和最大长度移位式计数器等类型，它们的基本电路一般都不能实现自启动，所以，实现自启动是设计移位寄存器型计数器的关键问题，一般设计步骤如下。

（1）画出基本电路及状态图（包括有效循环和无效循环中各状态）。

（2）修改无效循环中的状态转换关系，切断无效循环，并将其直接引入有效循环或间接经另一个已修改后的无效循环引入有效循环，实现状态图的自启动。

（3）根据能够自启动的状态图所确定的转换关系，画出最高位触发器状态 Q^{n+1} 的卡诺图，求出 Q^{n+1} 的逻辑表达式，然后与该触发器的特性方程比较求出驱动方程即反馈逻辑。

（4）画出能够自启动的逻辑图。

3．中规模集成计数器的使用方法。

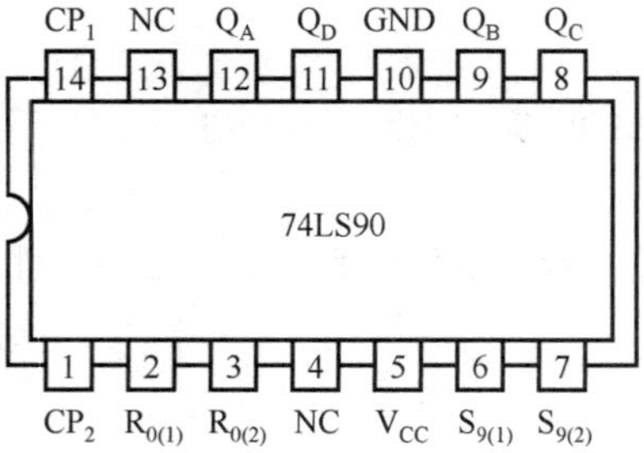

实验图 9-7　芯片引脚排列图

中规模集成计数器中，二进制或十进制（8421 码）加法计数器较常用，如 74LS160 是比较典型的中规模集成十进制同步计数器，电路具有异步清零、同步置数、十进制计数以及保持原态 4 种功能。计数时，在计数脉冲的上升沿作用下有效。74LS90 是异步二–五–十进制加法计数器，其外引线排列图如实验图 9-7 所示。通过不同的连接方式，可以实现二进制计数、五进制计数、8421 码十进制计数和 5421 码十进制计数等 4 种不同的逻辑功能，而且还可以借助 $R_{0(1)}$、$R_{0(2)}$对计数器清零，借助 $S_{9(1)}$、$S_{9(2)}$将计数器置 9。功能表如实验表 9-6 所示。

利用反馈复位法和反馈置数法可以构成任意 *N* 进制计数器。

实验表 9-6　74LS90 的功能表

输入			输出	功能
清 0	置 9	时钟		
$R_{0(1)}$、$R_{0(2)}$	$S_{9(1)}$、$S_{9(2)}$	CP_1　CP_2	Q_3 Q_2 Q_1 Q_0	
1　**1**	**0**　× ×　**0**	×　×	**0 0 0 0**	清 0
0　× ×　**0**	**1**　**1**	×　×	**1 0 0 1**	置 9
0　× ×　**0**	**0**　× ×　**0**	↓　**1**	Q_0 输出	二进制计数
		1　↓	Q_3 Q_2 Q_1 输出	五进制计数
		↓　Q_0	Q_3 Q_2 Q_1 Q_0 输出 8421BCD 码	十进制计数
		Q_3　↓	Q_3 Q_2 Q_1 Q_0 输出 5421BCD 码	十进制计数
		1　**1**	不变	保持

四、实验内容与步骤

1. JK 触发器组成同步计数器功能测试

将 74LS112 集成电路芯片插入 IC 空插座中，按实验图 9-8 接线。用数码管及 LED 状态显示输出状态，CP 端接实验箱单次脉冲，用逻辑开关控制各触发器的异步置位、复位端，使计数器分别进入各无效状态，输入 CP 脉冲，检查计数器能否自启动。然后使各触发器初始状态为 0，输入脉冲，观察输出端的变化，填实验表 9-7。画出状态转换图，并说明该电路功能。74LS112 的引脚排列图如实验图 9-3 所示。

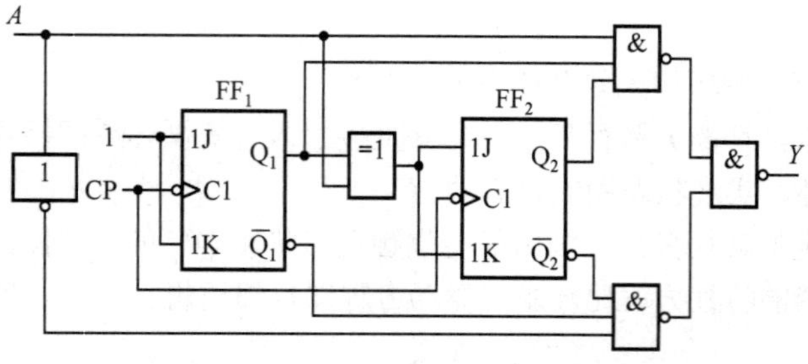

实验图 9-8　由 JK 触发器组成的同步计数器

实验表 9-7　同步计数器功能测试表

A	CP	Q_2^n	Q_1^n	Q_2^{n+1}	Q_1^{n+1}	*Y*
0	0					
	1					
	2					
	3					
	4					
1	0					
	1					
	2					
	3					
	4					

2. D 触发器组成同步计数器功能测试

将 74LS74 集成电路芯片插入 IC 空插座中，按实验图 9-9 接线。CP 接单次脉冲，输出 Q_1、Q_2、Q_3 分别接 LED 状态显示。用逻辑开关控制各触发器的 $\overline{R}_D$、$\overline{S}_D$ 端。首先使输出为 000（$Q_3Q_2Q_1$），依次输入单次脉冲，观察输出状态的变化规律，找到有效循环；其次预置未出现的各无效状态，观察在 CP 脉冲作用下，能否自动转到有效状态，确定电路能否自启动；最后画出状态转换图，并说明该电路功能。

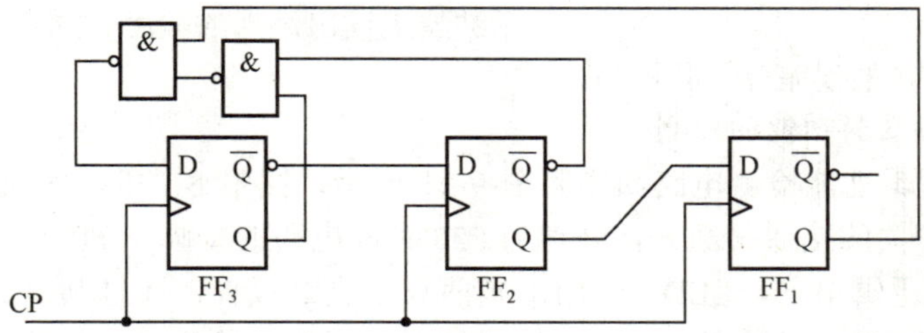

实验图 9-9

3. 中规模集成计数器的应用

（1）试用中规模集成计数器 74LS160 组成七进制计数器，要求用两种方法实现，画出电路图，并在 CP 作用下验证其功能。

（2）用两片 74LS160 并辅以适当门电路，设计一个数字秒表（60 进制计数器），要求画出逻辑电路图，并组装电路进行验证。

（3）用两片 74LS90，应用计数器的级联方式，设计一个 36 进制计数器，并用七段数码管显示计数结果，画出电路图，并进行验证。

五、思考题

1. 反馈归零法实现 N 进制计数，反馈支路不加 RS 触发器能否正常工作？有何缺点？

2. 使用 4 位同步二进制计数器构成十五进制计数器，画出电路连线图，并验证。

实验 9.4　555 定时器及其应用电路的设计与检测

一、实验目的

1. 熟悉 555 定时器的工作原理，掌握定时元件对输出信号周期及脉宽的影响。
2. 会判断 555 定时器好坏。

二、实验仪器及器材

555 定时器集成电路、部分电阻、电容、直流稳压电源、万用表及数字实验箱。

三、实验内容及步骤

1. 555 定时器电路好坏的检查

将 555 电路按实验图 9-10 所示方法连接好，就构成了一个多谐振荡器，若集成电路正常，就会产生振荡，其频率为

$$f=\frac{1.443}{(R_1+2R_2)C_1}\approx 1\text{Hz}$$

因此，输出端的发光二极管就会每隔 1s 发光一次，如果不发光或常亮不熄，均说明被测的时基电路已经损坏。

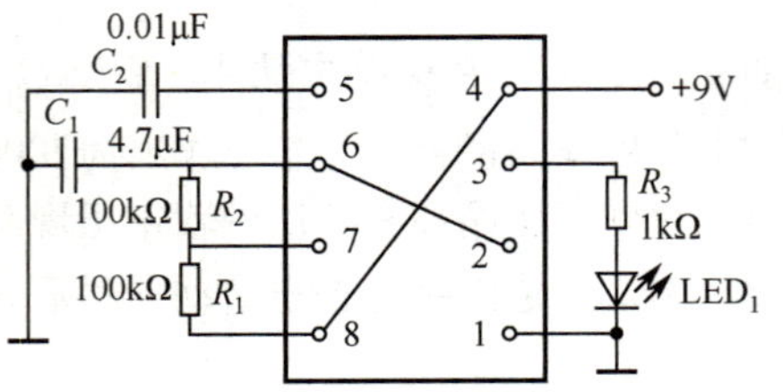

实验图 9-10　555 定时器电路好坏检测方法

2. 定时时间的检测

将实验图 9-10 中的电阻、电容改为以下两种情况，用示波器观察各自的波形（即 IC_1 的③脚输出波形），试分析它们的区别。

（1）电阻 $R_1=51\text{k}\Omega$，$R_2=4.7\text{k}\Omega$，电容 $C=0.1\mu\text{F}$。

（2）电阻 $R_1=R_2=33\text{k}\Omega$，电容 $C=0.01\mu\text{F}$。

记录实验结果主要是记录上面实验得到的波形，从示波器上读出波形的幅度、周期、脉宽，并从理论上加以验证，对存在的误差分析其原因。

3. 555 定时器逻辑功能的检测

555 定时器逻辑功能检测电路如实验图 9-11 所示，图中 S_1、S_2、S_3 是 3 只三位逻辑开关，通过这 3 只开关的接通与断开，分别为 555 集成电路的②脚（$\overline{\text{TR}}$）、⑥脚（TH）、④脚（$\overline{R}$）提供不同的逻辑电平。LED_1、LED_2 是两只发光二极管，通过其点亮与熄灭，来反映 555 集成电路⑦脚（D）和③脚（OUT）输出情况。根据实验表 9-8 的要求，将得到的结果填入实验表 9-8 中。

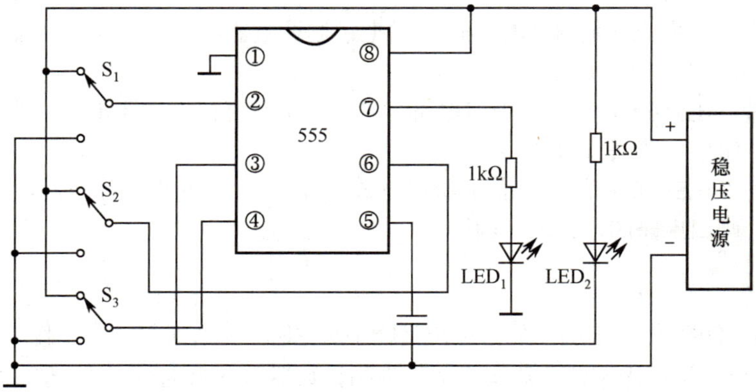

实验图 9-11　检测 555 定时器逻辑功能电路

实验表 9-8　检测 555 定时器逻辑功能记录表

输　入			输　出		发光二极管点亮情况	
⑥脚（TH）	②脚（$\overline{\text{TR}}$）	④脚（$\overline{R}$）	⑦脚（D）	③脚（OUT）	LED_1	LED_2

4. 用 555 定时器构成的 RS 触发器电路测试

按实验图 9-12 接线，R、S 分别接电平开关，Q 接指示灯，分别拨动电平开关，使 R、S 分别为 **0**、**1**，**1**、**0**，**1**、**1**，观察并列表记录 Q 端的状态。

5. 用 555 定时器构成的电平检测器电路测试

（1）按实验图 9-13 接线，先调节电位器 R_{P2}，用数字万用表测量 555 第⑤脚的电位，使它为 2.5V，然后调节电位器 R_{P1}，测量 u_o 由高电平变为低电平或低电平变为高电平时 555 第⑥脚的电位。

（2）调节电位器 R_{P2}，用数字万用表测量 555 第⑤脚的电位，使它分别为 1.5V 和 3.5V，重复上面的测量，列表记录各数值，分析实验结果。

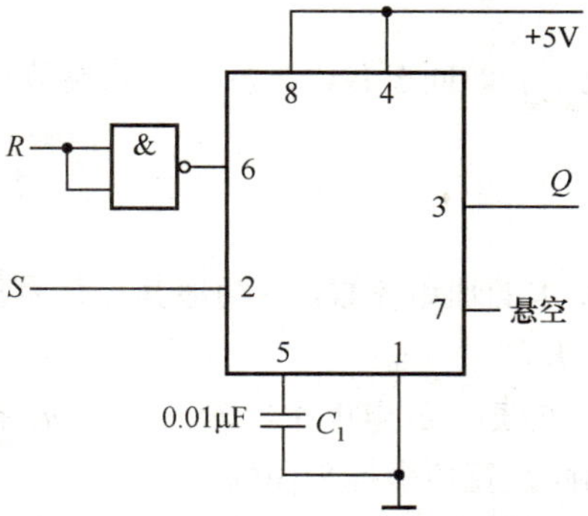

实验图 9-12　用 555 定时器构成的 RS 触发器电路

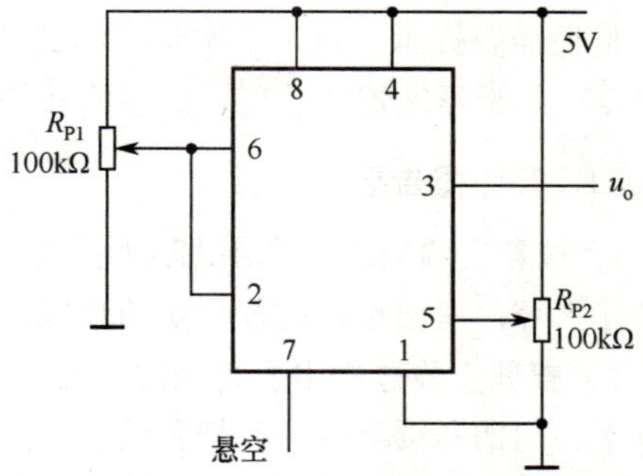

实验图 9-13　用 555 定时器构成的电平检测器

6. 用 555 定时器构成的救护车音响电路测试

（1）分析如实验图 9-14 所示电路的工作原理，同时计算 u_{o1} 的脉冲宽度和周期、频率，u_{o2} 的周期、频率；然后用 555 按实验图 9-14 接线；用示波器观察和描绘 u_{C1}、u_{o1}、u_{C3}、u_{o2} 的波形，并标出各波形的实际测量参数，注意各波形要同步和 u_{C1}、u_{C3} 的充电、放电的平均值。

（2）根据计算的理论值和实际的测量值进行误差分析。

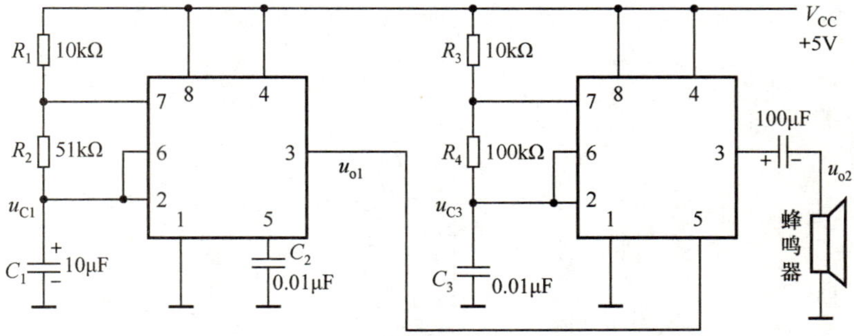

实验图 9-14　用 555 定时器构成的救护车音响电路

7. 用 555 定时器构成的三极管好坏判别器的测试

电路如实验图 9-15 所示，注意 NPN 型和 PNP 型引脚接插的位置，试分析其工作原理，并说明三极管的 β 值与蜂鸣器声音大小的关系。

8. 用 555 定时器构成的酒精浓度判别器的测试

电路如实验图 9-16 所示，酒精浓度越高，电阻 R_x 的阻值越大。试分析该电路的工作原理，说明酒精浓度与蜂鸣器声调的关系。

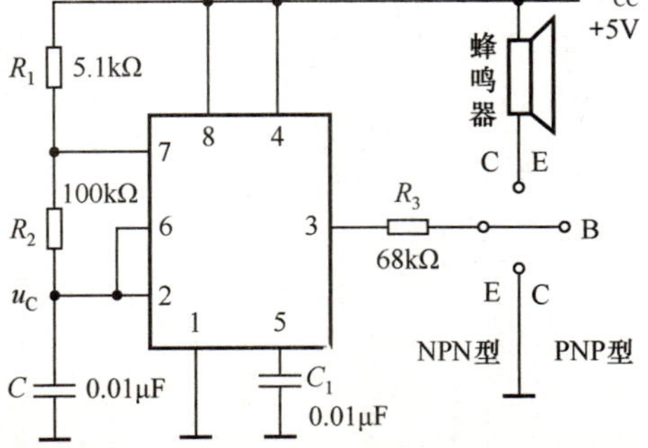

实验图 9-15　用 555 定时器构成的三极管好坏判别器电路

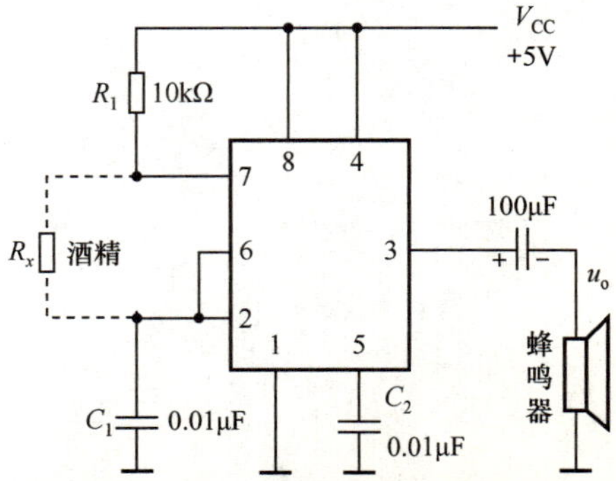

实验图 9-16　用 555 定时器构成的酒精浓度判别器电路

9. 试用 555 定时器设计一个压控振荡器，要求主振频率为 1kHz，控制信号为 10Hz～100Hz 的连续可调方波信号。

最后需要提示一点，本实验要测试的是各个波形电平和时间参数，故应该正确调节和使用示波器。关于示波器的使用，请参阅有关书籍。

四、实验报告要求

1．按各实验内容原理图的元件参数计算各电路所要求的理论参数，并简述其工作原理。对于设计内容，写出设计过程和实验步骤，画出实验原理图。

2．整理实验过程中所记录的各波形参数，如多电容的充、放电电平，输出电压 u_o 的高、低电平、周期和频率等，并把各路信号的波形正确地描绘在直角坐标平面内。

3．把理论计算值与实际测量值进行比较，计算其相对误差，分析其误差来源。记录实验过程中的实验现象。

第 10 章　存储器和可编程逻辑器件

内容提要

- 存储器的主要指标
- 存储器的不同种类及其应用
- 可编程逻辑器件 PLD

10.1　概述

10.1.1　存储器

通常评价存储器性能的主要指标有以下几种。

1. 存储容量

衡量存储容量的单位有**位**（b）和**字节**（B），其关系是 1B=8b。其中字节（B）更为常用，此外还有千字节（KB）、兆字节（MB）和吉字节（GB），它们之间的关系是

$$1\text{KB} = 1\,024\text{ B} = 2^{10}\text{ B}$$

$$1\text{MB} = 1\,024\text{ KB} = 1\,048\,576\text{ B} = 2^{20}\text{ B}$$

$$1\text{GB} = 1\,024\text{ MB} = 1\,048\,576\text{ KB} = 1\,073\,741\,824\text{ B} = 2^{30}\text{ B}$$

存储器的最大容量可以由存储器地址码的位数确定，若地址码位数为 n，即可以产生 2^n 个不同的地址码，那么存储器的最大容量为 2^n B。一般来说．存储器容量越大，允许存放的程序和数据就越多，就越利于提高计算机的处理能力。

目前，一般用于办公的个人计算机的内存通常为几百兆字节，外存中的硬盘容量通常为几十吉字节。

2. 存取时间

信息存入存储器的操作称为**写操作**，信息从存储器取出的操作称为**读操作**。存取时间是描述存储器读/写速度的重要参数，通常用 T_A 来表示。为了提高内存的工作速度，使之与 CPU 的速度匹配，总是希望存取时间越短越好。

读/写周期是指存储器完成一次存取操作所需的时间，即存储器进行两次连续独立的操作（读/写）所需的时间（读写操作时间）。通常也称为存储周期，用 T_M 表示；通常 T_M 比 T_A 稍大，原因是存储器进行读、写操作之后需要短暂的稳定时间，另外有些存储器电路刷新也需要时间。

存取速度是指每秒从存储器中读/写信息的数量，用 B_M 表示。设 W 为存储器传送的数据宽度（位或字节），则有 $B_M = W/T_A$，单位为 b/s 或 B/s。

在存储器中，一般用存取时间、读/写周期和存取速度等指标来衡量存储器的性能。

3. 可靠性

存储器的可靠性是指在规定的时间内存储器无故障工作的情况，一般用平均无故障时间衡量。平均无故障时间（MTBF）越长，表示存储器的可靠性越好。

4. 性能/价格比

性能/价格比，简称性/价比，是衡量存储器的综合性指标。通常要根据对存储器提出的不同用途、不同环境要求进行对比选择。

10.1.2 可编程逻辑器件

一个逻辑系统可以由标准逻辑电路组成，利用各种功能的集成芯片组合出需要的逻辑电路。用这种方法组成的逻辑系统，需要大量的逻辑芯片，设计烦琐且设计周期长，难以最优化设计。可编程逻辑器件的出现，使设计观念发生了改变，设计工作变得非常容易，因而得到迅速发展和应用。专用的逻辑集成电路可分为：可编程逻辑器件（PLD）、门阵列逻辑电路（GAL）、现场可编程门阵列逻辑电路（FPGA）、标准单元逻辑电路（SCL）等。

10.2 存储器及其应用

存储器的种类很多，从存取功能上可分为**随机存取存储器**（Random Access Memory，RAM）和**只读存储器**（Read Only Memory，ROM）两大类。

10.2.1 随机存取存储器

随机存取存储器（RAM）又称读/写存储器，在计算机中是不可缺少的部分。RAM 在电路正常工作时可以随时读出数据，也可以随时改写数据，但停电后数据丢失。因此 RAM 的特点是使用灵活方便，但数据易丢失。它适用于需要对数据随时更新的场合，如用于存放计算机中各种现场的输入、输出数据，中间结果以及与外存交换信息等。

根据工作原理的不同，RAM 又分为**静态随机存储器**（Static RAM，SRAM）和**动态随机存储器**（Dynamic RAM，DRAM）两大类。它们的基本电路结构相同，差别仅在存储电路的构成。

SRAM 的存储电路以双稳态触发器为基础，状态稳定，只要不掉电，信息就不会丢失，其优点是不需刷新（即每隔一定时间重写一次原信息），缺点是集成度低；DRAM 的存储电路以电容为基础，电路简单，集成度高，但也存在问题，电容中电荷由于漏电会逐渐丢失，因此 DRAM 需定时刷新。下面以 SRAM 为例介绍 RAM 的基本结构和工作原理。

1. RAM 的基本结构及工作原理

随机存取存储器(RAM)的结构框图如图 10-1 所示，主要由**存储矩阵、地址译码器**和**读/写控制电路**三部分组成。

存储矩阵是整个电路的核心，它由许多存储单元排列而成。地址译码器根据输入地址码选择要访问的存储单元，通过读/写控制电路对其进行读/写操作。

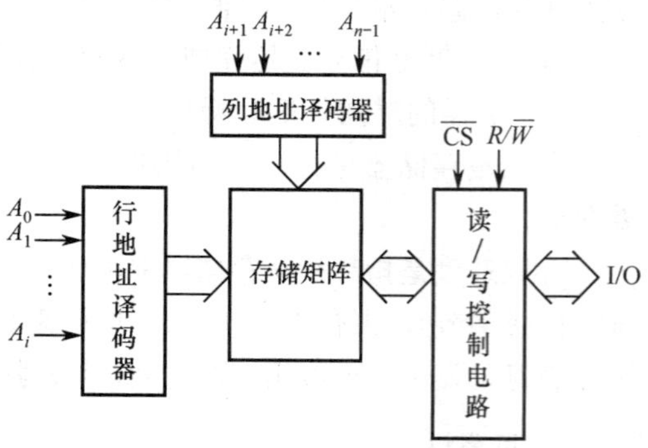

图 10-1 RAM 的结构框图

地址译码器一般都分成行译码器和列译码器两部分。行地址译码器将输入地址代码的若干位译成某一根字线的输出高、低电平信号，从存储矩阵中选中一行存储单元；列地址译码器将输入地址代码的其余几位译成某一根输出线上的高、低电平信号，从字线选中的一行存储单元中再选一位（或几位），使这些被选中的单元与读/写控制电路、输入/输出端接通，以便对这些单元进行读、写操作。

读/写控制电路用于控制电路的工作状态。当读/写控制信号 $R/\overline{W}=1$ 时，执行读操作，将存储单元里的数据送到输入/输出端上；当读/写控制信号 $R/\overline{W}=0$ 时，执行写操作，加到输入/输出端上的数据被写入存储单元中。

在读/写控制电路上均有片选输入 $\overline{\mathrm{CS}}$：当 $\overline{\mathrm{CS}}=0$ 时，RAM 处于工作状态；当 $\overline{\mathrm{CS}}=1$ 时，所有的输入/输出端都为高阻状态，因而不能对 RAM 进行读/写操作。

2. 存储单元

静态存储单元是以静态触发器为核心，利用触发器的自保持功能存储数据。如图 10-2 所示是 6 只 N 沟道增强型 MOS 管组成的静态存储单元：其中 VT_1～VT_4 组成基本的触发器；VT_5 和 VT_6 是配合基本触发器的门控管，起模拟开关的作用，受控于行地址译码器的输出；VT_7 和 VT_8 决定是否与输入/输出电路相连，受控于列地址译码器的输出。从图 10-2 中可以看出，只有当相应的行、列地址被选中为 1 时，VT_5～VT_8 同时导通，存储单元才与输入/输出电路连通，此时的读/写操作才对该存储单元有效。

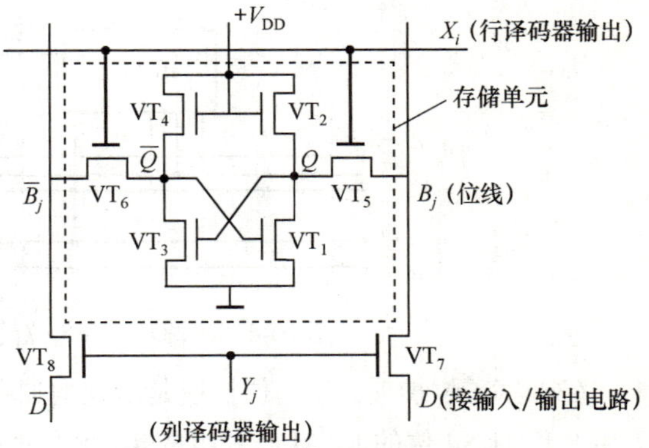

图 10-2　MOS 管组成的静态存储单元

3. RAM 存储容量的扩展

从前面的分析可知，若一片 RAM 的地址线个数为 n，数据线个数为 m，则在这片 RAM 中可以确定的字数（存储单元的个数）为 2^n，该片的存储容量为 $2^n \times m$（位）。单片 RAM 的容量是有限的，对于一个大容量的存储系统，则可将若干片 RAM 组合在一起扩展而成。扩展容量的方法分为**位扩展**和**字扩展**两种。

（1）位扩展。位扩展是指增加存储字长，或者说增加数据位数。以 2114 静态 RAM 为例，一片 2114 的存储容量为 1K×4 位，则两片 2114 即可组成 1K×8 位的存储器，如图 10-3 所示。图中两片 2114 的地址线 A_9～A_0、$\overline{\mathrm{CS}}$、$R/\overline{W}$ 都分别连在一起，其中一片的数据线作为高 4 位 D_7～D_4，另一片的数据线作为低 4 位 D_3～D_0。这样便构成了一个 1K×8 位的存储器。

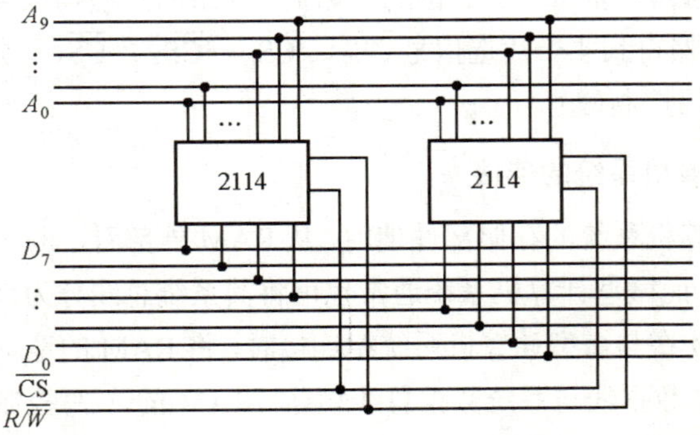

图 10-3　由两片 1K×4 位的芯片组成 1K×8 位的存储器

（2）字扩展。字扩展是指增加存储器字的数量，或者增加 RAM 内存储单元的个数。例如，用两片 1K×8 位的存储芯片，可组成一个 2K×8 位的存储器，即存储器字数增加了一倍，如图 10-4 所示。图中，将 A_{10} 用作片选信号。由于存储芯片的片选输入端要求低电平有效，故当 A_{10} 为低电平 **0** 时，$\overline{CS_0}$ 有效，选中左边的 1K×8 位芯片；当 A_{10} 为高电平 **1** 时，经反相器反相后 $\overline{CS_1}$ 有效，选中右边的 1K×8 位芯片。

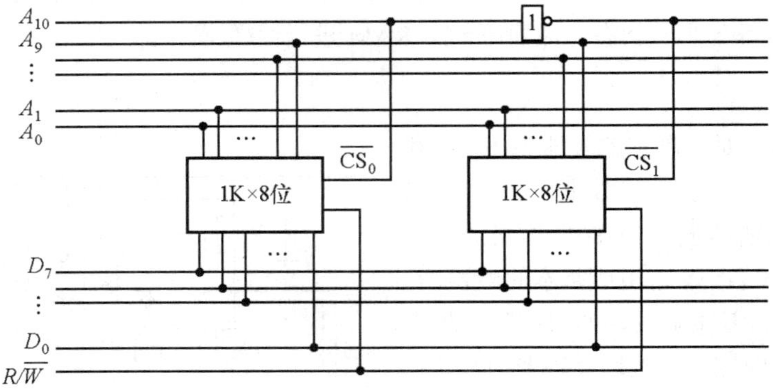

图 10-4　由两片 1K×8 位的芯片组成 2K×8 位的存储器

（3）字、位扩展。字、位扩展是指既增加存储字的数量，又增加存储字长。如图 10-5 所示为用 8 片 1K×4 位的 RAM 芯片组成 4K×8 位的存储器。

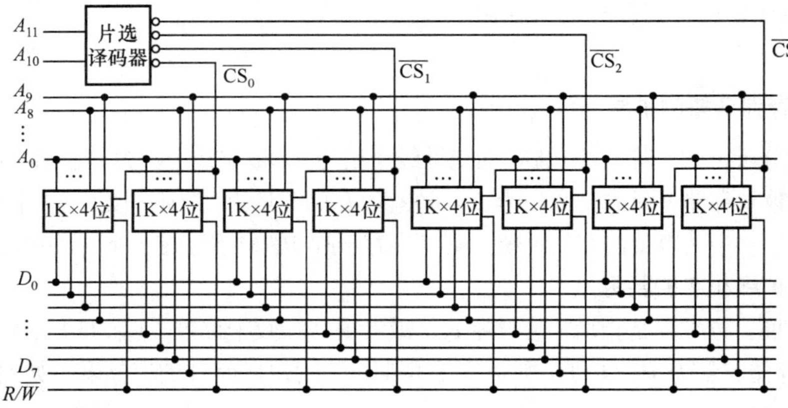

图 10-5　由 8 片 1K×4 位的芯片组成 4K×8 位的存储器

由图 10-5 可见，每两片构成 1K×8 位的存储器，4 组两片便构成 4K×8 位的存储器。地址线 A_{11}、A_{10} 经片选译码器得到 4 个片选信号 $\overline{CS_0}$、$\overline{CS_1}$、$\overline{CS_2}$、$\overline{CS_3}$，分别用于选择 1K×8 位的存储芯片。$R/\overline{W}$ 为读/写控制信号。

4. RAM 与微型计算机系统的连接

RAM 大都作为计算机系统的存储部件使用。从 RAM 外部看，其引脚可分为三组：地址线、数据线和读/写控制线。而微型计算机系统通常也可将其系统总线分为地址总线、数据总线和控制总线三组。所以 RAM 在与微型计算机系统相连接时，将 RAM 的地址线与微型计算机系统的地址总线相连，RAM 的数据线与系统数据总线相连，RAM 的读/写控制线与系统控制总线中有关读/写的控制线相连，如图 10-6 所示。

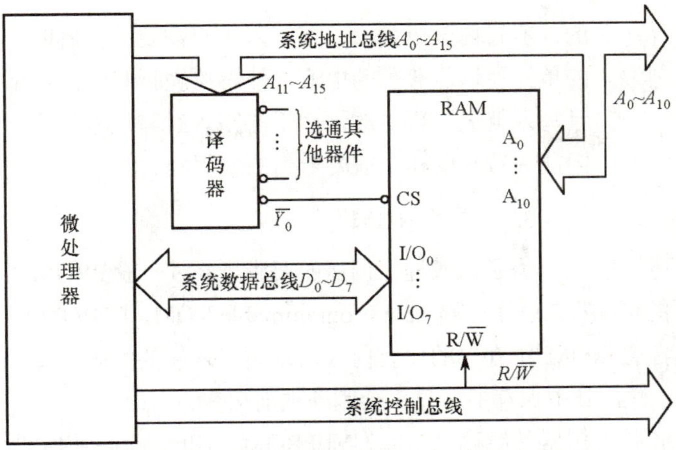

图 10-6　RAM 与微型计算机系统连接示意图

10.2.2　只读存储器

通常把使用时只读出不写入的存储器称为只读存储器（ROM）。ROM 中的信息一旦写入就不能进行修改，其信息在断电后仍然保留。一般用于存放微程序、固定子程序、字母符号阵列等系统及信息。

ROM 也需要地址译码器、数据读出电路等组成部分，但其电路比较简单。制作 ROM 的半导体材料有二极管、MOS 管和三极管等。因制造工艺和功能不同，ROM 可分为掩模 ROM、可编程 ROM（PROM）、可擦写可编程 ROM（EPROM）和电可擦可编程 ROM（EEPROM）。

1. ROM 的结构及工作原理

一般的 ROM 是掩模 ROM。这类 ROM 由生产厂家做成，用户不能修改。ROM 是由存储阵列、地址译码器、读出电路三部分构成，其结构框图如图 10-7 所示。

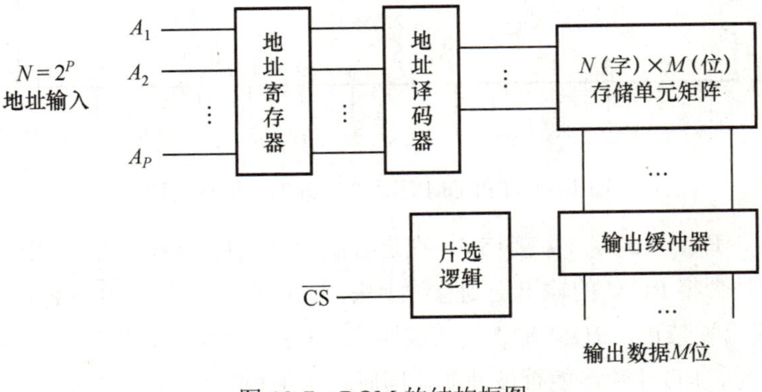

图 10-7　ROM 的结构框图

2. 可编程 ROM（PROM——Programmable ROM）

在实际使用过程中，用户希望根据自己的需要填写 ROM 的内容，因此产生了可编程 ROM（以下简称 PROM）。PROM 与一般 ROM 的主要区别是，PROM 在出厂时其内容均为 **0** 或 **1**，用户在使用时，按照自己的需要，将程序和数据利用工具（用光或电的方法）写入 PROM 中，一次写入后不可修改。PROM 相当于由用户完成 ROM 生产中的最后一道工序——向 ROM 中写入编码，但在工作状态下，仍然只能对其进行读操作。

如图 10-8 所示是用双极型三极管和熔丝组成的一位存储单元。出厂时所有的熔丝都是连通

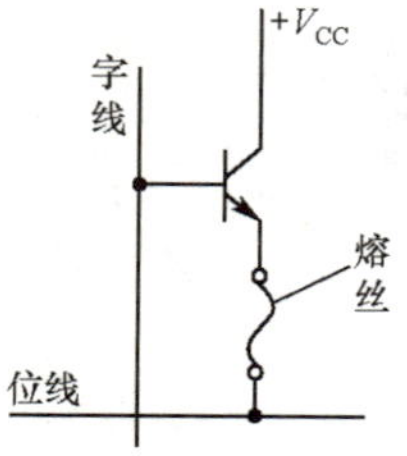

图 10-8　PROM 存储单元

的，所存内容全为 **1**。在写入用户需要的内容时，只需将要改写为 **0** 的单元通以足够大的电流，使熔丝烧断即可。可见，PROM 的内容一旦写入就无法再更改。由于在写入时与正常工作时的电流值不一样，因此在对它编程时需要专用的编程器。

3. 可改写 ROM

为了适应程序调试的要求，针对一般 PROM 的不可修改特性，设计出可以多次擦写的可编程 ROM（Erasable Programmable ROM，EPROM），其特点是可以根据用户的要求用工具擦去 ROM 中存储的原有内容，重新写入新的编码。擦除和写入可以多次进行。同其他 ROM 一样，其中保存的信息不会因断电而丢失。

早期的 EPROM 是利用紫外线擦除，即 UVEPROM（Ultra Violet EPROM），其存储元件常用浮置栅型 MOS 管组成。出厂时全部置 **0** 或 **1**，由用户通过高压脉冲写入信息。擦除时通过其外部的一个石英玻璃窗口，利用紫外线的照射，使浮栅上的电荷获得高能而泄漏，恢复原有的全 **0** 或全 **1** 状态，允许用户重新写入信息。这种 EPROM 芯片，平时必须用不透明胶纸遮挡住石英窗口，以防因光线进入而造成信息流失。

目前，最常用的 EPROM 是通过电气方法擦除其中的已有内容，通常称为电可擦除可编程 ROM（Electrically EPROM，EEPROM），擦除时间短且工作可靠是其最突出的特点，已逐渐替代了 EPROM。

目前，常用的 EPROM 有 2716（2K×8 位）、2732（4K×8 位）、2764（8K×8 位）、27128（16K×8 位）、27256（32K×8 位）等。如图 10-9 所示是 27256 的引脚排列图。

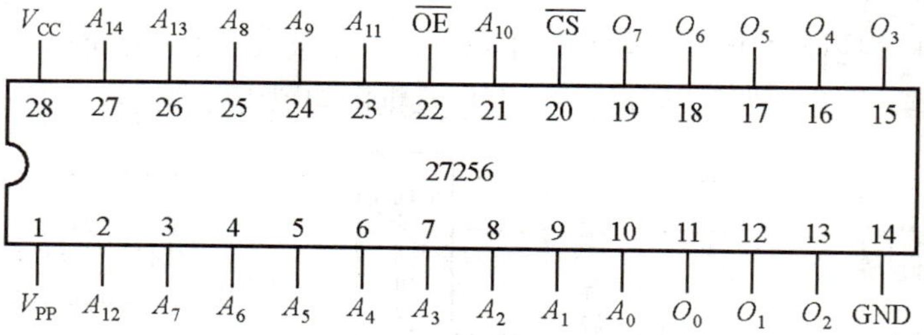

图 10-9　EPROM 芯片 27256 的引脚排列图

正常使用时，V_{CC} = +5V，V_{PP} 接+5V。在进行编程时，V_{PP} 接编程电平+25V。$\overline{OE}$ 为输出使能端，用来决定是否将 ROM 的输出送到总线上去，低电平有效，当 $\overline{OE}=\mathbf{0}$ 时，输出可以使能；当 $\overline{OE}=\mathbf{1}$ 时，输出被禁止，ROM 输出端为高阻态。$\overline{CS}$ 为片选端，用来决定 ROM 是否工作，低电平有效。可见，ROM 输出能否被使能，同时取决于 $\overline{OE}$ 和 $\overline{CS}$ 的状态，只有当 $\overline{OE}$ 和 $\overline{CS}$ 均为低电平 **0** 时，ROM 输出使能，否则将被禁止，输出端为高阻态。

EPROM 和 EEPROM 除编程和擦除方法不同外，在使用时并无本质区别。因此，下面仅以 PROM 为例讨论其在组合逻辑电路中的应用。

例 10-1　试用 PROM 实现 4 位二进制码到格雷码的转换。

解　4 位二进制码到格雷码的码组转换真值表如表 10-1 所列。若将 4 位二进制码转换为格雷码，则 A_3～A_0 为 4 个输入变量，D_3～D_0 为 4 个输出函数。很显然 PROM 的容量至少应为 16×4 位，由真值表可得 PROM 的阵列图如图 10-10 所示。

表 10-1　4 位二进制码到 Gray 码转换真值表

A_3	A_2	A_1	A_0	D_3	D_2	D_1	D_0
0	0	0	0	0	0	0	0
0	0	0	1	0	0	0	1
0	0	1	0	0	0	1	1
0	0	1	1	0	0	1	0
0	1	0	0	0	1	1	0
0	1	0	1	0	1	1	1
0	1	1	0	0	1	0	1
0	1	1	1	0	1	0	0
1	0	0	0	1	1	0	0
1	0	0	1	1	1	0	1
1	0	1	0	1	1	1	1
1	0	1	1	1	1	1	0
1	1	0	0	1	0	1	0
1	1	0	1	1	0	1	1
1	1	1	0	1	0	0	1
1	1	1	1	1	0	0	0

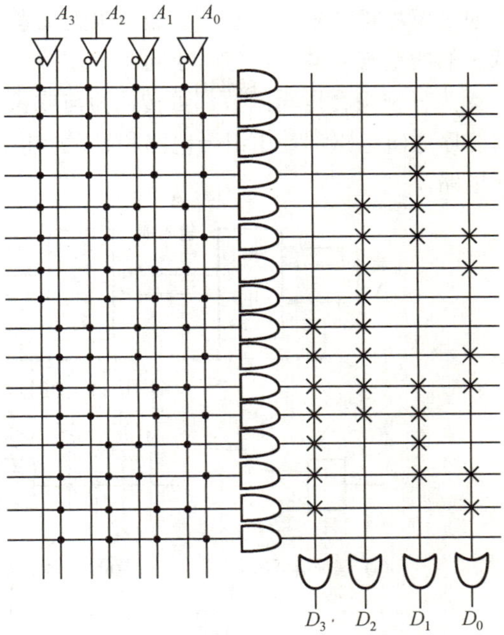

图 10-10　4 位二进制码转换为 Gray 码的 PROM 阵列图

10.3　可编程逻辑器件

随着集成电路和计算机技术的发展，数字系统经历了分立元件、小规模集成 SSI（Small Scale Integration）、中规模集成 MSI（Medium Scale Integration）、大规模集成 LSI（Large Scale Integration）到 VLSI（Very Large Scale Integration）的过程。继中小规模集成的通用器件之后发展起来的新器件，专用集成电路 ASIC（Application Specific Integrated Circuit）是采用 LSI 和 VLSI 工艺制造的数字逻辑器件，它是专门为某一领域或为专门用户而设计、制造的集成电路。作为 ASIC 的一个分支，**可编程逻辑器件**（Programmable Logic Device，PLD）于 20 世纪 70 年代出现，80 年代后得到了迅速发展，它是一种用户可以配置的器件。设计人员可以根据自己的设计需要，利用 EDA 软件进行设计，最后把设计结果下载到 PLD 芯片上，完成一个数字电路或数字系统集成的设计，而不必请芯片制造厂商设计、制作专用集成电路芯片。

10.3.1　PLD 的基本结构

如图 10-11 所示是 PLD 的基本结构示意图。其主体是由**与**门和**或**门构成的**与**阵列和**或**阵列。为了适应各种输入情况，**与**阵列的输入端（包括内部反馈信号的输入端）都设置有输入缓冲电路，从而使输入信号有足够的驱动能力，并产生互补的原变量和反变量。PLD 可以由**或**门阵列直接输出（组合方式），也可以通过寄存器输出（时序方式）。输出可以是高电平有效，也可以是低电平有效。输出端一般都采用三态电路，而且设置有内部通路，可把输出信号反馈到**与**阵列的输入端。

在绘制中、大规模集成电路时，为方便起见，常用图 10-12 中所示的简化画法。如图 10-12（a）所示是输入缓冲器的画法。如图 10-12（b）所示是一个多输入端**与**门，竖线为一组输入信号，用与横线相交叉的点的状态表示相应输入信号是否接到了该门的输入端上。交叉点上画小圆点

“•”者表示连上了并且为硬连接，不能通过编程改变；交叉点上画叉“×”者表示编程连接，可以通过编程将其断开；既无小圆点也无叉者表示断开。图 10-12（c）是多输入端**或**门，交叉点状态的约定与多输入端**与**门相同。

因为任何组合逻辑函数都可转化为**与或**表达式，可用由**与**门和**或**门构成的二级电路实现，任何时序逻辑电路都是由组合电路和触发器构成的，所以，利用 PLD 可以构成任何组合电路和时序电路。

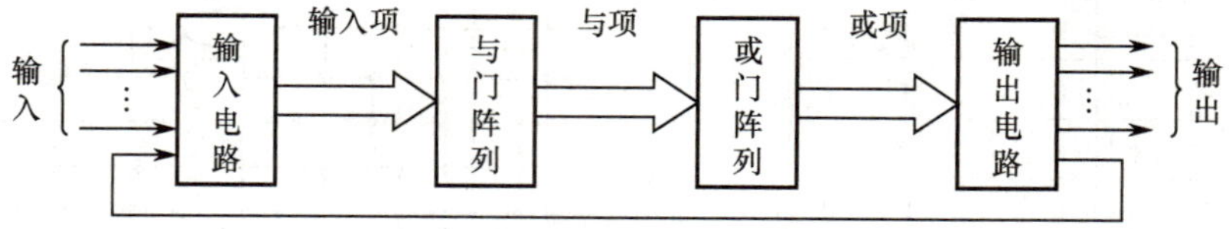

图 10-11　PLD 的基本结构示意图

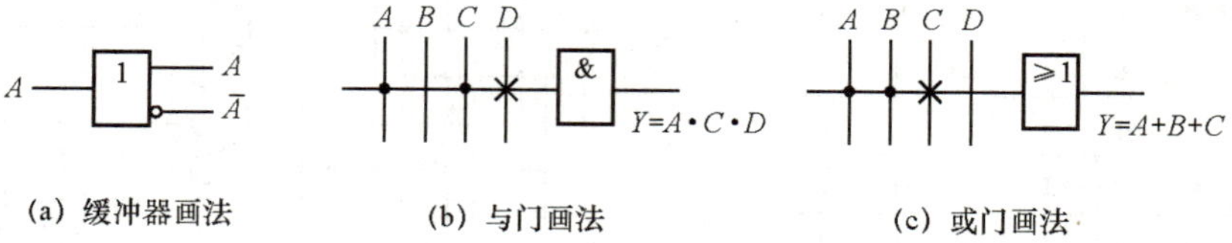

图 10-12　门电路的简化画法

10.3.2　PLD 的分类

PLD 内部通常只有一部分或某些部分是可编程的。根据可编程情况可分为四类：可编程只读存储器 PROM、可编程逻辑阵列（Programmable Logic Array，PLA）、可编程阵列逻辑（Programmable Array Logic，PAL）和通用阵列逻辑（Generic Array Logic，GAL），如表 10-2 所列。按可编程和改写方法分为：第一代 PLD，采用一次性掩模编程方式；第二代 PLD，采用紫外线照射擦除方式；第三代 PLD，采用一种电擦除的可编程器件；第四代 PLD，是一种在系统可编程器件。

表 10-2　PLD 分类表

分　类	与 阵 列	或 阵 列	输 出 电 路
PROM	固定	可编程	固定
PLA	可编程	可编程	固定
PAL	可编程	固定	固定
GAL	可编程	固定	可组态

PROM 的电路组成和工作原理在上节已介绍过。PROM 的**或**阵列是可编程的，而**与**阵列是固定的，其阵列结构如图 10-13 所示。用 PROM 只能实现函数的标准**与或**式，不管所要实现的函数真正需要多少最小项，其**与**阵列必须产生全部 n 个变量的 2^n 个最小项，故利用率很低。所以，PROM 除了用来制作函数表电路和显示译码电路外，一般只作为存储器用，ASIC 很少使用。

PLA 的**与**阵列和**或**阵列都是可编程的，其阵列结构如图 10-14 所示。PLA 可以实现函数的最简**与或**式，利用率比 PROM 高得多。但由于缺少高质量的支持软件和编程工具，且价格较贵，因此门的利用率也不够高，使用仍不广泛。

PAL 的**或**阵列固定，**与**阵列可编程。PAL 速度高、价格低，其输出电路结构有好几种形式，可以借助编程器进行现场编程，很受用户欢迎。但其输出方式固定而不能重新组态，编程是一次性的，因此对于它的使用仍有较大的局限性。

GAL 的阵列结构与 PAL 相同，但其输出电路采用了逻辑宏单元结构，用户可根据需要对输出方式自行组态，因此功能更强，使用更灵活，应用更广泛。

在四类 PLD 中，PROM 和 PLA 属于组合逻辑电路，PAL 既有组合电路又有时序电路，GAL 则为时序电路，当然也可用 GAL 实现组合函数。

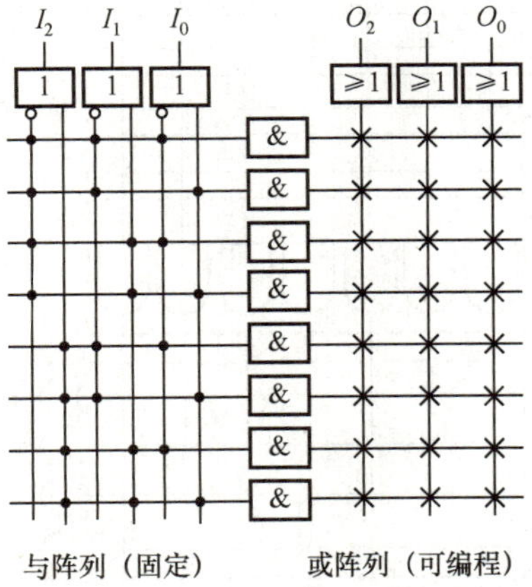

图 10-13　PROM 的阵列结构

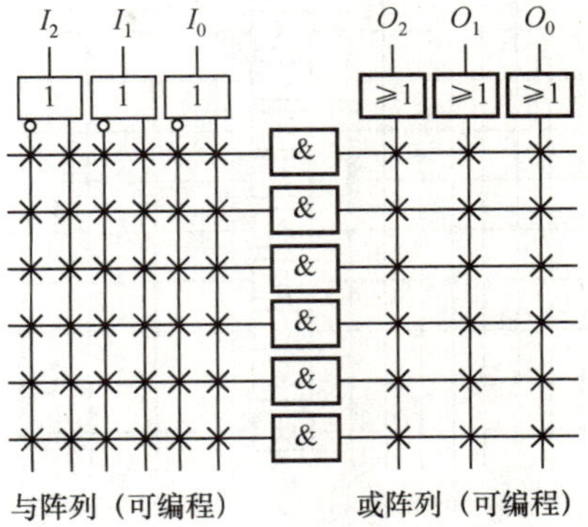

图 10-14　PLA 的阵列结构

10.3.3　PLD 的应用

PLD 的应用主要是用来实现时序逻辑函数。

1. PLA 的应用

用 PROM 实现逻辑函数是基于公式 $Y=\sum m_i$。因为任何一个逻辑函数都可以化简为最简**与或**表达式 $Y=\sum p_i$，所以在用**与**阵列和**或**阵列实现逻辑函数时，**与**阵列并不需要产生全部最小项，**与**阵列可进行简化，从而**或**阵列也可简化，这就是 PLA 的基本设计思想。

用 PLA 实现逻辑函数时，首先需将逻辑函数化为最简**与或**式，然后画出 PLA 的阵列图。例如，用 PLA 实现下列函数

$$\begin{cases} Y_1 = A\oplus B\oplus C = \overline{A}\cdot\overline{B}\cdot C+\overline{A}B\overline{C}+A\cdot\overline{B}\cdot\overline{C}+ABC \\ Y_2 = AB+AC+BC \\ Y_3 = AB\overline{D}+\overline{B}CD+\overline{B}\cdot\overline{C}\cdot D \\ Y_4 = \overline{A}\cdot\overline{C}+B\overline{C}+\overline{B}D+A\overline{B}C \end{cases}$$

因为各个函数都是最简**与或**式，所以可画出 PLA 的阵列图，如图 10-15 所示。

例 10-2　用 PLA 实现例 10-1 要求的 4 位二进制码到格雷码的转换。

解　根据表 10-1 所给出的码组转换真值表，将多输出函数化简后得到最简式为

$$\begin{cases} D_3 = A_3 \\ D_2 = A_3\overline{A_2}+\overline{A_3}A_2 \\ D_1 = A_2\overline{A_1}+\overline{A_2}A_1 \\ D_0 = A_1\overline{A_0}+\overline{A_1}A_0 \end{cases}$$

化简后的多输出函数共有 7 个不同的乘积项和 4 个输出，因此编程后的 PLA 阵列图如图 10-16 所示。

从例 10-1 和例 10-2 不难看出，PROM 的容量是 16×4 位，而 PLA 需要的容量只有 7×4 位。

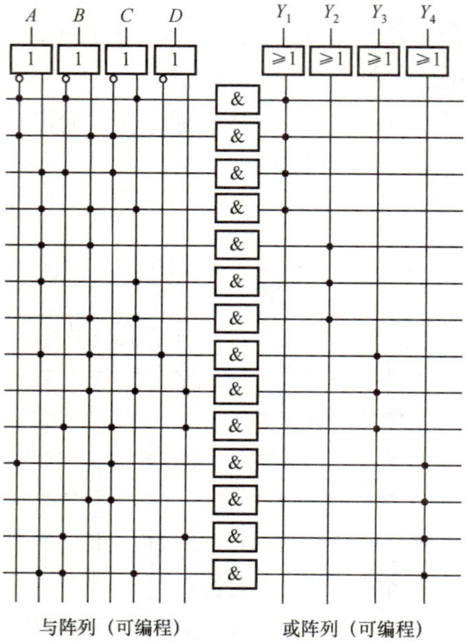

图 10-15　用 PLA 实现组合逻辑函数的例子

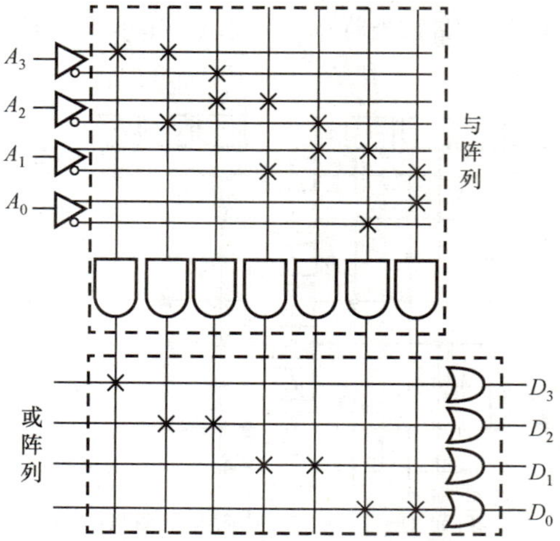

图 10-16　4 位二进制码转换为格雷码的 PLA 阵列图

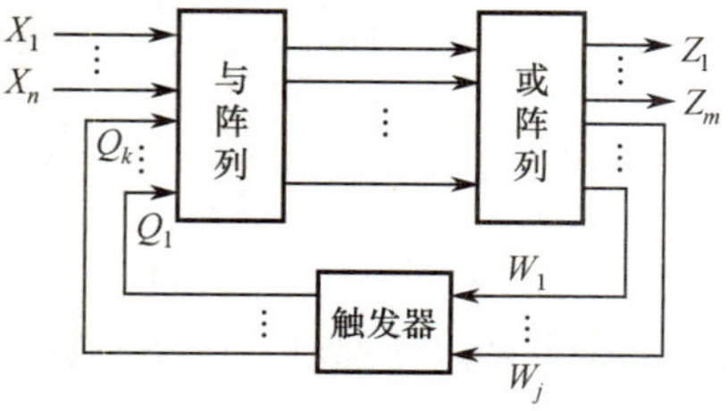

图 10-17　时序型 PLA 基本结构图

PLA 中的**与**阵列和**或**阵列只能构成组合逻辑电路，若在 PLA 中加入触发器便可构成时序型 PLA，其结构如图 10-17 所示。此时**与**阵列的输入包括两部分：外输入 $X_1, \cdots, X_n$ 和由触发器反馈回来的内部状态 $Q_1, \cdots, Q_k$。**或**阵列则产生两组输出：外输出 Z_1，…，Z_m 和触发器的激励 $W_1, \cdots, W_j$，它是完整的同步时序系统。

例 10-3　试用 PLA 和 JK 触发器实现 2 位二进制可逆计数器。当 $X=\mathbf{0}$ 时，进行加法计数；当 $X=\mathbf{1}$ 时，进行减法计数。

解　由题意可画出 2 位二进制可逆计数器的状态图如图 10-18（a）所示。

根据状态图可求得驱动方程和输出方程为

$$\begin{cases} J_1 = K_1 = \mathbf{1} \\ J_2 = K_2 = X\overline{Q}_1 + \overline{X}Q_1 \\ Y = X\overline{Q}_2\overline{Q}_1 + \overline{X}Q_2Q_1 \end{cases} \tag{10-1}$$

由式（10-1）可画出时序 PLA 的阵列图如图 10-18（b）所示。

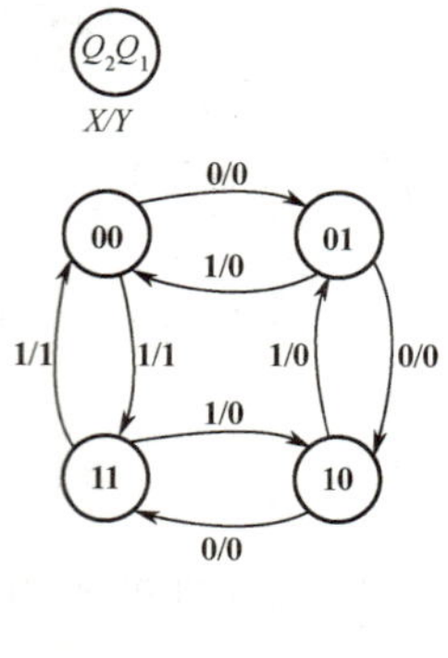

（a）状态图

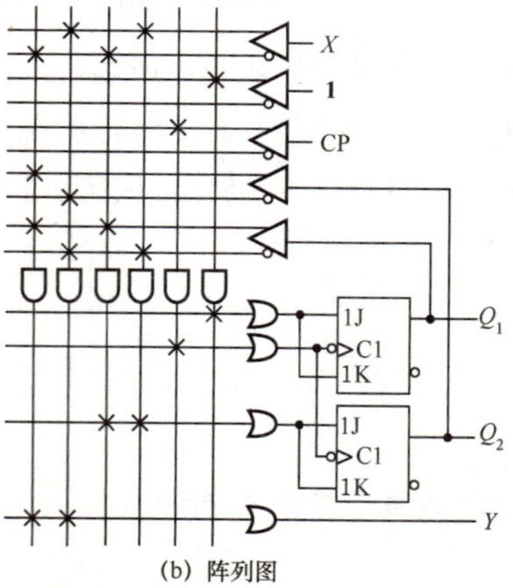

（b）阵列图

图 10-18　2 位二进制可逆计数器的状态图和阵列图

因为 PLA 的两个阵列可编程，所以使设计工作变得比较容易。尤其是当输出函数很相似，可充分利用共享的乘积项时，采用 PLA 特别有利。但 PLA 有两个缺点：①制造工艺和编程比较复杂；②缺乏好的开发软件。因而它没有像 PAL 和 GAL 那样得到广泛应用。

2. PAL 的应用

通过一个例子说明 PAL 在实现组合逻辑函数中的应用。

例 10-4 试用 PAL 实现逻辑函数

$$\begin{cases} Y_1(A,B,C)=\sum_m(2,3,4,6) \\ Y_2(A,B,C)=\sum_m(1,2,3,4,5,6) \end{cases}$$

解 首先对已知的逻辑函数进行化简得到其最简与或式为

$$\begin{cases} Y_1=\overline{A}B+A\overline{C} \\ Y_2=A\overline{B}+B\overline{C}+C\overline{A} \end{cases}$$

根据输入变量的个数，以及每个逻辑函数所包含的乘积项的个数来选择合适的 PAL 器件。实现逻辑函数 Y_1、Y_2 的 PAL 阵列图如图 10-19 所示。

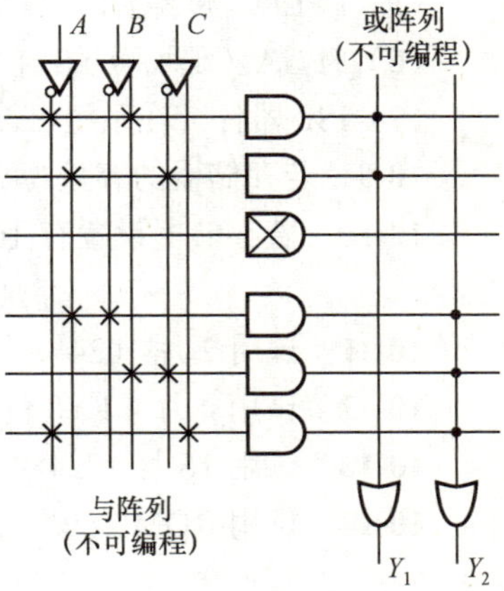

图 10-19 例 10-4 的 PAL 阵列图

本章小结

1. 存储器是组成计算机的五大部件之一，是计算机的记忆设备。现代计算机将程序和数据都存放在存储器中，运算中根据需要对这些程序和数据进行处理。以前计算机多用磁芯作为存储元件，随着集成电路技术的发展，半导体存储器得到了广泛使用，在计算机系统中，半导体存储器已完全取代了磁芯存储器。

2. 按照不同的工作方式，可以将存储器分为随机存取存储器（RAM）和只读存储器（ROM）等。

3. 可编程逻辑器件是近年来迅速发展起来的一种新型逻辑器件，用户可以通过相应的编程器和软件，对这种芯片灵活地编写所需的逻辑程序。有的芯片具有可重复擦写、可重复编程以及可加密的功能，而且体积小、可靠性高、功耗低、可测试，它的灵活性和通用性使其成为研制和设计数字系统的最理想器件。

习题 10

10-1 随机存取存储器（RAM）由哪些主要部分构成?它的读/写控制端和片选控制端各起什么作用?

10-2 以 2114 静态 RAM 为例说明如何扩展其位线和字线。

10-3 只读存储器由哪几个主要部分构成?

10-4 ROM 的存储矩阵如何构成?

10-5 比较 ROM、PROM、EPROM、EEPROM 在结构和功能上有什么联系和区别?

10-6 RAM 和 ROM 在电路结构和工作原理上有何不同?

10-7 试比较可编程逻辑器件 PROM、PLA、PAL 和 GAL 的主要特点。

10-8 说明下列电路中哪些含有存储单元电路，它们中哪些可独立实现组合逻辑函数，哪些可独立实现时序逻辑电路：

（1）只读存储器 PROM（包括 EPROM 和 EEPROM）；

（2）PLA（可编程逻辑阵列）；

（3）PAL（可编程阵列逻辑）；

（4）GAL（通用阵列逻辑）；

（5）EPLD（可擦除/可编程逻辑器件）；

（6）FPGA（现场可编程门阵列）；

（7）ISP 器件（在系统可编程逻辑器件）。

10-9 若存储器的容量为 256 K×8 位，则地址码应取几位？

10-10 若存储器设置有 16 位地址线，8 位并行输入/输出端，试计算它的最大存储容量是多少？

10-11 试用 2 片 1024×8 位的 ROM 组成 1024×16 位的存储器。

10-12 试用 4 片 4 K×8 位的 RAM 组成 16 K×8 位的存储器。

10-13 试用 16 片 1024×4 位的 RAM 组成一个 8 K×8 位的 RAM。

10-14 试用 ROM 实现下列组合逻辑函数，写出 ROM 中应存入的数据表。

$$\begin{cases} Y_1 = A + B + C \\ Y_2 = A \oplus B \oplus C \\ Y_3 = \overline{AB} + ABC \\ Y_4 = \overline{A + B} \end{cases}$$

10-15 试用 ROM 实现下列组合逻辑函数，要求列表说明 ROM 中应存入的数据。

（1）$\begin{cases} Y_1(A,B) = \sum_m (0,1,2) \\ Y_2(A,B) = \sum_m (0,1) \\ Y_3(A,B) = \sum_m (1,2) \\ Y_4(A,B) = \sum_m (0,3) \end{cases}$ （2）$\begin{cases} Y_1 = \overline{A}B \\ Y_2 = \overline{A + B} \\ Y_3 = A \oplus B \\ Y_4 = A\overline{B} \end{cases}$ （3）$\begin{cases} Y_1 = A\overline{BC} + AB\overline{C} + \overline{A}BC + ABC \\ Y_2 = A\overline{B} \cdot \overline{C} + A\overline{B}C + AB\overline{C} + ABC \\ Y_3 = \overline{A} \cdot \overline{B} \cdot \overline{C} + \overline{A} \cdot \overline{B}C + \overline{A}B\overline{C} + \overline{A}BC \\ Y_4 = ABC \end{cases}$

10-16 试用 ROM 实现代码转换电路，将 8421 码转换成余 3 码。8421 码和余 3 码的对应关系表如题表 10-16 所示。

题表 10-16

8421BCD 码				余 3 码			
0	0	0	0	0	0	1	1
0	0	0	1	0	1	0	0
0	0	1	0	0	1	0	1
0	0	1	1	0	1	1	0
0	1	0	0	0	1	1	1
0	1	0	1	1	0	0	0
0	1	1	0	1	0	0	1
0	1	1	1	1	0	1	0
1	0	0	0	1	0	1	1
1	0	0	1	1	1	0	0

10-17 选择题

可编程逻辑器件有以下几种：

A）只读存储器 PROM（包括 EPROM 和 EEPROM）；
B）PLA（可编程逻辑阵列）；
C）PAL（可编程阵列逻辑）；
D）GAL（通用阵列逻辑）；
E）EPLD（可擦除/可编程逻辑器件）；
F）FPGA（现场可编程门阵列）；
G）ISP 器件（在系统可编程逻辑器件）。选择具有下列特点的器件填入空内：
（1）必须用编程器编程的器件是________，可以在线编程的器件是________；
（2）可以时序组合逻辑函数的器件是________，可以实现时序逻辑函数的器件是________；
（3）可以以远程方式改变其逻辑功能的器件是________；
（4）所存信息是固定函数、程序等的器件是________；
（5）断电后所存编程信息将丢失的器件是________；
（6）能够构成较复杂大数字系统的器件是________。

第 11 章　数模和模数转换电路

内容提要

- D/A 转换器的工作原理、技术指标及集成 DAC0832
- A/D 转换过程中的取样、保持、量化与编码
- 逐次渐近型 A/D 转换器的工作原理
- 双积分型 A/D 转换器的原理
- 集成 ADC0809

在数字系统中，特别是计算机的应用范围越来越广，它们处理的都是不连续的 **0**、**1** 数字信号，处理后的结果也是数字信号。然而实际所遇到的许多物理量，如语音、温度、压力、流量、亮度、速度等都是在数值和时间上连续变化的模拟量，这些物理量经传感器转换后的电压或电流也是连续变化的模拟信号，这些模拟信号不能直接送入数字系统处理，需要把它们先转换成相应的数字信号，然后才能输入数字系统进行处理。处理后的数字信息也必须先转换成电模拟量，送到执行元件中才能对控制对象实行实时控制，进行必要的调整。这一过程如图 11-1 所示。

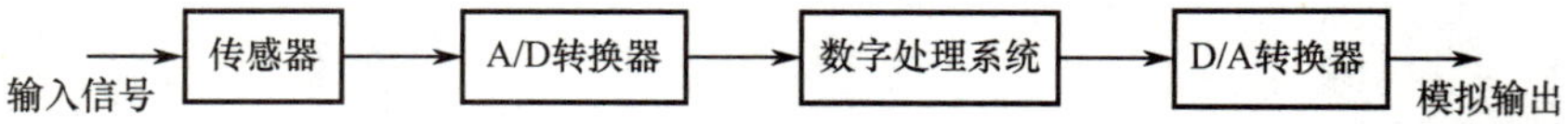

图 11-1　典型的数字控制系统框图

图中，**A/D 转换器**简称 ADC（Analog to Digital Converter），就是把输入的模拟量转换成数字量的接口电路，而 **D/A 转换器**简称 DAC（Digital to Analog Converter），就是把输入的数字量转换成模拟量（电压或电流）输出的接口电路。它们都是数字系统中必不可少的组成部分。

本章讨论 DAC 及 ADC 的组成及工作原理。因为 DAC 有时也是 ADC 的一个重要组成部分，所以先讨论 D/A 转换，然后再讨论 A/D 转换。

11.1　D/A 转换器

DAC 是先把输入二进制码的每一位转换成与其成正比的电压或电流模拟量，然后将这些模拟量相加，即得与输入的数字信息成正比的模拟量。

输入到 DAC 的数字信息可以是原码，也可以是反码或补码。图 11-2 是原码输入的 3 位二进制 DAC 的转换特性，它具体而形象地反映了对 DAC 的基本要求。

11.1.1　权电阻网络 D/A 转换器

如图 11-3 所示是 4 位权电阻网络 D/A 转换器的原理图，它由权电阻网络、电子开关、求和放大器组成。

S_3、S_2、S_1、S_0 是 4 个电子开关（参见图 11-4），它们的状态分别受输入的数字信号代码 d_3、d_2、d_1、d_0 的取值控制，这里，d_3 是代码的最高位（Most Significant Bit，MSB），d_0 是代码的最低位（Least Significant Bit，LSB）。当代码为 **1** 时开关接到**参考电压**（也称为基准电压）U_{REF} 上，当代码为 **0** 时开关接地。故 d_i = **1** 时有支路电流 I_i 流向求和放大器，d_i = **0** 时支路电流为零。

求和放大器是一个接成负反馈的运算放大器，为了简化分析计算，可以把运算放大器近似看成理想放大器，因而该运放工作在线性状态下，满足**虚短**和**虚断**的特点。

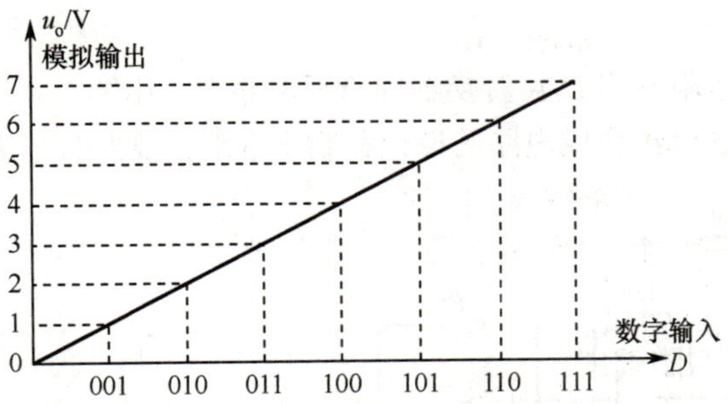

图 11-2　3 位二进制输入时 DAC 的转换特性

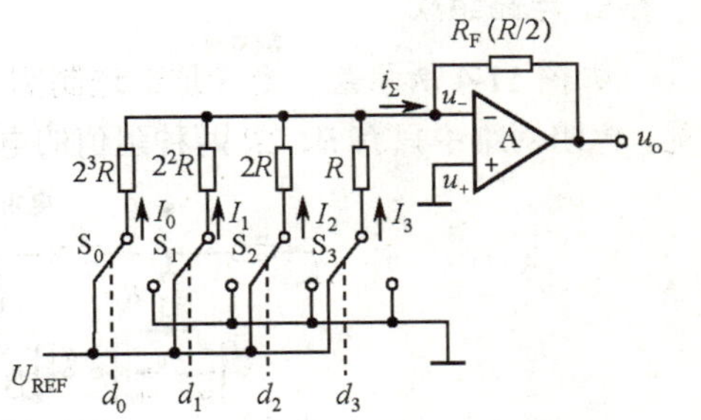

图 11-3　4 位权电阻网络 D/A 转换器

根据**虚断**的特点，可以得到

$$u_o = -R_F i_\Sigma = -R_F(I_3 + I_2 + I_1 + I_0) \tag{11-1}$$

又根据**虚短** $u_- \approx u_+ = 0V$，可得各支路电流分别为

$$\begin{aligned} I_3 &= \frac{U_{REF}}{R} d_3 \left(d_3 = \mathbf{1}\text{时}，I_3 = \frac{U_{REF}}{R}；\ d_3 = \mathbf{0}\text{时}，I_3 = 0 \right) \\ I_2 &= \frac{U_{REF}}{2R} d_2 \\ I_1 &= \frac{U_{REF}}{2^2 R} d_1 \\ I_0 &= \frac{U_{REF}}{2^3 R} d_0 \end{aligned} \tag{11-1a}$$

将式（11-1a）代入式（11-1）并取 $R_F = R/2$，则得到

$$u_o = -\frac{U_{REF}}{2^4}(d_3 2^3 + d_2 2^2 + d_1 2^1 + d_0 2^0) \tag{11-2}$$

对于 n 位的权电阻网络 D/A 转换器，当反馈电阻取 $R/2$ 时，输出电压的计算公式可写成

$$\begin{aligned} u_o &= -\frac{U_{REF}}{2^n}(d_{n-1} 2^{n-1} + d_{n-2} 2^{n-2} + \cdots + d_1 2^1 + d_0 2^0) \\ &= -\frac{U_{REF}}{2^n} D_n \end{aligned} \tag{11-3}$$

式（11-3）表明，输出的模拟电压正比于输入的数字量 D_n，从而实现了从数字量到模拟量的转换。

当 $D_n = \mathbf{0}$ 时，$u_o = 0V$，当 $D_n = \mathbf{11\cdots11}$ 时，$u_o = -\frac{2^n - 1}{2^n} U_{REF}$，因此，$u_o$ 的最大变化范围是 $0 \sim -\frac{2^n - 1}{2^n} U_{REF}$。在 U_{REF} 为正电压时输出电压 u_o 始终为负值。要想得到正的输出电压，可以将 U_{REF} 取为负值。

如图 11-3 所示权电阻网络 D/A 转换器的优点是结构比较简单，所用的电阻元件数很少。它的缺点是各个电阻的阻值相差较大，尤其在输入信号的位数较多时，这个问题就更加突出。要想在极为宽广的阻值范围内保证每个电阻都有很高的精度是十分困难的，尤其对制作集成电路更加不利。

为了克服权电阻网络 D/A 转换器中电阻阻值相差太大的缺点，提出一种倒 T 型电阻网络 D/A 转换器。

11.1.2 倒 T 型电阻网络 D/A 转换器

1. 电路组成

如图 11-4 所示是一个 3 位二进制倒 T 型电阻网络 D/A 转换器的原理电路图。由图 11-4 可见，电阻网络中只有 R、$2R$ 两种阻值的电阻，这就给集成电路的设计和制作带来了很大的方便。

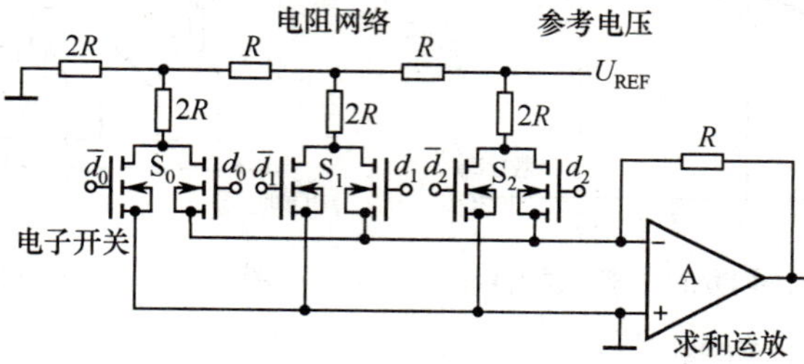

图 11-4　倒 T 型电阻网络 D/A 转换器

图 11-4 中，$d_2d_1d_0$ 是输入的 3 位二进制数，它们控制着由 N 沟道增强型 MOS 管组成的 3 个电子开关 S_2、S_1、S_0，R、$2R$ 组成倒 T 型电阻转换网络，运放完成求和运算，u_o 是输出模拟电压，U_{REF} 是参考电压。

S_2、S_1、S_0 与 d_2、d_1、d_0 的对应关系是：当 $d_2=\mathbf{1}$ 为高电平时，$\overline{d}_2=\mathbf{0}$ 为低电平，S_2 右边的 MOS 导通，左边 MOS 管截止，将相应的 $2R$ 电阻接到运放的反相输入端，反之若 $d_2=\mathbf{0}$，$\overline{d}_2=\mathbf{1}$，$S_2$ 右边 MOS 管截止，左边 MOS 管导通，$2R$ 电阻接地。d_1、d_0 对 S_1、S_0 的控制作用与 d_2 对 S_2 的控制作用相同。一般地说，输入 n 位二进制数中第 i 位 $d_i=\mathbf{1}$ 时，S_i 就把网络中相应的 $2R$ 电阻接到求和运放的反相输入端，反之 $d_i=\mathbf{0}$ 时，S_i 则将 $2R$ 电阻接地。

2. 工作原理

下面通过具体例子进行说明。

（1）当 $d_2d_1d_0=\mathbf{100}$ 时，如图 11-5 所示是其等效电路。根据**虚短**，$u_-\approx u_+=0\text{V}$，即运放的反相端**虚地**。据此不难看出，倒 T 型电阻网络中，无论是从 AA 端、BB 端还是 CC 端向左看进去，其等效电阻均为 R，因此由参考电压提供的电流 $I=U_{REF}/R$。

当 $d_2d_1d_0=\mathbf{100}$ 时，由图 11-5 可得流入求和电路的电流为 $I/2$，输出电压为

$$U_o=-\frac{I}{2}\cdot R=-\frac{1}{2}\cdot\frac{U_{REF}}{R}\cdot R=-\frac{U_{REF}}{2}=-\frac{U_{REF}}{2^3}(1\times2^2+0\times2^1+0\times2^0)$$

（2）当 $d_2d_1d_0=\mathbf{110}$ 时，如图 10-6 所示是其等效电路，显然，流入求和电路的电流是 $I/2+I/4$，输出电压为

$$U_o=-\left(\frac{I}{2}+\frac{I}{4}\right)\cdot R=-\left(\frac{1}{2}\cdot\frac{U_{REF}}{R}+\frac{1}{4}\cdot\frac{U_{REF}}{R}\right)\cdot R=-\frac{U_{REF}}{2^3}(1\times2^2+1\times2^1+0\times2^0)$$

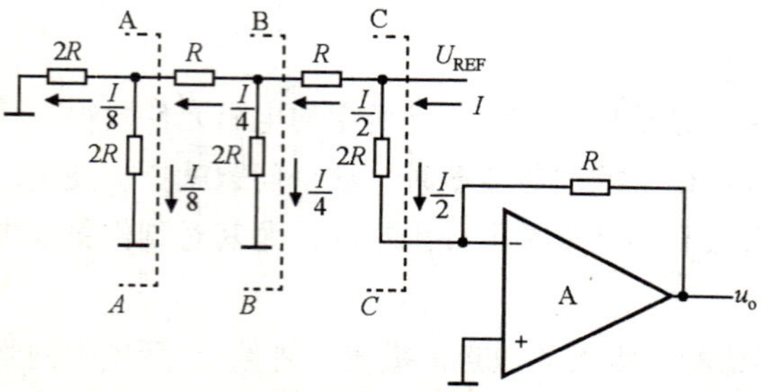

图 11-5　$d_2d_1d_0=\mathbf{100}$ 时的等效电路

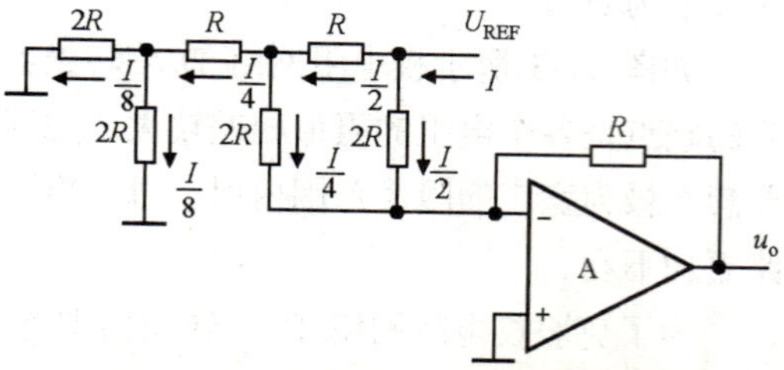

图 11-6　$d_2d_1d_0=\mathbf{110}$ 时的等效电路

（3）当 $d_2d_1d_0$ = **111** 时，利用类似方法可求得输出电压为

$$U_o = -\left(\frac{I}{2}+\frac{I}{4}+\frac{I}{8}\right)\cdot R - \left(\frac{1}{2}\cdot\frac{U_{REF}}{R}+\frac{1}{4}\cdot\frac{U_{REF}}{R}+\frac{1}{8}\frac{U_{REF}}{R}\right)\cdot R$$
$$= -\frac{U_{REF}}{2^3}(1\times 2^2+1\times 2^1+1\times 2^0)$$

（4）表达式的一般形式。根据 $d_2d_1d_0$ 为 **100**、**110**、**111** 的分析结果，可推论得到 u_o 的一般表达形式为

$$U_o = -\frac{U_{REF}}{2^3}(d_2\times 2^2+d_1\times 2^1+d_0\times 2^0) \tag{11-4}$$

式（11-4）表明，如图 11-4 所示电路可以将输入的 3 位二进制数 $d_2d_1d_0$ 转换成相应的模拟输出电压 u_o。若令 $U_{REF}=-8V$，那么便可得到如图 11-2 所示的转换特性。

当输入 $D=d_{n-1}d_{n-2}\cdots d_1\,d_0$，即为 n 位二进制数时，由式（11-4）不难推论出

$$\begin{aligned} U_o &= -\frac{U_{REF}}{2^n}(d_{n-1}\times 2^{n-1}+d_{n-2}\times 2^{n-2}+\cdots+d_1\times 2^1+d_0\times 2^0) \\ &= -\frac{U_{REF}}{2^n}\cdot D = K_u\cdot D_n \end{aligned} \tag{11-5}$$

式（11-5）中 K_u 是将二进制数 D_n 转换成模拟电压 u_o 的转换比例系数，也可以看成是 D/A 转换器中的单位电压

$$K_u = -\frac{U_{REF}}{2^n} \tag{11-6}$$

单位电压 K_u 乘上二进制数 D_n 的数值，所得到的便是输出模拟电压 u_o。

11.1.3 D/A 转换器的主要技术指标

衡量 D/A 转换器性能的参数主要有分辨率、转换精度和转换速度等。

1. 分辨率

分辨率用于描述 D/A 转换器对输入量微小变化的敏感程度。它是输入数字量在只有最低有效位（Least Significant Bit，LSB）为 **1**（即为 **00…01**）时的输出电压 U_{LSB} 与输入数字量全为 **1**（即为 **11…11**）时的输出电压 U_M 之比。将 **00…01** 和 **11…11** 代入式（11-5）中，可得 U_{LSB} 和 U_M，因此对于 n 位的 DAC，其分辨率为

$$分辨率 = U_{LSB}/U_M = 1/(2^n-1) \tag{11-7}$$

例如，10 位 D/A 转换器的分辨率为 $1/(2^{10}-1)$。如果输出模拟电压满量程为 10V，那么 10 位 DAC 能够分辨的最小电压为 10/1023 ≈ 0.009 775V；而 8 位 D/A 转换器能够分辨的最小电压为 10/255 ≈ 0.039215V。可见，位数越高，DAC 分辨输出电压的能力越强。

分辨率表示 D/A 转换器在理论上可以达到的精度。

2. 转换精度

通常，转换精度用转换误差和相对精度来描述。

转换误差是在对应给定的满刻度数字量情况下，D/A 转换器实际输出与理论值之间的误差。该误差是由于 D/A 转换器的增益误差、零点误差、线性误差和噪声等共同引起的。

相对精度指在满刻度已校准的情况下，整个刻度范围内，任一数码的模拟量输出与其理论值之差。对于线性的 D/A 转换器，相对精度就是非线性度。相对精度有两种方法表示：

①用数字量最低有效位的位数 LSB 表示；②用该偏差的相对满刻度值的百分比表示。

某 DAC 精度为±0.1%，满量程 $U_{FS} = 10V$，则该 DAC 的最大线性误差电压

$$U_E = \pm 0.1\% \times 10V = \pm 10mV$$

对于 n 位 DAC，精度为 $\pm\frac{1}{2}$LSB，其最大可能的线性误差电压

$$U_E = \pm\frac{1}{2} \times \frac{1}{2^n} U_{FS} = \pm\frac{1}{2^{n+1}} U_{FS}$$

转换精度和分辨率是两个不同的概念，即使 D/A 转换器的分辨率很高，但由于电路的稳定性不好等原因，也可能使电路的转换精度不高。

3. 转换速度

转换速度由转换时间决定，转换时间是指数据变化量是满度值（输入由全 **0** 变为全 **1** 或全 **1** 变为全 **0**）时，达到终值±2LSB 时所需的时间。

11.1.4 集成 DAC

集成 DAC0832 是用 CMOS 工艺制成的 8 位 DAC 转换芯片。数字输入端具有双重缓冲功能，可根据需要接成不同的工作方式，特别适用于要求几个模拟量同时输出的场合。它与微处理器接口很方便。

1. DAC0832 的主要技术指标

分辨率：8 位

转换时间：≤1μs

单电源：5V～15V

线性误差：≤±0.2%LSB

温度灵敏度：20ppm/℃

功耗：20mW

2. DAC0832 的内部结构

DAC0832 的内部结构如图 11-7 所示。

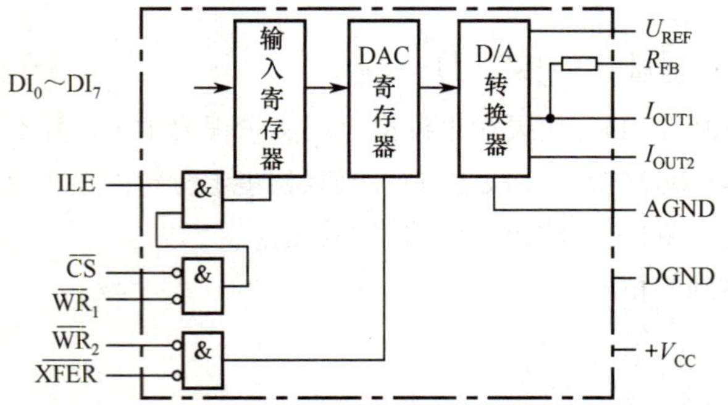

图 11-7　DAC0832 内部结构框图

DAC0832 内部由一个 8 位输入寄存器、一个 8 位 DAC 寄存器、一个 8 位 DAC 转换器、逻辑控制电路以及输出电路的辅助元件 R_{FB} 等组成。D/A 转换器采用了倒 T 型 R-$2R$ 电阻网络。由于 DAC0832 有两个可以分别控制的数据寄存器，所以在使用时有较大的灵活性，可以接成双缓冲、单缓冲或直接输入等工作方式。DAC0832 中无运算放大器，且是电流输出，使用时需外接运算放大器。

3. DAC0832 的引脚功能

DAC0832 的引脚排列图如图 11-8 所示。

各引脚的功能如下。

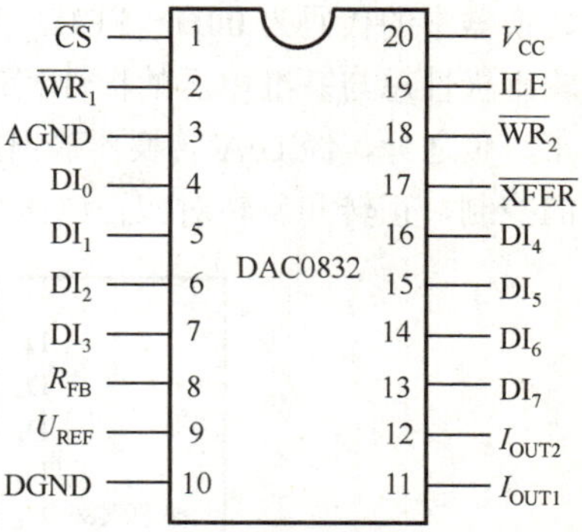

图 11-8　DAC0832 的引脚排列图

ILE：输入锁存允许信号，输入高电平有效。

$\overline{CS}$：片选信号，输入低电平有效。它与 ILE 结合起来可以控制 $\overline{WR_1}$ 是否起作用。

$\overline{WR_1}$：写信号 1，输入低电平有效。在 $\overline{CS}$ 和 ILE 为有效电平时，用它将数据输入并锁存于输入寄存器中。

$\overline{WR_2}$：写信号 2，输入低电平有效。在 $\overline{XFER}$ 为有效电平时，用它将输入寄存器中的数据传送到 8 位 DAC 寄存器中。

$\overline{XFER}$：传输控制信号，输入低电平有效。用它来控制 $\overline{WR_2}$ 是否起作用。在控制多个 DAC0832 同时输出时特别有用。

DI_7～DI_0：8 位数字量输入端。

U_{REF}：基准（参考）电压输入端。一般此端外接一个精确、稳定的电压基准源。U_{REF} 可在 −10V～+10V 范围内选择。

R_{FB}：反馈电阻。反馈电阻被制作在芯片内，用作外接运算放大器的反馈电阻，它与内部的 R-2R 电阻相匹配。

I_{OUT1}：模拟电流输出 1，接运算放大器反相输入端。其大小与输入的数字量 DI_7～DI_0 成正比。

I_{OUT2}：模拟电流输出 2，接地。其大小与输入数字取反后的数字量 DI_7～DI_0 成正比，$I_{OUT1}+I_{OUT2}=$ 常数。

V_{CC}：电源输入端（一般为+5V～+15V）。

DGND：数字地。

AGND：模拟地。

4. DAC0832 的工作方式

因为 DAC0832 内部有两个寄存器，所以它可以有双缓冲型、单缓冲型和直通型等几种工作方式。如果工作在直通方式下，则没有锁存功能；如果工作在缓冲方式下，则有一级或二级锁存能力。

双缓冲方式：DAC0832 内部有两个 8 位寄存器，可以进行双缓冲操作，即在对某数据转换的同时，又可以进行下一个数据的采集，故转换速度较高。这一特点特别适用于要求多片 DAC0832 的多个模拟量同时输出的场合。在各片的 ILE 置为高电平、$\overline{WR_1}$ 和 $\overline{CS}$ 为低电平的控制下，有关数据分别被输入各个相应的 DAC0832 的 8 位输入寄存器。当需要进行同时模拟输出时，$\overline{XFER}$ 和 $\overline{WR_2}$ 均在低电平的作用下，把各输入寄存器中数据同时传送给各自的 DAC 寄存器。各个 D/A 转换器同时转换，同时给出模拟输出。

单缓冲方式：在不要求多片 D/A 同时输出时，可以采用单缓冲方式，使两个寄存器之一始终处于直通状态，这时只需一次操作，因而可以提高 D/A 的数据吞吐量。

直通方式：如果两级寄存器都处于常通状态，这时 D/A 转换器的输出将跟随数字输入随时变化，这就是直通方式。这种情况是将 DAC0832 直接应用于连续反馈控制系统中，作为数字增量控制器使用。

5. DAC0832 与微机的连接

如图 11-9 所示为 DAC0832 与 80X86 计算机系统连接的典型电路，它属于单缓冲方式。图 11-9 中的电位器用于满量程调整。

DAC0832 在输入数字量为单极性数字时，输出电路可接成单极性工作方式；在输入数字量为双极性数字时，输出电路可接成双极性工作方式。所谓单极性输出是指微处理机输出到 D/A

转换器中的代码为 **00H～FFH**，经 D/A 转换器输出的模拟电压要么全为负值，要么全为正值。输出极性总与基准电压的极性相反。所谓双极性输出是指微处理机输出到 DAC 中的数字量有正、负之分，经 D/A 转换器输出的模拟电压也有正、负极性之分。例如，控制系统中对电动机的控制，正转和反转对应正电压和负电压。

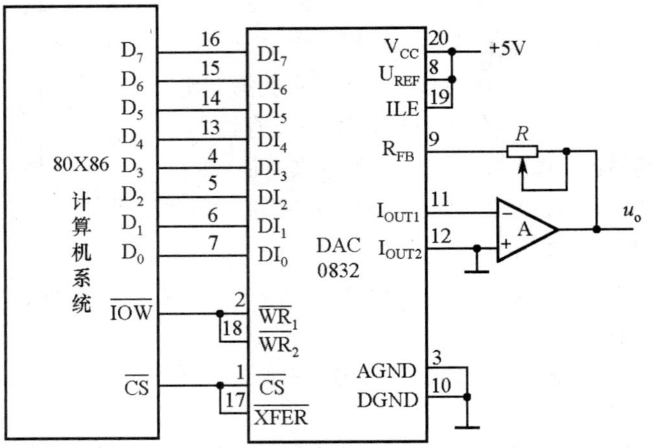

图 11-9　DAC0832 与 80X86 计算机系统连接的典型电路

11.2　A/D 转换器

A/D 转换器的功能是将输入的模拟电压量 u_i 转换成相应的数字量 D 输出，D 为 n 位二进制代码 $d_{n-1}d_{n-2}\cdots d_1d_0$ 。

A/D 转换器的种类很多，按工作原理可分为直接型和间接型两大类。前者直接将模拟电压转换成输出的数字代码，而后者是将模拟电压量转换成一个中间量（如时间或频率），然后将中间量转换成数字量。下面首先说明 A/D 转换的一般原理和步骤，再分别介绍直接型中的逐次渐近比较型 A/D 转换器和间接型中的双积分型 A/D 转换器。

11.2.1　A/D 转换的一般步骤

ADC 的输入电压信号 u_i 在时间上是连续量，而输出的数字量 D 是离散的，所以进行转换时必须按一定的频率对输入的信号 u_i 进行取样，得到取样信号 u_S，并在两次取样之间使 u_S 保持不变，从而保证将取样值转化成稳定的数字量。因此，A/D 转换过程是通过取样、保持、量化、编码 4 个步骤完成的。通常取样和保持用同一个电路实现，量化和编码也是在转换过程中同时实现的。

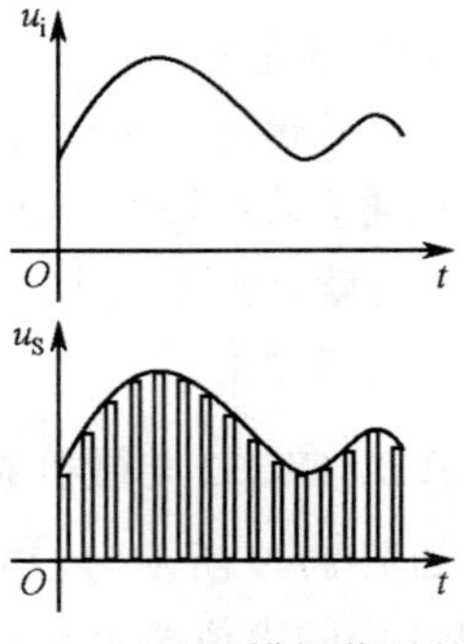

图 11-10　对输入模拟信号的取样

1. 取样与保持

取样是将在时间上连续变化的模拟量转换成时间上离散的模拟量，如图 11-10 所示。可以看到，为了用取样信号 u_S 准确地表示输入信号 u_i，必须有足够高的取样频率 f_S，取样频率 f_S 越高就越能准确地反映 u_i 的变化。那么如何来确定取样频率呢？

对任何模拟信号进行谐波分析时，均可以表示为若干正弦信号之和，若谐波中最高频率为

f_{imax}，则根据取样定理，取样频率应满足

$$f_S \geqslant 2f_{imax} \tag{11-8}$$

此时取样信号 u_S 就能准确地反映输入信号 u_i。

由于取样时间极短，取样输出 u_S 为一串断续的窄脉冲。而要把一个取样信号数字化需要一定时间，因此在两次取样之间应将取样的模拟信号存储起来以便进行数字化，这一过程称为保持。

2. 量化与编码

数字信号不仅在时间上是离散的，而且在数值上的变化也是不连续的。也就是说，任何一个数字量的大小都是以某个最小数量单位的整数倍来表示的。因此在用数字量表示取样电压时，也必须把它化成这个最小数量单位的整数倍，所规定的最小数量单位称为量化单位，用 Δ 表示。将量化的结果用二进制代码表示称为编码。这个二进制代码就是 A/D 转换的输出信号。

输入模拟电压通过取样保持后转换成阶梯波，其阶梯幅值仍然是连续可变的，所以它就不一定能被量化单位 Δ 整除，因而不可避免地会引起量化误差。对于一定的输入电压范围，输出的数字量的位数越高，Δ 就越小，因此量化误差也越小。而对于一定的输入电压范围、一定位数的数字量输出，不同的量化方法，量化误差的大小也不同。量化的方法有两种，下面将分别说明。

设输入电压 u_i 的输入电压范围为 0V～U_M，输出为 n 位的二进制代码，现取 $U_M = 1$V，$n = 3$。

第一种量化方法：取 $\Delta = U_M/2^n = (1/2^3)\text{V} = (1/8)\text{V}$，规定 0 Δ 表示 0V＜u_i ＜(1/8)V，对应的输出二进制代码为 **000**；1 Δ 表示(1/8)V＜u_i ＜(2/8)V，对应的输出二进制代码为 **001**；……；7 Δ 表示(7/8)V＜u_i ＜1V，对应的输出二进制代码为 **111**，如图 11-11（a）所示。显然，这种量化方法的最大量化误差为 Δ 。

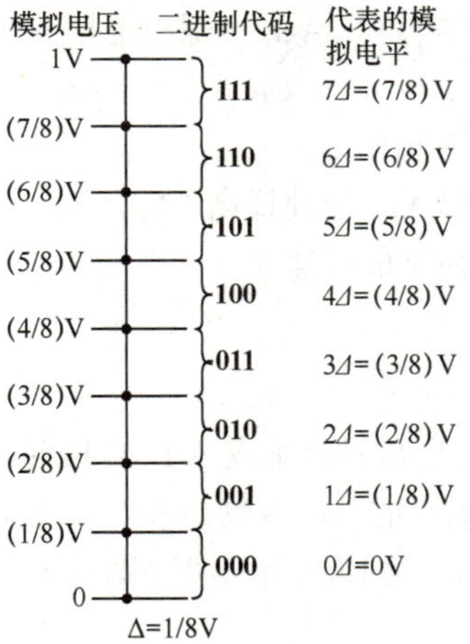

(a) 量化误差为Δ

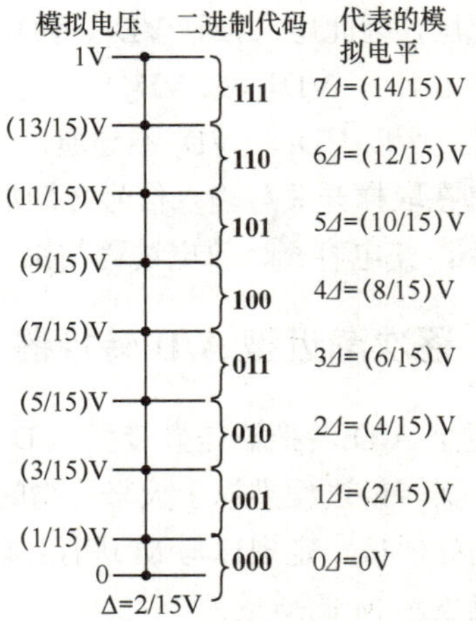

(b) 量化误差为Δ/2

图 11-11　两种量化方法

第二种量化方法：取 $\Delta = 2U_M/(2^{n+1}-1) = (2/15)\text{V}$，并规定 0 Δ 表示 0V＜u_i＜(1/15)V，对应的输出二进制代码为 **000**；1 Δ 表示(1/15)V＜u_i＜(3/15)V，对应的输出二进制代码为 **001**；……；7 Δ 表示(13/15)V＜u_i＜1V，对应的输出二进制代码为 **111**，如图 11-11（b）所示。显然，这种量化方法的最大量化误差为 Δ/2。在实际电路中多采用这种量化方法。

11.2.2 取样保持电路

取样保持电路实现 A/D 转换的取样和保持两个步骤，其基本形式如图 11-12 所示。它由 N 沟道 MOS 管 VT 作为取样开关、存储电容 C 和运放等组成。

当取样控制信号 u_L 为高电平时，VT 导通，输入信号 u_i 经电阻 R_i 向电容 C 充电。取 $R_i = R_f$ 且忽略运放的净输入电流，则充电结束后 $u_o = u_C = -u_i$。

取样控制信号 u_L 跃变为低电平后，MOS 管 VT 截止，由于电容 C 上的电压 u_C 保持基本不变，即取样的结果被保持下来直到下一个取样控制信号的到来。可以看出，只有电容 C 的漏电越小，运放的输入阻抗越大，u_o 保持的时间才越长。

显然，取样过程是一个充电过程，且 R_i 越小，充电时间越短，取样频率可以越高；在充电过程中，电路的输入电阻为 R_i，为使电路从信号源索取的电流小些，则要求输入电阻大；因此取样速度与输入阻抗产生了矛盾。下面介绍在如图 11-12 所示电路基础上改进而得的电路，如图 11-13 所示。A_1 和 A_2 是两个运放，取样控制信号 u_L 通过驱动电路 L 控制开关 S。u_L = **1** 时，开关 S 闭合。A_1 和 A_2 工作在单位增益的电压跟随状态，则 $u_i = u_o' = u_C = u_o$；u_L = **0** 时，开关 S 断开。因为电容 C 没有放电回路，且 u_C 保持 u_i 不变，所以输出 u_o 也保持 u_i 不变。

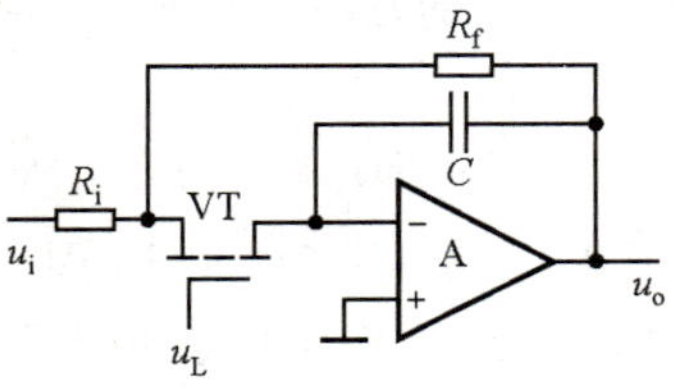

图 11-12　取样保持电路的基本形式

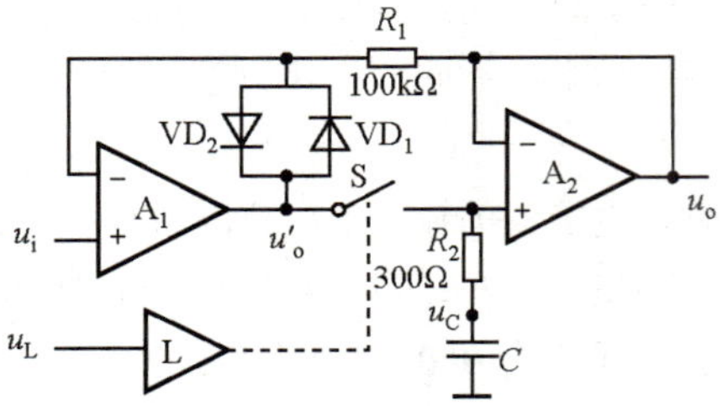

图 11-13　改进的取样保持电路

开关 S 断开，电路处于保持阶段，如果 u_i 变化，u_o' 可能变化非常大，甚至会超过开关电路能够承受的电压，因此用二极管 VD_1、VD_2 构成保护电路。当 u_o' 比保持电压 u_o 高（或低）一个二极管的压降 U_D 时，VD_1（或 VD_2）导通，从而使 $u_o' = u_o + U_D$（或 $u_o' = u_o - U_D$）。在开关 S 闭合时 $u_o' = u_o$，所以 VD_1 和 VD_2 不导通，保护电路不起作用。

由于电路在取样开关与输入信号之间加一级运放 A_1，因此提高了输入阻抗。同时由于运放 A_1 输出阻抗小，使电容充、放电过程加快，从而提高了取样速度。

11.2.3 逐次渐近型 A/D 转换器

逐次渐近型 A/D 转换器是直接型 A/D 转换器，也是目前集成 A/D 转换器产品中用得最多的一种电路。其转换过程类似于天平称物的过程，天平的一端放物品 M，一端放砝码。用天平将各种质量的砝码按一定规律与 M 进行比较、取舍，直到天平基本平衡，这时天平托盘中砝码的质量之和就表示 M 的质量。

如图 11-14 所示是逐次渐近型 A/D 转换器的原理框图。它由比较器、n 位 D/A 转换器、n 位寄存器、控制电路、输出电路、时钟信号 CP 以及参考电压源等组成。输入为 u_i，输出为 n 位二进制代码。

转换开始之前将寄存器清零（$d_{n-1}d_{n-2}\cdots d_1d_0 = \mathbf{00\cdots00}$）。开始转换时，控制电路先将寄存器的最高位置 **1**($d_{n-1} = \mathbf{1}$)，其余位全为 **0**，使寄存器输出为（$d_{n-1}d_{n-2}\cdots d_1d_0 = \mathbf{1\cdots00}$），这组数码被 D/A 转换器转换成相应的模拟电压 u_x 后通过电压比较器与 u_i 进行比较。若 $u_i > u_x$，说明寄存

器中的数字不够大，则将这一位的 **1** 保留；若 $u_i < u_x$，说明寄存器中的数字太大，则将这一位的 **1** 清除，从而决定了 d_{n-1} 的值。然后将次高位置 **1**（$d_{n-2}=1$），再通过 D/A 转换器将此时寄存器的输出（$d_{n-1}d_{n-2}\cdots d_1d_0=d_{n-1}\mathbf{1}\cdots\mathbf{00}$）转换成相应的模拟电压 u_x，通过 u_x 与 u_i 比较决定 d_{n-2} 的取值。以此类推，逐位比较，一直到最低位为止。

下面以 3 位逐次渐近型 A/D 转换器的电路为例，如图 11-15 所示，具体说明转换过程和转换时间。

图 11-15 中，FF_2、FF_1 和 FF_0 组成 3 位数码寄存器；触发器 FF_a～FF_e 和门 G_1～G_5 构成控制电路，其中 FF_a～FF_e 接成环形计数器，门 G_6～G_8 为输出电路。

在转换开始前使 $Q_aQ_bQ_cQ_dQ_e$=**10000**，且 $Q_2=Q_1=Q_0=\mathbf{0}$。

第一个 CP 信号到达后，环形计数器右移一位，使 Q_b=**1**，$Q_a=Q_c=Q_d=Q_e=\mathbf{0}$，并且将数码寄存器的最高位 FF_2 置 **1**，FF_1 和 FF_0 置 **0**。这时 D/A 转换器的输入代码为 $d_2=d_1=d_0$=**100**，由此可在 D/A 转换器的输出端得到相应的模拟电压 u_x。通过比较器 C 对 u_i 与 u_x 进行比较，若 $u_i < u_x$，则比较器输出 u_C 为高电平；若 $u_i \geqslant u_x$，则 u_C 为低电平。

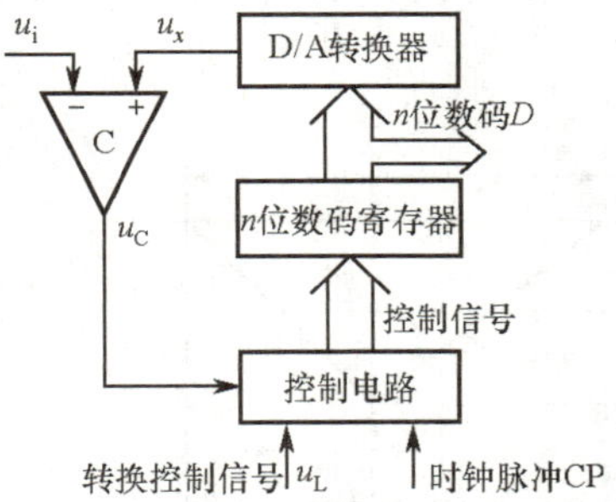

图 11-14　逐次渐近型 A/D 转换器的原理框图

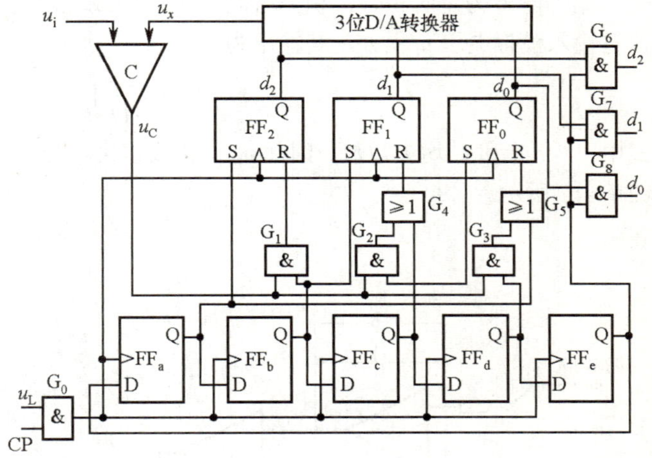

图 11-15　3 位逐次渐近型 A/D 电路原理图

第二个 CP 信号到达时，环形计数器右移一位，使 Q_c=**1**，$Q_a=Q_b=Q_d=Q_e=\mathbf{0}$。若 u_C 为高电平（$u_i < u_x$），说明寄存器中的数字太大，则将这一位的 **1** 清除，即将 FF_2 置 **0**；若 $u_C=\mathbf{0}$（$u_i \geqslant u_x$），说明寄存器中的数字不够大，则将这一位的 **1** 保留，即 FF_2 保持 **1**，从而确定了数码寄存器中"Q_2"的值。与此同时，Q_c 的高电平将次高位 FF_1 置 **1**。这时 D/A 转换器的输入代码为 $d_2d_1d_0=Q_2\mathbf{10}$，输出为这个代码相应的模拟电压 u_x。通过对 u_i 与 u_x 进行比较决定比较器 C 的输出 u_C。

第三个 CP 信号到达时，环形计数器再右移一位，使 Q_d=**1**，$Q_a=Q_b=Q_c=Q_e=\mathbf{0}$。根据比较器的输出 u_C 确定 FF_1 的值，也就是确定了数码寄存器中"Q_1"的值，同时将寄存器 FF_0 置 **1**。这时 D/A 转换器的输入代码为 $d_2d_1d_0=Q_2Q_1\mathbf{1}$，输出为这个代码相应的模拟电压 u_x。通过对 u_i 与 u_x 进行比较决定比较器 C 的输出 u_C。

第四个 CP 信号到达时，环形计数器再右移一位，使 Q_e=**1**，$Q_a=Q_b=Q_c=Q_d=\mathbf{0}$。根据比较器的输出 u_C 确定 FF_0 的值，也就是确定了数码寄存器中"Q_0"的值。Q_e=**1** 将门 G_6～G_8 打开，寄存器 FF_2、FF_1 和 FF_0 的状态"$Q_2Q_1Q_0$"作为转换结果输出。

第五个 CP 信号到达时，Q_a=**1**，$Q_b=Q_c=Q_d=Q_e=\mathbf{0}$ 且 $Q_2=Q_1=Q_0=\mathbf{0}$，电路回到初态准备下一次转换。

可见，3 位逐次渐近型 A/D 转换器完成 1 次转换需要 5 个 CP 周期。由此可得，n 位 A/D 转换器需要$(n+2)$个 CP 周期。

11.2.4 双积分型 A/D 转换器

双积分型 A/D 转换器是间接型 A/D 转换器中最常用的一种。它与直接型 A/D 转换器相比具有精度高、抗干扰能力强等特点。双积分型 A/D 转换器首先将输入的模拟电压 u_i 转换成与之成正比的时间量 T，再在时间间隔 T 内对固定频率的时钟脉冲计数，则计数的结果就是一个正比于 u_i 的数字量。

如图 11-16 所示为双积分型 A/D 转换器的原理图，它由积分器、比较器、n 位计数器、控制电路、固定频率时钟源 CP、开关 S_2～S_0 以及基准电压等组成。输入为模拟电压 u_i，输出为 n 位二进制代码。下面结合工作波形说明它的转换过程。

电路的工作分为两个积分阶段。

转换开始前开关 S_0 闭合使电容 C 完全放电，计数器清零。

第一阶段为定时积分，积分时间为 T_1。控制电路将开关 S_1 闭合，开关 S_2 和 S_0 断开。积分器对输入模拟电压 u_i 积分，其输出为

$$u_o = -\frac{1}{RC}\int_0^{T_1} u_i\,dt = -\frac{u_i T_1}{RC} \qquad (11\text{-}9)$$

式中，T_1、R 和 C 均为常数，因此 u_o 与 u_i 成正比。若 $u_{i1} > u_{i2}$，则定时积分的终值$|u_{o1}| > |u_{o2}|$，如图 11-17 所示。

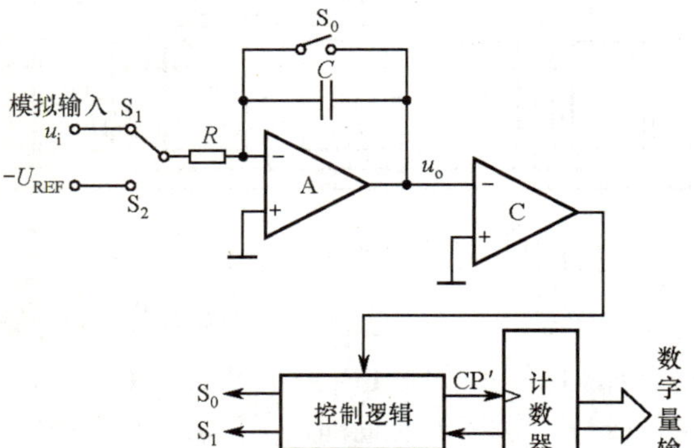

图 11-16 双积分型 A/D 转换器的原理图

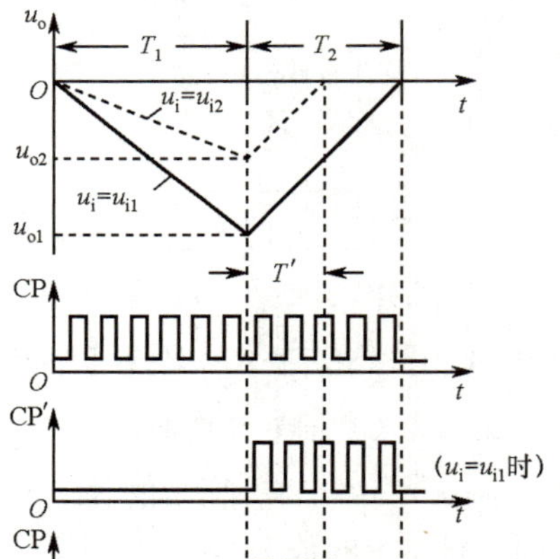

图 11-17 双积分型 A/D 转换器的波形图

第二阶段为反向积分，并在积分的同时进行计数。控制电路将开关 S_2 闭合，开关 S_1 断开，开关 S_0 保持断开状态。积分器对基准电压（$-U_{REF}$）进行积分，与此同时计数器开始对固定频率的时钟脉冲计数。由于基准电压（$-U_{REF}$）与 u_i 极性相反，因此积分器的积分方向与定时积分时相反，$|u_o|$逐渐减小。当 $u_o = 0$ 时，比较器的输出 u_C 产生跃变，且通过控制电路停止积分和计数。该过程所需时间为 T_2，因此

$$u_o = -\frac{u_i T_1}{RC} - \left(-\frac{1}{RC}\int_0^{T_2} U_{REF}\,dt\right) = -\frac{u_i T_1}{RC} + \frac{U_{REF}}{RC} = 0$$

$$T_2 = \frac{T_1}{U_{REF}} \cdot u_i \qquad (11\text{-}10)$$

可见，第二阶段的积分时间 T_2 是一个与输入电压 u_i 成正比的量。若时钟脉冲的固定频率为 f_{CP}，则第二阶段结束时计数器的输出为

$$D = T_2 \cdot f_{CP} = T_2/T_{CP} \tag{11-11}$$

T_{CP} 为 CP 的周期。将式（11-10）代入式（11-11），可得

$$D = \frac{T_1 u_i}{T_{CP} U_{REF}} \tag{11-12}$$

可见，数字量 D 与输入模拟电压 u_i 成正比，如图 11-17 所示波形。

11.2.5 A/D 转换器的主要技术指标

1. 分辨率

分辨率用于描述 A/D 转换器对输入量微小变化的敏感程度。A/D 转换器的输出是 n 位二进制代码，因此在输入电压范围一定时，位数越多，量化误差也就越小，转换精度也越高，分辨能力也越强。但分辨率仅仅表示 A/D 转换器在理论上可以达到的精度。

2. 转换精度

转换精度常用转换误差来描述。它表示 A/D 转换器实际输出的数字量与理想输出数字量的差别，通常用最低位的位数表示。转换误差是综合性误差，它是量化误差、电源波动以及转换电路中各种元件所造成的误差的总和。

实际的转换精度和分辨率是两个不同的概念。分辨率很高，但由于电路的稳定性不好等原因，可能使电路的转换精度并不高。

3. 转换速度

转换速度用完成 1 次转换时间来表示。它是从接到转换控制信号起，到输出端得到稳定的数字输出为止所需时间。转换时间越短，说明转换速度越快。

总体来说，直接型 A/D 转换器的转换速度较间接型 A/D 转换器快，但转换精度和抗干扰能力都不及间接型 A/D 转换器。

11.2.6 集成 ADC

集成 ADC0809 是用 CMOS 工艺制成的 8 位八通道逐次渐近型 A/D 转换器。该器件具有与微处理器兼容的控制逻辑，可以直接与 80X86 系列、51 系列等微处理器接口相连。

1. ADC0809 的主要技术指标

分辨率：8 位

精度：8 位

转换时间：≤100μs

输入电压范围：5V～15V

温度灵敏度：20ppm/℃

功耗：15mW

2. ADC0809 的内部结构及工作原理

ADC0809 的内部结构框图如图 11-18 所示，由两部分组成。

第一部分：8 路模拟通道选择开关、地址锁存器和译码器。

第二部分：比较器、8 位逐次渐近寄存器 SAR、8 位树状 D/A 转换电路、控制逻辑、三态输出缓冲锁存器。

ADC0809 工作原理如下。

由 ADD_C、ADD_B、ADD_A 及 ALE 选择 8 个模拟量之一，并通过通道选择开关加至比较器一端，由 START 信号启动 A/D 转换开始且 SAR 清零，在 CLOCK 控制下，将 SAR 从高位到低位逐次置 **1**，并将每次置位后的 SAR 送 D/A 转换器转换成与 SAR 中数字量成正比的模拟量，DAC 的输出加至比较器的另一端与输入的模拟电压进行比较，若 $u_i \geq u_o$，保留 SAR 中该位的 **1**，若 $u_i < u_o$，该位清零，经过 8 次比较（8 个 CLOCK）后，SAR 中的 8 位数字量即是结果，在 OE 有效下，将 SAR 中 8 位二进制数输出至锁存器，并通过 $D_7 \sim D_0$ 输出，同时发出 EOC 转换结束信号。

3. ADC0809 的引脚功能

ADC0809 的引脚排列图如图 11-19 所示，各引脚功能如下。

$IN_0 \sim IN_7$：8 路模拟电压输入，电压范围为 0V～5V。可由 8 路模拟开关选择其中任何一路送至 8 位 A/D 转换电路中进行转换。

ADD_C、ADD_B、ADD_A：3 个地址信号输入端，构成 3 位地址码，用于选择 8 个模拟量之一。

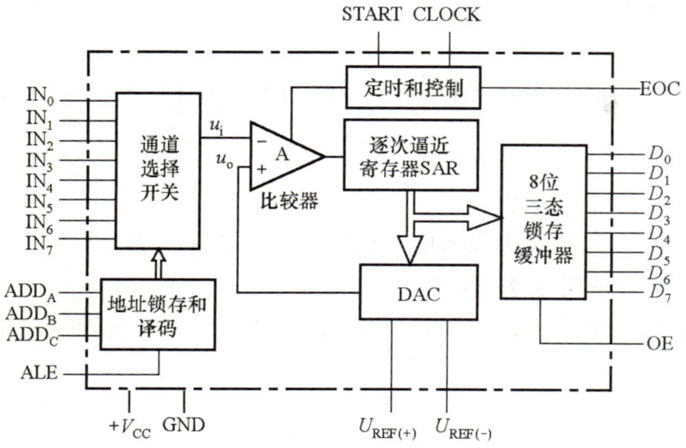

图 11-18　ADC0809 内部结构框图

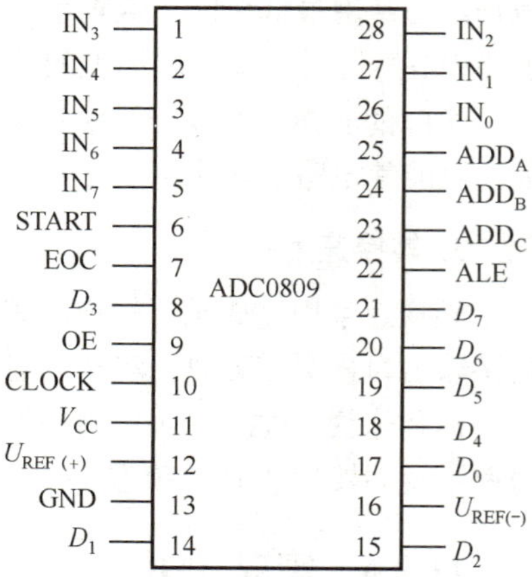

图 11-19　ADC0809 引脚排列图

ALE：地址锁存允许信号，它是一个正脉冲信号。在脉冲的上升沿将 3 位地址 ADD_C、ADD_B、ADD_A 存入锁存器中。

CLOCK：时钟脉冲输入。控制 A/D 转换速度，频率范围是 10 kHz～1MHz。

START：A/D 转换启动信号，为一个正脉冲信号。在 START 的上升沿，将逐次比较寄存器清零，在 START 的下降沿开始转换。

EOC：A/D 转换结束信号，高电平有效。

OE：输出允许信号，OE 有效时将打开输出缓冲器，使转换结果出现在 $D_7 \sim D_0$ 端。

V_{CC}：芯片工作电压，+5V。

$D_7 \sim D_0$：数字量输出端。

$U_{REF(+)}$、$U_{REF(-)}$：基准（参考）电压的正、负极。

GND：地端。

4. ADC0809 与微处理器的连接

在 ADC0809 典型应用中，它与微处理器的连接如图 11-20 所示。

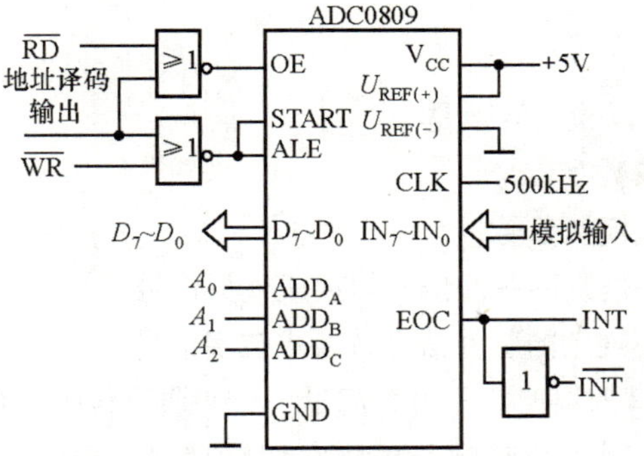

图 11-20　ADC0809 与微处理器的连接

本章小结

1．数模（D/A）转换和模数（A/D）转换是沟通数字量和模拟量的桥梁。

2．评价 D/A 转换器和 A/D 转换器的主要技术指标是转换精度和转换速度，也是挑选转换器电路的主要依据，在选择方案时，要综合考虑性价比，不可一味追求不必要的高精度和高速度。

3．D/A 转换器是用权电流（权电阻或权电容）使输出电压与输入数字量成正比。

4. 将模拟量转换为数字量的基础是取样定理，只要取样频率大于模拟信号最高频率的两倍（$f_S \geqslant 2f_{imax}$）即可不失真地重现原来的输入信号。

5．A/D 转换包括取样、保持、量化、编码。量化、编码的方案很多，本章介绍了逐次渐近型和双积分型两种。

习题 11

11-1　填空题

（1）输入二进制数的 n 位 D/A 转换器的 n 越大，分辨率越________。D/A 转换器的基本结构主要包括__________、__________和___________三部分。

（2）D/A 转换器和 A/D 转换器的主要技术指标是____________和___________。

（3）若 n 是输入信号有效位数，则 D/A 转换器的分辨率是___________。

（4）一个 10 位的倒 T 型电阻网络 DAC，若 $U_{REF}=5V$，$R_F=2R$，则当数字信号 $D=$ **0101010100** 时，对应的输出电压 $u_o=$ __________。

（5）一个 10 位 DAC 的最小分辨电压为 0.025V，则它能表示最大电压是________V。

（6）一个 8 位的 DAC，当输入为 **10000001** 时输出电压为 5V，则输入为 **01010000** 时，输出电压为________V。

（7）若一个 14 位的 D/A 转换器的慢刻度输出电压为 U_{omax}=10V，当输入的二进制数为 **10111010101111** 时，输出电压为_________V。

（8）在 3 位二进制 A/D 转换器中，已知最大输入模拟电压为 10V，$\varDelta$ 是量化单位，并采取“只舍不取”的方法划分量化电平，则 1$\varDelta$ 代表的量化电压为_________V。

（9）A/D 转换的基本步骤是_________、_________、_________和_________。

（10）A/D 转换器的量化方式有_________、_________两种；逐次比较 A/D 转换器只能采用__________方式。

11-2　选择题

（1）数模转换是_____，模数转换是_____；

A）把模拟信号转换成数字信号

B）把数字信号转换成模拟信号

C）把幅值、宽度均不规则的脉冲信号转换成模拟信号

D）把幅值、宽度均不规则的脉冲信号转换成数字信号

（2）工业中多数参数（如温度、压力、流量……）通过传感器转换成的电信号均为_____，因而在利用计算机构成控制系统时应首先将它们转换成______，经计算机处理后，再转换成_____，以驱动执行机构。

A）数字量　　　　　　　　　　　　B）模拟量

C）矩形波电压信号　　　　　　　　D）正弦波电压信号

（3）在倒 T 型电阻网络 D/A 转换器中，当电子开关状态变化时，电阻网络各支路的电流______，因而_____。

A）变化很大　　　　　　　　　　　B）基本不变

C）电流建立时间近似为零　　　　　D）电流建立时间很长

11-3　判断题

（1）数模转换器的功能是将数字量转换成模拟量（　　）。

（2）模数转换器的功能是将模拟量转换成数字量（　　）。

（3）数模转换器的功能是将幅值、宽度均不规则的脉冲信号转换成模拟信号（　　）。

（4）数模转换器的位数越多，分辨率越高（　　）。

（5）模数转换器的位数越多，分辨率越高（　　）。

（6）倒 T 型电阻网络 D/A 转换器的电阻网络中阻值分散，因此不便于集成化（　　）。

（7）在 D/A 转换时，取样频率应大于输入模拟信号的基波频率（　　）。

（8）按如图 11-15 所示电路的原理组成的 10 位逐次渐近型 A/D 转换器完成一次转换需 10 个时钟脉冲 CP 的周期（　　）。

11-4　按如图 11-4 所示电路的原理组成的 4 位倒 T 型电阻网络 D/A 转换器中 $U_{REF}=10V$，$R=10k\Omega$。试问当输入数字信号 $d_3d_2d_1d_0=\mathbf{1111}$ 时各电子开关中的电流分别为多少？输出电压 u_o 为多少？若测得 $d_3d_2d_1d_0=\mathbf{0101}$ 时输出电压 $u_o=0.625V$，则 $U_{REF}=$ ？

11-5　在 10 位倒 T 型电阻网络 D/A 转换器中，电阻取值如图 11-4 中的 R 和 $2R$，$U_{REF}=10V$。求解输入数字信号为 **0000000001**、**0011001100** 和 **1111111111** 时的输出电压 u_o。

11-6　今有一个 4 位倒 T 型电阻网络 D/A 转换器，电路结构参照图 11-4，已知 $U_{REF}=8V$。（1）求解 $d_3d_2d_1d_0=\mathbf{0000}$、**0011**、**1111** 时的输出电压 u_o；（2）将 d_3、d_2、d_1、d_0 分别接 4 位二进制加法计数器的状态输出 Q_3、Q_2、Q_1、Q_0（其中 Q_3 为最高位状态，Q_0 为最低位状态），试画出计数器在连续计数脉冲 CP 作用下 CP 和 u_o 的波形。

11-7　10 位倒 T 型电阻网络 D/A 转换器如题图 11-7 所示。（1）试求输出电压的取值范围；（2）要求电路输入数字量为 200 H 时输出电压 $u_o=5V$，试问 U_{REF} 应取何值？

11-8　在如题图 11-8 所示的倒 T 型电阻网络 D/A 转换器中，设反馈电阻 $R_F=R$，外接参考电压 $U_{REF}=10V$，为保证 U_{REF} 偏离标准值所引起的误差小于 LSB/2，试计算 U_{REF} 的相对稳定度应取多少？

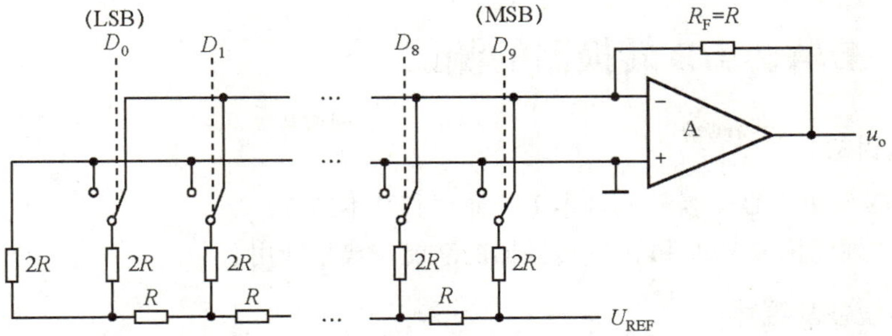

题图 11-7

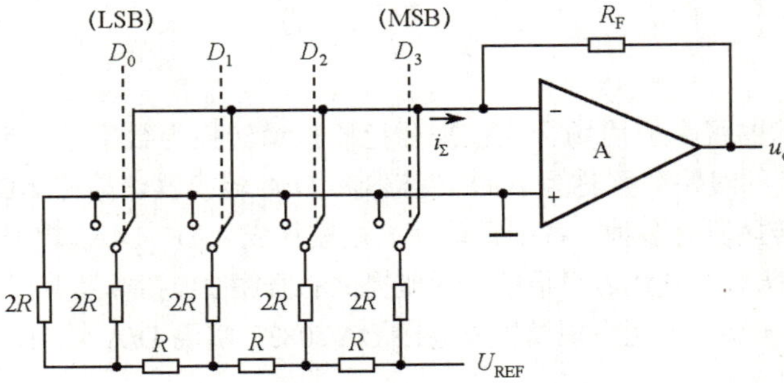

题图 11-8

11-9 已知时钟脉冲 CP 的周期为 2μs。(1) 试问如图 11-15 所示电路完成 1 次转换需多长时间？(2) 若按如图 11-15 所示电路组成 10 位 A/D 转换器，则完成 1 次转换需多长时间？

11-10 按如图 11-15 所示电路的原理组成 10 位逐次渐近型 A/D 转换器完成 1 次循环所需时间为 12μs，试问时钟脉冲 CP 的周期为多少？

11-11 在如图 11-16 所示双积分型 D/A 转换器中，已知输入取样电压最大值为 8V，其定时积分的终值为−8V，输出数字量为 4 位二进制数，时钟脉冲 CP 的周期为 2μs。试问：(1) 反向积分时间为多少？(2) 定时积分时间为多少？(3) 当输入模拟信号为最大值时，转换时间为多少？

11-12 在如题图 11-12 所示的 D/A 转换电路中，已知参考电压 U_{REF} = 5V，试计算：(1) 输入数字量 d_9～d_0 每一位为 1 时在输出端产生的电压值；(2) 输入为全 **1**、全 **0** 时在输出端产生的电压值。

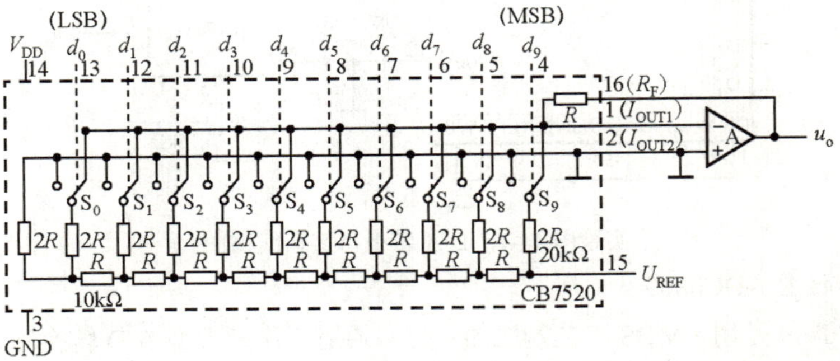

题图 11-12

11-13 对于一个 10 位逐次渐近型 A/D 转换电路，当时钟频率为 1MHz 时，其转换时间是多少？如果要求完成一次转换的时间小于 10μs，试问时钟频率应为多少？

实验 11.1 D/A、A/D 转换器的测试

一、实验目的

1．了解 D/A 和 A/D 转换器的基本工作原理和基本结构。

2．掌握大规模集成 D/A 和 A/D 转换器的功能及典型应用。

二、实验设备及器材

数字实验箱，双踪示波器，直流数字电压表，集成电路 DAC0832、ADC0809、μA741，电位器，电阻，电容若干。

三、实验原理

在数字电子技术的很多应用场合往往需要把模拟量转换为数字量，或把数字量转换成模拟量，完成这种转换的线路分别称为 A/D 转换器和 D/A 转换器，简称 ADC 和 DAC。实际中 A/D 转换器和 D/A 转换器有多种，特别是单片大规模集成 A/D、D/A 转换器问世，为实现上述的转换提供了极大的方便。使用者可借助于手册提供的器件性能指标及典型的应用电路，即可正确使用这些器件。本实验将采用大规模集成电路 DAC0832 实现 D/A 转换，ADC0809 实现 A/D 转换。

1．D/A 转换器 DAC0832

DAC0832 是采用 CMOS 工艺制成的单片电流输出型 8 位数模转换器。DAC0832 的内部结构图及外引线排列如图 11-7 和图 11-8 所示。

DAC0832 输出的是电流，要转换为电压，还必须经过一个外接的运算放大器，实验线路图如实验图 11-1 所示。

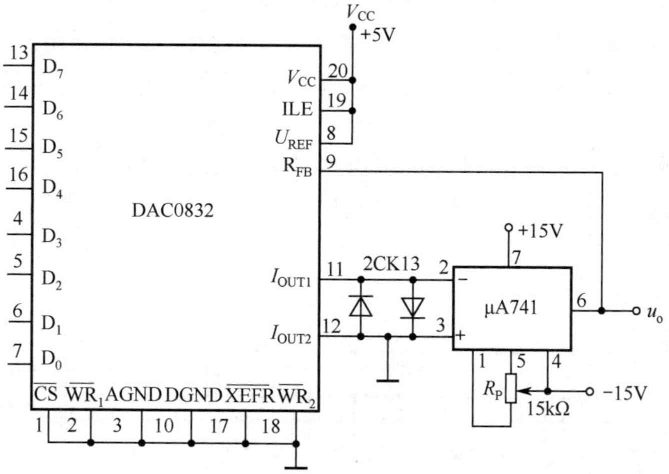

实验图 11-1 D/A 转换器实训线路图

2．A/D 转换器 ADC0809

集成 ADC0809 是用 CMOS 工艺制成的 8 位八通道逐次渐近型 A/D 转换器。该器件具有与微处理器兼容的控制逻辑，可以直接与 80X86 系列、51 系列等微处理器接口相连。ADC0809 的内部结构图及外引线排列如图 11-18 和图 11-19 所示。

（1）模拟量输入通道选择。8 路模拟开关由 ADD_C、ADD_B、ADD_A 三地址输入端选通 8 路模拟信号中的任何一路进行 A/D 转换，地址译码与模拟输入通道的选通关系如实验表 11-1 所示。

实验表 11-1　模拟量输入通道的选择表

被选模拟通道		IN_0	IN_1	IN_2	IN_3	IN_4	IN_5	IN_6	IN_7
地址	ADD_C	0	0	0	0	1	1	1	1
	ADD_B	0	0	1	1	0	0	1	1
	ADD_A	0	1	0	1	0	1	0	1

（2）在启动端（START）加启动脉冲（正脉冲），即开始 D/A 转换。如将启动端与转换结束端（EOC）直接相连，转换将是连续的，在用这种转换方式时，开始应在外部加启动脉冲。

四、实验内容及步骤

1. D/A 转换器 DAC0832 的功能测试

（1）按实验图 11-1 接线，电路接成直通方式，即引脚 $\overline{CS}$ 、$\overline{WR_1}$ 、$\overline{WR_2}$ 、$\overline{XFER}$ 接地；引脚 ILE、V_{CC}、U_{REF} 接+5V 电源；运放电源接±15V；引脚 D_0～D_7 接逻辑开关，输出端 u_o 接数字万用表。

（2）调零。令 D_0～D_7 全置零，调节运放 μA741 的电位器使其输出为零。

（3）按实验表 11-1 所列的数字信号进行输入，用数字万用表电压挡测量运放的输出电压 u_o，并将测量结果填入实验表 11-2 中，并与理论值进行比较。

实验表 11-2　D/A 转换器 DAC0832 的功能测试表

输入数字量								输出模拟量 U_o/V
D_7	D_6	D_5	D_4	D_3	D_2	D_1	D_0	V_{CC} = +5V
0	0	0	0	0	0	0	0	
0	0	0	0	0	0	0	1	
0	0	0	0	0	0	1	0	
0	0	0	0	0	1	0	0	
0	0	0	0	1	0	0	0	
0	0	0	1	0	0	0	0	
0	0	1	0	0	0	0	0	
0	1	0	0	0	0	0	0	
1	0	0	0	0	0	0	0	
1	1	1	1	1	1	1	1	

2. A/D 转换器 ADC0809 的功能测试

按实验图 11-2 接线。

（1）8 路输入模拟信号 1V～4.5V，由+5V 电源经电阻 R 分压组成；变换结果 D_0～D_7 接 LED 显示状态，CP 时钟脉冲由计数脉冲源提供，取 f = 100kHz；ADD_C、ADD_B、ADD_A 地址端接逻辑开关。

（2）接通电源后，在启动端（START）加一个正单次脉冲，下降沿一到即开始 A/D 转换。

（3）按实验表 11-3 的要求观察，记录 IN_0～IN_7 这 8 路模拟信号的转换结果，并将转换结果换算成十进制数表示的电压值，并与数字电压表实测的各路输入电压值进行比较，分析误差原因。

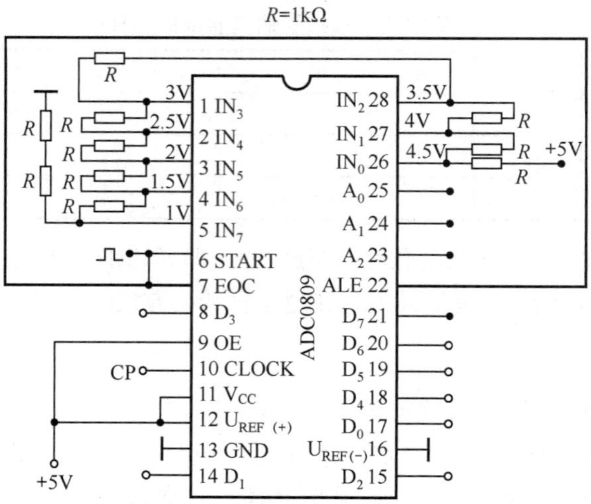

实验图 11-2　ADC0809 实验电路图

实验表 11-3　A/D 转换器 ADC0809 的功能测试表

被选模拟通道	输入模拟量	地　址			输出数字量								
IN	U_i/V	ADD_C	ADD_B	ADD_A	D_7	D_6	D_5	D_4	D_3	D_2	D_1	D_0	十进制数
IN_0	4.5	0	0	0									
IN_1	4.0	0	0	1									
IN_2	3.5	0	1	0									
IN_3	3.0	0	1	1									
IN_4	2.5	1	0	0									
IN_5	2.0	1	0	1									
IN_6	1.5	1	1	0									
IN_7	1.0	1	1	1									

实验 11.2　D/A 转换器应用实验

一、实验目的

1．了解 D/A 转换器 MC3408L 的工作原理及应用。

2．验证 D/A 转换器的部分指标。

二、实验设备和器材

双踪示波器、数字实验箱、数字万用表、集成器件（MC3408L、LM324、MC14516）、阻容元件。

三、实验原理

1．D/A 转换器的基本组成

D/A 转换的功能是把数字量输入转换为模拟量输出，转换器的基本结构如实验图 11-3 所示。其中，数码寄存器是解决高速数字信号和低速 D/A 变换的缓冲问题。参考电压源是供给模拟开关和译码网络的参考电压。D/A 转换的精度受基准（参考）电压精度影响。因而，在 D/A 转换要求较高的场合，参考电压源通常采用精密基准电压源。模拟开关盒译码网络的功能是，把各位数字信号转换成与其位权成正比的模拟电压或电流，然后叠加求和输出。

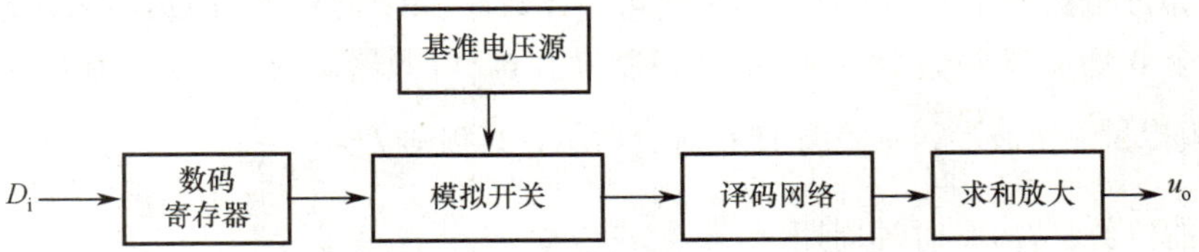

实验图 11-3　D/A 转换基本结构框图

2. 8 位二进制 D/A 转换器 MC3408L

如实验图 11-4 所示是 D/A 转换器 MC3408L 的引脚排列图，各引脚的作用如下。

（1）A_1～A_8：8 位数字信号输入端，其中 A_1 是最高位（MSB），A_8 是最低位（LSB）。

（2）U_{r+}和 U_{r-}：参考电压和负电压的输入端。单电源工作时，通常 U_{r-}接地。

（3）I_o：电流输出端，MC3408L 以负电流的形式输出，I_o 与输入数字信号的关系满足方程。

$$I_o = -\frac{U_r}{R_r}\left(\frac{A_1}{2}+\frac{A_2}{4}+\frac{A_3}{8}+\frac{A_4}{16}+\frac{A_5}{32}+\frac{A_6}{64}+\frac{A_7}{128}+\frac{A_8}{256}\right) = -\frac{U_r}{R_r}\sum\frac{A_i}{2^i}$$

式中，A_i——输入数字信号，高电平为“**1**”，低电平为“**0**”；

U_r——参考电压的大小；

R_r——参考电阻的大小。

（4）补偿端：通常外接一个电容，电容的另一端接负电源或地，以防止电路自激振荡。

（5）控制端：其作用是控制输出电压范围。

当 $U_r/R_r = 2.0\text{mA}$、负载电阻为 2kΩ（即 I_o端与地之间串联一个 2kΩ 的电阻），负电源低于 -10V 的工作条件时，若控制端悬空，输出电压范围在-5.0V～0.4V 之间变化；若控制端接地，输出电压范围在-0.5V～0.4V 之间变化。

在实际应用中，MC3408L 输出端通常接一运算放大器，将负电源输出转变为输出电压为正电压的形式输出，电路如实验图 11-5 所示。输出电压为 $u_o = \frac{U_r}{R_r} R_f \sum_{i=1}^{8} \frac{A_i}{2^i}$。

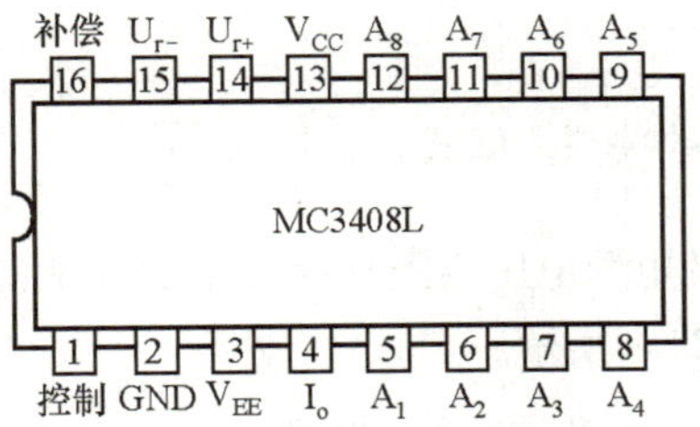

实验图 11-4　MC3408L 的引脚排列图

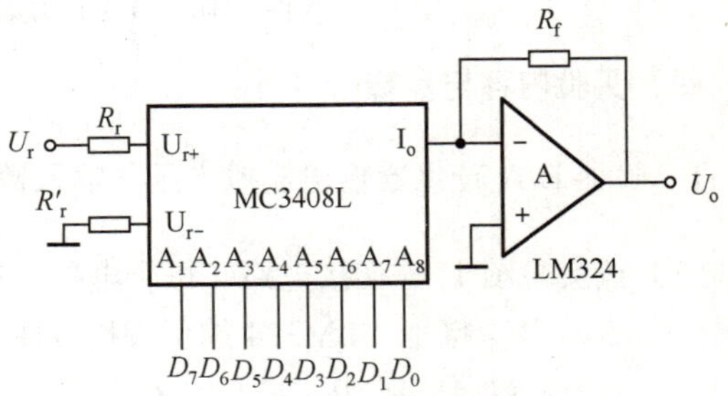

实验图 11-5　MC3408L 输出形式

D/A 转换器可以产生三角波和锯齿波，其线性度（特别是信号频率很低的情况下）比用模拟电路产生的三角波和锯齿波优良得多。

（1）锯齿波电路发生器。如实验图 11-6（a）所示为锯齿波信号发生器的电路原理图。

当计数器做加法计数时，随着 CP 信号的输入，计数器的计数值增大，则 D/A 的输出电压 u_o 也随公式 $u_o = \frac{U_r}{R_r} R_f \sum_{i=1}^{8} \frac{A_i}{2^i}$ 的规律增大。当计数器计到全 **1** 时，u_o 输出为 **0**。因此，在整个计数周期内 D/A 输出是一个阶梯波，如实验图 11-6（b）所示。从全 **0** 到全 **1** 有 256 级。在 U_{max}=5V 时，每阶电压 U_{LSB} 约为 20mV，所以在示波器上不易观察到实验图 11-6（b）中 M 处的阶梯波，看到的是一条线性良好的锯齿波。

（2）三角波电路发生器。若计数器采用可逆计数器 MC14516，当 U/D 控制端为 **1** 时，计数器输出从全 **0** 增加到全 **1**，然后使 U/D 控制端为 **0**，计数器做减法计数，输出从全 **1** 递减为全 **0**，则其模拟量输出波形如实验图 11-6（c）所示。其频率 $f=\dfrac{1}{2\times 2^{N}t_{\mathrm{CP}}}=\dfrac{1}{2^{N+1}t_{\mathrm{CP}}}$，式中，$N$ 为可逆计数器的位数；T_{CP} 是时钟周期。

4 位二进制可逆计数器 MC14516 的引脚排列图如实验图 11-7 所示。

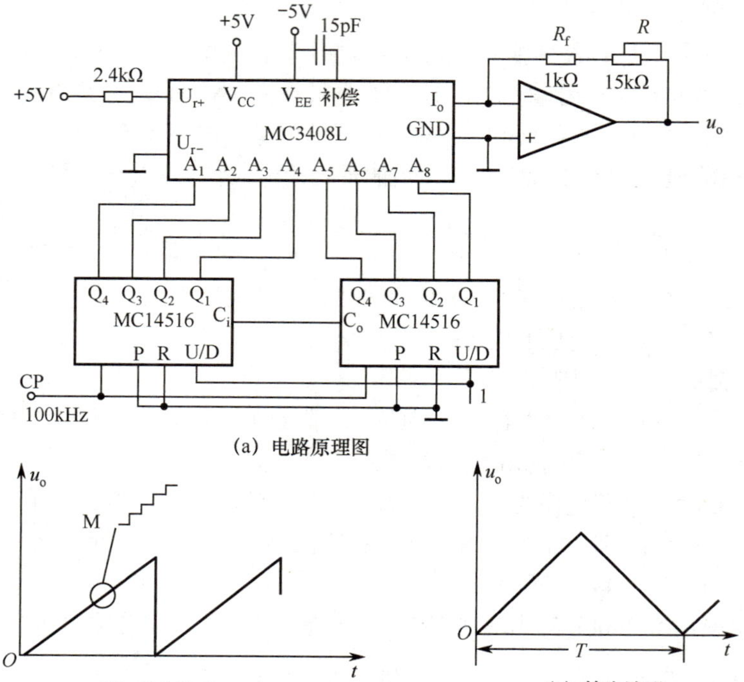

（a）电路原理图

（b）输出波形　　（c）输出波形

实验图 11-6　D/A 转换器的电路原理图及波形图

四、实验内容与步骤

1．验证 D/A 转化器输出模拟电压与输入数字量之间的关系，即式 $u_{\mathrm{o}}=\dfrac{U_{\mathrm{r}}}{R_{\mathrm{r}}}R_{\mathrm{f}}\sum_{i=1}^{8}\dfrac{A_i}{2^i}$。

（1）按实验图 11-5 连接电路（每个电阻、参考电压及电源电压均需测量），四运放 LM324 的 V_{CC} 接+5V，V_{EE} 接地。LM324 的引脚排列图如实验图 11-8 所示。

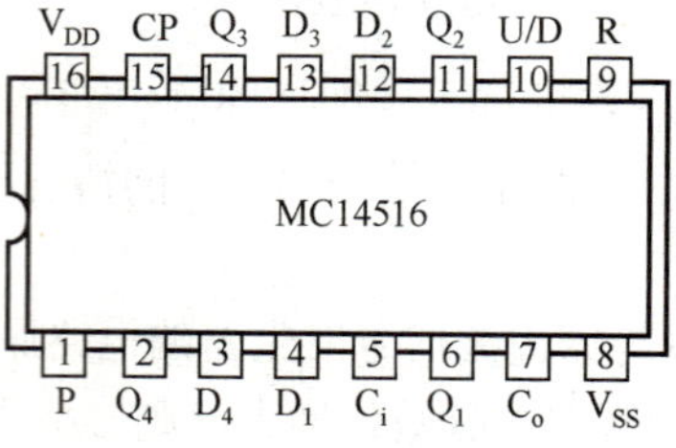

实验图 11-7　MC14516 的引脚排列图

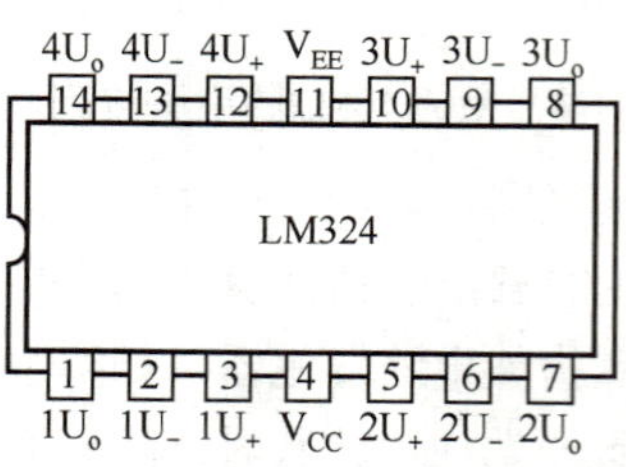

实验图 11-8　LM324 的引脚排列图

（2）按实验表 11-4 输入数字量，用数字电压表测量输出电压 u_{o} 记录于表中，并与按公式 $u_{\mathrm{o}}=\dfrac{U_{\mathrm{r}}}{R_{\mathrm{r}}}R_{\mathrm{f}}\sum_{i=1}^{8}\dfrac{A_i}{2^i}$ 计算的理论值进行比较，求出误差大小。

实验表 11-4　电路在不同数字量输入时的模拟电压输出

D_7	D_6	D_5	D_4	D_3	D_2	D_1	D_0	实测 u_o	理论值 u_o
0	0	0	0	0	0	0	0		
0	0	0	0	0	0	0	1		
0	0	0	0	0	0	1	0		
0	0	0	0	0	1	0	0		
0	0	0	0	1	0	0	0		
0	0	0	1	0	0	0	0		
0	0	1	0	0	0	0	0		
0	1	0	0	0	0	0	0		
1	0	0	0	0	0	0	0		
1	1	1	1	1	1	1	1		

（3）将 MC3408L 的控制脚接地，与（2）比较并记录输出电压有何变化。

2．验证 D/A 输出波形的频率与时钟频率的关系。

（1）按实验图 11-6 接好电路，时钟频率取 100kHz，用双踪示波器观察输出波形，测量其频率（LM324 的 V_{CC} 接+5V，V_{EE} 接地）。

（2）对实验图 11-6 做适当改变，使可逆计数器做自动加或减法计算，输出三角波信号。

（3）按实验表 11-5 调节计数器的时钟频率，用双踪示波器测量 CP 与 D/A 输出三角波的关系。

3．产生梯形波。

（1）把实验图 11-6 中的 R_f 换成一个 10kΩ 的电位器，时钟频率取 100kHz。

（2）记下实验表 11-6 中不同平顶宽度时对应的电阻值。需要注意的是：平顶宽度为 **0** 是指输出刚出现平顶时的反馈电阻值。

实验表 11-5　不同时钟频率下输出频率

时　钟	实测三角波频率	理　论　值
f_1=1kHz		
f_2=10kHz		
f_3=100kHz		
f_4=1MHz		

实验图 11-6　不同输出波所对应的不同 R_f 值

R_f	平顶宽度/μs
	0
	80
	150

4．当平顶宽度为 **0** 时，在 R_f 两端并联一个电容，观察此时波形，若要产生一个正弦波，电容需多大。

五、思考题

1．在实验步骤 2 中，若把 MC3408L 的控制端 9 引脚接地，输出波形会有什么变化？

2．若把实验图 11-6（a）中的 MC14516 改成 74LS90，输出波形会有什么变化？最大输出电压是多少？

参 考 文 献

[1] 张虹.电路与电子技术（第 5 版）. 北京：北京航空航天大学出版社，2015.

[2] 傅恩锡，杨四秧. 电路分析简明教程（第 2 版）. 北京：高等教育出版社，2012.

[3] 邱关源. 电路（第 5 版）. 北京：高等教育出版社，2011.

[4] 童诗白，华成英.模拟电子技术基础.（第五版）. 北京：高等教育出版社，2015.

[5] 刘润华. 模拟电子技术基础（第四版）. 北京：高等教育出版社，2017.

[6] 闫石，王红. 数字电子技术基础（第六版）. 北京：高等教育出版社，2016.

[7] 徐丽香. 数字电子技术（第 3 版）. 北京：电子工业出版社，2016.

[8] 张虹，王俊杰. 电路与电子技术学习辅导及实践指导（第 5 版）. 北京：北京航空航天大学出版社，2015.